植物生物学
理论及新进展研究

ZHIWU SHENGWUXUE
LILUN JI XINJINZHAN YANJIU

主 编 杨青松 廖伟彪 穆俊祥
副主编 王秀英 刘拴成 韩 娜 陈宇浩

U0302631

中国水利水电出版社
www.waterpub.com.cn

内 容 提 要

本书将植物科学在 20 世纪 90 年代的一些新进展,特别是分子水平的研究成果充实其中,将各分支学科的内容尽可能有机地交融在一起,使读者把植物的形态、结构、生理功能、多样性及其与环境相互关系的知识紧密联系在一起,以利于培养全面、综合思维的能力。

本书可作为大专院校相关专业植物生物学和植物学教学用书,也可供相关学科的工作人员参考。

图书在版编目(CIP)数据

植物生物学理论及新进展研究/杨青松,廖伟彪,
穆俊祥主编. --北京:中国水利水电出版社,2014.10(2022.10重印)
ISBN 978-7-5170-2515-3

Ⅰ.①植… Ⅱ.①杨… ②廖… ③穆… Ⅲ.①植物学
—研究 Ⅳ.①Q94

中国版本图书馆 CIP 数据核字(2014)第 214968 号

策划编辑:杨庆川　责任编辑:陈　洁　封面设计:马静静

书　　名	植物生物学理论及新进展研究	
作　　者	主　编　杨青松　廖伟彪　穆俊祥	
	副主编　王秀英　刘拴成　韩　娜　陈宇浩	
出版发行	中国水利水电出版社	
	(北京市海淀区玉渊潭南路 1 号 D 座 100038)	
	网址:www.waterpub.com.cn	
	E-mail:mchannel@263.net(万水)	
	sales@mwr.gov.cn	
	电话:(010)68545888(营销中心)、82562819(万水)	
经　　售	北京科水图书销售有限公司	
	电话:(010)63202643、68545874	
	全国各地新华书店和相关出版物销售网点	
排　　版	北京鑫海胜蓝数码科技有限公司	
印　　刷	三河市人民印务有限公司	
规　　格	184mm×260mm　16 开本　25.5 印张　652 千字	
版　　次	2015年7月第1版　2022年10月第2次印刷	
印　　数	3001—4001册	
定　　价	89.00 元	

前　言

21 世纪是生命科学的世纪,伴随着生物学科的发展和新兴生物产业的出现,生物技术对农业生产和社会经济等领域将产生越来越大的影响。植物生物学中的一些重要问题也得以进一步阐明,人们对植物各种生命过程的理解更加深入。

近代植物科学正以过去无法比拟的速度发展着,分子生物学的研究成果一方面促进各分支学科的深入发展,另一方面又使各分支学科在新的基础上统一。植物生物学是从细胞、组织、器官、个体、类群、生态系统等不同层次,有机地阐述植物的形态、构造、生理、分类、分布、遗传变异和进化及其与环境的相互关系的一门学科,其目的是使踏入生物学大门的读者们对植物科学有一个整体的了解,为后续学习打下较为广泛的知识基础和开阔的视野。

本书在编写过程中,力争阐明植物生物学基本理论和基础知识,注重理论与实际的结合。在内容编写上,尽量以植物个体发育和系统演化为主线,系统介绍植物各部分形成和发展的前因后果以及进化变异的基本规律。按照植物形态解剖、植物生理生化、系统分类、植物生态、植物资源保护与利用的顺序进行描述和讨论。

全书共 13 章:第 1 章为绪论,简要概述植物生物学的发展背景及相关基础;第 2 章植物的细胞和组织,介绍了植物细胞和组织的相关内容;第 3 章从种子、根、茎、叶几个方面出发讲解了植物的形态结构与发育;第 4 章植物的物质与能量代谢,涉及植物的水分代谢、矿质营养、光合作用和呼吸作用;第 5 章主要是植物繁殖的相关知识;第 6 章为植物界的基本类群,包括原核藻类、真核藻类、苔藓植物、蕨类植物、裸子植物和被子植物;第 7~10 章是植物生物技术方面的内容,分别是基因的克隆、遗传转化载体的构建、遗传标记与分子遗传图谱构建、分子标记辅助育种;第 11 章是植物的进化和系统发育,主要内容包括植物及生物进化基础理论,物种的形成和植物界的起源和进化;第 12、13 章主要探讨了植物与自然环境以及与人类之间的关系。

全书由杨青松、廖伟彪、穆俊祥担任主编,王秀英、刘拴成、韩娜、陈宇浩担任副主编,并由杨青松、廖伟彪、穆俊祥负责统稿,具体分工如下:

第 1 章、第 2 章第 2 节、第 6 章、第 9 章、第 12 章第 3 节:杨青松(云南民族大学);

第 2 章第 1 节、第 5 章、第 8 章:廖伟彪(甘肃农业大学);

第 10 章、第 11 章、第 12 章第 2 节:穆俊祥(集宁师范学院);

第 2 章第 3 节~第 4 节、第 4 章:王秀英(河套学院);

第 12 章第 4 节~第 5 节、第 13 章:刘拴成(集宁师范学院);

第 3 章:韩娜(集宁师范学院);

第 7 章、第 12 章第 1 节:陈宇浩(集宁师范学院)。

本书在编写过程中,得到了众多同行朋友的支持与帮助,同时也参考了国内外许多相关书籍,在此一并表示感谢。限于编者水平,书中不妥及错误在所难免,恳请广大同行、专家、读者批评指正。

编者
2014 年 7 月

目　　录

第1章 绪论

1.1 生物界的划分

人们对植物界的认识及其范围的划分是随着科学技术进步而发展的。就目前所知,关于生物分界的理论很多,但归纳起来,主要有两界、三界、四界、五界、六界等分类系统。

1. 林奈的两界系统

现代生物分类的奠基人、瑞典博物学家林奈(Linnaeus,1707—1778年)在《自然系统》(Systema Naturae,1735年)一书中明确将生物分为植物和动物两大类,即植物界(kingdom plant)和动物界(kingdom animal)。这就是常说的两界系统。两界系统的划分在当时的科学技术条件下具有重大科学意义。至今,许多教科书仍沿用两界系统。

2. 海克尔的三界系统

19世纪前后,显微镜的发明和广泛使用,使得人们发现有些生物兼有动物和植物两种属性,如裸藻、甲藻等。它们中的一部分种类既含有叶绿素,能进行光合作用,同时又可以运动。裸藻还没有细胞壁,有的种类进行异养生活。特别是又发现曾列入植物中的黏菌类在其生活史中有一个阶段为动物性特征(营养时期为裸露的原生质团,可发生变形运动),另一个阶段为植物性特征(无性生殖时期形成孢子囊和产生具细胞壁的孢子)。在探索和解释这些矛盾的过程中,1860年,霍格(Hogg)提出将所有单细胞生物,所有藻类、原生动物和真菌归在一起,成立一个原始生物界(kingdom protoctista);1866年,德国的著名生物学家海克尔(Haeckel,1834—1919)提出成立一个原生生物界(kingdom protista)。他把原核生物、原生动物、硅藻、黏菌和海绵等,分别从植物界和动物界中分出,共同归入原生生物界。这就是生物分界的三界系统(图1-1)。海克尔和霍格的三界系统内容基本相同。海克尔的三界系统在当时直至20世纪中叶并未被德国和国际上接受和应用。此外,Dodson在1971年也提出了另外一个由原核生物界、植物界和动物界组成的三界系统。

3. 魏泰克的四界、五界系统

1959年,魏泰克(Whittaker,1924—1980年)提出了四界系统,他将不含叶绿素的真核菌类从植物界分出,建立了真菌界(kingdom fungi),而且和植物界一起并列于原生生物界之上。10年后,在此基础上,魏泰克又提出了五界系统,他将细菌和蓝藻分出,建立了原核生物界(monera),放在原生生物界之下。魏泰克的分界系统优点是在纵向显示了生物进化的三大阶段,即原核生物、单细胞真核生物和真核多细胞生物;从横向显示了生物演化的三大方向,即光合自养植物、吸收方式的真菌和摄食方式的动物。

1974年,黎德尔(Leedale)提出了另一个四界系统,他取掉了原生生物界,将魏泰克五界系统

图 1-1　海克尔的三界系统(1866)(自梁家骥等)

1—原核生物;2—原质虫类(原生动物);3—鞭毛生物(原生动物);4—硅藻;

5—黏菌;6—黏壳虫类(原生动物);7—根足虫类(原生动物);8—海绵动物;

9—原始植物(绿藻类);10—红藻类;11—褐藻类;12—轮藻类;13—真菌及地衣;

14—茎叶植物;15—腔肠动物;16—棘皮动物;17—关节动物;

18—软体动物;19—脊椎动物

中的原生生物归到植物界、真菌界和动物界中。

　　4. 六界和八界系统

　　1949 年,Jahn 提出将生物分成后生动物界、后生植物界、真菌界、原生生物界、原核生物界和病毒界的六界系统。1990 年,R. C. Brusca 等提出另一个六界系统,即原核生物界、古细菌界(Archaebacteria)、原生生物界、真菌界、植物界和动物界。1989 年,Cavalier-Smith 提出生物分界的八界系统,他们将原核生物分成古细菌界和真细菌界(Eubacteria);把真核生物分成古真核生物超界和后真核生物超界,前一超界仅有古真核生物界,后一超界有原生动物界、藻界、植物界、真菌界和动物界。

　　5. 三域系统

　　20 世纪 70 年代末以来,分子生物学的研究与发展对上述的分界系统提出了挑战。如伍斯(Woese)等人对 60 多株细菌的 16S rRNA 序列进行比较后发现,产甲烷细菌完全没有作为细菌特征的那些序列,于是提出了"古细菌"的生命形式。随后,他又对大量的原核和真核菌株进行了 16S rRNA 序列的测定和比较分析,发现极端嗜盐菌和极端嗜酸嗜热菌与甲烷细菌一样,它们的序列特征既不同于其他细菌,也不同于真核生物,而它们之间则具有许多共同的序列特征。这样,他就提出将生物分为三界,后来改为三域理论,即古细菌(Archaebacteria)、真细菌(Eubacte-

ria)和真核生物(Eukaryotes)3 个域。1990 年,他为了避免人们把古细菌也看做是细菌的一类,又将其改称为细菌(Bacteria)、古菌(Archaea)和真核生(Eukaryotes)。早在 1981 年,伍斯等人就根据某些代表生物的 16S rRNA(或 18S rRNA)的序列比较,首次提出了一个涵盖整个生命界的生命系统树,后来,又进行了多次修改和补充。该系统树图(图 1-2)的根部代表地球上最早出现的生命,它们是现代生物的共同祖先。rRNA 序列分析表明,这些最早出现的生命最初先分成两支:一支发展为现今的真细菌;另一支发展为古菌—真核生物。后来,古菌(古细菌)和真核生物分化产生两个谱系。该系统树还表明古菌和真核生物为"姊妹群",它们之间的关系比它们和真细菌之间的关系更密切。伍斯的三域生物系统提出后,在国际上引起了极大的影响和关注。人们对 rRNA 序列继续进行了广泛的测定与比较,同时,还结合研究了包括表型特征在内的其他特征,这些特征的研究结果也在一定程度上支持伍斯三域生物系统的划分。三域理论的建立和发展,不仅从分子水平上对生物分界的划分进行了新的探讨,而且对于研究生命的起源和生物的进化也具有重要的科学价值。

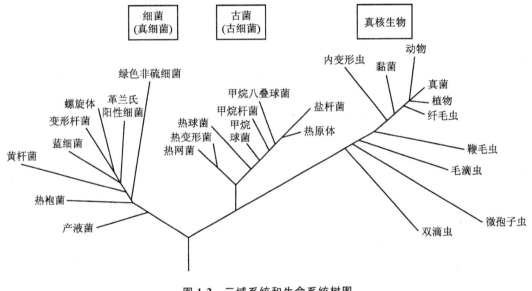

图 1-2 三域系统和生命系统树图

6. 中国学者对生物分界的意见

1966 年,邓叔群根据 3 种营养方式把生物分成植物界(光合自养)、动物界(摄食)和真菌界(吸收)。1965 年胡先骕将生物分为始生总界和胞生总界,前者仅包括无细胞结构的病毒,后者包括细菌界、黏菌界、真菌界、植物界和动物界。1979 年,陈世骧根据生命进化的主要阶段将生物分成三个总界的五界或六界新系统,即非细胞总界(仅为病毒),原核总界(包括细菌界和蓝藻界),真核总界(包括真菌界、植物界和动物界)。1977 年,王大耜等认为应在魏泰克五界系统基础上增加一个病毒界的六界系统。迄今为止,对于病毒是否属于生物以及病毒是否比原核生物更原始,国内外尚无定论。

目前,较为一致的观点是生物分界应该主要依据生物营养方式,并考虑生物进化水平。因此,植物界的概念应是"含有叶绿素,能进行光合作用的真核生物"。按照这一概念,植物界包括的主要类群是各门真核藻类、苔藓植物、蕨类植物、裸子植物和被子植物。

1.2 植物在自然界和人类生活中的作用

植物界绚丽多姿,五彩缤纷,不同植物的形态、结构、生活习性及对环境的适应性各有差异,但却具有共同的基本特征,即植物细胞有细胞壁,具有比较固定的形态;大多数种类含有叶绿体,能进行光合作用和自养生活;大多数植物个体终生具有分生组织,在个体发育过程中能不断产生新器官;植物对于外界环境的变化影响一般不能迅速做出反应,而往往只在形态上出现长期适应的变化等。

植物是生物圈中一个庞大的类群,有 50 余万种,广泛分布于陆地、河流、湖泊和海洋,它们在生物圈的生态系统、物质循环和能量流动中处于最关键地位,在自然界中具有不可替代的作用。植物在自然界和人类生活中的作用主要体现在以下几方面。

1. 自然界的第一生产者

绿色植物是自然界的第一生产者,能够利用光能把简单的无机物(水和二氧化碳)合成复杂的糖类,并进一步同化为脂类、蛋白质、核酸等物质。这些物质除了少部分消耗于本身生命活动或转化为组成躯体的结构材料之外,大部分以贮藏物的形式在细胞中积累,成为人类及其他异养生物的食物和能量来源。当人类、动物食用绿色植物以及异养生物从绿色植物躯体上或死后残骸上摄取养料时,绿色植物体中的贮藏物质被分解利用,能量被释放出来,并沿着食物链实现生态系统的能量流动。

2. 促进自然界循环

植物是自然界中各种物质循环不可缺少的参与者,现以碳、氧气和氮的循环为例说明植物在自然界物质循环中的作用。

碳是生命的基本元素,绿色植物进行光合作用所需的大量二氧化碳除了地球上的物质燃烧、火山喷发和动植物的呼吸释放外,最主要的还是要依靠生物尸体的分解所产生,植物在碳循环中所起的作用见图 1-3。

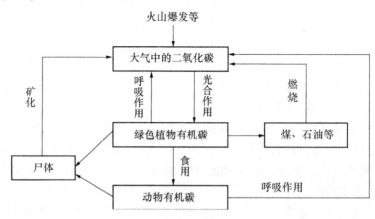

图 1-3 碳循环

绿色植物持续不断的光合作用能产生大量的氧气,补充了大气中因动植物呼吸和物质燃烧及分解对氧气的消耗,使大气中氧气的浓度维持在 21% 左右,保证了生物的生存。

氮在大气中约占78%,但这些游离氮不能被生物直接利用。固氮细菌和少数固氮蓝藻把空气中的游离氮固定转化为含氮化合物,使之成为植物可以吸收利用的氮。绿色植物利用这些含氮化合物进一步合成蛋白质等高级化合物,完成自身的形态建成或储存在体内。动物取食植物后,植物蛋白又转化形成动物蛋白质。植物和动物死亡后经非绿色植物的降解作用而释放出氨,一部分氨成为铵盐,作为营养再次直接被植物吸收利用;另一部分氨经硝化细菌的硝化作用形成硝酸盐,从而成为植物可利用的氮源,或经反硝化作用放出游离氮和氧化亚氮返回大气(图1-4)。

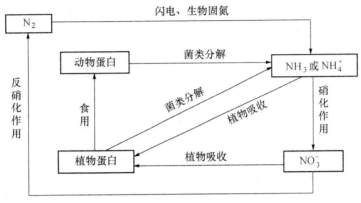

图 1-4 氮的循环图

3. 为人类生存提供必需品

植物是人类赖以生存的物质基础,生活中的衣食住行均离不开植物。纤维植物陆地棉和海岛棉等为人们提供了最基本的纺织原料,解决了穿衣问题。全世界能直接或间接食用的植物有75000种,粮食、蔬菜、水果等是由植物直接提供的,肉类、乳类是由植物间接提供的,人类从食物中获取蛋白质、淀粉、脂肪和各种维生素等营养物质,同时获取能量。木材和竹子在住房和家具建造中发挥着重要作用,植物药材在防病治病方面占有重要地位,煤炭、天然气等能源由植物转化而来。石油源自植物,是飞机、汽车等交通工具的重要燃料。

4. 人类发展的主要原料来源

植物除了为人类提供生存的必需品外,也是人类寻求发展、提高生活质量的重要原料来源。农林业生产的直接对象是植物,畜牧业和水产养殖业主要以植物为饲料或饵料,制药、建筑、纺织、食品、制糖、油脂、造纸、橡胶、酿造、化工、油漆、皮革、烟草等工业以植物为原料。因此,工农业生产均离不开植物。

1.3 植物科学发展史及发展趋势

1.3.1 植物生物学的发展简史

回顾植物科学的发展史,可以大体分为描述植物学、实验植物学和现代植物学三个主要时期,各时期有主要的成就和特点。

1. 描述植物学时期

植物科学的创立和发展是和人类对植物的利用程度密不可分的。自从人类有了利用植物的活动,也就有了植物科学知识的萌芽。例如,在我国和瑞士等国家新石器时代人类的居室里就发现了小麦、大麦、粟、豌豆等多种植物的种子。随着人类生产实践活动的发展,积累的植物学知识不断增多,有关植物学的著作也不断问世。一般认为植物学的奠基著作是希腊的特奥弗拉斯托(Theophrastus,公元前371—公元前286)所著的《植物的历史》(Historia Plantanum)和《植物本原》(De Causis Plantanum)两本书,这两本书中记载了500多种植物。意大利的塞萨平诺(Caesalpino,1519—1603)根据植物的习性、形态、花和营养器官等性状对植物进行分类,并在《植物》一书中记述了1500种植物。瑞士的鲍欣(Bauhin,1560—1624)出版了《植物界纵览》一书,并用属和种进行分类,在属名后接"种加词"来命名植物。1672年,英国的格鲁(Grew,1641—1712)出版了《植物解剖学》一书。1677年,荷兰的列文·虎克(Leeuwenhoek,1632—1723)用自制的显微镜进行了广泛的生物观察。1690年,英国的雷(Ray,1627—1705)首次给物种下定义,依据花和营养器官的性状进行分类,并用一个分类系统处理了18000种植物。在这一历史时期内,农业和林业生产也有了很大发展,即使是在黑暗的宗教统治下,农业技术也发展很快。

2. 实验植物学时期

18世纪至20世纪初的100多年为实验植物学时期。18世纪早、中期,植物学主要还是继续记述新发现的植物种类和建立植物的分类系统,其主要成就是林奈于1735年出版的《自然系统》一书。林奈在这本书中,把自然界分成植物界、动物界和矿物界,并将动物和植物按纲、目、属、种、变种5个等级归类,1753年他发表的《植物种志》一书,其中对7300种植物正式使用了双名法进行命名。18世纪后半叶以后取得了许多重要的实验植物学的成就。如瑞士的塞内比尔(Senebier)证明光合作用需要CO_2。瑞士的索绪尔(Saussure)于1804年指出绿色植物可以阳光为能量,利用CO_2和H_2O为原料,形成有机物和放出O_2。英国的布朗(Brown)于1831年在兰科植物细胞中发现了细胞核。德国的施莱登(Schleiden)于1838年发表了《植物发生论》,他指出细胞是植物的结构单位。德国的施旺(Sehwann)于1839年出版了《关于动植物的结构和生长一致性的显微研究》,与施莱登共同建立了细胞学说。德国化学家李比希(Liebig)于1843年出版了《化学在农业和生理学上的应用》,创立了植物的矿质营养学说。1859年,英国伟大的自然科学家达尔文(Darwin)发表的《物种起源》和后来的其他著作,创立了进化论,批判了神创论。他把整个生物界看作是一个自然进化的谱系,直接推动了19世纪植物分类学的发展,使植物分类学开始建立在科学的、反映植物界进化的真实情况的系统发育的基础上,进一步完善了植物界大类群的划分,并促使独立形成了真菌学、藻类学、地衣学、苔藓植物学、蕨类植物学和种子植物分类学等各分支学科。

农业上的育种实践、植物受精生理学说的建立,使植物遗传学得到了迅速发展。1866年,孟德尔(Mendel)的《植物杂交试验》揭示了植物遗传的基本规律。约翰逊(Johannsen)阐明了纯系学说。德弗里斯(De Vries)提出了突变论。特别是美国的摩尔根(Morgan)于1926年在《基因论》这本书中总结了当时的遗传学成就,完成了遗传学理论体系。与此同时,植物生态学也得到了迅速发展。

总之,植物学经过18世纪,特别是19世纪和20世纪初期的发展,已由描述植物学时期发展到主要以实验方法了解植物生命活动过程的时期。植物学已形成了包括植物形态学、植物分类学、植物生理学、植物解剖学和植物生态学等许多分支学科的科学体系。同时,植物学在这一时期对现代农业体系的形成也做出了重要贡献,促使农业生产技术发生了根本性变化,推动了以品种改良、高产栽培、大量使用农药和化肥以及机械化为标志的现代农业体系的形成。这是实验植物学时期对生产实践所起的显著作用。

3. 现代植物学时期

从 20 世纪初至今为现代植物学时期。19 世纪科学技术的迅速发展,为 20 世纪植物科学的巨大变革创造了条件。许多生命过程所显示的运动形式得到了解释,特别是确定了 DNA 为遗传的物质基础,并阐明了 DNA 的双螺旋结构之后,分子遗传学带动了植物学和整个生物学的迅速发展。这一时期的最大特点就是应用先进技术从分子水平上去研究生命现象。所以,这一时期可以概括为分子生物学的时期。近 30 多年来,分子生物学和近代技术科学,以及数学、物理学、化学的新概念和新技术被引入到植物学领域,植物科学在微观和宏观的研究上均取得了突出成就,无论在研究的深度和广度上都达到了一个新的水平。在微观的研究上,由于发现了一批用于分子生物学研究的模式植物,如被子植物中的拟南芥、金鱼草、短柄草、蒺藜苜蓿和烟草等,蕨类植物中的水蕨、苔藓植物中的小立碗藓等,都在探讨植物生长发育的分子机制上取得了大量成果。对模式植物拟南芥和金鱼草的分子生物学的研究,已使植物发育生物学的研究面貌一新,特别是一系列调控基因的发现与克隆,为了解植物发育过程及其调控机制增加了大量新知识。如利用拟南芥已分离到多种影响开花时间的突变体,其中一些基因促进开花,包括 CONSTANS(CO)、LUMINIDEPENDENS(LD)、FCA、ELF 等;另有一些基因则抑制开花,如 EMFl 等。近年来,在植物发育分子生物学研究中取得的重大突破之一,就是有关花发育中调控各类花器官形成的器官特征基因(organ identify gene)的克隆及其功能分析。在植物生殖生物学的研究上也取得了重大进展,如配子识别、配子分离、配子融合和人工培养合子等均获成功,已可在离体条件下观察受精过程中的变化。同时,在宏观的研究上,如生态学、植物(生物)多样性的研究等领域也取得了重大进展。总之,近 30 多年来,特别是近 20 多年来植物科学发展迅速,其中对植物科学发展影响最大、最深刻的就是分子生物学及其技术。这是现代植物学时期的一个明显特点。植物科学在一些研究领域取得了突破性成果,每年发表的论文均达数万篇。

1.3.2　植物生物学的分支学科

植物生物学是以植物学知识体系为核心发展起来的,涵盖了植物科学多个领域的知识范畴,具有较强的学科交叉特征,融合了多个分支学科。植物形态学(plant morphology)是研究植物个体发育和系统发育中形态结构的建成规律和特征,阐述植物体各器官的形态结构和生理功能间的相互关系的学科。广义的概念还包括研究植物组织和器官的显微结构及其形成规律的植物解剖学,研究高等植物胚胎形成和发育规律的植物胚胎学,以及研究植物细胞的形态结构、代谢功能、遗传变异等内容的植物细胞学等。植物解剖学是研究植物体的内部结构、个体发育和系统发育中的结构建成规律,以及结构与功能关系的学科。植物分类学是研究植物种类的鉴定、物之间的亲缘关系和植物界自然系统的学科。植物生态学是研究植物与环境间相互关系的科学,又可分成植物个体生态学、植物种群生态学、植物群落生态学及生态系统生态学等。植物生理学是研究植物生命活动规律、揭示植物生命现象本质的科学,主要内容包括植物细胞的结构与功能

（水分代谢、矿质营养、光合作用、呼吸作用），有机物运输与分配（植物的生长、生殖、衰老、脱落）和逆境生理及其调控规律等。分子植物学是研究植物生长发育和生理代谢过植物遗传学是研究植物的遗传和变异规律性的科学。植物化学是研究植物代谢产物的成分、结构、分布规律的科学，植物分子基础，即蛋白质、基因的结构和功能及其在植物生长发育和生理代谢过程中的作用。植物胚胎学是研究植物胚胎形成和发育规律的科学，研究受精前胚囊和花粉管形成、受精过程、胚胎发育以及胚胎发育与外界环境条件和内在生理、生化及遗传的关系等，植物生殖生物学、植物发育生物学等是在其基础上新形成的分支学科。植物地理学是研究地球上现在和过去植物传播和分布的学科。植物资源学是研究自然界所有植物的分布、数量、用途及其开发的科学，它与药用植物学、植物分类学和保护生物学有密切关系。

1.3.3　植物生物学的发展趋势

进入 21 世纪，现代植物科学的发展更加突飞猛进，其发展趋势主要表现在以下 3 个方面：

第一，现代植物科学的发展已经进入到两极分化与趋同性的阶段，一方面在微观领域进一步探索生物分子水平的结构、过程与机制，以揭示生物界的高度的同一性；另一方面继续在宏观领域生物圈的水平上发展对大气圈、水圈、岩石圈相互作用的认识，而且还将会跨出地球，进入外层空间，研究宇宙射线的作用与无重力世界中的生命行为。上述两方面（两极）的研究与发展又相互融合。在这种分化与融合的过程中，人类会进一步深化对植物界的复杂性、多样性与同一性的认识，这些认识将会大大丰富植物科学的内容，而且还会产生一系列新的分支学科，形成现代植物科学的体系。

第二，植物科学中传统的各分支学科彼此交叉渗透，各分支学科间的界限逐渐淡化，而且植物科学也与其他生物学科或非生物学科间进行交叉渗透和相互影响、相互推动。植物科学将在这种广泛的交叉渗透中得到更大的发展。

第三，植物科学的研究（包括微观领域和宏观领域）和所获得的成果将会与解决人类面临的人口增长、粮食和能源短缺、环境污染、生物多样性减少、人类和其他生物的生存环境日益恶化等重大问题更为密切地相互联系，并在解决这些重大问题中发挥作用。

1.4　学习植物生物学的目的和方法

植物生物学是生命科学相关专业的主要基础课之一，它为生理学、生态学、遗传学、资源学，以及农学、林学、医学等众多的课程打下基础。可以这么说，凡是以植物为研究对象的工作都需要植物生物学基础知识。因此，学习本课程的基本要求就是扎扎实实地掌握植物生物学的基本知识、基本理论和基本技能，既要了解植物生物学的过去和现在，又要了解植物生物学的发展趋势，还要了解植物生物学和其他科学技术的关系，以及植物和植物生物学在自然界、在人类社会的生存和发展中的重要意义。

学好本门课程需要注意以下几点。

①要明确各类知识之间存在千丝万缕的联系，必须学会辩证思维，才能把握知识间的内在联系。如植物形态结构与其生理功能的关系、形态结构与所处的生态环境的关系、个体发育和系统发育的关系、遗传与变异的关系、共性和个性的关系、多样性的保护和资源的利用的关系、基础知识与应用的关系等。防止死板的、孤立的和片面的思维方式，防止死记硬背的学习方式。

②加强技能培养。植物生物学是一门实验性科学,其主要研究方法是实验方法。要掌植物生物学最基本的实验方法手段,如显微镜的使用;切片、临时装片、染色技术;植物最基本的生理生化过程的测定技术,如呼吸强度、光合强度的测定,叶绿素含量的测定以及一些特征性酶活性的测定等;在野外工作中要掌握植物标本采集、制作和记录的方法。这些技能是今后独立开展工作的基础,在求学时期就要注意培养自己独立工作的能力。

③加强理论联系实际。大自然是一本活的教科书,抓住植物一岁一枯荣的生长、发育、开花、结果的规律,把植物学的知识学活,这是区别于其他课程的行之有效的学习方法。同时要联系生产实际、生活实际,尝试以植物科学的基本知识和基本理论来解释生活和生产实际中的问题。还可以在教师的指导下开展一些探究性的实验或科研课题研究,这样不仅可以培养运用所学知识分析和解决问题的能力,而且还可以学习科学研究的方法,培养科学思想和科学态度,激发进一步探讨植物科学中未知世界的欲望和兴趣。

作为大学生,要关注社会热点和科学发展的新动向。当前社会上关注的食品安全、白色污染、温室效应、大气污染、臭氧层保护、开发大西北等重大问题都与生物科学有关。要主动了解这些问题,并进行思考。

④依照认识论的客观规律进行学习。为课程服务的教材总是以演绎法编写的,即先写一般的、抽象的特征,然后再演绎出具体的实例,学习时不妨倒过来,以归纳法进行,即先从实例取得感性认识,然后再由个别到一般、由具体到抽象掌握它们的共同特征,建立起进化的观念。

在认识植物生命活动规律时,必须要注意植物生命活动的一些重要特性。如植物的整体性,即植物虽有各种器官的分化和功能的分工,但各器官、功能间既相互协调又相互制约;又如植物与环境的统一性,即植物生活和生长所需的物质、能量和信息均来自周围环境,植物只有与外界不断地进行物质、能量和信息交换才能生存;还有植物自身的可变性,即植物的遗传性是以往长期进化形成的,同时还将不断地发生适应、变异和进化。

⑤要注意学习方法的更新,了解新成就、新动向、新发展。任何教材都难以及时反映这些领域的最新成果。尤其是现在,每年都有许多新的发现和新的进展,一定要注意知识更新,加大自学力度,多阅读专业期刊中的最新文献,多听有关专家的学术报告,以此了解学科最新的发展动态。

互联网的发展为我们提供了一个很好的信息平台。要充分利用国内外丰富的网络资源,不断地学习和更新有关知识。这种新的学习方法,对学习植物生物学有很大帮助,对学习其他课程也非常重要。

生命科学正以过去无法想象的速度飞速发展,转基因植物、克隆与细胞全能性、人类基因组计划、生物多样性保护、空间生物学等都是与人类生活密切相关的生命科学中的重大问题。通过对这些问题的了解,开阔自身视野,才能高瞻远瞩,把自己培养成为21世纪的高级科技人才。

第 2 章　植物的细胞和组织

2.1　植物细胞的形态与结构

2.1.1　植物细胞的化学组成

构成细胞的生活物质为原生质,它是细胞活动的物质基础。原生质有着相似的基本成分,主要有 C、H、O、N、S、P、K、Ca、Mg、Mn、Zn、Fe、Cu、Mo、Cl 等。其中,C、H、O、N 四种元素占 90% 以上,它们是构成各种有机化合物的主要成分,除此以外的其他化学元素含量很少或较少,但也非常重要。各种元素的原子或以各种不同的化学键相互结合而形成各种化合物,或以离子形式存在于植物细胞内。

组成细胞的化合物分为有机物和无机物两大类,无机物包括分子质量相对较小的水和无机盐,分子量较大的有机物主要包括核酸、蛋白质、脂类和多糖等物质。

1. 无机物

(1)水

水是生命之源,水生植物的含水量可以达到鲜重的 90% 以上,草本植物的含水量为 70%~85%,休眠芽为 40%,而根尖、嫩稍、幼苗和绿叶的含水量为 60%~90%,种子(成熟的)含水量为 10%~14%。凡是植株生命活动比较旺盛的组织和细胞,其水分含量都较多。生命活动中各项化学反应和酶促反应都须溶解在水中才能进行;植物的大部分物质及由根吸收的矿质元素也须溶解在水中才能被运输到植物体的各部位;叶片所含水分还可以降低叶温,免受炎热阳光的灼伤。

(2)无机盐

除水之外,原生质中还含有无机盐及许多呈离子状态的元素,如 Fe、Zn、Mn、Mg、K、Na、Cl 等。这些无机元素可以作为植物细胞结构物质的组成部分,也可以是植物生命活动的调节者和作为酶的活化因子;同时,有些离子可以起电化学作用,在离子的平衡、胶体的稳定和电荷的中和等方面起作用。植物细胞中的金属离子,可以与一些无机物的阴离子或有机物的阴离子结合成盐,有些难溶的盐类,如草酸钙可以沉淀在液泡中,从而降低草酸对细胞的伤害。

2. 有机化合物

(1)糖类

糖类是光合作用的同化产物,主要由 C、H、O 元素组成,分子式为 $Cn(H_2O)_m$,故又称为碳水化合物。其功能除参与构成原生质和细胞壁外,还作为细胞中重要的贮藏物质。细胞中最重要的糖可分为:单糖(如葡萄糖、核糖等)、双糖(如蔗糖、麦芽糖等)及多糖(如纤维素、淀粉等)。另外,植物体内有机物运输的主要形式也是糖;植物生命活动所需的能量,也主要是来自糖氧化分解所释放出的能量。

（2）脂类

凡是经水解后产生脂肪酸的物质均属于脂类，包括油、脂肪、磷脂、类固醇等。脂类的主要构成元素是 C、H、O，但 C、H 含量很高，有的脂类还含有 P、N。在植物体内，脂类除作为构成生物膜的主要成分外，另外脂类也是重要的贮藏物质，例如花生等植物的种子中都贮存有大量的脂类物质，有些脂类还形成角质，木栓质和蜡，参与细胞构成。

（3）蛋白质

在植物的生命活动中，蛋白质是一类极为重要的大分子有机物，蛋白质分子由 20 种氨基酸组成，由于氨基酸的数量、种类和排列顺序的不同，可以形成各种蛋白质。蛋白质除了作为细胞的主要构成成分外，还参与植物的光合作用、物质运输、生长发育、遗传与变异等过程。另外，作为植物生命活动重要调节者的酶，其绝大多数都是蛋白质（如使物质分解的淀粉酶、脂肪酶和蛋白酶等）。

（4）酶

酶是生活细胞产生的具有催化活性的蛋白质，也称为生物催化剂。生物有机体内的一切物质代谢都必须在酶的催化下进行，并受酶的调节和控制。

生活细胞的物质代谢是由一系列生物化学反应组成的。这些化学反应在生物体内进行的异常迅速而有秩序。例如：蛋白质、脂肪和糖可在体内迅速水解为相应的产物：氨基酸、脂肪酸、甘油、单糖等。而这些物质在体外需要在强酸条件下沸腾数小时才能分解。在体内的化学反应如此之快，就是因为生物体内存在着一类高效生物催化剂——酶。它可以催化生物体内的各种生物化学反应。

（5）核酸

植物细胞都含有核酸，核酸是载有植物遗传信息的一类大分子。核酸由核苷酸构成，单个的核苷酸由 1 个含氮碱基、1 个五碳糖和 1 个磷酸分子组成，根据所含戊糖的不同，核酸可以分为脱氧核糖核酸（DNA）和核糖核酸（R 辩 A）两大类。其中，DNA 分子是基因的载体，它可以通过复制将遗传信息传递给下一代，也可以通过将所携带的遗传信息转录成 mRNA，再翻译成蛋白质，通过蛋白质使遗传信息得以表达，从而使生物表现出相应的性状。

2.1.2 植物细胞的基本特征

典型的高等植物细胞如图 2-1 所示。

与动物细胞相比，绝大多数植物细胞都有坚硬的外壁——细胞壁。植物的许多生理过程，如生长、发育、形态建成、物质运输、信号传递等都与细胞壁有关。植物绿色细胞中具有叶绿体，能进行光合作用和具有细胞壁可能是植物祖先最早产生的有别于其他生物的重要特征。在许多植物细胞中都有一个中央大液泡，这也是植物细胞的重要特征之一。中央大液泡在细胞水分运输、生长、代谢等方面都有重要作用。在高等植物组织中，相邻细胞之间有胞间连丝相连，是细胞间独特的通信连接结构，有利于细胞间物质和信息传递。动物细胞通常有一定"寿命"，细胞在若干代后会失去分裂能力，但是植物分生组织的细胞通常具有无限生长能力，可以永久保持分裂能力。此外，植物细胞有丝分裂后，普遍有一个体积增大与成熟过程，这一点比动物细胞表现更明显。如细胞壁的初生壁与次生壁形成，液泡形成与增大，质体发育等（图 2-2）。

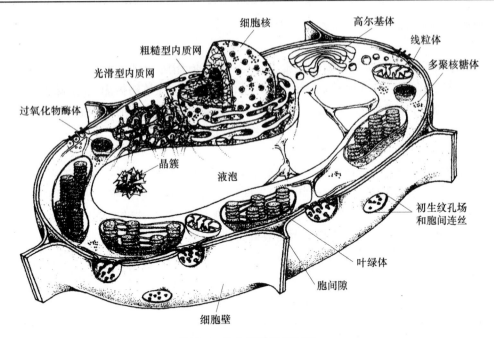

图 2-1　植物细胞结构图解

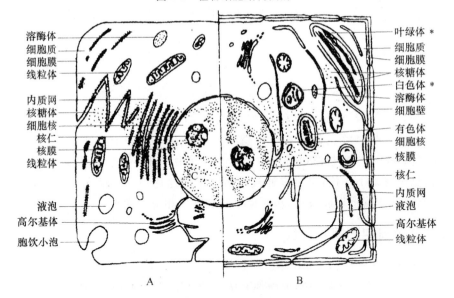

图 2-2　动物细胞和植物细胞超微结构比较

A—动物细胞；B—植物细胞

2.1.3　植物细胞的基本结构

1. 细胞壁

细胞壁式植物细胞的天然屏障，能支持和保护其中的原生质体，在抵御病原菌入侵上有积极作用。当病原菌侵染时，寄主植物细胞壁内产生一系列抗性反应，如引起植物细胞壁中伸展蛋白积累和木质化、栓质化程度提高，从而抵御病原微生物侵入和扩散；细胞壁还能限制原生质体产生膨压,使细胞维持一定形状;细胞壁具有很高的硬度和机械强度,使细胞对外界机械伤害有较高抵抗力。过去认为细胞壁是原生质体分泌的无生命结构,后来发现细胞壁中还含有许多具有生理活性的蛋白质,在植物体的吸收、分泌、蒸腾、运输、细胞生长调控、细胞识别等过程中有一定作用。因此,细胞壁并不只是非生活的排出物,而是与原生质体之间存在着有机联系。

细胞壁形成了植物体的质外体空间,植物体的许多运输过程都是在其中进行的。由特化细胞壁形成的导管在水分和矿质运输中起着不可替代的作用。某些特殊的细胞运动也和细胞壁有关,如植物气孔保卫细胞的变形运动就与保卫细胞细胞壁不均匀加厚有关。

(1)细胞壁的化学成分

细胞壁的主要成分是多糖和蛋白质,前者包括纤维素(cellulose)、果胶质(pectin)和半纤维素(hemicellulose)等;后者如结构蛋白、酶和凝集素等,还有木质素等酚类化合物、脂类化合物(角质、栓质、蜡)和矿物质(草酸钙、碳酸钙、硅的氧化物)等。细胞壁的化学成分随植物种类和细胞类型差别而不同,也因细胞的发育和分化存在差异。

①纤维素。由多个葡萄糖分子脱水缩合形成的长链。纤维素分子以伸展形式存在,数条平行排列的纤维素分子形成分子团,多个分子团再形成微纤丝(microfibril)。大约 30～100 个纤维素分子平行排列组成直径约为 10nm 的微纤丝。许多微纤丝进一步结合,成为光学显微镜下可见的大纤(macrofibril)。平行排列的纤维素链之间和链内均有大量的氢键,纤维素的这种排列方式使之具有晶体性质,有高度的稳定性和抗化学降解的能力(图 2-3)。

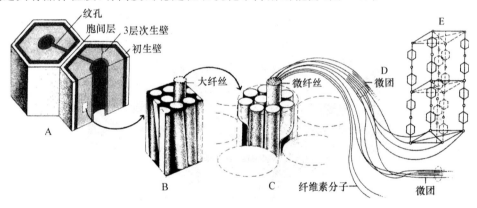

图 2-3　细胞壁的详细结构图

A—细胞壁结构图解;B—大纤丝;C—微纤丝;D,E—纤维素分子构成的长链及其晶格

②半纤维素。存在于纤维素分子间的一类基质多糖,它的种类很多(木葡聚糖、混合键葡聚糖、木聚糖、阿拉伯木聚糖、甘露聚糖、胼胝质等),其成分与含量随材质种类和细胞类型不同而异。其中胼胝质是 β-1,3-葡聚糖的俗名,广泛存在于植物界,花粉管、筛板、柱头、胞间连丝、棉花纤维次生壁等处都有胼胝质,是一些细胞壁中的正常成分,也常是一种伤害反应的产物,植物受到机械损伤后,筛孔即被胼胝质堵塞。花粉萌发和生长中形成胼胝质往往是不亲和反应的产物。

③果胶多糖。一类重要的基质多糖,包括果胶和原果胶(protopectin)。果胶有果胶酸(pectic acid)和果胶酯酸(pectinic acid)两种。果胶多糖种类很多,它们共同的主要特征是由 α-1,4 糖苷键连接的 D-半乳糖醛酸组成的线状链,其中还插入有鼠李糖、阿拉伯糖和半乳糖等。除了作为基质多糖,在维持细胞壁结构中有重要作用外,果胶降解形成的片段还可调控基因表达,使细胞内合成某些抵抗真菌和昆虫侵害的物质。果胶能保持 10 倍于本身质量的水分,使质外体中可

利用水分大大增加,在调节水势方面具有重要作用。

④蛋白质。细胞壁内的蛋白质约占细胞壁干重的 $5\%\sim10\%$,如酶蛋白和结构蛋白等,它们是在细胞质中合成后转运到细胞壁中的。酶和细胞壁大分子的合成、转移及水解有关,并且参与某些胞外物质的代谢,以便使它们转移到胞内。

细胞壁中的酶有水解酶(蔗糖酶、葡聚糖酶、果胶甲基酯酶、ATP 酶、DNA 酶、RNA 酶等)和氧化酶(抗坏血酸氧化酶、漆酶等)等。

细胞壁,尤其是初生壁,含有结构蛋白质,如富含羟脯氨酸的伸展蛋白(extensin),它在细胞壁中交联纤维素的网络,起到控制纤维素微纤丝的滑动、增加细胞壁的强度和刚性、控制细胞壁的伸展、调节植物形态建成等作用。伸展蛋白结合到其他细胞壁多聚物上,使细胞壁具有一定的韧性。在植物发育、机械损伤、真菌感染、植物抗毒素诱导剂处理及热处理时,都能引起细胞壁中伸展蛋白的反应,而这与植物的防御和抗病、抗逆等功能有关。

(2)细胞壁的发生与分层

植物细胞在生长发育过程的不同阶段,因原生质体在新陈代谢过程上的时空有序性,所形成的壁物质在种类、数量、比例以及物理组成上具有明显差异,使细胞壁有了成层现象(1amellation)。对大多数植物细胞而言,在显微水平上,一般可区分出胞间层、初生壁和次生壁三层(图 2-4)。

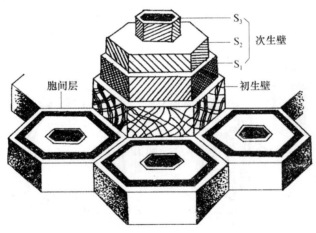

图 2-4 植物细胞壁分层结构示意图

S_1、S_2、S_3 代表微纤丝不同走向的三层次生壁

①初生壁(primary wall)。初生壁是在细胞生长过程中和停止生长前所形成的壁层,由相邻细胞分别在胞间层两面沉积壁物质而成,是新细胞上产生的第一层真正的细胞壁。在许多类型细胞中,它是仅有的壁层。在生理上分化成熟后仍有生活原生质体的成熟组织细胞(木射线及木薄壁细胞除外),一般都只有初生壁而无次生壁。初生壁一般较薄,厚度为 $1\sim3\mu m$,但也有均匀或局部增厚情况,前者如柿胚乳细胞,后者如厚角组织细胞。初生壁的主要组分为纤维素、半纤维素、果胶质、糖蛋白等。这些成分交联在一起,形成了一种以纤维素为构架物的网络状结构。果胶质使得细胞壁有延展性和韧性,使细胞壁能随细胞生长而扩大。当细胞体积增长超过一定限度后,其初生壁则以填充生长方式进行面积增加。在生长激素和酶等物质作用下,原有的微纤丝网扩张,出现的空隙被新壁物质填充,面积得以扩大。分裂活动旺盛的细胞,进行光合、呼吸作用的细胞和分泌细胞等都仅有初生壁。当细胞停止生长后,有些细胞的细胞壁就停留在初生壁

阶段不再加厚。通常初生壁生长时并不是均匀增厚，其上常有初生纹孔场。

②次生壁（secondary wall）。次生壁是指在细胞体积停止增长、初生壁不再扩大，在初生壁内表面继续发生增厚生长而形成的新壁层。次生壁厚 $5\sim10\mu m$。在植物体中，只是那些在生理上分化成熟后、原生质体消失的细胞，才能在分化过程中产生次生壁，如纤维细胞、导管、管胞等，次生壁通常分三层（图 1-7），即内层（S_3）、中层（S_2）和外层（S_1），各层纤维素微纤丝排列方向不同，这种成层叠加的结构使细胞壁强度增大。这些分层中的中间层通常最厚。次生壁中还含有半纤维素的基质和极少量果胶质，比初生壁更坚韧，几乎没有延伸性。某些细胞的次生壁还添加有木质素，壁更坚硬；有些细胞的表面会添加角质、栓质、蜡质等复饰物，加强壁的保护功能。

③胞间层（intercellular layer）。又称中层（middle layer），位于细胞壁最外层，是相邻细胞共有的层次。主要化学成分是果胶质，能使相邻细胞粘连在一起。柔软的果胶质具有可塑性和延伸性，可缓冲细胞受到的压力，又不阻碍细胞体积扩大。胞间层在一些酶（如果胶酶）、酸或碱的作用下会发生分解，使相邻细胞间出现一定空隙，称为胞间隙。西瓜、番茄、柿子等的果实成熟时变软，部分果肉细胞彼此分离，主要原因就是果胶质被果胶酶分解；一些真菌侵入植物体时也分泌果胶酶，以利于菌丝侵入。胞间层一般发生于细胞分裂末期，由积累在赤道板上的壁物质形成。

细胞壁的形成一般发生在细胞分裂末期。在细胞分裂末期的赤道面上，分裂的母细胞先形成成膜体（phragmoplast）。在染色体分向两极时，高尔基器分离出的小泡与微管集合在赤道面上成为细胞板（ceu plate）。新的多糖物质沉积在细胞板上逐渐形成以果胶质为主要组分的胞间层。其后，细胞内合成一些纤维素组成微纤丝，沉积在胞间层两侧，就形成了初生壁。当细胞成熟停止生长后，一层层新的纤维素和半纤维素及木质素陆续添加在初生壁上，形成了次生壁。初生壁每添加一层，微纤维排列方向就不同（纵向或横向），形成了不规则的交错网状。这样加厚的结果，使整个植物体的机械支持更强。

（3）纹孔与胞间连丝

绝大多数植物体是由许多细胞组成的，细胞壁使各个细胞相对隔离，实现了细胞间的分工，并使各类细胞具有与功能相适应的特定的形态。植物体是一个有机的整体，这是靠细胞间的纹孔（pit）和胞间连丝（plasmodesma）等联络结构实现的。

①纹孔。植物细胞壁的初生壁是不均匀增厚的，有一些非常薄的区域，称初生纹孔场（primary pit field），相邻细胞原生质体的胞间连丝往往集中在这一区域，以后产生次生壁时，初生纹孔场处往往不被次生壁所覆盖，形成纹孔。纹孔有利于细胞间的沟通和水分的运输。相邻细胞的纹孔常成对存在，称为纹孔对（pit pair）。纹孔具有一定的形状和结构，常见的有单纹孔（simple pit）和具缘纹孔（bordered pit）两种类型。

②胞间连丝。连接相邻细胞间的细胞质细丝，是细胞间物质、信息和能量交流的直接通道，行使水分、营养物质、小的信号分子以及大分子的胞间运输功能。高等植物的活细胞之间，一般都有胞间连丝相连，其数量、分布位置不一（图 2-5）。细胞的不同侧面，胞间连丝的数量不一，在筛管分子和某些传递细胞之间胞间连丝特别多。

胞间连丝使植物体中的细胞连成一个整体，所以植物体可分成两部分：通过胞间连丝联系在一起的原生质体，称共质体（symplast）；共质体以外的部分，称质外体（apoplast），包括细胞壁、细胞间隙和死细胞的细胞腔。胞向连丝可在细胞壁形成之后次生发生或被阻断，共质体网络不断重新构建，形成共质体的分区。这种区域化的共质体被认为是调控植物体生长发育进程的基本

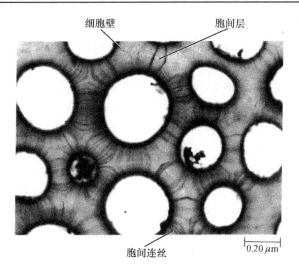

图 2-5　细胞连丝

单位,在基因表达、细胞的生理生化过程、细胞的分裂和分化、形态发生、植物体的生长发育以及植物对环境的反应等诸多方面起着重要作用。

2. 细胞膜

细胞膜又称质膜(plasma membrane,plasmalemma),是指与细胞壁相邻,围绕在原生质体表面,由脂类和蛋白质组成的薄膜。细胞内还有构成各种细胞器(如内质网、高尔基体、质体、液泡、微体等)的膜,称为细胞内膜。相对于内膜,质膜也称外周膜。外周膜和细胞内膜统称为生物膜(biomembrane)。

质膜厚约 8.0mn,在普通光学显微镜下观察不到,因此,在相当一段时间内,只能依靠生理功能、染料吸附和显微操作来证明它的存在。在电子显微镜下,用锇酸固定的样品,可以看到质膜具有黑－白－黑三个层次,内层和外层为电子致密层,均厚约 2nm,中间透明层厚2.5～3.5nm。

(1)细胞膜的化学组成

质膜由脂类和蛋白质组成,还含有少量糖蛋白、糖脂及微量核酸。其中,脂类约占总量的50%、蛋白质占 40%、糖类占 2%～10%。它们以一定方式组合装配成质膜。

质膜所包含的脂类有 100 多种,其中以磷脂、糖脂和胆固醇为主。这三种脂类均具有亲水脂性质,其分子均是双亲媒性分子,即具有一个亲水的极性头和一个疏水的非极性末端。它们形成了质膜的基本结构——脂双层,其亲水端分布在脂双层表面,疏水的脂肪酸链藏在脂双层内部。疏水的脂肪酸链有屏障作用,使膜两侧的水溶性物质(包括离子与亲水小分子)一般不能自由通过,这对维持细胞正常结构和细胞内环境的稳定非常重要。

质膜中膜蛋白的种类相当多,它们都是球形蛋白,有单体也有聚合体。根据膜蛋白与膜脂相互作用方式和存在部位,膜蛋白分为外在性蛋白或外周蛋白(extrinsic 或 peripheralprotein)和内在性蛋白或整合蛋白(intrinsic 或 integral protein)两类。按其功能,膜蛋白分为受体蛋白、载体蛋白和酶蛋白等。膜的许多重要功能是由蛋白质分子执行的。有些膜蛋白可作为载体而将物质带入或带出细胞,有的本身就是酶,还有的是某些有生物学活性物质的受体。

质膜中的糖类是由葡萄糖、半乳糖等数种单糖连成的寡糖链。膜糖大多和蛋白质分子相结合成为糖蛋白,也可和脂类分子结合成糖脂。糖蛋白与细胞识别有关。

(2)质膜的流动性和不对称性

膜的不对称性包括膜脂、膜蛋白及糖类的不对称性。膜脂的不对称性是指同一种膜分子在膜脂双层中呈不均匀分布。外在蛋白和内在蛋白在质膜上也呈不对称分布。膜蛋白的不对称性不仅包括蛋白质在膜上分布不均匀,更重要的是每种膜蛋白分子在细胞膜上都有明确的方向性。细胞表面的受体、膜上载体蛋白等,都是按一定方向传递信号和转运物质,与细胞膜相关的酶促反应也都发生在膜的某一侧面。

膜的流动性包括膜脂流动性和膜蛋白流动性。膜脂流动性是指膜脂分子在膜中以多种方式运动,如侧向扩散、旋转运动、伸缩振荡运动等。影响膜脂流动性的重要因素是磷脂分子脂肪酸链的不饱和程度和长度、环境温度和膜脂分子种类及其比例。膜中蛋白质分子的运动大体分为侧向扩散和旋转运动。侧向扩散是指膜蛋白沿膜的二维表面移动。旋转运动是指膜蛋白围绕与脂双分子层垂直轴进行旋转运动。膜蛋白在膜中的移动受多种因素影响,如温度,在低温下膜蛋白移动减慢或停止。如细胞骨架,膜蛋白常与质膜内表面和细胞质中的微管、微丝组成的网架相联系,这些微管和微丝的活动对膜蛋白移动有一定影响。此外,膜蛋白与膜脂分子的相互作用也是影响膜流动性的重要因素。膜的流动性并不简单地是膜脂与膜蛋白在膜中位置的变化,它与质膜的许多重要功能有关,如物质运输、细胞融合、细胞识别、细胞表面受体功能与调节等。

(3)质膜的功能

质膜在细胞生活中具有重要作用。质膜位于原生质体表面,是细胞内外边界,为细胞生命活动提供了相对稳定的内环境。它具有选择透性,能有选择地容许某些物质通过被动运输或主动运输等方式出入细胞,能控制细胞与外界环境之间物质交换以维持细胞内环境的相对稳定。许多质膜上还存在激素受体、抗原结合点以及其他有关细胞识别的位点,所以,质膜在细胞识别、细胞间信号传递、新陈代谢调控等过程中具有重要作用。此外,质膜也参与了细胞壁及细胞表面特化结构的形成过程。

3. 细胞质

细胞质充满在细胞核与细胞壁之间,它包括质膜、细胞器和细胞基质三部分。

细胞器一般认为细胞器是细胞质中具有一定形态结构和生理功能的亚单位或微器官,植物细胞中有多种细胞器。

(1)质体

质体是植物细胞所特有的细胞器,该细胞器与碳水化合物的合成与贮藏密切有关,根据所含色素及生理机能的不同,可将质体分成三种类型:叶绿体、白色体和有色体(或称杂色体)。

①叶绿体。它是进行光合作用的细胞器,存在于植物所有绿色部分的细胞里,高等植物细胞中叶绿体通常呈椭圆形,数目较多,少者 20 个,多者可达 100 个,它们在细胞中的分布与光照有关。叶绿体含叶绿素和类胡萝卜素两类色素,由于叶绿素的含量较高,叶绿体呈绿色。叶绿体的主要功能是吸收太阳光能进行光合作用,光合作用的实质是将光能转化为化学能的过程。叶绿体之所以能完成这一功能,是与它的结构密切相关的,叶绿体外部包有两层膜,内部充容的是基质,其间悬浮着复杂的膜系统,有扁平的囊,称类囊体。一些类囊体有规律地垛叠在一起,称为基粒(图 2-6)。基粒类囊体之间靠基质中的基质类囊体彼此贯通。光合作用的色素和电子传递系统都位于类囊体膜上,基粒和基质分别完成光合作用中不同的化学反应。叶绿体基质中有环状

的双链 DNA,能编码自身的部分蛋白质;具有核糖体,能合成自身的蛋白质;叶绿体中通常含有淀粉粒。

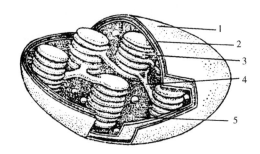

图 2-6　叶绿体立体结构图解

1—外膜;2—内膜;3—基粒;4—基粒间膜;5—基质

②白色体。不含色素,呈无色颗粒状,存在于植物体各部分的贮藏细胞中。白色体结构简单,虽然也有双层膜包被,但基质没有膜的结构,不形成基粒,仅有少数不发达的片层。白色体的功能是积累贮藏营养物质,根据其贮藏物质的不同分为三类:当白色体特化成淀粉储藏体时,便称为淀粉体,如马铃薯块茎及小麦、水稻种子中的造粉体;当它形成脂肪时,则称为造油体;积累蛋白质的白色体称造蛋白体。

③有色体。主要存在于植物体的花瓣、果实或根中,含有胡萝卜素和叶黄素。有色体的形状多种多样,例如,红辣椒果皮中有色体呈颗粒状,旱金莲花瓣中的有色体呈针状。有色体能积聚淀粉和脂类,在花和果实中具有吸引昆虫和其他动物传粉及传播种子的作用。

(2)线粒体(mitochondria)

线粒体是动、植物细胞中普遍存在的一种细胞器,除了细菌、蓝藻和厌氧真菌外,生活细胞中都有线粒体。线粒体很小,在光学显微镜下,需进行特殊的染色,才能加以辨别;在电镜下可以看到线粒体是由双层膜构成,外膜光滑无折叠,其内膜向中心腔内折叠,形成许多隔板状或管状突起,称为嵴。细胞中线粒体的数目以及线粒体中嵴的多少,与细胞的生理状态有关。当细胞代谢旺盛,能量消耗多时,细胞就具有较多的线粒体,其内有较密的嵴;反之,代谢较弱的细胞,线粒体较少,内部嵴也较稀疏。在内膜与嵴的内表面上均匀分布着许多电子传递粒,能催化 ATP 的合成。

线粒体直径为 $0.5\sim1\mu m$,长为 $1\sim2\mu m$,一般比质体小,经特殊方法染色后,用光学显微镜就可看到。线粒体的形状多为椭球形和圆柱形。细胞中线粒体的数目因细胞不同而变化,代谢活跃的细胞(如分泌细胞)中,线粒体多达几百个。外界条件的变化可引起线粒体形态、数目发生改变。线粒体通过氧化磷酸化作用,进行能量转换,提供细胞进行各种生命活动所需的直接能量,是糖、脂肪和氨基酸最终氧化释放能量的场所,是细胞内的"动力站"。

电镜下的线粒体由外膜(outer membrane)、内膜(inner membrane)、膜间隙(intermembrane space)和基质组成(图 2-7)。线粒体外膜厚约 6nm,平整无折叠;内膜厚 6~8nm,向内折入形成嵴(cristae)。嵴的存在扩大了内膜表面积。内膜上分布有许多带柄的球状小体,称为基粒(elementary particle)或 F_1 颗粒(F_1 particle)。基粒由面向基质的头部(F_1)、附着在内膜上的柄部和嵌入内膜的基部(F_0)三部分组成,其本质为 ATP 合成酶复合体,是利用电子传递过程中释放能量合成 ATP 的关键装置。外膜与内膜之间存在着宽 6~8nm 的封闭腔隙,称为膜间隙,其中充满无定形液体,内含许多可溶性酶、底物和辅助因子。内膜内侧,即嵴包围的腔中的胶状物质称为基质或内室(inner chamber)，其中含有脂类、蛋白质、核糖体、tRNA 及环状 DNA 分子。

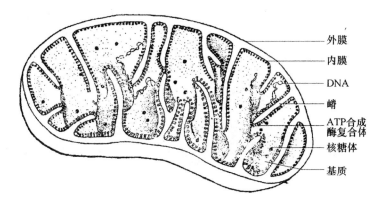

外膜
内膜
DNA
嵴
ATP合成
酶复合体
核糖体
基质

图 2-7　线粒体的超微结构

线粒体是细胞呼吸及能量代谢中心，含有细胞呼吸所需要的各种酶和电子传递载体。细胞呼吸中的电子传递过程就发生在内膜表面，而基粒则是 ATP 合成的场所。线粒体基质中还含有环状 DNA 分子和核糖体。DNA 能指导自身部分蛋白质的合成，所合成的蛋白质约占线粒体蛋白质的 10%，核糖体是蛋白质合成的场所。所以，线粒体有自己的一套遗传系统。已发现有些雄性不育植物的遗传因子就存在于线粒体上。需要指出的是，尽管线粒体在基质中含有环状 DNA 和蛋白质合成的全套机构，但其自身合成蛋白质的种类十分有限。构成线粒体的绝大多数蛋白质都是由核 DNA 编码在细胞质中合成的。因此，同叶绿体类似，线粒体也是半自主性细胞器。

线粒体和细菌大小相似，二者的 DNA 分子都是环状，二者的核糖体都比真核细胞细胞质中的核糖体小，均为 70S 核糖体。而细菌无线粒体，它的呼吸酶位于表面膜上。由此有些学者推测真核细胞的线粒体可能是由侵入或被真核细胞祖先吞入的细菌演变而来。

(3)内质网

内质网是分布在细胞质中由一层膜构成的网状管道系统。管道以各种形式延伸和扩张，成为各类管、泡、腔交织的状态。在电镜下，内质网为二层平行膜，中间夹有一个窄的腔。

内质网有两种类型，一类在膜的外侧附有许多小颗粒，这种附有颗粒的内质网，称为粗糙型内质网，这些颗粒是核糖核蛋白体，核糖核蛋白体是合成蛋白质的细胞器，所以推测粗糙型内质网与蛋白质(主要是酶)合成有关；另一类在膜的外侧不附有颗粒，表面光滑，称光滑型内质网，其功能主要合成和运输脂类和多糖。所以作为内质网的功能而言，一般认为它是一个细胞内的蛋白质、类脂和多糖的合成、贮藏及运输系统。

(4)高尔基体

高尔基体(Golgi body)。又称高尔基复合体(Golgi complex)，是意大利学者高尔基(C. Golgi)于 1898 年在猫的神经细胞中首先发现的。几乎所有动植物细胞中都有高尔基体。植物细胞中的高尔基体常分散于整个细胞中。

高尔基体由一系列扁平的囊(潴泡或槽库，cisterna)和小泡(vesicle)组成。扁囊厚为 0.014～0.02μm，各扁囊间有很窄空隙。各扁囊边缘膨大，可不断分离出许多小泡。高尔基体是一种有极性的细胞器，其整体常呈弧形(图 2-8)，凸面称为形成面(forming face)，凹面称为成熟面(maturing face)，其发生与光滑型内质网密切相关。在高尔基体附近，内质网不断形成一些直

径为 $400\sim800\mu m$ 的小泡,散布于高尔基体形成面上。随后小泡不断进入高尔基体,在形成面上形成新的扁囊;成熟面上则不断由囊缘膨大形成直径为 $0.1\sim0.5\mu m$ 的分泌泡,分泌泡带着生成的分泌物离开高尔基体。小泡的并入和大泡的分离,使高尔基体始终处于一种动态变化之中(图2-9)。

图 2-8　高尔基体的结构图解
1—高尔基体扁囊;2—高尔基体小泡

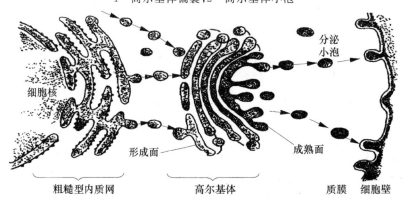

图 2-9　细胞内膜系统图解,示核膜、内质网、高尔基体和质膜的相互关系

高尔基体在植物细胞中起着多糖合成和运输作用,特别是与细胞分泌过程有密切关系。如植物细胞分裂时,高尔基体合成半纤维素、果胶质与木质素等壁物质,并运送至壁。由粗糙型内质网合成的蛋白质,在高尔基体内经过浓缩,并加入所合成的糖或脂结合成糖蛋白和脂蛋白,形成分泌颗粒释放到细胞外。高尔基体还是形成含有水解酶的初级溶酶体的场所。

(5)液泡

具有一个大的中央液泡是成熟植物生活细胞的显著特征,也是植物细胞与动物细胞在结构上的明显区别之一。幼小的植物细胞(分生组织细胞),具有许多小而分散的液泡,它们在电子显微镜下才能看到。以后,随着细胞的生长,液泡也长大,相互并合,最后在细胞中央形成一个大的中央液泡,它可占据细胞体积的 90% 以上。这时,细胞质的其余部分,连同细胞核一起,被挤成为紧贴细胞壁的一个薄层。有些细胞成熟时,也可以同时保留几个较大的液泡。

液泡的生理功能,主要是贮藏作用。液泡是被一层液泡膜包被,膜内充满着细胞液,并含有多种有机物和无机物,液泡膜具有特殊的选择透性,能使许多物质积聚在液泡中,这些物质中有的是细胞代谢产生的储藏物,包括糖、有机酸、蛋白质、磷脂、生物碱、丹宁、色素等。甜菜根和甘蔗的茎液泡含有大量蔗糖,许多果实含有大量的有机酸,茶叶和柿子含有大量单宁而具涩味;许多植物含丰富的植物碱,如烟草的液泡中含有烟碱,咖啡中含有咖啡碱。有的则是排泄物,包括草酸钙、花色素等,许多植物细胞液中溶解有花色素,如花瓣、果实的细胞液含有花色素,花色素的颜色随着细胞液的酸碱性不同而有变化,酸性时呈现红色,碱性时呈现蓝色,中性时呈现紫色。这种液泡成为存储细胞代谢废物的场所,能减轻草酸等对细胞的毒害。

细胞液中各类物质的富集,使细胞液保持相当的浓度,这对于细胞水分的吸收有着很大的关系;同时,高浓度的细胞液,使细胞在低温时,不易冻结,在干旱时,不易丧失水分,提高了抗寒和抗旱的能力。

液泡中的代谢产物不仅对植物细胞本身具有重要的生理意义,而且,植物液泡中丰富而多样的代谢产物是人们开发利用植物资源的重要来源之一。例如,从罂粟果实中提取鸦片,从甘蔗的茎、甜菜的根中提取蔗糖,从盐肤木、化香树中提取单宁作为烤胶的原料等。近年来,开发新的野生植物资源也正在引起人们越来越大的兴趣,如刺梨、酸枣等果实被用作制取新型饮料;从花、果实中提取天然色素,用于轻工、化工,尤其是食品工业的着色。天然色素的开发已成为当前国内外十分重视的一个研究领域。

(6)溶酶体(lysosome)和圆球体(spherosome)

溶酶体是一些由单层膜围成的小泡,直径常为 $0.2\sim0.8\mu m$。它的内部含有蛋白酶、脂酶、核酸酶等多种水解酶。可催化蛋白质、多糖、脂类、DNA 和 RNA 等大分子的降解,消化细胞中储藏物质,分解细胞中受到损伤或失去功能的细胞结构碎片,使组成这些结构的物质重新被细胞利用。种子植物的导管、纤维等细胞在成熟过程中原生质体解体消失,与溶酶体的作用有一定关系。植物细胞中还有其他含有水解酶的细胞器,如液泡、圆球体、糊粉粒(aleurone grain)等,因此有人认为植物细胞中的溶酶体应是指能发生水解作用的所有细胞器,而不是指某一特殊形态结构。一般认为溶酶体是来自内质网与高尔基体的小泡,有时是与质膜形成的吞噬小体或胞饮小泡合并形成。

(7)蛋白体

核糖核蛋白体(ribosome),简称核糖体,无膜包被,直径约 25nm 的小颗粒。核糖体分布在粗面内质网上或分散在细胞质中,叶绿体、线粒体基质中及核仁、核质内也有核糖体。已发现的核糖体有两种类型,即 70S 核糖体和 80S 核糖体(S 为沉降系数,S 值越大,颗粒沉降速度越快)。70S 核糖体广泛存在于各类原核细胞和真核细胞的线粒体和叶绿体内。真核细胞细胞质内均为80S 核糖体。核糖体的 rRNA 由核仁染色质 DNA 转录,大、小亚基在细胞核内分别装配,再运至细胞质内结合成核糖体。

核糖体主要成分是 RNA 和蛋白质,其中 RNA 约占 40%,蛋白质约占 60%,蛋白质分子主要分布在核糖体表面,RNA 则在内部,二者靠非共价键结合在一起。核糖体蛋白质由大小两个亚基组成(图 2-10),小亚基识别 mRNA 的起始密码子,并与之结合;大亚基含有转肽酶,催化肽链合成。

核糖体是合成蛋白质的主要场所。蛋白质合成时,来自细胞核中的 mRNA(信使 RNA)携带了从 DNA 上转录下来的遗传信息,并使 mRNA 长链将核糖体串联为念珠状复合体,称为多聚核糖体(polysome 或 polyribosome)。多聚核糖体游离于胞基质中或结合于内质网上,由 tRNA(转 RNA)将细胞质基质中的氨基酸运至核糖体处,并按 mRNA 模板由核糖体将氨基酸合成为一条完整的多肽链——蛋白质。所以,核糖体被誉为"生命活动的基本粒子",在生长旺盛、代谢活跃的细胞中特别多。

附着在内质网膜表面的核糖体合成的蛋白质主要是膜蛋白、分泌性蛋白,而游离在细胞质中

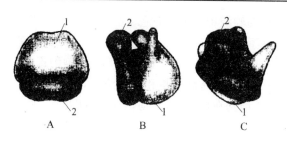

图 2-10　真核细胞中的核糖体

A～C—从不同角度观察核糖体

1—大亚基；2—小亚基

核糖体合成的蛋白质主要是细胞结构蛋白、基质蛋白与酶等。

（8）微体

微体是由一层膜包围的小体，它的大小、形状与溶酶体相似，二者的区别在于含有不同的酶。微体主要有两种：过氧化物酶体和乙醛酸循环体。过氧化物酶体存在于高等植物叶肉细胞内，它与叶绿体、线粒体相配合，执行光呼吸的功能；乙醛酸循环体主要存在于油料植物种子、玉米及大麦、小麦种子的糊粉层中，含有乙醛酸循环酶系，能在种子萌发时将子叶等贮藏的脂肪转化为糖。

4. 细胞核

细胞核（nucleus）是真核细胞遗传与代谢的控制中心。通常一个细胞只有一个核，但有些细胞也可以是双核或多核的，如种子植物的绒毡层细胞常有 2 个核。细胞核的大小、形状以及在胞内所处的位置，与细胞的年龄、功能以及生理状况有关，而且也受某些外界因素的影响。

细胞核的结构，随着细胞周期的改变而相应地变化。间期核的结构可分为以下 3 部分。

（1）核膜

在电子显微镜下可见核膜（nuclear membrane）是一双层膜，由外膜与内膜组成，在核膜上有整齐排列的核孔（nuclear pore），是核内外物质交换的通道。核孔上有一些复杂结构，称核孔复合体。核膜对大分子的出入是有选择性的，大分子出入细胞核与核孔复合体上的受体蛋白有关。核膜内表面有纤维质的核纤层，其厚薄随细胞不同而异。核纤层呈纤维网络状，与染色质上一些特别位点结合。核纤层与细胞有丝分裂中核膜的崩解和重组有关。

（2）核质

核质（nucleoplasm）主要包括染色质（chromatin）和核基质（nuclear matrix）两部分。

①染色质。细胞中遗传物质存在的主要形式，易被碱性染料着色，主要由大量的 DNA 和组蛋白构成，含有少量的 RNA 和非组蛋白。一般染色质细丝是由许多小珠状颗粒即核小体为基本单位，连接而成的串珠状结构。染色质按形态与染色性能分为常染色质和异染色质，两者可互相转化。由染色质细丝经多级盘绕、折叠、压缩、包装形成染色体。

②核基质。核内充满着的一个以非组蛋白成分为主的网络状结构，也称为核骨架。核基质与核纤层、核孔结构有联系，为细胞核内组分提供了结构支架，使核内的各项代谢活动得以有序地进行，并可能对 DNA 复制、基因表达、染色体构建等起重要作用。

（3）核仁

核仁（nucleolus）是真核细胞间期核中最明显的结构，在细胞周期中表现出周期性的消失与重建。在光学显微镜下，核仁是折光性强、发亮的小球。核仁富含蛋白质和 RNA。蛋白质合成旺盛的细胞,核仁的体积相对较大。

2.1.4　后含物

后含物是植物细胞代谢的某些产物,包括储藏的营养物质、代谢废物和植物次生物质。它在结构上是非原生质的物质,可以在细胞生活的不同时期产生和消失。后含物种类很多,有糖类(碳水化合物)、蛋白质、脂肪及其有关物质(角质、栓质、蜡质、磷脂等),还有成结晶的无机盐和其他有机物,如单宁、树脂、树胶、橡胶和植物碱等。这些物质有的存在于原生质体中,有的存在于细胞壁上。许多后含物对人类具有重要经济价值。淀粉和蛋白质是植物性食物的主要营养成分;脂类是食用、医用和工业用油的重要来源;次生代谢物是植物适应环境及药用植物的主要活性成分等。

1. 储藏的营养物质

(1)淀粉

在植物的贮藏组织中往往含有大量淀粉(starch),除叶绿体中短期贮存的淀粉外,贮藏在种子、块根和块茎组织的淀粉都在造粉质体中形成淀粉粒(starch grain),直链淀粉与支链淀粉常交替沉积,呈现环状轮纹。淀粉遇碘呈蓝紫色,可根据这种特性反应,检验其存在与否。不同植物淀粉粒的形状、大小和脐点位置各不相同,可作为商品检验和生药鉴定的依据。

(2)蛋白质

细胞内储藏的蛋白质不表现出明显的生理活性,有比较稳定的状态,常呈颗粒状存在,称为糊粉粒(aleurone grain)(图 2-11)。糊粉粒是由白色体(造蛋白体)或小液泡积累蛋白质形成的。储藏蛋白可以多种形式存在于细胞中,有的为无定形蛋白(如禾谷类糊粉层蛋白),有的为拟晶体蛋白或与磷酸钙、镁构成的球晶体蛋白。三种形式的储藏蛋白可同时存在于一个植物细胞的糊粉粒中,这种糊粉粒称为复杂糊粉粒(如蓖麻胚乳细胞中的糊粉粒);有时一种植物中的糊粉粒只有一种形式的储藏蛋白,称为简单糊粉粒(如小麦糊粉粒仅含无定形蛋白)。谷类种子胚乳最外面一层或几层细胞中,含有大量糊粉粒,特称为糊粉层(aleurone layer)。

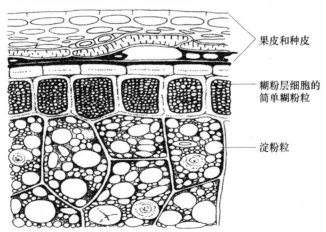

果皮和种皮

糊粉层细胞的简单糊粉粒

淀粉粒

图 2-11　小麦籽粒横切面,示糊粉粒和淀粉粒

(3)脂肪

脂肪与油脂是植物细胞中储藏的含能量最高的化合物,在细胞内和叶绿体中呈固体状的为脂肪,呈油滴状的为油脂。脂肪遇到苏丹红Ⅲ和苏丹红Ⅳ时显红色,遇紫草试液显紫红色,遇到四氧化锇变黑色。

2. 晶体

植物细胞中,无机盐常形成各种形状的晶体(crystal)。这些结晶大多是由对植物有害的过量成分(如乙二酸钙等)在液泡中沉积形成的,有针状、棱状、柱状等(图 2-12)。当它们化合为不溶晶体后,可避免植物伤害。乙二酸钙结晶是最常见的类型,此外还有碳酸钙结晶、二氧化硅结晶(硅质小体,silica body)等。含有结晶的细胞称为含晶异细胞(idioblast),它们在植物中的分布依植物种类而异,有的分布于茎叶表皮中(如禾本科),有的分布于维管束外围呈鞘状层(如红豆草),有的分布于射线或木薄壁细胞中(如樟科)等。故在植物分类中,含晶异细胞的形态及其分布可作为一个解剖学参考依据。

图 2-12　晶体的类型
1—单晶;2—簇晶;3—针晶

3. 次生物质

植物的次生物质(secondary plant product)对于植物具有重要的生态学意义,有些次生物质具有阻止其他生物侵害、抑制与其竞争的其他植物种群的功能;另一些则有吸引传粉媒介和共生对象的作用。

①酚类化合物。植物中酚类化合物包括酚、单宁、黑素和木质素等。单宁常分布于叶、周皮、维管组织以及未成熟果实、种皮等细胞的细胞质、液泡或细胞壁中,酚类化合物强烈吸收紫外线,可使植物免受紫外线伤害。

②类黄酮。存在于液泡中,其中花色素、黄酮醇和查耳酮与植物颜色有密切关系。花色素主要分布于花和果实内,其所表现的颜色与 pH 有关。类黄酮(flavonoid)除了影响植物的色泽外,还有吸引动物以利于传粉和受精、保护植物免受紫外线灼伤、防止病原生物侵袭等作用。

③生物碱。主要分布于生长活跃的组织、表皮和表皮下组织、维管束鞘和有节乳汁管中。常见的生物碱(alkaloid)有烟碱、奎宁、吗啡、小檗碱、莨菪碱和阿托品等。它们可使植物免受其他生物的侵害,有重要的生态学功能。

④生氰糖苷。植物细胞遭受破坏时,生氰糖苷(cyanogenic glycoside)在酶的作用下产生氢氰酸,抑制呼吸作用,使侵害植物的生物死亡。

　　⑤非蛋白氨基酸。不被植物用作合成蛋白质的氨基酸,某些非蛋白氨基酸的分布具有种族特异性,因而可作为植物学分类的依据之一。

2.2　植物细胞的增殖

2.2.1　细胞周期

　　细胞周期(cell cycle)是指细胞一次分裂结束开始生长到下一次分裂终了所经历的过程,一个细胞周期包括一个间期和一个分裂期(图 2-13)。

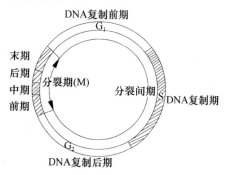

图 2-13　植物细胞周期示意图

1. 分裂间期

　　分裂间期(interphase)是从前一次分裂结束到下一次分裂开始的一段时间。间期细胞核结构完整,细胞进行着一系列复杂的生理代谢活动,如 DNA 复制、组蛋白合成、微管蛋白合成、能量准备等,但其形态结构并无明显变化。

　　1953 年,Howard 等用放射性磷酸盐作标记物,通过浸泡蚕豆实生苗使之体内带有放射性磷酸。然后,于不同时间点取根尖做放射性自显影。结果发现在分裂间期某一阶段遗传物质 DNA 发生复制,并将这一阶段称为 DNA 合成期。这样就将细胞分裂间期划分为复制前期(gapl,简称 G_1)、复制期(synthesisphase,简称 S)、复制后期(gap2,简称 G_2)。

　　(1)G_1 期

　　指从前一次分裂结束到 DNA 复制开始前的间隔时间。G_1 期代谢活跃,RNA、蛋白质和酶的合成与蛋白质的磷酸化非常旺盛,细胞体积增大,各种细胞器、内膜结构和其他细胞成分的数量迅速增加。

　　(2)S 期

　　指 DNA 复制期,即 DNA 复制、组蛋白和非组蛋白等的合成和新的核小体等染色体结构的包装。DNA 及组蛋白含量比 G_1 期增加一倍。

　　(3)G_2 期

　　指细胞分裂的准备期。DNA 复制完成,并有少量的 RNA 合成,主要进行细胞分裂过程中所需的能量、物质的代谢和准备等。

　　不同物种、不同组织的细胞周期所经历的时间不同。在恒定条件下,各种细胞周期的时间相对固定。环境条件如温度等会明显影响细胞周期持续的时间。

2. 分裂期

细胞经过间期后进入分裂期,在此过程中,细胞核和细胞质都发生形态上的明显变化,称为分裂期(M期)。相对分裂间期,细胞分裂期较短。在分裂期,细胞的中心活动就是将母细胞染色体精确均等地分配到两个子细胞中。每一子细胞将得到与母细胞同样的一组遗传物质。细胞质组分也被一分为二。

细胞分裂期一般包括两个过程,首先是细胞核,特别是核内染色质精确分裂为两个相等部分称为核分裂(karyokinesis),然后是细胞质大体分为两部分,称为胞质分裂(cytokinesis)。细胞质分裂时,在两个子核间形成新细胞壁而成为两个子细胞。现在还没有发现一种机制能保证细胞质均等分配,所以两个子细胞的细胞质并不完全相同。细胞质分裂造成两个子细胞大小明显不同的称为不均等分裂。在多数情况下,核分裂和质分裂在时间上紧密相接。但有时核进行多次分裂,而不发生细胞质分裂,结果形成多核细胞。或者在核分裂若干次后再进行细胞质分裂,最终形成若干个单核细胞,如一些植物胚乳形成时的细胞分裂方式。

3. 细胞周期的时间

一个细胞周期所经历的时间称为细胞周期时间。不同物种、不同组织的细胞周期所经历的时间不同。在恒定条件下,各种细胞的周期时间相对恒定。细菌在适宜条件下,20min 分裂一次,大多数真核生物的细胞周期时间较长,从几个小时到几十个小时不等,与细胞类型和外界因子有关。例如,鸭跖草根尖细胞的细胞周期是 17h(G_1 期 1.0h,S 期 10.5h,G_2 期 2.5h,M 期 3.0h);蚕豆根尖细胞的细胞周期时间约 19.3h(其中 G_1 期 4.9h,S 期 7.5h,G_2 期 4.9h,M 期 2h)。

2.2.2 有丝分裂

有丝分裂(mitosis)是真核植物细胞分裂的基本形式,因在分裂过程中出现纺锤丝和染色体而得名。主要发生在植物根尖、茎尖及生长快的幼嫩部位细胞中。植物生长主要靠有丝分裂增加细胞数量。有丝分裂包括两个过程,第一个过程是核分裂,根据染色体变化过程,人为地将其分为前期(prophase)、中期(metaphase)、后期(anaphase)和末期(telophase)(图 2-14);第二个过程是细胞质分裂,在核分裂进入后期或末期形成两个新的子细胞。

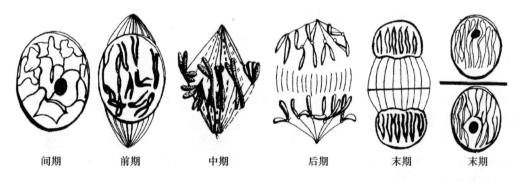

| 间期 | 前期 | 中期 | 后期 | 末期 | 末期 |

图 2-14 植物有丝分裂过程图解

1. 有丝分裂过程

(1)细胞核分裂

①前期。间期细胞进入前期最明显的变化是细胞核中出现了染色体。染色体逐渐变短变粗，核仁解体，核膜破碎，纺锤体开始形成。

②中期。纺锤体完全形成，纺锤丝牵引染色体使其排列到赤道面(equatorial plane)上；中期的染色体缩短到最小的程度，是观察与研究染色体的好时期。

③后期。各个染色体的两个染色单体分开，分别由赤道面移向细胞两极。此时，细胞的两极各有数目相同的 2n 条染色体。

④末期。重新形成两个子核，核分裂开始进入末期时，紧跟着开始了胞质分裂。其过程是靠近两极处的纺锤丝已经消失，但中部的纺锤丝逐渐聚集并向外扩张，结果形成一种圆桶状结构，称为成膜体(phragmoplast)。在成膜体围起来的中间部分，高尔基体分泌的小泡融合形成了细胞板(cell plate)。由它将细胞质分裂为两部分，形成了两个子细胞。

(2)细胞质分裂

当两组染色体接近两极时(晚后期或早末期)，两极的纺锤丝消失，极间微管的中间部分和区间微管在两个子核间密集形成桶状结构，称为成膜体(phragmoplast)(图 2-15)。在成膜体形成的同时，由高尔基体和内质网来源的小泡受成膜体微管的定向引导，由马达蛋白协助提供能量，运动、汇集到赤道面。小泡内含有半纤维素和果胶质，小泡融合时，这些物质组成细胞板(cell-plate)，从中间开始逐步向四周横向扩展。细胞板形成处，成膜体消失，但出现在细胞板的边缘。成膜体随细胞板的延伸向四周扩展，而后逐渐消失。最后细胞板与母细胞壁相连，将细胞一分为二。

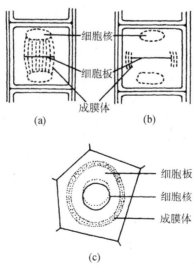

(a)、(b)侧面观；(c)顶面观

图 2-15　成膜体和细胞板

细胞板与母细胞相连的位置正是原来微管早前期带的位置。在细胞板形成过程中，其边缘和母细胞壁之间有微丝联系，这些微丝可能对细胞板精确定位有作用。

2. 染色体和纺锤体

(1)染色体

染色体和染色质是在细胞周期不同阶段可以互相转变的形态结构。染色体(chro－mo-some)是指细胞在有丝分裂或减数分裂过程中,由染色质聚缩而成的棒状结构(图 2-16),是细胞有丝分裂时遗传物质存在的特定形式。各种生物染色体的数目是恒定的,如栽培小麦有 42 条即 21 对染色体。

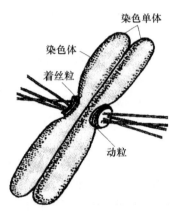

图 2-16 染色体的结构模型

在细胞周期不同时期,染色体凝集程度不同,其形态结构差异很大。间期时,染色质呈分散的细丝状。到分裂前期,染色质中的 DNA 长链经四级螺旋、盘绕,最终包装成染色体,其长度被压缩到原来的 8000～10000 之一,在光学显微镜下可观察研究。这有利于细胞分裂中染色体的平均分配。在分裂中期,染色体达到了最大收缩程度,形态最典型,比较稳定。此时,染色体各部分的主要结构特点是:

①S 期,由于每个 DNA 分子复制成为两条,每个染色体含有两条并列的染色单体(chroma-tid),每一染色单体含一条 DNA 双链分子。两条染色单体在着丝粒部位结合。

②染色体两臂端部的特化结构称为端粒(telomere),由端粒 DNA 和端粒蛋白构成,可维持染色体的稳定,并保证 DNA 完全复制及参与染色体在核内的空间排布。

③着丝粒位于染色体的一个缢缩部位,即主缢痕(primary constriction)中。着丝粒是异染色质(主要为重复序列),不含遗传信息。在每一着丝粒外侧还有一个三层盘状蛋白质复合体结构,称为动粒(kinetochore)或着丝点,与纺锤丝相连,主缢痕两侧的染色体称为臂。

④某些植物中,其染色体组常会在染色体一条臂或两条臂上出现副缢痕(secondary con-striction),此部分的 DNA 链螺旋化程度较低,一般是核仁组织中心的所在之处。

⑤在染色体臂端,有时会出现一个小球,其间有细丝状的染色质丝与臂相连,称为随体(sat-ellite)。正常情况下,同一组织内染色体的形态比较稳定,它的数目、大小、中期染色体长度,主缢痕与副缢痕在染色体上的位置,以及随体出现与否都是一定的。

(2)纺锤体

纺锤体(spindle)出现在有丝分裂的细胞中,由大量微管组成,其形态为纺锤状。这些微管呈细丝状,称纺锤丝。组成纺锤体的纺锤丝有些是从纺锤体一极伸向另一极的,称为连续纺锤丝或极间微管。它们不与着丝点相连(图 2-17);还有一些纺锤丝一端和纺锤体的极连接,另一端与染色体着丝点相连,称为染色体牵丝。

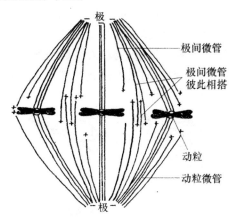

图 2-17　纺锤体

根据作用不同,可将组成纺锤体的微管分为 3 类:

①染色体微管或动粒微管,一端与染色体着丝点相连,一端伸向细胞一极。

②中间微管(interzonal microtubules),既不与着丝点相连,也不连接两极的微管。

③极性微管,也称连续微管(continuous microtubules),是从纺锤体一极到另一极的连续微管。

在纺锤体形成过程中,微管蛋白聚合成纺锤体微管需要特殊位点作为聚合的起始部位,即需要微管组织中心(microtubule organizingcenter,MTOC)。在真核植物细胞中,着丝点行使着MTOC 的功能,它在离体情况下能表现出使微管蛋白聚合成微管的能力。纺锤体形成后,微管伸向细胞中部一端随机与染色体着丝粒结合而将染色体捕获。而染色单体的着丝粒分别与来自两极的微管相结合,然后在微管拉动下运动。当两极拉力达到平衡后,染色体排列在赤道面上。如用药物(如秋水仙素、巯基乙醇等)破坏纺锤体微管的组装,或采取辐射损伤方法造成着丝点缺失、染色体片段化,则染色体均不能正确排列到赤道面。

2.2.3　无丝分裂

无丝分裂(amitosis)是不出现染色体和纺锤体的细胞分裂方式,其结果是形成两个或多个近于相等或不等的子细胞。它是发现最早的一种细胞分裂方式。

无丝分裂有多种形式,常见的方式是横缢式。此外还有芽生、碎裂、劈裂等多种方式。

无丝分裂常见于低等生物,在高等植物的某些器官中也可见到无丝分裂,例如植物、体在胚乳形成、表皮发育、胚中子叶的发育过程中都有无丝分裂,在愈伤组织的细胞分裂中也有大量的无丝分裂。

无丝分裂速度快,消耗能量少,但其遗传物质一般不能平均分配到子细胞,所以其遗传不稳定。对无丝分裂的生物学意义还有待进一步研究。

2.2.4　减数分裂

减数分裂(meiosis)发生在花粉母细胞开始形成花粉粒和胚囊母细胞开始形成胚囊的时期。减数分裂与受精作用在植物生活周期中交替进行,使植物一方面能接受双方亲本的遗传物质而扩大变异,增强适应性,另一方面能保证细胞中的染色体数目维持恒定,保证遗传稳定性。

减数分裂是一种特殊的有丝分裂,与有丝分裂有相似地方,如遗传物质在间期复制,分裂期出现与之相似的分裂相(染色体、纺锤体、核仁和核膜变化等),并可划分为相似的前、中、后和末期。不同之处是减数分裂只在植物有性生殖过程中发生;整个过程包括两次连续分裂,染色体只复制一次,最后形成 4 个染色体减半的子细胞;第一次减数分裂的前期分裂过程中染色体变化复杂,出现"联会"现象,并且在后期工分别移向两极的是同源染色体(各含两条染色单体),而非染色单体(图 2-18)。

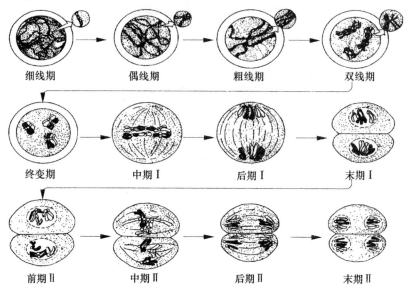

图 2-18　植物减数分裂示意图

1. 减数分裂第一次分裂(减数分裂 1)

(1)前期Ⅰ

①细线期。染色体含有两条染色单体,螺旋卷曲成细丝状,常附着在核膜的某处,邻近核仁,并向另一方向散开呈花束状。

②偶线期。同源染色体配对联会,伴有极少量 DNA 合成。

③粗线期。染色体缩短变粗,由于联会,染色体数目外观上为原来二倍体数目的一半。每个染色体被称为二价体,含四条染色单体,又称为四联体。此时,二价体内相邻的染色单体之间,可发生染色单体片段的交换,它是生物遗传变导的基础。

④双线期。染色体继续缩短变粗,联会染色体呈现"X""V""8"和"O"等形状,并能清楚地观察到二价体的四条染色单体。核仁体积缩小,有的仍与染色体相连。

⑤终变期。染色体对常常分散排列在核膜的内侧,之后同源染色体逐渐分开,仅以近端部的交叉处相衔接。终变期末,核膜、核仁相继消失,纺锤丝开始出现。

(2)中期Ⅰ

染色体螺旋化,缩短达到最大值。二价染色体以交叉处排列在细胞中部的赤道板上,两条染色体上的着丝粒以等距分列于赤道板的两侧,纺锤体形成。

(3)后期Ⅰ

由于纺锤丝的牵引,两个着丝粒分别向两极移动,使二价体分离,分别移向各自的极区,故每一个极区只有原来母细胞染色体的一半。

(4)末期Ⅰ

两组染色体分别到达极区,有些物种在此期会有核膜形成和染色体螺旋解体;另一些物种则不形成核膜,染色体也不螺旋解体。但以上两种情况,核仁都不重现。

2. 减数分裂的第二次分裂

减数分裂的第二次分裂(减数分裂Ⅱ)实际上是一次普通的有丝分裂,也分为 4 个时期:前期Ⅱ、中期Ⅱ、后期Ⅱ和末期Ⅱ。从减数分裂Ⅰ到减数分裂Ⅱ,细胞中没有进行 DNA 复制,很快进入第二次分裂。这次分裂中减数分裂二分体中每一染色体的两条染色单体分裂成两条子染色体,分别进入细胞两极,最终形成单倍体子细胞。这样,经过一次染色体复制和两次连续细胞分裂,形成了 4 个单倍体子细胞。

减数分裂对保持遗传的稳定性和丰富变异性有十分重要的意义。经减数分裂形成的单核花粉粒和单核胚囊以及由它们分别产生的精细胞和卵细胞都是单倍体。精、卵结合形成合子,恢复了二倍体,使物种染色体数保持稳定,也就是在遗传上具有相对稳定性。同时由于同源染色体间的联合以及遗传物质发生交换和重组,丰富了物种遗传性的变异。这对物种增强适应环境能力,繁衍种族极为重要。

2.3　植物细胞的生长、分化、全能性和死亡

2.3.1　植物细胞的生长

细胞生长是指细胞体积和重量不可逆的增加,其表现形式为细胞鲜重和干重增长的同时,细胞发生纵向的延长或横向的扩展。细胞生长是植物个体生长的基础,对单细胞植物而言,细胞的生长就是个体的生长,而多细胞植物体的生长则依赖于细胞的生长和细胞数量的增加。

植物细胞的生长包括原生质体生长和细胞壁生长两个方面。原生质体生长过程中最为显著的变化是液泡化程度的增加,原生质体中原来小而分散的液泡逐渐长大(图 2-19),合并成为中央大液泡,细胞质的其余部分则变成一薄层紧贴于细胞壁,细胞核也移至侧面;此外,原生质体中的其他细胞器在数量和分布上也发生着各种复杂的变化,比如,内质网增加,并由稀疏变为密集的网状结构;质体也由幼小的前质体逐渐发育成各种质体。细胞壁的生长包括表面积的增加和壁的加厚,其生长过程受原生质体生物化学反应的严格控制,原生质体在细胞生长过程中不断分泌壁物质,使细胞壁随原生质体长大而延伸,同时壁的厚度和化学组成也发生变化,细胞壁(初生壁)厚度增加,并且由原来含有大量的果胶和半纤维素转变成有较多的纤维素和非纤维素多糖。

植物细胞的生长是有一定限度的,当体积达到一定大小后,便会停止生长。细胞最后的大小,随植物的种类和细胞的类型而异,这说明生长受遗传因子的控制;但细胞生长的速度和细胞的大小也会受环境条件的影响,例如当营养条件良好、温度适宜、水分充足时,细胞生长迅速,体积亦较大,在植物体上反映出根、茎生长迅速,叶宽而肥嫩;植株高大,反之,如果水分缺乏、营养不良、温度偏低时,细胞生长缓慢,而且体积较小,叶小而薄,在植物体上反映出生长缓慢,植株矮小。

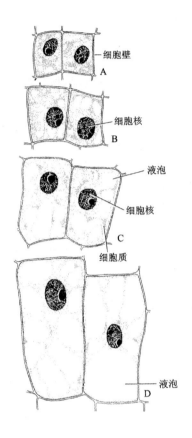

图 2-19 植物细胞的生长过程

2.3.2 植物细胞的分化

1. 细胞分化及其实质

多细胞有机体由多种多样的细胞构成,这些细胞都是由受精卵分裂产生的细胞后代增殖而来,不同的细胞具有不同的结构和功能。个体发育过程中,细胞在形态、结构和功能上发生改变的过程称为细胞分化(cell differentiation)。通过细胞分裂和分化,同样来源于分生组织的细胞发育为形态、结构和功能各异的细胞类型,例如,水稻茎尖顶端分生组织上突起的叶原基,最外一层细胞发育为表皮。在发育过程中,原来形态、结构和功能相同的细胞发育出 4 种形态、结构和功能不同的细胞(图 2-20):

①细胞伸长成长柱形,侧面的细胞壁呈波浪状,液泡增大,占据细胞体积的绝大部分,这是一般的表皮细胞。

②通过一次不均等分裂,其中的小细胞成为气孔母细胞,它再经两次不均等分裂和一次均等分裂形成具有两个保卫细胞和两个付卫细胞的气孔器。

③细胞不伸长,细胞壁栓质化或硅化而死亡,成为栓细胞或硅细胞。硅细胞和栓细胞常成对分布,它们有加强叶片机械支持的功能,并有防御昆虫吞噬的功能。

④发育为毛状体。

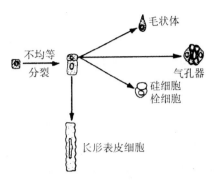

图 2-20　水稻表皮细胞分化示意图

个体发育过程中,细胞分裂和细胞分化有着严格的程序和规律。细胞分化过程的实质是基因按一定程序选择性的活化或阻遏,也就是说,细胞分化是基因有选择地表达的结果。不同类型的细胞专门活化细胞内某种特定的基因,使其转录形成特定的信使核糖核酸,从而合成特定的酶和蛋白质,使细胞之间出现生理生化的差异,进一步出现形态、结构的分化。虽然发育生物学已发展到细胞和分子水平,但从一个简单的受精卵如何发育为具有高度复杂性的胚胎,尚未完全研究清楚,这是生物学中有待回答的一个重要问题。

2. 细胞分化的基本现象

(1)极性

有机体在空间关系上有一个普遍现象,无论是器官或组织水平,还是细胞水平,在形态、结构和生理生化上常常表现出两极差异,这种两极分化的现象称为极性(polarity)。最熟悉的例子是将柳树的枝条挂在潮湿的空气中,无论是倒挂还是正挂,形态学下端总长根,上端总是长芽(图2-21)。受精卵在分裂以前就已建立起极性,细胞核和大多数细胞器位于细胞上部,而下部被一个大液泡占据,随着受精卵的第一次分裂,形成两个大小不等的细胞(图2-23)。

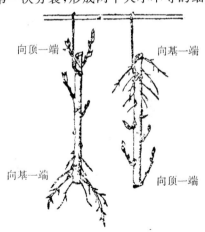

图 2-21　悬挂在潮湿空气中的柳枝

极性是分化的控制因素,还是分化的一种早期表现,仍然是一个争论的问题。

(2)不均等分裂

细胞分裂常一分为二,形成两个相等的细胞,但是在植物体内各种特异细胞分化时,往往通过细胞分裂形成两个大小不等、命运不同的子细胞,墨角藻(Fucus)受精卵第一次分裂就是不均等分裂,一个细胞发育为叶状体,另一个细胞发育为假根(图 2-23),又如根毛形成(图 2-22)、气孔发育、二核花粉粒的形成等。在整个植物生长发育过程中,不均等分裂现象是屡见不鲜的。不均等分裂是由极性引起的,还是不均等分裂导致了极性的产生,这也是一个争论的问题。

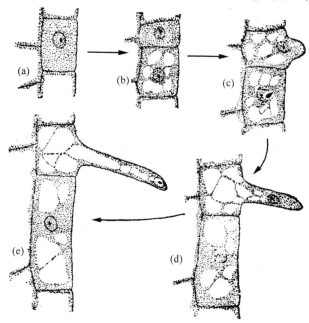

图 2-22　根原表皮层细胞不均等分裂

大细胞发育为表皮细胞,小细胞分化为根毛

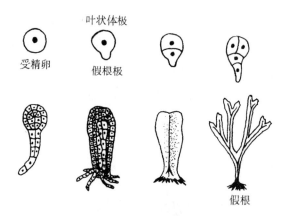

图 2-23　墨角藻的发育过程

受精卵不均等分裂,一个细胞发育为叶状体,另一个细胞发育为假根

3. 分化过程

植物细胞分化过程中的变化包括细胞液泡化并逐步形成大的中央液泡,细胞核被挤到细胞的边缘,位于细胞壁和液泡之间;细胞质被挤成薄薄的一层;不同细胞的质体分别发育为叶绿体、白色体和有色体;具分泌功能的细胞出现了丰富的高尔基体。细胞壁也发生了一定的变化,相邻

细胞之间的细胞壁在部分胞间层处形成了细胞间隙;有些细胞壁发生次生变化。

细胞为什么会分化?为什么具有相同遗传信息的细胞会发育成生理机能和形态构造截然不同的各种成熟细胞?如何去控制细胞的分化使其更好地为人类所利用?这是植物生物学领域最令人感兴趣的问题之一。从植物形态学、细胞学、植物生理学、生物化学、分子生物学和生物信息学等不同角度对细胞分化进行研究,逐渐认识到细胞分化的实质是基因的差异表达(differential exprersion),在不同的细胞中产生不同的结构蛋白以执行不同的功能。

2.3.3　植物细胞的全能性

植物细胞全能性(totipotency)是指植物体的每一个活细胞都有一套完整的基因组,并具有发育成完整植株的潜在能力。1958 年,Steward 等利用胡萝卜根,切取一块已经停止分裂的韧皮薄壁组织,在人工培养基上培养,最终产生了具有根、茎、叶的完整植株。后来,Vasil 和 Hilde-brandt 用烟草组织培养的单个细胞培育出了可育的完整植株。1969 年,Nitsch 将烟草的花粉培育出完整的单倍体植株。1970 年,Steward 又用悬浮培养的胡萝卜单个细胞培养成可育的植株(图 2-24)。上述以及后来的许多实验证明了已分化的植物体细胞仍然保留有全能性。每个细胞都来自受精卵,所以带有与受精卵相同的遗传信息,这就是细胞全能性的基础。在完整植株中,细胞保持着潜在的全能性,由于细胞在体内受到内在环境的束缚,相对稳定;一旦脱离母体,在适宜的营养和外界条件下,就会表现出全能性,发育为完整的植株。

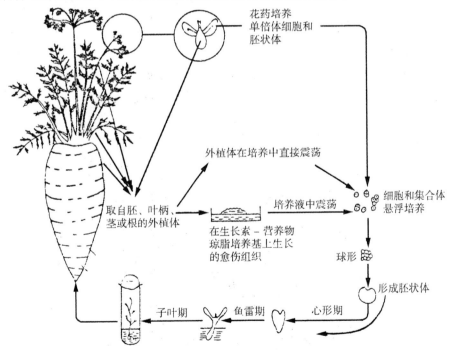

图 2-24　植物体内细胞产生完整植株示意图

植物细胞全能性的揭示,不仅推动了植物细胞生物学的理论研究,而且为生产实践开辟了广阔的途径。植物组织培养、细胞培养、原生质体培养技术已得到了很大的发展,产生了不少实际经济效益。

2.3.4 植物细胞的死亡

植物生长发育过程中,自始至终存在着细胞死亡的现象,如根系生长发育过程中表皮和根毛细胞的枯萎、死亡,根冠边缘细胞的死亡和脱落,管状分子分化的结果导致细胞的死亡,花药发育过程中绒毡层细胞的瓦解、死亡,大孢子形成过程中多余大孢子细胞的退化死亡,胚胎发育过程中胚柄的消失,种子萌发时糊粉层的退化消失,叶片、花瓣细胞的衰老死亡等等(图 2-25)。这些细胞生理性死亡的过程、特点及生理意义,长期以来一直没有引起人们的重视,近年来,植物学家们对植物细胞死亡的研究已取得了很多进展。

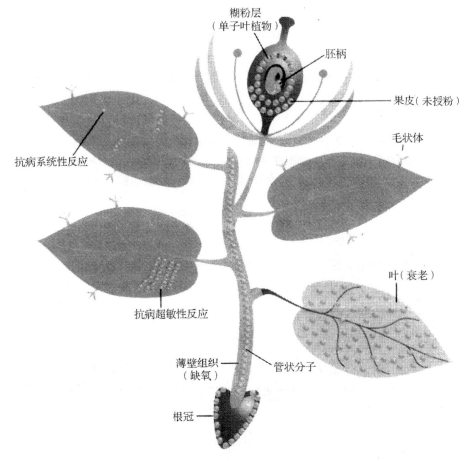

图 2-25 维管植物体内细胞编程性死亡可能发生的部位

1. 管状分子的分化

管状分子分化的终点就是细胞的死亡,管状分子分化包括两个程序性过程:一系列的物质合成过程与一连串交错进行的降解和自溶过程。Fukuda 以整体和离体材料,对管状分子的分化进行了多年的研究,在百日草离体叶肉细胞分化为管状分子过程中,详细地观察了各种细胞器的变化。观察结果表明,管状分子分化过程具有细胞编程性死亡的特征。Fukuda 还对管状分子分化过程中酶和大分子的合成进行了系统的研究,他指出,整个分化过程,包括后期的自溶作用都不是无序的,而是在时间上有一定的程序,空间上有严格的定位。有关酶的类型、分布、出现时间可作为研究管状分子分化过程的指标。

1898 年,Thelen 和 Northcote 在离体百日草叶肉细胞再分化为管状分子的过程中,检测出一个 43kDa 的核酸酶,在分化初期,该酶活性就开始提高,管状分子成熟时达最高值。1995 年,Mittler 和 Lain 在豌豆根导管分子分化过程中证实存在着 DNA 的降解,呈现片断化,这正是细胞编程性死亡的典型特征。

2. 根冠细胞的死亡

在植物生长过程中,根冠外层细胞不断脱落,根冠原细胞不断分裂产生新细胞从内侧补充,使根冠细胞数量保持相对恒定。根冠细胞自内向外逐步衰亡是细胞编程性死亡的过程。从根冠中部向两侧观察可见:中部细胞核膜清晰,核仁较大,细胞质浓厚,线粒体多,有很多淀粉粒,小液泡较多,有些物质在液泡中降解、更新,显示出细胞具有旺盛的生命力;中部两侧细胞开始变形、皱缩,自噬作用活跃,液泡内包含有一些细胞质和细胞器,线粒体仍较多,出现粘液,常集聚在质膜与细胞壁之间;边缘细胞是将要从根冠上脱落下来的细胞,细胞体积缩小、变形,降解作用进一步加强,染色质凝聚在核膜边缘,线粒体也出现退化现象,电泳检测可见 DNA 梯状条带。上述表明,植物根冠细胞死亡时,染色质凝聚在核膜边缘、自体吞噬、DNA 电泳的梯状条带,线粒体衰退较晚。

3. 糊粉层的退化消失

种子萌发时,糊粉层细胞分泌水解酶,分解胚乳细胞中储藏的养料,为胚的发育提供营养。一旦胚萌芽后,糊粉层细胞就很快死亡。实验表明,糊粉层细胞的死亡与细胞编程性死亡有关。对大麦行将死亡的糊粉层细胞 DNA 电泳检测,可见梯状条带。

4. 胚柄消失

胚发育到鱼雷期时,胚柄的作用已经结束,细胞发生编程性死亡,逐渐消失。

此外,叶片和花瓣的衰老,生殖生长中单性花的形成,绒毡层的消亡,大孢子的退化死亡等也是通过细胞编程性死亡实现的。当病原体侵入植物体时,在侵染处诱发超敏性反应。

细胞编程性死亡是主动的过程,受一定程序的控制:细胞接受凋亡信号,通过一系列信号传递,细胞编程性死亡有关的正负调节基因的表达,Ca^{2+} 的变化,酶的激活等,最终导至细胞死亡。这一系列的分子机制有待深入研究。在动物细胞中已发现与细胞编程性死亡有关的基因有三类:促进细胞编程性死亡的基因,抑制细胞编程性死亡的基因和在细胞编程性死亡过程中表达的基因。植物细胞编程性死亡的研究起步较晚,虽已发现了一些与之有关的基因,尚需进一步深入探讨。

细胞编程性死亡是有机体自我调节的主动的自然死亡过程;是以一种与有丝分裂相反的方式去调节细胞群体的相对平衡。它可主动地清除多余的与机体不相适应的、已经完成功能而又不再需要的、以及有潜在危险的细胞,它与细胞分裂、生长和分化一样是各具特征的细胞学事件,对有机体的正常发育有同等重要的意义,是长期演化过程中进化的结果,以保证生物的世代延续。

2.4 植物组织

植物体中,来源相同、形态结构相似或不同、行使相同生理功能的细胞群即为植物的组织(tissue)。组织中仅有一种细胞类型的叫做简单组织(simple tissue),组织中有多种细胞类型的叫做复合组织(complex tissue)。

种子植物的组织结构是植物界中最为复杂的,按照其生长发育程度分为两大类:分生组织和成熟组织。

2.4.1 分生组织

分生组织(meri stem)是具有分裂能力的细胞群,在成熟的植物体内,总保留一部分不分化的细胞,它们终生保持分裂能力(图 2-26)。

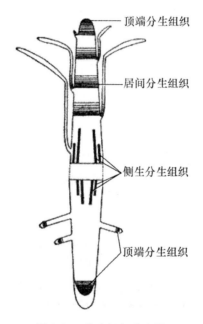

图 2-26 分生组织分布图

1. 按存在部位分类

(1)顶端分生组织

植物的根尖、茎端有分生组织,称为顶端分生组织(apical meristem)。它们是从胚胎中保留下来的,其细胞为等直径,体积较小,细胞核相对较大,细胞质浓厚,液泡不明显;顶端分生组织的细胞多为横分裂,即子细胞沿根或茎的长轴方向排列,这使得根与茎的长轴方向增加了细胞的数目(图 2-27)。

(2)居间分生组织

有些植物发育的过程中,在已分化的成熟组织间夹着一些未完全分化的分生组织,称为居间分生组织(intercalary meristem)。水稻、玉米、小麦和毛竹等植物茎的节间基部,韭菜和葱的叶子基部均有居间分生组织分布,与植物的拔节、抽穗,茎秆倒伏后恢复直立,叶割后再生等现象有关。

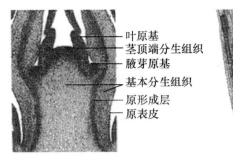
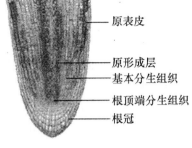

A. 茎尖的纵切　　　　　　　　　B. 根尖的纵切

图 2-27　顶端分生组织

（3）侧生分生组织

分布于裸子植物和双子叶植物根、茎的周侧，靠近器官的边缘，与所在器官的长轴成平行排列的分生组织，称为侧生分生组织（lateral meristem）。侧生分生组织包括维管形成层和木栓形成层。侧生分生组织的细胞多是长的纺锤形细胞，有较为发达的液泡，细胞与器官长轴平行，细胞分裂方向与器官的长轴方向垂直，其分生活动使根和茎增粗。

单子叶植物中一般没有侧生分生组织，不会进行加粗生长。

2. 按来源和性质分类

（1）原分生组织

原分生组织是从胚胎中保留下来的分生组织，处于未分化状态，具有持久的分裂能力，位于根、茎顶端的最前端。原分生组织（promeristern）是产生其他组织的最初来源。

（2）初生分生组织

初生分生组织由原分生组织衍生而来，具有一定的分裂能力，分布在根、茎顶端，处于原分生组织与成熟组织之间，在形态上已出现了初步分化。初生分生组织（primary meristem）可分成原表皮（protoderm）、基本分生组织（gro und meristem）和原形成层（procambiLlm）。

（3）次生分生组织

次生分生组织由已分化的细胞恢复分裂能力转变成为分生组织。束间形成层和木栓形成层是典型的次生分生组织（secondary meri stem）。次生分生组织活动的结果是产生次生结构。次生分生组织在草本双子叶植物中只有微弱的活动或根本不存在，在单子叶植物中一般也不存在。

从组织发生的来源和性质分析，顶端分生组织包括原分生组织和初生分生组织，居间分生组织属于初生分生组织，侧生分生组织属于次生分生组织。

2.4.2　成熟组织

分生组织分裂而来的细胞失去了分裂能力，发生了变化，成为各种成熟组织，也成为永久组织。成熟组织具有不同的分化程度，有些成熟组织的细胞分化程度，有些成熟的组织的细胞分化程度较低还会发生脱分化，重新转化为分生组织。不同成熟组织的功能各异，主要有以下几类。

1. 保护组织

植物的保护组织是覆盖在植物体表面的细胞群，其主要作用是保护内部组织，可以减少体内水分蒸腾、控制植物与环境的气体交换、防止病虫害侵袭和机械损伤等。可分为表皮（epider-mis）和周皮（periderm）。

（1）表皮

表皮存在于植物幼嫩器官的表面，如幼根和幼茎的外表、叶片的上下表面等，它由初生分陛组织的原表皮分化而来，属于初生保护组织。

表皮通常只有一层活细胞，由表皮细胞（epidermal cell）、气孔器（stomatal apparatus）、表皮毛（epidermal hair）等组成（图2-28）。表皮细胞呈扁平长方形、多边形或波状不规则形等，排列紧密，无细胞间隙；一般不含叶绿素，有细胞核，细胞质少，液泡大；细胞壁与外界接触的面较厚并覆盖有角质膜，有的在角质膜的外面还有蜡被，它们均可增强表皮的保护作用。气孔器由保卫细胞（guard cell）和气孔（stoma）两部分组成，保卫细胞的形状在双子叶植物和禾本科物中分别呈肾形和哑铃形，有些气孔器还有副卫细胞（subsidiary cell）。表皮毛是由表皮细胞向外凸起形成的附属物，可分为腺毛（glandular hair）和非腺毛（non-glandular hair）两类，如烟草（Nicotiana tabacumLinn.）。

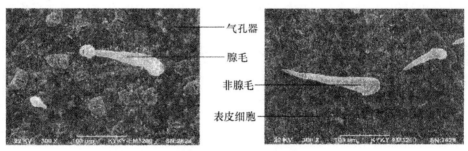

图 2-28　烟草片下表皮

（2）周皮

周皮主要覆盖在双子叶木本植物和裸子植物的老根或老茎的外表，由木栓形成层分裂、生长、分化而来，属于次生保护组织。

周皮由多层细胞组成。外侧的数层细胞称为木栓（phellemcork），为细胞壁木栓化的扁平细胞，排列紧密，无细胞间隙，细胞成熟时原生质体解体成为死细胞，栓质化的细胞壁不透气、不透水，是良好的保护组织；内侧的数层细胞称为栓内层（phelloderm），为薄壁细胞，因为与木栓细胞和木栓形成层细胞一起呈同心圆排列而与其他薄壁细胞区别，在茎中的栓内层细胞中常含叶绿体，故又称绿皮层；木栓形成层位于木栓层和栓内层中间，它向外产生木栓层，向内产生栓内层。木栓层、木栓形成层、栓内层三者合称周皮。在周皮形成时位于气孔器下面的木栓形成层不产生木栓层，而是产生了许多排列疏松的薄壁细胞，由于它们的积累将表皮突破而形成皮孔（lenticel），保证了周皮内的细胞能进行正常的气体交换。

2. 基本组织

植物体各种器官都具有基本组织（ground tissue），如根、茎、叶、花、果实以及种子中都含大量基本组织。基本组织的细胞壁通常较薄，细胞质较少，液泡较大，有潜在的分生能力，在一定条件下可以经脱分化转变为分生组织。植物的创伤修复、扦插、嫁接及植物组织培养等都与基本组织的脱分化和再分化过程有关。基本组织按功能不同分为以下几种类型。

（1）同化组织

分布于叶片、叶柄、幼茎、幼果等部位，细胞中含叶绿体。同化组织（assimilating tissue）的主要生理功能是进行光合作用，合成有机物质。

（2）通气组织

水生与湿生植物体内有发达的细胞间隙，形成宽阔的气腔或贯通的气道，蓄藏大量空气，以适应湿生、水生环境。植物体内的通气组织（aerenchyma）形成过程涉及细胞对环境信号的感受和转导、基因的转录和翻译的调控，以及一系列细胞和组织结构的改变。

（3）贮藏组织

分布于果实、种子的胚或子叶，以及根、茎等部位，细胞质内贮藏大量后含物，如淀粉粒、油脂、蛋白质等，亦可在液泡中贮藏糖、有机酸等物质。有些植物细胞具有贮藏水分的功能，这类细胞往往有发达的大液泡，其中溶质含量高，能有效地保存水分，这类细胞为贮水组织（aqueous tissue）。

（4）传递细胞

分布在大量溶质集中的、与短途运输有关的部位，如叶的细脉周围、茎或花序轴节部的维管组织、胚珠、种子的子叶、胚乳、胚柄等。传递细胞（transfer cell）的细胞壁向内形成指状突起，质膜沿其表面分布，表面积大大增加，从而有利于细胞内外物质释放与吸收，起到物质迅速传递的作用（图 2-29）。

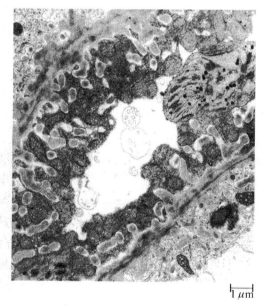

图 2-29　传递细胞

3. 机械组织

对植物体起巩固和支持作用的细胞群称为机械组织，细胞多较为细长。植物器官的幼嫩部分机械组织不发达，随着器官的成熟器官内部逐渐分化出机械组织。机械组织的共同特点是细胞壁局部或全部加厚，有的还发生木化。根据细胞壁增厚的部位不同，机械组织可分为厚角组织（collenchyma）和厚壁组织（sclerenchyma）两类。

（1）厚角组织

厚角组织存在于草本植物茎、尚未进行次生生长的木质茎、叶柄、叶的主脉、花梗等部位，常位于表皮下，成环状或束状分布（图 2-30）。厚角组织在芹菜、薄荷等茎的棱脊处特别发达，能增强茎的支持力。

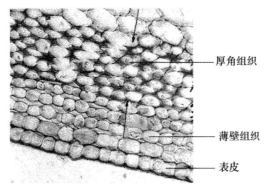

图 2-30　南瓜茎横切厚角组织

厚角组织的细胞呈多边形，具有不均匀增厚的初生壁，细胞壁一般在相邻细胞的角隅处加厚，增厚物质是纤维素和果胶。厚角组织细胞是含有原生质体的生活细胞，常含叶绿体，多柔韧，有一定的可塑性和延伸性，可以支持器官直立，也适应于器官的迅速生长。厚角组织还具有一定的分裂潜能，可脱分化成为次生分生组织。厚角组织可分为以下 3 类：加厚部分在角隅处的真厚角组织、切向壁加厚的板状厚角组织和对着细胞间隙的细胞壁部分加厚的腔隙厚角组织。

（2）厚壁组织

与厚角组织不同，厚壁组织细胞的次生壁全面增厚，胞腔小，胞壁上有层纹和纹孔，成熟时原生质体常解体成为只留有细胞壁的死细胞。由于细胞形态不同，厚壁组织分为纤维（fiber）和石细胞（stone cell）两类。

①纤维。纤维细胞呈细长梭形，两端尖；细胞壁厚，胞腔狭窄或几乎没有，纹孔常呈缝隙状；细胞壁加厚物质是纤维素和木质素，常较坚硬。纤维以细胞末端彼此嵌插并沿器官长轴成束分布，有效增强了支持作用，为植物体主要的机械组织。

②石细胞。石细胞是植物体内特别硬化的厚壁细胞，有极度增厚的细胞壁，一般由薄壁细胞的细胞壁强烈增厚分化而成，或由分生组织活动的衍生细胞产生，具有坚强的支持作用。形状多样，多为等径细胞，也有圆形、椭圆形、分枝状、柱状、星状等（图 2-31）。成熟时为死细胞，细胞壁显著增厚且木质化，细胞腔小，纹孔道呈管状或分枝状。石细胞常成群或单个分布于植物体的茎、叶、果实和种子的薄壁组织中，有时连续成环分布，如梨、肉桂、黄连、五味子、厚朴等。

4.输导组织

输导组织是植物体内长距离输导水分和有机物的管状结构，其中输导水分和无机盐的结构为导管和管胞，输导有机物的主要有筛管和伴胞。在整个植物体的各器官内形成一个连续的输导系统。发达的输导组织使植物对陆生生活有了更强的适应能力，根从土壤中吸收的水分和无机盐，由它们运送到地上部分；叶光合作用的产物，由它们运送到根、茎、花和果实中去；植物体各部分之间经常进行物质的重新分配和转移，也要通过输导组织来完成。

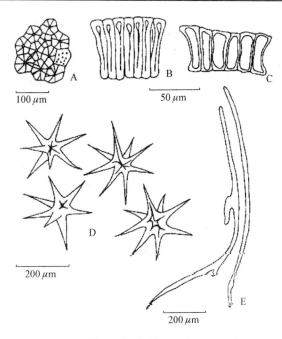

图 2-31　各种石细胞

A—梨果肉中的短石细胞；B—菜豆种皮中的大石细胞；C—豌豆种皮中的骨状石细胞；

D—睡莲叶中的星状石细胞；E—木樨榄叶中的毛状石细胞

（1）导管

导管普遍存在于被子植物的木质部分中，是由一连串顶端对顶端的细胞连接而成的，总称为导管，其中每个细胞叫做导管分子。导管分子为长形细胞，幼时细胞是生活的，在成熟过程中细胞的次生壁不均匀加厚，成为各种花纹（环纹、螺纹、梯纹、网纹和孔纹等），细胞壁木质化。成熟的导管分子为长管状的死细胞，当细胞成熟后，原生质体瓦解、死去，由死的导管分子完成输水功能。

然而，管胞和导管分子在结构上和功能上是不完全相同的。导管在发育过程中伴随着细胞壁的次生加厚与原生质体的解体，导管分子两端的初生壁被溶解，形成了穿孔。多个导管分子以末端的原穿孔相连，从而形成了导管，因此植物体内水溶液的运输，是由许多导管曲折连贯地向上运输的。导管比管胞的输导效率高得多，在种子植物中，多数裸子植物仅以管胞输导水分及无机盐，在被子植物这一植物界最高等的类群中，不仅具有管胞，还出现了导管，并成为输导水分的主要结构，这也是被子植物更能适应陆生环境的重要原因之一。导管的输水功能并不是永久保持的，其有效期的长短因植物的种类而异。

（2）管胞

管胞是单个细胞，是一个两头尖的长形死细胞，在细胞成熟过程中细胞壁次生壁加厚并木质化，细胞成熟后死去，在两管胞间不形成穿孔，而是靠细胞壁上的纹孔相通连。在器官中纵向连接时，上、下二细胞的端部紧密地重叠，水分通过管胞壁上的纹孔，从一个细胞流向另一个细胞，同时细胞口径小，因此输导水分的能力比导管要小得多。次生壁加厚不均匀也形成了环纹管胞、螺纹管胞、梯纹管胞、孔纹管胞等类型。环纹、螺纹管胞的加厚面小，支持力低，多分布在幼嫩器官中，其他几种管胞多出现在较老的器官中，水分及溶解在水中的无机盐的运输主要是通过未加厚的细胞壁进行。在系统发育中，管胞向二个方向演化，一个方向是细胞壁更加增厚，壁上纹孔变窄,特化为专营支持功能的木纤维;另一个方向是细胞端壁溶解,特化为专营输导功能的导管分子。

（3）筛管

筛管的组成单位是长形活细胞,称为筛管分子。多个筛管分子以顶端相连而成筛管,它是被子植物中长距离运输光合产物的结构。筛管分子只具初生壁,壁的主要成分是果胶和纤维素。筛管分子长成后,细胞核退化,细胞质仍保留,其末端的细胞壁称筛板,其上有较大的孔,称筛孔。穿过孔的原生质丝比胞间连丝粗大,称联络索,联络索沟通了相邻的筛管分子,能有效地输送有机物。成熟的筛管分子虽是生活细胞,但没有细胞核,液泡与细胞质的界线也消失,在被子植物的筛管中,还有一种特殊的蛋白,称 P-蛋白。有人认为 P-蛋白是一种收缩蛋白,与有机物的运输有关。

（4）伴胞

筛管分子的侧面通常与一个或一列伴胞相毗邻。伴胞与筛管分子是从分生组织的同一母细胞分裂而来的薄壁细胞,伴胞有明显的细胞核,具有多种细胞器,细胞质浓厚,有许多小液泡,含有大量的线粒体,伴胞的代谢活动活跃。伴胞与筛管侧壁之间有胞间连丝相通,它对维持筛管质膜的完整性,进而维持筛管的功能有重要作用。研究表明,筛管的运输功能与伴胞的代谢紧密相关,筛管分子中没有细胞核,其代谢、运输过程中所需的能量、纤维素或调控信息均由伴胞来提供,两者共同完成有机物的运输。

5. 分泌组织

植物体中凡能产生分泌物质的有关细胞或特化的细胞组合称为分泌结构（secretory structure）。植物的分泌物质对于植物的生命活动有重要意义;同时,分泌物质还是药物、香料或其他工业的原料,具有重要的应用价值。根据所产生的分泌物质是排到体外还是保留在体内,可将其分为外分泌结构（external secretory structure）和内分泌结构（internal secretory structure）两类。

（1）外分泌结构

分布在植株的外表,其分泌物质排出体外。

腺毛（glandular hair）。一般具有头部和柄部两部分,头部由单个或多个产生分泌物质的细胞组成,柄部是由不具分泌功能的薄壁细胞组成,着生于表皮上。例如薄荷、烟草、棉花、泡桐、女贞等植物的茎和叶上的腺毛。

盐腺（salt gland）。将过多的盐分以盐溶液状态排出植物体外的结构。例如松树、红树等的盐腺。

蜜腺（nectary）。能分泌蜜汁的多细胞腺体结构,由保护组织和分泌细胞构成,根据蜜腺在植物体上的分布位置,可分为花蜜腺和花外蜜腺。前者如油菜、无刺枣、刺槐花托上的蜜腺;后者如棉花叶脉、蚕豆托叶等上的蜜腺。

排水器（hydathode）。植物将体内多余的水分直接排出体外的结构。例如旱金莲、番茄、草莓、睡莲等植物。

（2）内分泌结构

分泌腔（secretory cavity）。由多细胞组成的贮藏分泌物质的腔室,如橘子果皮上可见到的透明小点,其中含有芳香油;伞形科、菊科、漆树科等植物中均有。

　　分泌道（secretory canal）。管状结构，如松树的茎、叶等器官中有树脂道，管道周围有一层分泌细胞，分泌的松脂存在其中。

　　分泌细胞（secretory cell）。分布于植物体内，具有分泌能力的较大细胞，其分泌物存聚于细胞腔中，可分为油细胞、粘液细胞、芥子酶细胞和含晶细胞。

　　乳汁管（laticifer）。分泌乳汁的管状结构。有的乳汁管是由一个细胞发育为一个多核的巨大无节乳汁管，如大戟属、桑科、夹竹桃科等植物；有的乳汁管是由许多长形细胞的横壁溶解形成多核连通的管道，称为有节乳汁管，如罂粟科、莴苣属、橡胶树属、杜仲等植物。

第3章 植物的形态结构与发育

3.1 种子概述

3.1.1 种子的结构与类型

1. 种子的形态和构造

种子虽然在形状、大小和颜色各方面存有差异,但其基本结构是一致的。种子里面有胚,部分植物的种子还有胚乳,在种子的外面有种皮。

①胚(embryo)。构成种子最重要的部分,胚的各部分由胚性细胞组成,这些细胞体积小,细胞质浓厚,细胞核相对较大,具有很强的分裂能力。胚是由胚芽(plumule)、胚根(radlcle)、胚轴(hyptyl)和子叶(cotyledon)四部分所组成(图 3-1)。种子萌发后,胚根、胚芽和胚轴分别形成植物体的根、茎、叶及其过渡区,因而胚是植物新个体的原始体。

根尖是指根的顶端到着生根毛处的一段,其上为次生根(老根)。根尖是根生命活动最活跃的部位,根的生长、组织的形成以及水分和矿质养分的吸收主要由根尖来完成。

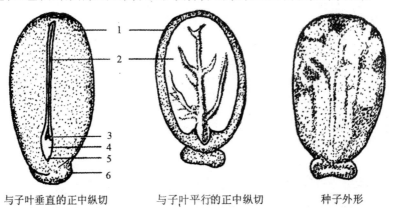

| 与子叶垂直的正中纵切 | 与子叶平行的正中纵切 | 种子外形 |

图 3-1 蓖麻种子的结构

1—胚乳;2—子叶;3—胚芽;4—胚轴;5—胚根;6—种阜

②胚乳(endosperm)。种子内贮藏营养物质的组织。种子萌发时,其营养物质被胚消化、吸收和利用。有些植物的胚乳在种子发育过程中,已被胚吸收、利用,所以这类种子在成熟后无胚乳。

种子内贮藏的营养物质主要有淀粉、脂肪和蛋白质。根据贮藏物质的主要成分,作物的种子可分为淀粉类种子,如水稻、小麦、玉米和高粱等;脂肪类种子,如花生、油菜、芝麻和油茶等;蛋白质类种子,如大豆。有少数植物的种子在形成过程中,胚珠的珠心组织没有被完全吸收,而有部分残留,构成种子的外胚乳。

③种皮(seed coat)。在胚与胚乳发育的同时,珠被发育成种皮。胚珠仅具单层珠被的,只形成一层种皮;具双层珠被的,则相应形成内、外种皮。

种皮是种子外面的保护层。种皮的厚薄、色泽和层数,因植物种类的不同而有差异。成熟的种子在种皮上通常可见种脐(种子从果实上脱落后留下的痕迹)和种孔(珠孔留下的痕迹)。有些种皮的表皮细胞可发育成表皮毛,有些种皮厚而坚硬,有些种皮很薄呈薄膜状或纸状,禾谷类的种皮常和果皮愈合。

2. 种子的类型

根据种子成熟后是否具有胚乳及子叶的数目,可将种子分为以下四种类型:

①单子叶植物有胚乳种子。单子叶植物中的水稻、小麦、玉米、高粱、洋葱等植物的种子,都属于这个类型。以小麦为例说明这类种子的基本结构:小麦种子的外面,除包有较薄的种皮外,还有较厚的果皮与之愈合而生,二者不易分离,故小麦种子又称为颖果。种皮以内绝大部分是胚乳。胚乳可分为两部分,紧贴种皮的一层细胞是糊粉层,其余是富含淀粉的胚乳细胞。小麦的胚位于种子基部的一侧,只占麦粒的一小部分,它是由胚芽(包括幼叶和生长锥)、胚芽鞘、胚根、胚根鞘、胚轴和子叶构成。在胚轴的一侧生有一片子叶,形如盾状,称为盾片。盾片与胚乳交界处有一层排列整齐的上皮细胞,其分泌的植物激素能促进胚乳细胞的营养物质分解,并吸收、转移到胚以供利用 9 胚轴在与盾片相对的一侧,有一小突起,称外胚叶。

②单子叶植物无胚乳种子。单子叶植物慈姑的种子,属于无胚乳种子。慈姑种子很小,包在侧扁的三角形瘦果内,每一果实仅含一粒种子。种子由种皮和胚两部分组成。种皮极薄,仅一层细胞。胚弯曲,胚根的顶端与子叶端相靠拢,子叶长柱形一片,着生在胚轴上,它的基部包被着胚芽。胚芽有一个生长点和已形成的初生叶。胚根和下胚轴连在一起,组成胚的一段短轴。此类种子较少见。

③双子叶植物有胚乳种子。双子叶植物中的蓖麻、茄、辣椒、桑、柿等植物的种子,都属于这个类型。如蓖麻种子,外种皮坚硬、光滑,具花纹,内种皮薄。种子结构为椭圆形,稍侧扁,一端有类似海绵状的结构,叫种阜,是由外种皮衍生而成的突起,有吸收作用。腹面中央有一长形隆起,为种脊,其长度与种子几乎相等。种皮里面是白色的胚乳,含大量油脂;紧贴胚乳内方是两片叶状的子叶,有明显脉纹;两片子叶相连处为胚轴,胚轴上方是胚芽,下方是胚根。

④双子叶植物无胚乳种子。双子叶植物如花生、棉花、茶、豆类、瓜类及柑橘类的种子,都属于这个类型。大豆种子比较典型地说明了双子叶无胚乳种子的结构。

大豆种子的种皮光滑,其上面有一椭圆形深色斑痕,位于种子的一侧,为种脐,种脐一端有一小圆形的种孔,种脐另一端有一明显种脊。大豆种子的胚具有两片富藏养料的肥厚子叶。胚轴上方为胚芽,夹在两片子叶之间,胚轴下方为胚根,其先端靠近种孔。种子萌发时,胚根由种孔伸出。

3.1.2 种子的休眠与萌发

1. 种子的寿命

种子的寿命是维持种子的生命力不丧失的最长时限。超过这一时限,种子则丧失萌发力。不同的植物种子,其寿命长短不一。短则仅能存活几周,如柳树的种子;长则可以维持几百年,甚至上千年,如挖掘出的埋藏于地下的千年古莲子,若给以适宜的条件,仍能萌发。就栽培作物而言,种子的寿命一般只能维持一年到两年的时间。种子的寿命是种子自身的成熟度、种皮厚薄以及母体植株生命力旺盛与否、是否患有病虫害等多种因素相互作用的结果。植物种子寿命的长短除了与这些植物自身的遗传性有关以外,还取决于种子的贮藏条件。

2.种子的休眠

植物的种子在成熟后,如果给以适宜的条件,仍不能萌发,而需经过一段相对静止的时期才能萌发,这一特性称为种子的休眠。休眠状态的种子其新陈代谢十分微弱。

不同植物的种子其休眠原因不同。主要原因有如下几方面:其一,有些植物的种子脱离母体后,种子内的胚尚未完全发育成熟。如银杏的种子,需经过一段相对静止的休眠期,使胚发育完全后才能萌发。其二,是植物的种子种皮比较坚硬,透水和透气能力相对较差。如某些豆科植物的种子,可以采用机械方法擦破种皮或采用浓硫酸处理,使种皮软化,使之通气、透水,从而打破的休眠。其三,是某些植物的胚、种皮或果实内存在抑制种子萌发的物质。如激素、有机酸、植物碱等物质均阻碍了种子的萌发。

休眠是植物种子在进化过程中形成的一种对环境的适应。休眠减少了种子对有机物的消耗,使种子以低代谢状态度过寒冷的冬天,而等到第二年春天条件适应时再萌发。从而避免了像小麦等作物,种子成熟后,没有及时收获,遇阴雨天在植株上萌发,导致粮食减产的发生。

3.种子萌发所需条件

没有适宜的外界条件时,成熟干燥的种子是处于休眠状态的,一旦外界条件满足,种子解除了休眠,由处于休眠状态的胚转入活动状态,开始生长。这一过程称为种子的萌发。种子萌发必备的外界条件:适宜的温度、充足的水分和足够的氧气。有些种子萌发时,还需要一定的光照条件。

(1)温度

种子萌发时其内部物种要发生一系列的变化,包括胚乳或子叶内有机物种的分解,以及产物合成新的细胞物质的过程。这些过程需要多种酶的催化作用才能完成,而酶的催化作用必须在一定的温度范围内才能实施。

一般来讲,一定范围内温度的提高,可以增强酶的活性,提高其催化能力。当温度增高到一定值时,酶的催化活性达到最高,之后,随温度的降低,酶的催化活性降低。当降到最低点时,酶的催化活动几乎完全停止。所以种子萌发对温度的要求表现出三个基点,即最低温度、最高温度、最适温度。低于最低温度或高于最高温度,都会使种子丧失萌发力,只有最适温度才是种子萌发的最理想的条件。

不同种子萌发时,需要的温度不同。这主要是植物长期生长在某一地区,对当地条件适应的一种结果,是由植物的遗传特性决定的。一般来讲,水稻等原产于我国南方的植物,种子萌发所需的温度较高,而小麦等原产于北方的植物,其种子萌发所需的温度较低。

(2)水分

干燥的种子含水量很低,一般只占种子总重量的5%~10%,在这样的状况下,种子内部的细胞质成凝胶状态,代谢活动低。所以种子萌发首先要满足对水的需求。水分在种子的萌发中所起的作用是多方面的:其一,种子浸水后,水使种皮软化,透气性提高,胚能利用的氧气增多,呼吸作用增强,代谢旺盛。其二,随着种子吸水量的增加,细胞质由凝胶状态变为溶胶状态,酶活性开始增强,把贮存的养料进行分解,供胚利用。其三,水分参与了有机物的分解反应,并能促进分解产物的运输,提供种子萌发所需的养分和能源。

不同种子萌发的吸水量不同,这主要取决于种子内贮藏养料的性质。若贮藏的养料中蛋白质含量较多,则种子萌发时吸水量较大,这主要是由于蛋白质亲水性极强所致。若贮藏的养料中脂肪类物质含量较多,因脂肪物质是疏水性的,则种子萌发时吸水量较小。若贮藏的养料中淀粉含量较大,种子萌发时吸水量一般也不大。

(3)氧气

一切生理活动都需要能量,种子萌发需要的能量同样来源于呼吸作用。氧气含量的多少是限制呼吸作用的重要因子。在种子萌发初期,种子的呼吸作用旺盛,需氧量很大。所以氧气是种子萌发的必备条件之一。作物播种前的松土,就是为种子萌发提供呼吸所需的氧气。

4. 种子的萌发过程

成熟的种子,在适当的条件下便开始萌发,逐渐形成幼苗。种子首先吸水膨胀种皮变软,然后胚根和胚芽的伸长。大多数植物的种子是胚根首先突破种皮,然后向下生长形成主根,之后胚芽或胚芽连同子叶一起突破种皮长出地面,胚芽形成茎和叶。至此,一株能独立生活的幼小植株也就全部长成,这就是幼苗。由种子萌发到幼苗形成,是有赖于种子内现成有机物为营养的,因此选用大粒饱满的种子播种是获得壮苗的基础。而胚根先突破种皮形成主根,有利于早期幼苗及时固定于土壤中,并从土壤中吸收水分和养料,使幼苗尽快地独立生活。

3.2　根

3.2.1　根与根系

根是植物体的地下营养器官,是植物适应陆上生活在进化中逐渐形成的器官,它具有吸收、固着、输导、合成、贮藏和繁殖等功能。可分为主根、侧根和不定根。种子萌发时,胚根最先突破种皮,向下生长,这种由胚根生长出来的根叫做主根。主根一直垂直向地下生长,当生长到一定长度时,就生出许多分枝,这些根叫做侧根。在茎、叶或老根上生出的根为不定根。

根系是一株植物地下部分所有根的总称。可分为直根系和须根系(图3-2)。有明显的主根和侧根区别的根系,称为直根系。如松、柏、棉、油菜、蒲公英等植物的根系;无明显的主根和侧根区别的根系,或根系全部由不定根和它的分枝组成,粗细相近,无主次之分,而呈须状的根系,称为须根系,如禾本科的稻、麦以及鳞茎植物的葱、韭、蒜、百合等单子叶植物的根系和某些双子叶植物的根系,像车前草等。

3.2.2　根的结构

1. 根尖

根尖(root tip)是指从根的顶端到根部着生根毛的区域,根尖是根生理活性最活跃的部位1～5cm,可分为根冠(root cap)、分生区、(meristematic zone)、伸长区(elongation zone)和根毛区

(roothair zone)（图 3-3）。

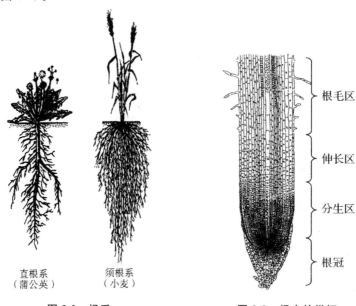

图 3-2　根系　　　　　图 3-3　根尖的纵切

（1）根冠

根冠位于根尖最前端的帽状结构，对其内的分生组织细胞起保护作用。根冠由许多薄壁细胞构成，外层细胞排列疏松，细胞壁常黏液化。黏液由根冠外层细胞分泌，可以保护根尖免受土壤颗粒的磨损，有利于根尖在土壤中生长，同时黏液能溶解和螯合某些矿物质，有利于根细胞的吸收。随着根尖的生长，根冠外层的薄壁细胞与土壤颗粒摩擦，不断脱落、死亡，由其内的分生组织细胞不断分裂、补充到根冠，使根冠细胞的数目保持恒定。

根冠可以感受重力，参与控制根的向地性反应。一般认为，根的向地性生长特性和根冠前端细胞内含有的淀粉粒有关，淀粉粒可能起到"平衡石"的作用。现在的研究认为，对重力的反应不仅限于淀粉粒，有些细胞器如内质网、高尔基体等也可能与根的向地性反应有关。

（2）分生区

分生区位于根冠的后方，是根的顶端分生组织。分生区的细胞始终保持旺盛的分裂能力，产生的新细胞，少部分补充根冠因受损而脱落的细胞，大部分细胞向后生长、分化，形成根的初生结构。

根的顶端分生组织由原分生组织和初生分生组织两部分组成。原分生组织位于最前端，由最先形成的原始细胞和最初衍生的细胞组成。这些细胞体积小、壁薄、核大、近等径、细胞质浓厚，分裂能力强的特点。初生分生组织位于原分生组织的后方，由原分生组织衍生而来，这些细胞在分裂的同时开始出现了分化。初生分生组织由原表皮、基本分生组织和原形成层 3 部分组成。原表皮位于最外层，以后发育为表皮；基本分生组织以后形成皮层；原形成层位于中央，以后发育为维管柱。

（3）伸长区

伸长区位于分生区的后方，根尖的伸长主要是由于伸长区细胞的延伸，使得根尖不断向土壤深处推进。伸长区的细胞的特点是显著伸长，液泡化程度加强，体积增大并开始有少数细胞分化。最早的筛管和环纹导管往往在伸长区开始出现，是初生分生组织到初生结构的过渡。

（4）根毛区

根毛区又称为成熟(maturation zone)，由伸长区细胞分化形成，位于伸长区的后方，该区的细胞停止伸长，分化出各种成熟组织，形成根的初生结构。根毛区最显著的特征是表皮细胞的外壁向外凸出延伸形成根毛(root hair)。根毛的长度约 0.5～1 cm，单位面积包含的根毛数量因不同植物种类以及生长环境而异。如玉米的根毛每平方毫米约为 425 根，苹果的根毛每平方毫米约为 300 根。根毛的存在扩大了根的吸收表面。根毛的寿命很短，一般只有几天或十几天。随着分生区细胞的不断分裂，伸长区细胞不断分化、伸长，新的根毛不断产生。根毛不断更新的结果，是使新产生的根毛随着根的生长，不断向前推移，进入新的土壤区域，有利于根的吸收。

2. 根的初生生长和初生结构

根的初生生长(primary growth)是指根尖顶端分生组织细胞经过分裂、生长、分化后，形成根毛区各成熟结构的过程。初生生长产生的各种组织，属于初生组织(primary tissue)，由初生组织组成的结构，称为根的初生结构(primary structure)。由于在横切面上能较好地显示各部分的空间位置、所占比例及细胞和组织特征，所以研究各种器官的构造、生长动态时常选用横切面。根初生结构由外至内可分为表皮、皮层和维管柱 3 个部分(图 3-4)。

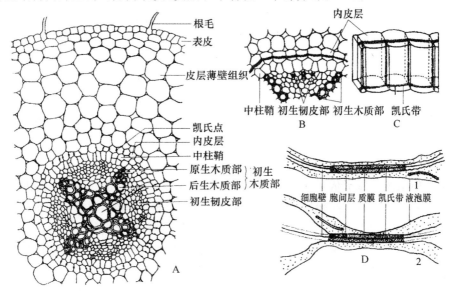

图 3-4　棉花根的初生结构

A—棉花根的横切面，示初生结构；B—根的部分横切，示内皮层的位置，
内皮层横向壁可见凯氏带；C—三个内皮层细胞的立体图解，示凯氏带出现在横向壁和径向壁上；D—两个相邻内皮层细胞横切面，示凯氏带部分的超微结构：1—正常细胞中，凯氏带部位质膜平滑，而在他处质膜呈波纹状；2—质壁分离后的状况，凯氏带处的质膜仍与壁粘连，而在他处质膜与壁分离

（1）表皮

表皮(epidermis)由原表皮发育而来，位于根成熟区最外侧，通常由一层细胞组成。表皮细胞排列紧密，细胞壁薄，外壁覆盖一层很薄的角质膜，既不影响水的吸收，又能保护根部免受细菌、真菌侵害，有的植物外壁没有角质膜。表皮细胞之间无气孔存在，许多表皮细胞向外突出形

成根毛,扩大了根的吸收面积。水生植物常没有根毛,个别陆生植物也没有根毛。兰科、天南星科等科植物常形成一种气生根(aerial root),其表皮亦无根毛,而是经几次分裂形成多层细胞,特称为根被(velamen)。它能从空气中吸收水分,发育后期,细胞死亡,细胞壁加厚,起到保护作用。

(2)皮层

皮层由初生分生组织中的基本分生组织发育分化而成,位于表皮之内维管柱之外,由多层薄壁细胞构成细胞较大,多呈椭球形或球形,排列疏松有明显的细胞间隙,液泡化程度很高。表皮内侧几层细胞,细胞体积相对较小,排列紧密,没有细胞间隙,称为外皮层(exodermis)。当根毛细胞死亡后,表皮细胞随之被破坏,外皮层细胞的细胞壁增厚并栓质化,代替表皮行使保护功能。皮层最内部分,紧靠中柱鞘的一层细胞称为内皮层。内皮层细胞排列整齐而紧密,相对于皮层细胞其体积较小。在细胞上、下横壁和径向壁上,通常有木质化和栓质化加厚,呈带状环绕细胞一周,称为凯氏带(casparian strip)。在横切面上观察,凯氏带在相邻细胞径向壁上呈点状,称为凯氏点。电子显微镜观察结果表明,在凯氏带处内皮层细胞质膜较厚,并与凯氏带紧紧连接在一起,即使质壁分离时两者也结合紧密不分离。凯氏带不透水,并与质膜紧密结合在一起,阻止了水分和矿物质通过内皮层细胞的壁进入内部,水及溶解在其中的物质只能通过内皮层细胞原生质体进入维管柱。内皮层质膜的选择透性使根对所吸收的矿物质有一定选择性。如果没有凯氏带,任何有害和有益的矿物质都可以从内皮层细胞壁和细胞间隙进入根木质部,并被输送到植物体各个部分,显然对植物生活不利。

一般具有次生生长的双子叶植物、裸子植物的内皮层常停留在凯氏带状态,细胞壁不再继续增厚;大多数单子叶植物和部分双子叶植物,其内皮层细胞壁在发育早期为凯氏带形式,以后进一步发育形成五面加厚的细胞,即内皮层细胞上、下壁,径向壁和内切向壁全面加厚,在横切面上内皮层细胞壁呈马蹄形,在细胞壁增厚的内皮层细胞中留有薄壁的通道细胞,以此控制物质转运。个别植物有六面加厚情况,即内皮层细胞壁全面加厚,如毛茛。

(3)维管柱

由初生分生组织的原形成层发育而成的。包括内皮层以内所有的组织,由中柱鞘(pericycle)、初生木质部(primary xylem)、初生韧皮部(primary phloem)和薄壁细胞4部分组成。有些植物的根还包括髓(pith),为细胞中央的薄壁细胞或厚壁细胞,如小麦、玉米、棉花等。

中柱鞘是维管柱的最外层,通常由一层细胞组成,其细胞排列紧密、壁薄、分化程度较低,具有潜在的分生能力,与侧根、木栓形成层和部分维管形成层的发生有关。

初生木质部和初生韧皮部是根的初生维管组织,它们各自成束,相间排列。初生木质部呈星芒状,细胞组成主要为导管和管胞,并有少量的木纤维和木薄壁细胞。初生木质部外侧的导管分子孔径小,多为环纹和螺纹导管,而中央部分孔径大,多为梯纹、网纹和孔纹导管。外侧孔径小的导管分子在木质部分化发育过程中首先发育成熟,称原生木质部(protoxylem);而中央部分孔径大的导管分子后发育,称为后生木质部(metaxylem)。这种初生木质部由外向内渐次成熟的发育方式为外始式(exarch)。初生木质部的这种结构和发育方式与根的吸收和输导功能相一致。在根的横切面上,木质部表现出不同的辐射棱角,称木质部脊,脊的数目决定原型,依脊的数目将根分为二原型(diarch)、三原型(triarch)、四原型(tetrarch)、五原型(pentarch)、六原型(hexarch)和多原型(polyarch)。在不同植物中,木质部脊的数目是相对稳定的,如萝卜、烟草和油菜等木质部脊的数目为2,即二原型木质部;豌豆、紫云英等脊的数目为3,为三原型木质部;棉花与向日葵等脊的数目为4或5,为四原型或五原型木质部;葱等为六原型木质部。大多数双子叶植物根的木质部是二原型至六原型。禾本科植物脊的数目大都在 6 以上,为多原型。初生韧皮部的组成成分主要是筛管与伴胞,以及少量的韧皮薄壁细胞和韧皮纤维。

它的发育方式与初生木质部一样,也是外始式发育,但原生韧皮部与后生韧皮部区别不明显。初生木质部与初生韧皮部之间有 1 层至几层细胞,在双子叶植物和裸子植物中,这些是原形成层保留的细胞,将来成为维管形成层的组成部分;而在单子叶植物中则是薄壁细胞。

3. 根的次生生长和次生结构

根的次生生长(secondary growth)是根侧生分生组织活动的结果。侧生分生组织一般分为两类,即维管形成层和木栓形成层,它们属于次生性质的分生组织。把这种由次生分生组织引起的生长称为次生生长。形成层细胞保持旺盛的分裂能力,分裂所产生的细胞经生长和分化,维管形成层产生次生维管组织,木栓形成层形成周皮,结果使根加粗。一般一年生草本双子叶植物和单子叶植物的根无次生生长,而裸子植物和木本双子叶植物的根,在初生生长结束后,经过次生生长,形成次生结构(secondary structure)。

(1)维管形成层的产生与活动

维管形成层的产生首先是由位于根初生木质部和初生韧皮部之间保留的原形成层细胞恢复分裂能力,进行平周分裂。因此,开始时,维管形成层呈条状,其条数与根的类型有关,几原型的根即为几条,如在二原型根中为两条,四原型根中为四条。同时,条状原形成层细胞进行垂周分裂,使片段向两侧延伸,逐渐到达中柱鞘(图 3-5)。这时正对着木质部辐射角的中柱鞘细胞脱分化,恢复分裂能力,分别将两侧到达的条状形成层连接起来,从而使条状维管形成层片段相互连接成封闭的环状,完全包围了中央的木质部,这就是维管形成层的雏形。位于韧皮部内侧的维管形成层部分形成较早,分裂快,所产生的次生组织数量较多,把凹陷处的形成层环向外推移,使整个形成层环成为一个圆环,此为维管形成层。

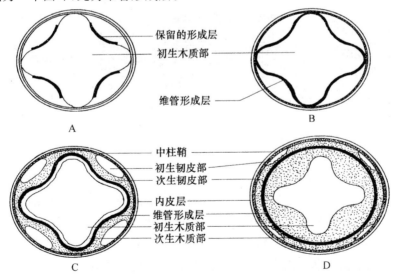

图 3-5　维管形成的发生过程及其活动

维管形成层出现后,主要进行平周分裂。向内分裂形成次生木质部,添加在初生木质部外方,向外分裂产生次生韧皮部,添加在初生韧皮部内方,两者合称次生维管组织。一般形成层活动产生的次生木质部数量远多于次生韧皮部,因此,在横切面上次生木质部所占比例要比韧皮部大得多。维管形成层细胞除进行平周分裂外,还有少量垂周分裂,从而增加了本身细胞数目,使圆周扩大,以适应根的增粗。

在被子植物中,次生木质部组成为导管、管胞、木纤维和木薄壁细胞,次生韧皮部组成为筛管、伴胞、韧皮纤维和韧皮薄壁细胞,组成成分基本上与初生结构相同。在次生结构中,出现了维管射线(vascular ray),为径向排列的细胞,在木质部中称木射线(wood ray),韧皮部中称韧皮射线(phloem ray)。维管射线在对着木质部辐射角的地方宽大,其韧皮射线细胞由于切向扩展而形成喇叭口状,以此适应圆周扩大,这种宽大的维管射线被称为次生维管射线。

(2)木栓形成层的产生与活动

维管形成层的活动使根增粗,中柱鞘以外的皮层和表皮等成熟组织被破坏,这时根的中柱鞘细胞恢复分裂能力,形成木栓形成层(phellogencork cambiurn),木栓形成层进行平周分裂,向外分裂产生木栓层(corkphellem),向内分裂产生栓内层(phelloderm),三者共同组成周皮,代替表皮和外皮层起保护作用(图3-6)。木栓层细胞排列紧密,成熟时为死细胞,细胞壁栓质化,不透水,不透气,使外方组织因营养断绝而死亡。

根中最早形成的木栓形成层起源于中柱鞘细胞,但木栓形成层有一定寿命,活动年或几年后停止活动,新的木栓形成层在周皮以内起源,常由次生韧皮部细胞脱分化恢复分裂能力形成。

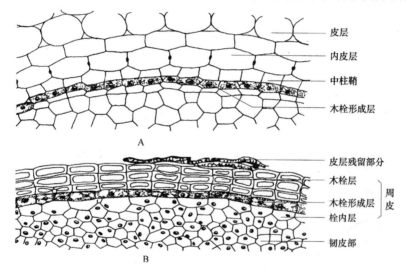

图3-6 根木栓形成层(A)及其分裂产物(B)

(3)根的次生结构

根维管形成层与木栓形成层的活动形成了根的次生结构(图3-7),主要包括周皮、次生韧皮部、次生木质部、维管形成层和维管射线。次生结构中,最外侧是起保护作用的周皮。周皮的木栓层细胞径向排列十分整齐,木栓形成层之下是栓内层,栓内层和中柱鞘细胞难以分清。次生韧皮部呈连续的筒状,含有筛管、伴胞、韧皮纤维和韧皮薄壁细胞,较外面的韧皮部只含有纤维和储藏薄壁细胞,老的筛管已被挤毁。次生木质部具有孔径不同的导管,大多为梯纹、网纹和孔纹导管。除导管外,还可见纤维和薄壁细胞。径向排列的薄壁细胞群横贯次生韧皮部和次生木质部,称为维管射线。位于韧皮部的部分叫韧皮射线,在木质部的部分叫木射线。有些植物的根中,对着木质部,形成了宽大的维管射线。

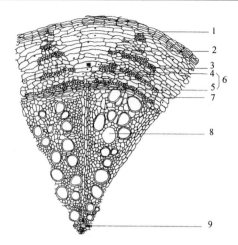

图 3-7　棉花老根横切面,示根的次生结构

1—周皮;2—韧皮纤维;3—韧皮部;4—韧皮射线;5—木射线;

6—维管射线;7—形成层;8—次生木质部;9—初生木质部

3.2.3　根瘤与菌根

根瘤和菌根是种子植物和微生物间的共生关系现象。

1. 根瘤

根瘤是指豆科植物的根上各种形状的瘤状突起(图 3-8)。土壤内的一种细菌——根瘤菌由根毛侵入根的皮层内,一方面根瘤菌在皮层细胞内迅速分裂繁殖;另一方面,受根瘤菌侵入的皮层细胞,因根瘤菌分泌物的刺激也迅速分裂,产生大量新细胞,使皮层部分的体积膨大和凸出,形成根瘤。根瘤菌体内含有固氮酶,它能把大气中的游离氮(N_2)转变为氨(NH_3)。这些氨除满足根瘤菌本身的需要外,还可为宿主(豆科等植物)提供生长发育可以利用的含氮化合物。一般植物的生活中,需要大量的氮。尽管大气中含氮量高达 79%,但植物不能直接利用游离态的氮。所以根瘤菌的存在,使植物得到充分的氮素供应。同时,根瘤菌能从植物根内摄取它生活上所需要的大量水分和养料。

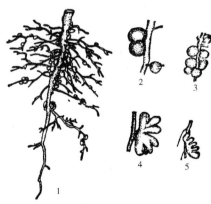

图 3-8　几种豆科植物的根瘤

1—具有根瘤的大豆根系;2—大豆的根瘤;3—蚕豆的根瘤;

4—豌豆的根瘤;5—紫云英的根瘤

2. 菌根

与真菌共生的种子植物的根为菌根。主要有外生菌根和内生菌根两种类型。松、云杉、鹅耳枥等树的根上，都有外生菌根。外生菌根是真菌的菌丝包被在植物幼根的外面，有时也侵入根的皮层细胞间隙中，但不侵入细胞内。在这样的情况下，根的根毛不发达，甚至完全消失，菌丝就代替了根毛，增加了根系的吸收面积。内生菌根是真菌的菌丝通过细胞壁侵入到细胞内，在显微镜下，可以看到表皮细胞和皮层细胞内分布着菌丝，例如胡桃、桑、葡萄、李、杜鹃及兰科植物等的根内，都有内生菌根。此外，除这两种外，还有一种内外生菌根，即在根表面、细胞间隙和细胞内都有菌丝，如草莓的根。

菌根和种子植物的共生关系是：真菌将所吸收的水分、无机盐类和转化的有机物质，供给种子植物，而种子植物把它所制造和储藏的有机养料，包括氨基酸供给真菌。此外，菌根还可以促进根细胞内储藏物质的分解，增进植物根部的输导和吸收作用，产生植物激素，尤其是维生素 B 促进根系的生长。

很多具菌根的植物，在没有相应的真菌存在时，就不能正常地生长或种子不能萌发，如松树在没有与它共生的真菌的土壤里，就吸收养分很少，以致生长缓慢，甚至死亡。

3.2.4 根的变态

很多植物的根在长期发展过程中，其形态和功能发生了变化，这种变化可以遗传给下一代，并成为这种植物的遗传特性。这种现象称为根的变态。

1. 储藏根

储藏根的主要功能是储藏大量营养物质，这类根通常肉质化。储藏根依来源不同可分为肉质直根和块根两大类。

(1)肉质直根

肉质直根(fleshy tap root)主要由主根发育而成。一株植物上仅有一个肥大直根，常包括下胚轴和节间极度缩短的茎，茎上着生有许多叶子。具有侧根的部分即为主根，无侧根的部分由下胚轴发育而成，如胡萝卜、萝卜、甜菜和人参等的肉质直根。它们在外形上极为相似，但加粗方式和储藏组织来源不同，如萝卜根的增粗主要是产生了大量次生木质部的缘故，木质部中有大量薄壁组织储藏了营养物质；胡萝卜根的增粗主要是由于维管形成层活动产生了大量次生韧皮部，其内发达的薄壁组织储藏了大量营养物质；甜菜根的增粗则是一种异常生长状态，在正常形成层之外，来源于中柱鞘和韧皮部的同心圆排列的形成层向内、向外分别产生木质部和韧皮部，其中含有大量薄壁组织。

(2)块根

块根(root tuber)和肉质直根不同，主要由侧根或不定根发育形成。在一株植物上可以形成许多块根。块根形状不规则，其膨大的原因多为异常生长所致，如甘薯，除正常位置的形成层外，还可以在各个导管群或导管周围的薄壁组织中发育，形成副形成层，副形成层活动产生三生结构。三生结构包括向着导管方向形成几个管状分子，背向导管产生几个筛管和乳汁管，同时在这两个方向上还有大量储藏薄壁组织细胞产生。

2. 气生根

通常根生活在土壤中,但有些植物的根却生活在地面以上的空气中,广义的气生根包括了所有生活在空气中的不定根。

(1)呼吸根

呼吸根(respiratory root)存在于生长在沼泽或热带海滩地带的植物,如水松和红树等。由于生在泥水中,呼吸十分困难,有部分根垂直向上生长,进入空气中进行呼吸,称为呼吸根。呼吸根中常有发达的通气组织。

(2)支柱根

支柱根(prop root)主要是一种支持结构,可以伸入土壤起支持作用。小型的支柱根常见于玉米等禾本科植物,在茎基部节上发生许多不定根,先端伸入土壤中,并继续产生侧根,成为增强植物整体支持的辅助根系。较大的支柱根见于露兜树属和榕树,从枝上产生很多不定根,垂直向下生长,到达地面后即伸入土壤中,再产生侧根,以后由于支柱根的次生生长,产生强大的木质部支柱,起支持和呼吸作用。

(3)寄生根

寄生根(parasitic root)也称吸器,是寄生于植物茎上而发育的不定根,可以伸入寄主体内,与寄主维管组织相连通,吸取寄主养料和水分供自身生长发育需要,如菟丝子的寄生根。

(4)攀缘根

有些植物的茎细长柔软不能直立,如常春藤、凌霄花和络石等,其上生有无数很短的不定根,能分泌黏液,以此固着于他物之上而向上生长,称为攀缘根(climbing root)。

3.2.5　植物根系的功能

根是植物适应陆上生活在进化中逐渐形成的器官,它具有吸收、固着、输导、合成、贮藏和繁殖等功能。

1. 吸收功能

根的主要功能是吸收作用,它吸收土壤中的水、二氧化碳和无机盐类。水为植物所必需,因为它不仅是原生质的组成成分之一,也是植物体内一切生理活动所必需。植物一生需要大量的水,如生产 1kg 的稻谷需要 800kg 的水,1kg 小麦要 300～400kg 水。植物所需要的水基本上靠根系吸收;根还吸收土壤溶液中离子状态的矿质元素、少量含碳有机物、可溶性氨基酸和有机磷等有机物,以及溶于水中的 CO_2 和 O_2。

2. 固着和支持作用

根在地下反复分枝形成庞大的根系,其分布范围和深度与地上部分相对应,足以支持庞大的地上部分的茎叶系统。

3. 贮藏和运输

根吸收的物质可通过根中的输导组织运往地上部分,又可接受地上部分合成的营养物质,以供根的生长和多种生理活动的需要。如由根毛、表皮吸收的水分和无机盐,通过根的维管组织输送到枝,而叶所制造的有机养料经过茎输送到根,再经根的维管组织输送到根的各部分,以维持根的生长和生活的需要。另外,由于根内薄壁组织较发达,常作为物质贮藏的场所。

4. 合成功能

根能合成多种有机物,如氨基酸、生物碱(如尼古丁)、激素及"植保素"等物质;根还参与一些维生素和促进开花的代谢物的制造。如在根中能合成蛋白质所必需的多种氨基酸,合成后,能很快地运至生长的部分,用来构成蛋白质,作为形成新细胞的材料。

5. 繁殖功能

不少植物的根能产生不定芽,有些植物的根,在伤口处更易形成不定芽,在营养繁殖中的根扦插和造林中的森林更新,常加以利用。

3.3 茎

3.3.1 茎的基本形态

1. 茎的一般形态

大多数植物的茎是圆柱形,有些植物的茎外形发生了变化,可为三棱形(莎草科植物的茎)、四棱形(薄荷、益母草等唇形植物的茎)、多棱形(芹菜的茎)或扁棱形(仙人掌的茎)。茎的长短、大小也有很大差异,最高大的茎可达100m以上,短小的茎看起来就像没有一样,如蒲公英和车前的茎。

茎与根的区别也就是茎的显著特征,主要表现在以下两点。

(1)茎有节和节间之分

茎上着生叶的部位,称为节(node),相邻两个节之间的部分称为节间(intemode)(图3-9)。有些植物如玉米、竹子、高粱、甘蔗等茎的节非常明显,形成不同颜色的环。有的植物如莲地下变态茎的节明显下凹,但一般植物的节只是在叶柄着生处略为突起,其他部分表面没有特殊结构。

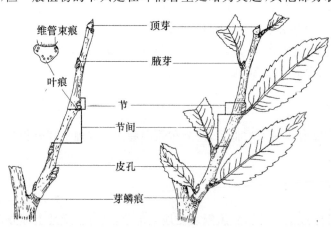

维管束痕
顶芽
腋芽
叶痕
节
节间
皮孔
芽鳞痕

图3-9 栎属植物的枝条

（2）茎与枝条

着生叶和芽的茎称为枝条（shoot）。枝条伸长情况的不同,影响着节间的长短。有些植物则很短,如蒲公英节间极度缩短,被称为莲座状植物;有些植物的节间很长,如瓜类植物的节间长达数十厘米;甚至于同一种植物中有节间长短不一的枝,节间较长的称为长枝（long shoot）,较短的称为短枝（short shoot）,如苹果的长枝,节上只长叶,称为营养枝,而苹果的短枝,节上着生花或果实,称为花枝或果枝。

木本植物的枝条（图 3-9）,其叶片脱落后留下的痕迹称为叶痕（leaf scar）,不同植物的叶痕形状和大小各不相同。在叶痕内,还可看到叶柄和枝内维管束断离后留下的痕迹称维管束痕,简称束痕（bundle scar）。在不同植物中,束痕的形状、束数和排列方式也不同。同样将小枝脱落后留下的痕迹称为枝痕。有些植物茎上还可见到芽鳞痕（bud scale scar）,这是鳞芽开展时,其外的鳞片脱落后留下的痕迹。可以根据芽鳞痕的情况来判断枝条年龄。有的植物茎表面可以见到形状各异的裂缝,这是茎上的皮孔,是植物气体交换的通道,皮孔的形态、大小与分布等,也因植物不同而异,因此落叶乔木和灌木的冬枝,可以利用上述形态特点作为鉴别指标。

2. 芽的类型及构造

芽是未发育的枝或花和花序的原始体。以后发展成枝的芽称为枝芽（branch bud）,发展成花或花序的芽称为花芽（flower bud）。以枝芽为例,来说明芽的一般结构（图 3-10）。芽的中央是幼嫩的茎尖,在茎尖上部,节和节间的距离极近,界线不明显,周围有许多突出物,这是叶原基（leaf primordium）和腋芽原基（axillary bud primordium）。在茎尖下部,节与节间开始分化,叶原基发育为幼叶,包围着茎尖。

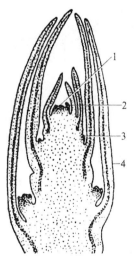

图 3-10　枝芽的纵切面
1—生长锥;2—叶原基;3—腋芽原基;4—幼叶

按芽在枝上的位置划分,芽包括定芽（normal bud）和不定芽（adventitious bud）。定芽又分为顶芽（terminal bud）和腋芽（axillary bud）两种。顶芽是生于枝条顶端的芽,腋芽是生在叶腋内的芽,也称侧芽（lateral bud）。大多数植物的叶腋内有一个腋芽,但也有的植物叶腋内可以生长两个以上的芽,一般将中间的一个芽称为腋芽,其他的芽称为副芽（accessory bud）,如洋槐和紫穗槐有一个副芽,而桃和皂荚有两个副芽。有些植物如悬铃木的腋芽为庞大的叶柄基部所覆盖,称为叶柄下芽(subpetiolar bud),这种芽直到叶子脱落后才显露出来。生于老根、老茎和叶的芽,以及细胞、组织培养中从愈伤组织分化出来的芽,称为不定芽。

按芽的生理状态划分,芽包括活动芽(active bud)和休眠芽(dotruant bud)。活动芽是在生长季节活动的芽,能在当年开放形成新枝、花或花序。休眠芽是在生长季节不生长,保持休眠状态的芽。活动芽和休眠芽可转变,如生长季突遇高温、干旱,活动芽会转为休眠芽;若人为摘除顶芽,打破顶端优势,则侧方的休眠芽可成为活动芽。

按芽有无芽鳞保护分为裸芽(naked bud)和鳞芽(scaly bud)。鳞芽为一种具有保护作用的变态叶,表面常被有绒毛、蜡质、黏液,细胞壁角质化、木质化或栓质化,这些结构和变化可保护幼芽安全过冬。鳞芽常见于温带木本植物,芽鳞片脱落后在茎上留下的痕迹就是芽鳞痕。所有一年生草本植物和少数木本植物的芽,外面没有芽鳞包被,只被幼叶包着,称为裸芽,如常见的棉、油菜、枫杨等的芽。

3. 茎的生长习性和分支

(1)茎的生长习性

根据茎的生长习性将茎分为以下 5 种基本类型,图 3-11 所示为其中 4 种。

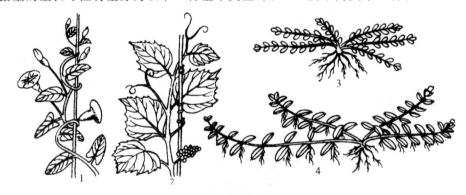

图 3-11 茎的生长习性

1—缠绕茎;2—攀缘茎;3—平卧茎;4—匍匐茎

①直立茎(erect stem)。茎直立,垂直于地面生长,如玉米、向日葵、柳等。

②攀缘茎(climbing stem)。茎柔软,不能直立,必须利用一些变态器官攀缘他物上升生长,如丝瓜、黄瓜、葡萄等利用卷须攀缘,常春藤依靠气生根攀缘,铁线莲、旱金莲利用叶柄攀缘,猪殃殃、白藤依靠茎钩刺攀缘,爬山虎依靠吸盘攀缘。

③缠绕茎(twining stem)。茎柔软,不能直立,以茎本身缠绕在他物上而上升生长,如牵牛、金银花、紫藤等。

④匍匐茎(creeping stem)。茎柔弱,沿地面蔓生,茎节处生不定根,如草莓、红薯等。

⑤平卧茎(prostrate stem)。茎平卧地面生长,不能直立,如蒺藜、地锦草等。

(2)茎的分枝方式

分枝是植物茎生长时普遍存在的现象,由于分枝的结果,形成了庞大枝系。每种植物有一定的分枝方式,种子植物常见的分枝方式有单轴分枝、合轴分枝、假二叉分枝、禾本科植物的分蘖等类型(图 3-12)。

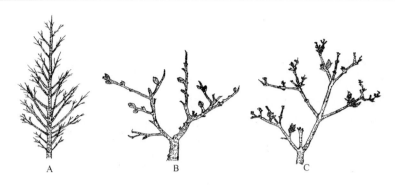

图 3-12　茎的分枝

A—单轴分枝；B—合轴分枝；C—假二叉分枝

①单轴分枝（monopodial branching）。从幼苗开始，主茎顶芽活动始终占优势，形成明显主干，主干上的侧枝生长量均不及主干，形成一个明显具主轴的分枝，如松柏类植物、杨树等。

②合轴分枝（sympodial branching）。大多数被子植物，如榆、柳、元宝枫、核桃、梨等。当主干或侧枝顶芽生长一段时间后，停止生长或分化成花芽，靠近顶芽的腋芽发育成新枝，而继续其主干生长。一段时间后，这条新枝顶芽又被下部腋芽替代而向上生长。因此，合轴分枝的主轴，实际上是一段很短的枝与其各级侧枝分段连接而成，是曲折的，节间很短，而花芽往往较多。合轴分枝是一种进化的分枝方式，果树的果枝多数是合轴分枝。

③假二叉分枝（false dichotomous branching）。具有对生叶序的种子植物，如丁香、辣椒、石竹等的顶芽生长一段枝条之后，停止生长或分化成花芽，顶芽下的两个对生腋芽同时发育形成新枝。新枝顶芽的生长也同母枝一样，再生一对新枝，如此继续发育下去，在外表上形成了二叉状分枝。这种分枝方式实际上是一种合轴分枝方式的变化。假二叉分枝与顶端分生组织本身分裂所形成的真正二叉分枝（dichotomous branching）不同。二叉分枝多见于低等植物和少数高等植物（地钱、石松、卷柏等）。

④禾本科植物的分蘖（tiller）。禾本科植物的分枝方式与双子叶植物不同，在生长初期，茎的节短且密集于基部，每节生一叶，每个叶腋有一芽，当长到 4 或 5 片叶时，有些腋芽开始活动形成分枝，同时在节处形成不定根，这种分枝方式称为分蘖，产生分枝的节称为分蘖节，新枝基部又可以形成分蘖节进行分蘖，依次而形成第一次分蘖，第二次分蘖等（图 3-13）。

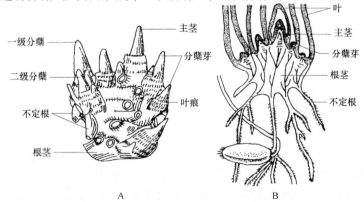

图 3-13　禾本科植物的分蘖

A—外形（外部叶鞘已剥去）；B—纵剖面

4. 茎的性质

根据茎的性质将植物分为草本植物、木本植物和藤本植物三种类型。

(1)草本植物

草本植物(herb)的茎含有木质成分较少,柔软。

①一年生草本植物(annual herb)。生活周期一年或更短,如玉米、水稻等。

②二年生草本植物(biennial herb)。生活周期在两个年份内完成,第一年生长,第二年开花、结实后死亡,如冬小麦、萝卜、白菜等。

③多年生草本植物(perennial herb)。植物地下部分生活多年,每年继续发芽生长,而地上部分每年枯死,如甘蔗、芍药等。

(2)木本植物

木本植物(woody plant)茎内木质部发达,一般较坚硬,为多年生植物,包括乔木和灌木。

①乔木(tree)。有明显主干的高大树木,如杨树、柳树、红桦等。

②灌木(shrub)。主干不明显,比较矮小,常由基部分枝,如紫荆、月季等。

(3)藤本植物

藤本植物(vine)细而长,不能直立,只能依附其他物体,攀缘或缠绕向上生长。根据茎的木质化程度又可分为木质藤本和草质藤本,如葡萄、猕猴桃、南瓜等。

3.3.2 茎的发生与结构

1. 茎尖及分区

茎尖通常指茎的顶端分生组织到组织分化接近成熟区之间的一段。茎尖可分为分生区、伸长区和成熟区三个部分。

(1)分生区

分生区位于茎尖的最顶端,为圆锥形,由原分生组织及其衍生的初生分生组织构成。它的最主要特点是细胞具有强烈的分裂能力,茎的各种组织均由此分出来。

(2)伸长区

位于分生区的下面。本区的特点是细胞迅速伸长,这是茎伸长的主要原因。伸长区可视为顶端分生组织发展为成熟组织的过渡区。

(3)成熟区

成熟区紧接伸长区。成熟区细胞的有丝分裂和伸长生长趋于停止,内部各种成熟组织的分化基本完成,已具备幼茎的初生结构。

2. 茎的初生结构

(1)双子叶植物茎的初生结构

茎顶端分生组织中的初生分生组织衍生的细胞,经过分裂、生长、分化而形成的组织称为初生组织,由初生组织组成的结构称为初生结构。通过茎尖成熟区做横切面,可以观察到茎的初生结构,由外向内分为表皮、皮层和维管柱三个部分(图3-14)。

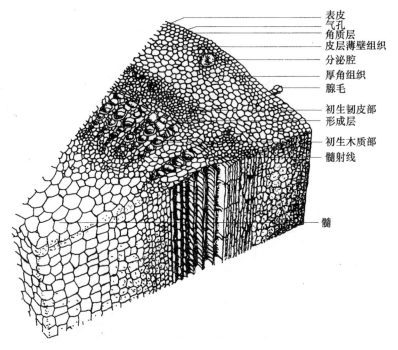

表皮
气孔
角质层
皮层薄壁组织
分泌腔
厚角组织
腺毛
初生韧皮部
形成层
初生木质部
髓射线
髓

图 3-14　棉花茎初生结构立体图

①表皮。表皮是幼茎最外面的一层细胞,是茎的初生保护组织,来源于初生分生组织的原表皮。细胞外壁角化,形成角质层,表皮上还有少数气孔分布,有的植物还分化出表皮毛覆盖于外表。表皮这种结构上的特点,既能控制水分蒸腾和抵抗病菌侵入,又不影响透光和通气。这是植物对环境的适应。

②皮层。皮层位于表皮与中柱之间,由基本分生组织发育而来,含有多种组织,其中大部分是薄壁组织。在表皮内方,常有成束或相连成片的厚角组织分布。在一定程度上加强了幼茎的支持作用。厚角组织细胞含有叶绿体,能进行光合作用,但主要起支持作用。幼茎皮层中具有厚角组织这种特点,但在幼根中是不存在的。在厚角组织、内方是薄壁组织,由多层细胞组成。细胞球形或椭球形,细胞壁薄,靠近厚角组织的细胞具有叶绿体,内部细胞常有后含物,主要起储藏作用。水生植物皮层薄壁组织的细胞间隙发达,常形成通气组织。有些植物茎的皮层细胞中含有晶体和单宁(如花生、桃)。有的木本植物茎的皮层内往往有石细胞群的分布。有些植物茎的皮层中有分泌腔(如棉花、向日葵)、乳汁管(如甘薯)或其他分泌结构。

③维管柱。维管柱是皮层以内的柱状部分,在茎中占的比例较大,这一点和根不同。此外,茎中没有中柱鞘,因此,皮层和维管柱的界限不明显。大多数双子叶植物的维管柱由维管束、髓和髓射线等组成。

双子叶植物茎中的维管束包括初生木质部、束中形成层和初生韧皮部三个部分,是无限维管束,多数双子叶植物茎中的维管束是外韧维管束,而甘薯、烟草、马铃薯、南瓜等幼茎的维管束,在初生木质部内方还有内生韧皮部存在,这种维管束称为双韧维管束。

(2)单子叶植物茎的结构

单子叶植物茎和双子叶植物茎有很多不同,大多数单子叶植物茎只有伸长生长和初生结构,所以整个茎的构造比双子叶植物简单。现以禾本科植物为代表说明单子叶植物茎的结构特点。禾本科植物的茎有明显的节与节间,大多数种类的节间中央部分萎缩,形成中空的秆,但也有的种类为实心结构。它们共同的特点是维管束散生分布,没有皮层和中柱的界限,只能划分为表皮、基本组织和维管束三个基本的组织系统(图 3-15)。

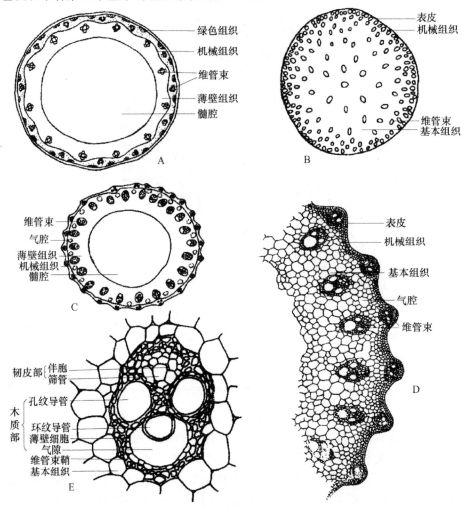

图 3-15 禾本植物茎的结构

A—小麦;B—玉米;C—水稻;D—水稻茎的部分放大;E—水稻的一个维管束

①表皮。表皮位于茎的最外层,由表皮细胞和气孔器有规律地排列而成。表皮细胞包括长细胞和短细胞。长细胞的细胞壁厚而角质化,其纵向壁常呈波状,是构成表皮的主要成分。短细胞位于两个长细胞之间,排成整齐的纵列,其中一种是含有大量二氧化硅的硅细胞(silica cell),另一种短细胞具栓化细胞壁,称为栓细胞(cork cell)。禾本科植物茎表皮上的气孔,由一对哑铃形的保卫细胞构成,保卫细胞旁侧还各有一个副卫细胞。

②基本组织。基本组织主要由薄壁细胞组成。水稻、小麦、竹等茎内的中央薄壁细胞解体,形成中空的髓腔(图 3-15A,C);玉米、高粱,甘蔗等的茎内为基本组织所充满(图 3-15B)。而水稻长期浸没在水中的基部节间,在两环维管束之间的基本组织中有大型裂生通气道,形成良好的通气组织。离地面越远的节间,这种通气道越不发达。紧连着表皮内侧的基本组织中,常有几层厚壁细胞存在。有的植物如水稻、玉米茎中的厚壁细胞连成一环,形成坚强的机械组织(图 3-15B,C),小麦茎内也有机械组织环,但被绿色薄壁组织带隔开(图 3-15A)。这些绿色薄壁组织细胞内含有叶绿体,

因而用肉眼观察小麦茎秆时,可以看到相间排列的无色条纹和绿色条纹。有些品种的茎呈紫红色,这是由于这些细胞内含有花色苷的缘故。位于机械组织以内的基本组织细胞,则不含叶绿体。

③维管束。多个维管束分散在基本组织中,它们排列方式分为两类:一类以水稻、小麦等为代表,各维管束大体上排列为内、外两环(图 3-15A,C)。另一类以玉米、甘蔗、高粱等为代表,维管束分散排列于基本组织中,近边缘的维管束较小,互相距离较近,靠中央的维管束较大,相距较远(图 3-15B)。每束维管束外周有厚壁机械组织组成的维管束鞘所包围。在维管束两端,厚壁细胞更多。维管束鞘里面为初生韧皮部和初生木质部,没有束中形成层,这种维管束称为有限维管束,是单子叶植物的主要特征之一。初生木质部位于维管束近轴部分,整个横切面的轮廓呈 V 形。V 形的基部为原生木质部,包括一至几个环纹和螺纹导管及少量木薄壁细胞。在分化成熟过程中,这些导管常遭破坏,其四周的薄壁细胞互相分离,形成了一个气隙(airgap)或称原生木质部腔隙(protoxylem lacuna)(图 3-15E)。在 V 形的两臂上,各有一个后生大型孔纹导管。在这两个导管之间充满薄壁细胞,有时也有小型管胞。初生韧皮部位于初生木质部外方,其中的原生韧皮部已被挤毁。后生韧皮部由筛管和伴胞组成。

3. 茎的次生生长和次生结构

(1)双子叶植物的次生结构

多年生双子叶植物的茎与裸子植物的茎,在初生结构形成以后,侧生分生组织活动使茎增粗。侧生分生组织包括维管形成层与木栓形成层两类维管形成层和木栓形成层细胞分裂、生长和分化,产生次生结构的过程叫次生生长,由此产生的结构叫次生结构。

双子叶植物茎的次生结构(图 3-16)自外向内依次是:周皮(木栓层、木栓形成层、栓内层)、皮层(有或无)、初生韧皮部、次生韧皮部、形成层、初生木质部。

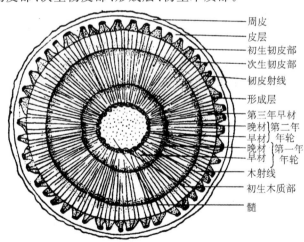

图 3-16　木本植物三年生茎横切面图解

(2)裸子植物茎的结构特点

裸子植物茎的基本结构和双子叶木本植物茎相类似,初生结构都包括表皮、皮层和维管柱 3 部分,有形成层产生并进行次生生长,可以逐年不断地加粗形成次生结构(图 3-17)。与双子叶木本植物相比,两者仅在细胞成分上有所不同,裸子植物的韧皮部由筛胞、韧皮薄壁细胞和韧皮射线组成,无筛管和伴胞。筛胞是生活的管状细胞,以侧壁上的筛域相连通,因此输导效率比筛管低。韧皮纤维和石细胞的有无与多少因植物种类不同而异。木质部主要由管胞、木薄壁细胞和木射线所组成，除少数种类如麻黄属和买麻藤属具有导管外，一般没有导管。管胞和导管的不同在于管胞是一个完整的长形死细胞，两头尖，端壁无穿孔，而以具缘纹孔对相沟通，水分可以通过纹孔从一个管胞进入另一个管胞。有些裸子植物（特别是松柏类植物）茎的皮层、维管柱中，常分布许多管状的分泌组织，即树脂道。松脂是在松树的树脂道中产生，这在双子叶植物木本茎中是没有的。

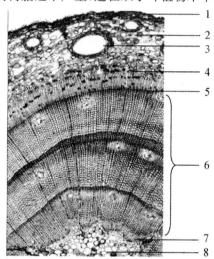

图 3-17　松茎次生结构横切面结构图
1—周皮；2—皮层；3—树脂道；4—次生韧皮部；5—维管形成层；
6—次生木质部；7—初生木质部；8—髓

3.3.3　茎的生理功能

1. 支持功能

大多数种子植物的主茎直立生长于地面，主茎分枝形成许多侧枝，侧枝再经过各级分枝形成庞大的树冠，并且枝条上着生大量花和果实，再加上自然界的强风和暴雨，因此，植物的茎必须具有一定的支持功能。茎的支持功能与茎内部结构密切相关，在幼茎中含有厚角组织，而老茎中含有纤维、石细胞，以及木质部中含有的导管、管胞，它们都像建筑物中的钢筋混凝土，构成植物体坚固有力的结构，起着巨大的支持作用。

2. 输导功能

茎下连根，上接叶、花、果实和种子，茎内含有发达的维管组织。它可以通过维管束将根系吸收的水分、矿质元素以及根合成或储藏的有机营养物质输送到植物地上部分；同时也可通过维管束将叶片光合作用所制造的有机养分输送到根及植物体其他部分。

3. 储藏和繁殖功能

茎除了输导和支持作用外，还有储藏和繁殖功能。茎的基本组织中往往储存大量物质，而有些植物可以形成鳞茎、块茎、球茎、根状茎等变态茎，储存大量养料。茎也可进行营养繁殖。人们利用某些植物的茎、枝容易产生不定根和不定芽的特性，采用枝条扦插、压条、嫁接等方法来繁殖植物。此外,绿色幼茎还能进行光合作用。

3.3.4　茎的变态

有些植物的茎为了适应不同的功能,在形态结构上发生了一些可遗传的变化,称为茎的变态。一些植物的茎甚至还可以生长在地下,形成地下茎。常见的变态有下列几种类型。

1. 地上茎的变态

①茎卷须。许多攀缘植物的茎细长柔软,不能直立,由枝变成卷须称为茎卷须(stem tendril),卷须多发生于叶腋处,即由腋芽发育形成,如黄瓜和南瓜的茎卷须,也有些植物的卷须由顶芽发育形成,如葡萄的茎卷须。爬山虎的茎卷须顶端生有能吸附于他物上的膨大结构,特称吸盘。

②茎刺。由茎变态形成具有保护功能的刺称为茎刺(stem thorn),生于叶腋处,有维管组织与主茎相连,并可以有分枝,如皂荚、山楂的茎刺。

③肉质茎。茎肉质肥厚多汁,呈扁圆形、柱形或球形等多种形态的茎称为肉质茎(fleshy stem),能进行光合作用,如仙人掌、莴苣的茎。

④叶状茎。茎扁化成叶状称为叶状茎(phylloid),绿色,可以进行光合作用;但节与节间明显,节上能分枝、生叶和开花;叶完全退化或不发达,如假叶树、竹节蓼、天门冬等植物的茎。

2. 地下茎的变态

①块茎。为短粗的肉质地下茎,形状不规则,有顶芽和缩短的节和节间,叶同时退化为鳞片状,幼时存在,以后脱落,有许多凹陷,称为芽眼,内有 1 个至多个腋芽。从发生上看,块茎(stem tuber)是植物基部的腋芽伸入地下形成的分枝,达一定的长度后先端膨大,贮藏养料,形成块茎,如马铃薯、菊芋和甘露子等的茎。

②根状茎。横卧地下,像根,但有顶芽和明显的节与节间的称为根状茎(rhizome)。节上有退化的鳞片状叶,其腋芽能发育成新的地上枝,如竹类、莲、芦苇的根状茎。

③球茎。球形或扁球形的短而肥大的地下茎称为球茎(corm),节和节间明显,节上有退化的鳞片状叶和腋芽,顶端有一个显著的顶芽,茎内贮藏着大量营养物质,有繁殖作用,如荸荠、慈姑等的茎。

④鳞茎。由许多肥厚的肉质鳞叶包围扁平的鳞茎盘而形成。鳞茎(bulb)的大部分是鳞叶,而不是茎。常见的鳞茎有洋葱、水仙、百合等的茎。大蒜的肉质部则是围绕着中央花梗基部的一圈肥大的腋芽,即蒜瓣,蒜瓣之外的膜质部分是大蒜的鳞片状叶。

3.4　叶

3.4.1　叶的功能

叶的主要生理功能是进行光合作用和蒸腾作用。

1. 光合作用

光合作用(photosynthesis)是植物在光照下,通过光合色素和有关酶类活动,把二氧化碳和水合成有机物(主要是糖类),把光能转化为化学能储存起来,同时释放氧气的过程。光合作用对于整个生物界和人类的生存发展以及维持自然界生态平衡有重要作用。光合作用合成的有机物,不仅满足植物自身生长发育的需要,也为人类和其他动物提供了食物来源。人类生活所需要的粮、棉、油、菜、果、茶等都是光合作用的产物。光合作用是一个巨大的能量转换过程,人类生产生活利用的主要能源如煤、石油、天然气和木材也是来自于植物光合作用固定的太阳能。此外,光合作用释放氧气、吸收二氧化碳,有效维持大气成分的平衡,为地球生物创造了良好的生存环境。

2. 蒸腾作用

蒸腾作用(transpiration)是植物体内的水分以气体形式从植物体表面散失到大气中的过程。叶是植物进行蒸腾作用的主要器官。蒸腾作用是根系吸水的动力之一,并能促进植物体内矿质元素的运输,还可降低叶表温度,使其免受强光灼伤。但是,过于旺盛的蒸腾作用对植物不利。

叶片还有吸收能力,如向叶面喷洒一定浓度的肥料(根外施肥)和农药,均可被叶表面吸收。有些植物的叶还能进行繁殖,在叶片边缘叶脉处可以形成不定根和不定芽。当它们自母体叶片上脱离后,即可独立形成新的植株。叶的这种生理功能常被用来繁殖某些植物。如在繁殖柑橘属、秋海棠属(Begonia)植物时,便可采用叶扦插方法进行。

除了上述普遍存在的功能外,有的植物叶还有特殊功能,并与之形成了特殊形态,如洋葱的鳞叶肥厚具有储藏作用;猪笼草属(Nepenthes)的叶形成囊状,可以捕食昆虫;小檗属(Berberis)的叶变态形成针刺状,起保护作用;豌豆复叶顶端的叶变成卷须,有攀缘作用。

叶有多种经济价值,食用的如白菜、菠菜;药用的如颠茄(Atropa belladonna)、薄荷(Menthahaplocalyx);香料植物如留兰香(Menthaspicata);造纸的剑麻(Agavesisalana)等。

3.4.2　叶的形态

1. 叶的组成

植物的叶一般由叶片(lamina,blade)、叶柄(petiole)和托叶(stipule)3部分组成(图3-18)。叶片是最重要的组成部分,大多为绿色的扁平体。叶柄位于叶的基部,连接叶片和茎,是两者之间的物质交流通道,还能支持叶片并通过本身的长短和扭曲使叶片处于光合作用有利的位置;托叶是叶柄基部的两侧所生的小叶状物。具有叶片、叶柄和托叶3部分的叶,称为完全叶(complete leaf),如梨、桃和月季等;仅具一两个部分,称为不完全叶(incomplete leaf)。无托叶的不完全叶比较普遍,如茶、丁香、白菜等;也有无叶柄的叶,如莴苣、荠菜等;缺少叶片的情况极为少见,如我国的台湾相思树,除幼苗外,植株的所有叶均不具有叶片,而是由叶柄扩展成扁平状,代替叶片的功能,称叶状柄。

水稻、小麦等禾本科植物的叶,从外形上仅能区分为叶片和叶鞘(leaf sheath)2部分。一般叶片呈带状,扁平,而叶鞘往往包围着茎,保护茎上的幼芽和居间分生组织,并有增强茎的机械支持力的功能。在叶片和叶鞘交界处的内侧常生有很小的膜状突起物,称叶舌(ligule),能防止雨水和异物进入叶鞘的筒内。在叶舌两侧,有由叶片基部边缘处伸出的两片耳状的小突起,称叶耳(auricle)。叶耳和叶舌的有无、形状、大小和色泽等,可以作为鉴别禾本科植物的依据。

图 3-18　叶的组成
1—叶片；2—叶柄；3—托叶

2. 叶片的形态

各种植物叶片的形态多种多样,但就一种植物来讲,叶片的形态还是比较稳定的,可作为识别植物和分类的依据。植物叶片的大小差别也极大,例如柏的叶细小,呈鳞片状,长仅几毫米;芭蕉的叶片长达 1～2m;王莲的叶片直径可达 1.8～2.5m。就叶片的形状来讲,一般指整个单叶叶片的形状。叶尖、叶基、叶缘的形态特点,甚至于叶脉的分布情况等,都表现出形态上的多样性,可作为植物种类的识别指标。

(1)叶形

常见的有下列几种:松、云杉类植物的针形叶;稻、麦、韭、水仙和冷杉等植物的线形叶;柳、桃等植物的披针形叶;向日葵、芝麻等植物的卵形叶;樟等植物的椭圆形叶;紫荆等植物的心形叶;银杏等植物的扇形叶;天竺葵等植物的肾形叶。

(2)叶脉

叶脉是由贯穿在叶肉内的维管束和其他有关组织组成的,是叶内的疏导和支持结构。叶脉在叶片中分布的形式叫脉序,种子植物主要有网状脉序和平行脉序两大类。

①网状脉序。具有明显的主脉,由主脉分支形成侧脉,侧脉再经多级分支,在叶片内连接成网状,网状脉是双子叶植物所具有的,如榆、桃、苹果等。

②平行脉序。平行脉是各叶脉平行排列,多见于单子叶植物,水稻、小麦、香蕉、芭蕉、美人蕉、蒲葵等植物的叶脉属于这种类型。叶缘叶片的边缘叫叶缘,其形状因植物种类而异。

(3)叶缘

叶缘的主要类型有全缘、锯齿、重锯齿、齿牙、钝齿、波状等。如果叶缘凹凸很深的称为叶裂,可分为掌状、羽状两种,每种又可分为浅裂、深裂、全裂三种。

3. 单叶和复叶

一个叶柄上所生叶 1 片的数目,因各种植物不同,可分为单叶和复叶两类。

(1)单叶

一个叶柄上只生一个叶片的叶称单叶,如苹果、桃、李、南瓜、玉米、向日葵、柳、棉等。

(2)复叶

一个叶柄上生有两个以上叶片的叶称复叶,如槐、落花生、月季、醉浆草、橡胶树等。复叶的叶柄称为总叶柄或叶轴,总叶柄上着生的许多叶叫做小叶,每一小叶的叶柄叫小叶柄。

4. 叶序和叶镶嵌

(1)叶序

各种植物的叶子在茎上都有一定的着生次序,叫做叶序。叶序有互生、对生和轮生三种基本类型。

①对生叶序。每节上生 2 叶,相对排列,如丁香、薄荷、女贞、石竹等,称为对生叶序。对生叶序中下一节的对生叶常与上一节的叶交叉成垂直方向,这样两节的叶片避免相互遮蔽。

②互生叶序。每节上只生 1 叶,交互而生,称为互生。互生叶序的叶子成螺旋状排列在茎上,如樟、白杨、榆树、悬铃木(即法国梧桐)等的叶序。

③轮生叶序。茎的每一节上着生三个或三个以上的叶,作辐射排列,例如夹竹桃、百合、金鱼藻的叶序。

(2)叶镶嵌

叶在茎上的排列方式,不论是互生、对生还是轮生,相邻两个节上的叶片都决不会重叠,它们总是利用叶柄长短变化或以一定的角度彼此相互错开排列,结果使同一枝上的叶以镶嵌状态排列而不会重叠,这种现象称为叶镶嵌。叶镶嵌使茎上的叶片互不遮蔽,利于光合作用的进行。如附着在墙壁上生长的爬山虎由于叶柄的弯曲,使所有的叶面一律向外并且互不遮盖,成为密生的叶镶嵌排列。叶镶嵌也出现在节间短、叶子簇生在茎上的植物上,如白菜、萝卜、蒲公英、葛芭等。这些植物的叶虽然生长很密集,但都以一定角度彼此嵌生,并且下部叶的叶柄较长,上部叶的叶柄较短,从顶上看去,成明显的镶嵌形状。

3.4.3　叶的发育与结构

1. 叶的发育

叶片是由叶原基经顶端生长、边缘生长(marginal growth)和居间生长(intercalary growth)而形成的。叶原基顶端的细胞,通过顶端生长使其延长,不久在其两侧形成边缘分生组织进行边缘生长,形成有背腹性的扁平的雏叶。边缘生长进行一段时间后,顶端生长停止。此时整个叶片细胞都处于分裂状态。接着细胞进行近似平均的生长,又称居间生长。居间生长伴随着内部组织的分化成熟和叶柄、托叶的形成、发育,成为成熟叶(图 3-19)。

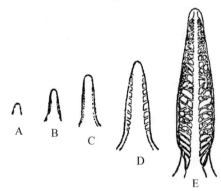

图 3-19　烟草叶的生长图解
A—叶原基;B~C—顶端生长成叶轴;D—边缘生长;E—居间生长成成熟叶

叶原基的所有细胞在开始时是一团没有分化的分生组织细胞,在发育过程中逐渐过渡到初生分生组织,边分裂边分化,最后形成成熟的叶,即叶的初生结构。叶具有有限生长的特点。

2. 双子叶植物的结构

(1)叶片

双子叶植物叶片扁平,形成较大光合和蒸腾面积。叶片多有背面(下面或远轴面)和腹面(上面或近轴面)之分。腹面直接受光,因而背腹两面内部结构有差异,这种叶称为两面叶(bifacial leaf)或异面叶(dorsi-ventral leaf)。叶片内部结构分为表皮、叶肉(mesophyll)和叶脉三大部分(图 3-20)。

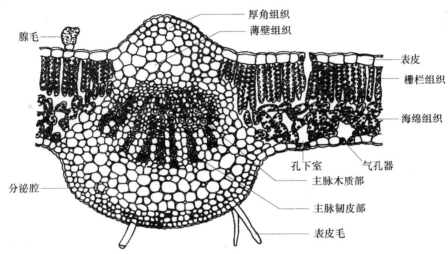

图 3-20　棉花叶茎主脉的部分横剖面图

①表皮。覆盖在叶片上、下表面的一层或多层细胞,通常分为上表皮和下表皮。由多层细胞组成的表皮称为复表皮,如夹竹桃和印度橡胶树的表皮。表皮是一层生活的细胞,不含叶绿体,表面观为不规则形,细胞彼此紧密嵌合,没有细胞间隙。在横切面上,表皮细胞的形状十分规则,呈扁的长方形,外切向壁比较厚,并覆盖有角质层,角质层的厚薄因植物种类和环境条件不同而变化。表皮上分布有各种表皮毛和不同类型的气孔器。一般上表皮的气孔器数量比下表皮的少,有些植物的上表皮甚至没有气孔器分布。气孔器的类型、数目与分布及表皮毛的多少与形态因植物种类不同而有差别,如苹果叶的气孔器仅在下表皮分布,睡莲叶的气孔器仅在上表皮分布,眼子菜的叶则没有气孔器存在。表皮毛的变化也很多,如苹果叶的单毛,胡颓子叶的鳞片状毛,薄荷叶的腺毛和荨麻叶的蜇毛等。

②叶肉。叶肉是上、下表皮以内的绿色同化组织的总称,富含叶绿体,是进行光合作用的场所。有的植物如棉花、柑橘还有分泌腔,茶有骨状石细胞等。双子叶植物一般是异面叶。由于叶片背、腹面受光情况不同,叶肉分化为近腹面的栅栏组织(palisade tissue)和近背面的海绵组织(spongy tissue)。栅栏组织由 1～4 层长柱形、含大量叶绿体的薄壁细胞组成,细胞长轴与表皮垂直,排列紧密,细胞间隙小。其层数因植物而异,如棉为 1 层,甘薯为 1 或 2 层;茶因品种不同可有 1～4 层的变化。细胞内叶绿体的分布对光照有适应性变化,在强光下移向侧壁,减少受光面积,避免灼伤;弱光下分散于细胞质中以充分利用微弱光。海绵组织是位于下表皮和栅栏组织间的同化组织。含叶绿体较少,细胞的大小和形状不规则,形成短臂状突起并互相连接形成较大的细胞间隙。由于这些特点,使叶片背面色泽浅于腹面。

叶片同化组织中的细胞间隙与气孔器的孔下室一起,形成曲折而连贯的通气系统,有利于光合作用及与其有密切关系的气体交换——CO_2的进入与暂储、O_2及水汽逸出等。

③叶脉。叶脉是叶片中的维管束,其结构因大小不同而有差别。主脉和大的侧脉由1个至数个维管束构成,木质部和韧皮部之间常具有1层形成层,能进行有限的活动。上、下表皮下常有机械组织,尤其在下方更为发达。因此,叶片中脉的下面常有显著的突起。大型叶脉不断分枝,形成次级侧脉,叶脉越分越细,结构也越来越简单,中小型叶脉一般包埋在叶肉组织中,形成层消失,薄壁组织形成的维管束鞘包围着木质部和韧皮部,并可以一直延伸到叶脉末端,叶脉末端的木质部和韧皮部成分逐渐简单,最后木质部只有短的管胞,韧皮部只有短而窄的筛管分子甚至消失,在叶末端常有传递细胞分布。

（2）叶柄与托叶

叶柄构造与幼茎的初生结构基本相似,亦由表皮、基本组织和维管束三部分组成。

一般叶柄在横切面上呈半圆形、近圆形或三角形,外围是一层表皮层,其上有气孔器和表皮毛。表皮内主要为薄壁组织,其靠外围部分常为几层厚角组织,起机械支持作用;内方为薄壁组织,其中包埋着维管束。叶柄维管束与茎维管束相连,排列方式因植物种类不同而异,多数为半环形,缺口向上。维管束的木质部在近轴面（向茎一面）,韧皮部在远轴面（背茎一面）,两者之间有一层活动微弱的形成层。

托叶形状各异,外形与结构大体如叶片,可行光合作用,但内部组成较简单,分化程度较低。

3. 禾本植物叶片结构

禾本植物叶片同双子叶植物叶片一样,也包括表皮、叶肉和叶脉三个基本组成部分（图3-21）。

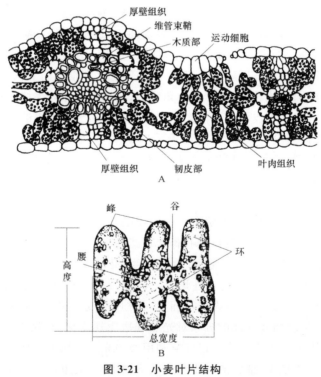

图 3-21　小麦叶片结构

A—叶片部分横切面;B——一个叶肉细胞

①表皮。表皮细胞的形状比较规则,排列成行,常包括两种细胞,即长细胞和短细胞。长细

胞为长方形,外壁角质化并含有硅质,这是禾本科植物叶的特征;短细胞为正方形或稍扁,插在长细胞之间,短细胞可分为硅质细胞和栓质细胞两种类型,栓质细胞壁栓质化。在表皮上,往往是一个长细胞和两个短细胞(即一个硅质细胞和一个栓质细胞)交互排列,有时也可见多个短细胞聚集在一起。长细胞与短细胞的形状、数目和相对位置,因植物种类而不同。

禾本科植物叶的上、下表皮上,都有气孔成纵行排列,禾本科植物的气孔与一般双子叶植物不同,气孔的保卫细胞呈哑铃形,在保卫细胞外侧还有副卫细胞。哑铃形的保卫细胞中部狭窄,具厚壁,两端膨大,成球状,具薄壁,气孔的开闭是两端球状部分胀缩变化的结果。当两端球状部分膨胀时,气孔开放;反之,收缩时气孔关闭。气孔的分布和叶脉相平行。

②叶肉。禾本科植物的叶肉组织比较均一,不分化成栅栏组织和海绵组织,为等面叶。叶肉细胞的形状随植物种类和叶在茎上的位置而变化,形态多样。叶肉细胞排列紧密,胞间隙小,仅在气孔的内方有较大的胞间隙,形成孔下室。

③叶脉。叶脉由木质部、韧皮部和维管束鞘组成,木质部在上,韧皮部在下。与双子叶植物不同,维管束内无形成层,在维管束外面有维管束鞘包围。维管束鞘有两种类型:一类是单层细胞组成,如玉米、高粱、甘蔗等 C4 植物,其细胞壁稍有增厚,细胞较大,排列整齐,含有较大的叶绿体,C4 植物维管束鞘与外侧相邻的一圈叶肉细胞组成"花环"状结构,这种结构在光合作用中很有意义,使得 C4 植物的光合效率高,也称高光效植物;另一类是两层细胞组成,如小麦、水稻等 C3 植物,其外层细胞壁薄,细胞较大,含有叶绿体,内层细胞壁薄,细胞较小,不含叶绿体,也不形成"花环"状结构。

4. 裸子植物叶的结构

裸子植物的叶多是常绿的,如松柏类,少数植物如银杏是落叶的。叶的形状常呈针形、短披针形或鳞片状。现以松属植物的针形叶为例,说明松柏类植物叶的结构。

松属的针叶分为表皮、下皮层(hypodermis)、叶肉和维管组织四个部分(图 3-22)。

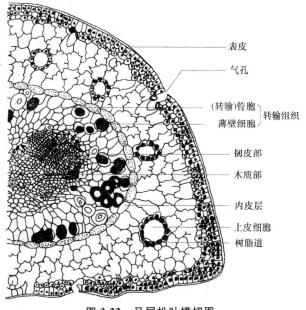

图 3-22　马尾松叶横切图

①表皮。表皮由一层细胞构成,细胞壁显著加厚并强烈木质化,外面有厚的角质膜,细胞腔很小。气孔在表皮上成纵行排列,保卫细胞下陷到下皮层(凡是位于器官表皮层以内并与其内方细胞在形态结构和生理机能上有区别的细胞层都可称为下皮层,该词在叶内普遍应用,在其他器官中使用较少。下皮层可起源于原表皮,也可起源于基本分生组织。起源于原表皮的下皮层与表皮同源,两者合成复表皮。复表皮只有表面一层细胞具有表皮组织特征中,副卫细胞拱盖在保卫细胞上方。保卫细胞和副卫细胞的壁均有不均匀加厚并木质化。冬季气孔被树脂性质的物质闭塞,可减少水分蒸发。

②下皮层。下皮层在表皮内方,为一至数层木质化的厚壁细胞。发育初期为薄壁细胞,后逐渐木质化,形成硬化的厚壁细胞。下皮层除了防止水分蒸发外,还能使松叶具有坚挺性质。

③叶肉。下皮层以内是叶肉,叶肉无栅栏组织和海绵组织的分化。细胞壁向内凹陷,形成许多突入细胞内部的皱褶。叶绿体沿皱褶边缘排列,皱褶扩大了叶绿体的分布面积,增加了光合作用面积,弥补了针形叶光合面积小的不足。在叶肉组织中含有两个或多个树脂道,树脂道的腔由一层上皮细胞围绕,上皮细胞外还有一层纤维构成的鞘包围。树脂道的数目和分布位置可作为分种的依据之一。

3.4.4 叶的结构与生态环境的关系

根据植物和水分的关系,可将它们分为旱生植物、中生植物和水生植物。根据植物和光照强度的关系,又将它们分为阳生植物、阴生植物和耐阴植物。

1. 旱生植物的叶

旱生植物的叶一般具有保持水分和防止水分过量蒸发的特点,通常向着两个不同的方向发展:一类是对减少蒸腾的适应,形成了小叶植物。其叶片小而硬,通常多裂,表皮细胞外壁增厚,角质层也厚,甚至形成复表皮。气孔下陷或局限在气孔窝内,表皮常密生表皮毛,栅栏组织层次多,甚至上、下两面均有分布。机械组织和输导组织发达,如夹竹桃的叶(图 3-23A)。另一类是肉质植物,如马齿苋、景天和芦荟等,它们的共同特征是叶肥厚多汁,在叶内有发达的薄壁组织,贮存了大量的水分,以此适应旱生的环境。生长于盐碱土壤的猪毛菜属(Salsola)植物,叶片肉质,线状圆柱形。表皮内侧环生一层栅栏组织,再内侧为一圈贮藏黏液细胞,中央为具有贮水能力的薄壁细胞,大小维管束贯穿于薄壁细胞之间(图 3-23B)。

2. 水生植物的叶

整个植物体或植物体一部分浸没在水中的植物称为水生植物。按照水深浅不同,水生植物分为沉水植物、浮水植物和挺水植物三种类型。水生植物可以直接从周围环境获得水分和溶解于水中的物质,却不易得到充分光照和良好通气。在长期适应水生环境的过程中,水生植物体内形成了特殊结构,叶片结构的变化尤为显著。

沉水植物(submerged plant)。是指整个植物体沉没在水下,与大气完全隔绝的植物。如眼子菜科、金鱼藻科、水鳖、茨藻科、水马齿科及小二仙草科的狐尾藻属等。沉水植物是典型的水生植物,叶片通常较薄,常为带形,有的沉水叶呈丝状细裂(如狐尾藻),有助于增加叶的吸收表面。由于水中光照弱,叶肉组织不发达,没有栅栏组织和海绵组织分化,叶肉全部由海绵组织构成,叶肉细胞中的叶绿体大而多。叶肉细胞间隙很发达,有发达的通气系统(如眼子菜科植物)

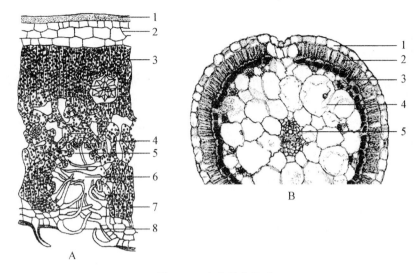

图 3-23　中生植物的叶

A—夹竹桃叶；B—藜科植物钾猪毛菜属(Salsola)叶的横切

A.1—角质层；2—复表皮；3—栅栏组织；4—海绵组织；5—气孔；
6—气孔窝；7—栅栏组织；8—表皮毛

B.1—表皮；2—栅栏组织；3—黏液细胞；4—贮水组织；5—维管束

(图 3-24)，既有利于通气，又增加了叶片浮力。叶片中的叶脉很少，木质部不发达甚至退化，韧皮部发育正常。机械组织和保护组织都很退化，表皮上没有角质膜或很薄，没有气孔，气体交换是通过表皮细胞的细胞壁进行的。表皮细胞具叶绿体，能够进行光合作用。

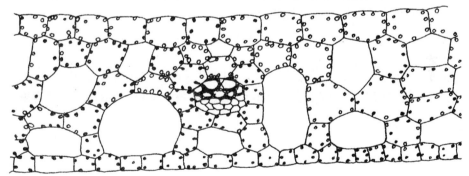

图 3-24　眼子菜属叶横切，示一种沉水植物的构造

挺水植物(emerging plant)。是茎叶大部分挺伸在水面以上的植物，如芦苇、香蒲等。挺水植物在外部形态上很像中生植物。但由于根部长期生活在水中，所以有非常发达的通气组织。

浮水植物(floating plant)。植物体浮悬水上或仅叶片浮生水面的植物。主要有满江红科、槐叶萍科、浮萍科、雨久花科的凤眼莲属、睡莲科的芡属和睡莲属、水鳖科的水鳖属、天南星科的大藻属、胡麻科的茶菱属及菱科植物。浮水植物常有异形叶性，即有浮水和沉水两种叶片，如菱除有菱状三角形浮水叶外，还有羽状细裂的沉水叶。浮水植物还有适应于浮水的特殊组织，如菱和凤眼莲(水葫芦)的叶柄，中部膨大形成气囊，以利植物体浮生水面。浮水植物上表皮细胞具有厚的角质层和蜡质层，气孔器全部分布在上表皮，靠近上表皮有数层排列紧密的栅栏组织，叶肉含有机械组织。靠近下表皮的叶肉细胞之间有大的细胞间隙，通气组织发达，下表皮细胞角质层薄或无。有的浮水植物,如王莲,叶片很大,叶脉中有发达的机械组织,保证叶片在水面上展开。

3. 阳地植物、阴地植物和耐阴植物的叶

阳地植物长期生活在光线充足的地方,受光受热比较多,周围空气比较干燥,蒸腾作用较强,因此阳地植物的叶倾向于旱生叶的特征。阴地植物长期生活在荫蔽的环境下,在光线较弱的条件下生长良好而不能忍受强光。阴地植物叶片大而薄,角质层薄,单位面积上气孔数目少;栅栏组织不发达,海绵组织发达,有发达的细胞间隙;细胞中叶绿体大而少,叶绿素含量多,有时表皮细胞也有叶绿体;机械组织不发达,叶脉稀疏。这些特点均有利于光的吸收和利用,因而能适应光线较弱的环境。耐阴植物是介于阳地植物与阴地植物之间的植物,它们一般在全日照下生长最好,但也能忍耐适度的荫蔽。

由于叶是直接接受光照的器官,因此,光照强弱的影响容易反映在叶的形态和结构上。实际上同一植株中,树冠上面或向阳一面的叶呈阳生叶特征,而树冠下部或生于阴面的叶因光照较弱呈现阴生叶的特点。

3.4.5 叶的变态

植物的叶为了适应不同的功能,形态结构上发生了一些变化,这些变化具有可以遗传的特征,称为叶的变态,主要有以下类型。

1. 叶卷须

由叶或叶的一部分变成卷须,称为叶卷须(leaf tendril)。叶卷须有攀缘作用。如豌豆羽状复叶先端的一些小叶片变成卷须,牛尾菜的托叶变成卷须。

2. 叶刺

由叶或叶的一部分变成刺状,起保护作用。如小檗的叶变成叶刺(leaf thorn);刺槐、酸枣叶柄两侧的托叶变成托叶刺,它们都着生于叶的位置上,叶腋处有腋芽,腋芽可发育为侧枝。

3. 苞片和总苞片

生于花下的变态叶,称苞片(bract),一般较小,绿色,但也有大型而呈各种颜色的。数目多而聚生在花序基部的苞片总称为总苞片(involucre)。苞片和总苞片有保护花和果实的作用,有些还有吸引昆虫的作用,如鱼腥草大而白色的总苞片。苞片的形状、大小和色泽,因植物种类不同而异,可作为种属的鉴别依据。

4. 鳞叶

有些植物茎上的叶变成肉质多汁的鳞叶(scale leaf)或膜质干燥的鳞叶,肉质的鳞叶如洋葱、百合的鳞叶,含有丰富的贮藏养料;膜质干燥的鳞叶,如慈姑、荸荠的节上的鳞叶,是退化的器官,有时对鳞茎和腋芽起保护作用。

5. 叶状柄

有些植物的叶片完全退化,而叶柄变为扁平的叶状体,行使叶的功能,称为叶状柄(phyllode)，如台湾相思树，只有在幼苗时期出现几片正常的二回羽状复叶，以后小叶片退化，仅存叶状柄。

　　变态是植物的营养器官在适应不同的环境和功能时，形态和结构上发生的可以遗传的变化。在变态器官中，一般将器官功能不同而来源相同的称同源器官，如枝刺、根状茎、块茎和茎卷须等为同源器官；而来源不同但功能相同的称同功器官，如块根与块茎，虽然从来源上看，前者为根，后者为茎，但均有贮藏的功能。

3.5　植物体营养器官间的相互联系

　　植物各器官间的组织是相互联系的，虽然根、茎、叶的结构不同，但其表皮、皮层和维管组织共同构成一个统一的整体，彼此互相联系。根、茎、叶的表皮和皮层联系简单，而维管组织的联系则比较复杂。

　　茎中维管束与叶的维管束是相互连接的。叶着生在茎节上，茎内的维管束有部分从节部位的分枝伸入叶柄到叶片，因此节部的维管束变化很多，十分复杂。一般把维管束从茎中分枝起穿过皮层到叶柄基部止的这一段称为叶迹(leaf trace)(图 3-25)，每片叶子的叶迹数目，随植物的种类而异，可以是 1 个至多个，但对每一种植物而言是一定的。叶脱落后，可以在叶痕上看到叶迹及叶迹的数目。在茎中叶迹的上方，有一个薄壁组织填充的区域称叶隙(leaf gap)。

　　主茎的维管束也同样分枝到各侧枝，通常将主茎维管束分枝通过皮层进入侧枝的部分称枝迹(branch trace)。每个枝的枝迹常为两个维管束合并组成，也有 1 个或多个的，在枝迹的上方，也有 1 个由薄壁组织所填充的区域称枝隙(branch gap)。

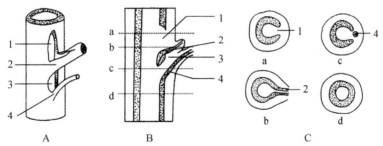

图 3-25　节部维管柱的图解

A—叶迹、枝迹与维管柱的立体关系图；B—茎节部通过叶迹、枝迹的径向纵切图

C—B 图中 a、b、c、d 4 个部位的横切

1—枝隙；2—枝迹；3—叶隙；4—叶迹

　　茎与根之间的维管组织联系在初生结构中比较复杂，由于根与茎中的维管束排列不同，在根中，木质部与韧皮部相间排列，其发育方式均为外始式，而在茎中，木质部与韧皮部相对排列，木质部内始式发育，韧皮部外始式发育。在根与茎的交界处，维管组织的排列方式发生了转变。根与茎维管组织发生转变的部位称为过渡(transition zone)，多位于下胚轴。转变的过程有几种不同类型(图 3-26)，以图 3-26A 为例，根为四原形结构，首先木质部束由内向外纵裂为两个分叉，各分叉渐次旋转 180°，其中的一个分叉与相邻木质部束的一个分叉汇合成束，同时移位到韧皮部内方(韧皮部的位置不移动)，使原来呈相间排列的木质部与韧皮部变成内外排列，转变为茎中的排列方式。

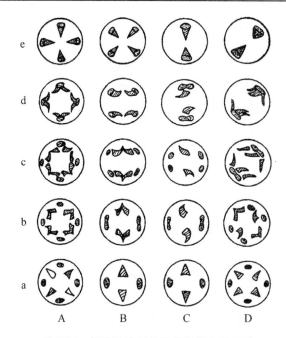

图 3-26　根茎过渡区的维管组织联系图解

A～D—维管组织转变的 4 种类型

a—根中柱的横切；b～d—根茎过渡区的横切；e—茎维管柱的横切

　　综上所述，植物体内的维管组织，从根通过下胚轴的根茎过渡区与茎相连，再通过枝迹与叶迹和所有侧枝及叶相连，构成了一个完整的维管系统。

第4章　植物的物质与能量代谢

4.1　植物的水分代谢

4.1.1　植物对水的需量

1. 植物体内水的含量

不同植物的含水量差异很大。例如,水生植物(水浮莲、满江红等)的含水量可达90％以上,而干旱环境中生长的植物含水量可低于6％以下;草本植物含水量为70％~85％,比木本植物的高。同种植物生长在不同环境中,含水量也不同。生长在荫蔽、潮湿环境中的植物的含水量要比生长在向阳、干燥环境中的高;同一植物不同器官和组织的含水量差异也很大,如根尖、幼苗、幼叶等生长活跃部分的含水量为70％~90％,树干为40％~50％,休眠芽约为40％,风干种子为8％~14％。同一器官不同生理年龄,含水量也不同。处于幼年的组织和器官的含水量较高,趋于衰老的组织和器官的含水量较低。

2. 植物体内水的作用

(1)水分能保持植物的固有姿态

充足的水分可使细胞保持膨胀状态,使植物枝叶挺立,便于接受光照和交换气体,同时也使花朵张开,利于授粉。如水分供应不足,植物便不能正常生活。

(2)水分是植物细胞原生质的主要成分

植物细胞原生质的含水量一般为70％~90％,呈溶胶状态,代谢作用可以正常进行,如根尖、茎尖等一些代谢活跃的组织,其含水量常在90％以上。如果含水量减少,原生质便可能由溶胶状态变为凝胶状态,生命活动减弱,如休眠的种子。细胞失水过多,会使原生质破坏而导致细胞死亡。

(3)水是植物某些重要代谢过程的反应物质

水是植物进行光合作用的重要原料,其他生物化学反应,如呼吸作用中的许多反应,脂肪、蛋白质等物质的合成与分解反应等也需要水参与。

(4)水分是植物代谢过程的介质

植物通常不能直接吸收固态的无机物和有机物,这些物质只有溶解在水中才能被植物有效吸收;许多生化反应必须在水介质中进行;植物体内的物质只有随着水才能被运输到植物各个部分。

(5)水的特殊理化性质为植物生命活动提供了有利条件

水的汽化热和比热较高,导热性较强,有利于植物在强阳光下散发热量和在寒冷环境中保持体温;水有明显的极性,使许多生物大分子如蛋白质呈水合状态,均匀分散在水中,使原生质的亲水胶体稳定存在；水是透明的，可透过可见光和紫外光，对植物进行光合作用非常重要；此外，水还可增加大气湿度、改善土壤及其表面大气温度，达到调节植物周围环境的作用。

4.1.2 植物细胞对水的吸收

1. 渗透性吸收

先观察如下实验(图 4-1)，将一根两端开口的玻璃管的一端用半透膜(具有允许水分及某些小分子物质通过，而不允许其他物质通过的性质，常用的有动物膀胱、蚕豆种皮、透析袋等)密封，从另一端开口处加入一定体积浓度的蔗糖溶液，然后置于盛有纯水的烧杯中。由于半透膜只允许水分子通过而不允许蔗糖分子通过，所以烧杯中的水分子就通过半透膜进入玻璃管，使玻璃管中溶液的体积增加，液面上升。这种溶剂分子通过半透膜扩散的现象就称为渗透作用(osmosis)，它是扩散作用的一种特殊形式。在这一作用过程中，系统中的水分发生了有限的定向移动，这种移动则是由烧杯中水与玻璃管中溶液两组分的水势所决定的。

半透膜

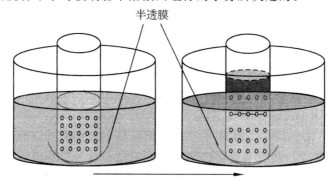

图 4-1 渗透作用示意图

(1)水势

物理学上把一个体系在恒温恒压条件下能够做有用功的能量称为自由能(free energy)，在此体系中 1 mol 物质所具有的自由能称为该物质的化学势(chemical potential)。显然，化学势是度量某种物质能够用于做功(比如用于发生反应)的能量，我们把度量水分用于做功(水分发生反应或水分转移等)的能量就称为水势(water potential，Ψ_w)，具体指 1 偏摩尔体积水的化学势(μ_w)与 1 偏摩尔体积纯水的化学势(μ_w^0)之差

$$\Psi_w = (\mu_w/V_w) - (\mu_w^0/V_w)$$

上式代表了水参与化学反应和移动的本领。式中，V_w 是偏摩尔体积，指在一定温度、压力和浓度下，1mol 水在混合物(均匀体系)中所占的有效体积。例如，在 1 个标准大气压和 25℃ 条件下，1mol 的水所占的体积为 18ml，但在相同条件下，将 1mol 的水加入到大量的水和乙醇等摩尔的混合物中时，这种混合物增加的体积不是 18ml 而是 16.5ml，16.5ml 才是水的偏摩尔体积。在一般的植物水分体系中，水溶液浓度较低，水的偏摩尔体积与纯水的摩尔体积十分接近，常用摩尔体积代替

$$\Psi_w = (\mu_w/V_w) - (\mu_w^0/V_w) = (\mu_w - \mu_w^0)/V_w = \Delta\mu_w/V_w$$

$\Delta\mu_w$ 是二者的化学势之差。水势的单位与压力单位相同，目前国际上通常用兆帕(MPa)来表示，与以前常用的单位巴(bar)的换算关系为

$$1MPa＝10^6Pa＝10bar＝9.87atm$$

水势的数值大小是相对的,纯水的水势最高,设定为零。那么,任何溶液的水势均为负值,溶液越浓,水势越低。这是因为溶质颗粒如蔗糖分子与水分子互相作用而引起溶液的水势降低。

在这一过程中,水分子移动的方向和限度决定于半透膜两边水势的高低,烧杯中纯水的水势高,玻璃管中蔗糖溶液的水势低,那么烧杯中的水分就通过半透膜不断进入玻璃管,使玻璃管中溶液的体积增加,液面也就上升,静水压也随之增加,水势逐渐增高。最后当半透膜两侧的水势趋于相等,通过半透膜进出的水分子数量也趋于相等,达到渗透平衡。

因此,在一个渗透系统中,水分总是从较高的水势向较低的水势方向渗透。

(2)植物细胞的水势组成

①溶质势。细胞中的各种颗粒与水分子作用而引起细胞水势降低,这一降低的值就代表细胞渗透能力的大小。细胞液中的各种颗粒多,与水分子作用而导致的水势下降也就大,因此,细胞水势与溶液中溶质颗粒的数目成反比,即溶质越多,水势就越低。我们把这部分由于溶质颗粒的存在而降低的水势称为渗透势(Ψ_s,osmotic potential),也叫溶质势(solute potential)。如果溶液中存在多种溶质,则溶液的溶质势就等于各种溶质势之和。由于纯水的水势为零,所以溶质势必然为负值。一般来说,生长在温带较湿润地区的植物因体内水分含量较高,其细胞的溶质势也较高($-2.0\sim-1.0$ MPa);而旱生植物细胞的溶质势因体内含水量较低,其溶质势也较低(可达-10.0 MPa以下)。溶液中的溶质势大小可由下列公式来估算

$$\Psi_s＝-iCRT$$

式中,R 为气体常数(0.0083 kg $\cdot$ MPa $\cdot$ mol^{-1} $\cdot$ K^{-1}),T 为绝对温度(K),C 为质量摩尔浓度(mol $\cdot$ kg^{-1}),i 为溶质的解离系数。Ψ_s 的单位为 Mpa。

②衬质势。植物细胞存在大量的亲水胶体物质,如蛋白质、淀粉粒、纤维素、核酸等大分子,未形成液泡的分生组织细胞由于具有较浓的细胞质,这些亲水胶体物质能吸附大量水分子(束缚自由水而使其成为束缚水)而使水势下降,这部分下降的水势称为衬质势(Ψ_m,matrix potential),也是负值。干燥的种子、干旱荒漠植物组织衬质势较高,是细胞水势重要的构成因素。而对于一般植物组织中已形成液泡的成熟细胞,衬质势较低,一般只有-0.01MPa左右,通常可忽略不计。

③压力势。在图 4-1 中,当最终达到渗透平衡时,半透膜两侧的水势相等,说明在渗透过程中,玻璃管中蔗糖溶液的水势逐渐上升,这是由于当液面上升时静水压也随之增加,这个静水压增加了蔗糖溶液的水势。同样,在植物细胞中,由于细胞吸水体积膨胀,原生质向外对细胞壁产生一个压力即膨压(turgor),细胞壁则向内产生一个反作用力——壁压,由于壁压的存在使细胞水势增加,这部分增加的水势称为压力势(Ψ_p, pressure potential),一般为正值。当细胞发生初始质壁分离时,压力势为零;而在植物发生剧烈蒸腾时,细胞的压力势为负值。

实际上,植物细胞还存在重力势(Ψ_g,gravitational potential),是由于重力的存在使体系水势增加的数值,依赖参比状态下水的高度、水的密度和重力加速度而定。在同一大气压力下两个开放体系间重力势的差异不大,与渗透势和压力势相比,常忽略不计。

综上所述,构成植物细胞水势的主要因素有溶质势(Ψ_s)、压力势(Ψ_p)和衬质势(Ψ_m)

$$\Psi_w＝\Psi_s＋\Psi_p＋\Psi_m$$

重力势一般予以忽略。但不同的植物组织细胞,由于所处的状态不同而有不同的水势组成。对于已形成液泡的成熟细胞,由于衬质势很小常不计,因此其水势组成为

$$\Psi_w = \Psi_s + \Psi_p$$

对未成熟的分生组织细胞或干燥种子,由于其细胞未形成液泡,细胞吸水主要靠亲水胶体物质对水的吸附作用,其渗透势与压力势均等于零($\Psi_s = 0$,$\Psi_p = 0$),其水势组成 $\Psi_w = \Psi_m$。

生活的植物细胞每时每刻都在与环境进行着水分和物质的交换而影响细胞水势的变化。在植物体中,成熟细胞是构成植物体的主体,因此成熟细胞水势变化的规律也是细胞水势研究的主要内容。图 4-2 反映了细胞吸水与失水过程中水势、渗透势、压力势及细胞体积变化的关系。

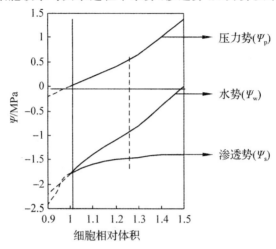

图 4-2　水势、渗透势和细胞相对体积的关系

图 4-2 中以横坐标表示细胞相对体积,以纵坐标表示水势,垂直于横轴的虚线与 3 条曲线相交点的数值,表示一个常态细胞的体积和与之相应的 Ψ_w、Ψ_s、Ψ_p,并且 $\Psi_w = 0$、$\Psi_s = \Psi_p$,此细胞若处于高水势溶液中时,细胞吸水,胞内水分的不断增加使细胞液浓度降低,体积增大,虚线向右移,Ψ_w、Ψ_s、Ψ_p 均相应增加。当细胞达到充分吸水、完全膨胀时(相对体积为 1.5),$\Psi_w = 0$、$\Psi_s = -\Psi_p$;反之,若此细胞处于低水势的溶液中时,细胞失水、体积缩小,虚线向左移,Ψ_w、Ψ_s、Ψ_p 也相应降低。当 $\Psi_p = 0$、$\Psi_s = \Psi_w$ 时,即相对体积为 1,此时细胞正好处于初始质壁分离状态。如果细胞继续失水,则发生质壁分离,在细胞壁和原生质之间充满外界溶液。细胞壁不再缩小,但原生质的体积继续缩小,Ψ_w 和 Ψ_s 不断降低,$\Psi_p < 0$,细胞相对体积 < 1。

(3)植物细胞的渗透现象

成熟的植物细胞通常都有一个中央大液泡,其中含有各种无机物质与有机物质,具有较高的浓度,也称为液泡化的细胞。液泡膜和质膜均具有类似半透膜(semi—permeable)的性质,即允许水分及某些小分子物质通过,而不允许其他物质通过。因此,我们也可以把质膜与液泡膜及其二者之间的细胞质整个近似地看作一个半透膜,并与高浓度的中央液泡构成了一个渗透系统。当把这样的植物细胞置于不同水势的溶液中时,就会发生渗透现象。

如果细胞外液的水势大于细胞液的水势,细胞内的水分就会向外液渗透,细胞体积缩小,就会发生质壁分离(plasmolysis);如果将发生质壁分离的细胞重新置于比细胞水势低的外液中时,外液水分便通过渗透作用进入细胞,细胞又会逐渐恢复原状,这种现象称为质壁分离复原(de-plasmolysis)。细胞质壁分离和质壁分离复原现象说明:①原生质具有半透膜的性质;②可由此来确定细胞的死活,因为死细胞的液泡膜和质膜失去了半透膜的性质;③通过这一现象可测定植物组织的渗透势以及测定不同物质进入细胞的难易程度。更重要的是,这一现象表明了植物细胞渗透吸水的实质,即遵循水势梯度决定水分流动方向的规律:溶液浓度高,水势低;浓度低,水势高。水分总是由高水势向低水势渗透。

(4)细胞间的水分运输

上面讨论了植物组织细胞与环境之间进行水分交换是依照水从高水势向低水势移动的规律,同理,在植物体内相邻细胞之间、组织与器官之间的水分转移也是依照这一规律,而且相邻组织或细胞间的水势差越大,水分移动的速度就越快。如图 4-3 所示,虽然 A 细胞的渗透势比 B 细胞更低,但由于 A 细胞的水势比 B 细胞高,所以,这两个细胞间的水分移动方向是从 A 流向 B,即决定两个细胞间水分移动方向的是水势而不是渗透势。

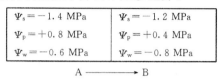

$\Psi_s = -1.4$ MPa	$\Psi_s = -1.2$ MPa
$\Psi_p = +0.8$ MPa	$\Psi_p = +0.4$ MPa
$\Psi_w = -0.6$ MPa	$\Psi_w = -0.8$ MPa

A ──────→ B

图 4-3　A、B 相邻两个细胞之间的水分移动

当多个细胞连在一起时,如果一端的细胞水势高,另一端的细胞水势低,形成一个水势梯度,水分就按照水势梯度从高水势流向低水势。一般来说,同一植株的地下器官水势高于地上器官。就地下器官细胞而言,表皮和皮层细胞水势高于中柱内细胞水势;地上器官的叶肉组织细胞水势则低于叶脉组织细胞水势,叶脉组织细胞的水势又低于叶柄组织细胞的水势。依此类推,在植物地上和地下器官和组织中形成了有序的水势梯度差,这一梯度差正是植物水分吸收和运输的主要动力。

2. 代谢性吸水

有证据表明,植物细胞能利用呼吸释放出的能量,使水分通过质膜而进入细胞,这样的吸水方式称代谢性吸水。如果使用呼吸抑制剂(二硝基酚、丙酮酸等)处理植物细胞,则呼吸下降,细胞吸水也减少;而采用通气或加糖措施则能促进呼吸,细胞吸水也增强。

目前已发现在质膜上存在专门的水通道(water channel)。如图 4-4 所示,水通道是由质膜上的一些特殊蛋白所构成的、调节水分以集流的方式快速进入细胞的微细孔道,这些蛋白质称为水通道蛋白(water channel protein)或水孔蛋白(aquaporins,AQPs)。水孔蛋白不允许质子和离子通过,而只允许水分子通过。其选择性的机制是通道的半径在 0.15~0.20nm 之间,而水分子的半径(0.15nm)正好在这一范围,所以经水通道对水运输的阻力很小,细胞水分交换作用较快。通过改变水孔蛋白的活性和调节水孔蛋白在膜上的丰度可以控制水分的透膜能力。

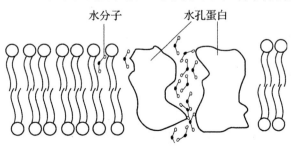

图 4-4　水孔蛋白示意图

3. 细胞的吸胀吸水

植物细胞壁中的纤维素以及原生质中的蛋白质、淀粉等大分子物质都具有亲水性,能与极性的水分子以氢键结合而引起细胞吸水膨胀,这种现象称为细胞的吸胀吸水。风干种子在萌发初期的吸水就属于典型的吸胀吸水。当风干种子遇水时,水分子在细胞大分子物质构成的毛细管力作用下迅速向细胞内部扩散,与细胞壁中的纤维素以及质膜和原生质中的蛋白质等亲水物质发生水合作用而吸水。为软化种皮、启动萌发过程中各种生理生化活动提供了必要的水分条件。

不同类型的种子吸胀吸水能力不同。一般而言,蛋白质的亲水性较强,吸胀作用力也较大,淀粉次之,纤维素较小。所以,禾本科植物种子吸胀吸水相对较少,而蛋白质含量高的豆科植物种子吸胀吸水较多,例如用大豆生豆芽时,吸胀现象就非常明显。

4.1.3 植物根系对水的吸收

1. 根系吸水的部位

根系是植物吸水的主要器官。根系吸水的器官主要在根尖,在根的先端约 10cm 内,具体地说是根尖木质部分已成熟的伸长区及邻近伸长区的部分成熟期,其中根尖的根毛区吸水能力最强(图 4-5)。另外水还可以通过植物表皮的毛孔、裂口和伤口进入植物。

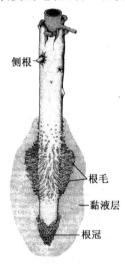

侧根

根毛

黏液层

根冠

图 4-5　植物根系心态示意

2. 根系吸水的机理

从根系吸水的动力来说,根系吸水可分为主动吸水(activeabsorption of water)和被动吸水(passive absorption of water)。

(1)主动吸水

主动吸水是指由植物根系本身的生理活动而引起的吸水,与植物地上部分的活动无关,也叫根压吸水。所谓根压(root pressure)是指由于植物的根系生理活动而促使水分从根部上升的压力,是主动吸水的动力。一般植物的根压在 0.1~0.2MPa,有些木本植物可达 0.6~0.7MPa,它的大小和成分代表了根生理活动的强弱。有两种现象可以表明根压的存在。

①吐水。在土壤水分充足,空气比较潮湿的环境中生长的植物,其叶片可直接向外溢泌水分,这种现象称为吐水(guttation)。这是植物在体内含水较多,而且湿度较大,气孔蒸腾效率较低的情况下,由于根压的存在使植物以液态的形式向体外散失水分的一种特殊方式。吐水是通过叶尖端和边缘的水孔来完成的。

②伤流。把植物从地上部分的基部切断或当植物受到创伤时,就会从断口和伤口处溢出液体,这种现象就称为伤流(bleeding),流出的液体叫伤流液(bleeding sap)(图 4-6)。如果在植物根的切口套上一根橡皮管,再与压力计相连接,就可测定出使伤流液从伤口流出的根压的大小。伤流液中含有各种无机盐和有机物,其数量和成分可以作为根系生命活动强弱的指标。

图 4-6　植物伤流现象示意图

植物的根系由表皮、皮层和维管柱组成,土壤水分经根毛和表皮细胞进入根系之后,通过皮层,再经维管柱薄壁细胞进入导管。这一过程实际是经两条途径进行的(图 4-7),一是共质体途径,水分在其间依次从一个细胞经过胞间连丝进入另一个细胞,最后进入中柱导管的过程。这一过程移动速度一般较慢;二是质外体途径,水分在其中可自由扩散移动,不穿越任何膜结构,移动阻力小,运动速度快。

但是,由于根系皮层中的内皮层细胞壁增厚形成凯氏带(木栓化物质,不透水),这就阻断了通过质外体途径将水分直接运输到维管柱导管的途径,而必须通过内皮层细胞这一共质体途径才能进入维管柱。

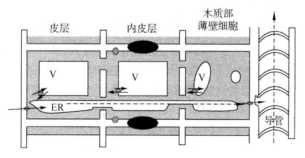

图 4-7　共质体和质外体途径示意图

V—液泡;ER—细胞质;●—凯氏带

因此,土壤溶液首先通过根毛和根表皮细胞间隙进入皮层的质外体,并迅速在其中扩散。在进入内皮层时遇到凯氏带的阻挡,限制了水分通过质外体继续向维管柱快速扩散。此时,内皮层细胞主动向外侧质外体吸收溶解在溶液中的离子,这种主动吸收能逆着浓度梯度进行,并消耗ATP,这些离子最终被转移到维管柱导管,导管的离子浓度增高而水势下降,在内皮层两侧形成水势差,即外侧水势高而内侧水势低,水分就通过内皮层细胞层(此时可视为半透膜)以渗透方式进入到内侧维管柱导管,使维管柱导管内溶液体积不断增加,致使溶液沿着中柱导管不断上升,这个上升的力量就是根压。

（2）被动吸水

植物地上部分枝叶的蒸腾作用使水分沿导管上升的力量称为蒸腾拉力（transpiration pull），通过蒸腾拉力进行的吸水称为被动吸水。当植物蒸腾时，叶片气孔下腔周围叶肉细胞中的水分以水蒸气的形式，经由气孔扩散到水势较低的大气，从而导致叶肉细胞的水势下降，叶肉细胞就向邻近的叶脉导管吸水，失水的叶脉导管水势下降，向邻近的叶脉导管吸水，依此类推，这样就产生了一系列相邻组织细胞间的水分运动，最后导致根部维管柱导管水势下降，利用水势差吸收土壤中的水分。在这一过程中，相邻组织细胞依次失水，形成了从土壤溶液到植物气孔的水势梯度差，从而使土壤水分源源不断地通过根系进入植物体，并运向地上各个部分。这是一个纯粹的物理过程，不需要任何代谢能量的参与，凡能够进行蒸腾的枝条均可通过麻醉的根系或切去根系，甚至通过死亡的根系照常吸水。将切取的鲜花插在有水的花瓶中，可维持一段时间的开花就是一个有力的证据。

被动吸水由叶片蒸腾拉力引起，所以受植物蒸腾作用强弱的直接影响。一般在夜间或未长出叶片的植物，其蒸腾作用降低时，被动吸水也降低。但在植物正常生长期中，被动吸水是植物吸水的主要方式，尤其是高大的树木。

3. 影响根系吸水的土壤因素

（1）土壤溶液浓度

土壤水分状况与植物吸水有密切关系，根细胞水势低于土壤水势有利于根系吸水。土壤缺水时，植物细胞失水，膨压下降，叶片、幼茎下垂，这种现象称为萎蔫（wilting）。如果当蒸腾速率降低后，萎蔫植株可恢复正常，则这种萎蔫称为暂时萎蔫（temporary wilting）。暂时萎蔫常发生在气温高湿度低的夏天中午，此时土壤中即使有可利用的水，也会因蒸腾强烈而供不应求，使植株出现萎蔫。傍晚，气温下降，湿度上升，蒸腾速率下降，植株又可恢复原状。若蒸腾降低以后仍不能使萎蔫植物恢复正常，这样的萎蔫就称永久萎蔫（permanent wihing）。永久萎蔫的实质是土壤的水势等于或低于植物根的水势，植物根系已无法从土壤中吸到水，只有增加土壤可利用水分，提高土壤水势，才能消除萎蔫。植物施肥后浇水，就是为了提高土壤水势，防止萎蔫。

（2）土壤溶液浓度

在一般情况下，土壤溶液浓度较低，水势较高，根系易于吸水。但在盐碱地上，水中的盐分浓度高，水势低（有时低于$-10MPa$），作物吸水困难。在栽培管理中，如施用肥料过多或过于集中，也可使土壤溶液浓度骤然升高，水势下降，阻碍根系吸水，甚至还会导致根细胞水分外流，而产生"烧苗"。

（3）土壤温度

土壤温度直接影响根系的生理活动和根系的生长，所以对根系吸水影响很大。土壤温度过低，根系吸水能力明显下降。这是因为低温使根系代谢减弱，低温使水分和原生质的黏滞性增加，因而影响了根系对水分的吸收。温度过高，酶易钝化，根系代谢失调，对水分的吸收也不利。因而适宜的温度范围内土温愈高，根系吸水愈多。

（4）土壤通气状况

根系通气良好，代谢活动正常，吸水旺盛。通气不良，若短期处于缺氧和高CO_2的环境中，也会使细胞呼吸减弱，影响主动吸水。若长时间缺氧，导致植物进行无氧呼吸，产生和积累较多的酒精,使根系中毒,以至吸水能力减弱。植物受涝而表现缺水症状,就是这个原因。

4.1.4 蒸腾作用

1. 蒸腾作用的生理意义

植物进行生命活动过程中,必须和周围外界环境发生气体交换,这一过程也伴随着水分散失即蒸腾作用的过程,这也是植物长期适应外界环境的生理表现,具有一定的生理学意义。

①蒸腾作用是植物水分吸收和运输的主要动力。蒸腾作用所产生的蒸腾拉力能够使植物吸收大量的水分并运输到植物的各个部分,尤其是高大的树木,如果没有蒸腾作用,仅仅依靠根压吸水,植株较高部位就可能无法获得水分。

②蒸腾作用可以降低叶片的温度。植物体吸收的日光能中绝大部分能量转化为热能,使叶片温度上升,通过蒸腾作用可以散失植物体内过多的辐射热,维持植物适当的体温,保证各种代谢顺利进行。特别是夏日炎热高温,这一作用更为重要。

③蒸腾作用也是植物矿质营养吸收和运输的主要动力。蒸腾作用在促使植物吸水和水分运输的同时,也将溶解在土壤溶液中的各种营养离子吸收并随水流运至植物的各个部分,保证了植物生长发育对营养的需求。

2. 蒸腾作用的方式

植物体的各部分都有潜在的对水分的蒸发能力。当植物幼小的时候,暴露在地面上的全部表面都能蒸腾;木本植物长大以后,茎枝上的皮孔可以蒸腾,称之为皮孔蒸腾(lenticuler transpiration)。但是皮孔蒸腾的量只占全蒸腾量的 0.1%,所以植物的蒸腾作用绝大部分是靠叶片的蒸腾。

叶片的蒸腾有两种方式又包括通过角质层的角质蒸腾(cuticular transpiration)和通过气孔的气孔蒸腾(stomatal transpiration)。其中气孔蒸腾是植物叶片蒸腾的主要形式。

植物在光下进行光合作用,经由气孔吸收 CO_2,所以气孔必须张开,但气孔开张又不可避免地发生蒸腾作用,气孔可以根据环境条件的变化来调节自己开度的大小而使植物在损失水分较少的条件下获取最多的 CO_2。当气孔蒸腾旺盛,叶片发生水分亏缺时,或土壤供水不足时,气孔开度减少以至完全关闭;当供水良好时,气孔张开,以此机制来调节植物的蒸腾失水。

气孔按照一定的规律开张和关闭,并且通过保卫细胞来调节。保卫细胞体积小,其中含有叶绿体,细胞壁薄厚不均匀,靠气孔腔的内壁厚,背气孔腔的外壁薄。双子叶植物的保卫细胞呈半月形,当保卫细胞吸水膨胀时,细胞体积增大。保卫细胞由于薄厚不同的壁伸展程度不同,所以一对保卫细胞都向外弯曲,气孔张开,水分蒸发。否则相反(图 4-8)。

关于气孔运动的机理,人们一般认为与淀粉和糖的转化有关。在光下,光合作用消耗了 CO_2,于是保卫细胞细胞质 PH 值增高到 7,淀粉磷酸化酶活性增高,使淀粉水解为糖,引起保卫细胞渗透势下降,水势降低,从周围细胞吸取水分,保卫细胞膨大,因而气孔张开。在黑暗中,保卫细胞光合作用停止,而呼吸作用仍进行,CO_2 积累 PH 值下降到 5 左右,淀粉磷酸化酶催化逆向反应,使糖转化成淀粉,溶质颗粒数目减少,细胞渗透势升高,水势亦升高,细胞失水,膨压丧失,气孔关闭。

1960 年,人们发现保卫细胞内 K^+ 的积累量与气孔开度呈正相关。20 世纪 70 年代以后,又

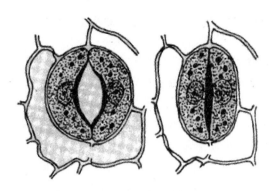

图 4-8　双子叶植物气孔

发现叶片表皮细胞的苹果酸水平与气孔的开度呈密切的正相关,即淀粉－果酸假说。气孔运动是一种复杂的生理现象,它和光合作用、呼吸作用等有着许多直接和间接的联系,并在植物生命活动中占有重要地位,因此,气孔之谜引起许多学者以极大的兴趣探索。

3. 影响蒸腾作用的因素

(1)影响蒸腾作用的内部因素

图 4-9 表示水汽和 CO_2 从气孔扩散到大气的途径与阻力。水蒸气从气孔下腔通过气孔扩散到大气中的速率,取决于气孔下腔内水蒸气向外扩散的力量和扩散途径的阻力。扩散力与气孔下腔内外的蒸汽压差有关,气孔下腔内蒸发面积大,蒸汽压差就大,蒸腾速率也就高;反之,则低。而扩散途径阻力包括气孔阻力和扩散层阻力,气孔阻力主要受气孔开度影响,气孔频率、孔径和开度大,内部阻力小,蒸腾快。扩散层阻力主要取决于扩散层的厚薄,扩散层厚,气孔阻力大,蒸腾速率低;反之,则高。

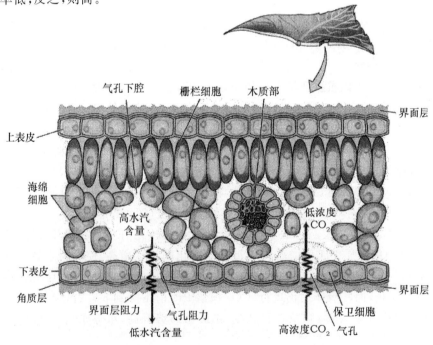

图 4-9　水分从叶片向大气扩散的水汽压力和阻力

（2）影响蒸腾作用的环境因素

植物的蒸腾作用是一种复杂的生理现象,不但受气孔特性的限制,还受多种环境条件变化的影响。

①温度。在一定温度范围内,温度升高使水蒸气分子通过气孔的扩散过程和水分从细胞表面蒸发的过程加快,从而促进蒸腾。当气温过高时,叶片过度失水,气孔关闭,蒸腾速率下降。

②光照。光是气孔运动的主要调节因素。光照促进气孔开放,减少气孔阻力;光还可以提高大气与叶片温度,增加叶内外蒸汽压差,提高蒸腾速率。

③风。一定速度的风可以吹散气孔外的蒸汽扩散层,并带来相对湿度较小的空气。这样既减小了扩散的外阻力,又增大了气孔内外的蒸汽压差,提高了蒸腾速率。但强风则抑制气孔蒸腾,因为强风会引起保卫细胞失水,使气孔开度减小或关闭,也使叶片温度降低,增大了气孔阻力,因而蒸腾速率下降。

④大气相对湿度 。相同温度下,大气的相对湿度越大,空气的蒸汽压就越大,叶片内外的蒸汽压差就变小,蒸腾速率下降。

4.1.5　植物体内水的运输

1. 水分运输的途径

水分从根到大气的具体运输途径是:土壤→根毛→根皮层→根中柱→根导管或管胞→茎导管或管胞→叶导管或管胞→叶肉细胞→叶肉细胞间隙→气孔下腔→气孔→大气。水分在整个运输途径中形成了土壤－植物－大气的连续体系,在这个体系中,水分基本上按照水势梯度进行运输。

水分在植物体内的运输分为质外体与共质体两种途径,但两条途径并不是截然分开的,而是互相交错共同完成水分在植物体内的运输(图 4-10)。

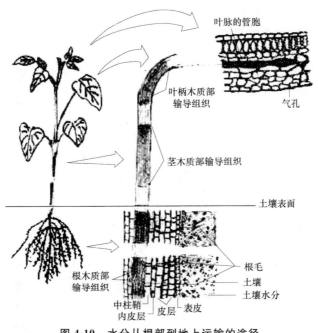

图 4-10　水分从根部到地上运输的途径

质外体途径主要指水分经过细胞间隙、细胞壁和导管或管胞等死细胞而进行的运输。共质体途径主要指水分经过活细胞的运输。当水分从土壤进入根内时,水分会通过质外体途径沿着细胞壁、细胞间隙等自由空间扩散到内皮层,然后通过共质体途径以渗透方式经内皮层、中柱鞘、中柱薄壁细胞到根导管;进入根导管后,水分通过质外体途径以集流方式经过导管或管胞等死细胞进行长距离运输,由下向上从根导管或管胞→主茎导管或管胞→分枝导管或管胞→叶片导管或管胞进行运输。被子植物是导管和管胞,裸子植物的水分运输途径是管胞。成熟的导管和管胞是中空的长形死细胞。由于成熟导管分子失去原生质体,相连的导管分子间的横壁形成穿孔,使导管成为一个中空的、阻力很小的通道。管胞上下两个管胞分子相连的细胞壁未打通而是形成纹孔,水分要经过纹孔从一个管胞分子进入另一管胞分子,所以管胞的运输阻力比导管大很多,与活细胞内的水分运输相比,在导管或管胞内,水分移动时受到的阻力很小,因此水分在导管或管胞内的运输速度很快。当水分通过导管或管胞进入叶脉后,经叶脉导管运输到气孔下腔附近的叶肉细胞,这个过程是共质体途径。然后,水分再通过质外体途径经叶肉细胞间隙和气孔下腔,以气态形式经气孔扩散到大气中。在水分运输过程中,水分进入共质体后,主要通过胞间连丝,以渗透传导方式,从一个细胞进入另一细胞,在这种途径中,水分运输受到的阻力很大,所以运输距离虽然很短,但运输速度却非常慢。相反,当水分通过质外体途径运输时,受到的阻力很小,所以运输速度非常快。

2. 水分沿导管上升的机理

世界上高大的乔木如红杉、桉树可达100m以上,水分是靠什么力量从根部上升到最高叶片的呢?这涉及两个问题,一是动力问题,二是水柱的连续性问题。

水分沿着导管(管胞)上升的动力一是下部的根压,二是上部的蒸腾拉力。根压一般不超过0.2MPa,至多只能使水分上升20.4m,在一般情况下蒸腾拉力是水分上升的主要动力。据测定,叶片强烈蒸腾失水时,顶端叶片水势可降至-3.0MPa,而根部导管水势可达-0.5MPa,因而部的水分可沿着水势梯度源源不断地流向高大乔木的顶端。蒸腾作用愈旺盛,失水愈多,导管中水上升的力量就愈大。

蒸腾作用产生的强大拉力把导管中的水往上拉,而导管中的水柱为何可以克服重力的影响形成连续水柱而不中断呢?通常用爱尔兰人狄克逊(H. H. Dixon)提出的蒸腾流—内聚力—张力学说(transpiration cohesion tension theory)也称"内聚力学说"(cohesion theory)来解释的,即水分子的内聚力大于张力,从而能保证水分在植物体内的向上运输。水分子的内聚力很大,可达几十MPa。植物叶片蒸腾失水后,便向导管吸水,而水本身又有重量,会受到向下的重力影响,这样,一个上拉的力量和一个下拖的力量共同作用于导管水柱上就会产生张力(tension)。其张力可达-3.0MPa,但由于水分子内聚力远大于水柱张力,同时,水分子与导管(或管胞)壁的纤维素分子间还有强大的附着力,因而维持了输导组织中水柱的连续性,使得水分不断上升。但由于导管水溶液中溶解有气体,当水柱张力增大时,溶解的气体会从水中逸出而形成气泡。而且,在张力的作用下,气泡还会不断扩大。这种现象称为气穴现象(cavitation)。然而,植物可通过某些方式消除气穴造成的影响。例如当气泡在某一些导管中形成后,它会被导管分子相连处的纹孔阻挡,气泡便被局限在一条管道中,当水分移动遇到了气泡的阻隔时,可以横向进入相邻的导管分子而绕过气泡,形成一条旁路,从而保持水柱的连续性。植物在夜间,由于蒸腾作用减弱,导管中水柱的张力也跟着降低,于是逸出的水蒸气或空气又可重新进入溶液,以解除气穴对水流的阻挡。另外,在导管内大水柱中断的情况下,水流仍可通过微孔以小水柱的形式上升。同时,水分上升也不需要全部木质部参与作用,只需部分木质部的输导组织畅通即可。

4.1.6　合理灌溉

1. 植物的需水量

植物需水量是指植物每生产 1g 干物质所散失水量的克数,即蒸腾系数。不同植物需水量不同。

同一植物在不同生育期对水分需要量有很大差别,这与植物在不同生育期的蒸腾面积和吸水能力有关。把植物对水分不足最敏感的时期,称为水分临界期(critical period of water)。对以种子为收获对象植物而言,水分临界期为生殖器官形成和发育时期;对以营养器官为收获对象的植物,水分临界期在营养生长最旺盛时期。

2. 合理灌溉的指标

作物是否需要灌溉可依据气候特点、土壤墒情、作物的形态、生理性状和指标加以判断。

(1)形态指标

我国农民自古以来就有看苗灌水的经验。即根据作物在干旱条件下外部形态发生的变化来确定是否进行灌溉。作物缺水的形态表现为,幼嫩的茎叶在中午前后易发生萎蔫;生长速度下降;叶、茎颜色由于生长缓慢,叶绿素浓度相对增大,而呈暗绿色;茎、叶颜色有时变红,这是因为干旱时碳水化合物的分解大于合成,细胞中积累较多的可溶性糖,形成较多的花色素,而花色素在弱酸条件下呈红色的缘故。如棉花开花结铃时,叶片呈暗绿色,中午萎蔫,叶柄不易折断,嫩茎逐渐变红,当上部 3~4 节间开始变红时,就应灌水。从缺水到引起作物形态变化有一个滞后期,当形态上出现上述缺水症状时,生理上已经受到一定程度的伤害了。

(2)土壤指标

一般来说,适宜作物正常生长发育的根系活动层(0~90cm),其土壤含水量为田间持水量的 $60\%\sim80\%$,如果低于此含水量时,应及时进行灌溉。土壤含水量对灌溉有一定的参考价值,但是由于灌溉的对象是作物,而不是土壤,所以最好应以作物本身的情况作为灌溉的直接依据。

(3)生理指标

生理指标可以比形态指标更及时、更灵敏地反映植物体的水分状况。植物叶片的细胞汁液浓度、渗透势、水势和气孔开度等均可作为灌溉的生理指标。植株在缺水时,叶片是反映植株体生理变化最敏感的部位,叶片水势下降,细胞汁液浓度升高,溶质势下降,气孔开度减小,甚至关闭。当有关生理指标达到临界值时,就应及时进行灌溉。例如棉花花铃期,倒数第 4 片功能叶的水势值达到 -1.4MPa 时就应灌溉。

需要强调的是作物灌溉的生理指标因不同的地区、时间、作物种类、作物生育期、不同部位而异,在实际应用时,应结合当地情况,测定出临界值,以指导灌溉的实施。

3. 合理灌溉的原因

合理灌溉不仅能及时满足植物生长对水分的生理需求,也可改善植物生长的局部生态环境,从而间接促进植物生长发育。把直接影响生理活动所需的水,称为生理需水,而通过改善环境间接对作物发生影响的水称为生态需水。

合理灌溉可满足作物的生理需水,可使植物生理状况得以改善:植株生长加快,根系活动增强,叶片水分供应充足,叶面积增大,光合速率加快;同时改善光合作用的"午休"现象,茎、叶输导组织发达,改善光合产物的分配和利用,提高水分和同化物运输效率,提高产量,改善品质。

合理灌溉不仅能满足作物的生理需水,也可满足作物生态需水,改善作物生长的土壤条件和气候环境。例如,旱田施肥或追肥后灌溉起溶肥作用,有利于作物吸收,能尽快发挥肥力效果;盐碱地灌水有洗盐和压制盐分上升的作用;在"干热风"来临前灌水,可提高农田附近大气湿度,降低温度,减轻干热风危害;寒潮来临前灌水,有保温、防寒、抗霜冻作用。因此,合理灌溉,除满足作物个体生理需水要求外,有时还要考虑作物群体生态需水要求。

4.2　植物的矿质营养

4.2.1　植物必须元素

1. 植物体内的元素

植物体是由水分、有机物和矿物质三种形式的物质组成。要了解这些物质的含量,可把一定质量的新鲜植物材料放在 $105\sim110℃$ 烘箱内烘干至恒重,剩下的物质即为干物质。干物质含量的高低,随植物种类、器官以及植物生长发育时期而有很大差异,一般可占鲜重的 $5\%\sim90\%$。干物质经过燃烧后所减轻的质量,就是有机物质量。有机物约占干物质的 90%,主要包括碳、氢、氧、氮四种元素,在燃烧时它们以二氧化碳、水蒸气、游离氮和氧化氮形式散失到空气中,剩下的残留物称为灰分(ash)。灰分中所含元素称为灰分元素。由于它们是植物吸收土壤中的矿物盐(无机盐)得来的,所以称为矿质元素。氮虽不是灰分元素,但也是以无机盐形式从土壤中吸收而来,所以通常把氮归并于矿质元素一起讨论。

2. 生物体内必需的矿物质元素

地壳中存在的元素几乎都可在不同植物体中找到,现已发现 70 种以上的元素存在于不同植物中,但并不是每一种元素都是植物必需的。

1939Amon 和 Stout 提出了必需元素(essential element)要具备三个条件:①若缺乏该元素,植物不能正常生长发育,即不能完成其生活史。②若无该元素,则表现专一的缺乏症,该症状不能由于加入其他元素而消除,只有加入该元素后植物才能恢复正常。③该元素的营养作用是直接的,而不是因改变土壤(或培养液)微生物或物理、化学条件引起的间接作用。

根据以上标准,现已确定植物必需的矿质元素有 14 种,即氮(N)、磷(P)、钾(K)、钙(Ca)、镁(Mg)、硫(S)、铁(Fe)、铜(Cu)、硼(B)、锌(Zn)、锰 (Mn)、钼(Mo)、氯(Cl)、镍(Ni),再加上从空气和水中得到的碳,氢,氧,共 17 种。根据植物对这些元素的需求量,把它们分为两大类:

①大量元素。植物对大量元素(macroelement)需要量较大,它们占植物体干重的 0.1% 以上,有碳、氢、氧、氮、磷、钾、钙、镁、硫等。

②微量元素。植物对微量元素(trace element,microelement 需要量极微,占干重的 0.01% 以下。它们是铁、硼、锰、锌、铜、钼、氯、镍等。尽管它们需要量很小,但缺乏时植物不能正常生

长；若稍有过量，反而对植物有害，甚至导致植物死亡。

3. 一些元素的生理作用及其缺乏时的生理症状

(1)氮

根系从土壤中吸收的主要是铵态(NH_4^+)氮或硝态(NO_3^-)氮，也可吸收一部分有机氮，如尿素等。氮在植物体内的含量只占干重的 $1\%\sim3\%$，尽管含量少，但对植物生命活动起着重要作用。

氮的主要生理作用：

①氮是构成蛋白质的主要成分，占蛋白质含量的 $16\%\sim18\%$，细胞膜、细胞质、细胞核、细胞壁中都含有蛋白质，各种酶也都以蛋白质为主体。氮也是核酸、磷脂的主要成分，而这三者又是原生质、细胞核和生物膜的重要组分。

②氮是植物激素（如生长素、细胞分裂素）、核酸、核苷酸、磷脂、维生素（B_1、B_2、PP 等）、许多辅酶和辅基（如 NAD^+，$NADP^+$，FAD）的成分，它们对生命活动起调节作用。

③氮是叶绿素的成分，与光合作用有密切关系。由此可见，氮在生命活动中占有首要地位，称为生命元素。

缺氮时，由于蛋白质等合成减少，植物生长矮小，细弱、缺绿、分枝分蘖减少，花、果少且易脱落，导致产量降低。因氮在体内可移动，老叶中的氮化物分解后运到幼嫩组织中重复利用，所以缺氮时，植物叶片发黄是由下逐渐向上发展的。缺氮时，糖类较少用于合成蛋白质等含氮化合物，这可使茎木质化。另外较多的糖类可被用于花色素苷的合成，因而某些植物（如番茄、玉米的部分品种）的茎、叶柄、叶基部呈紫红色。

(2)磷

植物体内磷（P）的含量一般为干重的 $0.1\%\sim0.5\%$，根系以磷酸盐的形式（$H_2PO_4^-$、HPO_4^{2-}、PO_4^{3-}）吸收，其中，$H_2PO_4^-$ 最容易吸收、HPO_4^{2-} 其次、PO_4^{3-} 最难吸收，所处环境的 pH 决定着这 3 种离子的数量。

磷是核酸和磷脂的重要组分，参与生物膜、原生质和细胞核的构成；也参与植物体内的物质和能量代谢活动；并促进糖类物质的运输；磷不足会导致糖运输能力下降，造成花色素积累。

充足的磷能使植物生长良好，抗性增强；磷不足会影响各种代谢过程，包括蛋白质和核酸合成。缺磷植株生长缓慢，在谷类作物中分蘖受影响；果树新梢生长缓慢，芽发育不良。缺磷果树的果实和种子形成受阻，因此不仅产量低，而且品质差。缺磷症状也是先出现在老叶，使叶片呈暗绿色。

(3)钾

钾在土壤中以 KCl、K_2SO_4 等盐形式存在。被植物吸收后，以离子态存在于细胞内。

钾和氮、磷不同，它不是细胞的组成成分，它主要对细胞代谢起调节作用。钾的主要生理作用：

①作为多种酶的活化剂，如淀粉合成酶、苹果酸脱氢酶等。因此，钾在糖类代谢、呼吸作用、蛋白质代谢中起重要作用。

②钾是形成细胞渗透势的重要成分，钾从薄壁细胞进入根木质部，从叶表皮细胞进入保卫细胞，从而使两者的水势降低，有利于根系吸收和气孔开放，所以能提高作物的抗旱性。

③钾能促进蛋白质、糖类合成，也能促进糖的运输。

缺钾时,植物茎秆柔弱,易倒伏,抗旱抗寒性降低,作物叶片边缘黄化、焦枯、碎裂,叶脉间出现坏死斑点,这是缺钾的典型症状。钾也是易移动可重复利用的元素,缺素症首先出现在下部老叶。

由于植物对氮、磷、钾的需要量大,且土壤中通常缺乏这三种元素,所以在农业生产中经常需要补充这三种元素。

(4)钙

根系以 Ca^{2+} 形式从土壤中吸收钙。在植物体内的钙,一部分呈离子状态,一部分形成难溶盐,一部分与有机物结合(如形成果胶钙、植酸钙)。Ca^{2+} 难以进入韧皮部,是一种不容易再利用的元素。

钙的主要生理作用:

①钙与细胞壁形成有关,细胞壁的胞间层由果胶酸钙组成。

②与细胞有丝分裂有关,纺锤体的形成需要钙。

③钙对维持膜正常功能是必需的(可能通过将磷脂互相联结,或结合于膜蛋白)。

④Ca^{2+} 是少数酶的活化剂,但多数酶被其抑制。

⑤钙有解毒作用,植物代谢的中间产物有机酸积累过多时对植物有害,Ca^{2+} 与有机酸结合为不溶性钙盐(如乙二酸钙、柠檬酸钙)。

⑥细胞壁中 Ca^{2+} 可与一种称为钙调蛋白的蛋白质可逆结合,形成钙调蛋白复合体,参与调节许多代谢活动,因此钙也被称为"第二信使"(second messenger)。

土壤中一般不缺钙。植株缺钙时分生组织受害最早,细胞分裂不能正常进行,有时形成多核细胞。缺钙时幼叶缺绿并向下弯曲,叶尖和边缘坏死,继之顶芽和根尖坏死,生长受阻。缺钙植株的根短,分枝多,变褐。

(5)硫

根系以硫酸根(SO_4^{2-})形式从土壤中吸收硫。硫的主要生理作用:①硫是半胱氨酸、胱氨酸和甲硫氨酸等含硫氨基酸的组分,这些氨基酸是所有蛋白质的组成成分,所以硫元素参与原生质的合成;②半胱氨酸—胱氨酸系统直接影响细胞中的氧化还原电位;③硫是 CoA、硫胺素、生物素的构成成分,与糖类、蛋白质、脂肪代谢密切相关。植物缺硫时,蛋白质含量显著减少,幼叶缺绿,叶片发红,植株矮小。

(6)铁

铁主要以 Fe^{2+} 或 Fe^{3+} 形式被吸收。铁的主要生理作用:

①铁是许多重要酶的辅基成分,在呼吸作用和光合作用及其他一些反应中,某些参与氧化还原反应的酶或蛋白质,如血红蛋白、过氧化氢酶、过氧化物酶、一些黄素蛋白、铁氧还蛋白,依靠其中所含的血红素铁或非血红素铁的价态变化(Fe^{2+}、Fe^{3+})传递电子,铁也是固氮酶中铁蛋白和钼铁蛋白的金属成分。

②铁是合成叶绿素所必需的元素,具体机制尚不完全清楚,但催化叶绿素合成的有些酶的活性表达要求 Fe^{2+} 参与。缺铁时影响叶绿体类囊体膜的结构和功能。

植物缺铁的典型症状是幼叶叶脉间缺绿。缺铁严重时,叶脉失绿,整个叶成为淡黄色或白色。蔷薇科植物及玉米、高粱等对缺铁特别敏感。

(7)镁

植物以 Mg^{2+} 形式吸收镁。镁元素在植物体内一部分形成有机物,一部分以离子状态存在,主要分布于幼嫩组织和器官中,植物成熟时集中于种子中,镁是一种很容易移动的元素。

镁的主要生理作用:

①镁是叶绿素的成分,植物体内约 20％的镁存在于叶绿素中,缺镁则不能合成叶绿素。

②镁是呼吸作用、光合作用中多种酶的活化剂。

③DNA 和 RNA 合成、蛋白质合成中氨基酸的活化都需要镁。

④镁能使核蛋白体亚单位结合形成稳定的细胞器,维持其合成蛋白质的功能。

⑤ATP 与 Mg^{2+} 结合后才能发挥其作用。

⑥镁是染色体的组成部分,在细胞分裂过程中起作用。

土壤中一般不缺镁。植株缺镁时首先老叶叶脉间缺绿,严重时叶变黄或变白,叶在成熟前脱落,有时叶上形成坏死斑。

(8)锌

锌以 Zn^{2+} 形式被吸收。锌的主要生理作用:

①锌是许多酶的组分或活化剂,如谷氨酸脱氢酶、碳酸酐酶、超氧化物歧化酶等需要锌作为其必需成分。

②锌可参与叶绿素合成或防止其降解。

③锌与吲哚乙酸合成有关。

缺锌时幼叶和茎节间生长受抑制(可能是因吲哚乙酸的量降低),在苹果、桃等果树上表现小叶症和丛叶症,叶片边缘常撕裂或皱缩。玉米、高粱、豌豆等植物的老叶可出现叶脉缺绿,继之有白色坏死斑点。

(9)铜

在通气良好的土壤中,铜多以 Cu^{2+} 形式被吸收,而在潮湿缺氧土壤中,多以 Cu^+ 形式被吸收。铜的主要生理作用:

①铜是一些氧化还原反应中酶或蛋白质(如细胞色素氧化酶、质体蓝素、多酚氧化酶、抗坏血酸氧化酶、超氧化物歧化酶)的关键成分。

②铜参与光合作用,是光合链中质体蓝素(PC)的成分。

因植物所需铜很少,所以一般不存在缺铜问题。当植株缺铜时,叶变为暗绿色,可能出现坏死斑点,叶片扭曲变形。

4.2.2　植物细胞对矿质元素的吸收

细胞有选择性地从环境中吸收矿质元素,从而维持自身的生命活动,吸收的方式有两种:主动吸收(active absorption)和被动吸收(passive absorption)。

1. 主动吸收

主动吸收是离子或分子逆着电化学势梯度透过膜,直接由代谢能量驱动的过程。因此,呼吸抑制剂和解偶联剂均能抑制离子的主动吸收过程。

主动吸收是一个直接与能量代谢相偶联,并将离子逆电化学势梯度吸收的过程,执行这一功能的蛋白质称为泵(pump),按转运的是离子还是中性分子又分为致电泵(electrongenic pump)和电中性泵(electroneutral pump),其中,H^+ 泵和 Ca^{2+} 泵是两类主要的致电泵。

质膜上的 H^+ 泵在 H^+－ATP 酶作用下先将胞内的 H^+ 泵到胞外(图 4-11),从而产生胞内外的跨膜质子电化学势梯度,当这一能量梯度达到一定程度后,质子通过转运蛋白重新转运至胞内,并伴随着离子的进出。这里又分两种情况:一种是某些离子(如一些阴离子或中性分子)和质子一起通过同向转运蛋白(symporter)转运至胞内,即被转运的离子与质子是相同方向的,称同向转运(symport),值得注意的是,离子是逆电化学势梯度被转运的(图 4-11A)另一种是反向转运(antiport),即伴随着质子顺着自身的电化学势梯度通过反向转运蛋白(antipotter)从高到低转运,其伴随离子(如 K^+ 等阳离子)则逆电化学势梯度从低到高反向转运至胞外。

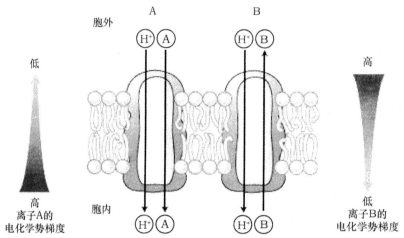

图 4-11　细胞对矿物质元素的主动吸收

2. 被动吸收

被动吸收是离子或分子顺着电化学势梯度透过膜从而被细胞吸收的过程,这一过程无须代谢能量。除了一些小的中性分子能直接透过细胞膜外,一般离子的吸收需要通过专门的蛋白质才能进行(图 4-12),由于蛋白质在膜上的数量有限,因此通过这类蛋白质的吸收具有饱和现象。这些专门的蛋白质主要可分为以下两种。

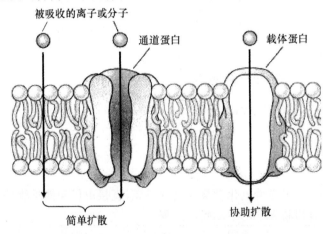

图 4-12　细胞对矿物质元素的吸收

一种叫载体蛋白(carrier protein),载体蛋白是一种跨膜蛋白,在离子电化学势的作用下,它先与被吸收的离子相结合,引起蛋白质构型发生变化,产生翻转而使离子进入细胞。不同的载体蛋白运输不同的离子,即与离子通道一样,载体蛋白也存在着离子的选择性。由于此过程涉及蛋白质构象的改变,因此,其运转离子的效率远小于离子通道,故又称为协助扩散(facilitated diffusion)。

另一种离子通道(ion channel),指存在于细胞膜上的跨膜蛋白质,在中间形成一条能通过一定类型离子的通道。当通道打开时,离子顺着电化学势梯度直接被细胞吸收。离子通道的开闭由通道的环境变化(如渗透压、外界环境信号等)控制和调节;而且,不同的离子存在不同的通道,即离子通道具有选择性。目前已发现在质膜上存在阳离子通道(如 K^+ 通道、Ca^{2+} 通道、Na^+ 通道等)和阴离子通道(如 NO_3^- 通道、Cl^- 通道等),按吸收的方向分,还可将离子通道分为内流型和外流型两大类。上述中性分子直接透过膜和离子或分子通过离子通道的运转也称为简单扩散(simple diffusion)。

4.2.3　植物根系对矿质元素的吸收

植物体对矿质元素吸收的最主要器官是根系,根系对矿质元素的吸收情况影响着整个植物体的生长发育。

1. 根系吸收矿质元素的部位

从根尖端到其后许多厘米的区域都可吸收矿质元素。将萌发 $5\sim7d$ 的小麦初生根浸在 ^{32}P 溶液内,过一段时间测定脉冲数;发现 ^{32}P 积累在两个区域,第一个区域是根冠和分生区,第二个区域是根毛区。根系吸收矿质元素主要是根尖顶端,而根毛区积累的离子较少。

2. 根系吸收矿质元素的过程

(1)离子被吸附在根系细胞表面

根部呼吸产生的 CO_2 与 H_2O 作用生成 H^+ 和 HCO_3^-,然后与土壤中正负离子(如 K^+、Cl^-)交换,后者就可以被吸附在根表面,这种细胞交换吸附离子的形式,称为交换吸附。交换吸附是不需要能量的,吸附速度很快。在根部细胞表面,这种吸附与解吸附的交换过程不断进行。具体有三种情况:

①通过土壤溶液间接进行。土壤溶液在此充当"媒介"作用,根部呼吸释放的 CO_2 与土壤中的 H_2O 形成 H_2CO_3,H_2CO_3 从根表面逐渐接近土粒表面,土粒表面吸附的阳离子如 K^+ 与 H_2CO_3 的 H^+ 进行离子交换,H^+ 被土粒吸附,K^+ 进入土壤溶液形成 $KHCO_3$,当 K^+ 接近根表面时,再与根表面的 H^+ 进行交换吸附,K^+ 即被根细胞吸附(图 4-13A)。K^+ 也可能连同 HCO_3^- 一起进入根部。在此过程中,土壤溶液好似"媒介"根细胞与土粒之间的离子交换联系起来。

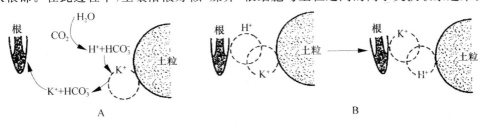

图 4-13　离子进入根内部

A—通过土壤溶液和土粒进行离子交换;B—接触交换

②通过直接交换或接触交换（contact exchange）进行。这种方式要求根部与土壤颗粒的距离小于根部及土壤颗粒各自所吸附离子振动空间直径的总和。在这种情况下，植物根部所吸附的正负离子即可与土壤颗粒所吸附的正负离子进行直接交换（图4-13B）。

③有些矿物质为难溶性盐类，植物主要通过根系分泌有机酸或碳酸对其逐步溶解而达到吸附和吸收目的。

（2）离子进入根内部

离子从根表面进入根内部有质外体和共质体两种途径。

①共质体途径。离子由质膜上的载体或离子通道运入细胞内，通过内质网在细胞内移动，并由胞间连丝进入相邻细胞。进入共质体内的离子也可运入液泡而暂存起来。溶质经共质体的运输以主动运输为主，也可进行扩散性运输，但速度较慢。

②质外体途径。质外体又称非质体（apoplast）或自由空间（free space），是指植物体内由细胞壁、细胞间隙、导管等构成的允许矿质元素、水分和气体自由扩散的非细胞质开放性连续体系。自由空间的大小无法直接测定，但可由表观自由空间（apparent free space，AFS）或相对自由空间（relative free space，RFS）间接衡量，RFS的计算方法如下：

$$RFS(\%)=\frac{自由空间体积}{根组织总体积}\times100\%=\frac{进入组织自由器官的溶质数(\mu mol)}{外液溶质浓度(\mu mol/mL)\times组织总体积(mL)}\times100\%$$

离子经质外体运送至内皮层时，由于有凯氏带存在，离子（和水分）最终必须经共质体途径才能到达根内部或导管。这使得根系能够通过共质体主动转运及对离子选择性吸收控制离子运转。不过，在根幼嫩组织，内皮层尚未形成凯氏带前，离子和水分可经质外体到达导管。此外，在内皮层中有个别胞壁不加厚的通道细胞，可作为离子和水分的通道。

（3）离子进入导管

离子经共质体途径最终从木质部薄壁细胞进入导管，关于其进入机制目前有两种观点：一种是离子以被动扩散方式从导管周围薄壁细胞随水分流入导管，因为有实验表明，木质部中各种离子的电化学势均低于皮层或中柱内其他生活细胞中的电化学势。另一种是离子通过主动转运方式从导管周围薄壁细胞进入导管，因为也有实验指出，离子向木质部转运在一定时间内不受根部离子吸收速率的影响，但可被ATP合成抑制剂抑制。总之，这个问题还需进一步探究。

3. 根系对矿物质元素吸收的特点

（1）对矿质元素和水分的相对吸收

植物对矿质元素和对水分的吸收不成正比例，二者之间既相关联，又各自独立。其根本原因是：二者的吸收机制不同。

（2）离子的选择性吸收

植物根系吸收离子的数量与溶液中离子的数量不成比例的现象。该现象的基础在于植物细胞吸收离子的选择性。植物根系吸收离子的选择性主要表现在两个方面：①植物对同一溶液中的不同离子的吸收不同；②植物对同一种盐的正负离子的吸收不同。由此派生出三种类型的盐：生理酸性盐（physiologically acid salt），如$(NH_4)_2SO_4$；生理碱性盐，如$NaNO_3$、$Ca(NO_3)_2$等；生理中性盐，如NH_4NO_3。

（3）单盐毒害和离子对抗

①单盐毒害。植物在单盐溶液中不能正常生长甚至死亡的现象被称为单盐毒害（toxicity of

single salt)。所谓单盐溶液,是指只含有一种盐分(或一种金属离子)的盐溶液。单盐毒害的特点是:单盐毒害以阳离子的毒害明显,阴离子的毒害不明显;单盐毒害与单盐溶液中盐分是否为植物所必需无关。

②离子对抗。在单盐溶液中加入少量含其他金属离子的盐类,单盐毒害现象就会减弱或消除。离子间的这种作用即被称作离子对抗或离子颉颃(ion antagonism)。离子对抗的特点:元素周期表中不同族的金属元素的离子之间一般有对抗作用;同价的离子之间一般不对抗。例如:Na^+ 或 K^+ 可以对抗 Ba^{2+} 和 Ca^{2+}。单盐毒害和离子对抗的实质可能与不同金属离子对细胞质和质膜亲水胶体性质(或状态)的影响有关。

4. 影响根吸收离子的因素

(1)温度

在一定范围内,根系吸收矿质元素的速率随土壤温度的升高而提高,这是由于温度影响了根的呼吸速率,也就影响了根细胞的主动吸收。但温度过低或过高,也会影响代谢的正常进行,对离子的吸收也会减弱。低温下原生质胶体黏性增加,透性降低,吸收减少;而在适宜温度下原生质胶体黏性降低,透性增加,对离子的吸收加快。高温(40℃以上)可使根吸收矿质元素的速率下降,其原因可能是高温使酶钝化,从而影响根部代谢;高温还导致根尖木栓化加快,减少吸收面积。例如水稻生长的最适温度是 28～32℃,在最适温度时吸收矿质元素最快,低温和高温都会阻碍吸收,其中低温对磷、钾与硅的吸收阻碍最大。

(2)土壤溶液浓度

据实验,当土壤溶液浓度很低时,根系吸收矿质元素的速率随着浓度的增加而提高,但达到某一浓度时,再增加离子的浓度,根系对离子的吸收速率不再提高。这一现象可用离子载体的饱和现象来说明。浓度过高,会引起水分的反渗透,导致"烧苗"。所以,向土壤中施用化肥过度,或叶面喷施化肥及农药的浓度过大,都会引起植物死亡,应当注意避免。

(3)pH

pH 是影响根吸收离子的一个重要外界因子,其作用是多方面的。

由于组成细胞质的蛋白质是两性电解质,故在土壤溶液 pH 不同的情况下,根细胞内的蛋白质会带不同的电荷,并对离子的吸收产生直接影响。在弱酸性环境中,蛋白质带正电荷,有利于阴离子的吸收;相反,在弱碱性环境中,蛋白质带负电荷,有利于阳离子的吸收。这是土壤 pH 对根系吸收直接的影响。

但土壤溶液 pH 对矿质元素吸收的影响,一般是间接影响。首先,它会影响矿质元素的溶解度。由图 4-14 可见,N,P,K,S,Ca 及 Mg 在土壤 pH 为中性时有较大的有效性,而 Mn,B,Cu 及 Zn 这几种微量元素在微酸性时有较大的有效性,而 Fe 在酸性环境时有效性较大。其次,土壤溶液 pH 还会影响微生物的活动。在酸性环境中,根瘤菌会死亡,固氮菌会失去固氮能力,而在碱性环境中,反硝化细菌发育良好,会降低植物对氮素的利用。

一般作物生长的最适 pH 为 6～7。但有些作物(如马铃薯、茶、烟草)适合生长在较酸性的环境中,而甘蔗、甜菜等作物适于较碱性的环境。

(4)通气

通气状况直接影响到根系的呼吸作用,通气良好时根系吸收矿质元素速度快。根据离体根的实验,水稻在含氧量达 3% 时吸收钾的速度最快,而番茄必须达到 5%～10% 时,才能出现吸收

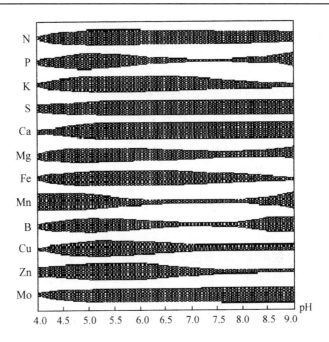

图 4-14　土壤 pH 与土壤有效性之间的关系

高峰。此时再增加氧浓度,吸收速度不再增加。但缺氧时,根系的生命活动受到影响,对矿质的吸收速度会下降。因此,增施有机肥料,改善土壤结构,加强中耕松土等改善土壤通气状况的措施能增强植物根系对矿质元素的吸收。土壤通气除增加氧气外,还有减少 CO_2 的作用。CO_2 过多会抑制根系呼吸,影响根对矿质的吸收和其他生命活动。如南方的冷水田和烂泥田,地下水位高,影响了水稻根系吸水和吸肥。因此土壤板结,排水不良,造成土壤通气不良,会影响根系对矿质元素的吸收。

4.2.4　植物体内矿质元素的运输

1. 矿物质在植物体内运输的形式

不同矿质元素在植物体内运输形式不同,金属离子以离子状态运输,非金属离子以离子状态或小分子有机化合物形式运输。例如,根系吸收的氮素,多在根部转化成有机化合物,如天冬氨酸、天冬酰胺、谷氨酸、谷氨酰胺以及少量丙氨酸、缬氨酸和甲硫氨酸,然后运往地上部;磷酸盐主要以无机离子形式运输,还有少量在根部先合成磷脂酰胆碱和 ATP、ADP、AMP、6-磷酸葡萄糖、6-磷酸果糖等有机化合物后再运往地上部;硫的主要运输形式是硫酸根离子,但也有少数以甲硫氨酸及谷胱甘肽等形式运送。

2. 矿物元素在植物体内的分布

根部和叶片吸收的矿物质,除少部分留在根内,大部分运输到植物体其他部位。矿质元素运到生长部位后,一部分参与合成代谢,有的作为酶活化剂,参与生化反应;有的作为渗透物质,调节水分吸收。有些已参加到生命活动中去的矿质元素,经过一个时期后也可被分解并运到其他部位被重复利用,这些元素便是可再利用元素。在可再利用元素中以氮、磷、钾最为典型。有些元素(如硫、钙、铁、锰、硼等),在细胞中呈难溶解的稳定化合物,它们不能重复利用。

　　3. 矿质元素在植物体内的运输途径和速度

　　矿质元素不只在植物体内从一个部位转移到另一个部位,同时还可排出体外。植物根系可以向土壤中排出矿物质和其他物质,地上部叶片在雨水等的淋洗下也会损失矿物质和其他养分。

　　根系吸收的矿质元素在体内的径向运输,主要通过质外体和共质体两条途径运输到导管,然后随蒸腾流一起上升或顺浓度差而扩散。

　　根系吸收矿质元素向上运输的途径,已经用放射性核素查明。将具有两个分枝的柳树苗,在两枝对立部位把茎韧皮部和木质部分开(图 4-15),在其中一枝的木质部与韧皮部之间插入蜡纸(处理 I),而另一枝不插蜡纸,让韧皮部与木质部重新接触(处理 II),并以此作为对照。在根部施用^{42}K,5h 后,再测定^{42}K 在茎中各部位的分布情况,发现在木质部内有大量^{42}K,而在韧皮部内几乎没有,这表明根系所吸收的^{42}K 通过木质部导管向上运输。在未分离区 A 与 B 处,以及分开后又重新将木质部与韧皮部密切接触的对照茎中,在韧皮部内也存在较多^{42}K,显然这些^{42}K 是从木质部运到韧皮部的,由此表明矿质元素在木质部向上运输的同时,也可横向运输。

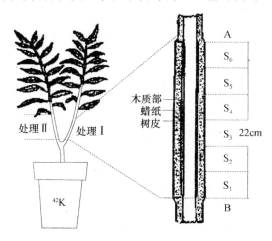

图 4-15　放射性^{42}K 向上运输的试验 $S_1 \sim S_6$ 表示不同部位

　　叶片吸收的矿质元素可向上或向下运输,其主要途径是韧皮部。此外,矿质元素还可从韧皮部活跃地横向运输到木质部,然后再向上运输。因此,叶片吸收的矿质元素在茎部向下运输以韧皮部为主,向上运输则是通过韧皮部与木质部。

　　矿质元素在植物体内的运输速率与植物种类、植物生育期以及环境条件等因素有关,一般为 $30 \sim 100 \text{cm/h}$。

4.2.5　矿质元素在植物体内的同化

　　植物从外界环境中所吸收的多种离子,有的就以游离态形式调节植物的生命活动,如钾;而有的则要在体内经过一系列转变,同化成体内复杂的有机物,才能被进一步利用,如硫、磷、氮等。硫和磷的同化在植物的生长发育中,都占有重要的地位。

1. 氮的同化

虽然空气中的氮含量可高达 78% 左右,但只有某些微生物如根瘤菌能吸收和固定空气中的游离态氮,高等植物并不能利用游离态氮。植物主要利用土壤中的 3 大类含氮化合物。一类是有机含氮化合物,主要来自动物、植物和微生物躯体的腐烂分解,但其中大都是不易或不能为植物所利用的,只有尿素、氨基酸等可被植物直接吸收。另两类为铵盐和硝酸盐,其中铵盐被植物吸收后,可以直接合成氨基酸。但在通气良好的土壤中,土温在 7℃～10℃ 以上时,由于土壤中硝化细菌的活动,铵盐将氧化成硝酸盐,并且这个过程的速率是很快的。因此在这样的土壤中,无机氮素主要是以硝酸盐的形式存在,也是植物吸收和利用的主要氮源。

硝酸盐中的氮呈高度氧化态,它的氮原子为 +5 价,而植物体内的含氮化合物均是还原态的有机含氮化合物(氨基酸中的氮为 -3 价),因此植物要利用 NO_3^- 合成氨基酸,首先必须进行还原。这个过程一般分为三个阶段:首先,硝酸盐在硝酸还原酶催化下还原为亚硝酸盐;其次,亚硝酸盐在亚硝酸盐还原酶催化下还原为氨;最后,植物将还原得到的氨以及从土壤中吸收获得的氨再进一步同化,形成氨基酸或酰胺。

(1)硝酸盐的还原

硝酸盐还原成亚硝酸盐是在硝酸还原酶(NR)的催化下完成的。硝酸还原酶是一种含钼的黄素蛋白——黄素钼蛋白,存在于细胞质中,还原所用的电子供体(即还原剂)是还原型辅酶 I (烟酰胺腺嘌呤二核苷酸,简称 NADH),是由糖酵解产生的。其还原过程如下。

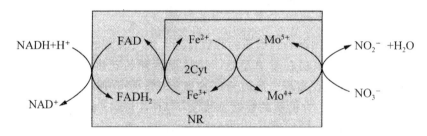

即 $$NO_3^- + NADH + H^+ \xrightarrow{NR} NO_2^- + NAD^+ + H_2O$$

硝酸还原酶是一种诱导酶。所谓诱导酶是指一种植物本来不含有某种酶,但在特定外来物质的影响下,可以生成这种酶。这种现象就是酶的诱导形成,所形成的酶称诱导酶。实验表明:水稻幼苗本无硝酸还原酶,但如果培养在硝酸盐溶液中,水稻体内就会诱导生成硝酸还原酶。这是高等植物底物诱导的少有实例,是植物对环境的一种生理适应

硝酸盐的还原部位因植物而异,可在根内进行,也可在叶片内进行,但主要在叶片内进行。同一植物,硝酸盐的还原部位也与硝酸盐的含量有关,如豌豆,在叶内还原的比例随硝酸盐含量的增加而明显升高。

(2)亚硝酸盐的还原

亚硝酸盐在体内积累会对植物产生毒害,正常情况下亚硝酸盐在亚硝酸还原酶(NiR)的催化下还原成氨。

亚硝酸盐还原的场所既可以在叶片中,也可以在根中。叶片中的亚硝酸还原酶存在于叶绿体内,电子供体是光合作用电子传递过程中产生的还原型铁氧还蛋白(Fd_{red}):

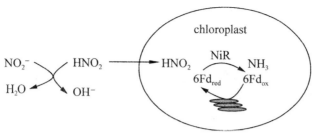

即
$$NO_2^- + 6e^- + 8H^+ \xrightarrow{NiR} NH_4^+ + 2H_2O$$

+3 价的氮得到了 6 个电子，成为 -3 价，亚硝酸盐被还原成氨。光照可以加速这一过程，而黑暗条件下亚硝酸盐就会积累。

（3）氨的同化

无论是植物从外界环境中吸收的铵盐，还是硝酸盐还原成的氨，在植物体内都不能累积。氨浓度过高会对植物产生毒害，正常情况下，氨进一步同化为体内的有机含氮化合物。这一过程是由谷氨酰胺合成酶和谷氨酸合成酶分别催化的两步反应共同组成

$$NH_3 + 谷氨酸 + ATP \xrightarrow{Mg^{2+}} 谷氨酰胺 + H_2O + ADP + Pi$$

$$谷氨酰胺 + \alpha\text{-}酮戊二酸 + NADH + H^+ \rightarrow 2 谷氨酸 + NAD^+$$

这一过程需要消耗能量 ATP，其还原剂为 NADH，二者均来自于呼吸作用，α-酮戊二酸也是呼吸作用过程中的中间产物。因此，当含氮有机物合成加强时往往伴随呼吸作用的增强。

所形成的谷氨酸再通过转氨基作用形成多种氨基酸，如丙氨酸、甘氨酸、天冬氨酸等，氨基酸可进一步合成蛋白质。

当氨的供应过多，或当植物体内碳源不足时，多余的氨则以谷氨酰胺的形式贮存起来，解除了游离氨对植物体的毒害；而当植物体需要氨时，它又可从谷氨酰胺中放出，因此谷氨酰胺犹如氨的贮存库。

2. 硫的同化

硫是所有生物体内最重要的元素之一，对于植物也不例外。蛋白质中的二硫键在稳定蛋白质的空间结构、调节蛋白质的活性方面无疑具有不可替代的作用。硫元素参与的多种氧化还原电子传递过程（如铁硫蛋白中作为 FeS 簇的成分）也是生命活动所不可缺少的，而许多酶和辅酶的催化区域含有硫元素（如脲酶和辅酶 A 等）则更使硫元素凸显出其生命活动中的重要性。此外，植物体内的多种次生代谢产物也含有硫元素。

植物吸收的硫主要是硫酸根（SO_4^{2-}）形式，除了植物根系自土壤中吸收硫酸根离子外，植物叶片通过气孔也可能吸收少量 SO_2（进入植物体内溶于水后也以 SO_4^{2-} 形式存在）。

植物合成含硫有机物的第一步是将 SO_4^{2-} 还原合成半胱氨酸，而在此之前 SO_4^{2-} 首先要被活化。SO_4^{2-} 离子的活化是其与 ATP 作用而形成腺苷磷酸硫酸（adenosine-5′ phpsphosulfate，APS），催化此反应的酶为 ATP 硫酸化酶。

$$SO_4^{2-} + ATP \xrightarrow{ATP 硫酸化酶} APS + PPi$$

虽然先前曾报道在其他植物细胞的细胞质和质体内都存在此酶，但近年来对拟南芥的研究表明，ATP 硫酸化酶仅存在于质体中。

APS 还可被进一步活化形成 3′-磷酸腺苷磷酸硫酸（3′-phosphoadenosine-5′-phpsphosul-fate，PAPS）。之后，PAPS 在细菌、真菌等微生物中的主要代谢途径是被依次还原为亚硫酸（SO_3^{2-}）和硫化物（S^{2-}）。在植物中的另一种途径是 APS 或 PAPS 被先转化为与酶结合的硫代磺酸（R-SO_3），再被还原为硫代硫化物（R-S^-）。形成的硫代硫化物或硫化物与乙酰丝氨酸作为底物合成半胱氨酸。催化半胱氨酸合成的酶广泛存在于各种植物细胞的细胞质、质体和线粒体中。

在硫酸根被还原合成半胱氨酸的过程中，硫元素从+6 价变为+4 价，其还原过程中有 10 个电子发生转移，因此是一个高耗能过程。也许正是由于此原因，大部分硫的还原过程在还原势较强的叶细胞中进行。另外，叶片光呼吸作用的中间产物丝氨酸作为半胱氨酸合成的底物也有利于硫的还原。被还原的硫大多首先被用于合成谷胱甘肽，然后经韧皮部被运送至植物各组织器官。在质体中，半胱氨酸也被用于合成蛋氨酸。

3. 磷的同化

植物根系自土壤溶液中吸收的磷大多以 HPO_4^{2-} 和 PO_4^{3-} 的形式存在。磷的最主要同化过程是与 ADP 作为底物而合成生命活动的主要能量形式 ATP。ATP 中的磷可被直接用于各种含磷化合物的合成，如磷酸化的糖类物质和蛋白质、磷酯、核苷酸等。

发生在叶绿体的光合磷酸化和线粒体的氧化磷酸化过程是植物同化磷元素的主要途径。除此之外，发生在细胞质的糖酵解过程也是磷被同化的重要途径。

4.3　植物的光合作用

4.3.1　光合作用的概念和意义

1. 光合作用的概念

绿色植物利用太阳的光能，同化二氧化碳（CO_2）和水（H_2O），制造有机物质并释放氧（O_2）的过程，称为光合作用。光合作用所产生的有机物主要是碳水化合物，并释放出能量。光合作用的总反应式可用下列方程式表示。

$$CO_2 + H_2O \xrightarrow[\text{光能}]{\text{叶绿体}} (CH_2O) + O_2 \uparrow$$

在地球上，植物的光合作用规模非常宏大，它是生物界所有物质代谢和能量代谢的基础，对自然界的生态平衡和人类生存都有极其重大的意义。

2. 光合作用的意义

（1）光合作用是一个巨型能量转换过程

植物在同化无机碳化物的同时，把太阳光能转变为化学能，贮存在所形成的有机化合物中。每年光合作用所同化的太阳能约为 3×10^2 J，约为人类所需能量的 10 倍。有机物中所贮存的化学能，除了供植物本身和全部异养生物之用外，更重要的是可供人类营养和活动的能量来源。可以说光合作用是一个巨大的能量转换站。

（2）光合作用是把无机物变成有机物的重要途径

植物每年可吸收 CO_2 约 $7×10^{11}$ t，合成约 $5×10^{11}$ t 的有机物。人类所需的粮食、油料、纤维、木材、糖、水果、蔬菜等，无不来自光合作用，没有光合作用，人类就没有食物和各种生活用品。换句话说，没有光合作用就没有人类的生存和发展。

（3）调节大气成分

大气之所以能经常保持 21% 的氧含量，主要依赖于光合作用（光合作用过程中放氧量约 $5.35×10^{11}$ t/a）。光合作用一方面为有氧呼吸提供了条件，另一方面，O_2 的积累，逐渐形成了大气表层的臭氧（O_3）层。臭氧（O_3）层能吸收太阳光中对生物体有害的强烈紫外辐射。植物的光合作用虽然能清除大气中大量的 CO_2，但目前大气中 CO_2 的浓度仍然在增加，这主要是由于城市化及工业化所致。世界范围内的大气 CO_2 及其他的温室气体，如甲烷等浓度的上升加速将引起所谓的温室效应。温室效应将会对地球的生态环境造成很大的影响，是目前人类十分关注的问题。

光合作用是地球上一切生命存在、繁殖和发展的根本源泉，在理论和实践上都具有重要的意义。

4.3.2　叶绿体及其色素

1. 叶绿体

（1）叶绿体成分

叶绿体约含 $75\%\sim80\%$ 水分。在干物质中，以蛋白质、脂肪、色素和无机盐为主。蛋白质是叶绿体的结构基础和酶类的主要成分，约占干重的 $30\%\sim50\%$；脂类是膜的主要成分，约占干重的 $20\%\sim30\%$；各种色素约占干重的 8% 左右，在光合作用中起着决定性作用。其余为灰分元素（Mg、Fe、Cu、Zn、P、K、Ca 等）约占 10% 左右和 $10\%\sim20\%$ 的贮存物质（碳水化合物等）。此外，在叶绿体间质中含有多种酶类（光合磷酸化和 CO_2 固定、还原酶系统）。例如，参与 CO_2 同化的二磷酸核酮糖羧化酶（RuBP 羧化酶/加氧酶），几乎占叶绿体蛋白质含量的 50% 左右，还有各种核苷酸（NAD^+、$NADP^+$）、质体醌、细胞色素等，它们在光合过程中起着催化、传递氢原子或电子）的作用。

另外，间质中还有核糖体、DNA 和 RNA，使其有一定程度的遗传自主性。多种糖类和一些淀粉粒与嗜锇颗粒在叶绿体中可能起脂质库的作用。

（2）叶绿体的结构

高等植物的叶绿体多为扁平椭圆形，长约 $5\sim10\mu m$，厚约 $2\sim3\mu m$，主要分布在叶片的栅栏组织和海绵组织中，在每个叶肉细胞内约有 $20\sim200$ 个叶绿体。据统计，每平方毫米蓖麻叶片中，就有 $3×10^7$ 个叶绿体。这样叶绿体的总表面积比叶片要大得多，对吸收太阳光能和空气中的 CO_2 都十分有利。

电子显微镜观察能看到叶绿体外部是由双层膜构成的被膜包围，其内部有微细的片层膜结构。被膜分为两层：外膜和内膜。两层膜间相距约为 $10\sim20$ nm。被膜具有控制代谢物质通透叶绿体的功能，外膜可以透过一些低分子物质，内膜透过物质的选择性更强。

叶绿体内部的片层膜结构的基本组成单位叫类囊体。若干类囊体垛叠在一起称为基粒，这些类囊体称为基粒类囊体（又称基粒片层）。叶绿体的光合色素主要集中在类囊体膜内。每个基粒内类囊体数目因植物不同而有很大差异,例如,烟草叶绿体的基粒内,有 10～15 个类囊体,玉米则有 15～50 个。叶绿体内基粒的多少也与环境条件有关,一般每个叶绿体内有 40～60 个。

在基粒与基粒之间通过间质类囊体相互联系,间质类囊体较大,有时一个间质类囊体可以贯穿几个基粒,这样间质类囊体与基粒类囊体就连接成一个复杂的网状结构(图 4-16)。在类囊体的周围是间质,间质是无色的,主要成分是可溶性蛋白质。

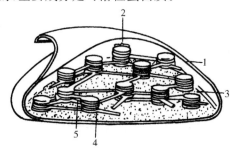

图 4-16　类囊体的网状结构

1—叶绿体外被 ;2—基粒;3—间质;4—基粒类囊体;5—间质类囊体

2. 叶绿体色素

(1)叶绿素

高等植物叶绿素(chlorophyll,chl)主要有叶绿素 a 和叶绿素 b 两种。它们不溶于水,而溶于有机溶剂,如乙醇、丙酮、乙醚、氯仿等。在颜色上,叶绿素 a 呈蓝绿色;叶绿素 b 呈黄绿色。按化学性质来说,叶绿素是叶绿酸的酯,能发生皂化反应。叶绿酸是双羧酸,其中一个羧基被甲醇所酯化,另一个被叶醇所酯化。

叶绿素分子含有一个卟啉环的"头部"和一个叶绿醇(亦称植醇,phytol)的"尾巴"(图 4-17)。镁原子居于卟啉环的中央,偏向于带正电荷,与其相连的氮原子则偏向于带负电荷,因而卟啉具有极性,是亲水的,可以与蛋白质结合。叶绿醇是由四个异戊二烯单位组成的双萜,是一个亲脂的脂肪链,它决定了叶绿素的脂溶性。叶绿素不参与氢的传递或氢的氧化还原,而仅以电子传递(即电子得失引起的氧化还原)及共轭传递(直接能量传递)的方式参与能量的传递。

卟啉环中的镁原子可被 H^+、Cu^{2+}、Zn^{2+} 所置换。用酸处理叶片,H^+ 易进入叶绿体,置换镁原子形成去镁叶绿素,使叶片呈褐色。去镁叶绿素易再与铜离子结合,形成铜代叶绿素,颜色比原来更稳定。人们常根据这一原理用醋酸铜处理来保存绿色植物标本。

(2)类胡萝卜素

类胡萝卜素(carotenoid)不溶于水而溶于有机溶剂。叶绿体中的类胡萝卜素含有两种色素,即胡萝卜素(carotene)和叶黄素(lutein),前者呈橙黄色,后者呈黄色。功能为吸收和传递光能,保护叶绿素。

(3)藻胆素

藻胆素(phycobilin)是藻类主要的光合色素,仅存在于红藻和蓝藻中,常与蛋白质结合为藻胆蛋白,主要有藻红蛋白(phycoerythrin)、藻蓝蛋白(phycocyanin)和别藻蓝蛋白(allophycocyanin)三类。它们的生色团与蛋白质以共价键牢固地结合,只有用强酸煮沸时,才能把它们分开。它们均溶于稀盐溶液中。藻胆素的四个吡咯环形成直链共轭体系,不含镁和叶醇链,具有收集和传递光能的作用。

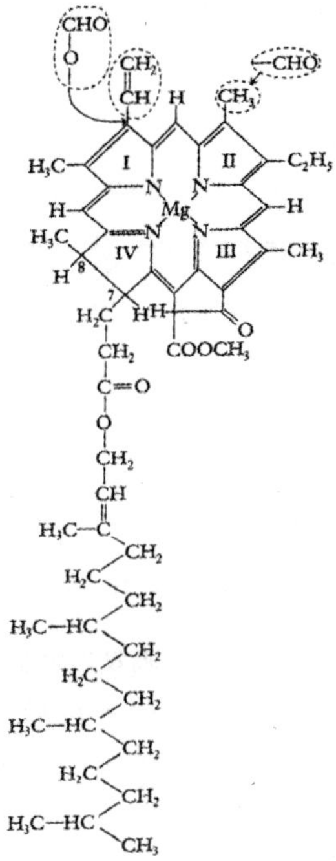

图 4-17　叶绿素分子结构

3. 光合色素的光学特性

(1)吸收光谱

叶绿素有极强的吸收光的能力。如果把叶绿素溶液放在光源和分光镜的中间,就可以看到光谱中有些波长的光被吸收了,因此,在光谱上出现黑线或暗带,这种光谱称为吸收光谱(absorption spectrum)。叶绿素吸收光谱的有两个吸收高峰:一个在波长为 640~660nm 的红光区,另一个在波长为 430~450nm 的蓝紫光区。由于叶绿素对绿光吸收最少,所以叶绿素的溶液呈绿色。

叶绿素 a 和叶绿素 b 的吸收光谱很相似,但也略有不同。首先,叶绿素 a 在红光区的向短波方向。

胡萝卜素和叶黄素的吸收光谱与叶绿素不同,它们的最大吸收带在蓝紫光区,不吸收红光等长波光。

藻胆素的吸收光谱刚好与类胡萝卜素的相反,它主要吸收绿、橙光。藻蓝蛋白主要吸收橙红光,藻红蛋白主要吸收绿光。

(2)荧光、磷光现象

叶绿素溶液在透射光下呈绿色,而在反射光下呈红色,这种现象称为荧光现象。荧光现象产生的原因是:叶绿素分子吸收光能后,就由最稳定的、最低能量的基态上升到一个不稳定的、高能状态的激发态。由于激发态极不稳定,迅速向较低能状态转变,能量有的以热形式消耗,有的以光形式消耗。从第一单线态回到基态所发射的光就称为荧光(图 4-18)。荧光的寿命很短,只有 10~10s,叶绿素吸收的光能有一部分消耗于分子内部振动上,辐射出光能就小,其波长比入射光的波长要长一些,所以叶绿素溶液在反射光下呈红色。

胡萝卜素、叶黄素和藻胆素都有荧光现象。

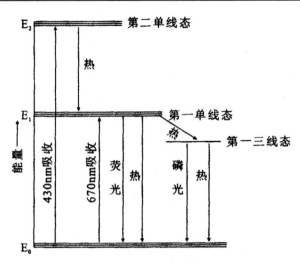

图 4-18　色素分子吸收光后能量转化

叶绿素除了在光照时能辐射出荧光外，当去掉光源后，还能继续辐射出极微弱的红光，它是第一三线态回到基态时所产生的光，这种光称为磷光。磷光的寿命较长（10^{-2} s）。

4.3.3　光合作用的机理

光合作用的实质是将光能转化为化学能。根据能量转化的性质，可以将光合作用的过程分为三个阶段：

①原初反应（包括光能的吸收、传递和光能转换为电能）。

②光合电子传递和光合磷酸化（包括电能转换为活跃的化学能）。

③二氧化碳同化（包括二氧化碳的固定与还原，即把活跃的化学能转换为稳定的化学能，形成有机物）。

上述①、②两个步骤是在叶绿体基粒片层（光合膜）上进行，由于其主要过程需要在光下进行，一般称为光反应；③酶促生物化学反应，在有光和黑暗条件下均可进行，因此一般称为暗反应，它是在叶绿体间质中进行的。

1. 原初反应

原初反应是指从光合色素分子被光激发到引起第一个光化学反应为止的过程。它包括光能的吸收、传递与光化学反应。

（1）光能的吸收与传递

在光合色素中，大多数叶绿素 a 和全部的叶绿素 b、类胡萝卜素有收集光能的作用，称为聚光色素或天线色素。聚光色素象漏斗一样收集光能，最终把光能传递给作用中心色素。作用中心色素是指吸收由聚光色素传递而来的光能，激发后能发生光化学反应引起电荷分离的光合色素。在高等植物中，作用中心色素是吸收特定波长光子的叶绿素 a 分子。

高等植物光合作用的两个光反应系统有各自的反应中心。光反应系统 I（PSI）的作用中心色素是 P700，它是由两个叶绿素 a 分子组成的二聚体，最大的波长位置为 700nm；另一个光反应系统 I（PSI）的作用中心色素是 P680，它也是两个叶绿素 a 分子组成的二聚体，最大的波长位置为 680nm。

聚光色素和作用中心色素之间配合十分紧密。每吸收与传递一个光量子到作用中心色素分子,约需 250～300 个叶绿素分子。这就是说,聚光色素和作用中心色素组成一个"光合单位",在每个光合单位中只有一个作用中心色素分子,其余色素只是起聚光作用。

(2)光化学反应

光化学反应是指作用中心色素吸收光能所引起的氧化还原反应。光合作用中心至少包括一个作用中心色素、一个原初电子受体和一个原初电子供体,这样才能不断地进行氧化还原反应,将光能转换为电能。

聚光色素分子吸收光能传递到作用中心,作用中心色素(P)被光量子所激发(产生电荷分离),失去电子后呈现氧化态;原初电子受体接受电子被还原。反应中心色素失去电子,即带正电荷,又可以从它的原初电子供体获得电子而恢复原状。上述过程可用下式表示:

$$D \cdot P \cdot A \xrightarrow{hv} D \cdot P^+ \cdot A \to D \cdot P^+ \cdot A^- \to D^+ \cdot P \cdot A^-$$

式中,D 为原初电子供体;P 为反应中心色素分子;A 为原初电子受体。

光合作用原初反应的能量吸收、传递和转换关系总结见图 4-19。

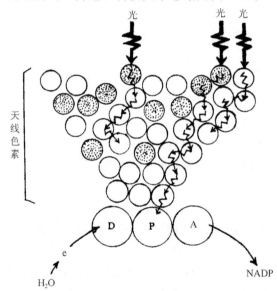

图 4-19　光合作用原初反应的能量吸收、传递和转换图解

粗的波浪箭头表示光能的吸收,细的波浪箭头表示能量的传递,直线箭头表示电子的传递;空心圆圈代表聚光性叶绿素分子,有黑点圆圈代表类胡萝卜素等辅助色素;

P—作用中心色素分子;D—原初电子供体;A—原初电子受体;e—电子

反应中心色素受光激发而发生电荷分离,将光能变为电能,产生的电子经过一系列电子传递体的传递,引起水的裂解放氧和 $NADP^+$ 还原,并通过光合磷酸化形成 ATP,把电能转化为活跃的化学能。

2. 光合电子传递和光合磷酸化

(1)光系统

PSI 的光化学反应是长光波反应,其主要特征是 $NADP^+$ 的还原。当 PSI 的反应中心色素分子(P700)吸收光能而被激发后,把电子传递给各种电子受体,经 Fd(铁氧还蛋白),在 NADP 还原酶的参与下,把 NADP$^+$ 还原成 NADPH。反应中心色素 P700 中的 P 表示色素,700 是指色素的最大吸收波长。

PSⅡ的光化学反应是短光波反应,其主要特征是水的光解和放氧。PSⅡ的反应中心色素分子(P680)吸收光能,把水分解,夺取水中的电子供给 PSI。

(2)光合链

光合链是指定位在光合膜上的、一系列互相衔接着的电子传递体组成的电子传递的总轨道。电子传递是由两个光系统串联进行,其中的电子传递体按氧化还原电位高低排列,使电子传递链呈侧写的"Z"形(图 4-20)。

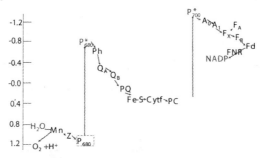

图 4-20　光合电子传递链

光合链中的电子传递体是质体醌(plastoquinone,PQ),细胞色素(cytochrome,Cyt)b6/f 复合体,铁氧还蛋(ferredoxin,Fd)和质蓝素(plastocyanin,PC)。其中以 PQ 最受重视,因为它是双电子双 H$^+$ 传递体,它既可传递电子,也可传递质子,在传递电子的同时,把 H$^+$ 从类囊体膜外带入膜内,在类囊体膜内外建立跨膜质子梯度以推动 ATP 的合成。光合链中 PSI、Cytb-f 和 PSI 在类囊体膜上,难以移动,而 PQ、PC 和 Fd 可以在膜内或膜表面移动,在三者间传递电子。

(3)水的光解和放氧

水的光解(water photolysis)是希尔于 1937 年发现的,又称为希尔反应(Hill reaction)。他将离体的叶绿体加到具有氢受体(A)的水溶液中,照光后即发生水的分解而放出氧气。

(4)光合磷酸化

叶绿体在光照下把无机磷(Pi)与 ADP 合成 ATP 的过程称为光合磷酸化(photo phosphorylation)。光合磷酸化分为:非环式光合磷酸化、环式光合磷酸化。关于光合磷酸化的机理,可由英国的米切尔(P. Mitchell)提出的化学渗透学说来解释。在光下,PQ 在将电子向下传递的同时,又把膜外基质中的质子转运至类囊体膜内,PQ 在类囊体膜上的这种氧化还原往复变化称PQ 穿梭。此外,水在膜内侧分解也释放出 H$^+$,膜内 H$^+$ 浓度增高,于是膜内外产生电位差(△)和质子浓度差(△PH),两者合称质子动力势,是光合磷酸化的动力。H$^+$ 沿着浓度梯度返回膜外时,在 ATP 酶催化下,合成 ATP。

3. 光合碳同化

二氧化碳的同化,是指利用光合磷酸化中形成的同化力——ATP 和 NADPH$^+$、H$^+$ 去还原 CO_2 合成碳水化合物,使活跃的化学能转换为贮存在碳水化合物中稳定的化学能的过程。

碳同化是在叶绿体的间质中进行的,有一系列酶参与反应。根据碳同化过程中最初产物所含碳原子的数目及碳代谢的特点,将碳同化途径分为三类,即 C$_3$ 途径,C$_4$ 途径和景天酸代谢途径。C_3 途径为最基本、最普遍,同时也只有此途径才具备合成淀粉的能力,并把只有 C_3 途径的植物称为 C_3 植物。

(1)卡尔文循环(C_3 途径)

由于此途径是卡尔文(Calvin)等人在 1950 年发现的,故称卡尔文循环或光合碳循环。卡尔文循环的整个过程如图 4-21 所示。

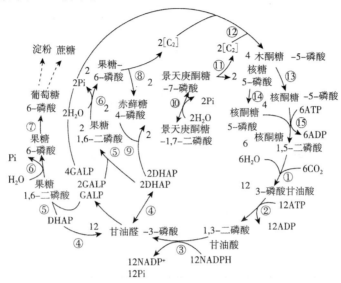

图 4-21　卡尔文循环各主要反应示意图

①RuBP 羧化酶;②3-磷酸甘油酸激酶;③3-磷酸甘油醛脱氢酶;④-磷酸丙糖异构酶;

⑤果糖二磷酸醛缩酶;⑥果糖二磷酸酯酶;⑦己糖磷酸异构酶;⑧转酮醇酶;

⑨景天庚酮糖二磷酸醛缩酶;⑩景天庚酮糖二磷酸酯酶;⑪磷酸烯醇式丙酮酸羧化酶;

⑫1-5-二磷酸核酮糖羧化酶;⑬戊糖磷酸差向异构酶;⑭戊糖磷酸同分异构酶;⑮核酮糖-5-磷酸激酶

注:①图中圈内的阿拉伯数码表示反应序号;②每个化合物前的数码,表示参与反应的分子数;③GALP(甘油醛-3-P),DHAP(二羟丙酮磷酸);④12 分子甘油醛-3-P,其中仅 2 分子用于合成葡萄糖,其余 10 分子通过循环,再生成 6 分子核酮糖。

以上卡尔文循环的整个过程是由 RuBP 开始至 RuBP 再生结束。整个循环分为羧化、还原、再生三个阶段。

①羧化阶段。指进入叶绿体的 CO_2 与受体 RuBP 结合并水解产生 PGA 的反应过程。CO_2 在被 $NADPH+H^+$ 还原以前,首先被固定成羧酸。核酮糖-1,5-二磷酸(RuBP)作为 CO_2 的受体,在 RuBP 羧化酶/加氧酶的催化下,使 RuBP 和 CO_2 结合生成磷酸甘油酸(3-PGA)(图 4-21 反应①)。RuBP 羧化酶/加氧酶具有双重功能,既能使 RuBP 与 CO_2 起羧化反应,推动 C_3 循环,又能使 RuBP 与 O_2 起加氧反应而引起 C_2 碳循环即光呼吸。

反应式 1

$$核酮糖-1,5-二磷酸+CO_2+H_2O \xrightarrow[Mg^{2+}]{RuBP 羧化酶} 2,3-磷酸甘油酸$$

②还原阶段。首先,3-PGA 被 ATP 磷酸化形成 1,3-二磷酸甘油酸(1,3-PGA),然后被 $NADPH+H^+$ 还原成了三磷酸甘油醛(PGAL),上述反应分别由 3-磷酸甘油酸激酶和丙糖磷酸脱氢酶催化(图 4-21 反应②③)。

反应式 2

$$3\text{-磷酸甘油酸} + ATP \xrightarrow{\text{3-磷酸甘油酸激酶}} 1,3\text{-磷酸甘油酸}$$

反应式 3

$$1,3\text{-磷酸甘油酸} + NADPH + H^+ \xrightarrow{\text{丙糖磷酸脱氢酶}} 3\text{-磷酸甘油醛} + NADP + H_3PO_4$$

③再生阶段。3-磷酸甘油醛重新形成 1,5-二磷酸核酮糖(RuBP)的过程(图 4-21 反应④)。

反应式 4

$$3\text{-磷酸甘油醛} + 3ATP + 2H_2O \longrightarrow 3RuBP + 3ADP + 2Pi + 3H^+$$

PGAL 经过一系列转变,再形成 RuBP;RuBP 可连续参加反应,固定新的 CO_2 分子。

因为磷酸甘油酸是三碳化合物,所以这条碳同化途径也称 C_3 途径。通过 C_3 途径进行光合作用的植物称 C_3 植物。小麦、水稻、大豆、棉花、烟草、油菜等均属 C_3 植物。

(2)二羧酸途径(C_4 途径)

在 20 世纪 60 年代中期,发现有些起源于热带的植物,如狗芽根、马唐、千日红、半支莲、蟋蟀草以及玉米、高粱、甘蔗等植物,除了进行 C_3 途径以外,还有一条固定 CO_2 的途径,即 C_4 途径,它和卡尔文循环联系在一起。

C_4 途径的 CO_2 受体是叶肉细胞质中的磷酸烯醇式丙酮酸(PEP),PEP 在磷酸烯醇式丙酮酸羧化酶的催化下与 CO_2 结合,形成草酰乙酸(OAA),其反应式如下:

$$\text{磷酸烯醇式丙酮酸} + CO_2 + H_2O \xrightarrow{\text{磷酸烯醇式丙酮酸羧化酶}} \text{草酰乙酸}$$

由于固定 CO_2 后的最初产物是 C_4 化合物,因而称这条碳同化途径为 C_4 途径。

草酰乙酸形成后,在不同酶的催化下分别形成苹果酸或天门冬氨酸。这些苹果酸或天门冬氨酸接着运到维管束鞘细胞。在维管束鞘细胞的叶绿体内脱羧放出 CO_2 转变成丙酮酸。丙酮酸再转移回到叶肉细胞,在 ATP 和酶的作用下,它又转变为磷酸烯醇式丙酮酸(PEP)和焦磷酸。PEP 又可作为 CO_2 受体,使反应循环进行(图 4-22)。再脱羧放出的 CO_2 进入 C_3 途径。所以,C_4 植物明显特点是光合效率高,生长速度快,而且能适应高温、干旱和高光强度的生长环境。

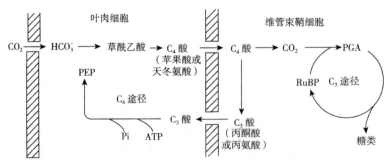

图 4-22 C_4 途径各反应在各部位进行的示意图

C_4 植物和 C_3 植物在固定 CO_2 方面,有着如此明显不同的途径,是由于这两类植物的叶子在结构上存在着差别。C_4 植物的叶肉组织没有栅栏组织和海绵组织的分化。维管束鞘只有一层细胞。维管束鞘细胞体积大,细胞器丰富,特别是叶绿体数量多、体积大。在维管束鞘外面是一层排列整齐的叶肉细胞,它们与维管束鞘细胞一起形成"花环形"结构。C_3 植物的维管束鞘有两层细胞,其细胞体积小,细胞质内细胞器少,也无叶绿体,没有"花环形"结构(图 4-23)。

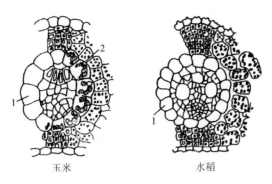

图 4-23　C$_4$（玉米）、C$_3$（水稻）植物叶片横切面比较

1—维管束鞘；2—维管束鞘叶绿体

　　光合作用的直接产物主要是糖类，包括单糖（葡萄糖、果糖）、双糖（蔗糖）和多糖（淀粉），其中以蔗糖和淀粉最为普遍。

　　在叶片进行光合作用时，C$_4$ 植物叶片中的花环结构及维管束鞘细胞的特点，更有利于将叶片中 C$_4$ 化合物（苹果酸、天门冬氨酸）所释放的 CO$_2$ 再行固定和还原，提高光合效率。一般认为，C$_4$ 植物是高光效植物，而 C$_3$ 植物是低光效植物。

　　（3）景天酸代谢途径（CAM 途径）

　　景天科、仙人掌科及凤梨科植物具有这一碳代谢途径，它是植物对干旱条件适应的结果。这类植物晚上气孔开放，吸进大量 CO$_2$，在细胞质内的 PEP 羧化酶的作用下与 PEP 结合，转化为草酰乙酸；草酰乙酸再进一步还原成苹果酸，积累于液泡中。白天气孔关闭（以减少蒸腾），液泡中的苹果酸转移至细胞质，并在细胞质内氧化脱羧释放 CO$_2$，同时形成丙酮酸（PY）。在细胞质内释放出的 CO$_2$，进入叶绿体参与 C$_3$ 途径形成淀粉，并贮备在叶绿体中。丙酮酸则转移到线粒体进一步氧化，氧化过程释放的 CO$_2$ 被再固定利用（图 4-24）。

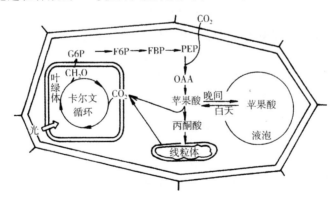

图 4-24　肉质植物 CAM 代谢途径

　　综上所述，C$_4$ 植物的 C$_4$ 和 C$_3$ 途径分别在鞘细胞和叶肉细胞两个部位进行，即从空间上把两个过程分开；肉质植物没有特殊形态的维管束鞘，其 C$_3$ 和 C$_4$ 途径都是在具有叶绿体的叶肉细胞中进行。它们是通过时间（白天和黑夜）把 CO$_2$ 固定与还原巧妙地分开。

4.3.4 影响光合作用的因素

1. 光照

光是绿色植物光合作用的必要条件,光合碳同化过程中许多光合酶的活性受光的控制,光照还会影响其他环境因子,因此,光对光合速率有最深刻和多方面的影响。

植物在暗中不进行光合作用,可以测得呼吸释放的 CO_2 量,随光强增加,光合速率迅速上升,当达到一定光强时,叶片光合速率等于呼吸速率,即吸收的 CO_2 与呼吸释放的 CO_2 相等,表观光合速率为零,这时的光强称为光补偿点(light compensation point)(图 4-25)。生长在不同环境中的植物光补偿点不同,一般来说,阳生植物光补偿点较高,约为 $10\sim20\mu mol/(m^2 \cdot s)$;阴生植物的呼吸速率较低,其光补偿点也低,约为 $1\sim5\mu mol/(m^2 \cdot s)$。所以在光强有限条件下,植物生存适应的一种反应是低光补偿点,即能更充分地利用低强度光。

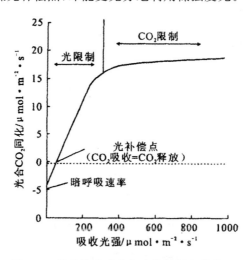

图 4-25 植物光合速率与光辐射强度的关系

在光补偿点以上的一定光强范围内随着光强的增加,光合速率呈正比迅速上升,表明在此光强范围内,光强是光合作用的主要限制因子。当超过一定光强时,光合速率的增加减慢,达到某一光强时,光合速率不再增加,这种现象称光饱和现象。这时的光强称为光饱和点。出现这一现象一方面可能是叶片来不及吸收和利用高强度的光;更主要的是 CO_2 同化过程的一系列酶促反应速度跟不上而成为光合速率的限制步骤(图 4-25)。

不同植物的光饱和点有很大差异,一般阳生植物[$360\sim450\mu mol/(m^2 \cdot s)$]的光饱和点高于阴生植物[$190\sim180\mu mol/(m^2 \cdot s)$],$C_4$ 植物的光饱和点高于 C_3 植物。在一般光照下,C_4 植物没有明显的光饱和现象,这是由于 C_4 植物同化。CO_2 消耗更多的同化力,而且可充分利用较低浓度的 CO_2。而 C_3 植物常出现明显的光饱和现象。

虽然光是光合作用所必需的。然而,光能超过光合系统所能利用的数量时,光合功能下降。这一现象称为光合作用的光抑制(photoinhibition)。光抑制主要发生于 PSII,可能是光合系统被破坏和能量耗散过程加强的共同结果。在自然条件下,晴天中午植物上层叶片常常发生光抑制,当强光和其他环境胁迫因素(如低温、高温和干旱等)同时存在时,光抑制加剧,有时即使在中、低光强下也会发生。植物本身可以通过叶子运动,调节角度去回避强光达到对光抑制的保护性反应。

2. 温度

光合作用的暗反应是一系列的酶促反应。由于温度可以影响酶的活性,因而对光合速率有明显影响。温度对光合作用的影响存在着温度三基点,即最低点、最适点和最高点。低温下,植物光合速率降低的原因主要是酶活性降低,故限制了光合作用的进行。一般来说,光合作用的最适温度是 25℃～30℃。在 35℃ 以上时,光合速率开始下降,40℃～50℃时,即完全停止。高温造成光合速率下降的主要原因是:高温使叶绿体和细胞结构受到破坏,并使酶钝化;同时使呼吸速率大于光合速率,表现光合作用降低。

3. 水

水也是光合作用的原料,没有水就不能进行光合作用。但是,用于光合作用的水仅为植物从土壤吸收或蒸腾失水的 1% 以下,一般而言,不会由于作为光合作用原料的水的供应不足而影响光合作用。因此,水分缺乏主要是间接地影响光合作用,缺水时,首先是气孔开度减小,气孔阻力增大,影响 CO_2 进入,而使光合作用的原料 CO_2 缺乏,光合速率下降。另外,水分亏缺时,一些水解酶活性增加,也不利于糖的合成。在严重缺水时,叶绿体片层结构受到破坏,叶片光合能力不再能恢复。

4. 矿质元素

矿质元素直接或间接影响光合作用。N、Mg、Fe、Mn 等元素是叶绿素的组分及叶绿体的组成成分,Cl、Mn 对水的光解;Fe、Cu、S 对光合电子传递及光合磷酸化;K、P、B 对光合产物的运输和转化起促进作用,从而对光合作用产生间接影响。矿物质对光合作用的影响是多种多样的,保证植物矿质营养是促进光合作用的重要基础。

5. 二氧化碳

CO_2 是光合作用的原料之一,环境中 CO_2 浓度的高低直接影响光合速率。

大气中的 CO_2 浓度为 0.036%,一般都不能满足植物光合作用的需求,所以 CO_2 经常是光合作用的限制因子,随着 CO_2 浓度增加,光合速率增加,但到一定程度时,再增加 CO_2 浓度,光合速率不再增加,这时环境中的 CO_2 浓度称为该植物的 CO_2 饱和点(CO_2 saturation point)。当到达 CO_2 饱和点时,光合速率到达最大,这时的光合速率反映了光合电子传递和光合磷酸化的活性,被称为光合能力。在 CO_2 饱和点以下,随着 CO_2 浓度降低,光合速率降低,当 CO_2 浓度降低到一定值,植物光合作用吸收的 CO_2 量与呼吸作用和光呼吸释放的 CO_2 量达到动态平衡时,环境中的 CO_2 浓度叫 CO_2 补偿点(CO_2 compensation point)。

不同植物的 CO_2 饱和点与补偿点不同,特别是 C_3 植物和 C_4 植物有较大的区别。一般 C_4 植物的 CO_2 饱和点比 C_3 植物低。C_4 植物的 CO_2 补偿点也比 C_3 植物低。

CO_2 浓度和光强度对植物光合速率的影响是相互联系的。植物的 CO_2 饱和点是随着光强的增加而提高的;光饱和点也是随着 CO_2 浓度的增加而升高。

除以上外界因素可以影响光合作用的效率外,植物体的内部因素也可以对光合作用产生影响,如植物体的不同部位、不同的叶龄及作物的不同生育期都会对光合效率产生一定的影响。

4.3.5 植物对光能的利用

1. 植物的光能利用率

光能利用率(efficiency for solar energy utilization),是指单位面积植物光合作用所累积的有机物所含的能量,占照射在该地面上的日光能量的比率。植物的光、能利用率约为5%。

照射到地面能被植物利用的太阳辐射能量约占太阳照射到地面的总辐射能的40%～50%。其原因是,到达叶片表面的可见光中,一部分被反射或透过叶片损失;一部分以热能散失;部分用于其他代谢;最多仅约5%的光能被光合作用转化贮存在碳水化合物中。加之播种期与作物苗期的漏光、CO_2供应不足、土壤水分匮缺、温度过高或低、缺肥、病虫害等的影响,实际的光能利用率很低,大部分作物光能利用率仅为0.5%～1%。从理论上计算,理想条件下可达10%,所以,提高光能利用率的潜力是相当大的。

2. 提高光能利用率的途径

(1)增加光合面积

光合面积主要是叶面积。通过合理密植或改变作物的株型等可有效地增加光合面积。合理密植增加了叶片的总面积,也就增加了单位土地面积上的总光合面积。这项措施的关键在于合理的种植密度,既使群体得到适当发展,又使个体得到充分发育,以达到充分利用光能与地力的目的。

优良株型的植物矮秆、叶片厚而直立,可增加密植程度。

(2)延长光合时间

延长光合时间的措施有:提高复种指数(multiple crop index)、延长生育期或补充光照等。复种指数指全年内农作物的收获面积与耕地面积之比。提高复种指数就是增加收获面积,可以通过间、套作等手段充分利用光能和地力。

(3)提高光合效率

光、温、水、肥和二氧化碳等都可以影响光合效率。因此,增加CO_2的浓度、降低光呼吸以及控制温度、水分、矿质营养等环境条件等,均可提高光能利用率。

4.4 植物的呼吸作用

4.4.1 呼吸作用的概念及其生理意义

1. 呼吸的概念及类型

呼吸作用是指活细胞内的有机物在一系列酶的参与下,逐步氧化分解成简单物质并释放能量的过程。依据呼吸过程中是否有氧参与,可将呼吸作用分为有氧呼吸和无氧呼吸两大类型。

有氧呼吸(aerobic respiration)是指活细胞利用分子氧(O_2),将某些有机物质彻底氧化分解释放CO_2,同时将O_2还原为H_2O,并释放能量的过程(图4-26)。在正常情况下,有氧呼吸是高等植物进行呼吸的主要形式。

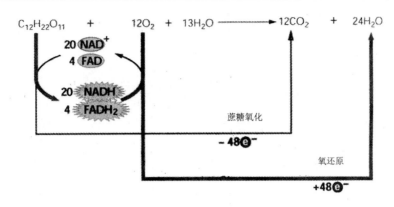

图 4-26　有氧呼吸

无氧呼吸(anaerobic respiration)指活细胞在无氧条件下,把某些有机物分解成为不彻底的氧化产物,同时释放出部分能量的过程。这个过程在微生物中称为发酵(fermenration)如酵母菌的发酵产物为酒精,称为酒精发酵。除了酒精以外,高等植物无氧呼吸也可以产生乳酸,如,马铃薯块茎、甜菜块根、胡萝卜和玉米胚等。

2. 呼吸作用的意义

①作为生命活动的重要指标。一般将呼吸作用的强弱作为衡量生命代谢活动强弱的重要指标。细胞死亡——呼吸停止。

②提供生命活动所需的能量。植物各种生命活动都需要能量(植物吸收矿质、水、有机物运输、合成、植物生长发育等)。

③为其他有机物合成提供原料。在呼吸作用中,产生一系列不稳定的中间产物,为进一步合成其他物质提供原料(蛋白质、核酸、脂类)。因为呼吸与有机物合成、转化密切相关,为代谢中心。

④呼吸作用可提高植物的抗病及抗伤害能力。当植物被病原菌侵染时,植物通常通过呼吸作用急剧增强,氧化毒素以清除毒素或转变成其他无毒物质参加到物质代谢过程中。旺盛呼吸有利于伤口愈合等。

总之呼吸作用是植物体普遍存在的生理生化过程,它是代谢中心与所有代谢过程密切相关。

3. 呼吸作用的指标

(1)呼吸速率(呼吸强度)

呼吸速率是衡量呼吸作用强弱快慢的指标,呼吸速率又称呼吸强度。呼吸速率是最常用的生理指标,是以植物的单位重量(鲜重、干重或原生质)在单位时间内所释放 CO_2 或所吸收 O_2 的量来表示。如吸收 O_2 微升(μl)/g 鲜重(干重)/h,释放 CO_2 微升(μl)/g 鲜重(干重)/h。

植物呼吸速率随植物的种类、年龄、器官和组织的不同有很大差异。一般说,凡生长快的植物比生长慢的植物高;高等植物比低等植物高;喜光植物比耐阴植物高;草本植物比落叶乔木高。另外,同一植物不同器官呼吸强度也是不同的。生长旺盛的幼嫩器官(根尖、茎尖、嫩根、嫩叶)的呼吸强度高于生长缓慢衰老的器官(老根、老茎、老叶);生殖器官高于营养器官。如大麦种子仅 $0.003\mu mol\ O_2$/g 鲜重/h,而番茄根尖达 $300\mu mol\ O_2$/g 鲜重/h。

（2）呼吸商

植物组织在一定时间内，放出 CO_2 摩尔数（mol）与吸收 O_2 的摩尔数（mol）的比率叫做呼吸商（简称 RQ），又称呼吸系数。它是表示呼吸底物的性质与氧气供应状态的一种指标。

$$呼吸商（RQ）= \frac{放出\ CO_2\ 的摩尔数（mol）}{吸收\ CO_2\ 的摩尔数（mol）}$$

以糖为呼吸底物，呼吸商 RQ=1；含氢较多的脂肪为呼吸底物时，氢对氧的比例大，所以脂肪需要较多的氧才能彻底氧化，RQ<1；利用含氧比糖多的有机酸为呼吸底物时，则 RQ>1 通过 RQ 的测定，可以了解植物利用呼吸底物的情况。通过对呼吸商（RQ）测定可以判断呼吸底物的性质。

4.4.2 呼吸作用的代谢途径

不同植物或不同组织和器官中的呼吸底物可能有所不同，在大多数植物中，光合作用所生产的糖是呼吸代谢的主要底物。糖在植物体内通常经过共同的呼吸代谢途径，如糖酵解途径、三羧酸循环途径、磷酸戊糖途径和末端氧化磷酸化途径等。这些呼吸代谢途径是相互联系的，例如糖经糖酵解途径降解所产生的丙酮酸，再经丙酮酸氧化进入三羧酸循环，最后被彻底降解为 CO_2。

1. 糖酵解的机理

糖的无氧分解是指葡萄糖或糖原在无氧或缺氧条件下分解转变成乳酸并生成少量 ATP 的过程，由于这一过程与酵母中糖生醇发酵的过程相似，故又称为糖酵解。植物各组织细胞均可进行糖酵解，糖酵解的全部反应在胞液中进行，整个代谢过程可分为 3 个阶段：第 1 阶段由葡萄糖或糖原分解生成 2 分子磷酸丙糖，第 2 阶段由磷酸丙糖转变为丙酮酸，第 3 阶段由丙酮酸接受氢生成乳酸。

第一阶段磷酸丙糖的的生成，该阶段一共包括四步反应：

第一步反应为葡萄糖磷酸化生成 6-磷酸葡萄糖。葡萄糖进入细胞后第一步反应是磷酸化，经磷酸化的葡萄糖不能自由通过细胞膜，可有效阻止葡萄糖逸出细胞。此反应由 ATP 提供磷酸基团和能量，在己糖激酶或葡萄糖激酶的催化下，生成 6-磷酸葡萄糖。反应消耗能量，需 Mg^{2+} 参与。此反应不可逆，催化反应的酶为限速酶。

$$葡萄糖 \xrightarrow[\text{ATP} \quad \text{ADP}]{\text{己糖激酶（葡萄糖激酶）}} 6\text{-}磷酸葡萄糖$$
$$（G） \qquad\qquad （G\text{-}6\text{-}P）$$

第二步反应为：6-磷酸葡萄糖转变为 6-磷酸果糖，该反应是一个醛糖与酮糖的可逆异构反应，由磷酸己糖异构酶催化。

$$6\text{-}磷酸葡萄糖 \xrightleftharpoons{磷酸己糖异构酶} 6\text{-}磷酸果糖$$
$$（G\text{-}6\text{-}P） \qquad\qquad （F\text{-}6\text{-}P）$$

第三步反应为：6-磷酸果糖磷酸化成 1,6-磷酸果糖由 6-磷酸果糖激酶-1 催化的不可逆反应。是糖酵解中消耗 ATP 的第 2 个反应，需 ATP 提供磷酸基和能量，并需 Mg^{2+}。

$$6\text{-}磷酸果糖 \xrightarrow[\text{ATP} \quad \text{ADP}]{\text{磷酸果糖激酶-1}} 1,6\text{-}二磷酸果糖$$
$$（F\text{-}6\text{-}P） \qquad\qquad （F\text{-}1,6\text{-}BP）$$

第四步为：1,6-二磷酸果糖裂解成磷酸丙糖反应生成 2 分子磷酸丙糖，即 3-磷酸甘油醛和磷酸二羟丙酮。是由醛缩酶催化的可逆反应，有利于己糖的生成。

$$1,6\text{-二磷酸果糖} \underset{}{\overset{\text{醛缩酶}}{\rightleftharpoons}} \text{磷酸二羟基丙酮} + 3\text{-磷酸甘油醛}$$

上述四步反应中两次磷酸化反应,消耗 2 分子 ATP,因此,糖酵解的第一阶段的反应是耗能的。

第二阶段的反应为丙酮酸的生成反应,此阶段的反应分五步进行。

第一步为 3-磷酸甘油醛氧化为 1,3-二磷酸甘油酸是糖酵解途径中唯一的脱氢步骤,由 3-磷酸甘油醛脱氢酶催化,以 NAD^+ 为辅酶接受氢和电子,产生 $NADH + H^+$。此反应需无机磷酸参加,当底物的醛基氧化成羧基后即与磷酸形成混合酸酐,该酸酐是一种高能磷酸化合物,其水解后释放的自由能很高,可转移至 ADP 生成 ATP。

$$3\text{-磷酸甘油醛} + H_3PO_4 \underset{NAD^+}{\overset{\text{3-磷酸甘油醛脱氢酶}}{\rightleftharpoons}} 1,3\text{-二磷酸甘油酸} \quad (NADH + H^+)$$

第二步为 1,3-二磷酸甘油酸转变成 3-磷酸甘油酸磷酸甘油酸激酶催化 1,3-二磷酸甘油酸的高能磷酸基转移到 ADP 生成 ATP 和 3-磷酸甘油酸,反应需 Mg^{2+} 参加。这是糖酵解过程中第一个产生 ATP 的反应。这种与脱氢反应偶联,直接将高能磷酸化合物中的高能磷酸键转移 ADP,生成 ATP 的过程,称为底物水平磷酸化。

$$1,3\text{-二磷酸甘油酸} \underset{Mg^{2+}}{\overset{\text{3-磷酸甘油酸激酶 (ADP} \rightarrow \text{ATP)}}{\longrightarrow}} 3\text{-磷酸甘油酸}$$

第三步为 3-磷酸甘油酸转变为 2-磷酸甘油酸为可逆的磷酸基转移过程。反应由磷酸甘油酸变位酶催化,需 Mg^{2+} 参加。

$$3\text{-磷酸甘油酸} \overset{\text{磷酸甘油变位酶}}{\rightleftharpoons} 2\text{-磷酸甘油酸}$$

第四步为 2-磷酸甘油酸转变成磷酸烯醇式丙酮酸由烯醇化酶催化 2-磷酸甘油酸脱水生成磷酸烯醇式丙酮酸。此反应引起分子内部的电子重排和能量的重新分布,形成一个含高磷酸键的 PEP。

$$2\text{-磷酸甘油} \overset{\text{烯醇化酶}}{\longrightarrow} \text{磷酸烯醇式丙酮酸} + H_2O$$

第五步为丙酮酸激酶(pyruvate kinase)催化磷酸烯醇式丙酮酸转变为烯醇式丙酮酸,同时将分子中的高能磷酸基转移给 ADP,生成 ATP。这是糖酵解途径中第 2 次底物水平磷酸化。不稳定的烯醇式丙酮酸进而自发转变为稳定的酮式丙酮酸。丙酮酸激酶为糖酵解途径的又一限速酶,催化的反应不可逆。

$$\text{磷酸烯醇式丙酮酸} \underset{ADP \quad ATP}{\overset{\text{丙酮酸激酶}}{\longrightarrow}} \text{丙酮酸}$$

第三阶段为乳酸的生成。此阶段有 1 步反应,即丙酮酸还原为乳酸。乳酸脱氢酶(LDH)催化丙酮酸还原为乳酸,供氢体 $NADH + H^+$ 来自第 2 阶段第 1 步反应中 3-磷酸甘油醛脱下的氢。此反应可逆。

通过上述的叙述可将糖酵解的全过程综合为图 4-27。

2. 三磷酸循环

葡萄糖的有氧氧化分四个阶段进行:①葡萄糖经糖酵解途径转变为丙酮酸;②丙酮酸从胞浆进入线粒体内,氧化脱羧生成乙酰 CoA、CO_2 和 $NADH + H^+$;③乙酰 CoA 进入三羧酸循环彻底

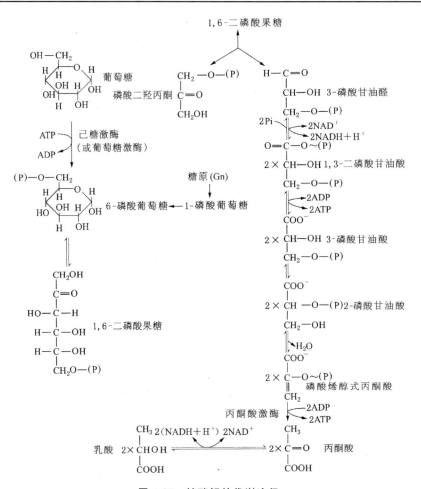

图 4-27　糖酵解的代谢途径

氧化，生成 $NADH+H^+$、$FADH_2$ 和 CO_2。④氧化过程中脱下的氢进入呼吸链，进行氧化磷酸化，生成 H_2O 并释放能量，见图 4-28。

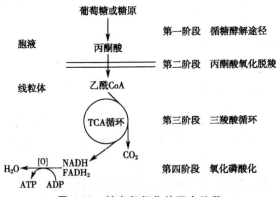

图 4-28　糖有氧氧化的四个阶段

　　第一阶段丙酮酸的生成，此阶段的反应步骤与糖酵解基本相同。所不同的是有氧氧化将 3-磷酸甘油醛脱氢产生的 $NADH+H^+$ 不再交给丙酮酸使其还原为乳酸，而是进入线粒体，经呼吸链氧化生成水并释放能量，使 ADP 磷酸化生成 ATP。这种生成 ATP 的方式称为氧化磷酸化。

　　第二阶段为丙酮酸氧化生成乙酰 CoA。在胞浆中生成的丙酮酸进入线粒体内，在丙酮酸氧化脱氢酶系催化下进行氧化脱羧，并与辅酶 A 结合成含有高能键的乙酰 CoA。此反应为不可逆反应,总反应如下。

$$\begin{array}{c} \text{COOH} \\ | \\ \text{C=O} \\ | \\ \text{CH}_3 \end{array} + \text{CoA-SH} \xrightarrow[\text{NAD}^+ \quad \text{NADH+H}^+]{\text{丙酮酸氧化脱氢酶系}} \begin{array}{c} \text{CH}_3 \\ | \\ \text{CO} \sim \text{SCoA} \end{array} + \text{CO}_2$$

丙酮酸氧化脱氢酶复合体由三种酶组成,5 种辅酶或辅基参与。

第三阶段为乙酰 CoA 彻底氧化分解(三羧酸循环)。三羧酸循环从乙酰 CoA 与草酰乙酸缩合生成含 3 个羧基的柠檬酸开始,经 4 次脱氢、2 次脱羧,最后草酰乙酸再生而构成循环代谢途径,称为三羧酸循环。最早由 Krebs 提出,故又称 Krebs 循环。三羧酸循环在线粒体中进行,反应中脱下的氢经呼吸链传递,与氧结合生成水。

①柠檬酸的生成。乙酰 CoA 与草酰乙酸在关键酶柠檬酸合酶的催化下缩合成柠檬酸,释出 CoASH。反应所需的能量来源于乙酰 CoA 中高能硫酯键的水解。此反应不可逆。

$$\begin{array}{c} \text{O} \\ || \\ \text{C} \sim \text{SCoA} \\ | \\ \text{CH}_3 \end{array} + \begin{array}{c} \text{O} \\ || \\ \text{C-COOH} \\ | \\ \text{CH}_2-\text{COOH} \end{array} \xrightarrow{\text{柠檬酸合酶}} \begin{array}{c} \text{CH}_2-\text{COOH} \\ | \\ \text{HO-C-COOH} \\ | \\ \text{CH}_2-\text{COOH} \end{array} + \text{HSCoA}$$

乙酰CoA　　草酰乙酸　　　　　　　　　　　　柠檬酸

②异柠檬酸的生成。柠檬酸在顺乌头酸酶的催化下,经脱水与加水两个反应,变构为异柠檬酸,结果使羟基由 β-碳原子转移到 α-碳原子上,此反应可逆。

$$\begin{array}{c} \text{CH}_2-\text{COOH} \\ | \\ \text{HO-C-COOH} \\ | \\ \text{CH}_2-\text{COOH} \end{array} \underset{\text{H}_2\text{O}}{\overset{\text{顺乌头酸酶}}{\rightleftharpoons}} \begin{array}{c} \text{CH-COOH} \\ || \\ \text{C-COOH} \\ | \\ \text{CH}_2-\text{COOH} \end{array} \underset{\text{H}_2\text{O}}{\overset{\text{顺乌头酸酶}}{\rightleftharpoons}} \begin{array}{c} \text{CH}_2-\text{COOH} \\ | \\ \text{CH-COOH} \\ | \\ \text{HO-CHCOOH} \end{array}$$

柠檬酸　　　　　　　　　　顺乌头酸　　　　　　　　　　异柠檬酸

③异柠檬酸氧化脱羧生成 α-酮戊二酸。异柠檬酸在异柠檬酸脱氢酶催化下脱氢氧化,脱下的氢交给 NAD$^+$ 生成 NADH,同时进行脱羧,转变为含 5 个碳原子的 α-酮戊二酸。此反应不可逆,是三羧酸循环的第二个限速反应,异柠檬酸脱氢酶也是三羧酸循环最重要的限速酶许多因素通过调节其活性来控制三羧酸循环的速度。

$$\begin{array}{c} \text{COOH} \\ | \\ \text{CH}_2 \\ | \\ \text{CH-COOH} \\ | \\ \text{HO-CH} \\ | \\ \text{COOH} \end{array} \xrightarrow[\text{NAD}^+ \quad \text{NADH+H}^+]{\overset{\text{异柠檬酸脱氢酶}}{\underset{\text{Mg}^{2+} \quad \text{CO}_2}{\longrightarrow}}} \begin{array}{c} \text{COOH} \\ | \\ \text{C=O} \\ | \\ \text{CH}_2 \\ | \\ \text{CH}_2 \\ | \\ \text{COOH} \end{array}$$

异柠檬酸　　　　　　　　　　　　　　　　　　α-酮戊二酸

④α-酮戊二酸的氧化脱羧。在 α-酮戊二酸脱氢酶复合体催化下,α-酮戊二酸脱氢、脱羧转变为含有高能硫酯键的琥珀酰 CoA,其反应过程、机制与丙酮酸氧化脱羧反应类似,酶系组成也类似,该酶系为关键酶,反应不可逆。这是三羧酸循环中的第 2 次脱氢,伴有脱羧。

$$\begin{array}{c} \text{COOH} \\ | \\ \text{C=O} \\ | \\ \text{CH}_2 \\ | \\ \text{CH}_2 \\ | \\ \text{COOH} \end{array} + \text{HSCoA} + \text{NAD}^+ \xrightarrow[\text{TPP 硫辛酸 FAD}]{\text{α-酮戊二酸脱氢酶复合体}} \begin{array}{c} \text{O} \\ || \\ \text{C} \sim \text{SCoA} \\ | \\ \text{CH}_2 \\ | \\ \text{CH}_2 \\ | \\ \text{COOH} \end{array} + \text{NADH} + \text{H}^+$$

α-酮戊二酸　　　　　　　　　　　　　　　　　　琥珀酰CoA

⑤琥珀酸的生成。琥珀酰 CoA 的高能硫酯键在琥珀酰 CoA 合酶催化下水解,能量转移给 GDP,生成 GTP,其本身则转变为琥珀酸,生成的 GTP 可直接利用,也可将高能磷酸基团转移给 ADP 生成 ATP。这是三羧酸循环中唯一的一次底物水平磷酸化反应,此步反应可逆。

⑥延胡索酸的生成。琥珀酸在琥珀酸脱氢酶催化下,脱氢转变成延胡索酸,脱下的氢由 FAD 接受。这是三羧酸循环中的第 3 次脱氢,此反应可逆。

⑦延胡索酸加水生成苹果酸。延胡索酸酶催化此可逆反应。

⑧草酰乙酸的再生。在苹果酸脱氢酶催化下,苹果酸脱氢转变为草酰乙酸,脱下的氢由 NAD$^+$ 接受。这是三羧酸循环中的第 4 次脱氢,此反应可逆。新生的草酰乙酸可再次进入三羧酸循坏。

三羧酸循环的过程总结与图 4-29。其总反应方程为:

$$CH_3CO-SCoA+3NAD^+ +FAD+GDP+Pi+2H_2O$$
$$\rightarrow 2CO_2+3NADH+3H^++FADH_2+GTP+CoA-SH$$

3. 磷酸戊糖途径

植物除了可以通过糖酵解和三羧酸循环代谢途径将糖氧化为二氧化碳和水并获得能量外,还可以通过另一代谢途径,由于这一代谢途径中的主要中间产物是五碳糖,因此被称为磷酸戊糖途径。

磷酸戊糖途径在胞液中进行,全过程可分为 2 个阶段。第 1 阶段是 6-磷酸葡萄糖脱氢氧化生成磷酸戊糖、NADPH＋H$^+$ 和 CO$_2$;第 2 阶段是一系列的基团转移反应。

①磷酸戊糖的生成。6-磷酸葡萄糖相继经限速酶、6-磷酸葡萄糖脱氢酶和 6-磷酸葡萄糖酸

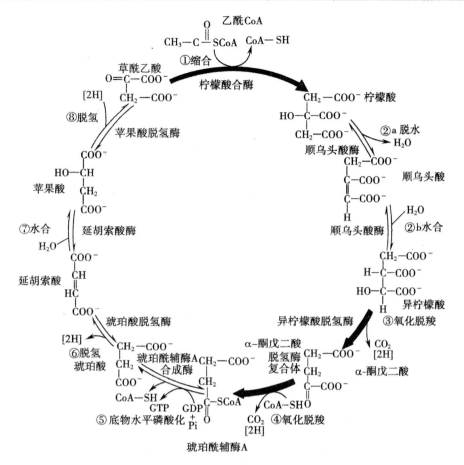

图 4-29　三磷酸循环

脱氢酶的催化,脱氢、脱羧生成 5-磷酸核酮糖。5-磷酸核酮糖在异构酶或差向异构酶的催化下,可互变为 5-磷酸核糖和 5-磷酸木酮糖。

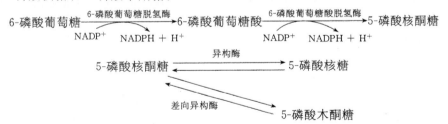

②基团的转移反应。在转酮基酶、转醛基酶的催化下,5-磷酸木酮糖与 5-磷酸核糖经一系列酮基及醛基转移反应,最后生成 6-磷酸果糖和 3-磷酸甘油醛,从而回归糖酵解途径。

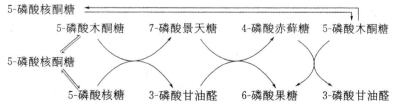

为方便叙述,设 6 分子 6-磷酸葡萄糖互相伴行同时进入磷酸戊糖途径氧化,最后生成 5 分子 6-磷酸葡萄糖,实际消耗了 1 分子 6-磷酸葡萄糖。磷酸戊糖途径中有 2 次脱氢,6 分子

6-磷酸葡萄糖共生成 12 分子 $NADPH+H^+$。

4.4.3 呼吸作用的调节

1. 巴斯德效应

巴斯德效应是指氧抑制乙醇发酵现象。是由法国微生物学家 Pasteur 发现而得名。低$[O_2]$有利于发酵、高$[O_2]$抑制发酵。植物组织也发现有这种现象。这种糖的有氧氧化对糖酵解的抑制作用称为巴斯德效应。

主要原因是 EMP 和 TCA 竞争(ADP 和 Pi),在有氧条件下产生较多 ATP,使 ADP 和 Pi 减少。减少了对 EMP(ADP 和 Pi)的供应。

有氧氧化产生 ATP,柠檬酸反馈抑制磷酸果糖激酶和己糖激酶,由于 ADP 下降底物水平磷酸化受阻。总结果是有氧呼吸抑制了无氧呼吸。

2. 能荷调节

在生物细胞内存在苷酸 AMP、ADP、ATP,称为腺甘酸库,这三种腺苷酸之间可以转化。如 ADP 与 Pi 或高能中间物(1,3-DPGA)偶联产生 ATP。另外 ATP 可以转化为 ADP 和 Pi,在许多合成反应中 ATP 转化为 AMP 和 PPi,在细胞中这三种物质在某一时间的相对量控制着代谢活动。Atkinson1968 年提出能荷概念,认为能荷是细胞中高能磷酸状态一种数量上的衡量,能荷的大小说明生物体内 ATP—ADP—AMP 系统能量状态。能荷的大小决定 ATP 和 ADP 的多少。定义:

$$能荷=\frac{ATP+0.5[ADP]}{[ATP]+[ADP]+[AMP]}$$

能荷=1.0,表示细胞中 AMP、ADP 全都转化成 ATP 状态(系统中可利用高能键数量最大);能能荷=0.5,表示细胞中 AMP、ATP 全都转化成 ADP 状态(系统中含一半高能磷酸键);能荷=0,表示细胞中 ATP、ADP 全都转化成 AMP 状态(系统中完全不存在高能键化合物)。

Atkinson 还证明高能荷抑制生物体内 ATP 生成,促进 ATP 利用(反之,低能荷促进合成代谢,抑制分解代谢),图 4-30。

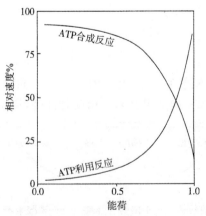

图 4-30 能荷

从图 4-30 可以看出两条曲线的相交处能荷为 0.9,虽然这些分解代谢与合成代谢将生物体内能荷数量控制在相当狭窄的范围内。所以细胞中能荷像 pH 一样是可以缓冲的。据测大多数细胞中能荷在 $0.80 \sim 0.95$ 之间。能荷可对一些酶进行变构调节,例如磷酸果糖激酶和磷酸果糖酯酶催化的反应,能荷可对 EMP、TCA 和氧化磷酸化等途径进行调节。

3. NADH/NAD 比值的调节

无 O_2 条件下进行的 EMP 途径产生 $NADH + H^+$,使 NADH/N AD 比值增加,在乳酸或乙醇发酵时,用于丙酮酸还原,促进 EMP 途径。有 O_2 条件下丙酮酸氧化,$NADH + H^+$ 进入呼吸链使 $NADH/NAD^+$ 比值下降。不产生乳酸或乙醇,使发酵过程减慢。

4.4.4　影响呼吸作用的因素

1. 影响植物呼吸的内部因素

呼吸过程是一个非常复杂的过程,受到许多方面的影响。植物的种类、年龄、器官的不同以及多种环境因素都会影响呼吸的过程。

不同植物具有不同的呼吸速率。一般地说,凡是生长快的植物呼吸速率就快,生长慢的植物呼吸速率也慢。如小麦的呼吸速率就比仙人掌快得多。

同一植物的不同组织或器官具有不同的呼吸速率。越是代谢活跃的组织或器官其呼吸的速率也就越高。例如正在发育的芽通常有很高的呼吸强度;而在成熟的营养组织中,茎常具有最低的呼吸速率。

当植物的组织成熟后,它的呼吸一般保持稳定或随年龄的增加而逐渐降低。例如花在衰老过程中呼吸速率逐渐降低。

2. 外界条件对呼吸速率的影响

(1)温度

温度主要通过影响呼吸酶的活性对呼吸速率产生影响。可以把温度对呼吸作用的影响分为最低温度、最适温度和最高温度。所谓最适温度是指植物可以保持稳态的最高呼吸强度时的温度。一般温带植物的呼吸最适温度在 $25 \sim 30℃$。不同植物种类的最低温度有很大的差异,大多数植物在 0℃ 以下时已无呼吸或仅有微弱呼吸。在 $0 \sim 35℃$ 生理温度范围内,呼吸速率是和温度呈正相关的。呼吸速率与温度的关系可以用温度系数 Q_{10} 来表示。Q_{10} 是指温度每增高 10℃,呼吸速率增加的倍数。大多数植物的 Q_{10} 为 $2.0 \sim 2.5$。

(2)光

植物叶在光下的呼吸速率是和其光合作用有关的。遮阴部分的叶的呼吸速率通常比直射光下的叶的呼吸速率要低。这可能是由于光下的叶可以提供更多的糖用于呼吸。光呼吸现象也是光下呼吸增加的原因。此外光照引起的温度升高也可能增加呼吸的速率。

(3)氧

氧是植物正常呼吸的重要因子,是生物氧化不可缺少的。氧不足,直接影响呼吸速率和呼吸性质。在氧浓度下降时,有氧呼吸降低,而无氧呼吸则增高。长期无氧呼吸,植物就会受伤死亡,其原因首先是无氧呼吸产生酒精,使细胞质蛋白质发生变性;其次,无氧呼吸利用葡萄糖产生的能量很少,植物要维持正常生理需要,就要消耗更多的有机物;另外,由于没有丙酮酸氧化过程,使许多中间产物无法继续合成。

（4）二氧化碳

二氧化碳是呼吸作用的最终产物,当外界环境中的二氧化碳浓度增加时,呼吸速率便会减慢。

（5）机械伤害

物理损伤会显著加快组织的呼吸速率,因为机械损伤使某些细胞转变为分生组织状态,形成大量愈伤组织去修补伤处,这些生长旺盛的生长细胞的呼吸速率比成熟组织快得多。

第5章 植物的繁殖

5.1 植物繁殖的类型

5.1.1 营养繁殖

营养繁殖(vegetative propagation),是通过植物营养体的一部分从母体分离,进而直接形成一个独立生活的新个体的繁殖方法;营养繁殖时不产生生殖细胞,亦称克隆(clone)生长。植物界中普遍存在着营养繁殖。在被子植物中,营养繁殖极常见,特别是多年生植物,营养繁殖能力很强,植株上的营养器官或脱离母体的营养器官具有再生能力,能生出不定根、不定芽,发育成新的植株,还有些植物的块根、块茎、鳞茎、球茎及根状茎有很强的营养繁殖能力,所产生的新植株在母体周围繁衍,形成一大群的植物个体。

1. 自然营养繁殖

自然营养繁殖是指植物在自然条件下,在长期演化中形成的靠营养器官产生新植株的一种繁殖方式。在被子植物中,自然营养繁殖大多借助于块根、块茎、鳞茎、球茎、根状茎等各种变态器官进行繁殖。

很多植物借助于根状茎进行繁殖,如姜、莲、竹、芦苇、白茅等植物。繁殖时,根状茎的节上长出不定根,而节上腋芽则伸出土面,逐渐长成一新植株(图 5-1)。

百合、蒜、贝母、水仙等植物都能利用鳞茎进行繁殖。鳞茎的肉质鳞叶内储藏有大量营养,鳞叶叶腋内长出的小鳞茎和地上部分的珠芽都能进行营养繁殖(图 5-2)。

图 5-1　姜的根状茎繁殖

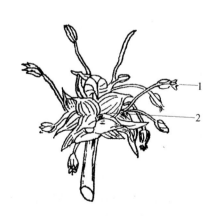

图 5-2　大蒜的珠芽繁殖

1—正常的花朵;2—珠芽

马铃薯、菊芋的块茎,也能进行营养繁殖,块茎上有芽,可以形成植株地上部分,下部生出不

定根而长成新植株(图 5-3)

图 5-3　马铃薯的块茎繁殖

另外,荸荠、芋等的球茎,草莓、狗牙根等植物的匍匐茎、甘薯和大丽花的块根都能用于营养繁殖。

有些植物还可用根进行营养繁殖。如在银杏、枣、刺槐、白杨和丁香等木本植物的主干周围,可看到大量"幼苗"。这些"幼苗"也是由老根上的不定芽发育而成的。有些植物的叶也有营养繁殖能力,如落地生根繁殖时,其叶缘上可长出不定芽和不定根,进而长成一个新植株。

2. 人工营养繁殖

人工营养繁殖是人类利用植物具有营养繁殖的特性,经过人工辅助,采取各种方式以达到繁育植物、改良品种或保留优良性状为目的的营养繁殖方式。

(1)分离繁殖(division)

分离繁殖是把植物体的根状茎、块茎、球茎、根蘖、枝条等器官,人为地加以分割使之与母体分离后长成独立的植株,这种繁殖方式叫分离繁殖;分离的"幼苗"或小植株,一般已有根、茎、叶分化,所以成活率高,成苗快。很多木本植物的繁殖采用根蘖进行,如洋槐、杨树等。

(2)扦插(cutting)

扦插是剪取植物一段带芽的枝条、一段根或一片叶子,将其下端插入土壤或其他基质中,使其生根发芽长成新植株的方法。扦插繁殖方法简便,能在短期内获得较多的植株,是繁殖园林植物常用的方法。如杨树、合欢、苹果、无花果、柠檬、柑橘等植物可用扦插。

(3)压条(layering)

对于生根较慢的植物可用压条进行繁殖,方法是枝条先不割离母体,而是先埋入土中,待埋入土中的部分长出不定根后,再从母体上割离栽植(图 5-4)。

(4)嫁接(grafting)

嫁接是将一株植物上的枝条或芽体,移接在另一具根系的植株上,使二者彼此愈合,共同生长在一起。接上去的枝条或芽称为接穗(scion),保留根系的、被接的植物称为砧木(stock)。嫁接时使接穗与砧木的两个切开面上的形成层相互靠拢贴紧,二者的形成层、射线细胞、木质部和韧皮部薄壁细胞等各自增生新细胞形成愈伤组织。愈伤组织分化形成新的形成层细胞,新形成层再进一步产生新的维管组织,将接穗与砧木连接成为一个整体,此时嫁接就成功了。

图 5-4　压条繁殖

(5)组织培养和细胞培养

将植物体的一部分,如少量器官、组织、单个细胞在人工合成培养基上进行无菌培养,诱导出一个完整的植株。这是一种特殊的营养繁殖方式,称之为"快速繁殖技术"(rapid propagation)或"微繁殖技术"(micropropagation),也是生物技术的一部分。它具有快速、能够获得无病毒植株等优点,目前已在农业、林业、花卉、药用植物等领域得到广泛应用。

5.1.2　无性繁殖

无性生殖(asexualreproduction),是通过一类称为孢子(spore)的无性生殖细胞,从母体分离后发育成新个体的繁殖方式。藻类、苔藓、蕨类植物的孢子生殖发达且不产生种子,称为孢子植物。

无性生殖与营养繁殖一样,繁殖不经过有性过程,其遗传信息不进行重组,子代继承下来的信息与亲代相同,有利用保持亲代的遗传特征。同时,无性繁殖不经过复杂的有性过程,其繁殖速度快,产生的子代数量多,有利于种族繁衍。但由于无性繁殖的后代来自同一基因型亲体,对外界环境的适应能力受到一定的限制,生活力也会出现逐渐衰退的现象。

5.1.3　有性生殖

有性生殖(sexual reproduction),是由两个被称为配子的有性生殖细胞结合形成合子(zygote),由合子发育形成新个体的繁殖方式。有性生殖中,配子是单倍体,合子为二倍体,合子含有两个亲本所提供的遗传物质,由合子发育形成的新个体具有一定的变异,对环境具有较强的适应性。

根据两性配子之间的差异程度,有性生殖可分为三种不同的类型。

1. 同配生殖

同配生殖(isogamy)中,相互结合的两种配子,大小、形态、结构、运动能力均相同,这是一种较原始的有性生殖方式。如衣藻属的某些种类,有性生殖时,产生大量具有两条鞭毛的配子,由配子相互结合形成合子,再萌发为新个体。这两种相互结合的配子,很难从形态上判断其性别,所以常用"十"、"一"号表示这两种配子生理上的差别(图 5-5A)。

2. 异配生殖

某些藻类和菌类有性生殖时产生的两种配子,在形态和构造上完全一样,但大小不同,其中较小的一个为雄配子,较大的一个为雌配子,两种不同的配子结合后形成合子,然后萌发为新个体。(图 5-5B)。

+配子　　 -配子　　　　雄配子　　雌配子　　　精子　　卵
　　A　　　　　　　　　　　B　　　　　　　　　　C

图 5-5　植物的有性生殖方式

A—同配生殖;B—异配生殖;C—卵式生殖

3. 卵式生殖

生物在进化过程中,有性生殖的两性配子进一步分化,它们不仅大小不同,而且形态、结构和运动能力等方面也出现了明显差异。雄配子较小,细长,有的还有鞭毛,能运动,称为精子(sperm);雌配子较大,常为卵球形,不具鞭毛,不能运动,称为卵(egg)。精子和卵相互融合的过程称为受精作用(fertilization),形成的合子称为受精卵(fertilized egg)。再由受精卵发育成新植株,这种生殖方式称为卵式生殖(oogamy)。卵式生殖是有性生殖的高等形式,普遍存在于各类植物中(图 5-5C)。

5.2　花的形态

5.2.1　花的基本组成

被子植物营养生长至一定阶段,在光照、温度因素达到一定要求时,就能转入生殖生长阶段,一部分或全部茎的顶端分生组织不再形成叶原基和芽原基,转而形成花原基或花序原基,进而发育成花的各个部分。

通常认为花是适应于繁殖功能的变态短枝。各类花器官从形态上看具有叶的一般性质,是叶的变态,而花托是节间极度缩短的不分枝的变态茎。

一朵花常由下列 6 个部分组成,即花柄(pedicel)、花托(receptacle)、花萼(calyx)、花冠(corolla)、雄蕊群(androecium)和雌蕊群(gynoecium)(图 5-6)。

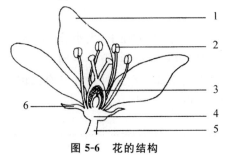

图 5-6　花的结构

1—花瓣;2—雄蕊;3—雌蕊;4—花托;5—花柄;6—花萼

1. 花柄与花托

花柄(花梗)是着生花的小枝,花柄的长短因植物种类而异。如垂丝海棠的花柄很长,而贴梗海棠的花柄就很短。花托是花柄的顶端部分,一般略呈膨大状,花的其他各部分按一定方式排列在它上面。较原始的被子植物如含笑,花托为柱状,花的各部分螺旋排列其上;在不同的植物中花托呈现不同的形状,在多数种类中,花托缩短,呈平顶状,如白菜;在某些种类中花托凹陷呈杯状甚至呈筒状,如月季等蔷薇科植物(图5-7)。

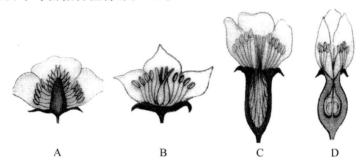

图 5-7 几种不同形态的花托
A—柱状花托;B—圆盘状花托;C—杯状花托;D—杯状花托与子房壁愈合

2. 花萼

花萼(calyx)位于花的最外轮或者最下端,由若干萼片组成(图5-6),多为绿色的叶状体,结构与叶片相似,但栅栏组织和海绵组织分化不明显。萼片之间相互分离的称离萼,如油菜、茶。萼片彼此连合的称合萼,如棉花、茄子。合萼下端连合部分为萼筒(calyx tube),上端分离部分为萼裂片(calyx lobe)。有些植物的萼筒下端向一侧延伸成管状的距(spur),如飞燕草。有些植物在花萼外面还有一轮绿色的片状结构,称为副萼(epicalyx),如锦葵、棉花、草莓等。多数植物开花后花萼即脱落,但有些植物直到果实成熟时,花萼仍存在,这种花萼称为宿存萼(persistent calyx),如柿、茄等。

花萼和副萼具有保护幼蕾的作用,并能进行光合作用。有些植物如一串红的花萼颜色为鲜艳的红色,引诱昆虫传粉;茄、柿的花萼在花后宿存,对幼果形成保护;蒲公英等菊科植物的花萼变成冠毛,有助于果实传播。

3. 花冠

花冠(corolla)。花冠位于花萼的上方或内方,是由若干称为花瓣(petal)的瓣片组成,排列为一轮或多轮,结构上由薄壁细胞所组成。花瓣比萼片要薄,且多具鲜艳色彩。由于组成花冠的花瓣形状、大小相同或各异,花瓣各自分离或彼此联合。

花冠的形态多种多样,根据花瓣数目、形状及离合状态,以及花冠筒的长短、花冠裂片的形态等特点,通常分为下列主要类型(图5-8)。

蝶形花冠(papilionaceous)。花瓣5片,排列成下降覆瓦状,最上一瓣叫旗瓣,侧面的两瓣叫翼瓣,最下两瓣常合生,叫龙骨瓣,如大豆、蚕豆等豆科蝶形花亚科植物。

十字形花冠(cruciform)。由4个花瓣两两相对呈十字形,如油菜、二月兰等十字花科植物。

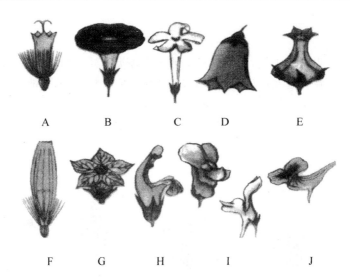

图 5-8　花冠的类型

A—管状花；B—漏斗状；C—高脚碟形；D—钟状；E—坛状；F—舌状；
G—轮状；H—唇形；I—假面形；J—飞鸟形

筒状（tubular）。花冠大部分成一管状或圆筒状，花冠裂片向上伸展，如向日葵的盘花。

漏斗状（funnel—shaped）。花冠下部呈筒状，并由基部渐渐向上扩大成漏斗状，如篱天剑、甘薯等旋花科植物。

轮状（rotate）。花冠筒短，裂片由基部向四周扩展，状如车轮，如茄、番茄等。

唇形（labiate。花冠略呈二唇形，如玄参科金鱼草以及唇形科植物益母草、一串红等。

舌状（ligulate）。花冠基部成一短筒，上面向一边张开成扁平舌状，如向日葵的边花。

钟状（campanulate）。花冠筒宽而短，上部扩大成钟形，如南瓜、桔梗。

十字形花冠、筒状、漏斗状、钟状、轮状等花冠，各花瓣的形状、大小基本一致，常为辐射对称，又称为整齐花。蝶形花冠、唇形花冠各花瓣的形状、大小不一致，长呈两侧对称，又称不整齐花。

4. 雄蕊群

雄蕊群（androecium）是一朵花内所有雄蕊的总称，雄蕊数目常随植物种类而不同，如小麦、大麦的花有 3 枚雄蕊，油菜有 6 枚雄蕊，棉花、桃、茶具多数雄蕊。雄蕊（stamen）着生在花冠内方，一般直接着生在花托上呈螺旋状或轮状排列，有些植物的雄蕊着生在花冠或花被上，形成冠生（epipetalousstamen），如连翘、丁香等。每个雄蕊由花丝（filament）和花药（anther）两部分组成（图 5-9）。

花丝常细长，支持花药，使之伸展于一定空间，有利于散粉。花丝形态有多种变化，有的花丝短于花药，如玉兰；有的呈扁平带状，如莲；有的花丝完全消失，如栀子；有的花丝呈花瓣状，如美人蕉等。花丝的长短因植物种类而异，一般同一朵花中的花丝等长，但有些植物同一朵花中花丝长短不等，如唇形科和玄参科的花中雄蕊 4 枚，2 长 2 短，称二强雄（didynamous stamen）。十字花科植物每朵花中有 6 枚雄蕊，内轮 4 个花丝较长，外轮 2 个花丝较短，称为四强雄蕊（tetradynamou s stamen）（图 5-9）。

花药位于花丝顶端膨大成囊状，是雄蕊的主要部分，通常由 4 或 2 个花粉囊（pollen sac）组

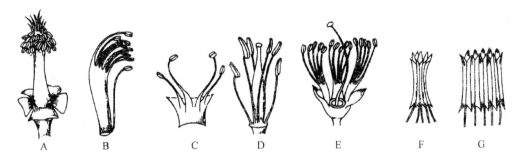

图 5-9　雄蕊的类型

A—单体雄蕊;B—二体雄蕊;C—二强雄蕊;D—四强雄蕊;E—多体雄蕊;F,G—聚药雄蕊

成,分成两半,中间由药隔相连。花粉囊是产生花粉粒的部分,花粉粒成熟后,花粉囊自行开裂,花粉粒由裂口处散出。花药开裂方式很多(图 5-10),最常见的是沿花药长轴方向纵向裂开,称为纵裂(longitudinal dehiscence),如百合、桃、梨等。有些植物花药为孔裂(porous dehiseenee),即药室顶端成熟时裂开一小孔,花粉由小孔中散出,如茄、杜鹃等。有的植物花药成熟后在其侧面裂成 2～4 个瓣状的盖,瓣盖打开时花粉散出,称为瓣裂(valvate dehiscenee),如小檗、樟树等。

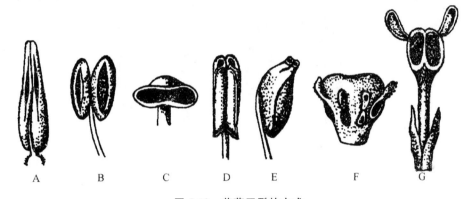

图 5-10　花药开裂的方式

A,B—纵裂(油菜、牵牛、小麦);C—横裂(木槿);D,E—孔裂(杜鹃、茄);F,G—瓣裂(樟、小檗)

花药在花丝上着生的方式有多种类型(图 5-11),有的仅花药基部着生在花丝顶端,为基着药(basifixed anther);有的花药全部着生在花丝上,称为全着药(adnate anther);花药背部中央着生在花丝顶端的称为丁字药(versatile anther);有的花药背部着生在花丝上,称为背着药(dorsifixedanther);个字药(divergent anther)是指花药基部张开,花丝着生在汇合处,形如个字;还有的花药几近完全分离,叉开呈一直线,花丝着生在汇合处,称为广歧药(divaricate anther)。

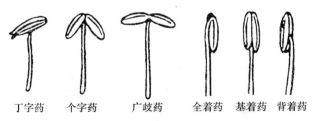

丁字药　　个字药　　广歧药　　全着药　　基着药　　背着药

图 5-11　花药在花丝上着生的方式

多数植物雄蕊的花丝、花药全部分离,称为离生雄蕊(distinct stamen),如桃、梨;有的花药完全分离而花丝连合并分成两组(两组的数目相等或不等),称二体雄(diadelphous stamen),如刺

槐、大豆；有的花丝互相连合成一体，而花药分离，称单体雄蕊（monadelphous stamen），如木槿、棉花；花丝连合成多束的称多体雄蕊（polyadelphous stamen），如蓖麻、金丝桃；有的植物雄蕊花丝分离而花药合生，称为聚药雄蕊（syngenesious stamen），如菊科植物。

5. 雌蕊群

雌蕊群是一朵花中雌蕊（pistil）的总称。每个完整的雌蕊由子房、花柱和柱头三部分组成。构成雌蕊的单位称心（carpel）。构成子房的每个心皮背面都有一条中脉，称为背缝线，心皮边缘相连接处，称为腹缝线。子房的中空部分称为子房室。

雌蕊分为单雌蕊、离生雌蕊和合生雌蕊三类，单雌蕊是指一朵花中的雌蕊仅由单一心皮所构成（图 5-12），如蚕豆。离生雌蕊是指一朵花内的雌蕊由几个心皮构成，且各心皮彼此分离，如玉兰、毛茛。合生雌蕊是指一朵花内的雌蕊由几个心皮，而且各心皮互相联合，如番茄。其中，如果子房内心皮形成的隔膜（侧壁）存在，则子房室数与心皮数相同，称为多室复子房；如果隔膜消失就形成一室复子房。

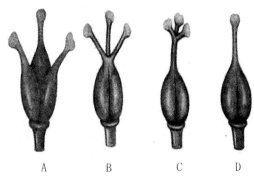

图 5-12　雌蕊的类型

A—离生雌蕊；B、C、D—合生雌蕊

子房着生在花托上，其位置有以下几种类型（图 5-13）：

①上位子房。花托多少凸起，子房只在基底与花托中央最高处相接，或花托多少凹陷，与在它中部着生的子房不相愈合。前者由于其他花部位于子房下侧，称为下位花。后者由于其他花部着生在花托上端边缘，围绕子房，故称周位花。

②下位子房。子房位于凹陷的花托之中，与花托全部愈合，或者与外围花部的下部也愈合，其他花部位于子房之上。这种花则为上位花。

③半下位子房。花托或萼片一部分与子房下部愈合，其他花部着生在花托上端内侧边缘，与子房分离。这种花也为周位花。

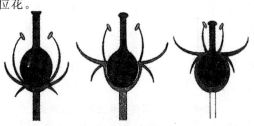

上位子房　　　半下位子房　　　下位子房

图 5-13　子房的位置

胚珠在子房内着生的部位,称为胎座。由于心皮数目以及心皮连接情况的不同,形成了不同的胎座类型(图 5-14)。边缘胎座。为一室的单子房,胚珠着生于心皮的腹缝线上,如豆科。中轴胎座。为多室的复子房,其内部边缘连接成中轴,胚珠着生在每室的中轴,即每一心皮的内隔,如百合、棉。侧膜胎座。为一室的复子房,胚珠沿着相邻二心皮的腹缝线排列,如罂粟。基生胎座。指胚珠着生在单一子房室内的基部,如菊科。特立中央胎座。为多室的复子房,其隔膜消失后,胚珠着生于残留的中轴上,称为特立中央胎座,如石竹科。顶生胎座。指胚珠着生在单一子房室内的顶部,如瑞香科。片状胎座。指多室子房中,胚珠着生于隔膜的各面,如芡。

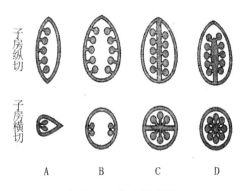

图 5-14　胎座的类型

5.2.2　花序

单独一朵花着生在叶腋或枝顶,称为单生花,如玉兰、桃的花。更多的被子植物的花是多朵花按一定规律排列在一总花柄上,称为花序(inflorescence),总花柄称为花序轴或花轴(rachis),花序轴可以分枝或不分枝。一朵花的花柄或花序轴基部生有变态叶,一朵花基部只有 1 枚变态叶的称为苞(bract),有 2 枚变态叶称为小苞片;而花序轴基部的多枚变态叶称为总苞。

根据花序中小花开放的次序,将其分为无限花序(indefinite inflorescence)和有限花序(definite inflorescence)两类。

1. 无限花序

无限花序的特点是在开花期间其花序轴可继续生长,不断产生新的小花,开花的顺序是花序轴基部由下向上或由边缘向中间陆续进行。根据其花序轴的变化、每一朵花的花柄的有无、是否为单性花等特征,可以分为以下类型(图 5-15)。

总状花序(raceme)。花序轴长,其上着生许多花梗长短大致相等的两性花,如油菜、泽星宿菜等。

伞形花序(umbel)。花序轴短,花梗几乎等长,聚生在花轴的顶端,呈伞骨状,如人参。

穗状花序(spike)。长的花序轴上着生许多无梗或花梗极短的两性花,如车前。

伞房花序(corymb)。花序轴较短,其上着生许多花梗长短不一的两性花。下部花的花梗长,上部花的花梗短,整个花序的花几乎排成一个平面,如梨。

柔荑花序(catkin)。花序轴上生有无柄或具短柄的单性花,常缺少花被,花序轴常柔软下垂,如杨、柳、构树的雄花序。

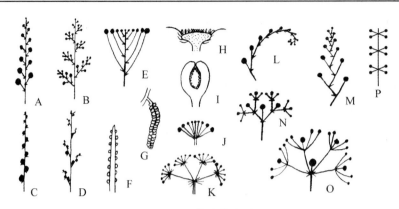

图 5-15　花序的类型

A—总状花序；B—圆锥花序；C—穗状花序；D—复穗状花序；

E—伞房花序；F—肉穗花序；G—柔荑花序；H—头状花序；I—隐头花序；

J—伞形花序；K—复伞形花序；L—螺旋状聚伞花序；M—蝎尾状聚伞花序；

N—二歧聚伞花序；O—多歧聚伞花序；P—轮伞花序

头状花序（capitulum）。花序轴缩短并膨大为球形、半球形或盘状，无梗小花着生在膨大的花序轴顶端，花序轴的外面常有苞片密集联合形成的总苞，如向日葵；有的花序下面无总苞，如喜树。

肉穗花序（spadix）。花序轴肉质肥厚，其上着生许多无梗单性花，花序外具有总苞，称佛焰苞，因而也称佛焰花序，如玉米的雌花序，天南星、马蹄莲的花序。

隐头花序（hypanthodium）。花序轴顶端膨大，中央部分凹陷呈囊状。囊腔的顶端有一小孔，与外界相通，为虫媒传粉的通路。内壁着生无柄的单性小花，雄花在上，雌花在下，如无花果。

上述花序，其花序轴不分枝，如果花序轴发生分枝，根据分枝的花序轴的发育式样，可分为：

圆锥花序（panicle）。又称复总状花序，花序轴的分枝作总状排列，整个花序略成圆锥状，如女贞。

复伞形花序（compound umbel）。花序轴的顶端分出伞形分枝，每一分枝成伞形花序，基部常有总苞，如胡萝卜、茴香。

复伞房花序（compound corymb）。花序轴的每一分枝为伞房花序，如石楠，花楸。

复穗状花序（compound spike）。花序轴上的每一分枝为穗状花序，如小麦、大麦。

2. 有限花序

有限花序也称聚伞花序（cyme）。其花序轴为合轴分枝，因此其开花顺序是花序顶端或中间的花先开，下面或外面的花再逐渐开放。聚伞花序根据轴的分枝与侧芽发育的不同，可分为以下几种类型（图 5-15）。

单歧聚伞花序（monochasium）。花序轴顶端先生一花，然后在其下的一侧形成分枝，继而分枝的顶端又生一花，其下方再生二次分枝，如此依次成花。单歧聚伞花序又有两种，如果侧芽左右交替地形成侧枝和顶生花，成二列的，形如蝎尾状，称为蝎尾状聚伞花序（scorpioid cyme），如唐菖蒲、黄花菜；如果侧芽只在同一侧依次形成分枝和花，最后整个花序呈卷曲状，称为螺旋状聚伞花序（helicoid cyme），如勿忘草、附地菜。

二歧聚伞花序（dichasium）。顶芽成花后，其下左右两侧的侧芽发育成两个分枝，各分枝再依次生出顶花和分枝,如繁缕、大叶黄杨。

轮伞花序(verticillaster)。是生于对生叶的聚伞花序,如益母草、一串红多歧聚伞花序(pleiochasi um)顶芽成花后,其下有 3 个以上侧芽发育成侧枝和花,各分枝再以同样的方式产生新的分枝和花,如京大戟。

5.2.3　花各部分的演变

不同种群的植物中花的形态在演变过程中出现较大的变化,通过花的形态特征的研究不仅可以进行被子植物的分类,还可以了解各种植物之间的亲缘关系。花各部分的演变趋势,主要变现在以下几个方面。

1. 数目的变化

组成花的各部分,在数目上是不同的,总的演化趋势是从多而无定数到少而有定数。玉兰、毛茛等较原始的被子植物,花被、雄蕊或雌蕊的数目是多而无定数的。而大多数被子植物中,这 3 部分的数目显著减少,稳定在 3 数(多为单子叶植物)、4 数和 5 数(多为双子叶植物)或为 3、4、5 的倍数。花被相对稳定的数目称花基数。花各部分数目上的关系,一般与花基数或它的倍数相一致。例如,百合花基数是 3,具有两轮 6 个花被片,6 个雄蕊,3 个心皮联合形成的子房。但也有和这个原则不符合的,尤其是复雌蕊,形成子房的心皮部分退化(少于原基数)。如石竹,花基数是 5,具有 5 个萼片、5 个花瓣、10 个雄蕊,2 个心皮联合形成 1 室的子房。

2. 排列方式的变化

花部各轮器官在花托上的排列方式由螺旋状向轮状排列转化。花的各部分常由下而上,或由外而内地按顺序排列成一轮或数轮,每一轮的各个分体,常与相邻的内轮或外轮的各分体相间隔排列。在较原始的被子植物中花部呈螺旋状排列,如玉兰的花被、雄蕊和雌蕊呈螺旋状排列于伸长的花托上,但大多数植物中花部呈轮状排列,轮状排列的花托多为平顶或凹顶。

3. 对称性的变化

花各部分在花托上排列,会形成一定的对称面。通过花的中心能作出多个对称面的,为辐射对称,这种花也称为整齐花,如桃、石竹。如果通过花的中心只能作出一个对称面,为两侧对称,这种花也称为不整齐花,如唇形科和兰科植物的花。通过花的中心没有对称面的称为不对称花,如美人蕉。从进化的观点看,辐射对称是原始的,两侧对称、不对称是进化的。花冠的形状和对称性也往往与传粉方式有关,这是植物长期适应所产生的结果。

4. 联合与分离

花各部分有分离也有联合。从演变的观点上看离生是原始的,联合是较高级的形态。

5. 子房位置的变化

原始类型的花托是一个圆锥体或圆柱形,在进化过程中,花托逐渐缩短,边缘扩展,直至成为凹陷的杯状花托。子房着生在花托上,花托形状的变化,导致子房的位置由子房上位向子房半下位和子房下位变化,进一步加强了对子房的保护。

花各部分的演变趋势是多方面的,就一朵花来说,各部分的演化趋势并不是同步,如梨、苹果的花,花萼和花冠离生,雄蕊多数是原始状态,而凹陷花托和下位子房则是进化的形态。

5.2.4 花程式和花图式

1. 花程式

花程式(floral formula)是用一些字母、符号和数字,按一定顺序表达花的特征。可以表明花各部的组成、数目、排列、位置以及它们彼此之间的关系。表示花各部分的化号,一般用每一轮花部名称的第一个字母,通常用 Ca 或 K 表示花萼,Co 或 C 代表花冠,A 代表雄蕊群,G 代表雌蕊群,如果花萼、花冠无明显区分,可用 P 代表花被。每一字母右下角可以记上一个数字来表示各轮的实际数目,如果缺少某一轮,可记下"O",如果数目极多,可用"∞"表示。如果某一部分各单位互相连合,可在数字外加上"()"表示。如果某一部分不止一轮,可在各轮数字间加上"+"号。如果是子房上位,可在 G 字下加上一划"$\underline{G}$";子房下位,则在 G 字上加一划"$\overline{G}$";周位子房,则在 G 字上下各加一划"$\overline{\underline{G}}$"。在 G 字右下角第一个数字表示心皮数目,第二个数字表示子房室数,第三个数字表示子房中每室的胚珠数目,中间可用"∶"号相连。整齐花用"∗"表示,不整齐花用"↑"表示。♂ 表示单性雄花,♀ 表示单性雌花,☿表示两性花。现分别举例说明如下。

百合:♀ ∗ $P_{3+3}A_{3+3}\underline{G}_{(3:3:\infty)}$

豌豆:♀ ↑ $K_{(5)}C_{1+2+2}A_{(9)+1}\underline{G}_{1:1:\infty}$ 或♀↑ $Ca_{(5)}Co_{1+2+2}A_{(9)+1}\underline{G}_{1:1:\infty}$

油菜:♀ ∗ $K_4C_4A_{4+2}\underline{G}_{2:2:\infty}$ 或♀ ∗ $Ca_4A_{4+2}\underline{G}_{2:2:\infty}$

南瓜:♀ ∗ $K_{(5)}C_{(5)}A_0\overline{G}_{3:1:\infty}$ 或♀ ∗ $Ca_{(5)}Co_{(5)}A_0\overline{G}_{3:1:\infty}$

   ∗ $K_{(5)}C_{(5)}A_{1+(2)+(2)}G_0$ 或♂ ∗ $Ca_{(5)}Co_{(5)}A_{1+(2)+(2)}G_0$

2. 花图式

花图式(floral diagram)是用花器官各部分横剖面简图来表示花的结构和各部分数目、离合情况,以及在花托上的排列位置,也就是花各部分在垂直于花轴平面所作的投影图。现以百合和蚕豆为例说明(图 5-16)。图中的空心弧线表示苞片,实心弧线表示花冠,带横线条的弧线表示花萼。雄蕊和雌蕊分别以花药和子房横切面图表示。图中也可看到连合或分离,整齐或不整齐的排列情况等。

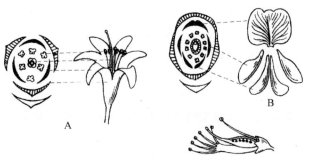

图 5-16　花图式
A—百合的花图式;B—蚕豆的花图式

5.3　花药与胚珠的发育及雌雄配子体的形成

5.3.1　花药的发育与雄配子体的形成

花药是雄蕊的主要部分,一般被子植物的花药由 4 个花粉囊所组成;分为左右两半,中间由药隔相连,花粉囊外由囊壁包围,内生许多花粉粒。花药成熟后,药隔每侧的两个花粉囊之间的壁破裂,花药开裂,花粉粒散出。

1. 花药的发育

花药是由雄蕊原基的顶端部分发育而来。最初形成的幼小花药结构极为简单,外面是一层表皮,表皮以内是一群分裂活跃的基本分生组织细胞。后来,由于花药的 4 个角隅处的细胞分裂速度较快(图 5-17),其表皮下的第一层细胞分化成为孢原细胞(archesporial cell)。孢原细胞进一步发育,进行平周分裂,形成两层细胞。外层细胞组成初生周缘层(初生壁胞)(primary parietallayer),内层细胞成为初生造孢细胞(primarv sporogenous cell)。

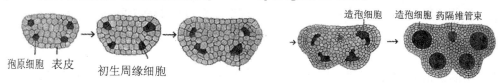

图 5-17　花药的发育

由初生周缘层的细胞进一步进行平周分裂和垂周分裂,产生一系列呈同心圆排列的细胞层,通常为 3～5 层,以后,自外而内,逐渐分化出药室内壁(endothecium)、中层(middle layer)及绒毡层(tapetum),连同最外面的表皮,便构成了花粉囊的壁。于是,发育完全的花药壁是由表皮、药室内壁、中层及绒毡层组成(图 5-18),各层结构和功能如下。

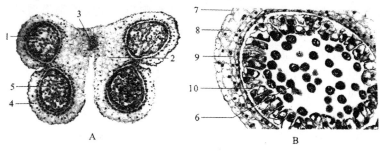

A　百合花药横切面　　　　B　百合花药的一个花粉囊图

图 5-18　花药的结构

1—花粉囊;2—药隔;3—维管束;4—花药壁;5—小孢子;
6—花粉母细胞;7—表皮;8—药室内壁;9—中层;10—绒毡层

①药室内壁。药室内壁通常只有一层细胞,发育初期细胞体积大,含大量淀粉及其他营养物质。花药发育成熟时,细胞呈径向延长,并且大多数植物此层细胞,除外切向壁,内壁及径向壁外均发生不均匀的纤维素性质的条纹加厚,并稍木质化。故此,药室内壁又称纤维层(fibrous layer)。药室内壁的结构特点,有助于花粉囊的开裂。开花时,花药暴露在空气中,表皮细胞由于蒸腾而失水,并从下层的药室内壁细胞中吸取水分。由于细胞水分减少,细胞中液泡内细胞液的内聚力增加,使细胞径向壁间产生拉力。同时两个花粉囊连接处的花药壁细胞上也无带状加厚,也是抗拉力的薄弱处。当细胞进一步失水后,花粉囊便在此处破裂,花粉囊相通。此时,由于药室内壁细胞无带状加厚的外切向壁的收缩和向内下陷,整个花粉囊裂开,花粉散出。

②表皮。具一层长方形细胞,外壁具有明显的角质层,行使保护功能。有些植物花药成熟时,其表皮仅留有残痕。

③中层。通常由1~3层较小的细胞组成,初期一般含有淀粉及其他贮藏物。随着花药的进一步发育,中层细胞被挤压逐渐解体,并被吸收,所以成熟的花药中是不存在中层的。

④绒毡层。它是花药最里面的一层细胞,其细胞大,胞质浓厚,富含 RNA、蛋白质、油脂、类胡萝卜素等。绒毡层细胞早期为单核,减数分裂前后成为2核或多核。绒毡层对花粉粒发育有重要作用,给发育中的花粉粒提供营养;分泌胼胝质酶;合成孢粉素;合成外壁蛋白;提供花粉壁外脂类物质等。

根据绒毡层解体过程的形态变化,可将绒毡层分为两种类型:一是变形绒毡层,其内切向壁和径向壁溶解,原生质体逸出到花粉囊中,分散在小孢子之间,融合成多核的原生质团,如棉花;另一是分泌绒毡层(腺质绒毡层),如百合的绒毡层在发育过程中原位解体。

2. 小泡的产生

花药中的造孢细胞呈多角形,在多数植物中,造孢细胞进行几次有丝分裂,产生更多的造孢细胞,在最后一次有丝分裂后,发育形成了花粉母细胞(pollen mother cell)。花粉母细胞体积较大,核大,细胞质浓厚,渐渐分泌出胼胝质的细胞壁,并开始进行减数分裂。在减数分裂开始前,花粉母细胞核中的 DNA 已复制,花粉母细胞经过两次连续细胞分裂,染色体数目减半,形成4个单倍体的细胞,称小孢子(micro spore)。最初形成的4个小孢子集合在一起,称四分体(tetrad)。以后,四分体的胼胝质壁溶解,小孢子彼此分离。

被子植物花粉母细胞减数分裂过程中所发生的细胞质分裂有两种类型:同时型(simultaneous type)和连续型(successive type)。同时型是第1次分裂不形成细胞壁,第2次分裂后进行细胞质分裂,形成四分体,这种方式主要见于双子叶植物,如棉花、草木樨等。连续型是花粉母细胞第1次分裂伴随着细胞质的分裂,先形成二分体,再进行第2次分裂形成四分体。这种方式在单子叶植物中较为常见,如水稻、玉米。

减数分裂刚刚形成的4个小孢子通过胼胝质壁集合在一起,称为四分体。细胞质为连续分裂类型的,其四分体排列在同一个平面上,呈左右对称型;细胞质分裂为同时型的,其四分体排列成四面体型(图5-19)。

3. 雄配子的发育

经减数分裂产生的四个小孢子,由于胼胝质壁的溶解,从四分体中游离出来,彼此分离并释放到花粉囊中,这就是花粉(pollen)。初游离出来的花粉为单核花粉粒,其细胞质浓厚,细胞壁极薄,细胞核位于细胞的中央。随着细胞不断地从周围环境中吸收养分及水分,液泡不断增大并形成中央大液泡。随之,细胞质成一薄层、细胞核被挤向一侧。接着细胞进行第一次有丝分裂,形成一大一小两个细胞,大的叫营养细胞(vegetative cell),小的是生殖细胞(generative cell)。

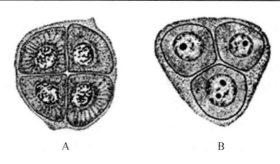

图 5-19　四分体的排列方式

A—左右对称型；B—四面体型

生殖细胞仅含少量原生质,其形状呈半球形,位于花粉粒的壁附近。两个子细胞间的细胞壁不含纤维素,主要由胼胝质组成。此时生殖细胞紧贴花粉粒的内壁。以后,逐渐从与壁的交界处,沿壁向内推移,并逐渐变圆。最终,生殖细胞完全脱离花粉粒的壁,游离在营养细胞之中,出现了细胞中有细胞的独特现象。此时,生殖细胞变为球形。胼胝质壁消失,细胞仅为其自身的质膜和营养细胞的质膜所包围,即由双层质膜包围,成为一裸露的细胞。以后,生殖细胞逐渐伸长,形成纺锤丝。随之,有些植物的生殖细胞进行第二次有丝分裂,形成 2 个精子;但也有些植物,精子的形成是在花粉管中进行的。因此,成熟的花粉粒有两种形式:3 细胞花粉和 2 细胞花粉(图 5-20)。

四分体　　单核花粉　单核花粉(靠边期)　二核花粉　三核花粉　　　　生殖细胞　营养核　　　　精子

图 5-20　雄配子体的形成于发育

4. 花粉败育和雄性不育

成熟的花药一般都能散发正常发育的花粉粒。但有时花药散出的花粉没有经过正常的发育,不能起到生殖的作用,这一现象,称为花粉败育(abortion)。花粉败育可能是由于环境温度过低或过高、或某种内在的因素,使花粉母细胞不能进行减数分裂或是减数分裂后花粉停留在单核或双核阶段,不能产生精子细胞。也有因营养不良或是绒毡层细胞的作用失常导致花粉败育的。

有时在正常的自然条件下,由于内在生理、遗传的原因,个别植物也会出现花药或花粉不能正常发育,成为畸形或完全退化的情况,这一现象称为雄性不育(male sterility)。雄性不育对植物而言是一个不利的性状,但人类利用这一性状进行杂交育种,建立雄性不育系,可免除人工去雄的操作,节约大量人力。

5.3.2　胚珠的发育与雌配子体的形成

1. 胚珠

胚珠是由胎座上的胚珠原基发育而成。随着雌蕊的发育,子房内腹缝线的一定部位,内表皮下的一些细胞经平周分裂,产生一团具有强烈分裂能力的细胞突起,成为胚珠原基,前端发育为珠心(nucellus),是胚珠中最重要的部分;基部分化发育为珠柄(funiculus),与胎座相连。以后,由于珠心基部外围细胞分裂较快,产生一环状突起,并逐渐向上扩展,将珠心包围起来,形成珠被(integument),珠被在珠心顶端留有一小孔,形成珠孔(micropyle)(图 5-21)。双子叶植物中的多数合瓣花类,如番茄、向日葵等只有一层珠被。油菜、棉花、小麦、百合、水稻等植物有两层珠被,内层为内珠被(inner integument),外层为外珠被(outer integument)。内珠被首先发育,然后在内珠被基部外侧的细胞快速分裂形成外珠被。珠柄与珠心直接相连,心皮维管束通过珠柄进入胚珠。维管束进入之处,即胚珠基部珠被、珠心和珠柄愈合的部位,称为合点(chalaza)。

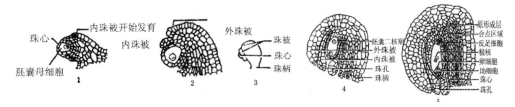

图 5-21　胚珠的结构和发育

胚珠在生长时,珠柄和其他各部分的生长速度并不是均匀一致的,因此,胚珠在珠柄上的着生方位不同,从而形成不同类型的胚珠(图 5-22)。一种是直生胚珠(orthotropous ovule),胚珠各部分能平均生长,胚珠正直着生在珠柄上,因而珠柄、珠心和珠孔的位置在同一直线上,珠孔在珠柄相对一端,如大黄、酸模、荞麦等的胚珠。另一种类型是倒生胚珠(anatropous ovule),这类胚珠的珠柄细长,整个胚珠 180°扭转,呈倒悬状,但珠心并不弯曲,珠孔的位置在珠柄基部一侧。靠近珠柄的外珠被常与珠柄相贴合,形成一条向外突出的隆起,称为珠脊(raphe),大多数被子植物的胚珠属于这一类型。如果胚珠在形成时胚珠一侧增长较快,使胚珠在珠柄上形成 90°扭曲,胚珠和珠柄成直角,珠孔偏向一侧,这类胚珠称为横生胚珠(hemitropous ovule)。也有胚珠下部保持直立,上部扭转,使胚珠上半部弯曲,珠孔朝向基部,但珠柄并不弯曲,称弯生胚珠(campylotropous ovule)。如蚕豆、豌豆和禾本科植物的胚珠。如果珠柄特别长,并且卷曲,包住胚珠,这样的胚珠称为拳卷胚珠(circinotropous ovule),如仙人掌属、漆树等。

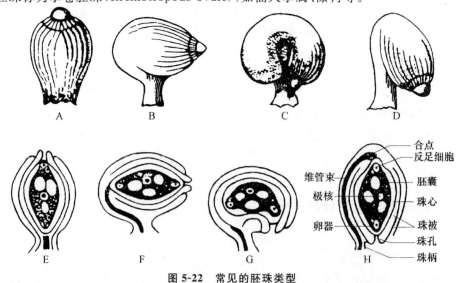

图 5-22　常见的胚珠类型

A,E—直生胚珠;B,F—横生胚珠;C,G—弯生胚珠;D,H—倒生胚珠

2. 胚囊的发育与结构

在大孢子发育为胚囊的过程中,首先细胞体积增大,同时出现液泡,接着发生连续三次核的分裂。核分裂并不伴随细胞质的分裂和新壁的形成。

第一次分裂后,形成 2 个核,它们分别移向两极。此二核随即再次分裂,这样在两极各有 2 核。继而这 4 核又各分裂一次,形成 8 个细胞核,其中 4 个在合点端,4 个在珠孔端,8 个核处于共同的细胞质中。

随着核分裂的进行,胚囊沿长轴方向显著地扩大,随后,两极的每端各有 1 个核,移向中央,互相靠拢,这两个核称为极核(polar nuclei)。

接着在各细胞核之间产生细胞壁,分别形成细胞。其中,珠孔端 3 个核形成 3 个细胞,即一个卵细胞(egg cell),呈洋梨形,大液泡在珠孔端,核在合点端,当与雄配子融合后,发育为新一代孢子体——胚;2 个助细胞(synergid)它在珠孔端与卵细胞呈“品”字形排列,共同构成为卵器。助细胞能合成和分泌向化性物质,引导花粉管顺利进入胚囊;合点端 3 个核形成 3 个反足细胞(antipodal cell),其功能是把母体的营养物质吸收并转运到胚囊中,常在受精前后不久退化。在胚囊的中央为一个有 2 个极核的中央细胞(central cell),中央细胞体积大,细胞高度液泡化,具不均匀的细胞壁,与卵器、反足细胞间有丰富的胞间连丝。卵、助细胞与中央细胞在结构与功能上有密切的联系,共同组成雌性生殖单位。这样便形成了 7 个细胞 8 个核的成熟胚囊,即雌配子体(图 5-23)。

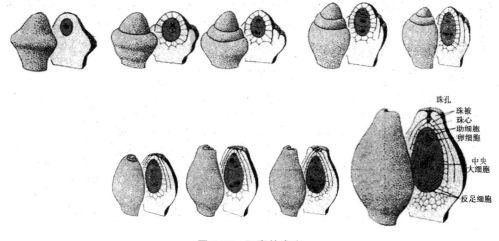

图 5-23　胚囊的发育

5.4　开花、传粉与受精

5.4.1　开花

当雄蕊中的花药和雌蕊中的胚囊达到成熟时期,或两者之一达到成熟,这时花萼、花冠展开,露出雌、雄蕊,这一现象称为开花(anthesis)。

不同植物,开花年龄不同。一、二年生植物生长数日至数月就能开花,在这类植物的一生中只开花一次,花后植物死去。多年生植物达到开花年龄后,年年开花,一生中开花多次,直到植物死亡为止。

各种植物在每年开花季节也常有差别,风媒木本植物多在早春叶未长出之前开花,花期较早,这有利于风媒传粉,如樱花、玉兰、桃花等。但一般植物多在叶长出后开花,花期较晚。不同植物开花季节虽不完全相同,但大体上集中在早春季节的较多,少数在冬天开花。多数植物在白天开花,也有的是在晚上开花,如晚香玉。

一株植物,从第一朵花开放到最后一朵花开花结束所经历的时间,称为开花期。开花期的长短常随植物种类不同而异。

5.4.2 传粉

由花粉囊散出的花粉借助于一定的媒介被传送到同一花或另一花的柱头上,这一过程称为传粉(pollination)。传粉是有性生殖过程中的重要一环,通常情况下,没有传粉,也就不能完成受精作用。

1. 传粉的方式

自然界中普遍存在着自花传粉与异花传粉两种方式。

(1)自花传粉(self-pollination)

花粉落到同一朵花的雌蕊柱头上的过程,称为自花传粉。如水稻、小麦、豆类、棉花等。最典型的白花传粉是闭花受精,如豌豆,植物的花还未开放,花粉粒就在花粉囊里萌发产生花粉管,穿过花粉囊的壁把精子送入胚囊进行受精。自花传粉的植物常具有以下适应性特征:两性花;雌雄蕊同时成熟;柱头对接受自身花粉无生理上的障碍。

(2)异花传粉(cross pollination)

一朵花的花粉落在另一朵花的柱头上的过程,称为异花传粉。它可发生在同一植株的各花之间,也可发生在同一品种或不同品种的植株之间,如玉米、油菜、向日葵等。

异花传粉的植物常通过下列方式避免自花传粉:单性花;雌雄蕊异长,如报春花的长花柱短花丝花和短花柱长花丝花;雌雄蕊异熟,如向日葵是雄蕊先熟花,而马兜铃为雌蕊先熟花等;自花不孕,柱头对接受自身花粉有生理障碍以及花柱卷曲性运动的传粉机制,如在姜科山姜属植物中,两种表型的花通过主动的行为将裂开的花药与能够接受花粉的柱头在空间和时间上分离开,使得植物能够成功地实现远交。

自然界中异花传粉的植物较多,这是因为异花传粉的卵细胞和精子不是产生于同一花器官,其遗传差异较大,经结合后所产生的合子具有较高的生活力和较强的适应性。

2. 传粉的媒介

花粉借助于外力被传送到雌蕊的柱头上,这种外力就被称为传粉的媒介。传送花粉的媒介有风力、昆虫、鸟和水等。

(1)虫媒花

依靠昆虫为媒介传送花粉的方式称为虫媒,借助这类方式传粉的花称为虫媒花(entomophilous flower)。多数被子植物的花为虫媒花。在长期适应昆虫传粉的过程中,虫媒花形成的特征:花大而显著,有鲜艳的颜色;具有香气和蜜腺;花粉粒大,外壁粗糙,并有黏性。

虫媒花的大小、形态、结构、蜜腺的位置等,常与传粉昆虫的大小、形态、口器结构等有密切的适应关系。

（2）风媒花

依靠风力传送花粉的传粉方式称为风媒，借助这类方式传粉的花称为风媒花（anemophilous flower）。据估计，约有 10% 的被子植物是风媒的。风媒花在长期的适应风媒传粉中形成了适应风媒传粉的特征：花小，花被没有鲜艳的颜色甚至退化；花多密集成穗状花序、柔荑花序等，常先叶开花；雄蕊的花丝细长，开花时花药伸出花外，可产生大量的花粉。花粉粒质轻、体积小，干燥，表面光滑，容易被风吹送。雌蕊的花柱较长，柱头膨大呈羽毛状，高出花外，增加接受花粉的机会。

此外，还有利用鸟类作为传粉媒介的鸟媒花，传粉的鸟类常是一些小型的蜂鸟；利用水力传粉的水媒花，如水生被子植物金鱼藻、黑藻、苦草等。

5.4.3　受精作用

1. 花粉在柱头上的萌发

成熟花粉粒传到柱头上以后，花粉粒内壁穿过外壁上的萌发孔，向外突出、伸长，形成花粉管，这一过程称为花粉粒的萌发。并非所有落在柱头上的花粉粒都能萌发，只有通过花粉壁蛋白与柱头表面分泌物相互识别，同种或亲缘关系很近的花粉粒才能萌发。亲缘关系较远的异种花粉往往不能萌发。有些异花传粉植物的柱头，会抑制自花花粉粒萌发和花粉管生长，相反，对同种异株花粉萌发和花粉管生长，却有促进作用。花粉粒和柱头的相互识别或选择，具有重要的生物学意义。通过相互识别，防止遗传差异过大或过小的个体交配，是植物在长期进化过程中形成的一种维持种稳定的适应现象。

落在柱头上的花粉粒释放壁蛋白与柱头蛋白质薄膜相互作用，如果二者是亲和的，柱头则提供水分、糖类、胡萝卜素、各种酶和维生素及刺激花粉萌发生长的特殊物质，同时花粉粒就在柱头上吸收水分、分泌角质酶溶解柱头接触点上的角质层，花粉管得以进入花柱；如果二者不亲和，柱头乳头状突起随即产生胼胝质，阻碍花粉管进入，产生排斥和拒绝反应，花粉萌发和花粉管生长被抑制。此外，不同植物柱头的分泌物在成分和浓度上各不相同，特别是酚类物质的变化，对花粉萌发可以起到促进或抑制作用。

2. 花粉管的生长

通常一粒花粉萌发时产生一个花粉管，但有些多萌发孔（沟）的花粉，如锦葵科、葫芦科、桔梗科植物等，可以同时长出几个花粉管，但最终只有一个继续伸长，其余的都在中途停止生长。花粉的生长只限于前端 $3\sim5\,\mu m$ 处，管具有顶端生长的特性，形成后能继续向下引伸，在角质酶、果胶酶等的作用下，穿越柱头组织的胞间隙，向花柱组织中生长伸长。在花粉管生长时，花粉细胞内含物全部注入花粉管内，向花粉管顶端集中，如是 3 细胞花粉粒，则 1 个营养核和 2 个精子全部进入花粉管内。而 2 细胞花粉粒在营养核和生殖细胞移入花粉管后，生殖细胞在花粉管中进行一次有丝分裂，形成 2 个精子（图 5-24）。营养细胞的核一般在花粉管到达胚囊时就消失，或仅留下残迹。

花粉管通过花柱到达子房的生长途径有两种情况：在空心花柱中，花粉管常沿着管壁内表面的黏性分泌物向下生长，到达子房；在实心花柱中，具有特殊的引导组织，花粉管通过引导组织细

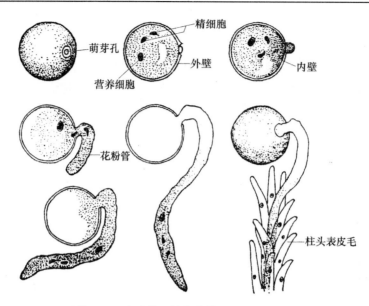

图 5-24　水稻花粉粒的萌芽和花粉管的形成

胞间隙达到子房。花粉管穿过花柱到达子房后,或者直接沿着子房内壁或经胎座继续生长,伸向胚珠,通常花粉管从珠孔经珠心进入胚囊,称为珠孔受精(porogamy)。也有些植物从中部横穿过珠被进入胚珠,然后再经珠孔端进入胚囊,称为中部受精(mesogamy),此外也有些植物,如胡桃、漆树等,花粉管经过胚珠基部的合点端进入胚珠,然后沿胚囊壁外侧穿过珠心组织经珠孔进入胚囊,称合点受精(chalazogamy),如南瓜等(图 5-25)。

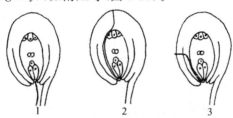

图 5-25　花粉管进入胚珠的方式

1—珠孔受精;2—合点受精;3—中部受精

　　花粉管通过花柱到达子房,进入胚囊的道路虽因植物不同,但近年研究认为,都与助细胞有一定关系。用电子显微镜研究过的棉花、玉米、荠菜、矮牵牛等 10 多种植物中,花粉管进入胚囊的途径是一致的,即从一个助细胞丝状器基部进入,然后到达助细胞细胞质,因此,认为花粉管进入助细胞中是比较普遍的现象,助细胞的丝状器是吸引花粉管向胚囊生长的中心。

　　花粉粒在柱头上萌发到花粉管进入胚囊所需要的时间,因植物种类和外界环境条件变化而异。正常情况下,多数植物需要 12～48h,但柑橘的花粉管到达胚珠需 30h,水稻在传粉20～30min后花粉管就进入胚囊。不正常的低温和高温,不利于花粉粒萌发和花粉管伸长,甚至还会影响受精作用的正常进行。温带地区的植物,花粉粒萌发和花粉管伸长的最适温度为20℃～30℃。此外,用大量花粉粒传粉,会提高花粉管的生长速度和结实率。

　　3. 被子植物的双受精过程

　　花粉管进入胚囊的途径因植物种类不同,有是从解体的助细胞进入的,如玉米;或是破坏一个助细胞作为进入胚囊通路的,如天竺葵;有的是从卵细胞和助细胞之间进入胚囊的,如荞麦;有穿过一个助细胞,然后进入胚囊的,如棉花。花粉管进入胚囊后,花粉管末端一侧形成一个小孔,将精子及其他内容物注入胚囊,两个精子被放到卵细胞与极核之间的位置(图 5-26),其中一个精子与卵细胞融合,形成受精卵(合子);另一个精子与中央细胞的两个极核或次生核融合,形成初生胚乳核,这种由两个精子分别与卵细胞和中央细胞融合的现象,称为双受精(double fertilization)。双受精是被子植物有性生殖的特有现象。

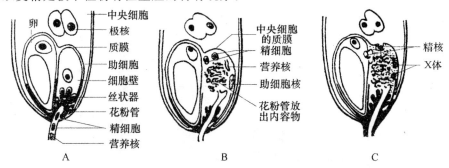

图 5-26　胚囊纵切,示双受精作用

A—花粉管进入一个助细胞的丝状器内;B—花粉管近顶端处出现穿孔,释出内容物;

C——一个精子与卵细胞接触,另一个精子与中央细胞接触(X 体可能是营养核和助细胞核破坏后的残余)

双受精过程中,一个精子与卵细胞合点端的无壁区接触,两细胞质膜发生融合,精核进入卵细胞细胞质中,并与卵核靠近,随后,两核核膜融合,核质相融,两个核的核仁融合为一个核仁,至此,卵细胞受精过程完成,形成了一个具有二倍染色体的合子,即受精卵,它将来发育成胚。另一个精子与中央细胞的融合过程,基本上与精卵融合过程相似。有些植物,在受精前,中央细胞的两个极核尚未融合时,精核先与一个极核融合后再与另一极核融合,中央细胞受精后,形成三倍染色体的初生胚乳核,将来发育成胚乳。

双受精过程中,精子与卵细胞的融合比精子与中央细胞的融合开始得早,历经时间较长,融合速度较慢,因而,初生胚乳核反比受精卵形成的早。如棉花精、卵融合需经 4h,而精细胞与 2 个极核的融合仅需 1h;小麦的精、卵融合需要 3.5~4.5h,精细胞与极核的融合仅需 1~2h。

双受精完成后,合子即进入休眠期。在此期间,合子将发生一系列显著变化,形成一个细胞壁连续、高度极性化和代谢强度很高的细胞。初生胚乳核通常只有短暂的休眠,如小麦、棉花;或没有休眠期,如水稻,即进入第一次分裂时期。胚囊中的助细胞和反足细胞,通常都相继解体消失。

5.5　种子的形成

5.5.1　胚的发育

胚是新一代植物孢子体的幼体。胚的发生是从合子开始的,经过原胚(proem－bryo)和胚的分化发育阶段,最后成为成熟的胚。由于合子形成以后,需经过一个或长或短的"休眠期"才进行分裂,因此,胚的发育在时间上晚于胚乳的发育。合子休眠期的长短依植物种类而异,一般在几小时至几天的范围内。

合子经过休眠后进行不均等分裂形成一个小的顶细胞(近合点端)和一个大的基细胞(近珠孔端)。基细胞经过多次横分裂形成胚柄,把胚本体推向胚囊内部,以利其吸收胚乳的营养物质。顶细胞经过纵分裂和横分裂形成二细胞原胚、四细胞原胚、八细胞原胚,再经各向分裂形成球形原胚、心形原胚。心形原胚的两侧继续分裂分化形成子叶,在凹陷的基部分化出胚芽。球形胚基部的细胞和与之相接的一个胚柄细胞分裂分化形成胚根,胚柄的其余细胞退化消失(图 5-27)。

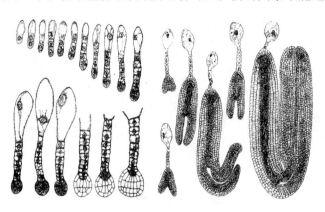

图 5-27　荞麦胚的发育

5.5.2　胚乳的发育

胚乳(endosperm)是被子植物种子中贮藏营养物质的组织。双受精时,极核受精形成三倍体的初生胚乳核(primary endosperm nucleus)。初生胚乳核通常不经过休眠,就开始发育而形成胚乳。所以,胚乳比胚的发育时间早,这有利于给胚的发育提供营养。

胚乳的发育方式一般有细胞型(cellular type)、核型(nuclear type,noncellular type)和沼生目型(helobial type)3 种。其中以核型方式最为普遍,而沼生目型则比较少见。

1. 细胞型胚乳(cellular endosperm)的发育

其发育过程是初生胚乳核第一次分裂以及在后续的每一次核分裂后立即伴随胞质分裂和细胞壁形成。所以胚乳白始至终都是细胞的形式,不出现游离核时期,整个胚乳为多细胞结构(图 5-28)。大多数合瓣花类植物属于这一类型,约占 40%。

2. 核型胚乳(nuclear endosperm)的发育

其发育特点是初生胚乳核首先进行的多次核分裂都不伴随细胞壁的形成,形成的这些众多的细胞核,亦称胚乳核。各个胚乳核呈游离状态,分散于中央细胞的细胞质中,呈现出一种多核的现象,此时期被称作是游离核形成期(free nuclear formation stage)。游离胚乳核的数目因植物种类而异,多的可达数百个,甚至可达数千个,如胡桃、苹果等。而少的却只有 8 个或 16 个核,最少的可少到 4 个核,如咖啡。随着核的数目增加,出现中央大液泡,核和原生质被挤向胚囊的边缘,并大多数集中分布在胚囊的珠孔端和合点端,而在胚囊的侧方仅分布成一个薄层。核一般以有丝分裂方式进行分裂,但也有少数,特别是靠近合点端分布的核会出现无丝分裂。

当核分裂进行到一定时期后,即向细胞时期过渡,这时游离的胚乳核之间形成细胞壁,而进行细胞质分裂,于是便形成了一个个胚乳细胞(图 5-29),整个组织称为胚乳。核型胚乳的这种

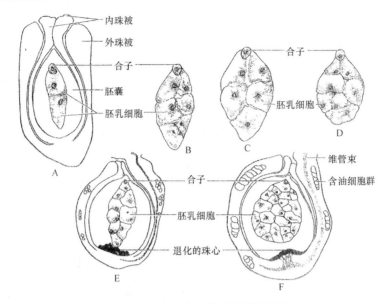

图 5-28　Degeneria 细胞型胚乳的发育

A—胚珠纵切面,示合子与 2 细胞时期的胚乳;B～D—胚乳发育的几个时期,示胚乳细胞;

E,F—胚珠纵切面,示胚乳细胞继续发育增多,合子仍处于休眠期间

发育方式在单子叶植物(如水稻、小麦和玉米等)和双子叶离瓣花类植物(如棉花、油菜和苹果等)中普遍存在,是被子植物中最普遍的胚乳发育方式,约占 60%。

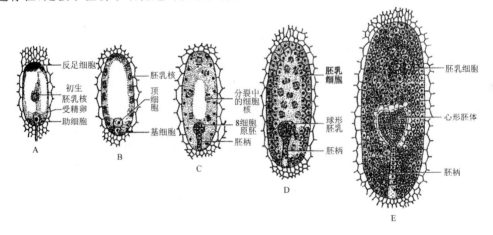

图 5-29　双子叶植物核型胚乳发育过程示意图

A—初生胚乳核开始分裂;B—游离核时期,胚乳核继续分裂,在胚囊周边

产生许多游离核,同时合子开始发育;C—游离核增多,由边缘逐渐向中部分布;

D—游离核时期向细胞时期过渡,由边向内逐渐形成细胞;

E—细胞时期,胚乳发育完成,胚继续发育

3. 沼生目型胚乳(helobial endosperm)的发育

　　其发育方式是介于核型与细胞型之间的中间类型。受精极核第一次分裂后,将胚囊分隔成两个室,即珠孔室和合点室。珠孔室比较大,这一部分的核进行多次核分裂而成为游离核状态。合点室的核分裂次数较少,并一直为游离核状态。一段时间以后,珠孔室的游离核之间形成细胞

壁而进行胞质分裂。

这种胚乳称作沼生目型胚乳(图 5-30)。这种类型的胚乳,多限于单子叶沼生目种类,如刺果泽泻、慈姑等,但少数双子叶植物,如虎耳草属、檀香属等植物也属于这种类型。在胚和胚乳的发育过程中,要从胚囊周围吸收养料,多数植物的珠心遭到破坏而消失,但少数植物的珠心始终存在,且在种子中发育成类似胚乳的储藏养料的组织,称为外胚乳。外胚乳与胚乳的作用相同,但来源不同。甜菜、菠菜、石竹等植物的成熟种子中具有外胚乳,而无胚乳;姜、胡椒等植物的成熟种子中既有胚乳,又有外胚乳。

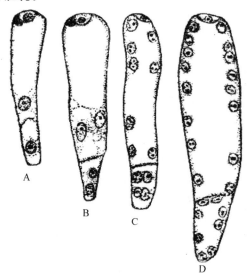

图 5-30　喜马独尾草沼生目型胚乳的发育顺序

A—胚乳细胞经第一次分裂,形成 2 个细胞,上端一个已产生 2 个游离核;
B~D—示上端与下端的 2 个细胞的核均进行核分裂,产生多个游离核

5.5.3　种皮的形成

在胚和胚乳的发育过程中,种皮也由珠皮发育而来。种皮的结构差异很大,取决于珠被的数目和种皮在发育过程中的变化。

5.6　果　实

5.6.1　果实的形成与结构

1. 果实的形成

果实(fruit)是被子植物有性生殖的产物和特有结构。一般而言,传粉、受精和种子发育等过程对果实的发育有着显著影响。受精后,花的各部分发生显著的变化,花萼枯萎或宿存,花瓣和雄蕊凋谢,雌蕊的柱头、花柱枯萎,仅子房或子房外其他与之相连的部分一同生长发育,膨大为果实。不同植物的果实具有不同的发育方式、形态色泽、结构和化学成分,人类对果实的利用方式也不同。果实的特征差异可作为物种分类的形态学依据。在被子植物中,果实包裹种子,不仅起保护作用,还有助于传播种子。

在雌蕊完成受精后,雌蕊的子房细胞继续分裂以增加细胞的数量,但细胞分裂周期一般是比较短暂的,只在开花后数周,即只在果实发育的早期才进行细胞分裂,此后果实的生长主要是子房细胞体积和重量的增加。

根据果实的发育来源与组成,可将果实分为真果(true fruit)和假果(false fruit)两类。真果是直接由子房发育而成的果实,如小麦、玉米、花生、棉花、桃、茶、柑橘等的果实;假果是由子房、花托、花萼,甚至整个花序共同发育而成,如梨、苹果、石榴、菠萝、瓜类和无花果等。果实一般由果皮和其内所含的种子组成。

2. 果实的结构

（1）真果

真果的结构较简单,外层为果皮(pericarp),内含种子。果皮由子房壁发育而成,可分为外果皮(exocarp)、中果皮(mesocarp)和内果皮(endocarp)3 层。果皮的厚度不一,视果实种类而异果皮的层次有的易区分,如核果;有的互为混合,难以区分,如浆果的中果皮与内果皮;更有禾本科植物如小麦、玉米的籽粒和水稻除去稻壳后的糙米,其果皮与种皮结合紧密,难以分离。

①外果皮。由子房壁的外表皮发育而来,一般较薄,常有角质、气孔、蜡被、表皮毛、钩、刺和翅等附属物,它们具有保护果实和有助果实传播的作用,也是识别物种的依据之一。幼果的果皮细胞中含有许多叶绿体,呈绿色;果实成熟时,果皮细胞中产生花青素或有色体,显出红、橙、黄等颜色。

②中果皮。由子房壁的中层发育而来,由多层细胞构成。中果皮在结构上变化很大,有的中果皮的薄壁组织中还含有厚壁组织;有的中果皮具有许多营养丰富的薄壁细胞,成为果实中的肉质可食部分(如桃、杏、李等);有的在果实成熟时,中果皮变干收缩成膜质、革质,或成为疏松的纤维状,维管组织发达,如柑橘的“橘络”(图 5-31)。

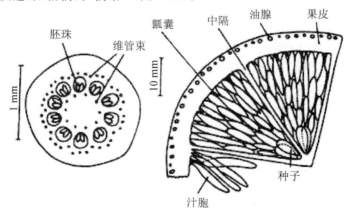

图 5-31　橙幼果(左)和成熟果实(右,局部)的横剖面结构

③内果皮。由子房壁的内表皮发育而来,多半由一层细胞构成,但也可由多层细构成,如番茄、桃、杏等。在番茄等果实中,内果皮由多层薄壁细胞所组成;在桃、杏等果实中,内果皮的许多细胞成为大而多汁的汁囊;在葡萄等果实中,内果皮细胞在果实成熟过程中,细胞分离成浆状;在禾本科植物中,因其果实的内果皮和种皮都很薄,在果实的成熟过程中,通常两者愈合,不易分离,形成独特的颖果类型。

④胎座。胎座(placenta)是心皮边缘愈合形成的结构,是胚珠孕育的场所,是种子发育成熟过程中的养分供应基地。在果实的成熟过程中,多数植物的果实中的胎座逐步干燥、萎缩;但是,也有的胎座更加发达,参与形成果肉的一部分,如番茄、猕猴桃等植物的果实;有些植物的胎座包裹着发育中的种子,除提供种子发育所需的营养外,还进一步发育形成厚实、肉质化的假种皮,如荔枝、龙眼等植物。

(2)单性结实和无籽果实

正常情况下,植物受精以后才开始结实。但有一些植物,不经过受精作用也能结实,这种现象叫单性结实(parthenocarpy)。单性结实有两种情况:一种是天然单性结实,即子房不经过传粉或任何其他刺激,便可形成无籽果实的现象,如香蕉、葡萄和柑橘等。另一种叫刺激单性结实,即子房必须经过一定的人工诱导或外界刺激才能形成无籽果实的现象,如以爬山虎的花粉刺激葡萄花的柱头、马铃薯的花粉刺激番茄花的柱头、或用某些苹果品种的花粉刺激梨花的柱头、用某些生长调节剂处理花蕾、用低温和高强光处理番茄等,都可诱导单性结实。

单性结实必然产生无籽果实,但无籽果实并非全由单性结实产生,如有些植物的胚珠在发育为种子的过程中受到阻碍,也可以形成无籽果实;另外,三倍体植物所结果实一般也为无籽果实。单性结实可以提高果实的含糖量和品质,且不含种子,便于食用,因此,在农业生产中有较大的应用价值。

(3)假果

假果的结构较真果复杂,除由子房发育成的果实外,还有其他部分参与果实的形成。例如,梨、苹果的食用部分,主要由花萼筒肉质化而成,中部才是由子房壁发育而来的肉质部分,且所占比例很少,但外、中、内3层果皮仍能区分,其内果皮常革质、较硬(图5-32)。在草莓等植物中,果实的肉质化部分是花托发育而来的结构;在无花果、菠萝等植物的果实中,果实中肉质化的部分主要由花序轴和花托等部分发育而成。

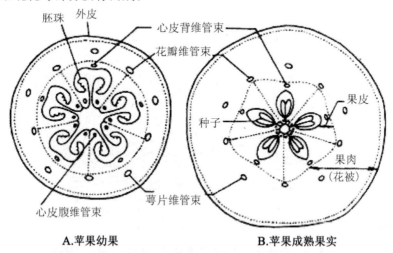

A.苹果幼果　　　　　　　B.苹果成熟果实

图5-32　苹果的横剖截面图

5.6.2　果实的类型

果实的分类方式多样,除了上述以果实的来源与形成分类外,还有以下两种常用的分类方式。

1. 根据心皮与花部的关系分为单果、聚合果与聚花果

①单果。由单心皮雌蕊和多心皮合生雌蕊发育形成的果实,称为单果。如桃、梅等。

②聚合果。一朵花中生有多数离生心皮雌蕊,各自形成的小果实聚集在花托上,称为聚合果,其中小果可能是瘦果、骨葖果或浆果等,如草莓、八角、牡丹、悬钩子等(图 5-33)。

图 5-33　聚合果

③聚花果。由整个花序一同发育形成的果实,称为聚花果,也叫复果,如桑,葚、菠萝、无花果等(图 5-34)。

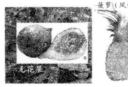

图 5-34　聚花果

2. 根据果实成熟时果皮的性质分为干果与肉果

(1)干果

干果是指成熟时果皮干燥的果实。根据成熟时果皮是否开裂又分为裂果和闭果两类:

①裂果。是指果实成熟后果皮裂开的干果。根据心皮数目、结构和开裂方式,可分为:

荚果。由单心皮子房发育形成。成熟后果皮一般沿背缝和腹缝两面开裂,如大豆、豌豆等豆科植物为这种类型。

骨葖果。单心皮雌蕊或离生心皮雌蕊发育形成。成熟时只在心皮的背缝或腹缝一侧纵向开裂,如八角、牡丹、玉兰等;

蒴果。它是由合生心皮的雌蕊发育形成的果实。子房一室或数室,每室有多粒种子,成熟时果皮有多种开裂方式:沿心皮背缝纵向开裂的为室背开裂,如棉、紫花地丁等;沿心皮腹缝开裂的为室间开裂,如卫矛、马兜铃等;果实成熟时子房各室上方裂成小孔的为孔裂,如罂粟等;果实成熟时沿心皮周围裂开时则称为周裂,如马齿苋、车前草等。

角果。由两个心皮的雌蕊发育形成子房 1 室,后来由心皮边缘合生处生出假隔膜将子房分为 2 室。成熟时沿两条腹缝线开裂。如十字花科。其中,果实长度超过宽度 1 倍以上的叫长角果,如油菜、萝卜;长与宽相近的叫短角果如荠菜。

②闭果。是指果实成熟后果皮不裂开的干果。闭果有以下类型:

瘦果。由 1 或几个心皮形成的小型闭果,含 1 枚种子,果皮坚硬,与种皮易于分离,如向日葵、毛茛、荞麦等。

翅果。果皮延伸成翅状的瘦果,有利于随风传播,如榆、枫杨、槭树等。

坚果。果皮木质坚硬,含 1 粒种子,如栎、栗等。坚果外面附有的总苞,称壳斗。

颖果。仅具 1 粒种子,果皮与种皮愈合,不易分离,如水稻、小麦、玉米等禾本科植物。

双悬果。由二心皮的子房发育形成,成熟时心皮分离成两小瓣,并列悬挂于中央果柄的上端,如胡萝卜等伞形科植物。

(2)肉果

肉果是指果实成熟时果皮肉质,常为肥厚多汁的果实。按果皮来源和性质不同,肉果又可分为下列几种类型:

①浆果。通常由合生心皮的子房形成,果皮除最外皮外,都肉质化,多浆,具数粒种子,如葡萄、番茄。此外,柑橘类的浆果其外果皮为厚革质,多含油细胞,中果皮疏松髓质、内果皮膜质,分为数室,室内充满多汁的长形丝状细胞,这种果实特称为柑果或橙果。另外,葫芦科植物的果实是由合生心皮下位子房发育而成的一种浆果,特称为瓠果,其肉质部分是由子房和花托共同发育而成的,属于假果。

②核果。通常是由单心皮的雌蕊发育形成,内有一枚种子。果皮分为三层:外果皮薄、膜质,中果皮肉质,内果皮木质化、坚硬,如桃、杏等。

③梨果。由下位子房及花托共同形成,果实的肉质部分由花托和子房壁发育而成属于假果,内果皮木质化,如梨、苹果等。

5.6.3 果实和种子对传播的适应

在长期自然选择过程中,成熟果实和种子形成了多种适应不同传播方式的形态特征,有助于果实和种子传播。果实和种子的散布,扩大了植物分布范围,有利于植物种族繁衍。果实和种子的传播,主要依靠风力、水力、果实本身所产生的机械力量,以及动物和人类活动。

1. 风力传播

适应风力传播的果实和种子,一般都细小质轻,果实和种子表面常生有毛、翅或其他有利于风力传送的构造。如兰科植物的种子小而轻,可随风吹送到数千米以外;蒲公英等菊科植物的果实上生有冠毛,杨、柳种子外面生有细长绒毛,榆树、槭树、枫杨的果实及云杉、松等的种子具有翅,酸浆果实有薄膜状气囊等,这些都是适应风力传播的结构,使种子或果实随风飘扬而传至远方(图 5-35)。

2. 果实的自身弹力传播

有些植物的果实成熟时开裂,产生机械弹力或喷射力,将种子散布出去。如大豆、凤仙花、油菜等植物的果实,其果皮各层细胞结构和含水量不同,果实成熟时,各层干燥收缩的程度也不同,因此可发生爆裂而将种子弹出。喷瓜的果实,在顶端形成一个裂孔,当果实收缩时,将种子喷到远处。

3. 水力传播

水生植物和沼泽植物的果实和种子,多形成有利于漂浮的结构,借水力传播。如莲的花托形成"莲蓬",倒圆锥形,组织疏松,质轻,能漂浮于水面,随水流到各处,将种子传到远方。生长在热带海边的椰子,其外果皮与内果皮坚实,可防止海水侵蚀,中果皮疏松,富有纤维,利于果实随水漂浮传播到远方。

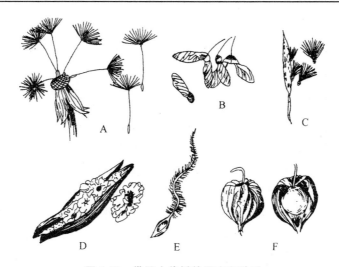

图 5-35　借风力传播的果实和种子

A—蒲公英的果实,顶端具冠毛;B—槭树的果实,具翅;C—马力筋的种子,
顶端有种毛;D—紫葳的种子,四周具翅;E—铁线莲的果实,花柱残留呈羽状;
F—酸浆的果实,外包花萼所成的气囊

4. 动物和人类的活动传播

　　一些植物的果实和种子靠动物和人类活动散布。这类果实和种子外面多生有刺毛、倒钩或有黏液分布,能附在人衣服或动物皮毛上,随着人们和动物活动被散布到较远地方,如苍耳、鬼针草、荇草等植物的果实具有钩刺。另外,一些植物的果实和种子成熟后被鸟兽吞食,由于它们具有坚硬果皮或种皮,可以不被消化,种子随粪便排出体外而散布到各地,如番茄种子和稗草果实等。人在食用果实后将种子丢弃,也为种子传播提供了机会(图 5-36)。

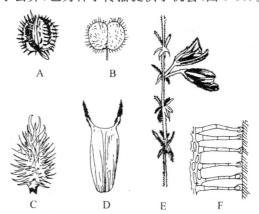

图 5-36　借人类和动物传播的果实和种子

A—蓖麻的果实;B—蓓草属的果实;C—苍耳的果实;D—鬼针草的果实;
E—鼠尾草属的一种(萼片上遍生腺毛,能黏附在人和动物体上);F—E 图的一部分腺毛放大

5.6.4　果实的成熟

　　果实成熟是指果实充分成长以后到衰老之间的一个发育阶段。而果实的完熟(ripening)则

指成熟的果实经过一系列的质变,达到最佳食用的阶段。通常所说的成熟也往往包含了完熟过程。在成熟过程中,果实从外观到内部发生了一系列变化,表现出特有的色、香、味,使果实达到最适于食用的状态。

1. 跃变型和非跃变型果实

根据成熟过程中是否存在呼吸跃变,可将果实分为跃变型和非跃变型两类。跃变型果实有:李、杏、柿、无花果、苹果、梨、香蕉、桃、猕猴桃、西瓜、甜瓜、哈密瓜、芒果、番茄等;非跃变型果实有:柑橘、橙子、葡萄、樱桃、草莓、柠檬、荔枝、可可、菠萝、橄榄、腰果、黄瓜等。

跃变型果实的呼吸速率随成熟而上升。多数果实的跃变可发生在母体植株上,而鳄梨和芒果的一些品种连体时不完熟,离体后才出现呼吸跃变和成熟变化。不同果实的呼吸跃变差异也很大。苹果呼吸高峰值是初始速率的 2 倍,香蕉几乎是 10 倍,而桃却只上升约 30%。非跃变型果实在成熟期呼吸速率逐渐下降,不出现高峰。

跃变型和非跃变型这两类果实更重要的区别在于它们乙烯生成的特性和对乙烯的不同反应。跃变型果实中乙烯生成有两个调节系统。系统 I 负责呼吸跃变前果实中低速率的基础乙烯生成;系统 II 负责呼吸跃变时成熟过程中乙烯自我催化大量生成,有些品种系统 II 在短时间内产生的乙烯可比系统 I 多几个数量级。非跃变型果实的乙烯生成速率相对较低,变化平稳,整个成熟过程中只有系统 I 活动,缺乏系统 II。虽然非跃变型果实成熟时没有出现呼吸高峰,但是外源乙烯处理也能促进诸如组织软化、多糖水解、叶绿素破坏等变化。不过这两类果实对乙烯反应的不同之处在于:对于跃变型果实,外源乙烯只在跃变前起作用,它能诱导呼吸上升,同时促进内源乙烯的大量增加,即启动系统 II,形成了乙烯自我催化作用,且与所用的外源乙烯浓度关系不大,是不可逆作用;而非跃变型果实成熟过程中,内部乙烯浓度和乙烯释放量都无明显增加,外源乙烯在整个成熟过程期间都能起作用,提高呼吸速率的程度与所用乙烯浓度有关,而且其效应是可逆的,当去掉外源乙烯后,呼吸速度下降到原来的水平。同时外源乙烯不能促进内源乙烯的增加。由此可见,跃变型与非跃变型果实的主要差别在于对乙烯作用的反应不同,跃变型果实中乙烯能诱导乙烯自我催化,不断产生大量乙烯,从而促进成熟。

2. 物质的转化

随着果实的成熟,内部有机物发生转化:

(1)果实硬度变化

果实软化是成熟的一个重要特征。引起果实软化的主要原因是细胞壁物质的降解。果实成熟期间多种与细胞壁有关的水解酶活性上升,细胞壁结构成分及聚合物分子大小发生显著变化,如纤维素长链变短,半纤维素聚合分子变小,其中变化最显著的是果胶物质的降解。不溶性的原果胶分解成可溶性的果胶或果胶酸,果胶酸甲基化程度降低,果胶酸钙分解。多聚半乳糖醛酸酶(polygalacturonase,PG)可催化多聚半乳糖醛酸 α-1,4 键的水解,它是果实成熟期间变化最显著的酶,在果实软化过程中起着重要的作用。

(2)色泽变化

随着果实的成熟,多数果色由绿色渐变为黄、橙、红、紫或褐色。可作为果实成熟度的直观标准。与果实色泽有关的色素有叶绿素、类胡萝卜素、花青素和类黄酮素等。叶绿素一般存在于果皮中,有些果实如苹果果肉中也有。叶绿素的消失可以在果实成熟之前(如橙)、之后(如梨)或与成熟同时进行(如香蕉)。在香蕉和梨等果实中叶绿素的消失与叶绿体的解体相联系,而在番茄和柑橘等果实中则主要由叶绿体转变成有色体。

果实中的类胡萝卜素种类很多,一般存在于叶绿体中,褪绿时便显现出来。番茄中以番茄红素和。β-胡萝卜素为主。香蕉成熟过程中果皮所含有的叶绿素几乎全部消失,但叶黄素和胡萝卜素则维持不变。桃、番茄、红辣椒和柑橘等则经叶绿体转变为有色体而合成新的类胡萝卜素。类胡萝卜素的形成受环境的影响,如黑暗能阻遏柑橘中类胡萝卜素的生成。

花色素苷是花青素和糖形成的 β-糖苷。已知结构的花色素苷约 250 种,花青素能溶于水,一般存在于液泡中,到成熟期大量积累。花色素苷的生物合成与碳水化合物的积累密切相关,如玫瑰露葡萄的含糖量要达到 14% 时才能上色,有利于糖分积累的因素也促进着色。高温往往不利于着色,苹果一般在日平均气温为 12～13℃ 时着色良好,而在 27℃ 时着色不良或根本不着色。花色素苷的形成需要光,黑色和红色的葡萄只有在阳光照射下果粒才能显色。有些苹果要在直射光下才能着色,所以树冠外围果色泽鲜红,而内膛果是绿色的。光质也与着色有关,在树冠内膛用荧光灯照射较白炽灯可以更有效地促进苹果花青素苷的形成,这是由于荧光灯含有更多的蓝紫光辐射。

(3)涩味变化

有些果实未成熟时有涩味,如柿、香蕉和李等。这是由于细胞液中含有单宁等物质。单宁是一种不溶性酚类物质,能保护果实免于脱水及病虫侵染。单宁与入口腔黏膜上的蛋白质作用,使人产生强烈的麻木感和苦涩感。通常随着果实的成熟,单宁可被过氧化物酶氧化成无涩味的过氧化物,或凝结成不溶性的单宁盐,还有一部分可以水解转化成葡萄糖,因而涩味消失。涩柿经自然脱涩或用传统方法脱涩需要 1 个月,但若放在 300～1000ml·L^{-1} 乙烯利溶液中浸几秒钟,经 3～5d 便可食用。

(4)糖变化

果实在成熟期甜度增加,甜味来自于淀粉等贮藏物质的水解产物,如蔗糖、葡萄糖和果糖等。各种果实的糖转化速度和程度不尽相同。香蕉的淀粉水解很快,几乎是突发性的,香蕉由青变黄时,淀粉从占鲜重的 20%～30% 下降到 1% 以下,而同时可溶性糖的含量则从 1% 上升到 15%～20%;柑橘中糖转化很慢,有时要几个月;苹果则介于这两者之间。葡萄是果实中糖分积累最高的,可达到鲜重的 25% 或干重的 80% 左右,但如在成熟前就采摘下来,则果实不能变甜。杏、桃、李、无花果、樱桃、猕猴桃等也是这样。

甜度与糖的种类有关。如以蔗糖甜度为 1,则葡萄糖为 0.49,果糖为 1.03～1.50,其中以果糖最甜,但葡萄糖口感较好。不同果实所含可溶性糖的种类不同,如苹果、梨含果糖多,桃含蔗糖多,葡萄含葡萄糖和果糖多,而不含蔗糖。通常,成熟期日照充足、昼夜温差大、降水量少,果实中含糖量高。氮素过多时,要有较多的糖参与氮素代谢,这就会使果实含糖量减少。通过疏花疏果,减少果实数量,常可增加果实的含糖量。给果实套袋,可显著改善综合品质,但在一定程度上会降低成熟果实中还原糖的含量。

(5)挥发性物质变化

成熟果实发出它特有的香气,这是由于果实内部存在着微量的挥发性物质。它们的化学成分相当复杂,约有 200 多种,主要是酯、醇、酸、醛和萜烯类等一些低分子化合物。苹果中含有乙酸丁酯、乙酸己酯、辛醇等挥发性物质;香蕉的特色香味是乙酸戊酯;橘子的香味主要来自柠檬醛。成熟度与挥发性物质的产生有关,未熟果中没有或很少有这些挥发性物质,因此收获过早,香味就差。低温影响挥发性物质的形成,如香蕉采收后长期放在 10℃ 的气温下,就会显著抑制挥发性物质的产生。

（6）有机酸变化

果实的酸味出于有机酸的积累。一般苹果含酸 0.2%～0.6%,杏 1%～2%,柠檬 7%,这些有机酸主要贮藏在液泡中。柑橘、菠萝含柠檬酸多,仁果类（苹果、梨）和核果类（如桃、李、杏和梅）含苹果酸多,葡萄中含有大量酒石酸,番茄中含柠檬酸、苹果酸较多。有机酸可来自于碳代谢途径、三羧酸循环、氨基酸的脱氨等。生果中含酸量高,随着果实的成熟,含酸量下降。有机酸减少的原因主要有:合成被抑制;部分酸转变成糖;部分被用于呼吸消耗;部分与 K^+、Ca^{2+} 等阳离子结合生成盐。糖酸比是决定果实品质的一个重要因素。糖酸比越高,果实越甜。但一定的酸味往往体现了一种果实的特色。

5.6.5 果实成熟的调节

果实成熟包含着复杂的生理生化变化,是分化基因表达的结果。运用基因工程、植物生长调节剂和贮藏保鲜技术（冷库、气调、变温和减压等）等方法来控制果实成熟软化,改善果实品质,延长果实贮藏和供应期,获得耐贮藏的品种,已成为果实成熟调控研究工作中最活跃的领域。

基因工程在调节果实成熟中的应用,不仅有助于对成熟有关生理生化基础的深入研究,而且为解决生产实际问题提供了诱人的前景。例如,ACC 合成酶反义转基因番茄,现已投入商业生产。将 ACC 合成酶 cDNA 的反义系统导入番茄,转基因植株的乙烯合成严重受阻。这种表达反义 RNA 的纯合子果实,放置 3～4 个月不变红、不变软也不形成香气,只有用外源乙烯处理,果实才能成熟变软,成熟果实的质地、色泽、芳香与正常果实相同。

5.7　被子植物生活史

被子植物个体的生命活动,一般从上代个体产生的种子开始,见图 5-37。经过种子萌发,形成幼苗,逐渐成长为具有根、茎、叶的植株。植株经过一段时间的营养生长,然后在一定部位形成花芽。在花芽发育成花朵时,雄蕊花药中的花粉母细胞经过减数分裂,产生单倍体的花粉粒。花粉粒萌发,形成两个精细胞（雄配子）;同时,在胚珠内形成胚囊母细胞,胚囊母细胞经过减数分裂产生胚囊,胚囊中又产生卵细胞（雌配子）、极核（或称中央细胞）等。这时,植株就开花、传粉和受精,其中一个精子与卵细胞融合形成合子（受精卵）,随后,发育成胚;另一个精子与极核融合,形成初生胚乳核,最后发育成为胚乳;珠被发育为种皮。从而形成了新一代种子,"从种子到种子"这一整个生活历程,称为被子植物的生活史。稻、麦、棉花、番茄、南瓜、油菜等一年生和二年生植物,在种子成熟后,整个植株不久枯死。茶、桃、李、柑橘等多年生植物则经多次结实之后,才衰老死亡。

在被子植物的生活史中,都要经过两个基本阶段:一个是从合子开始,直到胚囊母细胞和花粉母细胞减数分裂前为止。这一阶段细胞内染色体的数目为二倍体（2N）,称为二倍体阶段（或称孢子体阶段）。另一个是胚囊母细胞和花粉母细胞经过减数分裂形成成熟胚囊（雌配子体）和 2 个或 3 个细胞的花粉粒（雄配子体）为止。这时,其细胞内染色体的数目是单倍体（N）的,称为单倍体阶段（或称配子体阶段）。被子植物的整个生活史的过程中,单倍体阶段极短,由二倍体阶段到单倍体阶段,必须经过减数分裂过程才能实现。二倍体阶段较长,由单倍体阶段到二倍体

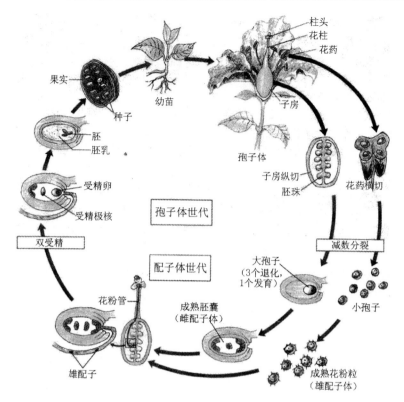

图 5-37　被子植物生活史

阶段的转折点，就是精卵融合为合子。所以，减数分裂和精卵融合（受精）是被子植物生活史中的重要环节和转折点，单倍体阶段不仅时间短，而且不能独立生活，需寄养于二倍体上以获得营养物质，来营造自身。

第6章 植物界的基本类群

6.1 生物多样性和植物的分类及命名

6.1.1 生物多样性

生物多样性(biodiversity,biological diversity)是描述自然界多样性程度的内容十分广泛的概念。现在人们对其定义有多种,一般可以概括为"地球上所有的生物(动物、植物、真菌、原核生物等)、它们所包含的基因以及由这些生物与环境相互作用所构成的生态系统的多样化程度"。生物多样性包括多个层次或水平,如生态系统、景观、物种、群落、种群、基因、细胞、组织、器官等。每一层次都具有丰富的变化,即都存在着多样性,其中研究较多、意义较重要的主要有4个层次,即物种多样性(species diversity)、景观多样性(landscape diversity)、遗传多样性(genetic diversity)、物种多样性、生态系统多样性(ecological system diversity)和遗传多样性亦称基因多样性,广义的概念是指地球上所有生物所携带的遗传信息的总和,狭义的概念是指种内个体之间或一个群体内不同个体的遗传变异的总和。物种多样性是指一定地区内物种的多样化。就全球而言,已被定名的生物种类约为140万种(世界资源研究所等,1992)或170万种(Wilson,1985;Tangley,1986;Shen,1987),但至今对地球上的生物物种数尚未弄清。景观多样性是指由不同类型的景观要素或生态系统构成的景观在空间结构、功能机制和时间动态等方面的多样化或变异性(马克平等,1994)。生态系统多样性是指生物圈内生态系统组成和功能的多样性以及各种生态过程的多样性,包括生境的多样性、生物群落和生态过程的多样化等。其中,生境的多样性是生态系统多样性形成的基础,生物群落的多样化可以反映生态系统类型的多样性。上述4个层次的多样性有密不可分的内在联系,遗传多样性是物种多样性的内在形式,是物种多样性和生态系统多样性的基础,任何一个物种都具有独特的基因库和遗传组织形式;物种多样性则显示了基因遗传的多样性,物种又是构成生物群落和生态系统的基本单元;生态系统多样性离不开物种多样性,这样,生态系统多样性也就离不开不同物种所具有的遗传多样性(葛颂和洪德元,1994)。

生物多样性是人类社会赖以生存和发展的基础,它为我们提供了食物、纤维、木材、多种工业原料等物质资源,也为人类生存提供了适宜的环境。它们维系自然界中的物质循环和生态平衡。因此,研究生物多样性具有极其重要的意义。当前生物多样性已成为全球人类极为关注的重大问题,因为全球环境的恶化以及人类掠夺式的采伐和破坏,生物多样性正在以前所未有的速度减少和灭绝。有人估测从20世纪初到1986年,中南美洲湿润热带森林的砍伐造成15%的植物种灭绝,以及亚马孙河流域12%的鸟类灭绝。如果毁林继续下去,到2020年,非洲热带森林物种的损失可达6%~14%,亚洲可达7%~17%,拉丁美洲可达4%~9%。以目前的速度砍伐森林,大约有5%的植物和2%的鸟类将灭绝(Reid,1989)。有人保守估计,现在每天都有1个物种灭绝,如不采取有力措施,到2050年将有25%的物种陷入绝境,6万种植物将要濒临灭绝,物种灭绝的总数将达到66万~186万种,甚至很多物种尚未命名即已灭绝。一个物种一旦消失,就不会重新产生。环境专家认为,东加里曼丹省的森林火灾对生物造成了重大损失,一些珍稀植物种灭绝,长期栖息在这里的熊、猩猩、野猪、鹿、猴、刺猬、穿山甲和老虎等稀有动物被烧死或逃至异地,昆虫的种类已大为减少等,其损失令人震惊！据估计,由于人类活动引起物种的人为灭绝比其自然灭绝的速度至少大 1000 倍(Wilson,1988)。

鉴于全球生物多样性日益受到严重威胁的状况,联合国环境规划署(UNEP)于 1988 年 11 月召开了生物多样性特设专家工作组会议,以探讨一项生物多样性国际公约的必要性。1992 年 6 月 5 日,在巴西首都里约热内卢召开了联合国环境与发展大会,153 个国家在会议期间于《生物多样性公约》上签了字。

中国是世界上生物多样性最丰富的国家之一,如中国的向等植物种类数仅次于马来西亚和巴西,居世界第 3 位,约有 30000 种。此外,中国的生物多样性还具有特有性高、珍稀和子遗植物较多、生物区系起源古老以及经济物种很丰富等特点。如中国苔藓植物的特有属为 13 属,蕨类植物有 6 属,裸子植物有 10 属,被子植物有 246 属(钱迎倩,1998)。中国拥有著名的子遗植物水杉、银杉、银杏等。同样,中国的生物物种也有不少种类处于濒危状态,据不完全统计,苔藓植物中有 28 种,蕨类植物中有 80 种,裸子植物中有 75 种,被子植物中有 826 种。据调查,我国的生态系统有 40% 处于退化甚至严重退化的状态,生物生产力水平很低,已经危及社会和经济的发展。在《濒危野生动植物种国际贸易公约》列出的 640 个世界性濒危物种中,中国占 156 种,约为其总数的 1/4。中国作为世界三大栽培植物起源中心之一,有相当数量的、携带宝贵种质资源的野生近缘种分布,其中大部分受到严重威胁,形势十分严重,如果不立即采取有效措施遏制这种恶化的态势,中国实现生物多样性保护的可持续发展是不可能实现的(马克平,1998)。为此,加强对生物多样性的研究和保护是全国人民的紧迫任务,更是生物科学工作者的历史使命。

6.1.2　植物分类

1. 人为分类法

人们按照自己的习惯或者为了方便,以植物的形态特征、生活习性或经济用途等某一个或少数几个性状来对植物进行分门别类,这样的分类方法称为人为分类法。如明代的李时珍依据外形、生态习性及用途将《本草纲目》中记载的千余种植物分成草、谷、菜、果和木等五部三十类;清代的吴其濬在《植物名实图考》中将植物分为谷、蔬、山草、湿草、石草、水草、蔓草、芳草、毒草、果和木等十二类;人们按用途把栽培作物分为粮食作物、油料作物、蔬菜作物、纤维作物等。在国外,瑞典植物分类学家林奈根据花的构造特点和花各部分的数目将植物分为 24 纲:1～13 纲按雄蕊数目分;14～20 纲按雄蕊长短及雌雄蕊的关系分;21～23 纲按花的性别区分;第 24 纲为隐花植物。他把存在较远亲缘关系的、既具单性花而又雌雄同株的玉米和俭树放在同一类,这是很不科学的。由于这种分类系统没有或很少考虑植物界演化的过程和植将间的亲缘关系,在现代植物研究中已经很少应用了。

2. 化学分类学

化学分类学(chemotaxonomy)诞生于 20 世纪 60 年代,是以植物体的化学成分为特征,从分子化合物和大分子化合物的角度研究植物的系统发育和演化规律,以弥补形态分类学的不足。

小分子化合物在植物界的分布具有间断性,已成为植物化学分类学的重要证据,常用于分类的化学成分有酚类、黄酮类、生物碱、鞣质、萜类和甙类等。如利用黄酮类的分布来区别榆科的榆亚科(含黄酮醇)和朴亚科(含葡基黄酮);芍药属从毛茛科中分出并单独成科也得到了化学成分的支持,因为芍药属不含毛茛科植物普遍含有的毛茛苷(ranunculin)和木兰花碱(magnoflorine);塔赫他间分类系统的中央子目(石竹类)包括 21 个科,除形态学共有性状外,该目的绝大多数种类都含甜菜色素(betalains),化学证据表明该目是一个自然的单系类群。

将蛋白质等大分子化合物用于植物分类主要包括了血清学研究、蛋白质电泳、同工酶分析和氨基酸测序等方面。血清分类学是用血清学的方法研究植物之间的相关性,其结果与依据形态学资料所得结论相近,能在一定程度上反映植物间的相似性,在豆科(Leguminosae)、毛茛科(Ranunculus)、伞形科(Apiaceae)、茄科(Solanaceae)、葫芦科(Cucurbitaceae)、禾本科(Poaceae)、唇形科(Lamiaceae)、茜草科(Rubiaceae)、十字花科(Cruciferae)及忍冬科(Caprifoliaceae)植物中应用较多。蛋白质电泳是依据蛋白质颗粒在电场作用下,带正电荷的颗粒和带负电荷的颗粒分别向相反的方向迁移,由于分子大小和所带电荷多少不同而引起移动距离不同,就会形成区带谱,不同植物形成不同的区带谱,如利用蛋白质带谱可进行豆科和禾本科的区分。同工酶分析和等位酶分析常用于种下分类等级的划分和遗传多样性研究。细胞色素 C 的氨基酸排列顺序已被用于维管植物的分类研究。

关于 DNA 分子标记和基因组测序在植物分类中的应用将在植物分子系统学中论述。

3. 细胞分类学

细胞分类学(cytotaxonomy)也称染色体分类学,是以细胞学的性状和现象作为分类的重要证据,通过染色体数目、大小、形态结构及核型分析来研究植物的自然分类与进化关系。不同物种的染色体数目常常不同,但同一物种的染色体数目是比较稳定的,减数分裂时染色体的行为方式反映了不同亲本染色体之间的配对程度,可用来揭示物种间的关系。如芍药属在以前根据形态特征放在毛茛科,由于其染色体基数为 5、染色体很大等特点区别于毛茛科其他属植物的染色体,后来将其独立为芍药科。在蕨类植物中双盖蕨属的分类一直处于变动之中,许多分类学家把它当作蹄盖蕨属的一个异名,但染色体研究发现其染色体基数为 41,而蹄盖蕨属的染色体基数为 40,两者应该分开。

不同物种不仅在染色体数目上有明显差异,而且染色体核型也不同,表现为大小、形态、主缢痕和副缢痕不同。目前对染色体核型分析一般采用以下方法:

①常规的形态分析。测量染色体的长度、确定着丝点、主副缢痕的位置及随体的性状、大小和存在与否,如莎草科和灯心草科的某些属种在染色体的着丝点上与禾本科不同,比较分散,所以把它们从禾本目中分离出来,独立成目。

②应用分带技术进行染色体带型分析,可精确地识别染色体。

③着色区段分析,主要用于判断染色体的同源性与非同源性,一般情况下着色区基本相同的染色体为同源染色体,而着色区有差异的为异染色体,以此来判断植物间是否出现了杂交并确定其亲缘关系。如我国学者李林初曾对杉科的水杉属、红杉属及巨杉属进行了细胞分类学研究,提出红杉是由作为父本的水杉和作为母本的巨杉自然杂交而成,揭示了我国特有种水杉与北美特有种巨杉和红杉的亲缘关系。

④定量细胞化学分析,即根据每个染色体 DNA 含量或其他化学特性鉴定染色体。

由于自然界植物种类繁多,生态环境多样,系统演化错综复杂,染色体数目也不是绝对恒定不变,所以细胞分类学在植物鉴定、分类方面只能作为一个证据,必须和其他分类方法相结合。

4. 植物分类的基本单位和阶层系统

(1)植物分类的基本单位

种(species)是植物分类的基本单位,也是各级单位的起点。同种植物的个体,是起源于共同的祖先,形态结构相同,且能进行自然交配,产生正常后代,占有一定分布区和生态条件的群体。既有相对稳定的形态特征,又不断地发展演化。亚种(subspecies)是种内变异类型,地理上有一定地带性分布区,如野稻。变种(varietas)是种内变异类型,无明显的地带性分布区。变型(forma)是种内变异较小的类型。

(2)植物分类的阶层系统

界、门、纲、目、科、属、种是植物分类的阶层系统。各级分类单位可根据需要再分成亚级,即在各级单位之前,加上一个亚(sub—)字。

界——植物界(Regnum vegetable)

门——被子植物门(Angiospermae)

纲——双子叶植物纲(Dicotyledoneae),也称木兰纲(Magnoliopsida)

目——蔷薇目(Rosales)

科——蔷薇科(Rosaceae)

属——蔷薇属(Rosa)

种——多花蔷薇(Rosa muhiflora Thunb)

6.1.3　植物命名

无论是对植物进行研究,还是对植物进行利用,首先必须给它一个名称。但是在同一个国家的不同民族、不同地区,对同一种植物常有多种不同的名称(同物异名),而不同的植物也可能有同一个名称(同名异物)。同样,不同国家的语言文字各不相同,一种植物的名称更是多种多样。为了避免由上述情况造成的“同物异名”和“同名异物”的混乱,为了便于各国学者的学术交流,必须对植物统一地按一定规则来进行命名。现行的植物命名都是采用双名法(binomial nomenclature)。早在 1623 年,法国的包兴(Bauhin)就采用属名加种加词的双名法记述了 6000 种植物,后来里维纳斯(Rivinus)在 1690 年也提出给植物命名不得多于两个词的意见。林奈接受了这些思想并予以完善,1753 年,他发表的巨著《植物种志》就采用了双名法。此后,双名法才正式被采用。

所谓双名法就是指给植物种的命名用两个拉丁词或拉丁化形式的词构成的方法。第 1 个词为所在属的属名,用名词,如果用其他文字或专有名词,则必须使其拉丁化,即将其词尾转化成拉丁文语法上的单数,第 1 格(主格)。书写时,属名的第 1 个字母要大写。第 2 个词为种加词,大多用形容词,少数为名词的所有格或为同位名词,书写时均为小写。如用两个或多个词组成的种加词,则必须连写或用连字符号连接。此外,还要求在种加词之后写上该植物命名人姓氏的缩写。书写时第 1 个字母也必须大写。如小球藻的命名为 *Chlorella vulgaris* Beij.。第 1 个拉丁词 *Chlorella* 为属名(小球藻属),*vulgaris* 为种加词,Beij. 是命名人 Beijerinck 的缩写,第 1 个字母也要大写,在缩写名后要加 1 个圆点“.”。以前由林奈定的名,他的名字均缩写为个字母 L.,如稻为 *Oryza sativa* L.。但其他人则不得缩写为 1 个字母。中国命名人一律用汉语拼音名缩写。每种植物只有1个合法的名称,即用双名法命名的名称,也称学名。需要注意的是,中文名不能称学名,它是由《中国植物志》或《孢子植物志》等权威著作根据拉丁名称的含义确定的相对应的中文名。由于双名法比较科学,得到了各国植物学者的赞同,后经国际植物学大会讨论通过,并制定了统一的《国际植物命名规则》,每次国际植物学大会都对该规则进行修改和完善。

对于植物的亚种或变种则要用3个拉丁词来命名,即属名＋种加词＋变种加词。书写时,要求在变种加词之前写上英文字变种 variety 的缩写"var."。同样,在变种加词的后面写上变种的命名人名缩写。如白丁香,它是紫丁香的一个变种,其拉丁名为 *Syringa oblata* Lindl. *var. alba* Rehd. ,其中,Lindl. 为紫丁香的命名人名的缩写,Rehd. 为变种命名人名的缩写,var. 是 variety 的缩写。这种用3个拉丁词给植物命名的方法称为三名法。

6.2 原核藻类

6.2.1 蓝藻门

1. 主要特征

(1)蓝藻的形态

蓝藻也称蓝绿藻(blue—green alga),20 世纪 70 年代以来在微生物学中则称为蓝细菌(cvanobacteria)。蓝藻藻体的形态多种多样,有些为单细胞(unicellular),如集胞藻属(*Synechocystis*)、棒胶藻属(*Rhabdogloea*)、管胞藻属(*Chamaesiphon*)等;很多种类为非丝状的群体(colony),如微囊藻属(Microcustis)、色球藻属(Chroococcus)、平裂藻属(*Merismopidea*)等;不少种类为丝状体(filament),其中有的为不分支的丝状体,如颤藻属(*Oscillatoria*)、鞘丝藻属(*Lyngbya*)、鱼腥藻属(*Anabaena*)等,有的为具有假分支的丝状体,如伪枝藻属(*Pseudophoromidium*)等,有的则具有真正的分支,如真枝藻属(*Stigonema*)等(图 6-1)。

(2)蓝藻的细胞结构

①细胞壁。蓝藻细胞均具有细胞壁,其主要成分为肽聚糖(peptidoglycan),与真细菌类相同,均可被溶菌酶(1ysozyme)溶解。绝大多数蓝藻的细胞壁外具有或厚或薄的胶质鞘(gelatinoussheath),故蓝藻也曾称为黏藻。

②原生质体。蓝藻原生质体的中央区域为"核区",通常称为中央质。核区中为遗传物质,即许多裸露的环状 DNA 分子,呈细纤丝状,没有组蛋白与之结合,无核膜和核仁,但具有核的功能,称为原始核或原核。在核区周围的细胞质通常称周质或色素质,其中无质体、线粒体、高尔基体、内质网、液泡等细胞器。

在电镜下可见周质中有许多扁平的膜状光合片层系统,即类囊体(thylakoid)。光合色素存在于类囊体的表面。现在还发现极少数蓝藻没有类囊体,如胶菌藻,其光合色素分布在质膜上,质膜行使光合膜的功能。蓝藻的光合色素有 3 类:即叶绿素 a、类胡萝卜素和藻胆素。藻胆素为一类水溶性的光合辅助色素,它是藻蓝、藻红素和别藻蓝素 3 种色素的总称。藻红素主要吸收绿光(490nm),藻蓝素主要吸收橙红光(618nm)。由于藻胆素(生色团)紧密地与蛋白质结合在一起,所以又总称为藻胆蛋白。藻蓝素与蛋白质结合形成藻蓝蛋白,呈蓝色;藻红素与蛋白质结合形成藻红蛋白,呈红色。电镜下可见藻胆蛋白呈细小颗粒状,分布于类囊体的表面,称为藻胆体

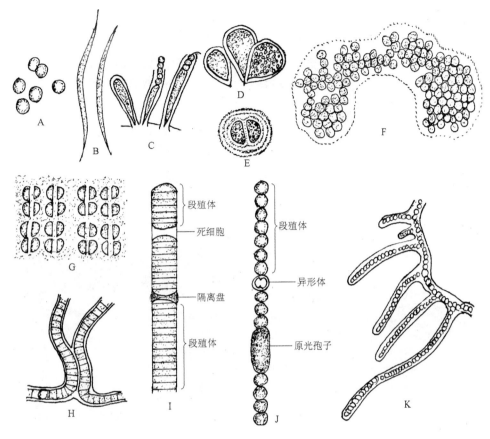

图 6-1　蓝藻的形态和繁殖方式

A～D—单细胞类型：A—集胞藻属；B—棒胶藻属；C—管胞藻属（产生外生孢子）；

D—皮果藻属（产生内生孢子）；E～G—群体类型：E—色球藻属；F—微囊藻属；

G—平裂藻属；H～K—丝状体类型：H—伪枝藻（具成对假分支）；I—颤藻属（不分支，

形成段殖体进行繁殖）；J—鱼腥藻属（不分支，形成段殖体进行繁殖）；K—真枝藻属（具真分支）

(phycobilisome)，其光能的传递过程是：光能藻红素→藻蓝素→别藻蓝素→叶绿素 a。蓝藻细胞中都含有叶绿素 a 和藻蓝素，所以，大多数蓝藻呈蓝绿色，故蓝藻也称蓝绿藻。而藻红素只存在于一部分蓝藻中。也有些蓝藻的细胞中含有较多的藻红素，其藻体则呈红色，如红海束毛藻等。蓝藻的细胞质中还有核糖体，其沉降系数为 70S。

有些浮游蓝藻细胞的周质中有一种特别的结构，即伪空胞(gas vacuole)，亦称气囊。在光镜下观察为很多不规则的微小结构，在一定焦距下呈暗色，调焦时又略呈红色。在电镜下观察，伪空胞为许多两端呈锥形的小圆柱状结构(图 6-2，图 6-3 B)，通常为多个伪空胞平行聚集在一起。伪空胞中含有气体，其功用为调节藻体在水体中的漂浮和下降。一些水华蓝藻，如微囊藻等，之所以能够漂浮在水表面，与其具有伪空胞有关。伪空胞的另一个作用是对强光有一定折射作用，可以对细胞中的色素及核酸起一定的保护作用。蓝藻细胞中贮藏的光合产物主要为蓝藻淀粉、蓝藻颗粒体和脂质颗粒等。蓝藻细胞的亚显微结构如图 6-2 和图 6-3A 所示。

③异形胞。一部分丝状蓝藻的细胞列中具有一种特殊的细胞，即异形胞(heterocyst)。它是由普通营养细胞在一定条件下分化形成的。它和营养细胞的主要区别是：细胞壁明显增厚，尤其是与营养细胞相连接的两端更厚；细胞质中的颗粒物质溶解，呈均质状态；类囊体排列成网状；不

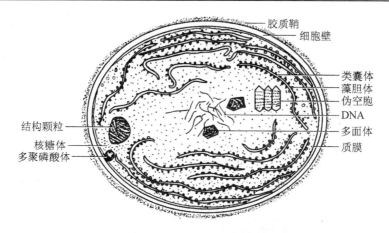

图 6-2　蓝藻细胞亚显微为结构示意图

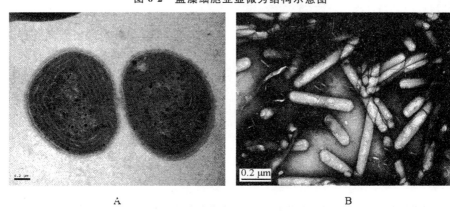

A　　　　　　　　　　　　　B

图 6-3　蓝藻电镜照片

A—集胞藻 PCC6803 细胞电镜照片 40k-15；B—惠氏微囊藻分离纯化的伪空胞

含藻胆素；没有光合系统Ⅱ；颜色呈淡黄绿色或呈透明状。异形胞仍然是一个生活细胞，它的大小和在藻丝中的位置因种的不同而不同。异形胞主要有两个功能，一是异形胞将藻丝细胞分隔成段殖体（藻殖段）进行营养繁殖；二是细胞内含固氮酶，可直接固定大气中的氮。

（3）蓝藻的繁殖方式

蓝藻繁殖方式主要为营养繁殖，包括细胞直接分裂（homogonium）、断裂和形成藻殖段（homogonium）。藻殖段是由异形胞、隔离盘或机械作用分离而形成的片段。此外，少数蓝藻可形成外生孢子（exospore）和内生孢子（endospore）进行无性生殖。许多丝状体种类能形成厚壁孢子（akinete），这种孢子可长期休眠以度过不良环境，条件适宜时再萌发产生新个体。蓝藻没有有性生殖。

（4）蓝藻的分布

蓝藻分布很广，淡水、海水、潮湿地面、树皮、岩面和墙壁上等都有生长，尤以富营养化的淡水水体中数量为多，甚至在 $40 \sim 90 \, ℃$ 的温泉中也有一些蓝藻可以正常地生活和繁殖。此外，还有一些蓝藻与其他生物共生，如有的和真菌类共生形成地衣，有的与蕨类植物满江红（Azolla）共生，还有的与裸子植物苏铁（Cycos）共生等。

2. 蓝藻门的分类及常见代表

蓝藻门现存种类 1500～2000 种,分为色球藻纲(Chroococcophyceae)、段殖体纲(Hormogo-nephyceae)和真枝藻纲(Stigonematophyceae)。也有人将蓝藻仅列为蓝藻纲(Cyanophyoceae)1纲。1985 年以来,Anagnostidis 和 Komarek 对蓝藻门的分类系统进行了全面修订,并将蓝藻门改称为"蓝原核藻门"(Cyanoprokaryota),下分 4 个目。蓝藻的祖先出现于距今约 33 亿年前,是已知地球上最早、最原始的光合自养和放氧的原核生物。蓝藻门常见代表种类如下。

(1)色球藻属

色球藻属(*Chroococcus*)。隶属于色球藻目。植物体为单细胞或群体。单细胞时,细胞为球形,外被固体胶质鞘。群体是由两代或多代子细胞在一起形成的。每个细胞都有个体胶质鞘,同时还有群体胶质鞘包围着。细胞呈半球形或四分体型(图 6-4)。

(2)颤藻属

颤藻属(*Oscillatoria*)。隶属于颤藻目。植物体是由一列细胞组成的丝状体,不分枝,常丛生或形成团块,胶质鞘无或不明显。丝状体能前后伸缩或左右摆动因而得名(图 6-5)。丝状体常被中空双凹形的死细胞隔开,也产生胶化膨大、双凹形的隔离盘。颤藻属以藻殖段进行繁殖,多生于有机质丰富的湿地或浅水中。

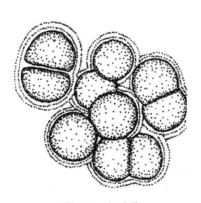

图 6-4　色球藻

图 6-5　颤藻

(3)念珠藻属

念珠藻属(*Nostoc*)。隶属于颤藻目。丝状体念珠状,有的藻体外面包被公共胶质鞘而形成片状体。细胞圆球形。丝状体上有异形胞和厚壁孢子,以藻殖段进行繁殖(图 6-6)。该属的地木耳(*N. commune*)、发菜(*N. flagelliforme*)等可供食用。

3. 蓝藻门的经济价值和在自然界中的作用

(1)食用

一些蓝藻可以食用,如念珠藻属中著名的发状念珠藻和地木耳。螺旋藻(*Spirulina platensis*)更是家喻户晓,现在藻类学家已经将其更名为钝顶节旋藻,该藻蛋白质含量高,营养丰富,具有较好的保健作用。海产可食用的蓝藻还有海雹菜(*Brachytrichia quoyi*)、苔垢菜(*Calothrix crustacea*)等。在这些食用蓝藻中,目前只有钝顶节旋藻实现了大规模的人工栽培养殖。

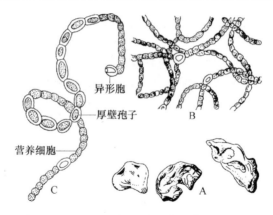

图 6-6 念珠藻

A—植物体;B—植物体部分放大;C—营养细胞、异形胞和厚壁孢子

(2)固氮作用

现在已知在自然界中可以固定大气氮的蓝藻有 150 多种,中国已经报道的固氮蓝藻有 30 余种,其中绝大多数是有异形胞的蓝藻,如满江红鱼腥藻($Anabaena\ azollae$)、固氮鱼腥藻($A azotica$)、林氏念珠藻($Nostoc\ linckia$)、沼泽念珠藻($N.\ paludosum$)、溪生单歧藻($Tolypothrix\ rivularix$)等。蓝藻固氮的大体过程为大气中的 N_2 在固氮酶的催化作用下形成 NH_3。也有少数蓝藻没有异形胞,但也可以固氮,如色球藻($Chroococcus$)等。固氮蓝藻可以增加土壤或水体中的氮素,故有"天然氮肥厂"之称,在农业上具有重要意义。我国大面积水稻田中放养固氮蓝藻的试验表明,可提高 7%～15% 的产量。

有些蓝藻可在荒漠地区的沙土表面形成结皮,能够起到一定的防风固沙和改良土壤的作用,如鞘丝藻 $lynbya$ 等。

(3)产生清洁能源——氢气

早已发现一些蓝藻可以制氢,其特点是通过光合作用系统及其特有的产氢酶系把水分解为 H_2 和 O_2。它们可以直接将太阳能转化为氢能,而且其底物是水,来源丰富。因此,在当今人们探讨解决人类面临能源危机的情况下,用蓝藻和其他藻类制氢的研究备受国际上的密切关注。研究发现,所有固氮酶都能催化产氢,即它们在将 N_2 还原成 NH_3 的反应过程中释放 H_2。流经固氮酶的电子中至少有 25% 被用于还原质子产生 H_2(其反应式:$N_2 + 8H^+ + 8e^- + 16ATP \rightarrow 2NH_3 + H_2 + 16ADP + 16Pi$)。被研究的产氢蓝藻已经有很多种类,如柱状鱼腥藻、聚球藻、颤藻等,而且已测定柱状鱼腥藻($A cylindrica$)的产氢量为 $30mL \cdot (h^{-1} \cdot L^{-1})$。现在该研究还基本处于探索阶段。

(4)科学研究上的价值

蓝藻在科学研究上具有很高的价值。首先,由于蓝藻的结构和遗传特性类似于革兰阴性细菌,它们的基因组较小,遗传操作比较方便,有些种类具有天然转化系统和有效重组系统,因而在蓝藻基因工程的研究上已经取得了许多重要成果。自 1980 年以来,已克隆已知功能的蓝藻基因有 130 种以上。其次,基因组数据的比较分析表明,蓝藻与高等植物的关系密切,如被子植物拟南芥核基因组中有 4500 个左右的蛋白质编码基因(占其总基因数的 18%)来自于蓝藻。推测蓝藻在内共生形成叶绿体的过程中,大多数基因转移到植物的细胞核中,叶绿体中仅保留了 5%～10%。这样,蓝藻可以用作植物分子生物学一些方面的研究模式,如光合作用、固氮、叶绿体起源和植物进化等。现在,已经将一些有应用价值的外源基因转入蓝藻并获得表达。可以预见,蓝藻分子遗传学和蓝藻基因工程的研究将会在理论上和应用上得到更迅速、更广泛的发展。

6.2.2 原绿生物

原绿生物是 20 世纪 80 年代发现的具有叶绿素 a 和叶绿素 b、不含藻胆素的原核藻类。原绿藻(*Prochloron*)亦称原绿细菌,是最早被发现的一种原绿生物。

原绿藻首先是由美国藻类学者赖文(Lewin)在加利福尼亚海湾的海鞘类动物的泄殖腔中发现的。赖文当时根据该藻为单细胞和原核,将其定名为蓝藻门集胞藻属中的 *Synechocystis didemni Lewin*,并于 1975 年发表在美国 Phycologia 杂志上。后来经过进一步研究,发现该藻含叶绿素 a 和叶绿素 b 而不含藻胆素,故认为将它归入蓝藻门不妥,但又不能归入绿藻门。因此,建议将该藻另建立一个门,即原绿藻门(Prochlorophyta),其名称也重新定为 *Procchloron didemni (Lewin) Lewin*。以后在夏威夷群岛、墨西哥、澳大利亚、马绍尔群岛、加勒比海等热带海区也相继发现了该藻。1980 年 3 月,我国藻类学家曾呈奎教授在西沙群岛发现了生于苔藓虫上的原绿藻,在我国的海南岛也有发现。

原绿藻,单细胞,直径为 $6\sim25\mu m$(中国发现的原绿藻直径为 $8\sim12\mu m$,呈翠绿色,含叶绿素 a 和叶绿素 b(chla∶chlb=5∶6)。电镜下观察,其细胞中央为一较大的核区,无核膜、核仁,无叶绿体、线粒体等细胞器,类囊体表面无颗粒,有的类囊体单一,也有的类囊体有局部垛叠,具有核糖体、多面体(图 6-7)。经分析,还含有胡萝卜素和叶黄素,细胞壁含有原核细胞特有的胞壁酸(muramic acid)。经测定,该藻不仅具有光系统Ⅰ的功能,而且具有光系统Ⅱ的功能,当光照度为 15000lx、水温为 30℃时,其光合作用的速率为每毫克叶绿素每小时释放 6.3ml 氧气。

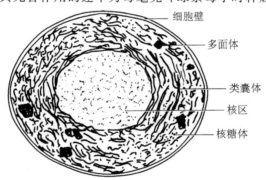

图 6-7 原绿藻的超微结构

后来,又发现了其他的原绿生物,如在荷兰的许多浅水湖中发现的原绿丝蓝细菌属(*Prochlorothrix*),在开放性海洋的深透光层中发现的原绿蓝球属(*Prochlorococcus*)等。前者为丝状,所含叶绿素 a 和叶绿素 b 的比例为(8~9)∶1;后者为球形,直径不足 $1\mu m$,不含叶绿素 a,但含有叶绿素 a 的修饰形式,称为二乙烯叶绿素 a,它和叶绿素 b 的比例接近 1,这与海洋绿藻类相似。并且该藻在海洋中的数量相对较大,可达 $10^4\sim10^5$ 个细胞/ml。

近年来,有些学者对上述 3 种原绿生物的 16S rRNA(即沉降系数为 16S 的核糖体核酸)进行了测序分析,他们发现这几种原绿生物分别和一些蓝藻更接近,并把它们列入多系进化分支的蓝藻进化树中(Boone etal,2001)。因此,认为这些原绿生物应归入蓝藻门。此外,还有研究发现,在原绿球藻属的深水种类中含有少量的藻红素(Hess,1996),而在蓝藻门的聚球藻(*Synen-*

chococcus PCC 7942)中还发现了叶绿素 a 和叶绿素 b 的结合蛋白。这些发现也支持原绿生物和蓝藻关系密切,原绿生物不应单独成立一个门,主张将其归入蓝藻门。由此看出,从分子生物学的研究中,对于原绿生物的分类地位提出了新的证据和看法。不过,也有人对此提出质疑,即16S rRNA 虽然较为保守,对它的测序分析可以作为研究生物之间亲缘关系的重要依据,但它所含的氨基酸毕竟很少,只有 1450 个,仅仅根据这一点就得出结论未免牵强。所以,关于原绿生物的分类地位还需要进行多学科、更深入、更全面地研究,它们的分类地位才能得到科学地解决。

6.3　真核藻类

6.3.1　真核藻类概述

真核藻类是一群没有根、茎、叶分化的,能够进行光合作用的低等自养真核植物。最古老的真核藻类出现于距今 14 亿～15 亿年前。真核藻类并不是一个自然类群,但有如下共同特征。

1. 真核藻类的形态结构

真核藻类大多数种类个体微小,最小的仅为几微米,也有少数种类个体较大,如海带长达几米,巨藻的长度甚至可达百米以上。真核藻类的藻体形态具有丰富的多样性,有单细胞、各式群体、丝状体、叶状体、管状体等,褐藻中有些种类的外形上还有"叶片"、柄和固着器的分化。绝大多数真核藻类结构简单,没有明显的组织分化,仅少数种类有表皮层、皮层和髓的分化,如褐藻中的海带等。但所有的真核藻类均无真正的根、茎、叶的分化,体内亦无维管组织的分化。因此,真核藻类的植物体通常称为原植体(thallus)。真核藻类均属于无维管植物。

2. 真核藻类的细胞结构

(1)细胞壁

除隐藻、裸藻和绝大多数金藻无细胞壁外,绝大多数真核藻类均具有细胞壁,但不同藻类,其细胞壁的化学成分和结构则各有不同。

(2)细胞核和细胞器

真核藻类均具有真核,有核膜、核仁,DNA 与组蛋白结合。真核细胞的染色质在分裂期凝聚成染色体,在分裂间期又解聚成染色质。但甲藻类在分裂间期染色体也不解聚消失,核膜在分裂期也不消失,表现为介于原核和真核之间的状态,常称为中核或间核(mesokaryotic)。真核藻类均具有质体、线粒体、内质网、高尔基体、液泡等细胞器。

(3)光合器和光合色素

真核藻类均具有光合器(极少例外),通常统称为载色体(chromatophore)。真核藻类光合器的形态有多种,如盘状、杯状、带状、星状、板状、片状、网状、块状等。光合器在每个细胞中的数目因种而异(图 6-8)。

真核藻类的光合色素有 3 大类:叶绿素类,包括叶绿素 a、叶绿素 b、叶绿素 c、叶绿素 d4 种;类胡萝卜素,包括 5 种胡萝卜素和多种叶黄素);藻胆素,也称藻胆蛋白。各门的藻类均含有叶绿素 a 和 β-胡萝卜素,其他光合色素在各门中都有差异。在藻类中通常将含有叶绿素 a 和叶绿素 b、呈绿色的光合器称为叶绿体;把不含叶绿素 b 而含叶绿素 c 或叶绿素 d、呈褐色、棕色、黄褐色

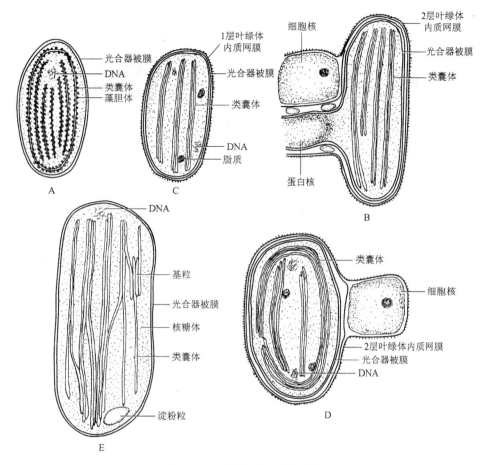

图 6-8　真核藻类光合器的结构

A—类囊体呈单条,不形成束,不具叶绿体内质网膜(红藻门);B—每 2 条类囊体形成 1 束,
具 2 层叶绿体内质网膜(隐藻门);C—每 3 条类囊体形成 1 束,具 1 层叶绿体内质网膜(甲藻门、裸藻门);
D—每 3 条类囊体形成 1 束,具 2 层叶绿体内质网膜(金藻门、硅藻门、黄藻门、褐藻门);
E—每 2～6 条类囊体形成 1 束或为简单基粒,无叶绿体内质网膜(绿藻门、轮藻门)

或紫红色等颜色的光合器称为色素体。由于不同门的藻类所含光合色素的种类和含量不同,它们光合器的颜色也有差异,但这并不是绝对的,不仅在不同门的藻类中有不少例外,即使在同一个门的藻类中或同一个种的不同个体间也有变化,这可能与个体的特异性、生态环境以及生理状态等因素有关。

3. 真核藻类的生殖结构

真核藻类的生殖结构简单,绝大多数的无性和有性生殖结构均为单细胞,仅少数种类(如褐藻中的水云等)为多细胞,通常称为多室孢子囊或多室配子囊。但真核藻类不具有由不育细胞构成的壁或其他结构,每个细胞均可产生生殖细胞,这是真核藻类和高等植物的主要区别之一。唯一的例外是轮藻门的性器官(藏精器和藏卵器),不仅为多细胞结构,而且还有由多个不育细胞构成的壁和其他结构(图 6-9)。

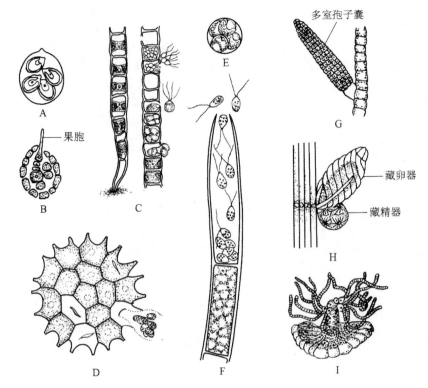

图 6-9　真核藻类的生殖结构示例

A～F—单细胞的生殖结构：A—衣藻属(产生游动孢子)；B—多管藻(果胞内产 1 卵)；
C—丝藻属(产生游动孢子或配子)；D—盘星藻属(产生游动孢子)；E—小球藻属(产生似亲孢子)；
F—刚毛藻属(产生游动孢子)；G—水云属(示多室孢子囊或多室配子囊)；
H—轮藻(示藏精器和藏卵器)；I—轮藻(示藏精器内部的部分结构)

4. 真核藻类的繁殖方式

真核藻类的繁殖方式有 3 种类型。

(1)营养繁殖

以细胞分裂,或藻体断离,或以营养繁殖小枝、珠芽等进行繁殖的方式,称为营养繁殖(vegetative propagation)。

(2)无性生殖

产生各种类型的无性孢子,直接萌发产生新个体的繁殖方式,称为无性生殖(asexual reproduction)。真核藻类无性孢子的类型很多,如游动孢子(zoospore)、不动孢子(aplanospore)、似亲孢子(autospore)、四分孢子(tetraspore)、单孢子(monospore)、果孢子(carpospore)等。

(3)有性生殖

真核藻类普遍进行有性生殖(sexual reproduction),根据有性生殖时相融合的 2 个配子的特征,通常将其分为 3 种类型(图 6-10)。

①同配生殖(isogamy)。相融合的 2 个配子形态、大小相同,在外观上难以区别,为最原始的类型。如衣藻属(*Chlamydomonas*)中的绝大多数种类。

②异配生殖(anisogamy)。相融合的 2 个配子有大小之分,1 个较大的为雌配子,1 个较小的

为雄配子,二者均具鞭毛可以游动,而且后者比前者活跃。该类型较同配生殖进化。如空球藻(*Eudorina*)等。

③卵式生殖(卵配)(oogamy)。为较大而不动的卵细胞与较小而具鞭毛(或不具鞭毛)的精子相融合的方式,是最进步的有性生殖方式。如团藻(*Volvox*)、轮藻(*Chara*)、海带(*Lamilaria*)、紫菜(*Porphyra*)等。

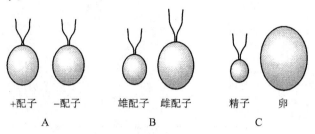

+配子　−配子　　雄配子　雌配子　　精子　卵
　　A　　　　　　　B　　　　　　C

图 6-10　真核藻类有性生殖类型
A—同配生殖;B—异配生殖;C—卵式生殖

6.3.2　绿藻门

绿藻门有 8600 余种,分布广。在形态结构、生殖方式和生活史类型以及生境等方面具有丰富的多样性。在形态上有单细胞、群体、丝状体、叶状体、管状体等。细胞壁由纤维素构成。含叶绿素 a 和叶绿素 b。多数种类的叶绿体中有 1 至多个蛋白核(pyrenoid)。贮藏物质主要为淀粉。一些种类的营养体和多数种类的孢子或配子多具有 2 条或 4 条顶生等长的鞭毛,少数为 1 条、8 条或多条,尾鞭型。

绿藻有 90% 左右的种类分布于淡水或潮湿土表、岩面或花盆壁等处,约 10% 的种类生于海水中,少数种类可生于高山积雪上,还有少部分种类与真菌共生形成地衣共生体。绿藻门分为绿藻纲(*Chlorophyceae*)和接合藻纲(*Conjugatophyceae*)两纲。常见主要代表种类如下。

1. 衣藻属

衣藻属(*Chlamydomonas*)。隶属于绿藻纲团藻目,常见单细胞运动种类。该属有 100 多种,生活于含有机质的淡水沟渠和池塘中,早春和晚秋发生较多,常形成大片群落,使水变成绿色。

植物体为单细胞,卵形、椭圆形或圆形。藻体前端有 2 条等长鞭毛,其基部有 2 个伸缩泡,旁边有 1 个红色眼点。细胞内有 1 个厚底杯状的载色体,其基部有 1 蛋白核。细胞核位于载色体上方的杯中(图 6-11)。

衣藻通常进行无性生殖。生殖时,藻体常静止,鞭毛收缩或脱落,整个细胞变成游动孢子囊。此后,原生质体分裂形成 2、4、8 或 16 个子原生质体,每个子原生质体又各形成具有细胞壁和 2 条鞭毛的游动孢子。囊破裂后,游动孢子逸出后发育成新个体。

有性生殖多数为同配生殖。首先,衣藻细胞失去鞭毛,原生质体分裂成 16~64 个(＋)(－)配子(gamete)。配子从母细胞中释放出来后,游动不久即成对结合,成为具 4 条鞭毛的二倍体合子。合子游动数小时后变圆,产生厚壁,经过休眠,在环境适宜时萌发,经过减数分裂,产生 4 个具 2 条鞭毛的游动孢子。当合子壁破裂后,游动孢子逸出,各形成 1 个新个体。

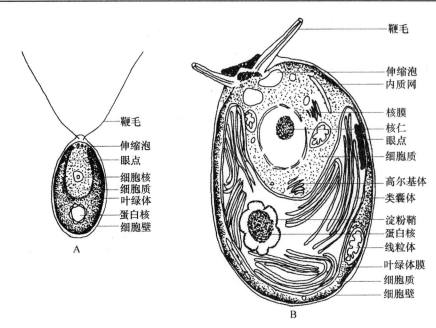

图 6-11　衣藻属植物细胞形态和结构

A—光学显微镜下的结构；B—电子显微镜下的结构

2. 石莼属

石莼属（*Ulva*）属于绿藻刚石莼科（Ulvaceae）。藻体有孢子体和配子体两种植物体，均是大型多细胞片状体，呈椭圆形、披针形或带状，由两层细胞构成，下部长有假根，固着于岩石上。细胞单核，位于片状体细胞的内侧；叶绿体1枚，片状或杯状，位于片状体细胞的外侧，内含有1枚蛋白核。除基部外石莼成熟孢子体的全部细胞均可形成孢子囊，孢子母细胞经减数分裂形成单倍体的游动孢子，游动孢子具4条鞭毛，孢子成熟后脱离母体游动一段时间后附着在岩石上，2～3d后萌发成单倍体的配子体，此为无性生殖。石莼成熟的配子体产生许多同形配骼子具两根鞭毛，配子结合是异宗同配，合子2～3d后不经过减数分裂即萌发成双倍体的畔，此为有性生殖。石莼属的生活史为同形世代交替（图6-12）。

3. 水绵属

水绵属（*Spirogyra*）。隶属于接合藻纲。该属约450种。常成片生于浅水水底或漂浮于水面。

细胞圆筒形，彼此相连成不分枝的丝状体。细胞中央有一个大液泡，单个细胞核由原生质丝牵引，悬于细胞中央。每个细胞内含一至数条带状载色体，螺旋状环绕于原生质外围。载色体上有1列蛋白核。

水绵属的生殖方式为接合生殖（conjugation），常见的有梯形接合（scalariform conjugation）和侧面结合（lateral canjugation）。梯形接合时，在两条并列的丝状体上，相对的细胞各自生出1个突起，突起相接触处的壁溶解后形成接合管（conjugationtube）。相对的2个细胞即各为1个配子囊，其内的原生质体浓缩，各形成1个配子。1条丝状体中的配子以变形虫式运动通过接合管而进入另一条丝状体中，相互融合后形成二倍体合子。两条丝状体和它们之间所形成的多个

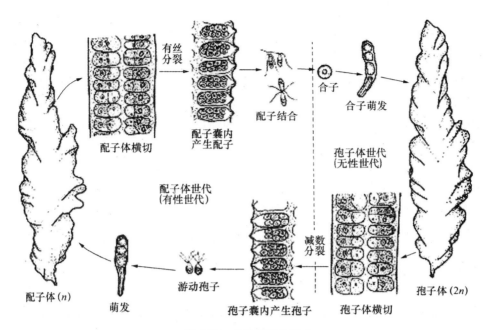

图 6-12　是纯属的生活史

横列接合管,外形很像梯子,因此叫梯形接合。如接合管发生在同一丝状体相邻细胞间,则为侧面接合(图 6-13)。

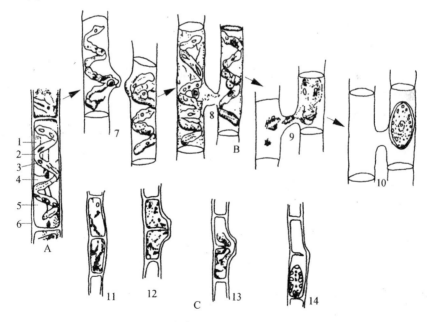

图 6-13　水绵属植物细胞结构与繁殖

A—水绵的细胞结构;B—水绵的接合生殖;C—水绵的侧面接合

1—液泡;2—载色体;3—蛋白核;4—细胞核;5—原生质;6—细胞壁;

7～10—接合生殖各时期;11～14—侧面接合各时期

合子形成后,产生厚壁,随着死亡母体沉入水底休眠。待环境条件适宜时萌发,进行减数分裂,形成 4 个单倍体核,其中 3 核退化,仅 1 核发育为新的丝状体水绵。

6.3.3 红藻门

红藻门约有 500 属近 4000 种,主要产于温带海洋,常分为红毛菜纲(Bangiophyceae)和红藻纲(Rhodophyceae),常见种类如下。

紫菜属(Porphyra):属于红毛菜纲红毛菜科(Bangiaceae),海生,藻体为深紫色的薄膜状叶状体。全球约 30 多种,我国有甘紫菜、圆紫菜(P. suborbiculata)、长紫菜(P. dentata)等 10 多种,是食用价值较高的经济海藻,也可药用。

藻体有单细胞、不规则群体、简单丝状体、分枝丝状体、片状体等多种类型,较高级的类型常有类似组织的分化。红藻的细胞壁分内、外两层:内层由纤维层组成,坚韧;外层为藻胶,由琼脂和卡拉胶组成。红藻细胞属真核细胞,多数种类具一个细胞核;叶绿体中含叶绿素 a 和叶绿素 d、胡萝卜素、叶黄素、藻红素和藻蓝素,所以藻体常为红色或紫红色;贮藏物质是红藻淀(floridean starch)。

红藻能进行营养繁殖(少数种类)、无性生殖和有性生殖,生活史中不出现游动性细胞,现以甘紫菜(Porphyra tenera)为例来介绍红藻门的生活史。甘紫菜的生活史属于配子体发达的异型世代交替(图 6-14)。配子体叶状,雌雄同株,长约 20～30cm,最长可达 50cm,基部有盘状固着器;叶状体仅具一层细胞,每个细胞具一个细胞核和一个星状的叶绿体。无性生殖较简单,由营养细胞直接形成具 1 个孢子的单孢子囊,孢子释放后萌发并直接发育成甘紫菜个体。有性生殖时一些营养细胞经分裂产生精子囊,每个精子囊内具 1 个不动精子;另一些营养细胞特化为烧瓶状的单细胞雌性生殖结构——果胞,果胞内含 1 个卵细胞,上部细长的部分称为受精丝;不动精子释放后随水流到达果胞,经受精丝进入果胞并与卵细胞结合;合子经有丝 1 分裂产生 8 个果孢子,果孢子释放后萌发为孢子体。孢子体丝状,常生于贝壳内,故又称壳斑藻。丝状孢子体的每个细胞经减数分裂产生单倍体的无鞭毛的壳孢子,壳孢子在水温合适时(春季或晚秋)萌发长成大甘紫菜,在水温偏高时(初夏)萌发成小紫菜;小紫菜产生单孢子,单孢子又萌发成小紫菜;只有在温度合适时(春季或晚秋)单孢子才发育成大甘紫菜。

6.3.4 褐藻门

褐藻门约有 250 属,1500 种,根据其世代交替的有无及类型,一般分为 3 纲,即等世代纲(Isogeneratae)、不等世代纲(Heterogeneratae)和无孢子纲(Cyclosporae)。除少数属种生活于淡水中外,绝大部分褐藻海产,营固着生活。

褐藻门是藻类植物中较高级的一个类群。植物体均为多细胞体,有丝状体、叶状体、管状体和囊状体等类型。简单的种类是由单列细胞组成的分枝丝状体;进化的种类有类似"根、茎、叶"的分化,内部构造有表皮、皮层和髓部组织的分化,特别是其髓部的喇叭丝在形态和功能上类似筛管。营养体均不具鞭毛。

褐藻的细胞壁内层由纤维素组成,外层由褐藻胶组成。载色体 1 至多个,粒状或小盘状,含叶绿素 a、叶绿素 c、β-胡萝卜素及数种叶黄素,但墨角藻叶黄素含量最高,故藻体呈黄褐色或深褐色。光合作用产物为褐藻淀粉(laminarin)和甘露醇(mannitol)等。

繁殖方式有营养繁殖、无性生殖和有性生殖三种类型。营养繁殖以断裂方式进行。无性生殖以产生游动孢子和不动孢子为主。有性生殖为同配生殖(如水云目)、异配生殖(如马尾藻目)或卵式生殖(如墨角藻目)。游动孢子和配子都具有两条侧生的不等长鞭毛。

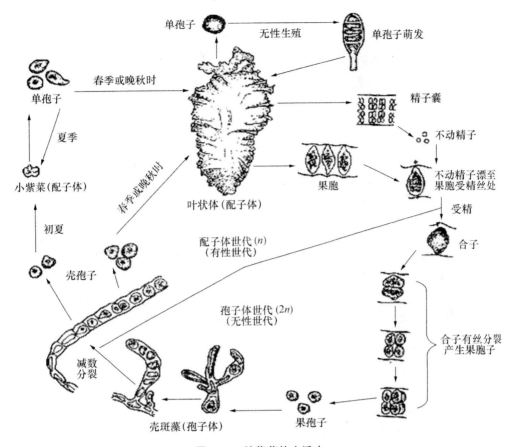

图 6-14　甘紫菜的生活史

　　大多数褐藻的生活史都具有明显的世代交替现象,既有同型世代交替,又有异型世代交替。同型世代交替即孢子体与配子体的形状、大小相似;异型世代交替即孢子体和配子体的形状、大小差异很大。多数褐藻种类的孢子体较发达,少数种类的配子体较发达。

　　海带属。属于不等世代纲海带目。海带(L. japonica)的孢子体大型,长达 2～4m,分固着器、带柄和带片三部分。固着器呈分枝的根状,把个体固定于岩石等基物上;带柄粗短呈叶柄状;带片扁平,无中脉,是食用部分。带柄和带片组织均分化为表皮、皮层和髓三个部分。髓部中央有筛管状的喇叭丝,具有输导有机养料的功能。

　　孢子体成熟时,在带片两面产生许多棒状的单室游动孢子囊。孢子囊间夹生有许多长形侧丝(paraphysis),其顶端膨大,内含许多金褐色色素体;侧丝顶端有透明胶质冠。孢子囊内的孢子母细胞经减数分裂及数次有丝分裂,产生多个单倍的具两条不等长侧生鞭毛的梨形游动孢子。游动孢子释放出来后萌发,分别形成体型很小的雌、雄配子体。雄配子体由几个至几十个细胞组成分枝的丝状体或不规则体,其上的每个细胞均可形成一个精子囊,产生一个具两条侧生不等长鞭毛的精子;雌配子体通常仅由一个较大细胞构成,内产 1 卵,或者由几个较大细胞组成很少分枝的丝状体,在枝端产生具一个卵细胞的卵囊。卵细胞成熟后逸出,附着于卵囊顶端,与精子结合形成合子。合子不离开母体,几天后即萌发形成幼小孢子体,即新的海带(图 6-15)。

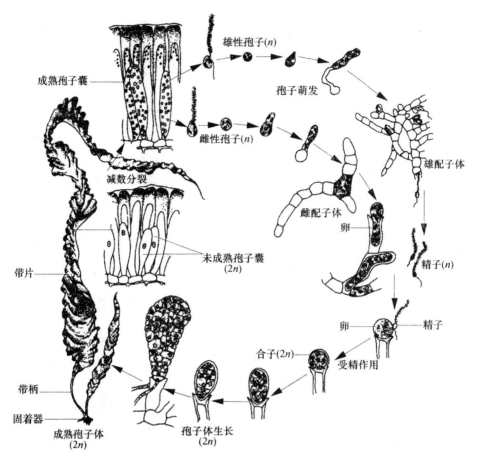

成熟孢子囊

雄性孢子(n)

孢子萌发

雌性孢子(n)

雄配子体

减数分裂

雌配子体

卵

精子(n)

未成熟孢子囊
(2n)

带片

卵

精子

带柄

合子(2n)

受精作用

固着器

成熟孢子体
(2n)

孢子体生长
(2n)

图 6-15　海带的生活史

6.3.5　硅藻门

硅藻是淡水和海水中浮游植物的主要构成者之一。硅藻为单细胞,或彼此相连成各式群体。硅藻最突出的特点在于其细胞结构和繁殖方式。

硅藻的细胞壁是由 2 个套合的硅质半片组成,套在外面稍大的半片称为上壳(epiotheca),套在里面稍小的半片称为下壳(hypotheca)。上、下壳的正面称壳面(valve),细胞的侧面称为带面或环带面(girdle)(图 9-14)。上、下壳相套合的部分称连接带。硅藻细胞的壳面与带面形状不同,绝大多数种类的带面为长方形,壳面的形状则多种多样,有圆形、纺锤形、线形、"S"形等。硅藻细胞壁的另一个明显特征是壳面具有辐射状或两侧对称排列的各种花纹。许多种类的壳面还有 1 条窄细的壳缝(raphe)。横切面观,壳缝呈"＜"形。凡有壳缝的种类都可以在水中运动。有些具有壳缝的种类在细胞壳面的两端有胞壁增厚形成的折光性强的极节,在细胞壁中央处有 1 个中央节,如羽纹硅藻属(Pinnularia)等。

硅藻含有叶绿素 a 和叶绿素 c,还含有较多的墨角藻黄素(fucoxanthin)、硅藻黄(diatoxanthin)等褐色素。色素体多呈黄褐色,颗粒状、板状或块状。每个细胞中含有 1 个细胞核。贮藏的光合产物为油滴和金藻昆布糖(chrysolaminaran)。营养细胞不具有鞭毛,但有些种类的精子具有 1 条或 2 条鞭毛。鞭毛的结构为(9＋0)型,无中央轴丝。

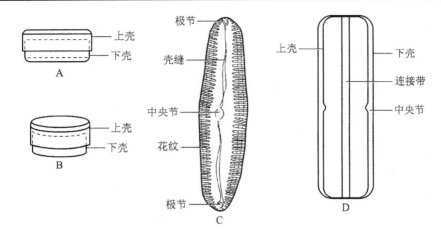

图 6-16　硅藻细胞的结构示意图

A,B—硅藻细胞的上壳和下壳示意图;C—羽纹硅藻属细胞壳面观;D—羽纹硅藻属细胞带面观

硅藻的繁殖方式主要是细胞分裂。其分裂方式很特殊,母细胞的上壳和下壳均形成新产生的 2 个子细胞的上壳,而子细胞的下壳则由各自分泌形成。这样,2 个子细胞中有 1 个与母细胞同大,另 1 个以母细胞的下壳形成上壳的子细胞则稍小于母细胞。如此不断分裂下去,仅有一小部分子细胞与母细胞的体积同大,而多数子细胞则程度不同地逐渐缩小(图 6-17)。这种缩小分裂的趋势是不利于其种系的延续和发展的。当细胞分裂缩小到一定程度时,即可通过有性生殖产生复大孢子(auxospore),将细胞的体积恢复到该种细胞的正常大小。

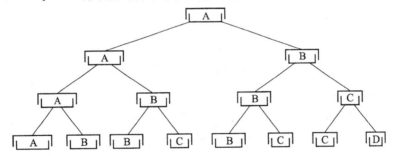

图 6-17　硅藻细胞分裂,示子细胞体积的变化

A—表示子细胞与母细胞同大;B~D—表示不同缩小的子代细胞

硅藻越有 11000 硅藻约有 11000 种,分为中心硅藻纲(Centricae)和羽绒硅藻纲(Penntae)两个纲。中心硅藻纲的常见代表有直链藻属(*Melosira*)、圆筛藻属(*Coscinodiscus*)、小环藻属、角刺藻属(*Chaetoceros*)等;羽纹硅藻纲的常见代表如脆杆藻属(*Fragillaria*)、舟形藻属(*Navicula*)、羽纹藻属(*Pinnularia*)、桥弯藻属(*Cymbella*)、菱形藻属(*Nitzschia*)、、双菱藻属(*Surirella*)等(图 6-18)。

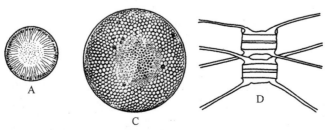

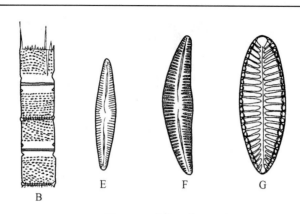

图 6-18　硅藻门常见代表

A～D—中心硅藻纲:A—小环藻属;B—直链藻属;C—圆筛藻属;D—角刺藻属;

E～G—羽纹硅藻纲:E—舟形藻属;F—桥弯藻属;G—双菱藻属

6.4　苔藓植物

6.4.1　苔藓植物的主要特征

1.苔藓植物的形态结构

苔藓植物有配子体和孢子体两种植物体,我们习见的植物体是它的配子体。低级种类的配子体为扁平的叶状体,有背、腹之分(图 6-19A);高级种类的配子体有了茎和叶的分化,但还没有真正的根(图 6-19B)。绝大多数苔藓植物的孢子体由孢蒴(capsule)、蒴柄(seta)和基足(foot)3部分组成(图 6-19C),孢蒴是产生孢子的器官,基足伸入配子体组织中吸收养料。配子体和孢子体均无维管组织的分化。

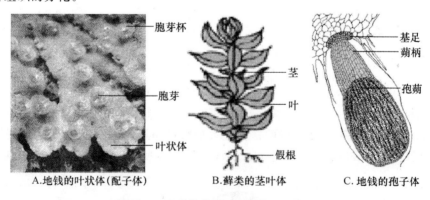

A.地钱的叶状体(配子体)　　B.藓类的茎叶体　　C.地钱的孢子体

图 6-19　苔藓植物的配子体和孢子体

2.苔藓植物的生殖方式

苔藓植物配子体上产生的有性生殖器官为多细胞结构,且具有由多个不育细胞构成的保护壁层。雄性生殖器官叫精子器(antheridium)(图 6-20A),棒状或球形,外有 1 层不育细胞组成的精子器壁,其内的精原细胞各自发育成双鞭毛的游动精子(图 6-20B)。雌性生殖器官称颈卵器

(archegonium)，形似长颈烧瓶，由细长的颈部(neck)和膨大的腹部(venter)组成(图 6-20C)。颈部由 1 层细胞围成，中央有 1 条颈沟(neck canal)，颈沟内有 1 列颈沟细胞(neck canal ceils)；腹部内有腹沟细胞(ventral canal cell)和卵细胞各 1 个，卵细胞在下面。受精前颈沟细胞和腹沟细胞均解体消失，精子借助水游进颈沟并在腹部与卵细胞受精。受精卵不经过休眠而直接进行有丝分裂，先形成胚，再发育成孢子体。

孢子体的孢蒴内有许多孢子母细胞(spore mother cell)，每个孢子母细胞经过减数分裂形成 4 个孢子，孢子成熟后散布到体外，在适宜的条件下萌发成为原丝体(protonema)，以后在原丝体上再产生配子体。

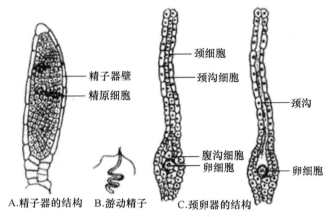

图 6-20　苔藓植物的精子器和颈卵器

3. 苔藓植物的分布和生长环境

苔藓植物分布很广，绝大多数陆生，但多生于阴湿环境，在树干、树叶上都有生长，也有些种类生于裸露的岩面，耐旱力很强。南极大陆的苔藓植物非常繁茂。也有些种类水生。苔藓植物对大气中的 SO_2 较敏感，常可作为大气污染的监测植物。

6.4.2　苔藓植物的分类及常见代表

苔藓植物现存约 23000 种，中国约 2500 种。通常把苔藓植物划分为一个独立的门，即苔藓植物门(Bryophyta)，分为苔纲(Hepaticae)和藓纲(Musci)两个纲。也有人划分为 3 个纲，即苔纲、角苔纲(Anthocerotae)和藓纲。

1. 地钱

地钱为苔纲地钱目地钱属中最常见的植物，世界广布种。常生于沟边、温室地面、花盆以及其他阴湿墙脚和地面等处。地钱的配子体为扁平叶状，多次二叉分枝，深绿色或淡绿色，宽 1～2cm，长可达 5～10cm，中央具有 1 条中肋，边缘为波状。上表面有菱形网纹，每个网纹即为表皮层下的 1 个气室界限。每个网纹中央有 1 个小孔，即不能闭合的气孔。下表面有许多单细胞假根和由单层细胞构成的紫色鳞片。单细胞假根又分为两种类型：一为细胞壁平滑的简单假根；一为细胞内壁产生许多向内的舌状或瘤状突起的假根，称为瘤壁假根。叶状体前端的凹入处为生长点。将叶状体横切，可见有明显的组织分化，自上而下的结构是：上表皮、烟囱状的气孔、含有叶绿体的同化丝、气室、气室间隔层、不含叶绿体的薄壁组织、下表皮、假根和鳞片。

在地钱叶状体的背面有一种进行营养繁殖的杯状结构,称胞芽杯(gemma cup),其内产生多个绿色的胞芽(gemmae)。每个胞芽呈扁圆形,中部厚,边缘薄,两侧各有 1 个凹入,基部以 1 个透明的细胞着生于胞芽杯的底部。胞芽散落地面后,从两侧凹入处向外方生长,产生 2 个相对方向的叉形分枝,最后形成 2 个新的地钱叶状体。

地钱雌雄异株。雄株背面生出雄生殖(antheridiophore),又称雄器托或精子器托(图 6-21A)。雄生殖托有 2～6cm 长的托柄,柄端为边缘呈波状的圆盘状体,即托盘。托盘内有许多精子器腔,各腔内有 1 个精子器。托盘上表面有许多小孔,即为每个精子器腔的开口(图 6-21B),精子器中产生的精子随黏液由此孔逸出。雌生殖托(arehegoniophore)又称雌器托或颈卵器托,产生在雌株背面(图 6-21C),也具有 2～6cm 长的托柄,顶端盘状体的边缘有 8～10 条手指状稍下弯的芒线(ray),每 2 条指状芒线之间的盘状体处各确列倒生的颈卵器(图 6-21D),每列颈卵器的两侧各有 1 片薄膜,称蒴苞(involucre),对劲卵器有保护作用。地钱的雌、雄生殖托均是由雌、雄叶状体的组织分化而来,其基本结构和叶状体类似。

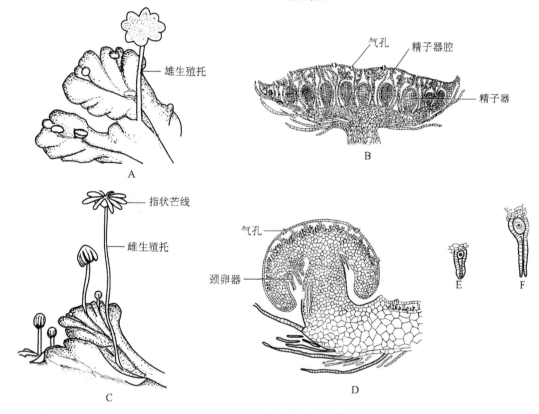

图 6-21　地钱的雌生殖托和雄生殖托

A—雄株和雄生殖托的外形;B—雄生殖托的纵切;C—雌株和雌生殖托的外形;
D—雌生殖托的纵切(自 Smith 等);E,F—颈卵器的放大

地钱的受精过程仍然需有水的条件,1 个精子与 1 个卵融合后形成受精卵。不经过休眠,受精卵在颈卵器中发育成胚,并继续发育成由孢蒴、蒴柄和基足 3 部分组成的孢子体。孢蒴近似为球形,无蒴盖、蒴齿、环带和蒴轴。孢蒴内的大部分孢原组织产生了孢子母细胞,经减数分裂产生许多单倍体的孢子。另有少部分孢原组织形成一些长形细胞,最后转化为丝状弹丝(elater),其孢壁具有螺旋状加厚,在受到干、湿条件的影响时,可发生扭曲弹动,有助于孢子的散发。地钱孢

子体的蒴柄很短,基足伸入雌托盘组织内吸取营养。此外,颈卵器也随着受精和孢子体的发育而逐渐长大,至孢子体形成时仍包在孢子体外面,这和葫芦藓不同。同时,围绕颈卵器基部的细胞,也随着颈卵器的发育和受精过程而不断地分裂,最后在颈卵器外面形成1个套筒状的保护结构,称为假蒴萼(pseudop erianth)。这样,对孢子体共有3层保护结构,即颈卵器、假蒴萼和蒴苞。孢蒴成熟时,顶部不规则纵裂,并由弹丝的弹动将孢子散出。在适宜条件下孢子萌发,产生仅有6~7个细胞的原丝体,每个原丝体仅形成1个叶状的配子体。

2. 角苔属

角苔属为角苔纲角苔科。配子体为叶状,叉形分瓣,呈不规则圆形,直径0.5~3cm。无气室和气孔的分化,无中肋。腹面具有单细胞假根。叶状体的腹面有胶质穴,其中有念珠藻共生。叶状体的每个细胞中仅具有1个大型的叶绿体,叶绿体中有1个蛋白核。雌雄同株,精子器和颈卵器均埋生于叶状体内。颈卵器中的卵受精后形成胚,然后突出叶状体背面发育成长角状的孢蒴。孢蒴中央有1个纤细的蒴轴,没有蒴柄,基足仍埋生于叶状体中(图6-22A)。成熟时孢蒴纵裂为两瓣。孢蒴中的孢子自上而下地成熟,在孢蒴中还有由1~4个细胞组成的假弹丝(图6-22E)。

角苔分布广泛,我国南北各省区均有。生于山区阴湿溪边和土坡。

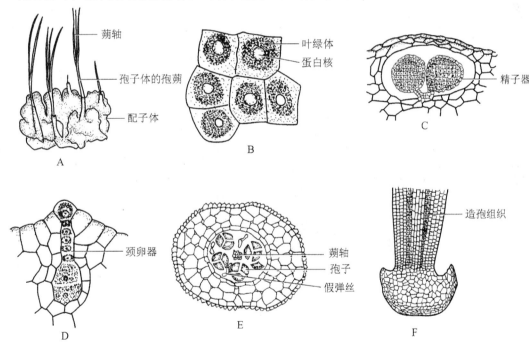

图6-22 角苔属

A—配子体和孢子体的外形;B—配子体的几个细胞;C—精子器的纵切;D—颈卵器的纵切;
E—孢蒴上部的横切;F—孢蒴基部的纵切

3. 葫芦藓

葫芦藓属(*Funaria*)属于真藓亚纲。多为小型土生藓类,常见于山地、路旁、庭园、花盆等富含有机质的湿润土壤。

葫芦藓(*Funaria hygrometrica*)。植物体(配子体)矮小直立,有茎、叶分化;茎细短,基部分枝,下生有假根;叶小而薄,有中肋。

雌雄同株异枝,即雌、雄生殖器官分别生于不同枝端。产生精子器的枝,顶端叶形较大,而且外张,数十个精子器聚生于枝顶中央。精子器棒状,外有1层不育细胞组成的壁,其内可产生多个具2条等长鞭毛的长形弯曲的精子。产生颈卵器的枝顶端叶片较窄而且紧包如芽,数个颈卵器生于枝顶中央。颈卵器形似长颈烧瓶,外有1层不育细胞组成的壁,内有1列颈沟细胞(neck canal cell),腹部有1卵细胞,卵上有1腹沟细胞(ventral canal cell)。成熟后,颈沟细胞和腹沟细胞解体,颈部顶端裂开。在有水条件下,精子游入颈卵器与卵结合,形成合子。合子不经休眠,在颈卵器内分裂,发育成多细胞胚。雌枝顶端所有颈卵器中的卵都可受精,但仅有1个颈卵器中的合子能发育成胚,余者都或早或晚的败育。胚细长形,继续发育成孢子体。孢子体由孢蒴(capsule)、蒴柄(seta)和基足(elater)三部分组成。孢蒴位于孢子体上部,葫芦状,其内有造孢组织,是产生孢子的部分;蒴柄连接孢蒴和基足;基足伸入到配子体组织吸取养料。孢子体不能独立生活,虽在成熟前也有一部分组织含有叶绿体,可以制造一部分养料,但主要还是靠配子体供给,是一种寄生或半寄生的营养方式。孢蒴中的造孢组织发育成的孢子母细胞经减数分裂产生多个孢子。孢子散发后,遇到适宜环境萌发成单列细胞的绿色原丝体(protonema)。以后,再从原丝体上产生多个芽体。每个芽体进一步发育成第二代茎叶体即配子体。至此,葫芦藓完成了一个生活周期(图 6-23)。

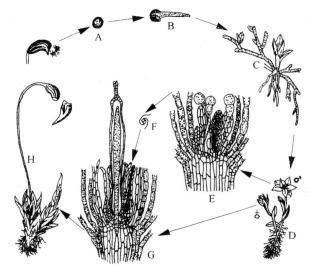

图 6-23　葫芦藓

A—孢子;B—孢子萌发;C—具芽的原丝体;D—成熟植物体具有雌雄配子体;

E—雄器托纵切面;F—精子;G—雌器托纵切面隔丝;H—成熟孢子体仍着生在配子体上,

孢蒴蒴盖脱落后,孢子散发出蒴外

6.4.3　苔藓植物的经济价值

1. 植物界的拓荒者

苔藓植物不断分泌酸性物质来溶解岩面,促进岩石风化和土壤形成,为其他植物创造生存条件。

2. 指示环境污染

苔藓构造简单,表面无几丁质,对外界物质的吸收是整体性的,同时苔藓植物易于进行化学分析,这一系列特征使苔藓植物成为仅次于地衣的对大气污染最敏感的指示植物。

3. 保护水土和包装运输

苔藓植物一般都有很大的吸水能力,尤其是当密集丛生时其吸水量可达植物体干重的15～20倍,而其蒸发量却只有净水表面的1/5,在防止水土流失上起着重要作用。园艺上常用苔藓来包装和运输新鲜的苗木或花卉,苔藓还可作为播种后的覆盖物或盆景装饰物。

4. 在湖泊演替为陆地和陆地的沼泽化中起重要作用

苔藓植物在湖泊、沼泽中大片生长时上部藓层逐渐扩展而下部藓层死亡,腐朽部分愈堆愈厚,可使湖泊、沼泽干枯,逐渐陆地化。苔藓植物在陆地的沼泽化中也起重要作用。

5. 泥炭燃料

泥炭藓或其他藓类所形成的泥炭可作燃料及肥料。俄罗斯和爱尔兰用泥炭发电;在芬兰和瑞典用泥炭作为工业和城市的供热燃料。

6. 药用

大金发藓(*P. commun Hedw*,即本草中的土马棕)有清热解毒作用,全草能乌发、止血、活血、利便;暖地大叶藓[*R. giganteum*(Hedw.)Limper]对心血管病有较好的疗效;仙鹤藓属(*Atrichuum*)和金发藓属的有些种类的提取液对金黄色葡萄球菌有较强的抗菌作用,对兰氏阳性菌有抗菌作用;泥炭藓属的一些种类可代替棉花用作医用敷料。

7. 五倍子蚜虫的冬寄主植物

五倍子是生长在漆树科盐肤木属植物叶上虫瘿之总称,是由多种倍芽寄生在盐肤木的叶组织内而刺激叶肉组织膨起的构造,是重要的制药、化工、石油和冶金等工业原料。在五停蚜虫的生活周期中,盐肤木类植物被称为倍蚜的夏寄主,当冬天来临时倍蚜转移至一些苔藓:物上越冬,这类苔藓被称为冬寄主。目前冬寄主藓类已有约 20 种,包括羽藓属(*Thuidium*)青藓属(*Brachythecium*)、同蒴藓属(*Homalothecium*)、灰藓属(*Hypnum*)等。

6.5　蕨类植物

6.5.1　蕨类植物的主要特征

蕨类植物(Pteridophyta)又称羊齿植物(fern plant),是孢子植物中进化水平最高的类群。由于蕨类植物孢子体内出现了维管组织的分化,具有真正的根、茎和叶,因此,它们与种子植物统称为维管植物(vascular plant)。但是,蕨类植物不产生种子的特征又有别于种子植物。蕨类植物约有12000 种,寒带、温带、热带都有分布,但以热带、亚热带为多。我国云南、贵州、四川、广东、广西、福建、台湾等省(自治区),蕨类植物种类和数量极为丰富,在世界蕨类植物中占有重要地位。其中云南省有"蕨类植物王国"的美誉。蕨类植物多生于林下、山野、溪旁、沼泽等较为阴湿的环境中。

蕨类植物具有孢子减数分裂的异型世代交替,孢子体与配子体各自独立生活。蕨类植物孢子体占优势。孢子体一般为多年生草本,除极少数原始种类外,均有根、茎、叶分化。蕨类植物在长期适应陆地生活过程中产生了维管组织。蕨类植物的木质部主要由管胞和薄壁组织构成,无导管;韧皮部主要由筛胞、筛管和薄壁组织构成。绝大多数种类无维管形成层。根据叶的形态、结构和功能等的不同,可分为小型叶和大型叶,营养叶(不育叶)和孢子叶(能育叶),同型叶和异型叶。蕨类植物无性生殖器官是多细胞的孢子囊,孢子母细胞经过减数分裂形成孢子。

蕨类植物的孢子萌发后形成配子体,又称原叶体。配子体微小,无根、茎和叶分化,生活期短,但能够独立生活。

蕨类植物的有性生殖器官为精子器和颈卵器。精子器中产生的精子与颈卵器中产生的卵细胞在有水条件下进行受精作用,受精卵发育成胚,进一步形成配子体(图 6-24)。因而,蕨类植物的发展和分布仍受到水的限制,现存种类大多只能生活在温暖而潮湿的地区。

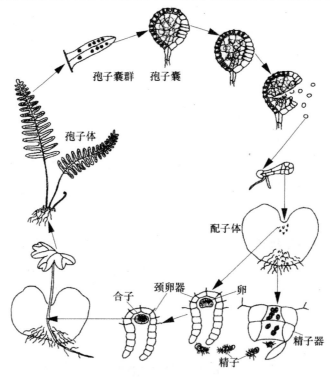

图 6-24　蕨类植物的生活史

6.5.2　蕨类植物的分类及常见代表

依照秦仁昌教授的分类,将蕨类植物分为 5 个亚门,即松叶蕨亚门(Psilophytina)、石松亚门(Lycophytina)、水韭亚门(Isoephytina)、楔叶亚门(Sphenophytina)和真蕨亚门(Filicophytiona)。由于前四个亚门均为小型叶蕨类,故合称拟蕨类(fern allies)。

1. 松叶蕨亚门

孢子体仅具假根,叶为小型叶,具有根状茎和地上气生茎。茎多次二叉分枝,厚孢子囊 2～3 个形成聚囊生于孢子叶近顶端,孢子同型,配子体柱状,有分支,不含叶绿体,与真菌共生。雌雄同体,游动精子螺旋形,具多数鞭毛。

代表植物有松叶蕨(Psilotum nudum Grisob)绿色二叉分枝的地上茎,基部棕红色,上部绿色少孢子囊黄色;孢子叶二叉状。孢子囊 3 室。

2. 石松亚门

孢子体有不定根;茎多数为二叉分枝的气生茎,原生中柱;小型叶螺旋状排列或对生;孢子囊单生于孢子叶叶腋或近叶腋处,孢子叶常集生成孢子叶球,孢子同型或异型;配子体块状,精子具两条鞭毛。

卷柏属(*Selaginella*)的孢子体通常匍匐,草本,有背腹面之分,匍匐茎中轴有向下生长的细长根托(rhizophore);根托无叶,无色,无根冠;叶为小型叶,有叶舌（ligule）;孢子叶通常集生成孢子叶球;孢子囊异型,大孢子囊产生 1～4 个大孢子,小孢子囊有多个小孢子。

卷柏属植物多生活在潮湿林下、草地或岩石上。常见种有卷柏(*S. tamariscina*)、中华卷柏(*S. sinensis*)、伏地卷柏（*S. nipponica*)等(图 6-25)。

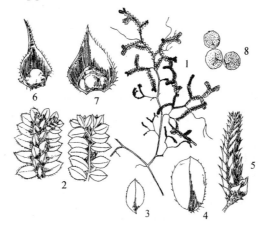

图 6-25 中华卷柏
1—植株;2—着生小枝的背面和腹面;3—中叶;4—侧叶;
5—孢子囊穗;6—小孢子叶和小孢子囊;7—大孢子叶和大孢子囊;8—大孢子

3. 水韭亚门

现存水韭亚门仅水韭属(*Isoetes*)1 属,70 多种;我国有 3 种,常见代表为中华水(*I. sinensis* Palmer)。孢子体的叶细长似韭,螺旋状着生于块茎上,不定根须状。孢子叶有大、小之分,大孢子叶多生外周,小孢子叶生于中央,孢子囊生于孢子叶近轴面基部的小穴中,孢子囊上方有一叶舌;孢子异型,配子体单性,精子具有多鞭毛(图 6-26)。

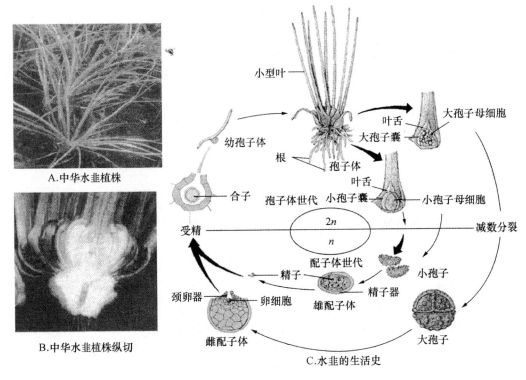

A.中华水韭植株

B.中华水韭植株纵切

C.水韭的生活史

图 6-26　中华水韭及其生活史

4. 楔叶亚门

孢子体不定根着生于根状茎节上;茎具明显的节和节间,节间中空;小型叶轮生成鞘状。变态成孢囊柄的孢子叶在枝顶集生成孢子叶球;孢子同型或异型,周壁具弹丝;配子体垫状,基部具假根,精子具多个鞭毛。

问荆属(*Equisetum*)隶属于木贼纲。孢子体为多年生草本,具根状茎和气生茎,均有节和节间之分,节间中空。节上生有不定根。气生茎有营养枝(Vegetative stem)和生殖枝(fertile stem)之分。营养枝在夏季生出,节上轮生许多分枝,绿色,能行光合作用,不产生孢子囊;生殖枝在春季生出,短而粗,棕褐色,小分枝,枝端能产生孢子叶球,孢子叶盾状(peltate),下生多个孢子囊,孢子同型,具两条弹丝,弹丝有干湿运动,有助于孢子囊开裂和孢子散出。问荆产生的孢子有一半萌发为雄配子体,一半萌发为雌配子体。

该亚门常见种类有问荆(*E. arvense*)、节节草(*E. ramosissimum*)和木贼(*E. niemale*)等(图6-27)

5. 真蕨亚门

真蕨是现今最繁茂的蕨类植物,其孢子体发达,叶为大叶型。孢子体有根、茎、叶的分化。叶为奇数羽状复叶,叶柄基部密生褐色鳞片,幼叶拳卷。具有缩短的地下茎,其上生有不定根。

生长到一定时期,其叶背长出许多"孢子囊群"。每一囊群上有"孢子囊群盖",其下生有许多"孢子囊"。孢子囊发育过程中,产生许多孢子母细胞。孢子母细胞经减数分裂产生许多小孢子,孢子成熟时于唇细胞裂开处散出。孢子在适宜的环境中,萌发成为心脏形的扁平配子体。

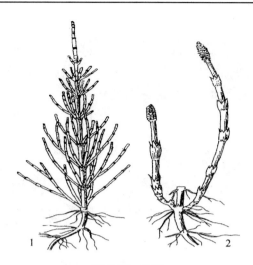

图 6-27　问荆

1—植株；2—孢子枝

配子体构造简单，含叶绿体，能进行光合作用，能独立生活。接触地的一面为腹面，有假根，假根之间生有许多精子器。配子体腹面心形凹陷之处有许多颈卵器，内有卵细胞，在有水条件下受精，产生合子。合子在颈卵器中发育成胚，而后成长为幼小的孢子体，幼小的孢子体还暂依附配子体。不久配子体死去，成长为独立的孢子体，孢子体能独立生活。

世代交替非常明显。从合子起，染色体是 2N，便是孢子体世代开始。受精卵在颈卵器中发育成胚，胚发育成幼小的孢子体。孢子体具明显的根、茎、叶，能进行独立生活。叶背生有孢子囊，孢子囊内的孢子母细胞经减数分裂，产生单倍体 N 的孢子，便是配子体世代或有性世代的开始。这种孢子萌发长成心脏形的原叶体（配子体）。原叶体上产生精子器和颈卵器，内有精子或卵，精卵结合产生合子，合子萌发形成孢子体。这样从无性世代的孢子体产生有性世代的配子体，又从有性世代的配子体产生无性世代的孢子体，无性世代与有性世代相互更替，称为世代交替。

根据孢子囊着生位置、孢子囊形态结构、孢子囊发育的方式和顺序，将真蕨亚门划分为三个纲：厚囊蕨纲：孢子囊壁厚，由几层细胞组成，孢子囊由一群细胞起源，如瓶尔小草、观音座莲；原始薄囊蕨纲：孢子囊壁由一层细胞组成，孢子囊由 1 个或一群细胞起源，如华南紫萁；薄囊蕨纲：孢子囊由一层细胞构成孢子囊由一个细胞起源。

真蕨类植物很多，现存的约有 10000 余种，广布于世界各地。多生于沟谷或阴湿环境中。常见的有海金沙（Lygodinm japonicum Sw.）、铁线蕨（Adiantum capillus－yen－eris L.）、苹（M rsilea quadrifolia L.）、芒萁（Dicranopteris dichotoma（Thunb.）Bernh.）、满江红（Azolla imbri-cate（Roxb.）Nakai.）、贯众（C yntomiumfortunei J. Sm. Fems Brit&Fore.）、金毛狗（Cibotium barometz）等（图 6-28）。

6.5.3　蕨类植物的经济价值

蕨类植物的经济价值和生态价值主要有以下几个方面。

1. 食用

多种蕨类可食用。著名的种类如蕨、紫萁、荚果蕨、菜蕨（*Callipteris esculenta*）、毛轴蕨

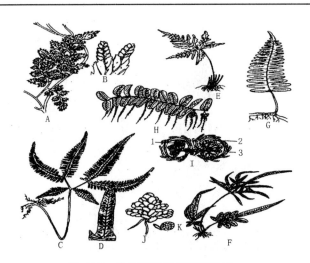

图 6-28　常见真蕨亚门植物代表

A、B—海金沙;C、D—芒萁;E—银粉背蕨;F—井栏边草;

G—水龙骨;H、I—槐叶萍;J、K—满江红

(*Pteridium revolutum*)等多种蕨类的幼叶可食。蕨的根状茎富含淀粉,可食用和酿酒。桫椤茎中含的胶质物也可食用。

2. 药用

据不完全统计,至少有 100 余种蕨类植物有药用价值,如石松的全草有舒筋活血、祛风散寒、利尿通经之效;海金沙有利尿、通淋和治烫火伤的功效;金毛狗(*Cibotium barometz*)的根、茎可补肝肾、强腰膝、除风湿和利尿;骨碎补(*Davallia mariesii*)有坚骨和补肾功效;肾蕨可用于治疗感冒咳嗽、肠炎腹泻以及产后浮肿等;蕨可用于驱风湿、利尿解热和治疗脱肛;银粉背(*Aleuritopteris argentea*)有止血作用;贯众的根状茎可驱虫解毒、治流感,还可作农药;萍有清热解毒、利水消肿、外用治疮痛和毒蛇咬伤的;槐叶萍可治虚劳发热、湿疹,外敷治丹毒等。

3. 工、农业和生态修复上的用途

(1)工业上的用途

石松的孢子可作为冶金工业上的脱模剂,还可用于火箭、信号弹、照明弹的制造工业中作为突然起火的燃料。

(2)农业上的用途

有的水生蕨类为优质绿肥,如满江红,由于叶内有共生的固氮蓝藻可以固定大气中的氮,因而可提高稻田的氮素营养,也可用来作绿肥。同时,它还是家畜、家禽的优质饲料。蕨类植物大多含有单宁,不易腐烂和发生病虫害,常用于苗床的覆盖材料。

(3)重金属超富集植物及其在污染环境修复中的应用

有些蕨类植物对重金属有很强的耐受性和超富集作用,如蜈蚣草(*Pteris vittata*)就是世界上发现的第一种对砷(As)超富集的植物(hyperaccumulator),并发现它对锌(Zn)也有较强的耐受性和富集作用。研究发现,蜈蚣草孢子体羽叶中含砷可达 5070mg/kg,在7000～10000mg/kg时仍然可以正常生长。同样,它的配子体也可以在 8480mg/kg 砷酸盐的培养液中正常生长,对砷的积累量可占配子体干重的 2.5%。现在蜈蚣草已经被成功地应用于受到砷污染环境的生态修复治理。

4. 指示植物

(1)土壤指示蕨类

铁线蕨、凤尾蕨(*Pteris*)等属中的一些种为强钙性土壤的指示植物;芒萁属为酸性土壤指示植物。

(2)气候指示蕨类

桫椤生长区域表明为热带、亚热带气候地区;巢蕨、车前蕨的生长地表明为高湿度气候环境。

(3)矿物指示蕨类

木贼科的某些种可作为某些矿物(金)的指示植物,对勘探某些矿藏有参考价值。

5. 观赏价值

许多蕨类植物形姿优美,具有很高的观赏价值,为著名的观叶植物类。如铁线蕨、巢蕨属(*Neottopteris*)、鹿角蕨属(*Platycerium*)、桫椤、荚果蕨、肾蕨等。

6. 科学研究上的价值

由于蕨类植物有许多特点,如它们的配子体可以独立生活,容易培养,周期短,性器官和受精过程易于观察和操作等,所以它们是研究配子体性别决定、分化、性器官发育和受精过程的好材料,而且也为运用分子生物学的手段进行研究提供了方便。现在已知,水蕨属(*Ceratopteris*)就被认为是非常好的研究植物性别决定的模式植物,它已越来越多地引起广大学者的重视。

6.6 裸子植物

6.6.1 裸子植物的主要特征

1. 孢子体发达

裸子植物均为木本植物,大多数为单轴分枝的高大乔木,少数为灌木、亚灌木,稀为木质藤本;主根发达,形成强大的根系;维管系统发达,具有形成层和次生生长;木质部大多数只有管胞,韧皮部只有筛管而无筛管和伴胞;叶多为针形、条形或鳞形,极少数为扁平的阔叶;叶表皮有较厚的角质层和下陷的气孔,气孔单列成气孔线,多条气孔线紧密排列成浅色的气孔带(stomatal band)。

2. 孢子叶聚生成球花

裸子植物的孢子叶(sporophyll)大多聚生成球果状(strobiliform),称为球花(cone)或孢子叶球(strobilus)。球花单生或多个聚生成各种球序,通常都是单性,同株或异株。雄球花(male cone)又称小孢子叶球(staminate strobilus),由小孢子叶(雄蕊)聚生而成,每个小孢子叶下面生有小孢子囊(花粉囊),内有多个小孢子母细胞(花粉母细胞),经过减数分裂产生小孢子(单核期的花粉粒),再由小孢子发育成雄配子体(花粉粒)。雌球花(female cone)又称大孢子叶球(ovulate strobilus)，由大孢子叶（心皮）丛生或聚生而成。大孢子叶为羽状（苏铁）或变态为珠鳞（ovuliferous scale）（松柏类）、珠领（collar）（银杏）、珠托（红豆杉）、套被（罗汉松）等。大孢子叶的腹面（近轴面）生有 1 至多个裸露的胚珠。珠心（大孢子囊）中有 1 个大孢子母细胞，经过减数分裂产生 4 个大孢子，但仅远珠孔端的 1 个大孢子发育成雌配子体。

3. 具有裸露的胚珠

胚珠是种子植物特有的结构，它是由珠心和珠被组成的，珠心相当于蕨类植物的大孢子囊，珠被是珠心外的保护结构，在裸子植物中为单层。裸子植物的胚珠裸露，不为大孢子叶所形成的心皮所包被。胚珠成熟后形成种子。种子由胚、胚乳和种皮组成，包含 3 个不同的世代：胚来自受精卵，是新的孢子体世代（2n）；胚乳来自雌配子体，是配子体世代（n）；种皮来自珠被，是老的孢子体世代（2n）。但种子裸露，外面没有果皮包被，故称裸子植物。种子的产生对植物的繁衍具有重要的意义，首先，种皮对胚有很好的保护作用，使胚免受外界环境的损伤，大大延长了种子的寿命；其次，胚乳又为胚的萌发提供了丰富的营养保证。

4. 配子体与孢子体

雄配子体是由小孢子发育成的花粉粒，在多数种类中仅由 4 个细胞组成：2 个退化的原叶细胞、1 个生殖细胞和 1 个管细胞。雌配子体由大孢子发育而来，除百岁兰属（*Weiwitschia*）和买麻藤属（*Gnetum*）外，雌配子体的近珠孔端均产生 2 至多个颈卵器，但结构简单，埋藏于雌配子体中。颈卵器通常有 4 个颈细胞，内有 1 个卵细胞和 1 个腹沟细胞，无颈沟细胞，比蕨类植物的颈卵器更加退化。雌、雄配子体均无独立生活的能力，完全寄生在孢子体上。

5. 花粉管与受精作用

裸子植物的花粉管（雄配子体）。通常由风力传播，再由传粉滴的作用进入贮粉室，花粉在贮粉室萌发形成花粉管，将精子直接送达颈卵器内与卵结合形成合子，完成受精作用，受精作用不再受水限制。

6. 具有多胚现象

裸子植物中普遍具有两种多胚现象（polyembryony），一种为简单多胚现象（simple polyembryony），即由 1 个雌配子体上的几个颈卵器的卵细胞分别受精，各自发育成 1 个胚，形成多个胚；另一种是裂生多胚现象（cleavage polyembryony），即 1 个受精卵在发育过程中由原胚细胞分裂为几个胚的现象。

6.6.2 裸子植物的生活史

裸子植物多为木本植物，一般具长枝和短枝之分，长枝上生鳞叶，短枝顶生 1 束针叶，网状中柱；孢子叶球单性，同株。小孢子叶球生在每年新生长枝的基部，小孢子囊厚囊性发育，小孢子母细胞经减数分裂形成小孢子，小孢子具气囊；大孢子叶球 1 个或几个生于每年新枝的近顶端，大孢子叶变态为珠鳞和苞鳞，在珠鳞基部近轴面生有 2 个胚珠，珠心中的大孢子母细胞，经减数分裂形成大孢子。小孢子经 3 次不等的分裂形成 4 个细胞的花粉粒即为雄配子体。大孢子在珠心发育而成，经过休眠后，发育形成多个颈卵器，每个颈卵器中通常有 4 个颈细胞、1 个腹沟细胞和

1 个卵细胞。花粉粒借风力传播,随传粉滴进入珠孔后,管细胞开始深长,迅速长出花粉管,生殖细胞分裂成柄细胞和精原细胞,当花粉管进入珠心相当距离后暂时停止生长、休眠,等待雌配子体的成熟。次年春季,经过休眠后的精原细胞分裂为 2 个精子,到达卵细胞处,与卵结合形成受精卵。受精卵先进行 3 次连续的核分裂后形成细胞壁,以后再分裂 1 次形成原胚,分为上层、莲座层、初生胚柄层和胚细胞层。原胚的上层有吸收作用,不久解体;莲座层分裂几次后也解体;初生胚柄层细胞伸长成为初生胚柄,胚细胞层的细胞也进行横分裂,其中与初生胚柄相连的一些细胞伸长,发育成次生胚柄,与初生胚柄一起组成胚柄系统;次生胚柄顶端的胚细胞发育成胚。胚在发育过程中出现了多胚现象。胚进一步分化形成胚根、胚轴、胚芽和子叶。胚为二倍体,是新一代植物体的雏形。胚、胚乳、种皮构成种子。种子经过一段时间的休眠,在适宜的环境条件下萌发产生幼苗,并进一步发育成新的孢子体(图 6-29)。松的生活史时间长,第一年 7~8 月形成花原基,冬眠;第二年 4—5 月开花传粉,花粉粒寄生在珠心中,同时,大孢子形成,发育成雌配子体;第三年 3 月,雌配子体和花粉管继续发育,6 月初受精,胚开始发育,10 月,球果和种子成熟。

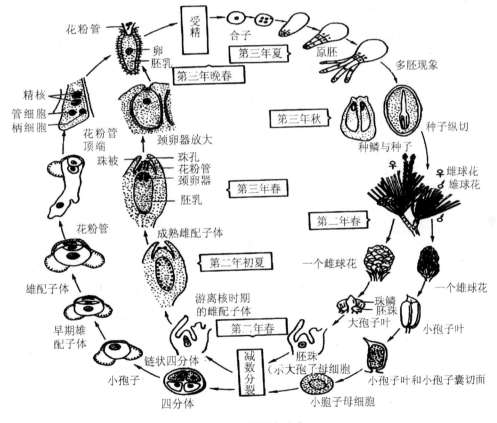

图 6-29　松属生活史

6.6.3　裸子植物的分类及常见代表

裸子植物是最进化的颈卵器植物,在 3 亿年前的古代最为繁盛。现存的裸子植物共有 12 科,71 属,约 800 多种。我国有 11 科,41 属,近 300 种。

1. 苏铁纲

苏铁纲现仅存 1 目 3 科 11 属,约 209 种,分布于热带或亚热带地区。我国仅苏铁属(Cycas)
1 属,约 15 种,最常见的是苏铁(C. revoluta)。常绿木本,茎干粗壮,常不分枝。大型羽状复叶簇
生于茎顶;鳞叶小,密生褐色毛;雌雄异株,球花顶生;大孢子叶羽毛状;精子具多根鞭毛。

2. 银杏纲

银杏纲现仅存 1 目 1 科 1 属 1 种,即银杏(Ginkgo biloba),为我国特产,国内外广泛栽培。
落叶乔木,枝条有长短之分,叶扇形,先端二裂或波状缺刻,具分叉脉序,在长枝上螺旋状散生,在
短枝上簇生(图 6-30);球花单性,雌雄异株,精子具多根纤毛;种子核果状。

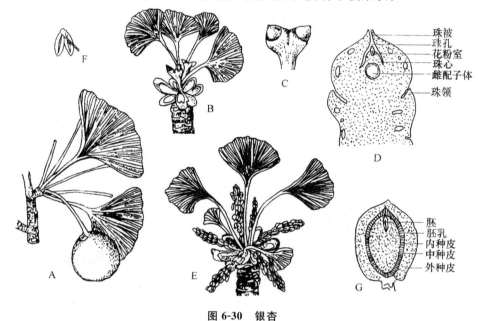

图 6-30　银杏

A—长、短枝及种子;B—着生大孢子叶球的短枝;C—大孢子叶球;

D—胚珠和珠领纵切面;E—着生小孢子叶球的短枝;F—小孢子叶;G—种子纵切面

3. 松柏纲

松柏纲常绿或落叶乔木,稀为灌木,茎多分枝,常有长、短枝之分;茎的髓部小,次生木质部发
达,由管胞组成,无导管,具有树脂道(resin duct)。叶单生或成束,针形、鳞形、钻形、条形或刺
形,螺旋着生或交互对生或轮生,叶的表皮通常具有较厚的角质层及下陷的气孔。孢子叶球单性
同株或异株,孢子叶常排列成球果状。小孢子有气囊或无气囊,精子无鞭毛。球果的种鳞与苞鳞
离生(仅基部合生)、半合生(顶端分离)及完全合生。种子有翅或无翅,胚乳丰富,子叶 2～10 枚。
松柏纲植物因叶子多为针形,故称为针叶树或针叶植物;又因孢子叶常排成球果状,也称为球果
植物。松柏纲的挖根生植物如图 6-31 所示。

(1)松科(Pinaceae)

乔木;叶鳞形、针形或条形,在长枝上螺旋状散生,在短枝上簇生;针形叶 2～5 针成束,着生
于极度退化的短枝顶端,基部包有叶鞘。孢子叶球单性同株;大孢子叶球由多数螺旋状着生的珠

| 马尾松 | 华北落叶松 | 龙柏 | 水杉 | 侧柏 |

图 6-31 松柏纲代表植物

鳞和苞鳞组成,每个珠鳞腹面有 2 枚倒生胚珠,背面的苞鳞与珠鳞分离,花后珠鳞发育成种鳞。球果直立或下垂;种子常有翅;胚具 2~16 枚子叶。松科有 10 属 230 种,我国连引入栽培的共有 10 属 113 种,常见代表植物有云南松(*Pinus yunnanensis* Franch.)、华山松 (*P. armandi* Franch.)、马尾松(*P. massoniana* Lamb.)、油松(*P. tabulae formis* Carrb.)、红松(*P. koraiensis* Sieb. et Zucc.)、白皮松(*P. bungeana* Zucc. ex Endl.)、獐子松(*P. sylvestris*I L. var. mongolica Litvin)、苍山冷杉(*A. bies delavayi* Franch.)、臭冷杉[(Trautv.) Maxim.]、冷杉[*A. fabri* (Mast.)Craib]、百山祖冷杉(*A. beshanzuensis*I M. H. Wu)、丽江云杉[*P. likiangensis*(Franch.) Pritz.]、落叶松[*Larix gmelini*(Rupr.)Rupr.]、金钱松[*Pseudolarix amabilis*(Nelson)Rehd.]、雪松[*Cedrus deodara*(Roxb.)G. Don]、云南油杉 *Keteleeria evelyniana* Mast.)等。

(2)杉科

主要有杉木(C. 1anceolata(Lamb.)Hook.),常绿乔木。叶条状披针形,边缘有锯齿,螺旋状着生,叶的上、下两面均有气孔线。为我国特产,分布于长江流域以南各省区及台湾省。柳杉(Cryptomeria fortune Hooibrenk ex Otto et Dietr.)常绿乔木,叶钻形,螺旋状排列略成 5 行列,背腹隆起。产于浙江天目山等地,为我国特有树种。水杉(M. glyptostroboides Hu et Cheng),为我国特产,是稀有珍贵的子遗植物,分布于四川石柱县、湖北利川县、湖南西北部等地,现各地普遍栽培。

(3)柏科

主要有侧柏(P. orientalis (Linn.)Franco),为我国特产,几乎遍布全国,为造林或观赏树种。柏木(Cupressus funcbris Endl.),为我国特有树种,分布广泛。圆柏(S. chinensis(Linn.)Ant.)。刺柏(Juniperus formosana Hayata)冬芽显著,叶全为刺形,3 叶轮生,为我国特产。

4. 买麻藤纲

买麻藤纲有 3 目,3 科,3 属,约 80 种;我国有 2 科,2 属,19 种。常见种类有草麻黄(*Ephedra sinica*)(图 6-32)、木贼麻黄(*E. equisetina*)、买麻藤(*Gnetummontanum*)等。灌木、亚灌木或木质藤本,稀乔木。次生木质部由导管组成,无树脂道;叶对生或轮生。球花单性,有类似于花被的盖被(假花被);胚珠 1 枚,具珠孔管(micropylar tube);精子无鞭毛;除麻黄科外,雌配子体均无颈卵器。种子具 2 枚子叶,包于由盖被发育来的假种皮中,胚乳丰富。

图 6-32 草麻黄

1—植株;2—雄球花;3—成熟的雌球花

6.6.4 裸子植物的经济价值

1. 食用和药用

许多裸子植物的种子可食用或榨油,如华山松(Pinus armandii Franch.)、红松、香榧(Torreya grandis Fort.)及买麻藤等的种子,均可炒熟食用。近年研制开发的"松花粉"是一种极具推广价值的营养保健品。药用的种类也很多:苏铁的种子除食用(微毒)外,可药用;银杏和侧柏的枝叶及种子、麻黄属植物的全株均可入药;值得一提的是,近年来已从三尖杉和红豆杉的枝、叶及种子中分别分离出了三尖杉酯碱、紫杉醇等具有抗癌活性的多种生物碱,用于抗癌药物的提制。

2. 林业生产中的作用

裸子植物大多为乔木,是地球植被中森林的主要组成成分,由裸子植物组成的森林,约占世界森林总面积的80%,在水土保持和维护森林生态平衡方面发挥了重要的作用。我国东北大兴安岭的落叶松林、小兴安岭的红松林、陕西秦岭的华山松林、甘肃南部的云杉、冷杉林以及长江流域以南的马尾松林和杉木林等均在各林区占主要地位,为我国的建筑工业和造纸工业提供了主要的木材资源。裸子植物一般耐寒,对土壤的要求也不苛刻,枝少干直,易于经营,因此,我国目前的荒山造林首选针叶树,冷杉(Abies spp)、云杉(Picea spp)、杉木、油松、马尾松等已成为重要的人工造林树种。

3. 工业上的应用

裸子植物的木材可作为建筑、飞机、家具、器具、舟车、矿柱及木纤维等工业原料。多数松杉类植物的枝干可割取树脂用于提炼松节油等副产品,树皮可提制栲胶。

4. 观赏和庭院绿化

大多数的裸子植物都为常绿树,树形优美,寿命长,易修剪,是重要的观赏和庭院绿化树种,如苏铁、银杏、雪松、油松、白皮松、华山松、金钱松、水杉、金松、侧柏、圆柏、南洋杉、罗汉松等,其中雪松、金松、南洋杉被誉为世界三大庭院树种。

6.7　被子植物

6.7.1　被子植物的形态特征

被子植物(Angiosperm)是植物界中适应陆生生活的最高级、多样性最丰富的类群。全世界的被子植物有 12600 属,25 万多种;我国有 3100 多属,约 3 万种。被子植物之所以能够如此繁盛,与其特征密不可分。

1. 孢子体更加发达完善

在外部形态、解剖结构、生活型等方面,被子植物孢子体比其他植物类群更加完善和多样化。外部形态上,被子植物多具有合轴式分枝和阔叶,光合作用效率大为提高;解剖结构上,被子植物木质部中有导管、管胞,韧皮部中有筛管和伴胞,输导作用更强;生活型上,被子植物有水生、石生、土生等,有自养种类,也有腐生和寄生植物,有乔木、灌木和藤本植物,也有一年、两年和多年生草本植物。

2. 产生了真正的花

典型被子植物的花一般由花柄、花托、花被、雄蕊群和雌蕊群五部分组成。花被的出现提高了传粉效率,也为异花传粉的进行创造了条件。在长期自然选择过程中,被子植物花的各个部分不断演化,以适应虫媒、风媒、鸟媒和水媒等各种类型的传粉机制。

3. 形成了果实

雌蕊中的子房受精后发育为果实,子房内的胚珠发育为种子;种子包裹在果皮里面,使下一代植物体的生长和发育得到了更可靠的保证,同时还有助于种子传播。

4. 孢子体进一步发达和分化

被子植物的孢子体在生活史中占绝对优势,从形态、结构、生活型等方面都比其他各类群更加完善化、多样化。从生活型来看,有水生、沙生、石生和盐碱生的植物;有自养的植物,也有附生、腐生和寄生的植物;有乔木、灌木、藤本植物,也有一年生、二年生、多年生的草本植物。在形态上,一般有合轴式的分枝以及大而阔的叶片。在解剖构造上,输导组织的木质部中具有导管,韧皮部具有筛管和伴胞,由于输导组织的完善,使体内的水分和营养物质的运输畅通无阻,而且机械支持能力得到加强,就能够供应和支持总面积大得多的叶子,增强光合作用的效率。

5. 配子体进一步退化

被子植物的配子体达到了最简单的程度。小孢子即单核花粉粒发育成的雄配子体,只有 2 个细胞,即管细胞和生殖细胞,少数植物在传粉前生殖细胞就分裂 1 次,产生 2 个精子,所以这类植物的成熟花粉粒有 3 个细胞。大孢子发育为成熟的雌配子体称为胚囊,胚囊通常只有 7 个细胞:3 个反足细胞、1 个中央细胞(包括 2 个极核)、2 个助细胞、1 个卵细胞。无颈卵器结构。可见,被子植物的雌、雄配子体均无独立生活的能力,终生寄生在孢子体上,结构上比裸子植物更加简化。

6.7.2　裸子植物生活史

被子植物生活史见图 6-33。

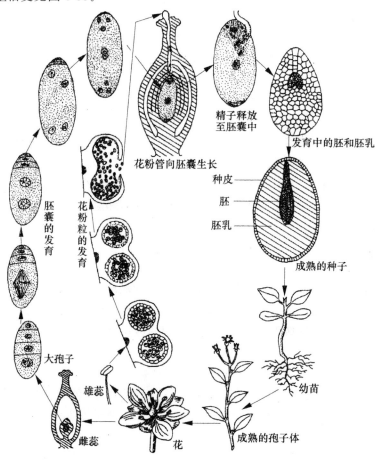

图 6-33　裸子植物生活史

第7章　植物基因的克隆

7.1　植物基因工程概述

7.1.1　基因工程技术的诞生

从 20 世纪 40 年代起,科学家们从理论和技术两方面为基因工程的产生奠定了坚实的基础。概括起来,从 40 年代到 70 年代初基因工程诞生,现代分子生物学领域理论上的三大发现及技术上的三大发明对基因工程的诞生起到了决定性的作用。

1. 三大理论基础

20 世纪 40～60 年代,分子生物学上的三大发现为基因工程的诞生奠定了理论基础。一是 40 年代 Avery 等人通过肺炎球菌转化试验证明了生物的遗传物质是 DNA,而且证明了通过 DNA 可以把一个细菌的性状转移给另一个细菌,这一发现被誉为现代生物科学的开端,也是基因工程技术的理论先导;二是 50 年代 Watson 和 Crick 发现了 DNA 分子的双螺旋结构及 DNA 半保留复制机理,确立了核酸作为信息分子的物质和结构基础,提出了碱基配对是核酸复制、遗传信息传递的基本方式,为认识核酸与蛋白质的关系及其在生命中的作用打下了最重要的基础;三是 60 年代关于遗传信息中心法则的确立,即生物体遗传信息是按 DNA→RNA→蛋白质的方向进行传递的。

Avery 等人关于 DNA 是遗传物质的发现和遗传信息中心法则的阐述,表明决定生物体具有不同性状的关键物质——蛋白质分子的产生是由生物体中 DNA 所决定的,可以通过对 DNA 分子的修饰改造改变生物的性状,根据 DNA 半保留复制的机理、对 DNA 分子的修饰改造可以通过 DNA 的复制进行传递,因此,三大理论的发现为基因工程技术的诞生奠定了理论基础。

2. 三大技术发明

(1)工具酶

Smith 和 Wilcox,于 1970 年,在流感嗜血杆菌中分离并纯化了限制性核酸内切酶 Hind Ⅱ,使 DNA 分子的切割成为可能。随后,Boyer 实验室又发现了 *Eco* R 限制性核酸内切酶。以后,又相继发现了大量类似于 *Eco* R I 的限制性核酸内切酶,从而使研究者可以获得所需的 DNA 特殊片段,为基因工程提供了技术基础。

(2)载体

基因工程的载体研究先于限制性核酸内切酶,从 1946 年起,Lederberg 开始研究细菌的抗性因子——F 因子,以后相继发现其他质粒,如抗药性因子(R 因子)、大肠杆菌素因子(Col 因子)等。1973 年,Cohen 首先将质粒作为基因工程的载体使用。

（3）逆转录酶（反转录酶）

1970年，Temin等人和Baltimore等人同时各自发现了逆转录酶，修正了传统的中心法则，使真核基因的制备成为可能。Temin等于1975年因发现逆转录酶而获诺贝尔生理学与医学奖。

具备了以上的理论与技术基础，基因工程诞生的条件已经成熟。1972年，Berg等发表了题为"将新的遗传信息插SV40病毒DNA的生物化学方法"的论文，标志着基因工程技术的诞生；1973年，斯坦福大学的Cohen等人成功地进行了另一个体外重组DNA实验并实现了细菌间性状的转移；1973年Jacbon等人首次提出基因可以人工重组，并能在细菌中复制。从此以后，基因工程作为一个新兴的研究领域得到了迅速的发展，无论是基础研究还是应用研究，均取得了喜人的成果。

7.1.2　基因工程的基本过程和研究意义

1. 基因工程的基本过程

基因工程的核心内容为基因重组、克隆和表达。其基本操作过程可以归纳为以下五个主要步骤，简述为"切、连、转、筛、检"（图7-1）。

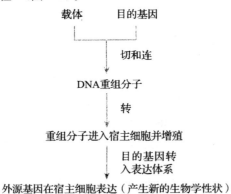

图7-1　基因工程的基本过程

①切，目的DNA片段的获得。目的DNA片段可以来自化学合成的DNA片段、从基因组文库或cDNA文库中分离的基因、通过DNA聚合酶链反应（PCR）扩增出来的片段等。

②连，目的DNA片段与含有标记基因的载体在体外进行重组。利用DNA重组技术，将目的DNA片段插入到合适的载体中，形成具有自主复制能力的DNA小分子。

③转，重组DNA导入宿主细胞。借助于细胞转化手段将DNA重组分子导入微生物、动物和植物受体细胞中，获得具有外源基因的克隆。

④筛，含有目的基因的克隆的筛选以标记基因。如对抗生素有抗性的基因的表达性状为依据，从成千上万的克隆中筛选出目的克隆。

⑤检，目的基因片段表达的检测与鉴定。在人为控制条件下，如通过诱导使导入的基因在细胞内得到表达，产生出所期望的新物质或使生物获得新的性状。

2. 基因工程研究的意义

概括地讲，基因工程研究与发展的意义体现在两个方面：第一，大规模生产生物分子。利用微生物(如大肠杆菌和酵母菌等)基因表达调控机制相对简单和生长速度较快等特点,令其超量合成其他生物体内含量极微但却具有较高经济价值的生化物质。第二,设计改造现有物种,使之具有新性状。借助于基因重组、基因定向诱变,甚至基因人工合成技术,赋予生物一些新性状,以便更加有利于生物自身生存,并满足人类需求,最终卓有成效地将人类生活品质提高到一个崭新的水平。因此,基因工程诞生的意义毫不逊色于有史以来的任何一次技术革命。

7.1.3　基因文库的构建

基因文库构建一般都包括以下基本程序:①目的 DNA 的获得;②载体的选择及制备;③DNA 片段载体连接;④重组体转化宿主细胞;⑤重组子的筛选。

1. 基因文库的类别

(1)cDNA 文库和基因组文库

根据目的基因的来源,基因文库可分为 cDNA 文库和基因组文库。cDNA 文库是指生物在某一发育时期所转录的 mRNA 经逆转录形成的 cDNA 片段与某种载体连接而形成克隆的集合。

cDNA 文库构建的起始信息物质是 mRNA。因此构建 cDNA 文库首先要考虑的问题是mRNA 的含量及质量。生物细胞中 mRNA 含量较低。通常 cDNA 文库构建需要微克级的 mR-NA。对于低丰度的 mRNA(0.5%),要通过富集或增大克隆数目来保证构建的文库中能够含有它们的克隆。由于 PCR 反应具有极高的灵敏性及可达数百万倍的放大作用,已应用于 cDNA文库构建。

基因组文库是指将某生物的全部基因组 DNA 切割成一定长度的 DNA 片段克隆到某种载体上而形成的集合。基因组文库根据 DNA 来源又可以分为核基因组文库、叶绿体基因组文库及线粒体基因组文库。

为了最大限度地保证基因在克隆过程中的完整性,用于基因组文库构建的外源 DNA 片段在分离纯化操作中应尽量避免破碎。用于克隆外源 DNA 片段的切割主要采用机械断裂或限制性部分酶解两种方法,其基本原则有两条:第一,DNA 片段大小均一;第二,DNA 片段之间存在部分重叠序列。外源 DNA 片段的分子质量越大,经进一步切割处理后,含有不规则末端的DNA 分子比率就越小,切割后的 DNA 片段大小越均一,同时含有完整基因的概率相应提高。

(2)克隆文库和表达文库

根据基因文库的功能可将其分为克隆文库和表达文库。克隆文库由克隆载体构建。载体中具复制子、多克隆位点及选择标记,可通过细菌培养使克隆片段大量增殖。表达文库是用表达载体构建。载体中除上述元件外,还具有控制基因转录和翻译的一些必需元件,可在宿主细胞中表达出克隆片段的编码产物。表达载体又有融合蛋白表达载体及天然蛋白表达载体之分。

2. 基因文库的完备性

基因文库的完备性是指从基因文库中筛选出含有某一目的基因的重组克隆的概率。从理论上讲,如果生物体的染色体 DNA 片段被全部克隆,并且所有用于构建基因文库的 DNA 片段均含有完整的基因,那么这个基因文库的完备性为 1,但在实际操作过程中,上述两个前提条件往往不可能同时满足,因此任何一个基因文库的完备性只能最大限度地趋近于 1。尽可能高的完备性是基因文库构建质量的一个重要指标。它与基因文库中重组克隆的数目、重组子中 DNA 插入片段的长度及生物单倍体基因组的大小等参数的关系可用公式描述：$N = \dfrac{\ln(1-P)}{\ln(1-\dfrac{x}{y})}$ 式中，

N 为克隆数目；P 为设定的概率值；x 为插入片段平均大小（15～20kb）；y 为基因组的大小（以 kb 计）。完整的基因文库，必须使任何一个基因进入库内的概率均达 99%。换句话说，要求在文库内取任何一个基因，均有 99% 的可能性。

7.2　植物基因的结构与功能

基因（gene）是核酸分子中包含了遗传信息的遗传单位。随着分子生物学和分子遗传学研究的不断深入，关于基因的概念也得到了很大发展。比如，人们将那些可以从染色体上的一个位置转移到另一位置，甚至是在不同染色体间跳跃的基因成分称为跳跃基因（jumping gene）；将那些含有内含子（in—tron）的基因称为断裂基因（split gene）；将那些因突变而失去了正常功能的多基因家族成员称为假基因（pseudogene）；将那些在个体生长发育过程中，不依赖时空变化及环境条件不同而改变其表达特性的组成型表达基因称为持家基因（housekeeping gene）等。另外，有些基因并不编码蛋白质产物，而是仅仅转录出具有特定功能的 RNA 分子（如 microRNA 等），因此将这些基因称为 RNA 基因（RNA gene）。

一般来说，植物基因的结构可分为转录区和非转录区两部分。转录区包括 5′端非翻译区（5′ untranslated region，5′UTR）、起始密码子（initiation codon，通常为 ATG）、外显子（exon）、内含子（intron）、终止密码子（termination codon，可以是 TAA、TAG 或 TGA）、3′端非编码区（3′un-translated region，3′UTR）以及位于其末端的加尾信号序列等区域；非转录区包括启动子（pro-moter）、终止子（terminator）以及增强子（enhancer）等一些调控序列（图 7-2）。

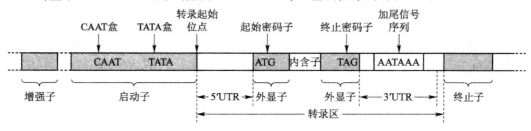

图 7-2　植物核基因结构示意图

1. 植物基因的增强子序列

增强子是一类调控基因表达的 DNA 序列，其中包含有多个能被反式作用因子识别与结合的顺式作用元件。反式作用因子和增强子内的顺式作用元件结合后能够调控（通常为增强）邻近基因的转录和表达。增强子序列一般位于基因的转录起始位点上游−100bp 到−300bp 处，但是增强子的存在位置和方向似乎并不影响其调控基因表达的活性。比如，有的增强子序列存在于基因的内含子中；有的则位于基因的 3′端侧区，甚至在有些基因之外更远的范围内也发现了基因的增强子序列。具有增强子的基因一般都为诱导型表达，比如，可受光、温度、激素、盐浓度等不同环境条件的调节而表达。

2. 植物基因的启动子

启动子是指位于结构基因上游的决定基因转录起始的区域,植物基因的启动子包括三个较重要的区域:一是转录起始位点(通常在＋1 处);二是转录起始位点上游－25～－40bp 的区域;三是转录起始位点上游－75bp 处或更远些的区域。

通常在植物基因转录起始位点上游约 25bp 的区域内可找到一个所谓的 TATA,(TATA box),它是 RNA 聚合酶Ⅱ的识别位点,同时也是一些核蛋白与 DNA 相互作用的位点之一(表。植物 TATA 盒通常位于－16bp 到－54bp 区域,共同序列为 5′-TCACTATATATAG-3′。研究表明,不同基因的 TATA 盒序列并不完全相同,可见它们的保守性并不很强。在有些基因的启动子区域缺乏 TATA 盒的共同序列(如热激蛋白基因);在有些基因的上游根本不含有 TATA 盒序列,而只是在转录起始位点附近存在一种起始子(initiator)元件,它具有与启动子相似的功能;但也有一些基因的启动子区却包含两个以上 TATA 盒(如玉米醇溶蛋白基因)。

在转录起始位点上游约－75bp 处有一个或几个调控基因转录活性的元件,这一区域在不同基因间通常都有一定的同源性,其中较普遍存在的是 GC 盒(GC box)和 CAAT 盒(CAAT box)。GC 盒的中心序列为 GGGCGG,CAAT 盒的中心序列为 GGT(C)CAATCT。这些元件可以按任一方向同时存在于某一基因中,拷贝数不定。但是,在少数植物基因(如 rubisco 小亚基基因)的启动子区却不包含 CAAT 盒,在有些基因的启动子区由 AGGA 盒代替 CAAT 盒行使基因转录的调控功能。

3. 植物基因的起始子序列

起始密码子(AUG)前后的序列被称为起始子序(initiator sequence),它在核糖体识别和翻译的启动中有重要作用,起始子序列的特性直接影响着翻译过程中核糖体识别及翻译的效率。研究表明,大多数植物基因的起始子都具有共同序列 5′-NNNNANA/UNU/AANNNNANNAUG-GCU-3′,其中 N 代表 4 个核苷酸中的任何 1 个。虽然植物基因起始子序列较长,但 G/C 的比例却较低,可见植物基因主要靠较长的起始子序列而不是靠高比例的 G/C 来加强 mRNA 与 rRNA 之间复合结构的稳定性。但是,在有些植物基因中却不含有起始子的共同序列。

4. 植物基因的密码子偏好性

虽然所有生物大多使用通用的密码子系统,但植物基因在同义密码子间的选择上有一定的偏好性。研究表明,植物叶绿体和线粒体基因在同义密码子第三位上更偏好使用 A、U,NNA/U 的使用率超过 65%。另外,单子叶和双子叶植物的基因间在密码子偏好上也有差异,双子叶植物基因的 NNA/U 密码子使用率为 55% 左右,而单子叶植物基因的 NNG/C 密码子使用率为 75% 左右。

5. 植物基因的加尾信号序列

在真核生物核基因的 3′UTR 内包括一段保守的序列 AATAAA,它对于 mRNA 转录的终止和加 poly A 尾巴是必不可少的(表 9-1)。这一保守序列和其下游的一段 GT 丰富区(或 T 丰富区)共同构成了 poly A 的加尾信号。当 pre-mRNA 转录完成后,与 RNA 聚合酶结合的延长因子可以特异识别和结合加尾信号序列,并在 AAUAAA 序列的下游 10～30bp 处切断 RNA,然后加上 polyA 尾巴。动物基因的加尾信号序列相当保守(AAUAAA),而植物基因的加尾信号序列则略有差异(A/UAAUAAA/G),且每个核苷酸的保守程度各不相同。

随着几种模式植物基因组计划的展开,近年来分离到的植物功能基因的数目线性上升。大于植物功能基因的分类还没有一个统一的标准,各种分类方式也不尽相同。1998 年拟南芥的第一个大片段测序(1.9Mb)结果公布时,Bancronfl 等(1998)按照植物基因功能的差异将测序发现的基因分为 14 大类,每一大类中又分为若干小类。

Takuji 等(2002)按照基因功能差异对水稻第 1 号染色体上的基因进行了分类,其中有关细胞代谢的基因数量为 421 个,占到基因总数的 6.23%;信号转导相关基因为 365 个,占基因总数的 5.40%;细胞拯救和防卫的基因为 215 个,占基因总数的 3.18%;基因转录相关基因为 255 个,占基因总数的 3.77%;有关辅助运输的基因为 172 个,占基因总数的 2.55%;与细胞结构相I关的基因为 132 个,占基因总数的 1.95%;有关蛋白质降解的基因为 108 个,占基因总数的 1.60%;有关蛋白质合成的基因为 85 个,占基因总数的 1.26%;与能量相关的基因为 83 个,占到基因总数的 1.23%;与细胞生长相关的基因为 62 个,占基因总数的 0.92%;与发育相关的基因为 35 个,占基因总数的 0.52%;与细胞内运输相关的基因为 28 个,占基因总数的 0.41%;与细胞发生相关的基因为 16 个,占基因总数的 0.24%;难以分类的基因有 13 个,占基因总繁的 0.19%;与离子平衡有关的基因为 9 含,占基因总数的 0.13%;与生物特异性有关的基因为 3 个,占基因总数的 0.04%。

Feng 等(2002)按照功能的差异将水稻第 4 号染色体上测序发现的基因分为 8 大类:与细胞代谢有关的基因有 555 个,占基因总数的 11.92%;基因转录相关基因有 259 个,占基因总数的 5.56%;信号转导相关基因为 256 个,占基因总数的 5.51%;辅助运输相关基因有 198 个,占基因总数的 4.14%;植物防卫相关基因有 161 个,占基因总数的 3.47%;蛋白质命运相关基因有 85 个,占基因总数的 1.84%;生长相关基因为 81 个,占基因总数的 1.76%;其他基因为 3063 个,占基因总数的 65.76%。

7.3　基因克隆所需要的工具酶

基因克隆技术的建立和成熟与各类能切割、连接和修饰 DNA 及 RNA 的工具酶的发现密切相关。通常将那些用于 DNA 和 RNA 的切割、连接以及在合成 cDNA、基因测序和重组中使用的核酸内切酶、聚合酶和其他的修饰酶统称为工具酶。这里主要介绍限制性内切酶(Restriction Endon ucleases,RE)。

1. 限制性核酸内切酶

限制性核酸内切酶是指一类能够识别双链 DNA 分子中特定的核苷酸序列,并对其进行切割的酶。3′-端为羟基,5′-端为磷酸基团的双链线性 DNA 片断为限制酶切割 DNA 后的产物。到目前为止,已从 400 多种不同的微生物中分离出约 600 多种限制性核酸内切酶,可识别 100 多种不同序列。所谓限制作用主要是指生物体内的限制性核酸内切酶能够识别和切割外源 DNA 分子,内源性的 DNA 分子则因为甲基化酶修饰而受到保护。

限制性内切酶识别的核苷酸序列长度一般为 4～6 个核苷酸,通常呈二重对称,为回文结构。

例如：

GAATTC　　TCTAGA　　AGCT

CTTAAG　　AGATCT　　TCGA

少数酶识别较长的核苷酸序列或简并序列，如：Bgl I 的识别序列为 GCCNNNN↓NGGC。每种限制性内切酶的切割位点相对应于二重对称轴的位置是固定的，在大多数情况下产生单链突出的互补粘性末端，如 EcoR I 在二重对称轴的 $5'$-侧切割双链 DNA 的每一条链，双链被切割后产生四个碱基组成的 $5'$-端突出的粘性末端：

$$5'\text{-G}\downarrow\text{AATT C} \longrightarrow 5'\text{-G}_{-OH} + p\text{AATTC-}3'$$
$$3'\text{-C TTAA}\uparrow\text{G} \qquad 3'\text{-CTTAAp} \qquad _{HO}\text{G-}5'$$

Pst I 在二重对称轴的 $3'$-侧分别切割双链 DNA 的每一条链，切割后产生的是 $3'$-端突出的粘性末端：

$$5'\text{-C TGCA}\downarrow\text{G} \longrightarrow 5'\text{-CTGCA}_{OH} + p\text{G-}3'$$
$$3'\text{-G}\uparrow\text{ACGT C} \qquad 3'\text{-Gp} \qquad _{HO}\text{ACGTC-}5'$$

Sma I 在二重对称轴上同时切割两条链，切割后产生平头末端的 DNA 片段：

$$5'\text{-CCC}\downarrow\text{GGG} \longrightarrow 5'\text{-CCC}_{OH} + p\text{GGG-}3'$$
$$3'\text{-GGG}\uparrow\text{CCC} \qquad 3'\text{-GGGp} \qquad _{HO}\text{CCC-}5'$$

同裂酶是指有些限制性内切酶来源和性质不同，然而可识别同样的序列，只是切割位置不一定相同。

不同的 DNA 片段用相同的限制性内切酶切割，所产生的粘性末端可以通过突出碱基的重新复性配对，从而使两个不同的 DNA 分子连接在一起，当然两条链上还是有一个切口，还需要在 DNA 连接酶的作用下将它们连接起来形成真正的杂合分子。也有一些限制性内切酶来源不同，识别序列也个同，然而切割后产生相同的游离单链粘性末端，这样的限制性内切酶称为同尾酶。同尾产物可以通过粘性末端互补复性再连接，然而连接后产生的新序列不一定能被原来的限制性内切酶识别和切割。任意的两个末端为平端的 DNA 分子可以在 DNA 连接酶的作用下连接起来形成 DNA 杂合分子，只是由于没有粘性末端突出单链的互补配对，连接效率较低。通过切割、连接以及各种修饰，可以根据需要构建各种重组的 DNA 分子。

2. DNA 连接酶

DNA 连接酶的作用是催化 DNA 双链的 $3'$-OH 和相邻的 $5'$-P 形成 $3',5'$-磷酸二酯键，从而把两段相邻的 DNA 片段连成完整的链。DNA 连接酶的催化作用在所有真核生物和一些原核生物中需消耗 ATP 供能，而 E. coli 中需消耗 NAD^+ 供能。连接酶先与 ATP 作用，以共价键相连生成 E-AMP 中间体。中间体即与一个 DNA 片段的 $5'$-P 相连接形成 E-AMP-P-$5'$-DNA。然后再与另一 DNA 片段的 $3'$-OH 端作用，E 和 AMP 脱下，两个片段以 $3',5'$-磷酸二酯键相连接。反应式如下：

$$E+ATP \rightarrow E\text{-}AMP+PPi$$
$$E\text{-}AMP+P\text{-}5'\text{-}DNA \rightarrow E\text{-}AMP\text{-}P\text{-}5'\text{-}DNA$$
$$DNA\text{-}3'\text{-}OH+E\text{-}AMP\text{-}P\text{-}5'\text{-}DNA \rightarrow DNA\text{-}3'\text{-}O\text{-}P\text{-}5'\text{-}DNA+E+AMP$$

DNA 连接酶的作用特点有：

①只能连接 DNA 链上的缺口,而不能连接空隙或称裂口。缺口指 DNA 某一条链上两个相邻核苷酸之间的磷酸二酯键破坏所形成的单链断裂(图 7-3a);裂口指 DNA 某一条链上失去一个或数个核苷酸所形成的单链断裂(图 7-3b)。

②只能连接碱基互补基础上双链中的单链缺口,而对单独存在的 DNA 单链或 RNA 单链没有连接作用。

③如果 DNA 两股都有单链缺口,只要缺口前后的碱基互补,也可由连接酶连接。

图 7-3　DNA 连接酶的作用示意图

DNA 连接酶不仅在复制中起最后连接缺口的作用,而且在 DNA 修复、重组、剪接中也起着缝合缺口的作用,而且它也是基因工程(DNA 体外重组技术)的主要工具酶之一。

3. DNA *pol*

DNA *pol* 可以催化多种 DNA 的体外合成反应。常用的包括大肠杆菌 DNA *pol* Ⅰ、大肠杆菌 DNA *pol* Ⅰ 的 Klenow 片段、耐高温的 Taq 酶及逆转录酶等。它们的共同特点为:在模板链指导下,将 dNTP 连续地逐个加到双链分子中引物链的 3′-OH 末端,催化核苷酸的聚合。

4. DNA 聚合酶

(1)大肠杆菌 DNA 聚合酶 1

Kornberg(1956)首先从大肠杆菌细胞中分离到大肠杆菌 DNA 聚合酶Ⅰ。这是一种多功能酶,具有以下 3 种不同的酶活力。

①5′→3′聚合酶活性。以单链 DNA 为模板时,可以催化单核苷酸结合到引物的 3′末端,并不断延伸。以双链 DNA 为模板时,要求在糖—磷酸主链上有 1 个以上的断裂点,然后在 5′→3′外切酶活性的协助下,以未断裂链为模板进行 5′→3′方向 DNA 链的延伸,这种现象被称为缺刻转移(nick translation),这是制备高比活度 DNA 探针的主要方法之一(图 7-4)。

②5′→3′外切酶活性。将双链 DNA 中游离的 5′末端逐个切去,而且对双链 DNA 中的单链缺刻(带 5′-磷酸)也有作用(图 7-4)。

③3′→5′外切酶活性。将游离的双链或单链 DNA 的 3′端降解。不过,在有 dNTP 存在的情况下,双链的降解可被 5′→3′的多聚酶活性所抑制。

(2)Klenow 片段

大肠杆菌 DNA 聚合酶Ⅰ全酶经枯草杆菌蛋白酶处理后产生的大片段酶分子被称为 Klenow 片段,相对分子质量为 $76×10^3$,因该片段由 Klenow 等于 1970 年报道而得名。它和大肠杆菌 DNA 聚合酶Ⅰ的唯一区别在于其失去了 5′→3′的外切酶活性。Klenow 片段的主要用途是填补或标记 DNA 分子的 3′隐缩末端(图 7-5)。

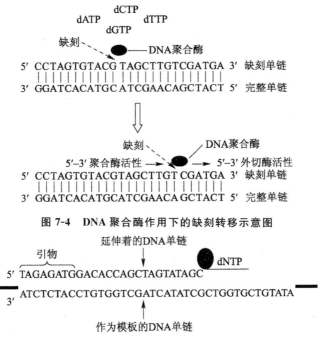

图 7-4　DNA 聚合酶作用下的缺刻转移示意图

图 7-5　Klenow 片段聚合酶活性示意图

（3）T4 噬菌体 DNA 聚合酶

T4 噬菌体 DNA 聚合酶（T4 phage DNA polymerase）来源于 T4 噬菌体感染的 E. coli，分子量为 114ku，它是由噬菌体基因 43 编码的，该酶与 Klenow 酶相似，具有两种活性，即 $5'{\rightarrow}3'$ 的聚合酶活性和 $3'{\rightarrow}5'$ 的核酸外切酶活性，但 $3'{\rightarrow}5'$ 外切活性更强，是 Klenow 酶 200 倍。

（4）T7 噬菌体 DNA 聚合酶

T7 噬菌体 DNA 聚合酶（T7 phage DNA polymerase）来源于 T7 噬菌体感染的 E. coli 主，为两种紧密结合的蛋白质复合体，一种是噬菌体基因 5 蛋白，另一个是宿主蛋白的硫氧还蛋白。T7 噬菌体 DNA 聚合酶是所有 DNA 聚合酶中持续合成 DNA 能力最强的一个，在 DNA 测序时有优势，它的聚合活性功能与 T4 噬菌体 DNA 聚合酶和 Klenow DNA 聚合酶类似，但 $3'{\rightarrow}5'$ 外切活性更强，为 Klenow 的 1000 倍，T7 噬菌体 DNA 聚合酶可替代 T4DNA 聚合酶的聚合功能并可用于长模板的引物延伸。

（5）反转录酶

反转录酶（reverse transcriptase，又称逆转录酶）实际上是一种以 mRNA 为模板的 DNA 聚合酶，其产物为 cDNA（complementary DNA）。此酶是基因克隆研究中非常主要的工具酶主要用于 cDNA 片段的合成。

5. 甲基化酶

甲基化酶（methylase）是作为限制与修饰系统酶中的一员，主要用于保护宿主 DNA 不被相应的限制酶所切割。目前已发现 661 种甲基化酶，每种限制性内切酶Ⅱ都有与之相对应的甲基化酶。常用的甲基化酶有：

（1）Dam 甲基化酶

Dam 甲基化酶在 $5'$GATC$3'$ 的腺嘌呤 N6 位上引入甲基，可使一些识别顺序中含有

$5'GATC3'$的限制性内切酶不能切割来自大肠杆菌的DNA,如BBclⅠ Dam甲基化酶$(5'TGAT-CA3')$,但BamHⅠ$(5'GGATAA3')$则不会因为N6 A的甲基化而失去活性。

(2)SssⅠ甲基化酶

SssⅠ甲基化酶来自原核生物Spiroplasma,可使CG序列中的C在C5位置上甲基化。甲基化的模板可以是甲基化或半甲基化链(新合成链)的DNA链,SssⅠ甲基化的DNA受E. coli中mcrA、mcrBC、mrr系统的限制,AatⅡ、ClaⅠ、XhoⅠ、SalⅠ等酶对此甲基化敏感。

(3)Dcm甲基化酶

Dcm甲基化酶识别CCAGG或CCTGG序列,在第二个胞嘧啶C的C^5位置上引入甲基。受Dcm甲基化作用影响的酶有EcoRⅡ$(CC \downarrow WGG)$,大多数情况下,其同裂酶BstNⅠ$(CC \downarrow WGG)$可避免这一影响,因为二者识别序列虽然相同,但切点不同,受此甲基化酶影响的酶还有Acc65Ⅰ、AlwNⅠ、ApaⅠ、EcoRⅡ和EaeⅠ等。

甲基化对限制酶切的影响表现在以下两方面。修饰一些内切酶的酶切位点,使该内切酶不再发挥作用,例如HincⅡ可识别四个特异序列$(5'GTCGAC3'、5'GTCAAC3'、5'GTTGAC3'和5'GTTAAC3')$,甲基化酶M. TaqⅠ可甲基化TCGA中的A,所以经过M. TaqⅠ处理后的模版DNA上的GTCGAC序列将不再被HincⅡ切割;产生新的酶切位点,通过甲基化修饰可产生新的酶切位点,如DDpnⅠ是依赖甲基化的限制酶,TCGATCGA受M. TaqⅠ处理后形成甲基化(A)产物TCG*ATCG*A,其中G*ATC即为DpnⅠ作用的位点。

6. 修饰性工具酶

在基因克隆操作中,除了上述的主要几种工具酶外,还需要一些修饰性的工具酶对DNA分子进行适当的修饰。比如,通过末端转移酶将平末端DNA转化为黏性末端,以及利用碱性磷酸酶将DNA5'端的磷酸基团切除以防止酶切片段的自连等技术都在基因克隆中得到广泛的应用。

(1)碱性磷酸酶

根据来源不同,碱性磷酸酶(alkaline phosphatase)可分为两种。从细菌中分离的碱性磷酸酶简称BAP(bacterial alkaline phosphatase),从小牛肠中分离的简称CAP(calf alkaline phospha. tase)。它们的共同特征是能够催化核酸脱掉5'-磷酸基团,使得DNA或RNA片段的5'-P末端转化为5'-OH末端。

碱性磷酸酶的这种功能,在基因克隆的操作中非常有用。例如,利用单酶切法构建重组载体时,用碱性磷酸酶处理酶切后的线性载体分子,可以有效地防止载体的自连,提高连接的效率(图7-5)。其基本原理是:失去了磷酸基团的线性载体DNA分子自身虽然可以通过黏性末端的碱基互补配对连接起来,但是却不能在连接酶的作用下形成磷酸二酯键(即不能实现共价连接),所以很容易重新断开,转化大肠杆菌后也就形不成转化克隆;而当外源DNA片段(含有5'-磷酸基团)和载体片段(不含5'-磷酸基团)通过黏性末端配对连接后,外源DNA可以和载体DNA分子间由一条单链实现共价连接,连接位点比较牢固,所以能获得重组子转化克隆。

(2)末端转移酶

末端转移酶(terminal transferase)是末端脱氧核苷酸转移酶的简称,其相对分子质量为60×10^3,来源于前淋巴细胞和分化早期的类淋巴样细胞。末端转移酶是一类不依赖于DNA模板的DNA聚合酶,可以在没有模板链存在的情况下,将核苷酸连接到DNA的3'羟基,特别是对于平末端的双链DNA末端加尾十分有效。最常见的用途是在酶切产生的平末端加尾以便于创

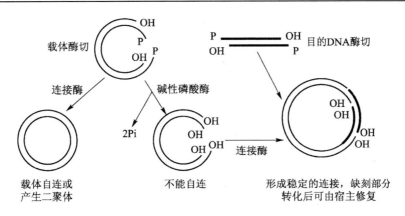

图 7-6　碱性磷酸酶在载体构建过程中的应用示意图

造黏性的互补末端。

（3）T4 多核苷酸激酶

T4 多核苷酸激酶（T4 polynucleotide kinase）来源于 T4 噬菌体感染的大肠杆菌细胞。1985年，C. Midgley 等成功地将编码该酶的基因克隆到大肠杆菌中，获得了高效的表达。这种酶可以将 γ-磷酸从 ATP 分子转移到 DNA 或 RNA 的 5′-OH 末端，而且这种作用不受底物分子链的长短限制，甚至是单核苷酸也同样适用。在基因工程操作中，T4 多核苷酸激酶常用来使缺失 5′-磷酸基团，的 DNA 分子末端磷酸化，也可用于 DNA 分子 5′-末端的标记反应。

（4）S1 核酸酶

S1 核酸酶是一种从稻谷曲霉（Aspergillus oryzae）中分离的可以降解单链 DNA 或 RNA 的内切酶，该酶对于双链 DNA、双链 RNA 和 DNA－RNA 的杂合体都相对不敏感。值得注意的是，S1 核酸酶的单链降解功能可以作用于双链核酸分子的单链区，并从单链部位将核酸分子切断，而且这种单链区可以小到只有一个碱基对的程度。正因为上述特征，使得 S1 核酸酶在分析核酸杂交分子（RNA－DNA）的结构、RNA 分子的定位、测定真核基因中内含子序列的位置、去除 DNA 片段中突出的单链尾，以及在切除双链 cDNA 合成期间形成的发夹结构等分子实验中得到广泛的应用。

7.4　基因克隆的载体

常用的基因克隆载体主要包括质粒载体、λ 噬菌体载体、单链 M13 噬菌体载体、粘粒载体及人工载体等。

1. 质粒载体

质粒通常指细菌中独立于染色体外，能自主复制的遗传因子，它能够稳定地遗传某些性状。天然的质粒都是环状双链 DNA，大小从 5kb 到 400kb 不等。尽管质粒独立于染色体外，能够自主复制和遗传，然而其复制依赖于宿主细菌编码的酶和蛋白质复制因子。质粒按照其稳定拷贝数的多少可分为松弛型和严谨型，松弛型质粒在每个细菌细胞中可达 10～200 个拷贝，甚至更多，严谨型质粒在每个细菌细胞中有 1～5 拷贝。质粒的拷贝数多少与其复制机制有关。

质粒的不相容性即含有同一复制起始点或复制机制相同、相似的两种质粒，不能在同一细胞中长期稳定地共存。带有相同复制子的质粒属于同一不相容组，而带有不同复制子的质粒则属于不同的不相容组。当两个不相容质粒被导入同一个细胞时，它们在复制及随后分配到子代细胞的过程中彼此竞争，最初的微小差异将随着细菌生长而增加直至严重失衡，生长若干代之后，比例占少数的质粒将逐步减少直至最终消失，细胞中只含有其中一种质粒。质粒的不相容性保证了野生型质粒和重组质粒最终不可能共存于同一个细胞中，这是通过基因克隆获取单一质粒DNA的重要生物学基础。

相容性质粒是指若两种质粒复制子不同，复制过程互不干扰，那么可同时在一种细胞中共存。作为克隆载体，应尽量避免相容性质粒的污染。然而有时在表达外源基因时，也利用可以共存于同一细胞中的质粒表达有协同功能的蛋白。

将 E. coli 在低温条件(0℃)下用一定浓度(50mmol/L～100mmol/L)的氯化钙处理，使细胞膜通透性增大，形成可让质粒 DNA 进入的表面结构，此过程称为转化。经过冷氯化钙处理的细菌处于一种暂时的可接受质粒进入的状态即"感受态"。上述方法的转化率一般可达 $10^6 \sim 10^7$ 转化子/μgDNA(超螺旋结构)。除了氯化钙以外，在转化体系中加 Mn^{2+} 高价 Co、KCl、二甲基亚砜(DMSO)等可使转化率提高 10^2 倍～10^3 倍，达到 $10^8 \sim 10^9$ 转化子/μg DNA。用高电压脉冲电场发生仪电击细胞的电穿孔法可以使转化率达到 $10^9 \sim 10^{11}$ 转化子/μgDNA，而且电穿孔法不需要制备感受态细胞。此外，转化率高低还与转化的质粒 DNA 自身的特性有关，DNA 越小转化率越高；不同结构状态质粒的转化率依次为：超螺旋环状＞带缺刻的开环结构＞线性结构。无论是哪种转化方法，能够转入质粒 DNA 的细胞总是极少数，所以必需有效地将它们与未被转化的感受态细胞区分开来。一般质粒 DNA 中都带有筛选标记，通常都是抗生素抗性基因，编码可分解抗生素的蛋白，因而有质粒转入的宿主细胞可以在含有抗生素的培养基中生长。

"天然"存在的质粒，如 ColE1、RSF2124、pSC101 等均不能满足理想的载体条件，需要去除质粒上不必要的部分及不必要的酶切位点，使质粒变小，同时引入可供克隆外源基因片段的多克隆位点(multi—cloning site，MCS)，增加或改变筛选标记。

早期基因克隆中应用最多的人工载体为 pBR322 质粒，到目前为止，使用的质粒载体多数都是由它改进而来，其大小为 4363bp，它的限制性内切酶图谱，如图 7-7 所示，Pst Ⅰ、Sca Ⅰ、Pvu Ⅰ 等限制型内切酶位点位于 Amp^r。基因片段内，当外源基因插入 Pst Ⅰ 等位点后，Amp^r 失活，表型变为 $Amp^s Tet^r$；BamH Ⅰ 和 Sal Ⅰ 位点位于 Tet^r 区内，在此插入外源 DNA 后，表型变为 Amp^r Tet^s 位点是物理图谱的起点，在 EcoR Ⅰ 位点插入外源基因后，无筛选标记的变化，然而重组质粒可以用酶切分析来鉴定。pUC 系列质粒(图 7-8)由 pBR322 质粒发展而来，含有来自 pBR322 的复制起点和 Amp^r 基因以及 LacZ 基因的 α 片段部分——LacZ'。LacZ' 只编码 β-半乳糖苷酶 N 端 146 个氨基酸(α 区)，若宿主菌发生突变，其 LacZ 缺失 N 端 11～41 位氨基酸(β 区)的编码序列，则通过质粒编码的 LacZ' 和宿主编码的 LacZ 基因产物的 α 互补作用，仍然可产生有活性的 β-半乳糖苷酶。pUC 系列质粒的多克隆位点位于 LacZ' 编码区的第 5 位氨基酸，本身未改变阅读框，只是增加了若干氨基酸，然而并不影响 α 片段的功能，所以加入 IPTG 后可诱导转化菌产生有活性的 β-半乳糖苷酶，降解 X-gal，使菌落呈蓝色。一旦有外源基因插入 pUC 系列质粒的多克隆位点，LacZ' 基因将因此而失活，在同样条件下转化菌的菌落为白色，可非常容易地与没有外源基因插入的蓝色菌落分开。

2.λ 噬菌体载体和柯斯质粒

质粒载体主要用于克隆较小的 DNA 片段，对较大的外源基因片段则不能满足要求。为了

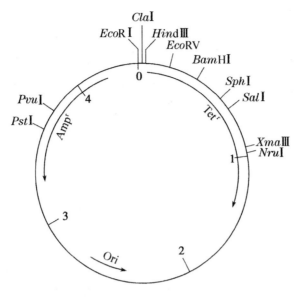

图 7-7　PBR322 质粒物理图谱

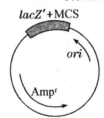

pUC18 ATG	1 THR ACC	2 MET ATG	3 ILE ATT	4 THR ACG	5 ASN AAT	6 SER TCG	(1 ser AGC	2 ser TCG	3 val GTA	4 pro CCC	5 gly GGG	6 asp GAT	7 pro CCT	8 leu CTA	9 glu GAG	10 ser TCG	11 thr ACC	12 cys TGC	13 arg AGG	14 his CAT	15 ala GCA	16 ser AGC	17 leu TTG	18) ala GCA	7 LEU CTG	8 ALA GCC

EcoRI　SstI　KpnI　smaI　BamHI　XbaI　SalI　PstI　SphI　HindⅢ
　　　　　　　　　　XmaI　　　　　　AccI
　　　　　　　　　　　　　　　　　HincⅡ

pUC19 ATG	1 THR ACC	2 MET ATG	3 ILE ATT	4 THR ACG	(1 pro CCA	2 ser AGC	3 leu TTG	4 his CAT	5 ala GCC	6 cys TGC	7 arg AGG	8 ser TCG	9 thr ACT	10 leu CTA	11 glu GAG	12 asp GAT	13 pro CCC	14 arg CGG	15 val GTA	16 pro CCG	17 ser AGC	18) ser TCG	5 ASN AAT	6 SER TCA	7 LEU CTG	8 ALA GCC

HindⅢ　SphI　PstI　SalI　XbaI　BamHI　smaI　KpnI　SstI　EcoRI
　　　　　　　　AccI　　　　　　XmaI
　　　　　　　　HincⅡ

图 7-8　pUC18/pUC19 质粒物理图谱

克隆大片段外源 DNA,研究人员构建了 λ 噬菌体载体系列和柯斯质粒。λ 噬菌体载体可插入 18kb～24kb 的外源 DNA 片段,柯斯质粒能克隆的片段更大,可达到 33kb～44kb,这两种载体可用来克隆大片段基因和构建基因组文库。与质粒相比,尽管噬菌体更大,然而包装成病毒粒子的噬菌体 DNA 可通过感染细菌的方式将 DNA 注入细菌内并进行复制,而且这种转移效率远高于通过转化的方法将 DNA 转入细菌内。与质粒不同,进入细菌的噬菌体 DNA 在大量复制后,可以重新包装成噬菌体病毒粒子并且裂解宿主细胞释放到细胞外,释放出来的噬菌体粒子可以再次感染周围的细菌。若该过程是在固体培养基表面进行的,则单个噬菌体粒子感染细菌后,最后可以发展成为一个肉眼可见的清亮的噬菌斑,噬菌斑形成的原因是不断产生的噬菌体后代裂解了宿主细胞而周围的细菌仍然正常生长。噬菌斑内的病毒粒子是同一噬菌体的后代,有完全相同的病毒 DNA,这与质粒 DNA 转化细菌后形成的克隆是一样的。

(1)λ噬菌体载体

λ噬菌体基因组 DNA 是一条长度为 48kb 的双链线性 DNA 分子,其基因序列有两个明显的特征:首先是两条链的 5′-端各有一段长度为 12bp 的互补单链,称为粘端。粘端的存在使λ噬菌体 DNA 在体内体外均可通过互补配对粘合成环状分子。λ噬菌体的功能相关的基因成簇排列,噬菌体 DNA 的左臂约 20kb,主要是负责构建头、尾结构及包装必需的序列、产生感染性噬菌体必需的基因;右臂约 9kb,包括负责 DNA 复制、裂解宿主细胞及调控基因;中央部分约 14kb,约占 30%,是噬菌体复制的非必需区,可缺失或被替代,供插入外源 DNA 片段。

xDNA 可以被包装成为病毒粒子的 DNA 分子大小范围是野生型的 75%~106%,DNA 过长或过短均不能包装形成具有感染力的噬菌体。一般情况下是将两种头部和尾部部分基因缺失,或头部基因发生功能突变的噬菌体分别感染细菌后获得噬菌体蛋白的提取物,尽管上述两种噬菌体的包装蛋白不能单独包装,然而两者功能却互补,在体外混合后,可拥有包装功能,可使合适的重组 xDNA 分子在体外包装成为有感染活性的噬菌体。

将较大片段 DNA 插入λ噬菌体载体的大致过程如图 7-9 所示,$EcoR$ I 在噬菌体的中部有三个位点,酶切后释放出左右两臂的 DNA 序列。回收左、右两臂的 DNA 片段,与待克隆的大片段 DNA 连接形成重组的λ噬菌体 DNA。因为 xDNA 可包装的 DNA 分子大小范围有限制,所以插入片段的大小范围在 12kb 至 20kb 之间,而且即使左右两臂的 DNA 可没有插入片段而直接相连,也不会被包装成为噬菌体病毒粒子而感染细菌。另一方面插入片段通过 $EcoR$ I 消化基因组 DNA 产生,而 $EcoR$ I 酶的识别序列为 6 核苷酸,$4^6 = 4096$,即基因组中 $EcoR$ I 酶切位点出现的频率为 $1/4^6$,$EcoR$ I 完全消化基因组 DNA 产生的片段的平均长度为 4000bp。因而为了产生可用于λ噬菌体重组的片段,只能用较低的酶浓度和较短的反应时间进行部分酶切,产生大片段 DNA。λ噬菌体 DNA 经过体外包装,可重新形成噬菌体粒子并再次感染宿主细菌。

构建各类基因文库为λ噬菌体载体的主要用途。将某种细胞的基因组 DNA 经适当的限制性内切酶消化产生的片段与λ噬菌体载体连接后,导入宿主细胞而形成的全部重组体就构成一个基因组文库,它包含一个生物体基因组的全部序列信息,可以用于构建基因组物理图谱、基因组序列分析以及基因的染色体定位等研究。

(2)柯斯质粒

柯斯质粒是将质粒 DNA 的复制起点和λ噬菌体 DNA 的粘端位点及附近与包装有关的序列相结合构建而成的克隆载体。柯斯质粒本身较小,仅仅 4kb~6kb,然而其所容纳的外源 DNA 片段比λ噬菌体载体还要大,可克隆包装 33kb~47kb 的外源 DNA。因为柯斯质粒带有 $ColE1$ 复制起始位点和抗性标记,因此能像质粒一样在大肠杆菌细胞内进行增殖;当在其多克隆位点插入长度合适的外源基因片段后,因为其具有λ噬菌体的包装序列,可以在体外包装系统中将重组的 DNA 包装到λ噬菌体颗粒中去,这些噬菌体颗粒感染大肠杆菌时,线状的重组 DNA 被注入细胞并通过粘端位点环化,而后以类似于质粒的形式复制并使宿主获得相应的抗性。

3. M13 噬菌体载体

大肠杆菌单链丝状噬菌体包括 M13、f1 和 fd 等。这几种噬菌体基因组的组织形式相同,病毒颗粒的大小与形状相近,复制起点相似,DNA 序列的同源性在 98% 以上。三种噬菌体的互补现象十分活跃,相互间很容易发生重组。

M13 噬菌体的全基因组大小为 6407bp,是单链 DNA。病毒颗粒只能感染具有性纤毛的 F$^+$

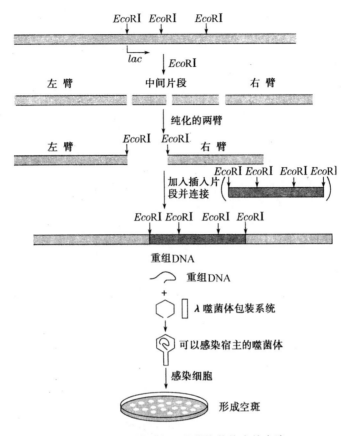

图 7-9　外源基因在 λ 噬菌体载体中的克隆

细菌菌株。其基因组是正链,在细菌胞内 DNA 聚合酶的作用下转变成双链环状 DNA 一复制型 DNA(RF DNA)。RF DNA 在细菌中可达 100～200 拷贝/细胞,可以像质粒一样制备和转染大肠杆菌感受态细胞,然而被感染的细菌并不裂解,只是生长速度减为原来的 1/2～3/4,在平板上呈半透明的混浊型噬菌斑。

　　丝状噬菌体并不在细胞内包装噬菌体颗粒,在噬菌体基因 V 蛋白和噬菌体 DNA 所形成的复合物移动至细菌细胞膜的同时,基因 V 产物从 DNA 上脱落,而病毒基因组从感染细胞的细胞膜上溢出时被衣壳蛋白所包被,因此对包装的单链 DNA 的大小无严格限制,可获得比天然病毒基因组长 6 倍以上的外源 DNA 插入片段和克隆。

　　4. 噬菌粒

　　噬菌粒是在具有复制起点及抗生素选择性标记的质粒上,加入丝状噬菌体 M13 或 f1 的复制起点和噬菌体颗粒形态发生所必需的基因序列。外源基因克隆到这些载体中时,可如同质粒一样用常规方法进行扩增和转化。当带有该质粒的细菌被辅助丝状噬菌体感染后,在辅助病毒编码的蛋白的作用下,质粒的复制方式发生改变,启动滚环复制,重复产生单链的质粒 DNA 拷贝,这些单链拷贝经切割环化,最后包装到子代噬菌体颗粒中,随后挤压出宿主细胞,所以从培养物中可获得单链 DNA 以供测序、进行寡核苷酸定点诱变及合成单链特异性 DNA 探针。复制型双链 DNA 可以和质粒一样操作,双链 DNA 既稳定又高产,而且载体足够小,可以克隆长达

10kb 的外源 DNA,被辅助噬菌体感染后,很容易从培养物中大量制备单链 DNA 为噬菌粒的主要优点。

5. 酵母人工染色体

噬菌体载体尽管可容纳较大的外源基因片段,然而对于类似构建人类基因组物理图谱这样的工作,容量仍然太小。完成这样的工作需要借助于酵母人工染色体(yeast artificial chromosome,YAC)的帮助,它们一般可容纳几百到上千 kb 的基因片段。酵母人工染色体包含有:保证载体自主复制的酵母染色体的 DNA 复制起始序列(ARS,自主复制序列),保证在细胞分裂过程中复制过的染色体可以平均分配到子代细胞中的着丝粒序列(CEN),保护染色体末端稳定性的左右两个端粒(TEL),以及一些选择性标记。

利用酵母人工染色体,已成功构建了分辨率为 0.7cM 的人类基因组遗传图谱(cM,centimorgan,距离为 1cM 的两个标记之间的交换频率为 1%,在人类基因组中 1cM 的距离大约为一百万个碱基对)。

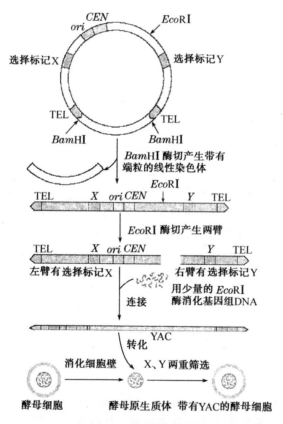

图 7-10　YAC 克隆示意图

空载的 YAC 载体以环形质粒 DNA 的形式在大肠杆菌中复制、传代,这种形式的载体经限制性内切酶切割后,产生线性的双链 DNA 载体,如图 7-10 所示,左右两臂各带有一个筛选标记 X 与 Y,外源基因片段插入到着丝粒和右侧端粒之间。大片段的 DNA 序列通过对基因组 DNA 的不完全降解获得。YAC 载体转化酵母原生质体的转化率比大肠杆菌低,但可满足构建哺乳动物大片段基因组文库的要求。重组的 YAC-DNA 可通过脉冲场凝胶电泳进行分离鉴定。含有插入片段的酵母人工染色体导入酵母细胞后,可像正常酵母染色体一样复制,有较高的遗传稳定性,受细胞分裂周期严格控制,一般每个细胞中仅有单一拷贝。

在一定的范围内,重组的 YAC－DNA 在酵母细胞内的稳定性随着插入片段长度的增加而增加,当插入片段大于 150kb 时,其稳定性接近于正常的酵母细胞染色体,相反,若插入片段小于 100kb,YAC 那么会在细胞的分裂过程中逐步丢失,从子代细胞中消失。

6. 细菌人工染色体(Bacterial Artificial Chromosomes,BAC)

酵母人工染色体存在一些难以克服的缺点,例如转化酵母细胞的效率比较低,从酵母细胞中分离染色体十分困难等。细菌人工染色体则可以避免以上的缺点。

细菌人工染色体是以细菌 F 因子为基础组建的细菌克隆体系。F 因子是细菌内的一类天然质粒 DNA,可通过细菌间的结合,从含有 F 因子的 F$^+$ 细菌进入不含有 F 因子的 F$^-$ 细菌,使后者成为 F$^+$ 细菌。在一些情况下,F 因子可带有一段宿主细菌的染色体 DNA,甚至是整条染色体 DNA 进入 F$^-$ 细菌。大肠杆菌染色体的长度大约为四百万碱基对,从而可见 F 因子可插入较大的外源基因片段。在实际操作中细菌人工染色体的最大插入片段可达到 300kb 左右。细菌人工染色体是环状的质粒 DNA,带有特定的复制起点,保证在每一个宿主细胞内仅有一到两个拷贝。基因片段接入后,通过电转移的方法转入特定的宿主细菌,这种细菌的细胞壁可以允许较大的 DNA 进入。

7.5　基因克隆的方法

7.5.1　利用已知序列或已知部分序列基因克隆

如果基因的序列已知或部分已知,基因就比较容易分离。尤其是基因的全序列已知时,通过聚合酶链式反应(polymerase chain reaction,PCR)就可以方便、快捷地分离出来。

1. 化学合成法

DNA 片段可以用化学方法合成,随着 DNA 合成技术的发展,现在一次完全可以合成 100~200 个碱基的序列。对于比较大的基因,可以先合成若干段的短序列,再通过连接酶或 Klenow 酶对短序列进行拼接,从而获得完整的目的基因。常用的基因拼接方法主要有两种,第一种方法是先合成几对、(根据拼接后的基因长度而定)两两互补的寡核苷酸片段,并且带上必要的 5′磷酸基团,互补的寡聚核苷酸片段退火,形成带有黏性末端的双链寡核苷酸片段,一段 DNA 的黏性末端与下一段 DNA 的黏性末端设计恰好互补,用 T4 DNA 连接酶就可以将它们彼此连接成一个完整的基因。第二种方法是合成两条 3′末端互补的长的寡核苷酸片段,然后退火,在大肠杆菌 DNA 聚合酶 Klenow 片段作用下可以补平所产生的单链 DNA,合成出相应的互补链拼接成完整的基因,直至得到全长的基因。拼接基因的具体方法如图 7-11。化学合成法主要用在基因表达量低,很难用 PCR 分离出来的基因,或者是人工合成的基因。

2. PCR 法

PCR 是一种非常有效的克隆已知基因的方法,其原理如图 7-12 所示。它是模拟 DNA 体内

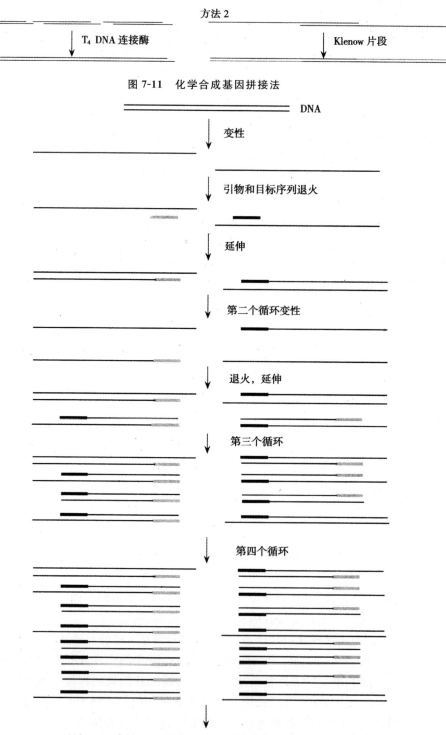

图 7-11 化学合成基因拼接法

DNA

变性

引物和目标序列退火

延伸

第二个循环变性

退火，延伸

第三个循环

第四个循环

经过 25~40 个循环，两引物之间片段按指数级扩增，获得目的基因片段

图 7-12 PCR 技术扩增原理示意图

复制原理的体外基因克隆技术。根据已知的序列，可以在基因两侧设计一对引物（primer），通过 DNA 的变性（denaturation）、引物与目标序列的退火（annealing）、从引物 3′端开始延伸（extension),经过数次这样的循环,可以将一对引物间的序列指数扩增。再经过琼脂糖或聚丙烯酰胺电泳,就可以获得目标基因。变性、退火和延伸可以很容易在热循环仪(也称为 PCR 仪)上实现。PCR 可以从基因组 DNA 中分离和克隆目的序列,也可以用 cDNA 作为模板进行 PCR 扩增。从 cDNA 扩增目的基因的方法叫做逆转录 PCR(reverse transcription PCR,RT—PCR)。PCR 所使用的 DNA 聚合酶大多为 TaqDNA 聚合酶,该酶会在扩增时产生一定的错配率,如果要进行下一步工作,尤其是在下步工作对基因序列要求比较严格时,就要用高保真的 DNA 聚合酶(如 Pfu)等以保证扩增基因序列的准确性。

3. 反 向 PCR 法

反向 PCR(reverse PCR)是利用已知部分序列来扩增未知侧翼序列(包括 5′端和 3′端序列)的一种方法,主要应用于基因组 DNA 的扩增。由于反向 PCR 可用于扩增与已知 DNA 区段相邻的未知染色体序列,因此又可称为染色体缓移或染色体步移(chromosome walking)。反向 PCR 还适用于基因游走、转位因子和已知序列 DNA 旁侧病毒整合位点分析等研究。具体过程如图 7-13 所示。首先提取植物基因组 DNA,然后用不同的限制性核酸内切酶进行酶切,酶切后进行 Southern 印迹检测,以确定不同酶切所得到的片段大小。选择合适的片段大小,一般在 500～5000bp 之间(根据 PCR 中 DNA 聚合酶合成 PCR 扩增产物长度的能力选择片段),然后将酶切的基因组 DNA 纯化后用连接酶进行连接,使 DNA 形成一个环状 DNA 分子。连接后进行 PCR 扩增。PCR 扩增所用的引物虽然与核心 DNA 区两末端序列互补,但两引物 3′端是相互反向的。

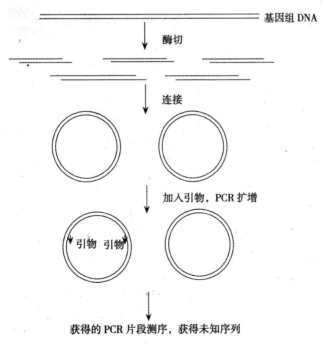

图 7-13　反向 PCR 方法原理示意图

反向 PCR 的优点是不依赖于基因的转录与否,直接从基因组 DNA 克隆基因。该方法的不足是需要从许多种限制性核酸内切酶中选择合适的酶,或者说必须选择一种合适的限制性核酸内切酶进行酶切才能得到合理大小的 DNA 片段。这种选择不能切断目标基因的 DNA,否则获得的基因片段将不是全长基因。

4. 文库筛选法

基因工程文库主要包括基因组文库（genomic DNA library）和 cDNA 文库（cDNA library）两种。基因组文库是指将基因组 DNA 通过限制性核酸内切酶酶切，将产生的基因组 DNA 片段插入特定载体，转化到宿主细胞（如大肠杆菌或噬菌体）中而形成的克隆集合。cDNA 文库指的是将 mRNA 逆转录成 cDNA 片段，插入到特定载体中，最后转入到宿主细胞中而形成的克隆集合。利用基因的 DNA 部分已知序列或者 cDNA 部分已知序列做探针，按照碱基互补配对原则，就可以从基因组文库或 cDNA 文库中钓取目的基因。该方法常常是在基因部分序列已知的基础上用来钓取全长基因，而在基因全序列已知的情况下，PCR 方法更为简单有效。

5. cDNA 末端快速扩增技术

cDNA 末端快速扩增（rapid amplification of cDNA ends，RACE）技术是 Frohman 等于 1988 年发表的基因克隆技术，现在已经得到了广泛的应用。该方法是在已知部分序列基础上克隆全长基因的方法。根据克隆基因未知序列在基因中的位置，可以将该方法分为 3′-RACE 和 5′-RACE 两种。

3′-RACE 方法用来克隆基因的 3′端未知序列，具体原理如图 7-14 所示。在进行逆转录 mRNA 时，使用 oligo(dT)加上一个锚定引物（anchor primer）作为逆转录引物，然后根据基因已知的部分序列，设计 5′端的正向特异引物，用 5′端的正向特异引物（gene specific primer1，GSP₁）和锚定引物进行第一次 PCR 扩增。如果没得到特异片段或者特异片段条带模糊，还可进行巢式 PCR 增加特异性和扩增效率，即设计第一个 5′端的正向特异引物下游的第二个 5′端的正向特异引物（gene specific primer 2，GSP₂），然后用 GSP₂引物和锚定引物进行第二次 PCR，进而得到基因的 3′端序列。

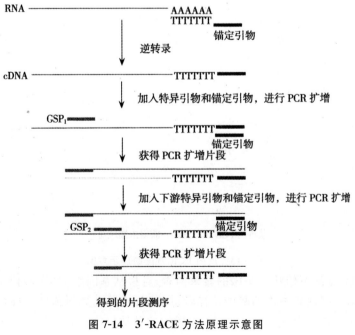

图 7-14　3′-RACE 方法原理示意图

5′-RACE 方法用来克隆基因的 5′ 端未知序列,具体原理如图 7-15 所示。用正常的 oligo (dT) 或下游的 3′ 端反向特异引物(GAPl)作为引物进行逆转录,然后对得到的 cDNA 用脱氧核糖核苷酸末端转移酶(terminal deoxynucleotidyl transferase,TdT)给 cDNA 的 5′ 端加入多个 A 或 G,这样在 cDNA 的 5′ 端就有了一个 poly(A) 或 poly(G) 尾巴。然后合成一个具有多个 T 或 C 加上一个特异接头的锚定引物,用该引物和 3′ 端反向特异引物(如果用特异引物进行逆转录反应,应该采用第一个特异引物上游的 3′ 端反向特异引物 GSP₂)扩增。如果没得到特异片段或者特异片段条带模糊,还可进行第二次巢式 PCR,即设计在 GSP₂ 上游的 3′ 端反向特异引物 (GSP₃),用 GSP₃ 和锚定引物继续进行第二次 PCR,进而获得基因的 5′ 端序列。

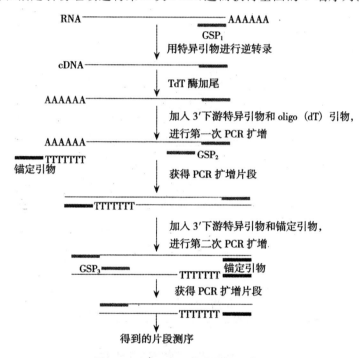

图 7-15 5′-RACE 方法原理示意图

RACE 方法的优点是快速、简便,不要求大量的 mRNA,而且费用低廉。它的缺点是:①5′-RACE 由于有一个加尾过程,增加了 PCR 反应的难度,在目标基因表达量低的情况下很难分离出来;②由于 PCR 扩增时一端用的是非特异引物,所以容易产生非特异扩增。

7.5.2 利用基因的表达差异克隆基因

1. mRNA 差异显示

mRNA 差异显示(mRNA differential display)是利用 2 个样本(或多个样品)之间的基因表达差异进行 PCR 扩增,最后获得差异表达的条带,从而克隆特定条件下表达差异的基因。它的主要流程如图 7-16 所示,基本原理是:利用 mRNA 尾端有 poly(A) 的特点,在设计和 poly(A) 互补的 oligo(dT)引物时,前端加入 2 个与 mRNA 链上 poly(A)前面 2 个碱基互补的碱基。poly (A) 之前的第 1 个碱基有 3 种可能[A 可以算作 poly(A)的部分,剩余的只有 T、G、C 3 种可能],前面的第 2 个碱基则有 4 种可能,按照排列组合计算,如果涵盖所有的组合,共有 12 种可能的组合。因此，3′端引物采用 12 种不同的混合引物（即 5′T₁₂MN，M 代表 T、G、C 任意一种，N 代表 4 种碱基的任意一种）。因此，在逆转录 mRNA 时理论上可以覆盖基因组中所有转录的 mRNA，而 PCR 的 5′端引物采用 10 个碱基的随机引物，这个随机引物可以结合在不同 cDNA 的靶定位置上。理论上，采用 20 个 5′端随机引物，就可以产生 20000 条左右的 cDNA 条带，对 2 个不同处理的样品进行这样的扩增，经过聚丙烯酰胺凝胶电泳就可以找到 2 个样品的差异表达片段。为了确定得到的差异条带是否为假阳性，还要用该片段做探针进行 2 个样品的 Northern 印迹，如果 Northern 印迹结果也表明这个片段在 2 个（或多个）样品之间表达上存在差异，就可以确认该片段为差异表达基因片段。这段序列再经过进一步的分离（如利用 5′-RACE 方法或 cDNA 文库钓取方法）便可获得全长 cDNA 基因。

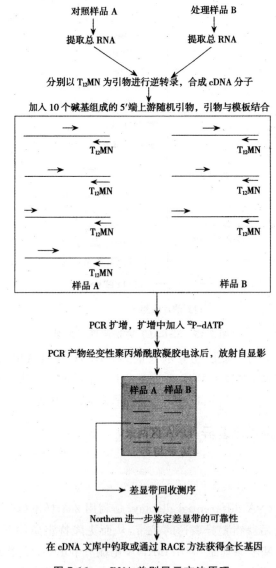

图 7-16　mRNA 差别显示方法原理

mRNA 差异显示的优点是简便、灵敏、快速，可以比较多个样品，而且不需要大量 mRNA；缺点在于 mRNA 3′端序列相对保守，所以很容易出现假阳性。由于扩增产物主要靠近 3′端序列,因此,不容易检测到远离 3′端基因的差异表达情况,有时扩增产物仅含有 3′—UTR 的一段很短的序列。有时还会发生组成型表达的基因和差异表达的基因大小相近而很难区分,产生假阳性或丢失差异表达的基因片段。

2. 抑制性消减杂交

抑制性消减杂交(suppression subtractive hybridization,SSH)是利用杂交动力学的原理,即丰度高的 mRNA 同源杂交的速度远远高于丰度低的 mRNA 同源杂交速度,从而抑制非目的基因的扩增。其流程如图 7-17 所示,具体方法是:首先将 2 个待测样品提取 mRNA,并进一步逆转录为双链 cDNA,在逆转录体系中加入 T₄ DNA 聚合酶,以产生平端的 cDNA,将这 2 个样品的 cDNA 分别定义为 TestercDNA 和 Driver cDNA,将 Tester cDNA 经识别 4 个碱基的 RsaⅠ或 HaeⅢ酶切产生平末端,酶切后分为 2 份,并通过 T₄ DNA 连接酶对这 2 份 Tester cDNA 分别加上不同的接头,然后对这 2 份 Tester cDNA 分别加入过量的 Driver cDNA 进行第 1 次杂交,杂交后,会产生 4 种不同的 DNA 分子。然后将杂交后的 2 份样品进行第 2 次杂交,即将这 2 个体系混合,同时加入过量变性的 Driver cDNA 杂交,会产生 5 种不同的 DNA 分子。理论上,这 5 种分子中只有表达差异的基因片段会形成两端带有不同接头的 DNA 双链分子,然后利用接头序列作为引物进行 PCR 扩增。在设计接头时,往往设计成含有 2 个引物长度的接头,这样可以进行巢式 PCR,即第 1 次 PCR 扩增利用接头的 5′端序列作为引物进行扩增,第 2 次用 3′端序列作为引物进行扩增,这样可以提高 PCR 的特异性,消除非特异的条带。经过 PCR 扩增获得表达差异的条带,经电泳后就可以分离到差异片段。和 mRNA 差异显示一样,为了验证差异带的可靠性,还要用该片段做探针进行 2 个样品的 Northern 印迹,如果 Northern 印迹结果也表明这个片段在 2 个样品之间存在表达差异,就可以确认该片段为差异表达的基因片段。然后利用得到的差异表达片段,采用 RACE 或从文库中钓取的方法获得全长基因。当然该差异片段的功能还需要进一步的基因功能鉴定才能明确。

抑制性消减杂交的优点是:

①由于采用加上特异接头、两步杂交和巢式 PCR 等方法,大大提高了差异 cDNA 片段的特异性,降低了假阳性率。

②该方法一次可以检测到上百个差异表达片段,具有较高的检测效率。

③采用富集目标片段的方法,可以扩增低丰度表达的目标片段,提高了灵敏性。

④该方法重复性较好,在电泳时背景低。这种方法的主要缺点是不能在多个材料之间比较。

3. 代表性序列差别分析

代表性序列差别分析(representional difference analysis,RDA)具有 mRNA 差异显示和抑制性消减杂交两种方法的特点。该方法对基因组 DNA 和 cDNA 中的基因片段都可以进行分离和克隆。具体过程如图 7-18 所示。基本原理是:对 2 个样品的 mRNA 分别逆转录成双链 cDNA,对 2 个样品的 cDNA 分别称为 Tester cDNA 和 Driver cDNA,然后分别用识别 4 个碱基的限制性核酸内切酶 DpnⅡ(Mbo I)进行酶切。纯化 cDNA 后分别对 Tester cDNA 和 Driver cDNA 加上接头,这个接头的序列在设计上要与原来酶切的 cDNA 连接后形成 DpnⅡ识别位点。然后用接头序列作为引物对 Tester cDNA 和 Driver cDNA 分别进行扩增,扩增后的产物称为扩增子(amplicon)。利用 DpnⅡ酶切 Tester cDNA 和 Driver cDNA 的扩增子,切去接头,对 Tester cD-

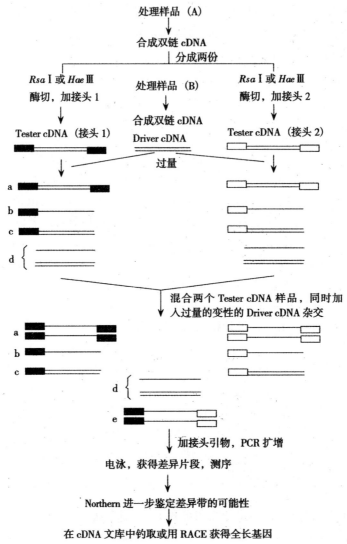

图 7-17　抑制性消减杂交方法原理示意图

a、b、d—不扩增;c—线性扩增;e—指数扩增

NA 加上新的接头,按照 1:100 的比例加入去接头的 Driver cDNA,混合后变性、杂交、退火,这样会形成 5 种 DNA 分子,加接头引物后只能指数扩增 a 型 DNA 分子,即 Tester-Tester DNA 杂交体,然后用绿豆核酸酶(mung bean nuclease,可以特异降解单链 DNA 分子)处理,去除单链 DNA 分子,这样就完成了第一轮扩增。第一轮扩增后再用 DpnⅡ去除接头,然后加上新的接头,继续与 Driver cDNA(比例 1:400)杂交扩增,再用绿豆核酸酶去除单链 DNA 分子,完成第二轮富集。如果需要,可按此程序反复进行 3 轮或 4 轮杂交(比例 1:800)。电泳后就可以分离差异片段,最后对差异片段进行表达和功能分析,从而获得新基因。

代表性序列差别分析的优点是:

①和 mRNA 差别显示法相比,由于采用了减法杂交富集差异产物,避免对一些非目标基因进行检测,结果更为可靠,假阳性少。

②由于该方法采用了识别 4 个碱基的限制性内切酶进行酶切,产生的扩增子大都集中在

200～1500bp 范围内,这样涵盖了大多数差异表达的基因,具有较好的覆盖范围。

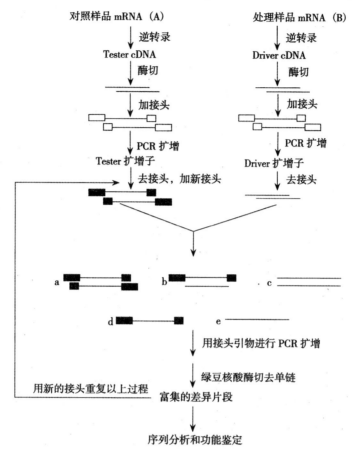

图 7-18　代表性序列差别分析方法原理示意图

a—指数扩增;b、d—线性扩增;c、e—不扩增

7.5.3　利用基因的功能或所控制的形状克隆基因

利用基因的功能或所控制的性状克隆基因方法,其依据是目的基因的功能或所控制的性状变化。这类方法可以将目的基因和功能连接起来,因此,基因克隆过程本身也在一定程度上验证了所克隆基因的功能。

1. 依据序列同源性克隆基因

随着越来越多的功能基因被分离出来,人们发现,功能相同特别是生化功能相同的一类基因在蛋白质序列上具有保守性。通过对其他多个作物功能相同的基因进行蛋白质序列的比对,就能发现这类功能基因所具有的蛋白质保守序列。根据保守的蛋白质序列反推其核苷酸序列设计简并引物,由于核苷酸密码子具有简并性,所以设计的引物必须是几种引物的混合物,即所谓的简并引物(degenerate primer)。然后用所设计的简并引物对目标作物 cDNA 进行扩增,获得部分基因序列。在此基础上,通过钓取基因组文库或是通过 cDNA 末端快速扩增就可以得到全长基因。得到的全长基因还要通过进一步的功能分析来鉴定其功能。

这种方法的优点是简单、快速、成本低，缺点是必须在有几个功能相同的不同基因已经被克隆出来的基础上进行。

2. 转座子和 T-DNA 标签法

转座子（transposon）和 T-DNA 标签法（T-DNA tagging）主要利用转座子或 T-DNA 可以插入植物基因组 DNA 的特性设计的。转座子是可以在染色体内或染色体间移动的基因，T-DNA 可以通过农杆菌侵染插入到植物基因组 DNA 中。当转座子或 T-DNA 插入到特定基因中时，会引起该基因的表达发生变化（沉默或抑制），所控制的性状也可能发生变化，根据表现型即可筛选出突变株。由于转座子或 T-DNA 的序列已知，所以用转座子或 T-DNA 的序列做探针在基因组文库中钓取，就可获得性状所对应的基因。

T-DNA 标签法的主要过程是：首先构建含有 T-DNA 的质粒，通过农杆菌介导法导入受体植物，然后对大量的受体植物突变体进行筛选，对目标基因发生突变的植物体构建基因组文库。

然后用 T-DNA 做探针进行钓取，获得基因的部分序列。再用这部分序列做探针，钓取野生型基因组文库，获得全长基因。

转座子标签法的主要过程是用带有转座子的隐性纯合材料和不带有转座子的显性纯合材料杂交，然后对后代进行筛选，筛选因转座子插入而表现为隐性性状的植株。以转座子做探针，在突变体基因组文库中就可以钓取到目标基因的部分序列。然后再用这部分序列做探针，钓取野生型基因组文库，获得全长基因。在植物中主要利用的转座子有玉米的 AC/Ds、En/Spm 和金鱼草的 Tam 元件等。

这种方法的优点是可以比较直观地分离到与性状相对应的基因，基因功能非常明确。缺点是工作量大，T-DNA 插入法往往是隐性突变，需要通过杂交纯合。而且突变带有随机性，需要大量的筛选工作才能获得具有目标性状的突变体。

3. 酵母双杂交系统

酵母双杂交系统（yeast two-hybrid system，Y2H）是用来分离与已知蛋白相互作用的未知蛋白，或者用来检测两种蛋白是否相互作用的系统，其原理如图 7-19 所示。酵母的转录因子 *GAL4* 可分为两个结构域，一个是位于 N 端 1～174 位氨基酸区段的 DNA 结合域（DNA bindingdomain），另一个是位于 C 端 768～881 位氨基酸区段的转录激活域（DNA activation domain）。DNA 结合域能够识别 *GAL4* 调控的基因的上游激活序列区域（upstream activating sequence，UAS）并结合到这个位置，而转录激活域主要是与其他转录有关蛋白一起激活效应基因（即 *GAL4* 调控的基因）的表达。因此，二者只有结合在一起，才能启动效应基因的表达。用已知蛋白的基因做诱饵蛋白（假定蛋白 X）基因与 DNA 结合域基因构建在一个表达载体上，使蛋白 X 与 DNA 结合域在酵母中表达为融合蛋白 DNA－BD－X。将转录激活域基因与 cDNA 文库中的 cDNA 片段（或基因片段）构建到另一个表达载体上，cDNA 文库中的 cDNA 片段（或基因片段）表达的未知蛋白假定为蛋白 Y，使转录激活域和蛋白 Y 在酵母中表达为融合蛋白 AD－Y。将这两个表达载体转化到酵母中。该酵母 UAS 的下游基因为报告基因（如 *LacZ*、*His*3、*Leu*2 等），在酵母中由于已经去掉了 *GAL4* 转录因子基因，因此在没有外来的激活因子情况下酵母本身的报告基因并不表达。当将两个表达载体转化到酵母中时，如果转入的蛋白 X 与蛋白 Y 能够相互作用，就将 DNA 结合域和转录激活域在空间上拉到一起，从而具有激活下游基因的功能,报告基因就会表达。对含有 Y 蛋白质粒上的基因片段进行测序,就可以得到新基因。

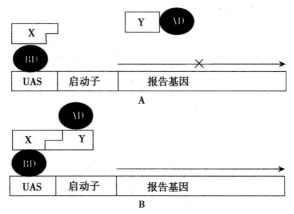

图 7-19　酵母双杂交系统原理示意图

A—蛋白 X 和蛋白 Y 不能相互作用,报告基因不能被启动;

B—蛋白 X 和蛋白 Y 能相互作用,报告基因能被启动表达

酵母双杂交系统的优点是:

①由于检测和基因克隆均在活的酵母细胞中完成,在一定程度上代表了活体细胞内的真实情况。

②利用酵母体内融合蛋白相互作用,不用纯化蛋白,操作步骤更为简单。

③实验采用了酵母高效表达系统(如强启动子等),所以可以把微弱或暂时的蛋白信号放大,提高了实验的灵敏度。

4. 图位克隆法

图位克隆技术具体过程如图 7-20 示。首先获得与目标性状(基因)紧密连锁的分子记。现在有很多种分子标记方法,如 AFL、RAPD、RFLP、SSR 标记等,利用这些标记就可以把目的基因定位在某一个染色体的某段区域内。能否成功获得与目的基因紧密连锁的分子标记主要取决于两个关键的技术环节,一是要用亲缘关系较远的亲本进行杂交来获得后代群体,以便获得更多的差异片段;二是进行分子标记时,尽量扩大群体,以便得到紧密连锁的分子标记。得到与目标性状连锁的分子标记后,就可以知道目的基因在哪两个标记之间,然后利用染色体步移技术逐渐靠近并最终克隆目的基因。染色体步移(chromosome walking)技术,主要是利用得到的分子标记做探针,与基因组文库杂交,获得相邻的序列,再用相邻的序列做探针,继续与基因组文库杂交,获得与它相邻的序列。如此反复,就可以获得目的基因。当然,获得的目的片段还要进一步进行功能鉴定,才能确定获得的序列是否为目的基因。

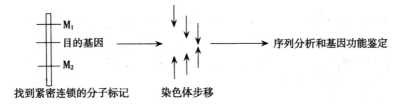

图 7-20　图位克隆法原理示意图

图位克隆法的优点是只要知道目标性状是单基因或主效基因控制的性状,就可以通过该方

法克隆目的基因。缺点是成本高,耗时耗力,而且在染色体步移时如果遇到重复序列就很难前进,还要采用染色体跳步连接,即利用识别位点多的限制性核酸内切酶构建的基因组文库与识别位点少的限制性核酸内切酶构建的基因组文库交替进行染色体步移,形成跨重叠群(contig),才能保证在基因组序列上前进。

5. 蛋白质起始序列克隆法

蛋白质起始序列克隆法是从蛋白质分离纯化开始的基因分离方法。这种方法是将基因的表达产物蛋白质分离纯化出来,然后对蛋白质进行测序。蛋白质可以从 N 端测定氨基酸序列,也可以从蛋白质内部测定氨基酸序列。利用蛋白质测序得到的氨基酸序列推断的核苷酸序列设计简并引物进行 PCR 反应,从而克隆部分基因片段。得到的部分基因片段再用 cDNA 末端快速扩增方法或从基因组文库钓取的方法获得全长目的基因。但是很难得到足够的纯化基因表达产物,因此这种方法受到了一定的限制。

7.5.4 利用组学方法克隆基因

1. 基因芯片法

基因芯片(gene chip)又称为 DNA 芯片,它是最早开发的生物芯片。基因芯片还可称为 DNA 微阵列(DNA microarray)、寡核苷酸微阵列(oligonucleotide array)等,是专门用于检测核酸的生物芯片,也是目前运用最为广泛的微阵列芯片。

基因芯片技术是近年发展和普及起来的一种以斑点杂交为基础建立的高通量基因检测技术。其基本原理是:先将数以万计的已知序列的 DNA 片段作为探针按照一定的阵列高密度集中在基片表面,这样阵列中的每个位点(cell)实际上代表了一种特定基因,然后与用荧光素标记的待测核酸进行杂交。用专门仪器检测芯片上的杂交信号,经过计算机对数据进行分析处理,获得待测核酸的各种信息,从而得到疾病诊断、药物筛选和基因功能研究等目的。

基因芯片技术的基本操作主要分为四个基本环节:芯片制作、样品制备和标记、分子杂交、信号检测和数据分析。

①芯片制作是该项技术的关键,它是一个复杂而精密的过程,需要专门的仪器。根据制作原理和工艺的不同,制作芯片目前主要有两类方法。第一种为原位合成法,它是指直接在基片上合成寡核苷酸。这类方法中最常用的一种是光引导原位合成法,所用基片上带有由光敏保护基团保护的活性基团。原位合成法适用于寡核苷酸,但是产率不高。第二种为微量点样法,一般为先制备探针,再用专门的全自动点样仪按一定顺序点印到基片表面,使探针通过共价交联或静电吸附作用固定于基片上,形成微阵列。微量点样法点样量很少,适合于大规模制备 cDNA 芯片。使用这种方法制备的芯片,其探针分子的大小和种类不受限制,并且成本较低。

②样品制备和标记是指从组织细胞内分离纯化 RNA 和基因组 DNA 等样品,对样品进行扩增和标记。样品的标记方法有放射性核素标记法及荧光色素法,其中以荧光素最为常用。扩增和标记可以采用逆转录反应和聚合酶链反应等。

③分子杂交是指将标记样品液滴到芯片上,或将芯片浸入标记样品液中,在一定条件下使待测 DNA 与芯片探针阵列进行杂交。杂交条件包括杂交液的离子强度、杂交温度和杂交时间等,会因为不同实验而有所不同,它决定着杂交结果的准确性。在实际应用中,应考虑探针的长度、

类型、G/C 含量、芯片类型和研究目的等因素,对杂交条件进行优化。

④对完成杂交和漂洗之后的芯片进行信号检测和数据分析基因芯片技术的最后一步,也是生物芯片应用时的一个重要环节。分子杂交之后,用漂洗液去除未杂交的分子。此时,芯片上分布有待测 DNA 与相应探针结合形成的杂交体。基因芯片杂交的一个特点是杂交体系内探针的含量远多于待测 DNA 的含量,所以杂交信号的强弱与待测 DNA 的含量成正比。用芯片检测仪对芯片进行扫描,根据芯片上每个位点的探针序列即可获得有关的生物信息。

2. 蛋白质组学方法

蛋白质组是一个细胞内所有蛋白质的总称,蛋白质组学指的是对细胞内所有蛋白质进行系统分析的科学。目前蛋白质组学所应用的基本技术就是蛋白质双向电泳技术和质谱技术。

双向电泳技术由等电聚焦(IEF)电泳和 SDS 聚丙烯酰胺(SDS-PAGE)电泳共同组成。进行双向电泳时,首先根据蛋白质等电点的不同通过等电聚焦电泳分离总蛋白质,然后再对经过等电聚焦电泳分离的蛋白进行 SDS 聚丙烯酰胺电泳。因此,用双向电泳可以把细胞内的大部分蛋白质分离开来。用蛋白质组学分离基因时,首先对不同发育时期、不同组织或不同处理的样品提取总蛋白质,然后通过双向电泳比较两个(或多个)样品的蛋白质差异,对获得的差异蛋白质进行质谱分析。如果是未知蛋白质,就可以进行蛋白质测序。通过推断获得的氨基酸序列推断它的核苷酸序列,再用简并 PCR 等方法就可以克隆到基因部分序列,用这段序列进行文库钓取或 RACE 方法就可以获得全长基因,最后还要对获得的片段进行功能分析以确定该基因的功能。

蛋白质组学方法的优点是可以对整个细胞内的蛋白质产物进行分析,覆盖面较大。这种方法的缺点与生物芯片方法一样,针对具体性状的目的基因克隆带有一定的随机性,往往克隆到的基因并不是决定目标性状的基因,而且这种方法成本较高。

3. 大规模平行测序

大规模平行测序(massively parallel signature sequence,MPSS)是以基因测序为基础的基因克隆技术。其主要技术由 Megaclone、MPSS 和生物信息学分析 3 部分构成。它的原理是:一个 9～10bp 的标签序列就足以含有能够特异识别转录子的信息,而该标签序列所代表基因的表达水平就决定了该标签序列在样品中的频率(拷贝数),即所测定的基因表达水平以计算 mRNA 拷贝数为基础。通过测定标签序列的频率就可建立一个基因组的表达系统。如果将处理样品和对照样品分别进行测定,然后对标签序列进行测定和统计检验,就能比较出差异表达的基因。

这种方法的具体过程如图 7-21 所示。从对照样品和处理样品中分别提取 mRNA,然后用生物素标记的 oligo(dT)引物将 mRNA 分子逆转录成双链 cDNA,经识别 4 个碱基的限制性核酸内切酶(如 DpnⅡ)对 cDNA 分子进行酶切。然后用标记的生物素纯化与生物素连接的 cDNA 片段,纯化的 cDNA 片段克隆到含有 32bp 特异碱基序列(tag 序列)的载体中,使 cDNA 片段与 32bp tag 序列连接在一起。连接后用载体上的序列进行 PCR 扩增,这样就可以得到 cDNA 与 32 bp tag 序列连接在一起的扩增片段。将扩增片段与直径 5μm 的微球体相连,该连接是通过 tag 序列与微球体上的 anti-tag 序列互补杂交而连接起来的,每个微球体上的 anti-tag 序列都是相同的,且每个微球体都可以和 10^4～10^5 个 cDNA 分子相连接。然后将荧光标记的带有 BbvⅠ酶切识别位点的寡核苷酸接头与微球体上的 cDNA 连接。BbvⅠ是一种Ⅱ型限制性核酸内切酶,它可以在距识别位点 9bp 和 13bp 进行酶切,并在模板上产生一个 4 个碱基的末端。该寡核

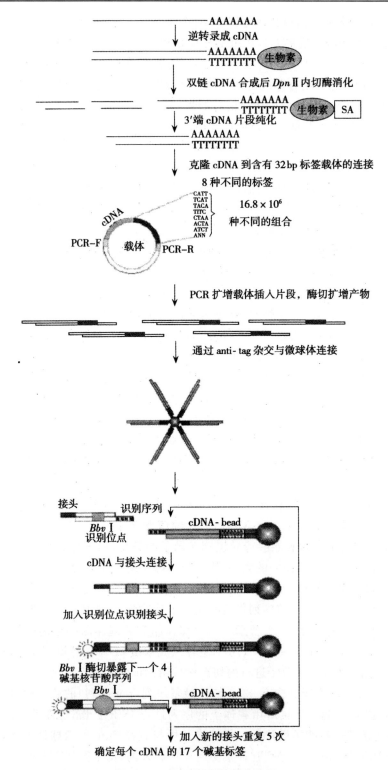

图 7-21　MPSS 方法原理示意图

苷酸接头的前端分别带有不同的 4 个碱基的黏性末端,尾端分别带有 16 种不同的荧光标记,中间带有 *Bbv* I 酶切识别位点。洗脱除去寡核苷酸接头,将带有 cDNA 片段的微球体放进特殊的反应系统中,使微球体都排在一个平面上,用 CCD(电荷耦合器件图像传感器)照相机扫描微球体照相确定荧光的种类。根据荧光标记的种类就可以确定末端 4 个碱基序列的组成(连接前人工合成),进而知道微球体上 cDNA 的序列。然后再用 BbvⅠ酶切,连接新的接头后再检测其荧光标记,重复几次后就检测到 17 个(或更多)cDNA 序列的标签序列。然后计算得到的标签序列的频率,就得到不同基因的表达水平。通过将样品进行处理,就可以得到差异表达的基因片段,进一步通过对某个片段进行单独分析和测序,就可以得到一个新基因。得到的片段经过进一步的表达和功能分析,就可以确定该基因的功能。

MPSS 方法的优点是:

①获得的电子数据容易储存在数据库里,便于对比和分析。

②MPSS 的标签序列更长,特异性要好于 SAGE。

③能获得更多拷贝的序列,可以鉴定低水平表达的基因。

④实验前不需要知道任何基因的序列信息。

第8章 植物遗传转化载体的构建

8.1 植物遗传转化载体的种类及特点

植物遗传转化的目的是将外源基因导入受体细胞中,使之稳定表达相应的蛋白质产物。自1983年第一例转基因烟草获得成功以来,已建立了多种植物遗传转化系统。大量有价值的工程菌株被广泛应用到了植物转化系统中。鉴于此,需要根据不同的受体植物或不同的转化目的来选择相应类型的转化方法及转化载体。本章重点介绍植物转化载体的发展、载体的选择和载体设计的应用。

遗传转化方法的建立是植物基因工程要解决的首要问题。近年来发展起来的高等植物遗传转化的方法很多,图8-1所示的为大致分类:以转化的遗传特性为分类标准,可分为瞬时表达转化和稳定遗传转化两类;以载体特性为考察对象,可分为非载体介导的遗传转化和生物载体介导的遗传转化。生物载体介导的遗传转化又可以细分为病毒载体和质粒载体介导的遗传转化两大类。

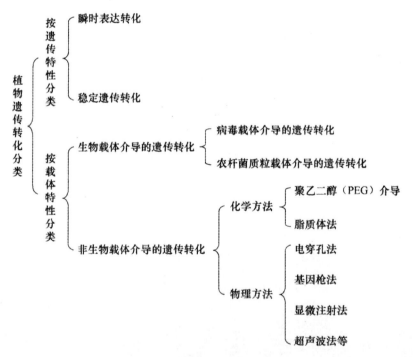

图 8-1 植物遗传转化方法分类

病毒载体介导的遗传转化属于瞬时表达转化,简单来说就是利用病毒载体感染植株,高效表达目的基因进而产生大量的蛋白质。这种瞬时表达转化系统具有如下优点:

①外源基因直接被植物病毒载体导入植物细胞,且系统分布于整个植株中,不需要经历从外植体

到再生植株这样较长时间的转化过程,有助于快速预测外源基因是否能够在植株中成功表达。

②由于病毒的高效自我复制和表达能力,能够生产大量的外源蛋白。

③病毒载体的 DNA 一般不整合到植物细胞核基因组上,也就不会影响受体植物自身其他功能基因的表达。

当然,病毒载体也存在着明显的缺陷:

①病毒载体不能将外源基因整合到染色体中,所以不能够按照孟德尔规律传递给后代,在长效表达外源蛋白上没有优势。

②由于病毒自身基因组发生突变的频率较高,因此具有致病可能性,可能会诱发病害。

③病毒载体自身的不稳定性容易造成外源基因丢失。

鉴于此,病毒载体介导的遗传转化主要运用于两个领域:一个领域是将病毒诱导的基因沉默(Virus-Induced Gene Silencing,VIGS)等方法运用于基因的功能研究;另一个领域是在高效表达外源蛋白上。

与上述病毒载体介导的瞬时表达转化相对的是稳定遗传转化,它是指将一个或多个 DNA 拷贝导入到植物细胞并整合到植物染色体上,通过筛选转化细胞并再生植株而稳定遗传的。稳定遗传转化的优势很明显,利用稳定遗传转化体系,能够研究特定基因在植物细胞中的功能、在生理和生态上的作用;能够分析基因中的特定序列或蛋白质的特定氨基酸序列的功能;更重要是能够在植物中持续表达新的蛋白质,或是持续特异去除某个蛋白质的表达。在生物载体介导的转化系统中,研究者大多利用农杆菌(如根癌农杆菌和发根农杆菌)载体作为稳定遗传转化的载体。研究表明,这两种农杆菌带有 Ti 质粒或 Ri 质粒,具有把特定区域的 DNA 转入植物染色体的能力。研究者可以将外源的 DNA 构建到质粒的 T-DNA 区,转移到植物宿主细胞中,并获得能够表达外源基因的转基因植物。也正是对它们深入的研究及运用,才开创了今天植物基因工程的新局面。

不管是病毒载体还是质粒载体,作为植物转化载体必须具备以下几个条件:

①能够将目的基因成功导入受体植物细胞中。

②具有能够被受体植物细胞的复制和转录系统所识别的有效 DNA 序列(包括复制子起始位点、启动子和增强子等顺式作用元件),以保证导入的外源基因能在受体植物细胞中正常复制和表达。

8.2　根癌农杆菌 Ti 质粒载体

8.2.1　概述

早在 1907 年,Smith 和 Townsent 就已发现双子叶植物常发生的冠瘿瘤是由根癌农杆菌(Agrobacterium tumefaciens)诱发形成的。但直到 1974 年,才由 Zeanen、Van Larebeke 等确定了其致瘤作用是由农杆菌中存在的一类巨大质粒引起的,这类质粒称为致瘤质粒(Tumor-inducing plasmid,Ti 质粒)。

Ti 质粒是根癌农杆菌染色体外的遗传物质,为双股共价闭合的环状 DNA 分子,约有 150～200kb。在病原菌致病过程中,其中的一段 DNA 分子(T-DNA)能够插入到植物基因组中并能够稳定表达。迄今,已从多种植物中分离出不同种类的农杆菌,它们的 Ti 质粒结构特性均已研究清楚。根据其诱导的植物冠瘿瘤中所合成的冠瘿碱种类不同,Ti 质粒可以分成四种类型:章鱼碱型(octopine)、胭脂碱型(nopaline)、农杆碱型(agropine)和农杆菌素碱型(agrocinoine)或称琥珀碱型(succinamopine)。

确定 Ti 质粒 DNA 的限制性内切核酸酶图谱和基因图谱,对于发展 Ti 质粒作为遗传转化载体及其对 Ti 质粒开展分子生物学方面的研究具有相当重要的意义。经核酸内切酶消化之后的 Ti 质粒 DNA,通过琼脂糖凝胶电泳的分离,便可观察到 20 多条大小不同的 DNA 片段谱带。迄今为止,已经准确地测定了相当一部分 Ti 质粒 DNA 的限制片段的大小及顺序,并且建立了相应的限制性酶切图谱。其中,章鱼碱 Ti 质粒 pTiCH5、pTi—A6、pTiB6 等,它们的 Sma I、Hpa I、Kpn I、Xba I、BamH I、EcoR I、Hin d III等限制性内切核酸酶图谱,靛类似或相同的。胭脂碱 Ti 质粒 pTiC58 的 Barn H I、Eco R I、Hin d III、HPa I、Kpn I、Sma I及 Xba I的限制图也已经建立。

在限制酶图谱的基础上,配合应用转座子标签等技术,已经测定出了若干种章鱼碱 Ti 质粒和胭脂碱 Ti 质粒的基因图。将转座子随机地插入到 Ti 质粒分子上.就会导致质粒编码的寄主细菌的表型发生改变。这些形成的突变位置,可以通过电镜测定或 Southern 杂交技术予以确定。而且携带着转座子的限制片段,同样也可以被测定出来,其原因在于转座子上编码有可以检测的特殊的记号,通常是抗生素抗性标记。

根据这种研究思路,目前已经清楚地了解到 Ti 质粒上的基因分布:在章鱼碱和胭脂碱型 Ti 质粒 DNA 分子中,都含有控制肿瘤诱发的两种基因区段:T 区段和毒性区段。T 区段是在肿瘤形成期间,从根瘤土壤杆菌的 Ti 质粒上导入植物细胞的 DNA 片段,其大小约为 23kb;而 Vir 区段则编码有在细菌中表达的数个致瘤基因(onc),这些基因的功能可能与 T 区段从细菌转移到植物细胞的遗传过程有关。T 区段和 Vir 区段在质粒上的位置是彼此相邻的,它们约占了 Ti 质粒 DNA,总长度的 1/3。Ti 质粒其余部分编码的基因,分别控制冠瘿碱和精氨酸的分解代谢、对噬菌体 Pl 的排它性、对细菌素 84 的敏感性以及 Ti 质粒接合转移能力等性状特征。这些基因在 Ti 质粒上的位置也都已精确地测定出来。

8.2.2 Ti 质粒结构与功能

Ti 质粒是根癌农杆菌染色体外的遗传物质,为双链共价闭合的环状 DNA 分子。图 8-2 所示为 Ti 质粒可分为 4 个功能区域。

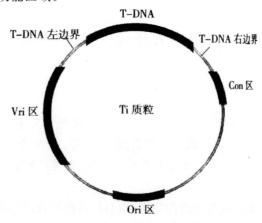

图 8-2 Ti 质粒的结构示意图

1. T-DNA 区（transferred-DNA region）

T-DNA 是根癌农杆菌侵染植物细胞时从 Ti 质粒上切割下来转移到植物细胞的一段 DNA，故称为转移 DNA。T-DNA 是 Ti 质粒中重要的部分，既可以使其整合到植物细胞染色体上，又与肿瘤的形成有关。

在 T-DNA 的两端含有左右 2 个边界，左边界（Left Border，LB）和右边界（Right Border，RB）是长为 25bp 的末端重复顺序，在切除及整合过程具有重要意义。右边界的作用要大于左边界，右边界的缺失突变会导致 T-DNA 转移及基因表达失败。而边界序列之间的 T-DNA 并不参与转化过程，因而可以用外源基因将其替换，而不影响 T-DNA 的整合 T-DNA 上共含有 tms、tmr 和 tmt 3 套基因。其中，tms 和 tmr 两套基因分别控制植物生长素与分裂素的合成，促使植物创伤组织无限制地生长与分裂，形成冠瘿瘤。tms 基因组控制由色氨酸产生吲哚乙酸的生物合成途径；tmr 基因组中的 iptZ 负责由异戊烯焦磷酸和 AMP 合成分裂素的反应。tmt 基因组的编码产物可催化合成冠瘿碱。冠瘿碱的代谢产物为氨基酸和糖类，是根癌农杆菌生长必需的物质，供根癌农杆菌作为营养使用。

2. Vir 区（virulence region）

Vir 区是 T-DNA 区以外涉及诱发肿瘤的区域，能激活 T-DNA 转移，使根癌农杆菌表现出毒性，故称为毒区。

Vir 区是 T-DNA 转移所必需的，其上编码 8 个主要的操纵子：virA、virB、virC、virD、virE、virF、virG 和 virH，每个操纵子又分别含有一至多个基因。这 8 个操纵子共有 24 个基因，它们协同调节，形成一个调控子，共同调控 T-DNA 转移。表 8-1 中列举了各个操纵子的功能。

表 8-1　Ti 质粒上部分基因的分布及其功能

位点分布	基因缩写	表现型及功能
T-DNA 区	tms(aux,shi)	生长素基因，抑制茎芽分化
	tmr(ipt,cyt)	细胞分裂素基因，抑制根分化
	tmt(ocs,nos)	合成章鱼碱，合成胭脂碱
	agc	分解农杆碱
	agr	对农杆菌素敏感
Vir 区		操纵子，参与 T-DNA 的转移及整合
	virA	帮助接受事物信号分子启动 Vir 区表达
	virB	编码膜转运蛋白
	virC	参与 T-DNA 加工
	virD	与 T-DNA 加工有关，在边界重复序列特定位点上形成切口，产生 T 链断裂
	virE	
	virF	编码 SS-DNA 结合蛋白，可能在 T-DNA 转移过程中起保护 T 链的作用
	virG	
	virH	参与 T-DNA 的转运
		转录活化细胞色素 P450 单氧化酶
Con 区	tra(traR、traA)	和细菌间接合转移有关的基因
	traC、traM、traI)	

位点分布	基因缩写	表现型及功能
Ori 区	ori	复制起始点
其他	inc	质粒不相容性

3. Con 区（regions encoding conjugations）

Con 区（regions encoding conjugations，接合转移编码区）该区段上存在与细菌间接合转移有关的基因，调控 Ti 质粒在农杆菌之间的转移。由 T-DNA 区产生的冠瘿碱能激活其上的 tra 基因，诱导 Ti 质粒转移。

4. Ori 区（origin of replication）

Ori 区（origin of replication，复制起始区），Ori 区上的基因调控 Ti 质粒的自我复制。

8.2.3 Ti 质粒缺点与载体

1. Ti 质粒缺点

利用 Ti 质粒对植物进行遗传转化，只要将目的基因 DNA 片段插入到 T-DNA 区，然后在基因的作用下，即可实现基因由农杆菌到植物的转移。因此，Ti 质粒是植物基因工程一种有效的天然载体。但事实上，野生型 Ti 质粒并不能直接用作克隆外源基因的载体，主要原因在于：

①野生型 Ti 质粒分子十分巨大。野生型 Ti 质粒分子一般都为 180～240kb，几乎无法进行基因工程的操作，所以应去除一切不必要的大片段 DNA。

②野生型 Ti 质粒上限制性内切核酸酶位点众多。野生型 Ti 质粒上分布着各种限制性内切核酸酶，如 Hind Ⅲ、EcoR Ⅰ、BamH Ⅰ、Xba Ⅰ、Kpn Ⅰ、Srna Ⅰ等多个酶切位点，难以找到可利用的单一限制性内切核酸酶位点，因此很难通过体外 DNA 重组技术直接向野生型 Ti 质粒导入外源基因。

③T-DNA 区段内含有许多编码基因。例如，T-DNA 上的 iaaM(tms1)和 iaaH(tms2)是植物生长素（吲哚乙酸）合成酶的编码基因，tmr(ipt)是细胞分裂素合成有关酶的编码基因，这些基因在植物转化细胞中表达，会干扰受体植物细胞激素的平衡，导致冠瘿瘤的产生，阻碍转化植物细胞的分化和植株的再生。

④野生型 Ti 质粒在大肠杆菌中不能复制。Ti 质粒中插入外源 DNA 后，在细菌中的操作和保存会很困难，因此还需要加上大肠杆菌的复制起始位点。此外，单纯的 Ti 质粒转化系统没有作为转化载体的选择标记基因，转化后转基因植株的选择将很困难。

为了使 Ti 质粒成为有效的外源基因的载体，常对其作如下改造：

①删除 T-DNA 左右边界中的 tms、tmr 和 tmt 基因，即切除 T-DNA 中 onc 基因，构建所谓的"卸甲载体"（Disarmed Vector）。

②引入大肠杆菌的复制起点和选择标记基因，或将 Ti 质粒的 T-DNA 片段克隆到大肠杆菌的质粒当中，形成植物基因转化载体系统，从而使通过 Ti 质粒的基因重组成为可能并有利于转基因植物的筛选。

③插入人工多克隆位点,以利于外源基因的克隆和操作。

④引入植物基因的启动子和 poly(A)信号序列,以确保外源基因在植物细胞内能正确高效地转录表达。

⑤除去 Ti 质粒上的其他非必需序列,以最大限度地缩短载体的长度。

已有的研究表明,大肠杆菌具有能与农杆菌高效地接合转移的特性,因此,可以先将T-DNA的片段克隆到大肠杆菌的质粒中,并插入外源基因,最后通过接合转移把外源基因引入到农杆菌的 Ti 质粒上。带有重组 T-DNA 的大肠杆菌质粒衍生载体称为"中间载体"(intermediate vector),而接受中间载体的 Ti 质粒则称为受体 Ti 质粒(acceptor Ti plasmid)。

2. 卸甲载体

卸甲载体是无毒的(non-oncogenic)Ti 质粒载体,又称 onc⁻ 载体。利用野生型的 Ti 质粒作载体时,影响植株再生的直接原因是 T-DNA 中 onc 基因的致瘤作用。因此,为了使野生型的 Ti 质粒成为基因转化的载体,必须切除 T-DNA 中 onc 基因,即"解除"其"武装",构建成"卸甲载体"。在 onc⁻ 卸甲载体中,已经缺失的 T-DNA 部位通常被大肠杆菌中的一种常用质粒 pBR322 取代。这样任何适于克隆在 pBR322 质粒中的外源 DNA 片段,都可通过 pBR322 质粒 DNA 与卸甲载体的同源重组而被共整合到 onc⁻ Ti 质粒载体上。常用的受体 Ti 质粒载体有 pGV3850 载体、pGV2250 载体和 pTiB6S3 SE 载体 3 种。

8.2.4　Ti 中间表达载体的构建

野生型的 Ti 质粒可通过切除其冗余基因的方法对其进行改造,获得卸甲 Ti 质粒。但如果在该质粒中再引入大肠杆菌的复制起点或多克隆位点等,在实际基因工程操作中则存在着很大的难度。因此,需要构建一个中间载体,使之与卸甲载体共同组成一个植物基因转化载体系统,从而完成基因的转化。

所谓中间载体是指在一个普通大肠杆菌的克隆载体中插入了一段合适的 T-DNA 片段而构成的小型质粒。中间载体从功能上可分为两大类,即克隆载体和表达载体。克隆载体的主要功能是复制和扩增基因;表达载体是适于在受体细胞中表达外源基因的载体。Ti 中间表达载体的主要结构区包括选择标记基因区域和目的基因区域,每个区域由启动子、基因和终止序列组成。

1. 启动子及调控序列

经由 Ti 质粒将外源基因整合到植物中并不一定就会发生基因的转录与表达,其先决条件在于必须要有合适的启动子和调控序列。在真核生物基因调控序列中,大多数都具有"TATA"框,它位于距离转录起始点约 30 个核苷酸的上游区域,另外,上游 DNA 的序列成分如"CAAT"(在上游 −80～−70bp 处)也普遍存在于许多真核生物基因的启动子中。大多数真核生物基因的 3′ 端具有 AATAAA 序列,从而使基因在转录过程中可以在 mRNA 的 3′ 端增加 poly(A)的信号。由 AATAAA 编码的 mRNA 序列 AAUAAA 的作用是发出信号,让核酸酶在此序列下游 10～15bp 处切割 mRNA,以便 poly(A)聚合酶在切割点的 3′ 端加上 100～200 个腺苷酸。poly(A)的作用是使 mRNA 的 3′ 端结合到内质网膜上,从而使 3′ 端稳定,起到保护 mRNA 的作用。

为适应各种研究目的,在启动子的选择上具有很大的灵活性。但一般的中间表达载体选择标记基因的启动子常为组成型启动子。根据目的基因表达需要可选取各类启动子,包括组成型表达的 CaMV35S 启动子、Ubiquitin 启动子，以及组织特异性启动子及诱导型启动子等。目前，以能使嵌合的外源基因强烈表达的花椰菜花叶病毒 DNA 的 CaMV35S 启动子应用最为广泛。在植物细胞中，基因上游的前导序列对其表达量有着非常重要的作用，当期望某一基因强烈表达时，可以考虑替换其邻近基因的启动子中的部分序列，以增强基因的表达。Amicis 等（2007）将 gusA 基因的 80bp 左右的前导序列加以替换，使其在植物中的表达量增加了 8.6～12.5 倍。

2. 嵌合基因的构建

来自两种或两种以上生物的启动子、结构基因连接在一起即构成了嵌合基因。结构基因若想在植物中表达，首先必须要有完整、正确的可读框，将此可读框按 $5'\rightarrow3'$ 的方向置于可在植物细胞中正确、稳定表达的启动子之后，再辅以 $3'$ 端的终止信号，即构成了完整的嵌合基因。将嵌合基因插入中间载体即构建成了完整的中间表达载体。中间表达载体有时还插入报告基因。中间表达载体的基本结构为"植物特异性启动子＋目的基因＋终止子"、"植物特异性启动子＋选择标记基因＋终止子"，有的表达载体还具有"植物特异性启动子＋报告基因＋终止子"结构。

3. Ti 共整合转化载体的构建

中间载体仍然是一种细菌质粒，它不具备把基因转化到植物细胞的功能。只有将其引入到已改造的 Ti 质粒中，并构建成能侵染植物细胞的基因转化载体，才能应用于植物基因的转化。由于这种转化是由两种以上的质粒共同构成的，因此称为载体系统。目前常用的两种 Ti 质粒基因转化载体系统是共整合载体系统和双元载体系统。

共整合载体（co-integrated vector）是指中间载体与改造后的受体 Ti 质粒之间，通过同源重组所产生的一种复合型载体。由于该载体的 T-DNA 区与 Ti 质粒 Vir 区连锁，因此又称为顺式载体。

（1）Ti 共整合载体的特点

Ti 共整合载体有以下特点：

①Ti 共整合载体由两个质粒组成，其中一个是 E. coli 质粒中间载体，另一个是卸甲 Ti 质粒组成。

②农杆菌中两个质粒形成一个大的共整合载体。E. coli 质粒进入到根癌农杆菌后，以同源重组的方式与 Ti 质粒整合在一起，形成共合体，相对分子质量较大。

③共合体的形成频率与两个质粒的重组频率有关，相对较低。

④必须用 Southern 杂交或 PCR 对大的共整合体质粒进行检测。

⑤构建时比较困难。

（2）Ti 共整合转化载体的类型和构建策略

基于中间载体与受体 Ti 质粒重组序列的不同，共整合载体可分为以 pBR322 序列为同源序列的转化载体系统和基于左边界内部同源区（LIH）的转化载体系统，即 SEV 系统。

1）SEV 系统的构建

拼接末端载体（split-end vector，SEV）系统即 T-DNA 边界拼接系统，它是由美国孟山都公司的 Fraley 等 1985 年建立的另一种共整合载体，也因为它的两个"左边界内部同源区"（Left Inside Homology，LIH）序列在同源重组前分别处于不同质粒上而得名。其构建过程如下。

①SEV 的受体 Ti 质粒是 pTiB6S3-SE，来自野生型质粒 pTiB6S3 的突变体。它的 TL-DNA

上的致瘤基因(onc)及 TR 都缺失,T-DNA 的保留部分被称为 LIH,即左边界内部同源序列。该受体 Ti 质粒还保留了 Vir 基因及其他正常的功能基因,同时还携有用于细菌筛选的卡那霉素抗性基因(Kan^r)。

②SEV 中间载体是 pMON200。它含有一个胭脂碱合成酶基因、一个在细菌里编码的壮观霉素抗性基因(Spe^r)、链霉素抗性基因 Str^r,及在植物中作为选择标记基因的新霉素磷酸转移酶基因 NptⅡ。此外,它还含有一个多克隆位点(MCS),可以方便地插入外源基因。更为重要的是它具有与受体 Ti 质粒同源的 LIH 序列及 TR。从 pMON200 衍生出的一个新的质粒 pCIT30 具有更理想的特性。

质粒 pCIT30 中,潮霉素抗性基因(Hyg^r)代替了 MMiI 基因,并且引入了一个 cos 位点和多克隆位点。在噬菌体包装系统中可在 cos 位点上插入 25~40kb 的植物 DNA,不需要额外的亚克隆步骤。多克隆位点上具有克隆和释放插入 DNA 所需要的限制酶酶切位点。该载体还具有 T7 和 SP6 细菌噬菌体启动子,它们用于转录染色体步移(chromosome walking)中的末端特异性 RNA 探针。

③通过三亲杂交将中间载体 pMON200 或 pCIT30 导入农杆菌后,由于它们之间都具有 LIH 同源序列,即可发生同源重组,形成 SEV 的共整合载体。SEV 包含有分别来自两个质粒的左右边界及 V/r 基因,成为一个完整的非致瘤性 Ti 质粒。由于中间载体带有抗性嵌合基因,因而转化的植物可以直接进行筛选。以 pMON200 为中间载体,图 8-3 所示为构建的 SEV 系统。

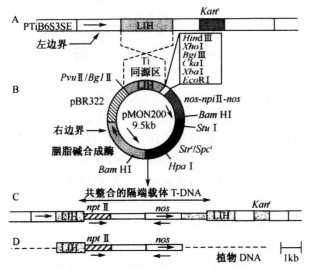

图 8-3　利用 pMON 转化植物的基本过程(Fraley et al. 1985)
A. 卸甲载体 pTiB6S3SE;B. 中间载体 pMON200;
C.同源重组后的 pTiB6S3SE;D. 转基因后整合到植物基因组

2)基于 pBR322 同源序列的共整合载体的构建策略

此类载体系统的典型特点是在卸甲质粒的 T-DNA 区入了 pBR322,而中间载体是 pBR322 质粒或其衍生质粒,二者之间通过同源重组实现目的基因及选择标记基因与卸甲 Ti 质粒的整合,进而以顺式方式将基因转化到植物细胞中去。卸甲载体 pGV3850 是共整合载体的典型代表。

①中间载体导入农杆菌。pBR322 及由其衍生的质粒为接合缺陷型,所以它们进入到农杆

菌菌株中必须要有协助质粒(helper plasmid),在协助质粒的动员下转移到农杆菌中。目前,中间载体转入到农杆菌中采用的是三亲杂交法,即将分别包含有中间表达载体、协助质粒、受体质粒的菌液混合培养,在混合培养过程中,通过杂交使协助质粒先转移到含有重组中间载体的菌株中,然后中间载体再被动员和转移到农杆菌中。

②中间载体与受体 Ti 质粒的同源重组。pGV1103 中间表达载体导入农杆菌后,由于两种质粒中都带有 pBR322 同源序列,因此少部分质粒发生重组和交换,使少数中间载体整合到pGV3850 的 T-DNA 区域内,形成一个大的共整合载体。没有被整合的中间表达载体由于不能在农杆菌中复制,它将会随着农杆菌的分裂增殖而自行消失。图 8-4 所示为有关中间载体与受体 Ti 质粒的整合过程。

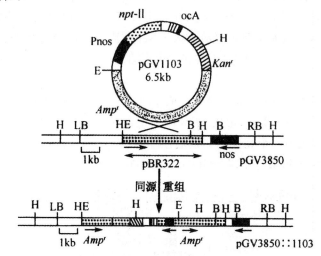

图 8-4　pGV3850 质粒共整合载体系统构建程序

③共整合载体的选择。通过 pGV3850 和 pGV1103 质粒同源重组形成的共整合载体能够不断复制和增殖,整合在 Ti 质粒中的中间载体随同 Ti 质粒得到复制和增殖。中间载体所带有的Amp^r(氨苄青霉素抗性基因)、Kan^r(卡那霉素抗性基因)和 Sm^r 或 str^r。(链霉素抗性基因)都能得到表达。此时含有共整合质粒的农杆菌将表现出中间载体携带的抗性标记,从而在含有相应抗生素的培养基上得到生长和筛选。未发生重组的 pGV3850、pGV1103 等均不能生长。含有共整合质粒的根癌农杆菌即可用于植物的转化。

整合后的 Ti 质粒含有重复的 pBR322 序列,此重复序列在农杆菌转化植物细胞的过程中,与目的基因及选择标记基因一起被整合到植物染色体组上。但这种重复的序列有可能造成基因的进一步重组及重排,从而影响外源基因的表达。因此,在对 pGV3850 系统进行改进的基础上,获得了 pGV2260 载体系统。

pGV2260 系统来自章鱼碱型 Ti 质粒的 pTiB6S3,整个 T-DNA 序列连同 25bp 末端序列均被一段 pBR322 所取代。与 pGV3850 的区别在于 pGV2260 系统的中间载体必须在外源基因两侧连接 25bp 末端序列。共整合发生后,pGV2260 系统中的 pBR322 重复序列在 25bp 末端序列以外,不会随 T-DNA 一起整合到植物染色体中。

(3)SEV 系统与 pGV3850 系统

SEV 系统和 pGV3850 系统二者都是通过受体 Ti 质粒与中间载体同源重组而形成的,故同属于共整合载体,但它们之间有着一定的差异:

①它们的受体 Ti 质粒与中间载体的结构不同。pGV3850 的左右边界(TL、TR)在一个受体 Ti 质粒上,而 SEV 来自两个质粒,即 TR 来自中间载体。

②同源序列不同。pGV3850 重组的同源序列是 pBR322,而 SEV 是 LIH。

③SEV 是更有效的共整合载体。pGV3850 共整合载体转化的植物中也带有重复的 pBR322 序列。此重复序列可能对转化植物中的外源基因的稳定性有影响,而 SEV 系统则排除了这种可能,所以更为有效。

8.2.5　Ti 双元转化载体的构建

双元载体(Binary Vector)系统是指由两个分别含 T-DNA 和 Vir 区的相容性突变 Ti 质粒构成的双质粒系统。由于 T-DNA 与 Vir 基因分别位于两个独立的质粒上,Vir 基因是通过反式激活的方式促成 T-DNA 的转移,故称为反式载体(trans vector)。通常含有 T-DNA 序列的穿梭载体用于携带嵌合基因,而含 Vir 基因的 Ti 质粒作为辅助质粒激活 T-DNA 的转移。

1. Ti 双元转化载体系统的构建

Ti 质粒上的 Vir 基因与 T-DNA 具有反式互补作用,即 Vir 基因可以反式激活 T-DNA 的转移。根据这一原理可以使 T-DNA 与 Vir 区处于不同的复制子或不同的 Ti 质粒上,同样可以激活 T-DNA 转移,使插入到 T-DNA 区的外源基因导入植物细胞中;其次是双元载体,含有广泛寄主范围质粒的复制起始点(ori),从而代替了在共整合载体中用以重组的同源区。它们能够在任何农杆菌寄主里自发复制,这意味着所有的农杆菌菌株不论带有 Ti 质粒还是 Ri 质粒,不论它是武装的,还是解除武装的,都能导人中间表达载体而成为双元表达载体,寄主仅需要提供一套完整的 Vir 基因。

2. Ti 双元转化载体系统的特点

Ti 双元转化载体系统的基本特点是它由两个彼此相容的 Ti 质粒组成,其中之一是含有 Vir 区的 DNA 转移载体质粒,这个质粒实际上是 T-DNA 缺失的突变型质粒,类似于共整合表达系统中的卸甲质粒。另一个穿梭质粒通常较小,易于进行分子操作。其特点是:

①具有 RK2 质粒的复制功能,可以在大肠杆菌和根癌农杆菌中复制,并且与 Ti 质粒是相容的。

②具有 Ti 质粒的左右两侧或右侧的边缘区序列,使 DNA 可以转移到植物细胞。

③边缘区序列内包含植物选择标记嵌合基因,用于转基因阳性株的初步筛选。

④带有抗生素基因,一般是 Kan^r 基因,可作为细菌转化子的选择记号。随着双元表达载体技术的发展,现在的穿梭质粒在 T-DNA 边缘区序列内具有多克隆位点,以方便目的基因的插入。同时还带有 LacZ 基因,利用 IPTG 和 X-gal,通过转化子的蓝白筛选,获得含重组体质粒的转化子菌落。目前常用的双元表达载体有 pBI 系列、pGA 系列、pKYLX 系列、pBiN19 系列等。

3. 共整合载体系统与双元表达载体系统

共整合载体系统与双元载体系统在构建思路上,一个是应用了 Vir 基因对 T-DNA 的顺式作用,一个是应用了反式调控,因此,二者之间存在着较大的差异。

①双元表达载体构建简单。双元表达载体不需要共整合过程,因此系统中的两个质粒不必

含有同源序列,构建的操作步骤比较简单。

②双元表达载体的接合频率更高。共整合载体的重组频率很低,而双元载体系统的两个质粒接合的频率较高,这些质粒从大肠杆菌转移到农杆菌的频率比共整合质粒的转移频率高10000倍。

③双元表达载体的稳定性不如共整合载体。共整合载体构建成功后,工程菌的稳定性较好;双元载体稳定性较差,容易丢失。

④双元表达载体具有双复制位点。双元表达载体具有 E.coli 质粒的复制位点,也能在农杆菌的寄主中复制,而且其相对分子质量小,可以直接进行体外遗传操作。

⑤双元表达载体在鉴定上更为容易。共整合载体系统在应用上比双元载体系统困难,通常一个共整合载体在用于植物转化之前,应弄清 Ti 质粒的拷贝数和大小,所以必须通过 Southern 杂交来鉴定。而双元载体系统通过酶切及 PCR 鉴定穿梭载体是否导入即可。

目前,通过根癌农杆菌侵染的方法对园艺植物进行遗传转化所采用的载体系统,一般为 Ti 双元表达载体系统,应用起来比较便捷、高效。

8.3　发根农杆菌 Ri 质粒载体

发根农杆菌和根癌农杆菌同属于根瘤菌科,均为革兰阴性菌。它们都可以侵染植物细胞,但引起不同的病症。根癌农杆菌感染植物细胞后诱导冠瘿瘤及合成冠瘿碱,故称为瘤诱导 Ti 质粒。发根农杆菌侵染后植物细胞产生许多不定根,这种不定根生长迅速,不断分支成毛状,故称之为毛状根,也称为发状根,分别简称为毛根或发根。Ri 质粒为根诱导质粒。

一直以来人们都很重视 Ti 质粒的研究,并取得较好进展。对发根农杆菌的研究主要集中在毛根的病害及与根癌农杆菌的相似性上。直到 20 世纪 80 年代以后科学家们才对 Ri 质粒研究开始产生兴趣,特别是日本、欧洲、美国等发达国家的许多学者从多方面研究了 Ri 质粒及其转化特点。近年来国内有些实验室也相继开始了这方面的研究工作。现在认识到,与 Ti 质粒相比,Ri 质粒转化具有许多优点。Ri 质粒可以不经"解除武装"进行转化,并且转化产生的发根能够再生植株;每条发状根是一个单细胞克隆,可以避免嵌合体;Ri 质粒可直接作为中间载体;Ri 质粒和 Ti 质粒可以配合使用建立双元载体系统,拓展了两类质粒在植物基因工程中的应用范围;发根适于进行离体培养,而且很多植物的发根在离体培养条件下都表现出原植株次生代谢产物的合成能力。因此,Ri 质粒不仅可作为转化的优良载体,而且可以应用于次生代谢物生产。

8.3.1　发根农杆菌的生物学特性

发根农杆菌是一种寄主非常广泛的土壤细菌,能够侵染几乎所有的双子叶植物和少数单子叶植物。据统计,目前已有数百种植物感染 Ri 质粒后产生毛状根,其中大部分是双子叶植物和裸子植物,单子叶植物报道甚少。

与根癌农杆菌菌株一样,发根农杆菌 Ri 质粒是根据转化根中合成的冠瘿碱来分类,并根据质粒的分解代谢途径来分级的。发根农杆菌可分为三种菌株类型,诱导合成 7 种冠瘿碱。

Ri 质粒具有多种形式,它们能够归属于两种生物型菌株:农杆碱型(Agropine Type)和甘露碱型(Mannopine Type)菌株属于生物型 Ⅱ,而黄瓜碱型(Cucumber Type)菌株属于生物型 Ⅰ。它们像 Ti 质粒一样能够在细菌之间进行质粒转移。

8.3.2　发根农杆菌的冠瘿碱合成

在带有完整 T-DNA 的 Ti 质粒或 Ri 质粒的转化植物细胞中,都能检测到一类特殊的非蛋白态的氨基酸,这一类氨基酸总称为冠瘿碱(opine)。

在 Ri 质粒转化细胞中检测到的冠瘿碱有农杆碱、甘露碱、黄瓜碱、农杆碱酸、农杆碱素 A－D,这些冠瘿碱合成基因存在于 T-DNA 上。在真核生物细胞中具有冠瘿碱基因的功能启动子,因此,T-DNA 上这些冠瘿碱合成基因只能在真核细胞中转录,而不能在农杆菌中转录。在 Ri 质粒转化的细胞中检测到的冠瘿碱,因感染的发根农杆菌的种类不同而有差异,即某一农杆菌类型合成一种或几种相应类型的冠瘿碱,也导致发根农杆菌的上述不同分类。

1.Ri 质粒基因结构

Ri 质粒与 Ti 质粒一样是属于巨大质粒,Ri 质粒的大小在 200～800kb 之间,并且在一种菌体之中可能存在着多种质粒。

Ri 质粒的结构与 n 质粒的结构十分相似,可以分为 T 区、Vir 区、ori 区和其他区域等几个部分。

T 区与 Ti 质粒的 T-DNA 十分的相似,包括以下的几个部分:

①T 区的左右边界序列:在 Ri 质粒的左右边界上含有 25bp 的重复序列,与 T-DNA 的左右边界序列具有很高的同源性。

②TL-DNA 区:该区中含有与毛状根形成有关的 rolA、B、C、D 基因群。rolA 与肿瘤和毛状根的形成有关,该基因不活化时通常形成较多的不定根,而在活化的情况下与毛状根形成有关;rolB 基因是 Ri 质粒转化过程中最关键的基因,没有该基因的参与转化细胞不可能形成毛状根组织。rolC、D 不活化时不会产生性状。

③TR-DNA 区:该区中含有与农杆碱合成有关的基因(Ags)和生长素合成有关的基因(tms1、tms2)。Ags 基因在转化的初期起着重要的作用,是不定根产生的关键。

Vir 区位于复制起点和 T 区之间,距离 T-DNA 大约为 35kb 左右,由 7 个不同的基因群所组成,分别为 VirA～G。这 7 个基因除了 VirA 基因以外,其他的 6 个基因通常处于抑制状态。发根农杆菌在感染植物时,被损伤的植物通常产生小分子的乙酰丁香酮等,并与 VirA 基因产物相结合,诱导其他基因的活化过程。VirD 基因能够将 T-DNA 的 25bp 的重复序列切断,促使 T-DNA转移的发生。而通常 VirA 和 VirD 联合发生作用,但是整个 Vir 基因的作用机制不是很明确。

2.Ri 质粒载体

发根土壤杆菌(Agrobacterium rhizogenes)感染植物寄主后,在植株的感染部位会被诱导长出许多不定根,造成这种现象的遗传本质是和一种与 Ti 质粒十分相象的 Ri 质粒有关。目前已经发展出了以 Ri 质粒为基础的基因克隆载体。它们的一个明显优点是可以构建完整的 onc$^+$ 载体。这是因为在许多种植物中,由 Ri 质粒诱发产生的不定根经过植物激素的刺激作用都可以分化成可育的完整植株。pRiA4 是一种包括 Ri 质粒 pRiA4 的共合载体系统。pRiA4 质粒的分子大小约为 250kb,目前对于此种质粒的了解还相当肤浅,但其特殊的左臂与右臂的 T-DNA 区段及毒性基因区段已经定位。pCGN529 质粒由于含有一个 TL-DNA 区段,所以能够按标准程序与 pRiA4 质粒的 TL-DNA 重组成共合体。已知 pCGN529 质粒也具有一个选择记号 neo，该基因与甘露碱合成酶基因 mas(mannopine synthase gene)组成一个表达单元，并由 mas 基因的启动子表达。在转化的植物组织中，共合体 pRiA4∶∶pCGN529 诱导根的形成。这些不定根可以切除下来培养在卡那霉素的培养基中以选择带有重组 T-DNA 的细胞，然后在培养基中加入适当的植物激素就可以诱发再生成可育的植株。因此，在某些植物品种中应用 Ri 载体便可以一步完成选择和再生过程。Ri 载体对于揭示瘤形成的分子机制和以研究次生代谢产物为目的的根组织培养工作非常重要。

8.4　病毒转化载体

病毒侵染细胞后把其 DNA 导入寄主细胞，这些病毒 DNA 能在寄主细胞中借助寄主的遗传系统进行复制和表达，该过程与农杆菌 Ti 质粒相似，也是一种潜在的基因转化系统。病毒作为一种基因转化的载体，已应用到微生物和动物转基因领域，然而在植物转基因的研究中仍处于初级阶段。主要原因是绝大多数植物病毒是以 RNA 为遗传物质的，对于 RNA 的操作并没有 DNA 成熟，因此相应的载体构建就比较困难。另外，还没有发现像动物细胞反转录病毒(retrovirus)那样能整合到宿主基因组的植物病毒，即使构建了植物病毒载体，外源基因通过感染进入植物细胞，它们也只能以游离拷贝的形式存在于细胞中，不能整合到植物染色体上进行稳定的遗传和表达，无法达到植物基因工程的最终目的。但是随着植物病毒分子生物学及遗传学研究的不断深入，用病毒基因组作为载体转化植物细胞已日益受到人们重视，因为病毒载体能将外源基因导入植物的所有组织和细胞中，而且不受单子叶或双子叶植物的限制。

8.4.1　植物病毒载体系统

20 世纪 80 年代，首先引起人们注意的是花椰菜花叶病毒(Cauliflower Mosaic Virus，CaMV)的双链 DNA 基因组，其后 RNA 和单链 DNA 病毒的基因组也被用来构建植物基因工程载体，此类载体称为植物基因工程病毒载体。植物病毒对植物细胞的侵染过程实际上是自然界一种自发的基因转移过程，其侵染寄主细胞的过程与农杆菌 Ti 质粒相似，所以其本身就是一种潜在的基因转化系统。到目前为止，病毒载体主要用于基因的功能研究，还没有实验证明可以利用病毒载体来进行植物转化获得转基因的后代。目前正在研究发展作为植物基因工程载体的病毒主要有三种不同类型，即单链 RNA 植物病毒、单链 DNA 植物病毒和双链 DNA 植物病毒，具体可见图 8-5 所示。

1. 单链 RNA 病毒转化载体

单链 RNA 病毒占植物病毒总数的绝大部分，它们的寄主范围很不一样，有的很广，有的较窄，有的仅能感染双子叶植物，有的则仅能感染单子叶植物，也有的能感染两者。RNA 病毒在寄主细胞中的复制和表达效率极高，以 TMV 为例，每个细胞中的病毒可以达到 $10^6 \sim 10^7$ 个。TMV 最早被用于构建抗原展示载体，曾成功表达了流感病毒血凝素、艾滋病毒抗原蛋白(HIV-Igp120)和疟疾抗原蛋白等。但研究表明，TMV 衣壳蛋白仅能融合小于 23 个氨基酸的小肽，否则其组装会受到影响，且重组病毒生长速率比野生型慢。这些特性也限制了它的广泛应用。

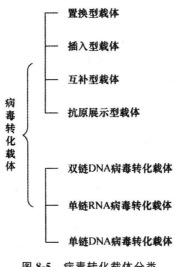

图 8-5　病毒转化载体分类

2. 单链 DNA 病毒转化载体

小麦矮化病毒是一种广范侵染单子叶植物的单链 DNA 病毒。它的基因组大小为 2749bp，为环形单链 DNA 分子。根据序列推断其有 5 个开放阅读框结构，可以编码 29.4kDa 的衣壳蛋白，另外的 30.1kDa 和 17kDa 的蛋白质与基因组复制有关。目前多用不同的外来基因代替衣壳蛋白基因，如与衣壳蛋白基因大小相似的新霉素磷酸转移酶基因（npt Ⅱ）和氯霉素乙酰转移酶基因（cat），也有报道可以表达 3kb 的半乳糖苷酶基因。

3. 双链 DNA 病毒转化载体

在植物病毒中只有两组双链 DNA 病毒，花叶病毒（caulimovirus）和黄瓜脉黄化病毒（cucumber vein yellowing virus）。

在已知的 300 多种植物病毒中，单链 RNA 病毒约占 91% 左右，双链 DNA 病毒、单链 DNA 病毒各约占 4% 左右。RNA 不太适合于作为克隆载体，因为对 RNA 的操作非常困难。目前较为成熟的植物病毒载体是由花椰菜花叶病毒（CaMV）和番茄金花叶病毒（tomato golden mosaic virus，TGMV）构建而成的。

花椰菜花叶病毒含有双链 DNA 基因组，将外源目的基因插入到花椰菜花叶病毒 DNA 上，重组分子在体外包装成有感染力的病毒颗粒，就可高效转染植物原生质体，进而通过原生质体培养再生为整株植物。但花椰菜花叶病毒作为基因转化的载体也存在如下缺点，限制了其应用：

①花椰菜花叶病毒容纳外源 DNA 的能力非常有限，即使是切除了非必需序列，也只能插入很小的片段。

②花椰菜花叶病毒的寄主范围非常窄，主要是芸薹属（Brassica）植物（如甘蓝和花椰菜等）。

③花椰菜花叶病毒是一种病原体，它感染后会使寄主植物患病，降低产量和品质。

④目前还没有发现有一种植物病毒 DNA 是可以整合到寄主染色体上的，外源基因的稳定遗传和表达遇到问题。

⑤尽管花椰菜花叶病毒 DNA 可以感染植物，而带有外源基因的花椰菜花叶病毒 DNA 重组体则不能感染整个植株，这就必须通过原生质体予以克服，但通过原生质体再生植株对有些作物

是非常困难的,并且植物病毒在植物组织中的传播也受到限制。

⑥目前判断花椰菜花叶病毒 DNA 感染的唯一的办法就是靠"症状"的表现,因此,对花椰菜花叶病毒 DNA 载体来说,还需要一个更好的选择标记。

番茄金色花叶病毒是一种植物双生病毒,是单链 DNA 病毒。成熟的双生病毒呈双颗粒状,每一个颗粒中含有一条不同的 DNA 单链。其中,A 链编码病毒外壳蛋白质及参与复制的蛋白质;B 链编码控制病毒从一个细胞转移到另一个细胞的运动蛋白质。A、B 两条链必须同处于一个植物细胞中,方能形成有感染力的病毒。由于双链复制型的番茄金花叶病毒 DNA,处于没有外壳蛋白质的环境中,仍然具有感染性。因此,外壳蛋白质编码基因的大部分序列,可以从 A 链中删除掉,以便为外源基因的插入留出必要的空间位置。利用番茄金花叶病毒将外源基因克隆到植物体内的程序是:从成熟的病毒颗粒中分离其 A 链 DNA,并在体外复制成双链形式;以外源基因和标记基因(例如 NptⅡ)取代 A 链 DNA 上的病毒包装蛋白基因;将重组分子克隆在含有 T-DNA 和根癌农杆菌复制子的载体质粒上,并转化含有 Ti 辅助质粒的根癌农杆菌;将根癌农杆菌注射到已含有番茄金花叶病毒的 B 链植物的茎组织中,此时重组 DNA 分子在植物体内被包装成具有活力的病毒颗粒,后者分泌后再感染其他细胞和组织,使外源基因迅速遍布整株植物。在上述工作的基础上,随后又发展出了同时含有 A 链 DNA 和 B 链 DNA 两种组分的另外一种双元载体系统。使用这样的载体就不必事先用 B 链 DNA 转化植物,这样简单便捷。双生病毒具有广泛的宿主范围,因此是一种很有潜力的植物病毒载体。

此外,由于病毒可引起破坏性的侵染,需要严格的防护,防止载体从寄主中逃逸侵染自然界中的植物。所以花椰菜花叶病毒和番茄金花叶病毒作为克隆载体还需要进一步的改造。

8.4.2 植物病毒表达载体的构建

图 8-6 所示为常见的利用植物病毒构建表达载体的方法。

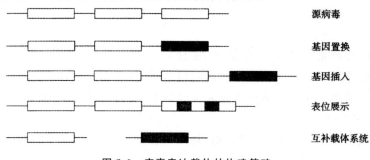

源病毒

基因置换

基因插入

表位展示

互补载体系统

图 8-6 病毒表达载体的构建策略

1. 置换型载体

置换型载体是最原始的,由外源基因置换对植物病毒基因组复制影响不大的基因构建而成。置换型载体一般用于转染原生质体进行瞬时表达,用于验证构建载体的可行性,很难利用该载体用于植株系统转化外源基因。就如花椰菜花叶病毒作为基因转化载体限制应用的原因一样。构建此类型的载体用于转染原生质体时,通常不需考虑病毒的组装,所以可携带较大的外源基因;然而在植株系统表达外源基因时就必须考虑病毒的包装限制。第一例植物病毒载体是 Brisson 等用大肠杆菌二氢叶酸还原酶基因(dhfr)置换花椰菜花叶病毒编码的蚜虫传播蛋白因子的基因构建而成。

2. 插入型载体

插入型载体的构建方式是将外源基因插入到病毒基因组不重要的非编码区,或者将外源基因与复制酶基因以外的其他基因同框融合,以避免对病毒的复制或移动造成不利影响。DNA 包装的大小受到病毒的性状的限制,球状或二十面体等轴对称病毒限制包装的 DNA 片段不能过大,而丝状或杆状植物病毒就不存在包装的限制,适于构建插入型的载体。目前主要有 PVX、TMV、CPMV 和番茄丛矮病毒(TBSV)用于构建插入型载体,其中 PVX 载体多用做探针研究植物和植物病原基因的功能和结构,以及病原与宿主之间的相互作用。TMV 和 CPMV 载体主要用于展示医药用的外源小肽,TBSV 载体系统还不是很完善。

3. 互补型载体

互补型载体是将外源基因插入缺陷型病毒或用外源基因置换病毒的某个基因构建而成。在构建载体时,只要能反式提供失活基因的表达产物,甚至可以将外源基因与一些重要的基因置换。其方法有两种,一是由转基因植物反式提供失活基因产物;二是将构建的植物病毒载体与辅助病毒一起接种,由辅助病毒提供失活基因产物。这两种方法,由于重组现象的存在,使构建的互补载体很不稳定,考虑到重组主要发生在病毒基因组的非编码区,因而采用转基因反式互补时,尽量避免转基因携带过多的非编码序列,否则可能会降低重组的发生频率。

4. 表位展示型载体

表位展示型载体即利用植物病毒的外壳蛋白能够与外源蛋白多肽形成融合蛋白的特点,通过在外壳蛋白基因中选择性地插入外源基因,在不影响病毒的组装、侵染和复制的前提下,使其在病毒粒体表面呈现,成为抗原决定簇(外源蛋白)。利用这种病毒载体可以生产具有免疫原性的小蛋白多肽疫苗。利用表位展示型载体系统,借助于 TMV、PVX、CPMV 和 TBSV,已经生产了很多具有免疫源性的抗原,如口蹄疫病毒(FMDV)、艾滋病毒 1(HIV-1)、人鼻病毒 14(HRV-14)、犬细小病毒(CPV)等病毒抗原。

但植物病毒作为植物基因工程载体还受到很多方面的限制,例如:

①外源基因在转化植物中的稳定性差。可以借助于病毒载体将外源基因带入植物细胞中,但是不能够实现外源基因与植物染色体的整合,因此很难实现外源基因的稳定遗传和表达。

②病毒的致病性。通过改建的病毒可能仍具有致病性,随着外源基因的导入,可能会使侵染的植物诱发产生严重的症状。

③植物病毒载体携带的外源基因和病毒载体本身的不稳定性。前者是指通过重组或其他方式,病毒载体中的外源基因很容易丢失,又恢复成野生型的病毒基因组结构。后者的不稳定性指载体病毒基因组的不稳定性,在病毒复制过程中,病毒基因组发生突变的频率高,尤其是 RNA 病毒和双链 DNA 病毒,其复制过程中涉及的 RNA 复制酶或反转录酶没有校正功能。

因此,必须根据基因的性质和被转化的对象、目的等诸多因素做出选择和改造,并且较为深入地了解病毒的分子生物学基础,这样才能发挥病毒作为植物基因工程载体的潜在应用价值。

8.4.3　植物表达载体的改进及优化

将特定的外源基因构建在植物表达载体中并转入受体植物并不是植物遗传转化的最终目

的。前面已经说过,植物遗传转化的最终目的是使外源基因在受体植物中稳定遗传和表达。这里要求基因整合到染色体稳定的区域,并且能够在特定部位和特定时间内高水平表达,产生人们期望的性状。然而,外源基因在受体植物内往往会出现表达效率低、表达产物不稳定甚至基因失活或沉默等不良现象,导致转基因植物无法投入实际应用。另外,转基因植物的安全性问题已在许多国家引起了人们的关注,例如,转基因有可能随花粉扩散、抗生素筛选标记基因有可能使临床上的某些抗生素失去作用等。基因进入受体植物后,不一定按照人们的预想高效表达,因而要对植物表达载体进行改进和优化,尽可能提高外源基因的表达及产物的积累,降低转基因植物安全性的风险。根据植物基因的结构和特点在以下 6 个方面进行改进及优化。

1. 启动子、增强子及终止子

由于启动子在决定基因表达方面起关键作用,因此,选择合适的植物启动子和改进其活性是增强外源基因表达的关键。前面已经介绍过,目前在植物表达载体中广泛应用的启动子有 3 种类型:组成型启动子、诱导型启动子和组织特异型启动子。

在组成型启动子的控制下,外源基因在转基因植物的所有部位和所有发育阶段都会表达。然而,外源基因在受体植物内持续、高效的表达不但造成浪费,往往还会引起植物的形态发生改变,影响植物的生长发育。因此,应用时应注意到组成型启动子可能会带来的问题,根据研究的目的及受体植物的类型来选择合适的组成型启动子。

但在实际操作中,由于组织特异型启动子存在种间特异性问题,因此使用未经改造的启动子往往不能取得理想的效果。对现有启动子进行改造,构建复合式启动子是一条有效途径。

为了提高外源基因的表达效率,可以通过对启动子和增强子的优势组合进行探讨,使外源基因得到高水平的表达。不同的翻译增强子与不同启动子的配合对外源基因的表达效率有很大影响,可能有几方面的原因。首先,不同的启动子起始转录形成的 mRNA 5′非翻译区本身就有较大的差异,它对 mRNA 的翻译起始有很大的影响;其次,也可能与不同增强子的翻译增强机制不同有关。有的增强子 GC 含量高,它通过在 mRNA 5′端非翻译区形成稳定的特定二级结构,并依赖于 mRNA 5′端的帽子结构起始并提高翻译效率;而有些增强子是通过类似于不依赖帽子结构的其他机制起始并增强翻译的。

植物基因的转录终止子,至少含有一个多聚腺苷酸信号,但其功能的正常发挥,还需要其他的 3′序列结构成分。poly(A)尾巴,特别是其中的茎一环结构,可有效地抵抗核酸酶的水解作用,使 mRNA 分子保持稳定性。因此,在构建载体时,在基因的 3′端加入适当的终止子序列,对基因的来源与受体植株亲缘关系较远的基因的改造非常重要。

2. 增强翻译效率

要增强外源基因的翻译效率,构建载体时一般要对基因进行修饰,主要考虑 3 方面内容。

(1)添加 5′端和 3′端非翻译序列

许多实验已经发现,真核基因的 5′端和 3′端非翻译序列(UTR)对基因的正常表达是非常必要的,该区段的缺失常会导致 mRNA 稳定性和翻译水平显著下降。Ω 元件是烟草花叶病毒(TMV)的 126ku 蛋白基因翻译起始位点上游一段 68bp 的核苷酸序列,作为增强子能有效提高基因的翻译活性。

（2）优化起始密码周边序列

聚合酶识别启动子是基因转录的第一步。而在不同生物中，起始密码子的周边序列并不相同。如果忽视这种差别，很可能导致异源基因转录不能进行。因此，要优化起始密码子周边序列，使其适应受体植物周边序列的特征，以便于受体植物中聚合酶的识别，从而提高外源基因的翻译效率。

植物起始密码子周边序列的典型特征是 AACCAUGGC，动物起始密码子周边序列为 CAC-CAUG，原核生物的则与二者差别较大。Kozak 等通过研究起始密码子 ATG 周边碱基定点突变后对转录和翻译所造成的影响，认为在真核生物中，起始密码子周边序列为 ACCATGG 时转录和翻译效率最高，该序列被后人称为 Kozak 序列，并被应用于表达载体的构建中。

（3）对基因编码区加以改造

密码子优化可显著改善基因的表达效率。最初在研究疫苗时，人们通过改变密码子来提高疫苗的产量及免疫原性。目前，几乎所有的 HIV 重组疫苗都采用了密码子优化免疫原基因的策略。密码子优化免疫原基因增强免疫反应的机制不仅可使翻译过程密码子移动速度加快，而且还使 mRNA 中 GC 含量大幅度提高，从而彻底改变 RNA 的二级结构，增加 mRNA 的稳定性，同时还有可能增加 mRNA 转录后从细胞核向细胞浆的转运效率。同样的道理，植物转化时也要注意这一点。如果外源基因是来自原核生物，由于表达机制的差异，这些基因在植物体内往往表达水平很低，例如，来自苏云金芽孢杆菌的野生型杀虫蛋白基因在植物中的表达量非常低，研究发现这是由于原核基因与植物基因的差异造成了 mRNA 稳定性下降。

3. 消除位置效应

位置效应即由于外源基因在受体植物基因组内插入位点不同，导致基因在不同的转基因株系中表达水平不同的现象。为了消除位置效应，可以使外源基因都整合在植物基因组的转录活跃区或定点整合到特定的染色体区段内。

核基质结合区（matrix association region，MAR）存在于真核细胞染色质中，通过 MAR 结合蛋白与核基质特异性紧密结合的 DNA 序列，长度一般为 100～1000bp。一般认为，MAR 序列位于转录活跃的 DNA 环状结构域的边界，其功能是造成一种分割作用，使每个转录单元保持相对的独立性，免受周围染色质的影响。将 MAR 连接在转基因两侧，共同构建成植物表达载体。导入植物中后，MAR 作为结构区边界，可把转基因作为一个转录单元与周围 DNA 区域隔开，形成独立稳定，不受周围宿主染色质抑制的环（loop），使目的基因获得高效而稳定的表达，降低不同转基因植株之间目的基因表达水平的差异，减少位置效应。

另一可行的途径是采用定点整合技术，这一技术的主要原理是：当转化载体含有与寄主染色体同源的 DNA 片段时，外源基因可以通过同源重组定点整合于染色体的特定部位。如果同源的片段是转录活性区域的 DNA 片段，就可以将外源基因定点整合在转录活性区。

4. 定位信号的应用

外源基因转录并翻译后，外源蛋白能否在植物细胞内稳定存在以及积累量的多少是植物遗传转化中需要考虑的另一重要问题。

外源基因在植物细胞中表达时，其表达产物往往会受到受体细胞中蛋白酶的作用而降解，从而造成外源蛋白积累量的减少。因此，需要采取一定的措施，保证外源蛋白在一个相对稳定的环境下产生和积累。内质网等质体可以为某些外源蛋白提供一个相对稳定的内环境，能够有效防止外源蛋白的降解。因此，可以在外源基因上连接适当的定位信号序列，使外源蛋白产生后定向运输到质体内，以提高外源蛋白的稳定性和累积量。例如，Wong 等将拟南芥 rbcS 亚基的转运肽序列连接于杀虫蛋白基因上游，发现杀虫蛋白能够特异性地积累在转基因烟草的叶绿体内，外源蛋白总的积累量比对照提高了 10～20 倍。Wandelt 等和 Schouten 等将内质网定位序列（四肽 KDEL 的编码序列）与外源蛋白基因相连接，发现外源蛋白在转基因植物中的含量有了显著提高。显然，定位信号对于促进蛋白质积累有积极作用，但并不。

5. 构建叶绿体表达载体

叶绿体转化是近年来出现了一种新兴的遗传转化技术，为了克服细胞核转化中经常出现的外源基因表达效率低、位置效应以及由于核基因随花粉扩散而带来的不安全性等问题。

叶绿体转化的最大优点是外源基因的高效表达。这是因为叶绿体基因本身就有巨大的拷贝数（5 000～10 000 拷贝/细胞）。例如，Kota 等将 Bt Cry2Aa2 蛋白基因转入烟草叶绿体，也发现毒蛋白在烟草叶片中的表达量很高，占可溶性蛋白的 2％～3％，比细胞核转化高出 20～30 倍，转基因烟草不仅能抗敏感昆虫，而且能够百分之百杀死那些产生了高抗性的昆虫。Staub 等将人的生长激素基因转入烟草叶绿体，其表达量高达叶片总蛋白的 7％，比细胞核转化高出 300倍。这些实验充分说明，叶绿体表达载体的构建和转化，是实现外源基因高效表达的重要途径之一。

转基因植物安全性是植物基因工程的一个重要的问题。在实践中也存在通过花粉传播外源基因发生漂移的问题，不利于转基因植物的实际应用。叶绿体转化可以避免这种情况的发生，因为绝大多数高等植物的叶绿体是母本遗传的，在花粉中不存在外源基因。这是叶绿体作为转化载体的另一大优势。

另外，叶绿体基因组小，与原核生物基因组相似，操作简单。外源基因使用的启动子和终止子是叶绿体特异的，具有原核性，在原核生物中也可以表达。

在叶绿体中，功能信息详细的基因常常存在于同一个操纵子，并同时表达。所以，外源基因也可以以多顺反子的形式转化叶绿体，并正常表达，避免了核转化中多基因转化时常出现的基因沉默现象，有利于标记基因和目的基因及功能相关的多个基因共同转化，实现在一次转化中完成多基因的转化。

核转化中，外源基因的插入是随机的，存在着位置效应，需要大量筛选高效表达的转基因植株。另外，随机的插入很难控制，可能会引起基因的失活，使转化后的表现型不能真正反映外源基因的功能。叶绿体中的基因在不同物种中是高度保守的，可以利用同源整合，将外源基因定点插入到叶绿体两个基因之间，避免位置效应的发生，提高外源基因的表达效率。

构建叶绿体表达载体时，一般都在外源基因表达盒的两侧各连接一段叶绿体的 DNA 序列，称为同源重组片段或定位片段（targeting fragment）。当载体被导入叶绿体后，通过这两个片段与叶绿体基因组上的相同片段发生同源重组，就可以将外源基因整合到叶绿体基因组的特定位点。另外，要求同源重组发生以后，外源基因的插入既不引起叶绿体基因原有序列丢失，又不至于破坏插入点处原有基因的功能。为满足这一要求，已有的工作都选用了相邻的两个基因作为同源重组片段，当同源重组发生以后，外源基因定点插入在两个相邻基因的间隔区，保证了原有基因的功能不受影响。

6. 内含子的增强基因表达应用

内含子增强基因表达的作用最初由 CaUis 等在转基因玉米中发现。玉米乙醇脱氢酶基因（Adhl）的第一个内含子（intron 1）对外源基因表达有明显增强作用，该基因的其他内含子（例如 intron 8、intron 9）也有一定的增强作用。后来，Vasil 等也发现玉米的果糖合成酶基因的第一个内含子能使氯霉素乙酰基转移酶（chloramphenicol acetyltranferase，CAT）表达水平提高 10 倍。水稻肌动蛋白基因的第三个内含子也能使报告基因的表达水平提高 2～6 倍。内含子的作用可能是增强 mRNA 的加工效率和稳定性。Tanaka 等人的多项研究表明，内含子对基因表＝达的增强作用主要发生在单子叶植物中，在双子叶植物中不明显。

应该指出的是，内含子对基因表达的作用机制可能是很复杂的，如何利用内含子构建高效槽物表达载体，目前还缺乏一个固定的模式，值得进一步探讨。应该清楚地认识到，并不是所有基因的内含子都有作用，也不是基因的所有内含子都有作用，更不是起作用的内含子对所有的基因都有增强作用。因此在应用时，对于内含子的选择需要做相应研究再确定。

8.5　遗传转化常用的选择标记基因和基因报告

8.5.1　概述

在遗传转化中，准确选择和筛选转化体是很重要的，通过转化体上携带的选择标记基因和报告基因即可实现选择和筛选。选择标记基因的功能是在选择压下把转化体选择出来。植物遗传转化中，要在选择培养基中加入选择剂，选择剂必须是野生型植物细胞生长的抑制剂，一般的选择剂为抗生素或抗除草剂，如 Km 等，能给野生型植物细胞的生长发育产生一种抑制作用，称为选择压，这种选择压能抑制野生型植物细胞的正常代谢，致使未转化的细胞不能正常生长发育和分化，而转化细胞因选择标记基因的表达产物对选择剂产生抗性，不受选择剂的影响能够正常生长、发育和分化，从而将转化体选择出来。报告基因强调给转化细胞带上一种标记，起报告和识别作用。有些选择标记基因同时可作报告基因使用。

理想的选择标记基因或报告基因都必须具备以下 4 个条件：编码一种不存在于正常植物细胞中的酶；基因较小，可构成嵌合基因；能在转化细胞中得到充分表达；检测容易，并能定量分析。但选择标记基因和报告基因在功能和性质上还有一定差异。

1. 选择标记基因的概念及特点

选择标记基因（selectable marker gene）是指其编码产物能够使转化的细胞、组织具有对抗生素或除草剂及其他一些胁迫物质的抗性，或者使转化细胞、组织具有代谢的优越性，从而在含有这些选择试剂的培养基中能够继续存活，进而将转化的细胞、组织从大量的细胞或组织中筛选出来的一类基因。

植物基因工程中所应用的选择标记除上述 4 个基本特点之外，还具有如下 3 个特征：

①选择剂最好能抑制植物细胞的正常生长，但并不杀死细胞，因为死细胞对邻近的活细胞往往有很强的抑制作用。

②标记基因的表达产物应为转化细胞提供抵抗选择剂抑制作用的能力，选择培养基中所用

的抗代谢物(即选择剂)对转化细胞再生植株的生长发育,不应有明显的影响。

③最好有一种简便方法可以检测选择标记基因在转化细胞或植株中的表达。因为即使在选择压力下,也不是所有的存活细胞或再生植株都是被转化了的。选择标记种类较多,常用的大多属于抗生素抗性标记。

2. 报告基因的概念及特点

报告基因(reporter gene)是指其编码产物能够被快速地测定,通过它的表达来标定目的基因是否导入到受体细胞、组织或器官中的一类特殊用途的基因。因为它起到报告作用,所以称为报告基因。理想的报告基因应该具备以下 4 个特点:

①其产物在原植物中不存在或本底很低,并对宿主植物细胞无毒性。

②表达产物应有适度的稳定性以利于检测。

③检测手段高度敏感,检测方法简单、灵敏并可以定量。

④检测过程应不具有破坏性。

8.5.2 常用的选择标记基因

常用的选择标记基因主要有两大类:一类是编码抗生素抗性的基因,如新霉素磷酸转移酶基因(neomycin phosphotransferase,npt Ⅱ)、潮霉素磷酸转移酶基因(hygromycin phosphotransferase,hpt)和二氢叶酸还原酶基因(dihydrofolatereductase,dhfr)等;另一类是编码除草剂抗性的基因,如草丁膦乙酰转移酶基因(phosphinothricin acetyltransferase,bar)等,具体可见表 8-2 所示。基于转基因安全性的考虑,目前又发展出了一些新的标记基因,这些基因大多是与植物的代谢及次生物质合成有关,形成第 3 类标记基因,即生物标记安全基因。

1. 编码抗生素抗性的选择标记基因

(1)新霉素磷酸转移酶基因

也称卡那霉素抗性基因(Kan^r)或氨基葡萄糖苷磷酸转移酶Ⅱ基因(npt Ⅱ),是目前在植物遗传转化中应用最广泛的选择标记基因。该基因最初是从细菌转座子 Tn5 中分离得到的,由它编码的产物氨基葡萄糖苷磷酸转移酶[APH(3′)Ⅱ一酶]对某些氨基葡萄糖苷类抗生素产生抗性。其作用原理是:npt Ⅱ基因产物氨基葡萄糖苷磷酸转移酶通过催化卡那霉素及其他氨基糖苷类抗生素氨基己糖上的 3L 羟基发生依赖于 ATP 的磷酸化,修饰后的卡那霉素不能再进入细胞并与 30S 核糖体亚单位结合而导致 mRNA 的错译,促磷酸化使氨基糖苷类抗生素失效,从而解除卡那霉素毒性。因为卡那霉素能干扰一般植物细胞叶绿体及线粒体的蛋白质合成,引起植物绿色器官的黄化,最终导致植物细胞的死亡,而转基因植物由于含有卡那霉素抗性基因(npt Ⅱ)而抑制了卡那霉素的作用,所以通过添加卡那霉素,转化体就很容易从非转化体中筛选出来。目前在番茄、黄瓜、甜瓜、白菜等多种蔬菜作物的遗传转化中,npt Ⅱ作为选择标记基因都得到了广泛应用。但 npt Ⅱ在单子叶植物中的筛选效果不好,这是因为许多单子叶植物培养细胞天然具有抵抗卡那霉素的能力。

(2)潮霉素磷酸转移酶基因

细菌中存在的潮霉素磷酸转移酶基因产物——潮霉素磷酸转移酶(HPT)通过酶促磷酸化作用使潮霉素发生磷酸化而失活,因此在含潮霉素 B(hygromycin B)的培养基中含有该标记基因的植株能存活而不含该标记基因的植株死亡。目前已发现的 HPT 有两类,分别为 APH($7'$)及 APH($4'$)。APH($7'$)来源于产生潮霉素的 Streptomyces hygroscopicus;而 APH($4'$)又有两个,一个是来源于大肠杆菌 W677 菌株质粒 pJR225 的 APH($4'$)2Ia,另一个是来源于 Pseudomonas pseudomallei 的 APH($4'$)-Ib,这两个 APH($4'$)蛋白除了具有潮霉素抗性外,还可抗除草剂草甘膦。对某些用卡那霉素不能进行有效选择的植物(如拟南芥),通过导入该基因而使用潮霉素作选择剂十分有用。

(3)庆大霉素乙酰转移酶基因

庆大霉素乙酰转移酶基因(gentamycin acetyltransferase gene,gat)。编码 aminoglycoside-3-N-acetyltransferases[AAC(3)]的 3 个基因被用作与庆大霉素结合使用的筛选标记。这 3 个基因分别为 ACC(3)-Ⅰ、ACC(3)-Ⅲ 和 ACC(3)-Ⅳ,它们能有效地使庆大霉素处于失活状态。

(4)氯霉素乙酰转移酶基因

氯霉素乙酰转移酶基因(chloramphenicol acetyltransferase gene,cat)。cat 基因来自细菌的转座子 Tn9,它编码的氯霉素乙酰转移酶催化氯霉素形成 3-乙酰氯霉素、1-乙酰氯霉素和 1,3-二乙酰氯霉素,而使氯霉素失活。将 cat 基因作为选择标记基因导入植物后即可使转化细胞抗氯霉素。该标记基因也常被用作报告基因。

(5)链霉素磷酸转移酶基因和壮观霉素抗性基因

链霉素磷酸转移酶基因和壮观霉素抗性基因(streptomycin phosphotrans-ferase gene and spectinomycin resistance gene)。两个显性基因——氨基糖苷-$3'$-腺苷转移酶基因(aminoglyco-side-$3'$-adenyltransferase,aadA)和来自 Tn5 的链霉素磷酸转移酶基因(spt),赋予转化植株抗壮观霉素和链霉素的特性。链霉素和壮观霉素抗性可通过植物细胞颜色的不同加以识别。在适当的条件下,敏感细胞变白但不死亡,而抗性细胞则保持绿色。

(6)二氢叶酸还原酶基因

氨甲蝶呤是一种抗代谢物,抑制二氢叶酸还原酶(DHFR)的活性,因而干扰 DNA 合成。从突变鼠中分离到编码一种对氨甲蝶呤不敏感的二氢叶酸还原酶基因 dhfr,该酶对氨甲蝶呤的亲和力非常低。该基因与 CaMV 启动子嵌合形成了能用于植物转化的氨甲蝶呤抗性标记。

表 8-2　植物遗传转化中常用的选择标记

选择剂	抗性基因	抗性酶	作用机制	抗性机制	选择剂种类
Km	nptⅡ	新霉素磷酸转移酶	干扰蛋白质合成	抗生素磷酸化	抗生素
G418	nptⅡ	新霉素磷酸转移酶	干扰蛋白质合成	G418 磷酸化	抗生素
Hm	hpt	潮霉素磷酸转移酶	干扰蛋白质合成	Hm 磷酸化	抗生素
氨基蝶呤	dhfr	二氢叶酸还原酶	干扰核苷酸合成	靶酶的修饰	代谢物质
Basta	bar	膦丝菌素乙酰转移酶(PAT)	抑制 GS 活性	Basta 乙酰化	除草剂
草甘膦	aroA	EPSP	抑制光合作用	靶酶的修饰或过量表达	除草剂
磺酰脲	als	乙酰乳酯合酶	抑制支链氨基酸合成	靶酶的修饰或过量表达	除草剂
溴苯腈	bxn	腈水解酶	抑制光合作用	选择剂的除解	除草剂
甘露糖	pmi	6-P-甘露糖异构酶	—	利用非生物碳源	生物安全标记

选择剂	抗性基因	抗性酶	作用机制	抗性机制	选择剂种类
木糖	xyl	木糖异构酶	—	利用非生物碳源	生物安全标记
IAA	ipt	异戊烯基转移酶	—	提供植物生长激素	生物安全标记
IAA	iaah	吲哚-3-乙酰胺水解酶	—	提供植物生长激素	生物安全标记

2. 编码除草剂抗性的选择标记基因

(1)PPT 乙酰转移酶基因

PPT 乙酰转移酶基因(PPT acetyltransferase gene,bar)。双丙胺膦(bialaphos)和膦化麦黄酮(PPT)为非选择性除草剂,抑制谷氨酸合成酶的活性(glutamine synthase,GS)。GS 对调控植物氨同化及氮代谢的过程是必需的。抑制 GS 活性会导致氨积累,氨进而引起植物细胞死亡。bar 基因编码 PPT 乙酰转移酶(PAT),该酶将乙酰 CoA 的乙酰基团转到 PPT 的游离氨基上,从而将 PPT/bialaphos 变为非除草剂乙酰化的形式,这样就使植物细胞对除草剂产生抗性。对于对抗生素类选择剂不敏感的禾本科作物,bar 基因的发现及使用在转基因植物的筛选上特别有用。

(2)5-烯醇丙酮莽草酸-3-磷酸合酶基因(aroA)

草甘膦是一种广谱除草剂,它抑制光合作用的主要过程,可以竞争性抑制 EPSP(5-enol-pyruvyl-shikimate 3-phosphate)合酶的活性。EPSP 合酶催化磷酸烯醇式丙酮酸与莽草酸-3-磷酸反应生成 5-烯醇丙酮莽-草酸 3-磷酸,该反应是苯基丙氨酸、酪氨酸和色氨酸合成的基本步骤。植物的许多 EPSP 合酶是由核基因编码的,而该酶本身则定位于叶绿体。已获得鼠伤寒沙门氏菌(Salmonella typhimurium)抗草甘膦的突变体。这些突变体的突变基因均定位于编码 EPSP 合酶的 aroA 位点。

(3)乙酰乳酸合酶基因

乙酰乳酸合酶基因(acetolactate synthase gene,als)。磺酰脲类(sulfony-lureas)和咪唑啉酮类(imidazolinones)的除草功能是基于它们能够在支链氨基酸合成途径中非竞争性地抑制乙酰乳酸合酶(ALS)的活性。从大肠杆菌和酵母中已分离到该基因的突变基因。该基因的突变使得除草剂不能与 ALS 结合而使植物细胞对除草剂产生抗性。该突变基因已被用于转化实验中。

(4)辛酰溴苯腈水解酶基因

辛酰溴苯腈水解酶基因(bromoxynil nitrilase gene,bxn)。辛酰溴苯腈属于腈类除草剂,对光系统 Ⅱ 有抑制作用。辛酰溴苯腈水解酶基因(bxn)的编码产物可将辛酰溴苯腈转变为 3,5-二溴-4-羟基苯甲酸。该基因已被成功地用于转化植株筛选中。

3. 生物安全的标记基因

这类基因是利用植物自身的糖代谢、次生代谢及激素相关基因来对转基因植株进行标记的。

(1)与糖代谢途径相关的基因

离体培养的细胞不能进行光合作用,必须在培养基中添加一定浓度的碳源后细胞才能进行正常的生长分化。人们正是利用这一特点产生了 3 种非抗生素标记基因,即 6-磷酸甘露糖异构酶基因(6-phosphomannose isomerase gene,pmi)、木糖异构酶基因(xylose isomerase gene,xylA)和核糖醇操纵子(ribitol operon)。它们能分别使转化细胞利用 6-磷酸甘露糖、木糖和核糖醇为碳源,而非转化细胞由于不具有这些基因,会产生碳饥饿而不能正常生长,从而达到高效选择的目的。

①基因编码的 6-磷酸甘露糖转移酶可催化 6-磷酸甘露糖(mannose-6-phosphate,M-6-P)转变为 6-磷酸果糖(fructose-6-phosphate,F-6-P)。在含甘露糖的培养基上,植物内源己糖激酶催化甘露糖磷酸化为 M-6-P,消耗 ATP,非转化细胞由于不能利用 M-6-P,造成 M-6-P 积累并大量消耗 ATP,长期处于饥饿状态,生长停滞;而整合 pmi 基因的转化细胞则能将 M-6-P 转变为细胞可以利用的 F-6-P,避免了 M-6-P 的大量积累并产生 ATP,为细胞正常生长提供能量。因此,在含有甘露糖的培养基上只有转化细胞能正常生长,而非转化细胞将被淘汰。

②许多植物细胞不能利用木糖。然而在 XYL 的催化下能将木糖转变成木酮糖,再经过磷酸戊糖途径分解代谢,为细胞生长所利用。在以木糖为主要碳源的培养基上,转化细胞因能利用木糖而呈现优势生长,非转化细胞则因碳源供应不足而使生长受到抑制。Haldrup 等(1998)将 xylA 分别转化马铃薯、烟草和番茄愈伤组织后,再将愈伤组织置于木糖的培养基上进行筛选,得到了能够在该培养基上正常生长的转基因植株。以木糖作为筛选标记,具有更高的转化效率,比卡那霉素筛选系统高 10 倍左右。

③一般生物细胞不能利用核糖醇作为碳源。而大肠杆菌 C 菌株却能在以核糖醇为碳源的培养基上生长。这是因为 C 菌株中有两个紧紧串联的操纵子,即 at1 和 rt1。大肠杆菌 B 菌株和 K-12 菌株由于缺少这两个操纵子而不能分解代谢核糖醇。Reiner 发现,当把 at1 和 rt1 从 C 菌株分别转到 B 菌株和 K-12 两菌株中后,两菌株都能在以核糖醇为碳源的培养基上正常生长。因此,核糖醇操纵子可以作为一种非抗生素选择标记应用于植物遗传转化。

(2)与激素代谢途径相关的基因

与激素代谢途径相关的基因包括异戊烯基转移酶基因(isopentenyl transferase,ipt)和吲哚-3-乙酰胺水解酶基因(indole-3-aeetamide hydrolyse,iaah)。

ipt 基因从农杆菌的 T-DNA 中克隆而来,编码 IPT,参与植物 IAA 的合成。IAA 可以促进器官发生,因此转化的细胞在未加 IAA 的培养基上能继续生长,可形成不定芽。相反,未转化的细胞在不含 IAA 的培养基中不能正常生长和分化而死亡。进一步的研究发现,在烟草和莴苣中,采用 ipt 的选择效果优于卡那霉素抗性基因。iaah 是另外一种与激素代谢相关的选择标记基因,也是通过调节植物体内激素代谢而使转化细胞与非转化细胞的生长与分化产生一定的差异,从而达到筛选出转化细胞的目的。

(3)谷氨酸-1-半醛转氨酶基因

在叶绿素生物合成的第一阶段,谷氨酸首先在谷氨酸-1-半醛转氨酶(glutamic acid-1-semi-aldehyde aminotransferase,GSA-AT)的催化下转化为 5-氨基乙酰丙酮(5-aminolaevulinic acid,ALA)。3-氨基-2,3-二氢苯甲酸是一种植物毒素,它能强烈抑制 GSA-AT 活性,使 ALA 不能合成,从而导致叶绿素的生物合成中断。目前,已经分离出了许多抗 3-氨基-2,3-二氢苯甲酸的突变体,其中 GR6 的突变体携带有 hemL 基因。hemL 作为一种选择标记基因与抗生素或除草剂抗性基因的选择原理相似,都是利用一种抗性基因使转化细胞基因获得某种抗性,从而能够在含有该选择剂的培养基上正常生长,而非转化细胞由于缺少此种抗性,生长即受到抑制甚至死亡。

(4)醛脱氢酶基因

利用植物本身就具有的基因作为选择标记基因,也可以减轻大众对转基因作物的担心。例如,Daniell 等用菠菜的甜菜醛脱氢酶基因(betaine aldehyde dehydrogenase,badh)作为烟草叶绿体转化的筛选标记基因,在筛选过程中 BADH 可以把有毒性的甜菜醛(betaine aldehyde,BA)转化为没有毒性的甘氨酸甜菜碱(glycinebetaine,GA)。应用 BA 作为选择标记比传统的选择标记的转化效率明显提高;并且 GA 作为一种渗透保护剂,还可以提高转基因植株的再生率。

8.5.3 常用报告基因

报告基因(reporter gene)是编码一种易于检测蛋白质或酶的基因,通过它的表达来标定目的基因是否转化成功。常用的报告基因包括以下几种。

1. 冠瘿碱合成酶基因

冠瘿碱合成酶基因(opine synthase gene)。在植物细胞中没有发现天然的与冠瘿碱合成酶基因产物类似的物质,因此冠瘿碱合成酶基因是很好的报告基因。植物材料中冠瘿碱的存在与否可清楚地表明植物细胞是否被转化。冠瘿碱合成酶基因的价值在于冠瘿碱的检测过程简单,酶活性稳定及分析过程廉价且易于操作。

2. 氯霉素乙酰转移酶基因

氯霉素乙酰转移酶基因(chloramphenicol acetyl transferase gene,cat),既可以作为选择标记基因,也可以用作报告基因。编码 cat 基因是真核生物中最常用的报告基因之一。已确认的 cat 基因有两个,最常用的 cat 基因是在 Tn9 转座子上发现的。该基因编码氯霉素乙酰转移酶(CAT),使氯霉素乙酰化。CAT 活性的测定方法非常灵敏简单,即用乙酰 CoA 和 ^{14}C 标记的氯霉素作为底物,CAT 将氯霉素转化成其乙酰化的衍生物。将 ^{14}C 标记的氯霉素与植物组织的粗提液于合适的缓冲液中温育,通过放射自昂影检测乙酰化的氯霉素是否存在。

3. β-葡萄糖苷酸酶

β-葡萄糖苷酸酶(β-glucuronidase,GUS)基因。编码 GUS 的细菌基因 uidA 是研究植物基因表达最常用的报告基因之一。uidA 编码一种可溶的 p 葡萄糖苷酸酶,该酶为同源四聚体,分子质量约 68kDa,最适 pH7~8。在一定条件下,其底物 5-溴-4-氯-3-吲哚-β-葡萄糖苷酸酯(X-glucuionic acid)会使 GUS 活性的细胞染成蓝色;而 4-MUG(4-甲基-伞形花酮-β-D-葡萄糖苷酸酯)在 GUS 作用下形成 4-MU(4-甲基伞形花酮),它在 365nm 光下激发产生的荧光,可在 455nm 下检测,这一方法相当灵敏方便。

4. 萤火虫荧光素酶

萤火虫荧光素酶(firefly luciferase,Luc)基因。使用 β-葡萄糖醛酸糖苷酶的编码基因 uidA 作报告基因有一个明显的缺点,即组织化学检测法会使细胞致死。若改用荧光素酶的编码基因(luc)则可避免发生这种情况,而且表达目的基因的活细胞的分布状况还可根据荧光的产生被测定出来。荧光素酶有不同的来源,但用作报告基因最常用的则是来自萤火虫(Photinus pyralis)的荧光素酶,它在 ATP、氧和 Mg^{2+} 存在的条件下催化虫荧光素氧化脱羧为氧合虫荧光素,并产生出黄一绿色的光,利用发光计可定量检测。荧光素酶是一种分子质量为 60.7kDa 的单体蛋白质多肽,共有 550 个氨基酸,它的编码基因 luc 已经被克隆。与氯霉素乙酰转移酶(CAT)相比,在转染的细胞中,荧光素酶蛋白质的半衰期比较短,因此 luc 基因尤其适合用作瞬时分析,如基因的诱导表达及短寿期效应等。

5. 绿色荧光蛋白

绿色荧光蛋白(green fluorescent protein,GFP)基因。gfp 基因是从维多利亚水母(Aequorea victoria)中分离纯化出的一种可以发出绿色荧光的物质。GFP 为 238 个氨基酸的小蛋白。发色团使其能够吸收可见光而发射荧光。用荧光显微镜可监测到 GFP 产生的绿色荧光。与其他选择标记相比,GFP 的检测具有不需要添加任何底物或辅助因子、不使用同位素、不需要测定酶的活性等优点。同时,GFP 生色基团的形成无种属特异性,在原核和真核细胞中都能表达,其表达产物对细胞没有毒害作用,并且不影响细胞的正常生长和功能。所以,利用 gfp 作为报告基因,可以很方便地从大量的细胞或组织中筛选出转化细胞和植株,并且可用来追踪外源基因的分离情况。但野生型 GFP 发光较弱,甚至在某些植物细胞中并不表达,因此,目前所应用的GFP 多为突变体,荧光信号比野生型要强十几到几十倍。

6. 花青素合成相关基因

花青素合成相关基因。利用与花青素合成有关的基因作报告基因,使转化体呈现出特有颜色即可用肉眼鉴别。目前已知至少有 10 个基因控制植物中花青素的显色作用,它们分别编码花青素生物合成途径中的调节蛋白或结构蛋白。其中调节基因 C_1 和 B/R 协同调节结构基因的活性。将调节基因 C_1 和 B/R 构成的嵌合基因转入植物细胞后,会产生肉眼可见或显微镜下可见的红色斑点。该报告基因的优点是检测时不需破坏组织,不需外加底物就可在靶部位观察到基因的瞬时表达结果。

8.6　无选择标记基因转化系统

随着商业化植物转基因品种的不断出现,人们对遗传工程生物的环境安全和食品安全问题越来越关心。大多数转基因植物的实验中都使用了两种遗传成分:标记基因和目的基因。目前使用的标记基因可分为两大类:一类是选择基因,另一类是报告基因。选择标记基因可区分为抗生素抗性、除草剂抗性和植物代谢三大类。转基因植株中大多数标记基因会表达相应的酶或其他蛋白,它们有可能对转基因植株产生有害的影响。第一,用于从未转化细胞中筛选出少量的已转化细胞的标记基因,一般都会对细胞的发育和分化产生负面的影响,可能会延迟转化过程中不定芽的分化。第二,当一个转基因植物中已含有一个抗性基因作为标记基因,在导入第二个目的基因时,要选用不同的选择基因。第三,从健康和安全的角度来看,选择标记基因及其产物被使用时可能是有毒的或是过敏的。人们的担心是,如果抗生素类选择标记基因被用于临床或兽医上,它们有可能被转移到微生物中,并且有可能会增加在人或动物消化道内的病原微生物的数量,这将危及抗生素在临床及兽医上的应用。

8.6.1　位点特异性重组系统

位点特异性重组系统(site-specific recombination systems)。位点特异性重组是利用重组酶催化两个特定 DNA 序列的重组,而消除选择标记基因。目前,已经使用的位点特异性重组系统

（site-specific recombination system）包括：FLP/FRTs 重组系统、Cre/Lox 系统和 R/RS 系统。FRT 是重组酶 FLP 的特异作用位点，Lox 位点是重组酶 Cre 的特异作用位点，RS 是重组酶 R 的识别位点。

来源于 P1 噬菌体的 Cre 重组酶为 34.1kDa，由 4 个亚基组成（2 个大的 C 端亚基和 2 个小的 N 端亚基）。C 端亚基的结构与 λ 噬菌体来源的整合酶结构相似，也具有催化位点。Cre 可以专一识别由 2 个 13bp 的反向重复序列和 1 个 8bp 的间隔区域构成的 34bp 大小的 LoxP 位点具体可见图 8-7 所示，从而介导 2 个 LoxP 位点的重组。LoxP 位点的双链 DNA 被 Cre 蛋白剪切后再通过 DNA 连接酶重连，实现 DNA 的剪切和倒位。在同一染色体上的两个 Lox 位点如果是反向重复序列，Cre 重组酶能介导 2 个 LoxP 位点间的序列倒位；如果是同向重复序列，Cre 重组酶可以有效切除 2 个 LoxP 位点间的序列；如果 2 个 LoxP 位点分别位于 2 条不同的 DNA 链或染色体上，Cre 酶则介导 2 条 DNA 链的交换或染色体易位。

Dale 和 Ow 首先将该系统利用在转基因植物标记基因去除的研究中。在质体转化系统中，插入到质体基因组中的筛选基因的上下游带有两个同向重复的 LoxP 位点，带有质体前导肽的 Cre 重组酶通过核转化在细胞质中表达并进入质体中识别 LoxP 位点，最终完成筛选标记基因的去除如图 8-8 所示。

13bp   8bp   13bp
ATAACTTCGTATA—GCATACAT—TATACGAAGTTAT

图 8-7　LoxP 结构示意图

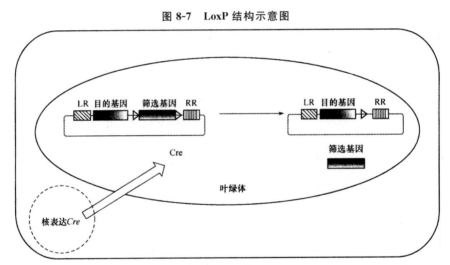

图 8-8　利用 Cre/Lox 系统消除质体转化标记基因示意图

目前通过农杆菌介导的稳定转化、病毒介导的瞬时转化将 Cre 重组酶转入转化植株中，或通过杂交的方法导入 Cre 都已有报道。

8.6.2　转座子系统

转座子是生物细胞中一段特殊的 DNA 序列，它们可以从同一染色体的一个位点转移到另一个位点，或者是从一条染色体转移到另一条染色体上。研究者利用转座子的流动性可以使带选择标记基因的 DNA 片段和目的基因分离。目前 Ac/Ds 系统是研究得比较清楚的一个转座子系统。该系统由自主成员 Ac 元件编码转座酶用于自身和非自主成员 Ds 元件的转座。Ds 不具备合成转座酶的能力,中间序列可被置换或是插入较大的外源基因,两端的数百个核苷酸是被转座酶识别所必需的元件,所以外源基因能够和自主成员一起被转座酶转移。研究者通过把目的基因置于整个转座子的外部,将选择标记设于非自主成员内部,转化植物后可通过转座作用将选择标记转移,最后通过自交后代中的重组分离得到无标记的转基因后代。但转座子系统效率低,转座子切除有时并不是精确切除,可能会改变周围基因的结构;转座后往往偏向于插入原跳离位点附近区域。需要通过有性繁殖分离目的基因与选择标记基因,周期较长,适用于有性繁殖以及生活周期短的植物。

8.6.3　直接重复介导的同源重组系统

通过链置换和单链侵入形成异源双链,借助细胞内的重组修复酶可使两条异源 DNA 链发生交换。该方法是在用选择标记进行筛选并获得转基因植株后,再重新导入一段序列,使标记基因置于两个 DNA 同源序列之间,通过染色体内重组将含有选择标记的 DNA 片段去除,获得无选择标记的转基因植株。该技术已较成功地应用于微生物和动物,但在植物中的应用尚处于探索阶段。质体中发生同源重组的频率较高,同向重复序列可以引起序列间 DNA 的消除,反向重复序列则引起序列间 DNA 的倒置。可以首先在选择压力条件下得到转化植株,当去掉选择压力后发现筛选标记基因由于同源重组而被去除。目前在植物质体转化系统中,Fischer 在衣藻(chlamydomonas)中利用这种特性去除了筛选标记基因;2000 年 Iamtham 和 Day 也在高等植物烟草中实现了标记基因的去除。

8.6.4　共转化分离系统

共转化系统去除标记基因的原理是将选择标记基因和目的基因分别设计在两个不同的 DNA 分子上或 T-DNA 片段中,通过共转化使这两个基因进入植物并整合在基因组中两个非连锁位点上,在植物杂交或自交及减数分裂过程中分离,在后代中获得去除标记基因的转基因植物。运用农杆菌转化将这两种载体(分别含目的基因和标记基因)可以分别导入同一农杆菌菌株,也可以分别导入两种不同类型的菌株混合后进行共转化,一般共转化率可达到 50%,McKnight 通过改进可达到 100% 的共转化植株率,在 T1 代共转化基因出现分离的可能性也约为 50%。在基因枪转化中,两个基因共整合在连锁位点上的概率较高,不能有效地获得无标记基因的转基因植株。

1995 年共转化法在烟草质体转化中首次得到应用。2003 年 Ye 等通过将两个分别带有壮观霉素抗性的筛选标记基因 aadA 和抗杀虫剂基因的质粒共转化到烟草质体中,首先通过壮观霉素筛选,在转化植株中的抗杀虫剂含量达到一定量后,再通过杀虫剂筛选,在异质化植株中通过分离,得到了 20% 的带有抗杀虫剂而不具有选择标记的转基因植株。

第9章　植物遗传标记与分子遗传图谱构建

9.1　遗传标记

所谓遗传标记(genetic marker)是指可以稳定遗传的、易于识别的、特殊的遗传多态性形式。在经典遗传学中,遗传多态性是指等位基因的变(差)异。在现代遗传学中,遗传多态性是指基因组中任何座位上的相对差异或者是 DNA 序列的差异。通过一定的检测手段,识别和研究这种遗传多态性,可以帮助人们更好地研究生物的遗传与变异规律。在遗传学研究中,遗传标记作为染色体上的界标,主要应用于连锁分析、染色体变异、基因定位、遗传作图及基因转移等。在作物育种中,通常把与育种目标性状紧密连锁的遗传标记用于对目标性状进行追踪选择、辅助选择以及基因型鉴定等。

9.1.1　遗传标记的发展

作物的大多数农艺性状均表现为数量性状的遗传特点。过去,由于缺乏足够的遗传标记,以至长期以来有关数量性状基因的数目、在染色体上的位置及作用效果都不清楚,影响了数量性状的研究进展。近年来,随着分子生物学的迅速发展,分子标记技术已成为分子生物学技术的重要组成部分。以 20 世纪 50 年代同工酶的发现为开端,伴随着生命科学领域理论与技术所取得的重大突破,尤其是 DNA 双螺旋结构的阐明、PCR 技术的诞生、全基因组的测序,使分子标记技术从蛋白质向 DNA 分子水平逐步深化,至今已衍生出几十种用于不同研究目的的分子标记。随着基因组研究的开展,近十年来,在许多重要农作物中都建立了分子标记遗传连锁图,且遗传图上的分子标记数量远远超过去几十年用形态和生理、生化标记构建的经典遗传图,人们已可能利用分子标记及其连锁图对复杂的数量性状进行分解研究,极大地推进了遗传学和作物遗传育种的发展。

19 世纪 60 年代,孟德尔(Mendel)以豌豆为材料,利用 7 对外部形态特征差异明显、易于识别的相对性状,对杂种后代的不同个体依性状表现进行归类分析,提出了"遗传因子"假说,首创了将形态标记作为遗传标记的先例。

1910 年以后,摩尔根将孟德尔"遗传因子"的行为与染色体的行为结合起来进行研究,证实了"遗传因子"是染色体上占有一定位置的实体,由此导致了细胞遗传学的诞生。通过对不同物种染色体形态、数目和结构的研究,发现各种非整倍体、染色体结构变异以及各种异形染色体等都有其特定的细胞学特征,可以作为一种遗传标记来测定基因所在的染色体及其相对位置,或通过染色体代换等遗传操作进行基因定位。这种能明确显示遗传多态性的细胞学特征,通称为细胞学标记。

1941 年,美国遗传学家 Beadle 和生化学家 Tatum 通过研究红色面包霉的生化突变型,对一系列营养缺陷型进行遗传分析,提出了"一个基因一个酶"的假说,创立了生化遗传学。20 世纪 50 年代,许多科学家发现同一种酶可具有多种不同的形式。同时由于淀粉凝胶电泳技术的发展和组织化学染剂的使用,使这种酶的多种形式成为肉眼可辨的酶谱带型。1959 年,Markert

和 Moiler 根据对几种动物乳糖脱氢酶(ADH)的多种形式的研究,提出了用同工酶(isozyme)一词来描述具有同一底物专一性的不同分子形式的酶,并证实了同工酶具有组织、发育及物种的特异性。通过同工酶的电泳谱带可以清楚地识别同工酶的基因型,因此可以作为一种遗传标记加以利用,并且可以将编码酶的基因通过遗传分析定位在染色体上。同工酶标记是建立在生化遗传学基础上的,所以又称为生化标记或蛋白质标记。

1953 年,Watson 和 Crick 提出了 DNA 分子结构的双螺旋模型,圆满地解释了 DNA 就是基因的有机化学实体,宣布了分子遗传学时代的到来。1980 年,人类遗传学家 Botstein 等首先提出了 RFLP 可以作为遗传标记的思想,开创了直接应用 DNA 多态性发展遗传标记的新阶段。RFLP 标记的诞生大大加速了各种生物遗传图谱的建立和发展,同时也提高了基因定位的精度和速度。1985 年,DNA 聚合酶链反应(PCR)技术的诞生,使直接体外扩增 DNA 以检测其多态性成为可能。1990 年,Williams 等和 Welsh 等两个研究小组应用 PCR 技术同时发展了一种新的 RAPD 分子标记。随后,基于 PCR 技术的新型分子标记不断涌现,使 DNA 标记走向商业化、实用化。

由形态标记向分子标记逐步发展的过程,体现了人类对基因由现象到本质的认识发展过程。在这一过程中,传统的形态标记和细胞学标记是遗传标记发展的基础,而蛋白质标记和 DNA 分子标记则是遗传学、生物化学和分子生物学的发展导致遗传标记发展的必然结果。随着科学技术的不断进步,新型的分子标记还将不断涌现,尤其是新一代测序技术的发展带来 DNA 标记技术的新革命。

9.1.2　遗传标记的分类

理想的遗传标记应具备以下特点:
①多态性高,标记数目多,提供的信息量大。
②共显性遗传,能区分纯合基因型与杂合基因型。
③表现中性,不影响目标性状表达,与不良性状无必然连锁。
④表现稳定,不受植株内外环境的影响。
⑤经济方便,易于观察记载。而常见的遗传标记分类有:形态标记、细胞标记、生化标记和分子标记,其中前三者是是对植物基因表达结果的反映,存在标记数目少、易受环境影响、检测难度大等缺点,而分子标记是对园艺植物 DNA 序列变异的直接反映,可以基本上满足理想遗传标记的要求,但其他 3 种标记始一终是分子标记发展的基础。

1. 形态标记

形态标记是指那些能够明确显示遗传多态性的外观性状,如株高、穗形、粒色或芒毛等的相对差异。典型的形态标记用肉眼即可识别和观察。最早将形态标记应用于遗传研究的是 19 世纪的孟德尔(G. J. Mendel),研究豌豆花色、粒形等 7 对相对性状(遗传标记)的遗传。在此基础上提出了划时代的遗传因子假说、分离规律如图 9-1 所示以及独立分配规律,图 9-2 所示。

形态标记基因的染色体定位最初是通过经典的二点测验和三点测验进行的。通过判断不同性状间的遗传是否符合独立分配规律来确定控制这些性状的基因是否连锁。采用这种方法把相互连锁在一起的基因定为一个连锁群,并与染色体相对应,以性状间重组率作为这些基因在染色体上的相对距离,并确定其毗邻关系。1910 年,摩尔根领导的实验室根据对果蝇 6 个形态性状的分析,发现了连锁遗传现象,并根据研究性状与形态标记的连锁关系,构建了生物中第一张遗传连锁图,开创了利用已知染色体相对位置的标记基因定位未知基因的先例。1928 年,赵莲芳根据 8 个水稻品种的杂交资料,研究了茎、叶和颖花等器官的颜色、护颖长度、谷粒外形等 12 种性状的遗传,由其中 9 个基因的相互关系,确定了水稻的 3 个连锁群。借助于这种方法在一些栽培物种中确定了许多质量性状基因的连锁关系及其在染色体上的相对位置,并绘制出较为完整的遗传连锁图谱。以形态标记为基础的连锁群的建立为生理、生化性状的遗传研究奠定了基础。

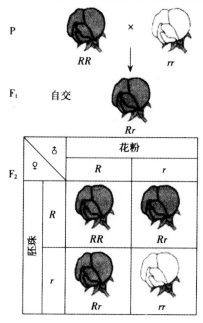

图 9-1 紫花与白花豌豆杂交的分离规律

R—紫花基因;r—白花基因

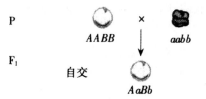

图 9-2 黄色圆粒与绿色皱粒豌豆杂交的独立分配规律

A—黄色基因;a—绿色基因;B—圆粒基因;b—皱粒基因

形态标记简单直观、容易观察记载。但有其明显的局限性,主要表现为:可利用的形态标记较少;许多形态标记为显隐性,无法区分纯合体与杂合体基因型;有些形态标记(如种子形态)到植物生育后期才能表现;有些形态标记(如产量)受环境影响较大;有些形态标记与不良性状连锁。故形态标记在植物育种中的应用受到很大限制。

2. 细胞学标记

细胞学标记是指能明确显示遗传多态性的细胞学特征。染色体数目的变化和染色体结构的变异(如缺失、易位、倒位、重复等)常常引起某些表型性状的异常,染色体结构和数量变异常具有相应的形态学特征,它们分别反映染色体结构上和数量上的遗传多态性。

染色体结构特征包括染色体的核型和带型。核型特征是指染色体的长度、着丝粒位置和随体有无等,由此可以反映染色体的缺失、重复、倒位和易位等遗传变异;带型特征是指染色体经特殊染色显带后,带的颜色深浅、宽窄和位置顺序等,由此可以反映染色体上常染色质和异染色质的分布差异。染色体数量特征是指细胞中染色体数目的多少,染色体数量上的遗传多态性包括整倍性和非整倍性的变异,前者如多倍体,后者如缺体、单体、三体、端着丝点染色体等非整倍体。

染色体数目和结构的特征可以作为一种遗传标记,将具有染色体变异的材料与正常染色体材料进行杂交,其后代常导致特定染色体上的基因在减数分裂过程中的分离和重组发生偏离,由此可以测定基因所在的染色体及其相对位置。例如,番茄三体,烟草单体,玉米昏 A 易位系,水稻初级三体,小麦整套单体、端体以及缺体-四体,棉花易位系、单体等材料在基因的染色体定位研究中发挥了重要作用。

细胞学标记虽然可以克服形态标记的某些不足,但是细胞学标记材料需要花费较多的人力和较长的时间来鉴定培育,并且有些细胞学标记常常对生物体本身有害;同时,某些物种对染色体数目和结构变异反应敏感、适应变异的能力较差、材料的保存较困难。更重要的是,一些不涉及染色体数目、结构变异或带型变异的性状,难以用细胞学方法检测。用非整倍体进行定位,可以把基因定位到某一特定的染色体,但难以开展基因的精细定位。另外,到目前为止,可利用的细胞学标记仍然很少。

3. 生化标记

许多生物大分子或生物化合物都具有作为遗传标记的潜力,即生化标记。酚类化合物、黄酮类化合物、花色素苷及糖苷类分子曾被用做分子标记。但由于分离和检测这些分子的技术和手段通常比较复杂,而且费时费力,使之很难适合于大群体的常规检测,因此这类生化物质作为遗传标记是不理想的。而许多蛋白质的分析简单快捷,是有用且可靠的遗传标记。用做遗传标记的蛋白质通常可分为非酶蛋白质和酶蛋白质两种。非酶蛋白质中用得较多的是种子储藏蛋白,可以通过一维或二维聚丙烯酰胺凝胶电泳技术进行分析,根据电泳显示的蛋白质谱带或点,确定其分子结构和组成的差异。酶蛋白质通常利用非变性淀粉凝胶或聚丙烯酰胺凝胶电泳及特异性染色来检测,根据电泳谱带的不同来显示酶蛋白在遗传上的多态性。1959 年,C. L Market 和F. Moiler 根据对多种动物乳糖脱氢酶(LDH)的研究提出了同工酶的概念,指具有相同催化功能而结构及理化性质不同的一类酶,其结构的差异来源于基因类型的差异。从此出现了同工酶标记,突破了活体标记的形式。

蛋白质的多态性,可能是由于基因编码的氨基酸序列的差异引起的,也可能是由于蛋白质加工的不同引起的,如糖基化能导致蛋白质分子质量的变化。与形态性状、细胞学特征相比,蛋白质标记数量上更丰富,受环境影响更小,能更好地反映遗传多态性,因此是一种较好的遗传标记,广泛应用于物种起源和进化研究、种质鉴定、分类和抗病性筛选等领域。

与形态标记、细胞学标记相比,生化标记鉴定可以通过直接采集组织、器官等少量样品进行分析,它首次突破了把整株样品作为研究材料进行分析的方式,而且蛋白质是基因表达的产物,并可以直接反映基因产物的差异,且受环境影响较小。基于这些优点,生化标记在过去的 20 世纪 70~80 年代中受到相当的重视与发展。至今,在豆类作物中已经发展了近 70 种酶检测系统,可以鉴定 100 个左右的基因座位。在水稻等作物中,已鉴定出具有多态性的同工酶位点近 160 个。不过,在某个特定的作物群体中,可使用的同工酶标记的数目还相当有限,大多数作物不足 30 个,表现出多态性的同工酶种类和等位基因的同工酶标记就更少了。同工酶标记还存在其他不足,如每一种同工酶标记都需特殊的显色方法和技术;某些酶的活性具有发育和组织特异性;同工酶标记局限于反映基因组编码区的表达信息等。总之,同工酶提供的遗传标记数目和特点远远不能满足植物遗传育种多方面的要求。

4. 分子标记

广义的分子标记(molecular marker)是指具有遗传多态性的生物大分子,包括 DNA 标记和生化标记,狭义的分子标记则专指直接反映 DNA 核苷酸序列多态性的 DNA 标记。

DNA 分子标记是 DNA 水平上的遗传多态性,这里简称为分子标记。DNA 水平的遗传多态性表现为核苷酸序列的任何差异,甚至是单个核苷酸的差异。因此,DNA 分子标记在数量上几乎是无限的。当然,生物体的 DNA 序列差异(包括 DNA 片段差异、单核苷酸位点的差异等)需要通过一定技术方法加以检测。自 1974 年 Grodzicker 等利用限制性内切核酸酶和核酸杂交技术原理建立 RFLP 标记技术以来,分子标记技术的发展十分迅速,数十种名称各异的分子标记技术相继问世。目前,DNA 分子标记技术已广泛应用于种质资源研究、系统分析、品种注册、专利保护、遗传图谱构建、基因定位和分子标记辅助选择等方面。

理想的分子标记具有以下特点:直接以 DNA 的形式表现,在植物体的各个组织、各发育时期均可检测到,而且不受环境限制,不存在是否表达的问题;多态性高,自然界存在着许多等位变异,不需要专门创造特殊的遗传材料;共显性遗传、遗传信息完整,由于分子标记通常是通过电泳以凝胶上的条带显现,因而可通过条带在父、母本及 F₁ 代中的表现来判别是显性还是共显性,如图 9-3 所示;数量多,遍及整个基因组,检测位点近乎无限;在基因组中分布均匀;表现为"中性",即不影响目标性状的表达,与不良性状无必然的连锁;稳定性和重复性好;⑧容易获得且可快速分析;开发成本和使用成本低。尽管目前发展出几十种分子标记,但没有一种分子标记完全具备上述理想特点。在具体实施时,可根据不同研究目的进行选择或将不同类型的分子标记结合使用。

根据对 DNA 多态性检测手段的不同,DNA 分子标记大致可分为四大类。

第一类是基于 DNA—DNA 杂交的分子标记。基于 DNA—DNA 杂交的 DNA 标记主要包括 RFLP 标记和 VNTR 标记。这类标记是利用限制性核酸内切酶酶解不同生物体的 DNA 分子后,用同位素或非同位素标记的随机基因组克隆、cDNA 克隆、微卫星或小卫星序列等作为探针进行 DNA 间杂交,通过放射自显影或非同位素显色技术来揭示 DNA 的多态性。VNTR 多态性是由重复序列数目的差异性产生的,而 RFLP 多态性主要是由于 DNA 序列中单碱基的替

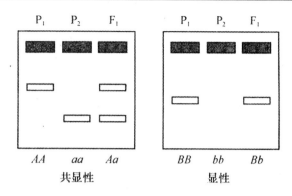

图 9-3 分子标记的显性与共显性

换、DNA 片段的插入、缺失、易位和倒位等引起的。RFLP 标记是发现最早、应用广泛、具有代表性的 DNA 标记技术。

第二类是基于 PCR 的分子标记。基于 PCR 的 DNA 标记 PCR 技术问世不久,便以其简便、快速和高效等特点迅速成为分子生物学研究的有力工具,尤其是在 DNA 标记技术的发展上更是起到了巨大作用。根据所用引物的特点,这类 DNA 标记又分为两种类型:随机引物 PCR 标记,包括 RAPD 标记、ISSR 标记等,所扩增的 DNA 区段是未知的,因此可用于研究未完成基因组测序的物种;特异引物 PCR 标记,包括 SSR 标记、STS 标记等,所扩增的 DNA 区段是已知序列,具有特异性,因此依赖于较丰富的基因组序列信息。

第三类是基于 PCR 和限制性酶切相结合的分子标记。这类分子标记可分为两类,一类是通过对限制性酶切片段的选择性扩增来显示限制性片段长度的多态性,如扩增片段长度多态性(amplified fragment length polymorphism,AFLP)标记;另一类是通过对 PCR 扩增产物的限制性酶切来揭示多态性,如酶切扩增多态性序列(cleaved amplified polymorphic sequence,CAPS)标记。

第四类是基于单核苷酸多态性的分子标记。如 SNP 标记,它是由 DNA 序列中因单个碱基的变异而引起的遗传多态性。目前 SNP 标记一般通过 DNA 芯片技术进行分析。

以上四大类 DNA 标记,都是基于基因组 DNA 水平上的多态性和相应的检测技术发展而来的,这些标记技术都各有特点。表 9-1 和图 9-4 分别描述了一些主要的 DNA 标记的特点和遗传多态性的分子基础。任何 DNA 变异能否成为遗传标记都有赖于 DNA 多态性检测技术的发展,DNA 的变异是客观的,而技术的进步则是人为的。随着现代分子生物学技术的迅速发展,随时可能诞生新的标记技术。DNA 标记的拓展和广泛应用,最终必然会促进作物遗传与育种研究的深入发展。

表 9-1 主要类型的 DNA 分子标记的技术特点比较

(引自方宣钧等,2000)

	RFLP	VNTR	RAPD	ISSR	SSR	AFLP
基因组分布	低拷贝编码序列	整个基因组	整个基因组	整个基因组	整个基因组	整个基因组
组遗传特点	共显性	共显性	多数显性	显性、共显性	共显性	显性、共显性
多态性	中等	较高	较高	较高	高	较高
检测基因座位数	1~3	10~100	1~10	1~10	多数为 1	20~200
探针、引物类型	gDNA 或 cDNA 特异性低拷贝探针	DNA 短片段	9~10 nt	16~18 nt	14~16 nt	16~20 nt

	RFLP	VNTR	RAPD	ISSR	SSR	AFLP
DNA 质量要求	高	高	低	低	中等	高
DNA 用量	2～10μg	5～10μg	10～25ng	25～50ng	25～50ng	2～5μg
技术难度	高	中等	低	低	低	中等
同位素使用情况	通常用	通常用	不用	不用	可不用	通常用
可靠性	高	高	低至中等	高	高	高
耗时	多	多	少	少	少	中
成本	高	高	较低	较低	中等	较高

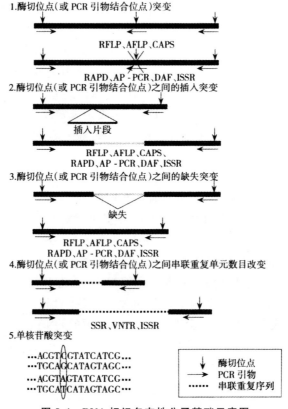

图 9-4　DNA 标记多态性分子基础示意图

(引自方宣钧等,2000)

9.2　分子标记技术

9.2.1　基于分子杂交技术的分子标记

1. RFLP 标记

限制性片段长度多态性(restriction fragment length polymorphism,RFLP)标记产生于

1980 年,是最早用于遗传图谱构建的分子标记,是以 Southern 杂交技术为核心的第一代分子标记技术,目前仍然广泛地应用。RFLP 这种多态性是由于限制性核酸内切酶酶切位点或位点间 DNA 区段发生突变引起的。通常 DNA 上存在大量的限制性核酸内切酶酶切位点,限制性核酸内切酶能将很长的 DNA 分子酶解成许多长短不一的小片段,片段的数目和长度反映了 DNA 分子上限制性核酸酶切位点的分布。通过琼脂糖凝胶电泳将这些片段按大小顺序分离开来,然后将它们按原来的顺序和位置转移至易于操作的尼龙膜或硝酸纤维膜后,用放射性同位素(如^{32}P)或非放射性物质(如生物素、地高辛等)标记的 DNA 作为探针,与膜上的 DNA 进行杂交(即 Southern 杂交),若某一位置上的 DNA 酶切片段与探针序列相似,或者说同源程度较高,则标记好的探针就结合在这个位置上,后经放射自显影或酶学检测,可显示出不同材料对该探针的限制性酶切片段多态性情况(形成不同带谱),即反映个体特异性的 RFLP 图谱,可见图 9-5 所示。

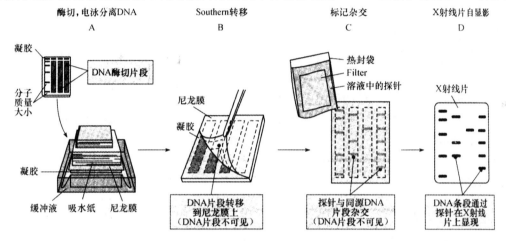

图 9-5　RELP 技术步骤(Hartl and Jones,2001)

它所代表的是基因组的 DNA 在限制性内切核酸酶消化后产生的片段在长度上的差异,由于不同个体等位基因之间碱基的互换、重排、缺失等变化导致限制性内切核酸酶识别位点发生改变,从而造成基因型间限制性片段长度的差异。因此,凡是可以引起酶切位点变异的突变[如点突变(新产生和去除酶切位点)]和一段 DNA 的重新排列(如插入和缺失造成酶切位点间的长度发生变化)等均可导致 RFLP 的产生。图 9-6 所示为酶切位点变异造成基因型间限制性片段长度差异的示意图。

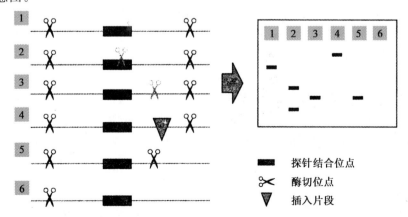

图 9-6　限制性内切核酸酶位点的变异产生的酶切片段长度多态性

RFLP 标记具有共显性、重复性和稳定性好等特点。RFLP 标记位点数量不受限制,通常可检测到的基因座位数为 1～4 个。RFLP 探针主要有三种来源,即 cDNA 克隆、植物基因组克隆(random genome 克隆,RG 克隆)和 PCR 克隆。RFLP 技术也存在一些缺点。例如,用于 RFLP 分析的探针必须是单拷贝或寡拷贝的,否则,杂交结果不能显示清晰可辨的带型,表现为弥散状(smear),不易进行观察分析。另外,检测所需样本 DNA 量大(5～15μg),实验操作较繁琐,检测少数几个探针时成本较高,用做探针的 DNA 克隆制备较麻烦,检测中如要利用放射性同位素(通常为^{32}P),易造成环境污染,检测周期长。虽然也可以用非放射性物质(如 Biotin 系统、Dig 系统及 ECL 系统)替代同位素,但其杂交信号相对较弱,灵敏度较同位素标记低且相对价格较高。

2. 小卫星标记

小卫星是指园艺植物基因组中广泛存在的串联重复序列,通常以 15～75 个核苷酸为一个基本单元。小卫星基本单元的数目在不同来源 DNA 中的变化很大,其长度表现出高度的多态性,因而小卫星标记也被称为可变数目串联重复(variable number tandem repeat,VNTR)标记。

小卫星标记与 RFLP 标记的原理大致相同,只是对限制性内切核酸酶和杂交探针有特殊要求。限制性内切核酸酶的酶切位点必须在重复序列之外,以及保证小卫星序列的完整性;杂交探针必须是小卫星的重复单元序列,这样才能检测到众多小卫星位点,从而得到个体特异性的 DNA 指纹图谱。小卫星标记技术产生的带型丰富,但由于多态性分布比较集中,并且筛选、合成探针困难,所以其应用受到一定的限制。

9.2.2 基于 PCR 技术的分子标记

PCR 技术是以短核苷酸序列作为引物,并使用一种耐高温的 DNA 聚合酶(Taq 酶)扩增目标 DNA 序列。Muller 于 1985 年发明了该技术,并因此获得了 1993 年度诺贝尔化学奖。由于 PCR 技术具有快捷、简易、灵敏等优点,已被广泛地应用于分子克隆、基因诊断、系统分类学、遗传学和育种学等方面,对 DNA 标记技术的发展起到了巨大的推动作用。

根据引物的随机性或特异性,以及引物碱基的大小,可将 PCR 标记分为随机引物的 PCR 标记和特异引物的 PCR 标记。按照 PCR 所需引物类型又可分为:单引物 PCR 标记,其多态性来源于单个随机引物作用下扩增产物长度或序列的变异,包括 RAPD 标记、ISSR 标记等技术;双引物选择性扩增的 PCR 标记,主要通过引物 3′端碱基的变化获得多态性,如序列相关扩增多态性(sequence-related amplified polymorphism,SRAP)标记;需要通过克隆、测序来构建特殊双引物的 PCR 标记,如 SSR 标记;序列特征化扩增区域(sequence characterized amplified region,SCAR)技术和序标位(sequence-tagged site,STS)等。

利用 PCR 技术极大地降低了对样品数量和质量的要求,通常几十纳克(ng)以内的 DNA 样品就足以应付一般分析的需要。这为分子标记辅助育种、数量性状基因定位等研究带来了很大的便利。此外,PCR 还可以锁定特定的目标 DNA 区域进行扩增,有利于后续序列测定、功能研究等工作的开展。

1. RAPD 标记

RAPD(random amplified polymorphic DNA,随机扩增多态性 DNA)标记是最早开发的基

于 PCR 技术的分子标记,由 Williams(1990)和 Welsh(1990)同时提出。

RAPD 标记技术的操作步骤与常规 PCR 基本相似,只是所用引物不同。常规 PCR 使用双引物,通常为 18～30bp,且为特殊合成序列;而 RAPD 标记使用单引物,通常为 10bp 的随机序列,这种短引物使扩增条带更多,能显著提高检测 DNA 多态性的能力。

由于园艺植物基因组中存在许多反向重复序列,因此在进行单引物 PCR 时,引物与分别位于两条单链上的反向重复序列结合,使重复序列之间的区域得以扩增。不同来源的 DNA 序列如果在引物结合位点存在差异,将会导致扩增片段数目的差异,从而产生表现显性的多态性条带;如果在引物结合位点之间的序列存在差异(如发生插入、缺失突变),将会导致扩增片段长度的差异,从而产生表现共显性的多态性条带,一般情况下以前者居多。这些扩增片段的多态性反映了不同个体基因组 DNA 相应区域的多态性,这便是 RAPD 标记形成的分子基础。

与 RFLP 标记相比,RAPD 标记具有以下优点:所需模板 DNA 量少(15～25ng),且对 DNA 的质量要求不高;分析程序较简单,不涉及放射性同位素,普通实验室即可进行;不需了解目的基因的 DNA 序列,不需设计专门的引物;引物在不同物种间具有通用性;引物合成商品化,成本低;可用引物数量多,覆盖整个基因组,多态性检出率高。RAPD 标记已广泛应用于园艺植物的种质资源鉴定分类、目标性状基因的分子标记、遗传图谱的构建、品种纯度鉴定等研究。

RAPD 也有一定的限制性:退火温度较低,PCR 反应受环境条件影响较大,检测结果稳定性低、重复性差;大部分 RAPD 标记表现显性,不能区分杂合与纯合基因型,不能提供完整的遗传信息;存在共迁移问题,同一条带中可能含有长度相同而序列不同的片段。

与 RAPD 原理相同的标记技术还有 DAF(DNA amplification fingerprinting,DNA 扩增指纹)标记和 AP-PCR(arbitrarily primed PCR,任意引物 PCR)标记。DAF 技术所使用的引物比 RAPD 更短,一般为 5～8bp,因而与模板 DNA 随机结合的位点更多,扩增片段也更多,检测 DNA 多态性的能力也就更强,但同时 PCR 反应的稳定性也更低。AP-PCR 技术所使用的引物较长,通常为 18～24bp,因此 PCR 反应的稳定性高于 RAPD,但检测 DNA 多态性的能力低于 RAPD。

2. SSR 标记

植物基因组中广泛存在着以 2～6 个核苷酸为一个基本单元的串联重复序列,如 $(GA)_n$、$(AT)_n$、$(A)_n$ 等(n 为重复次数,一般为 10～50),这类重复序列称为微卫星(microsatellite)或简单序列重复(simple sequence repeat,SSR)。SSR 基本单元的重复次数在同一物种不同基因型间的差异很大,但 SSR 两侧却是高度保守的单拷贝序列,因此根据 SSR 两侧序列设计一对引物,利用 PCR 技术对 SSR 本身进行特异性扩增,经聚丙烯酰胺凝胶电泳分离后,扩增片段长短的变化可以显示该物种不同基因型 DNA 在每个 SSR 位点上的多态性,这种多态性便是 SSR 标记,具体可见图 9-7 所示。

利用 SSR 标记检测植物多态性的关键在于 PCR 特异引物对的设计,为此,必须事先知道 SSR 座位两侧的 DNA 序列,寻找其中的特异保守区。对于已测序的物种可通过 GenBank 等 DNA 数据库搜索 SSR 序列,而对于还没有全基因组测序的物种,除了在各种序列数据库中搜索 SSR 外,还需要构建基因组文库,以筛选含 SSR 的克隆,然后测定这些克隆的侧翼序列,最后,根据 SSR 两侧序列在同一物种内高度保守的特性设计引物。

SSR 标记具有以下几个优点:多态性高,具有多种等位变异,且均匀分布于整个基因组中;

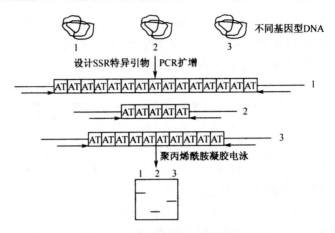

图9-7　SSR分子标记产生示意图

共显性遗传,能区分纯合和杂合基因型;操作简单、快速,避免了 RFLP 标记需要制备探针和使用放射性同位素的缺点;技术重复性好,结果稳定可靠,克服了 RAPD 标记稳定性差的缺点;所需 DNA 量少,且对其质量要求不高,即使是部分降解的 DNA 样品也可以进行分析。可以说,SSR 标记既综合了 RFLP 和 RAPD 的优点,又避开了二者的缺点,目前已广泛应用于园艺植物遗传图谱构建、种质资源鉴定、目标性状基因标记和种子纯度评价等方面。

但开发 SSR 标记需要根据标记两端的 DNA 序列信息设计特异引物,比较费时耗力,要检测多个基因座是不现实的,而且 SSR 标记具有物种特异性,不同的物种均需开发其相应的 SSR 标记,这也是目前植物中 SSR 标记位点较少的主要原因。

3. ISSR 标记

ISSR(Inter-Simple Sequence Repeat,简单序列重复间区)也是一种以 SSR 为基础的分子标记技术,由 Zietkiewicz 等(1994)提出,与 SSR 标记检测基本单元重复次数的多态性不同,ISSR标记检测的是两个距离较近、方向相反的 SSR 之间的 DNA 序列多态性,具体可见图9-8所示。

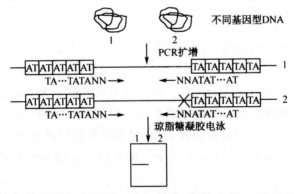

图9-8　ISSR 分子标记产生不意图

N＝A/G/C/T,代表锚定核苷酸

与 RAPD 标记类似,ISSR 也属于随机引物分子标记,其中引物设计是其最关键、最重要的步骤。设计 ISSR 引物时,常在 4～8 个 SSR 基本单元的 3′端或 5′端添加 1～4 个非重复的锚定碱基,使引物的总长度达到 16～18bp,ISSR 标记也因此称为 ASSR(anchored simple sequence repeat,锚定 SSR)标记。添加锚定碱基的目的是引起特定位点退火,使引物与相匹配 SSR 的一端而不是中间结合,从而对位于两个反向排列 SSR 之间、间隔不太大的 DNA 片段进行扩增,最后根据琼脂糖凝胶电泳分离谱带的有无及相对位置来分析不同基因型间 ISSR 标记的多态性。

ISSR 标记的主要优点有:多态性高,具有多种等位变异,且广泛分布于整个基因组中;引物是随机设计的,不需要事先克隆和测序;引物具有通用性,可用于各种园艺植物的多态性分析,不像 SSR 引物具有物种特异性;使用了较长的 PCR 引物和较高的退火温度,扩增结果比 RAPD 更加稳定可靠,实验重复性更好;无需制备探针和分子杂交等工作,检测简便迅速、实验成本低。近年来,ISSR 标记技术已被应用于园艺植物的品种鉴定、遗传关系及遗传多样性分析、基因定位和遗传图谱构建等。

ISSR 标记的主要不足之处是大多表现显性遗传,不能区分显性纯合和杂合基因型。

与 ISSR 标记相类似的分子标记技术还有 SPAR 和 RAMP 标记。SPAR(single primer amplification reaction,单引物扩增反应)标记也使用单引物,但并不是随机引物,而是 SSR 的重复序列,如(TA)$_{10}$ 或(CGA)s 等,检测的也是 SSR 之间的 DNA 序列多态性,多数为显性遗传,但有些也为共显性遗传,其原理及步骤与 RAPD 极为相似。RAMP(random amplified microsatellite polymorphism,随机扩增微卫星多态性)标记则将 ISSR 和 RAPD 结合起来,使用一条 5′端加锚的 ISSR 引物和一条 RAPD 随机引物组成的引物对,可对基因组中的 SSR 序列进行随机扩增,并检测其多态性。

4. SRAP 和 TRAP 标记

SRAP(sequence-related amplified polymorphism,相关序列扩增多态性)是一种新型的基于 PCR 的分子标记技术,由 Li 等(2001)提出。SRAP 标记的原理是利用园艺植物基因外显子里 G/C 含量丰富而启动子和内含子里 A/T 含量丰富的特点,分别设计正向引物和反向引物,对可读框(open reading frame,ORF)的外显子和内含子、启动子进行 PCR 扩增,从而产生基于外显子和内含子的多态性。

引物设计是 SRAP 分析的核心,SRAP 标记有正向和反向两组引物,分别与 ORF 外显子中的 GC 区和内含子,以及启动子中的 AT 区特异结合。正向引物长 17bp,5′端前 10bp 是随机的填充序列,紧接着是 CCGG,它们组成核心序列,3′端为 3 个选择碱基;反向引物长 18bp,5′端前 11bp 是随机的填充序列,紧接着是 AATT,它们组成核心序列,3′端为 3 个选择碱基。由于园艺植物不同个体的外显子序列保守性较强,而内含子、启动子和间隔序列的变异很大,这样正向引物扩增的低水平多态性会被反向引物扩增的高水平多态性所弥补。SRAP 标记在 PCR 扩增时,前 5 个循环使用较低的退火温度,允许一些错配,有利于引物与模板 DNA 的结合,后面的循环使用较高的退火温度,则保证了扩增产物的特异性。

SRAP 标记有以下优点:多态性高、重复性好、操作简单,在基因组中分布均匀;引物具有通用性,而且用少量正向引物和反向引物可组合成多个引物对,提高了引物的使用效率,降低引物合成成本;共显性标记的频率较高,约占总标记的 20%;目的标记比较容易分离并测序;主要检测基因组的 ORF,提高了扩增结果与园艺植物表型的相关性,能更多地反映材料表型差异。

SRAP 标记的不足之处在于对 ORF 较少的着丝粒附近以及端粒的扩增会较少,可能会使所构建的连锁图谱缩短或出现连锁群断开的现象。如果结合可扩增这些区域的 SSR 标记,那将可获得覆盖整个基因组的连锁图。

TRAP(target region amplified polymorphism,靶位区域扩增多态性)是由 Hu 等(2003)提出的 SRAP 技术改进型分子标记技术,其差别仅在于所使用引物的不同。SRAP 标记使用两个任意引物,无任何序列特异性,而 TRAP 标记使用 16~20bp 的固定引物和任意引物组成的引物对。固定引物是根据表达序列标签(expressed sequencetag,EST)数据库已知序列信息设计的,任意引物与 SRAP 引物一样,5′端为填充序列,核心序列富含 A/T 或 G/C,可与内含子或外显子区配对,3′端为 3 或 4 个选择性碱基。

由于 TRAP 技术是基于已知 eDNA 或 EST 序列信息、对目标候选基因序列区进行 PCR 扩增而产生多态性标记,极易将性状与标记相联系,在园艺植物种质资源的基因鉴定和理想农艺性状基因标记上很有帮助。

目前,SRAP 和 TRAP 标记技术已广泛应用于许多园艺植物的遗传图谱构建、重要性状基因标记、种质资源的多样性研究及分子标记辅助育种等方面。

5. STS 标记

STS 标记是对以特异引物序列进行 PCR 扩增的一类分子标记的统称。通过设计特异性引物,使其与基因组 DNA 序列中特定位点结合,从而可用来扩增基因组中特定区域,分析其多态性。1989 年,华盛顿大学的 Olson 等以 STS 单拷贝序列作为染色体特异的界标(landmark),即利用不同 STS 的排列顺序和它们之间的间隔距离构成 STS 图谱,作为该物种的染色体框架图(framework map),STS 在基因组中往往只出现一次,从而能够界定基因组的特异位点。

目前,STS 引物的设计主要依据单拷贝的 RFLP 探针,根据已知 RFLP 探针两端序列,设计合适的引物,进行 PCR 扩增,然后通过电泳揭示多态性。这也可以称为 RFLP−PCR。与 RFLP 相比,STS 标记最大的优势在于不需要保存探针克隆等活体物质,只需从有关数据库中调出其相关信息即可。STS 标记的突出优点表现在:共显性遗传;很容易在不同组合的遗传图谱间进行标记的比较,是沟通遗传图谱和物理图谱的中介;特异序列的 STS 用来确定物理图谱及 DNA 片段排序在染色体上的位置。与 SSR 标记一样,STS 标记的开发依赖于序列分析及引物合成,目前成本仍显太高,但一旦开发出来,同行受益无穷。目前,国际上已开始收集 STS 信息,并建立起相应的信息库。

6. COS 标记

保守同源区段(conserved ortholog set,COS)标记是根据不同物种之间的保守序列而开发出来的一种分子标记。Fulton 等(2002)将番茄的 EST 与拟南芥的基因组序列进行比较,只有当番茄 EST 与拟南芥形成唯一对应关系且期望值小于 e^{-15} 时,这个 EST 才被认为是保守序列。然后根据序列的保守区段设计引物,共得到 1025 个 COS 标记。随后,通过比较番茄、马铃薯、辣椒和咖啡的 EST 与拟南芥的基因组序列得到单拷贝序列,开发出第二批 COS 标记。与此同时,美国加利福尼亚州大学戴维斯分校的 Richard Michelmorc 博士领导的研究小组比较了番茄、生菜、向日葵和玉米的 DNA 序列,获得 2185 个 COS 标记,其中 1860 个来源于番茄。另外,在松科中通过序列比较也开发了 COS 标记。COS 标记来源于进化保守的单拷贝基因,可用于不同物种的比较基因组学研究、系统进化树研究,并有助于阐明植物进化过程中保守基因的功能变化。

7. ILP 标记

内含子长度多态性(intron length polymorphism,ILP)标记是通过在内含子两侧的外显子上设计一对引物,将内含子扩增出来并进行电泳,来揭示内含子长度的差异。众所周知,不同种属的外显子在进化过程中保守性较强,而内含子受到的选择压力较小、变异较大,存在较多多态性。随着基因组测序的发展,模式植物(如拟南芥、水稻)相继公布了基因组序列,其他植物的基因组序列也陆续被公布。基因组结构信息为 ILP 标记的开发提供了便利。其他没有基因组序列的植物可通过将 EST 序列与模式植物进行比较,寻找可能的内含子,再根据 EST 序列设计引物进行扩增。浙江大学吴为人课题组通过将多种植物的 EST 与拟南芥和水稻 CDS 进行比对,开发了大量潜在内含子多态性(potential intron polymorphism,PIP)标记。

9.2.3　基于 PCR 和限制性酶切相结合的分子标记

1. AFLP 标记

AFLP 标记是 1992 年由荷兰科学家 Zabeau 和 Vos 发展起来的一种检测 DNA 多态性的方法,具有专利权。AFLP 标记较其他分子标记有着明显的优越性,因此迅速传播开来,尽管它已受到专利保护,但世界上很多实验室都在努力探索,在自己的研究中应用 AFLP 技术。Zabeau 和 Vos 不得不将其专利解密,并以论文形式正式发表。其基本原理是利用限制性内切核酸酶酶切基因组 DNA 产生不同长度片段,并通过选择性扩增来检测 DNA 的多态性。其基本步骤是:首先用能产生黏性末端的限制性内切核酸酶对基因组 DNA 进行酶切,然后在所有的限制性片段两端加上带有特定序列的"接头"(adapter),用与接头互补的且 3′端有几个随机选择的核苷酸的引物进行特异 PCR 扩增,只有那些与 3′端严格配对的片段才能得到扩增,即选择特定的片段进行 PCR 扩增,再利用高分辨力的测序胶分开这些扩增产物,如图 9-9 所示,扩增产物可用聚丙烯酰胺凝胶电泳分离并通过放射性方法、荧光法或银染染色法检测。AFLP 揭示的 DNA 多态性是酶切位点和其后的选择性碱基的变异。

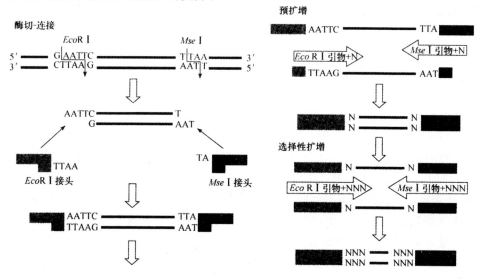

图 9-9　AFLP 基本步骤

AFLP 反应中用两种限制性内切核酸酶进行酶切(双酶切),通常一种酶的识别位点(常见切点)是 6 个碱基,另一种是 4 个碱基(稀有切点),如 EcoR Ⅰ和 Mse Ⅰ,双酶切后产生三种片段:两端都为 EcoR Ⅰ切口;两端皆为 Mse Ⅰ切口;一端为 EcoR Ⅰ切口,另一端为 Mse Ⅰ切口。在 AFLP 反应中,EcoR Ⅰ-Mse Ⅰ片段扩增较 Mse Ⅰ-Mse Ⅰ片段优先;而 EcoR Ⅰ-EcoR Ⅰ片段太大,通常无法扩增。

AFLP 接头是一种人工合成的双链 DNA,一般长度为 14~18 个核苷酸,由核心顺序和内切核酸酶位点特异顺序两部分组成。目前商品出售的 AFLP 试剂盒中用得多是 EcoR Ⅰ接头和 Mse Ⅰ接头。当然,接头与选择性内切核酸酶(如 EcoR Ⅰ和 Mse Ⅰ)切口的结合是特异的,酶切和连接可在同一反应中进行。AFLP 引物是一种人工合成的单链寡核苷酸,一般长度为 18~20 个核苷酸,由核心顺序(core)、内切核酸酶位点特异顺序(ENZ)和选择性核苷酸顺序(EXT)三部分组成。AFLP 引物除了含有能与接头及酶切位点相互补的序列外,其 3′端还添加有 1~3 个选择性碱基,从而达到选择性扩增的目的。选择性核苷酸数目的多少主要是由待测样品基因组大小决定的。理论上讲,每增加一个选择性碱基,将只扩增其中 1/4 的片段,两个引物上都有 3 个选择性碱基时,仅会获得双酶切末端片段的 1/4096 的片段。以番茄为例,番茄基因组大小为 950Mb,双酶切后产生的 EcoR Ⅰ-Mse Ⅰ片段数约为 475000 条,采用都含有三个选择性碱基的引物扩增后,在凝胶上可获得约 115 个条带。

在实验中,酶切片段经过两次连续的 PCR 扩增,第一次 PCR 扩增被称为预扩增反应,所用的 AFLP 引物只含有一个选择性碱基,预扩增片段是上述两种酶共同酶切的片段,选择两种酶共同酶切可以产生比较小的酶切片段,经过 PCR 反应扩增出的产物主要在 1kb 左右,范围可能为 100~1500bp。预扩增反应条件与常规 PCR 反应条件大致相同。由于第一次扩增的选择扩增性能相对较差,大量的扩增产物在凝胶中往往形成连续的一片。通常预扩增反应的产物经过大量稀释后用做第二次扩增反应[即选择性扩增(selective amplification)]的模板。选择性扩增的反应条件与普通 PCR 有所不同,主要不同之处是复性温度,它是采用温度梯度 PCR。其 PCR 开始于高温复性(一般采用 65℃,比常规 PCR 反应的复性温度高 10℃),以期获得最佳选择性;以后复性温度逐步降低,一直降到复性效果最好的温度(一般是 56℃),然后保持在这个温度下复性,完成其余的 PCR 循环周期。选择性扩增反应所用的引物中,选择性碱基数目的多少是决定扩增产物特异性和数量多少的主要因子。作为商品出售的 AFLP 选择性扩增引物,如 EcoR Ⅰ引物和 Mse Ⅰ引物,都是含有 3 个选择性碱基的引物,按照这 3 个碱基排列顺序,共有 8 种组合,即形成 8 种 EcoR Ⅰ引物和 8 种 Mse Ⅰ引物,这两类引物可以组成 64 种扩增组合。对不同作物基因组 DNA 而言,不同的引物组合扩增效果不同。酶切片段结合位点中能够与引物上的选择性碱基配对的,就被识别并用做模板而被选择性地扩增出来。一般用含有 3 个选择性碱基的引物对稀释的预扩增产物进行第二次 PCR 扩增后,扩增片段将会大幅度减少。

值得注意的是该技术人工设计合成了限制性内切核酸酶的通用接头,可与接头序列配对的专用引物。AFLP 利用双酶切可产生更好的扩增效果,在凝胶上产生适宜大小的适于分离的片段,不同的酶切组合及选择性碱基的数目和种类可灵活调整片段的数目,从而产生不同的 AFLP 指纹。其优点是信息量大。例如,在一次电泳凝胶上,通常可检测近百个不同长度的 DNA 片段。其缺点是对 DNA 质量要求比较高;步骤繁琐,条件优化难;很多标记不能定位在连锁图上,定位到染色体上的标记易出现染色体聚集现象。

2. CAPS 标记

CAPS 技术又称为 PCR-RFLP,它实质上是 PCR 技术与 RFLP 技术相结合的一种方法,所用的 PCR 引物是针对特定的位点而设计的。当 SCAR 或 STS 的特异扩增产物的电泳谱带不表现多态性时,可用限制性内切核酸酶对扩增产物进行酶切,然后通过电泳检测其多态性,如图 9-10 所示。与 RFLP 技术一样,CAPS 技术检测的多态性其实是酶切片段大小的差异。

CAPS 标记有以下几个优点:引物与限制酶组合非常多,增加了揭示多态性的机会,而且操作简便,可用琼脂糖电泳分析;在真核生物中,CAPS 标记呈共显性,即可区分纯合基因型和杂合基因型;所需 DNA 量极少;结果稳定可靠;操作简便、快捷。CAPS 标记最成功的应用是构建了拟南芥遗传图谱。Konieczny 等(1993)将 RFLP 探针两端测序,合成 PCR 引物,在拟南芥基因组 DNA 中进行扩增,之后用一系列 4 碱基识别序列的限制性内切核酸酶酶切扩增产物,产生了很多 CAPS 标记,只用了 28 个 F。代植株,就将这些 CAPS 标记定位在各染色体上,并构建了遗传图谱。不过,CAPS 标记需使用限制性内切核酸酶,这增加了研究成本,限制了该技术的广泛应用。

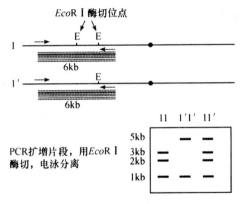

图 9-10　CAPS 的步骤

9.2.4　基于序列测定的分子标记

基于 Southern 杂交和基于 PCR 扩增的分子标记技术都是以 DNA 片段的长度来表示园艺植物基因组 DNA 的多态性,但最彻底、最精确的方法是直接测定不同来源基因组特定区域的核苷酸序列,通过相互比较后可以检测出由单个核苷酸变异而引起的 DNA 序列多态性,这种多态性称为基于序列测定的分子标记,最主要的代表是 SNP 标记。

SNP(single nucleotide polymorphism,单核苷酸多态性)标记是指园艺植物基因组由于单个核苷酸变异而引起 DNA 序列多态性,包括单碱基的转换、颠换以及单碱基的插入或缺失。理论上,SNP 在同一个核苷酸位置可以有 4 种碱基形式,也就是说,SNP 具有 4 个等位基因,但实际上 SNP 多表现为双等位基因,称为双等位基因标记(biallelic marker)。这样,单个 SNP 所提供的遗传信息就会少于 RFLP 和 SSR 等多等位基因标记,但 SNP 在基因组中存在的频率较高,所以,SNP 的多态性实际上要高得多,而且双等位基因的特点使得 SNP 在检测时能通过简单的"+/−"方式进行表型分析,而无须测定基因片段的长度,检测结果易于自动化。

目前获得 SNP 标记的途径主要有两种:通过设计特异 PCR 引物扩增园艺植物基因组某个

特定区域的 DNA 片段,经测序和序列比对后获得 SNP 标记;利用 EST 等数据库中的基因序列信息,通过采集和分析这些现有的序列数据也是发现 SNP 的重要方法。而大规模的 SNP 鉴定则要通过芯片技术实现,其主要理论依据是单碱基错配双链的退火温度低于完全配对双链。基于此原理,可将荧光标记的 PCR 扩增产物与两种固定在芯片上的、仅在 SNP 位点存在差异的探针进行杂交,在特定温度下,只有完全配对的探针能够与靶 DNA 杂交,而发生单碱基错配的探针不能杂交。这样,如果待测序列与探针完全互补,就发出强的荧光;否则,荧光信号就会很弱。利用激光共聚焦显微镜或其他荧光显微装置对芯片进行扫描,由计算机收集荧光信号并转化为数字信号后进行分析。该技术可将上万个探针固定于芯片上,实现同时对大量的 DNA 分子进行高通量检测,并完全摒弃了经典的凝胶电泳检测技术,所以 SNP 标记被称为第 3 代 DNA 分子标记。

作为分子标记,SNP 具有以下优点:双等位基因标记,便于自动化分析;分布广泛、数量丰富、遗传稳定;共显性遗传;某些 SNP 位于基因编码区,直接影响蛋白质结构与功能,可能直接控制重要性状的变异;检测技术已实现了半自动化或伞自动化。

尽管目前关于 SNP 标记在园艺植物遗传与育种中应用的报道还很少,但随着基因数据库中 DNA 序列信息的快速增加以及拟南芥、水稻、番茄等重要植物全基因组测序的完成,SNP 标记必将成为园艺植物遗传与育种研究中理想的遗传标记。

9.2.5　针对特定结构域的分子标记

植物基因组中有很多保守的结构域,可根据这些保守序列设计特异引物,开发特定的分子标记。

1. 基于 RGA 的分子标记

目前为止,来源于不同植物的 20 多种抗病基因已被克隆,分析结果显示,这些来自不同植物的不同抗病基因大都具有一些共同的保守序列,如富含亮氨酸重复(1eucine-rich repeat,LRR)、核苷酸结合位点(nucleotide-binding site,NBS)、丝氨酸/苏氨酸激酶(serine-threonine kinase,STK)等保守区域。或者说,在植物界,不同抗病基因可能具有一定的同源性。

抗病基因类似物(resistance gene analog,RGA)是根据抗病基因的保守氨基酸序列设计的简并引物进行 PCR 的产物,由此衍生出来的标记称为 RGA 标记。RGA 既可以作为一种分子标记,其本身又是潜在的(候选的)抗病基因。因此,这种 RGA 扩增技术(又称同源序列法)是寻找新的抗病基因的一种有效手段。例如,Leister 等(1996)根据拟南芥抗病基因 Rps 2 和烟草抗病基因 N 的高度保守的 LRR 序列设计引物,对马铃薯基因组 DNA 进行 PCR 扩增,获得了与已知抗病基因同源、与抗线虫病基因 Grol 和抗晚疫病基因尺 7 完全连锁的 DNA 片段。Kanazin 等(1996)根据来自亚麻的 L6、烟草的 N 和拟南芥的 Rps2 等抗病基因的保守区域设计引物,扩增大豆 DNA,至少得到 9 类 RGA,其中一些被定位于大豆的已知抗病基因座位附近。

RGA 标记可通过以下途径获得。

①简并引物扩增产物克隆、测序确认是 RGA 后,其相对应克隆可作为探针进行 RFLP 分析。

②由于简并引物的扩增产物是很多片段的混合体,琼脂糖凝胶无法揭示其多态性,Chen 等(1998)利用 6% 的变性聚丙烯酰胺凝胶电泳对简并引物的扩增产物直接进行分离,可产生多态

性标记。

③简并引物的扩增产物克隆、测序后,根据所获得的序列设计特异引物,然后采用 AFLP 的分析手段进行标记的获得,酶切和加接头步骤与 AFLP 相同,预扩增和选择性扩增时一个引物来自于跟 AFLP 相同的引物,另一引物则是 RGA 特异引物。

④NBS-profilling 技术,由 Van der Linden 等于 2004 年发展。该技术的要点是先对基因组 DNA 进行酶切,然后加上特定的接头,之后用简并引物进行 PCR 扩增,扩增产物用高分辨力的凝胶电泳即可获得多态性标记。

2. 基于反转录转座子的分子标记

反转录转座子是真核生物中一类可移动因子,转座需经过由 RNA 介导的反转录过程而得名,可分为 LTR 反转录转座子和非 LTR 反转录转座子。反转录转座子以高拷贝在植物界广泛分布,可以通过纵向和横向分别在世代之间和不同种之间进行传递,同一家族的反转录转座子具有高度的异质性。因此,反转录转座子可作为一种分子标记。

基于反转录转座子的分子标记有以下几种。

①序列特异扩增多态性(sequence specific amplification polymorphism,SSAP),该技术由 Waugh 等(1997)根据 AFLP 改进而来。其基本流程的酶切、加接头和预扩增与 AFLP 相同,只是在进行选择性扩增时,除了一个接头同源引物外,另一个引物是根据反转录转座子的 LTR 末端保守序列而设计的。SSAP 的多态性来源有三:限制性位点及其两侧序列的变异、LTR 5′末端的变异和反转录转座子插入位点的变异。第一类变异和 AFLP 所检测的变异一样,而后两种变异都是由于反转录转座子而产生。

②反转录转座子间区扩增多态性(inter retrotransposon amplified polymerphism,IRAP),该技术由 Kalendar 等(1999)发明,用来检测反转录转座子插入位点间多态性的分子标记。其原理是根据反转录转座子的 LTR 包含的保守序列而设计引物,这些引物在 PCR 过程中可以与 LTR 反转录转座子的相应区域退火,从而扩增出相邻的同一家族的反转录转座子成员间的片段;也可根据反转录酶基因的相对保守序列设计引物进行扩增。

③反转录转座子—微卫星扩增多态性(retrotransposon microsatellite amplified polymor phism,REMAP),该技术也是由 Kalendar 等(1999)所发明,用来检测反转录转座子和微卫星之间多态性的分子标记。其原理是根据反转录转座子的 LTR 保守序列和微卫星序列设计引物,然后进行 PCR,扩增出反转录转座子与最接近的微卫星间的片段。REMAP 检测反转录转座子与简单重复序列之间的多态性,具体可见图 9-11。

图 9-11　REMAP 示意图

④基于反转录转座子插入的多态性(retrotransposon based insertion polymorphism,RBIP),该标记是根据豌豆的反转录转座子 PDR1 而设计的。用 PDR1 的反转录酶基因片段对豌豆属的一个基因组文库进行筛选,找到包含有该反转录转座子的克隆,然后对其进行测序,得到了包括反转录转座子及其两侧序列的碱基顺序。反转录转座子一侧的序列设为 A,另一侧设为 E,反转录转座子的保守序列设为 C。在没有反转录转座子存在的情况下,以 A 和 E 为引物,

可以通过 PCR 扩增出产物;如果有反转录转座子插入该区域,则由于 A 和 E 之间距离太远而无法扩增出产物,此时以 C 和 E 作为引物,则可以扩增出条带。

9.2.6 高通量分子标记

单位点与多位点分析技术到目前为止还是难以协调一致的。多位点分析(RAPD、AFLP 等)在技术上相当简单而高效,但存在显著的缺陷和局限性,如显性遗传方式无法准确估计等位基因频率、杂合度等,在分子进化、种群遗传等结果准确性要求比较严格的应用受到严重制约。而单位点标记(RFLP 等)虽然分析结果可靠但工作效率却较低,不可能在大规模的遗传分析中广泛应用。在许多研究领域,包括 QTL 定位、系统演化、分子进化等都涉及大量的分子标记分析。因此,要求发展高通量的分子标记。

以凝胶为基础的分子标记可通过 384 孔 PCR 反应、多重 PCR、多重点样及利用自动测序仪进行电泳检测等方法来提高通量。然而,这些方法仍不能满足在遗传育种中的少样本多标记或多样本少标记的需求。随着对基因组研究的不断深入,那些效率低的检测方法逐渐被摒弃,而操作会转向自动化和大规模化。例如,以 DNA 芯片的方式,同时进行几百个乃至上千个 SNP 的分析,这样就可以以高密度的多点单倍型的方式进行连锁分析。目前,很多商业公司都推出了能够进行高通量、大规模分析的 SNP 分析平台。除了 SNP 外,以芯片为基础的高通量分析平台还有 SFP、DArT 和 RAD 标记。

SFP 是被标记的不同基因型的 DNA 与同一个高密度寡核苷酸芯片进行杂交,不同基因型 DNA 杂交信号的显著不同被检测为 SFP;SFP 分析中,芯片上的寡核苷酸行使着探针的功能并被描述为不同的特征。SFP 是非常高效的分子标记,玉米中利用 SFP 构建了包含 34 000 个 SFP 位点代表 11000 个基因的图谱(Zhu et al.,2006),番茄中构建了包含 8500 个 SFP 位点代表 6000 个基因的图谱(Salmeron and Zhu,2007);此外,SFP 在小麦、水稻、大麦等作物中都有很好的应用。

DArT 是高通量的基于微芯片杂交的技术,在序列未知的情况下可同时分析几百个多态性位点。该技术已被证实可重复性强且廉价高效。DArT 标记是特定基因组 DNA 或通过差异杂交开发的多态性片段,表现为双等位型显性或共显性。DArT 技术首先要开发"发现芯片(discovery array)"用于鉴别多态性 DArT 标记。"discovery array"开发于宏基因组并进行了复杂性去除从而降低重复序列;之后单个克隆扩增后点到玻璃片上制成"discovery array"。单个基因组的片段标记后与芯片杂交就可获得 DArT 标记。DArT 标记已在水稻、大麦、小麦等作物中应用。

RAD 标记是基于微芯片技术的检测全基因组单个酶切位点变异的标记。RAD 分析时,首先要构建全基因组的 RAD 标签文库,用于与选择的微阵列进行杂交从而在一次分析中检测所有的酶切位点变异。其步骤包括:

①特定限制性内切核酸酶酶切基因组 DNA。

②连接生物素标记的接头。

③把连接后的 DNA 随机剪切成比酶切位点间平均距离更小的片段,留下含有酶切位点及接头的小片段。

④把片段固定在链霉抗生素蛋白包被的珠子上。

⑤用最初的酶酶切将 DNA 标签从珠子上释放出来。

该过程可特异地分离限制性内切核酸酶酶切位点周围的 DNA 标签。不同样品的 RAD 标签与微阵列进行杂交可进行高通量的杂交图谱分析。RAD 在模式生物中成功应用后，在高等植物中也得到成功应用。

9.3 分子遗传图谱的构建

9.3.1 概述

遗传图谱（genetic map）又称为遗传连锁图谱（genetic linkage map），记录了基因组内基因以及专一的多态性 DNA 标记的相对位置（遗传图距）。通常采用杂交育种以及家系分析等遗传学分析方法，计算遗传标记之间在减数分裂中的重组率（recombination frequency，RF），确定它们在基因组中的相对位置，并用重组率反映彼此间的相对距离，从而形成连锁图。在遗传图谱中，标记之间的相对距离称为遗传图距，其单位以厘摩（centi-Morgan，cM）表示，每单位厘摩为 1% 重组率。

形态标记、细胞学标记、生化标记和 DNA 分子标记均可用于构建遗传图谱。使用前 3 种遗传标记所构建的遗传图谱称为经典遗传图谱，这 3 种标记都是以性状为基础，是对基因的间接反映，可用的标记数量少，图谱分辨率大都很低，图距大，饱和度低，且大多数作物并没有一个完全的遗传连锁图，因而应用价值非常有限。20 世纪 80 年代后，DNA 分子标记得以广泛应用，它直接在 DNA 水平上反映出遗传变异，可以通过比较简便的方法检测出来，而且标记的数量丰富，遗传稳定，变异丰富，不受基因表达的限制，不受环境影响，标记的存在多数不影响性状，并可建立确定的技术体系进行规模化的检测。DNA 分子标记的应用促进了遗传图谱向高精确度和高分辨率发展，使构建高密度的基因组遗传图谱成为可能。同时，随着分子生物学和基因克隆技术的发展，有大量基因和 eDNA 片段被分离，进一步为遗传图谱的构建提供了丰富的材料。

利用 DNA 标记构建遗传连锁图谱在原理上与传统遗传图谱的构建是一样的，其理论基础是染色体的交换与重组。构建遗传图谱的核心工作就是通过分析标记之间的重组率，推断标记之间的相对位置。植物遗传图谱构建的基本步骤如下。

1. 开发标记

首先需要选择遗传标记的类型，要根据目的植物基因组特点、已知信息的情况、实验时间及成本等实际情况进行选择，然后针对目的植物，进行标记的开发，筛选出重复性好、特异性高、多态性好的标记，并建立适用于特定植物、特定标记的检测技术体系。

2. 选择作图亲本

根据遗传材料之间的 DNA 多态性，选择亲缘关系远、遗传差异大的品种或材料，利用若干易于检测的遗传标记对备选材料进行多态性检测，综合分析测定结果，选择出有多态性的一对或几对材料作为作图亲本。

3. 产生作图群体

利用作图亲本，根据亲本材料的特点和具体的实验目的，配制适当的杂交组合，建立具有大量 DNA 标记处于分离状态的分离群体或衍生系。如单交组合产生的 F_2 代或由其衍生的 F_3、F_4 家系,或者由连续多代自交或姊妹交产生的重组近交系(RIL),或者是通过单倍体加倍而成的加倍单倍体(DH),也可以利用回交或三交产生的后代群体。

4. 遗传标记的染色体定位

测定作图群体中不同个体或株系的标记基因型,即将遗传标记定位在基因组的特定染色体上。常用的染色体定位方法有单体分析、三体分析、代换系与附加系分析等方法,依据染色体剂量的差异,将遗传标记定位在特定的染色体上。当供体材料总 DNA 等量时,DNA 杂交带的信号强弱与该标记位于的染色体剂量成正比。

5. 标记间的连锁分析

通过分析分离群体内双亲间有多态性的遗传标记间的连锁交换情况和趋于协同分离的程度,即可确定标记间的连锁关系和遗传距离,构建出遗传连锁图。这一步可借助计算机完成,而连锁分析软件的开发也是基因组学研究的热点之一。两点测验和三点测验是其基本程序,连锁的基本检测建立在对分离的成对基因座位的重组进行统计学评价的基础之上。

9.3.2 分子遗传图谱构建的原理

遗传连锁图构建的基础是遗传学中分离重组、连锁交换等基本规律。在细胞减数分裂时,非同源染色体上的基因独立分配、自由组合,同源染色体上的基因产生交换与重组,交换的频率随基因间距离的增加而增大。位于同一染色体上的基因在遗传过程中一般倾向于维系在一起,而表现为基因连锁。它们之间的重组是通过一对同源染色体的两个非姊妹染色单体之间的交换来实现的。假设现有两个亲本 P_1 和 P_2,针对某同源染色体上存在的两个位点(A-a、B-b),它们的基因型分别可表示为 AABB 和 aabb,两亲本杂交产生 F_1,F_1 与 P_2 进一步回交得到 BC_1F_1。由于 F_1 在减数分裂过程中应产生 4 种类型的配子,即 AB 和 ab(亲型配子)以及 Ab 和 aB(重组型配子),后两者是由于两位点基因发生交换而形成的;BC_1F_1 中应出现 4 种基因型(AaBb、aabb、Aabb、aaBb)。若这 4 种基因型比例符合 1∶1∶1∶1,则表明两个位点呈独立遗传,若这 4 种基因型比例显著偏离于 1∶1∶1∶1,则表明两位点可能连锁。若 A-a 和 B-b 位于同一染色体上,这两个基因在连锁区段上发生交换就会产生一定数量的重组型配子。重组型配子所占的比例取决于减数分裂细胞中发生交换的频率。交换频率越高,则重组型配子的比例越大。重组型配子最大可能的比例是 50%,这时在所有减数分裂的细胞中,在两对基因的连锁区段上都发生交换,相当于这两对基因无连锁,表现为独立遗传。

9.3.3 作图群体的建立

遗传连锁图谱构建的基础是分离群体,用于作图的分离群体又称为作图群体。为作图群体选择合适的亲本和适当的杂交群体类型,是成功和高效作图的两大关键。建立作图群体需要考虑的重要因素包括亲本的选配、分离群体类型的选择及群体大小的确定等。

1. 亲本的选配

亲本的选择直接影响到构建连锁图谱的难易程度及所建图谱的适用范围。一般应从以下 4

个方面对亲本进行选择：

①要考虑亲本间的 DNA 多态性。亲本之间的 DNA 多态性与其亲缘关系有着密切关系，这种亲缘关系可用地理的、形态的或同工酶多态性作为选择标准。一般而言，异交作物的多态性高，自交作物的多态性低。在作物育种实践中，育种家常将野生种的优良性状转育到栽培种中，这种亲缘关系较远的杂交转育，DNA 多态性非常丰富。

②选择亲本时应尽量选用纯度高的材料，并进一步通过自交进行纯化。

③要考虑杂交后代的可育性。亲本间的差异过大，杂种染色体之间的配对和重组会受到抑制，导致连锁座位间的重组率偏低，并导致严重的偏分离现象，降低所建图谱的可信度和适用范围；严重的还会降低杂种后代的结实率，甚至导致不育，影响分离群体的构建。由于各种原因，仅用一对亲本的分离群体建立的遗传图谱往往不能完全满足基因组研究和各种育种目标的要求，应选用几个不同的亲本组合，分别进行连锁作图，以达到相互弥补的目的。

④选配亲本时还应对亲本及其 F，杂种进行细胞学鉴定。若双亲间存在相互易位，或多倍体材料（如小麦）存在单体或部分染色体缺失等问题，其后代就不宜用来构建连锁图谱。

2. 分离群体类型的选择

依据遗传的稳定性一般将用于分子标记遗传作图群体分为两类。

第一类为暂时性分离群体，包括回交群体、F_2 群体以及其衍生群体（如 $F_{2:3}$）等。F_2 群体是由所选择的亲本杂交获得 F_1，再自交得到的分离群体。该群体包含的基因型种类全面、信息量大、作图效率高、群体构建比较省时，不需很长时间便可得到一个较大的群体。但由于每个 F_2 单株所提供的 DNA 有限，且只能使用一代（暂时性）。若 F_2 分离群体是通过远缘杂交而来的，则远缘杂交亲本后代向两极疯狂分离，标记比例易偏离 3∶1，限制了该群体的作图能力。回交群体是由 F，代与亲本之一回交产生的群体。由于该群体的配子类型较少，统计及作图分析较为简单，但提供的信息量少于 F_2 群体，且可供作图的材料有限，不能多代使用。

第二类为永久性分离群体，包括重组自交系群体（recombinant inbred line，RIL）、加倍单倍体群体（doubled haploid，DH）等。RIL 群体是由 F_2 代经一粒传（single seed descendant，SSD）多代自交或姐妹交使后代基因组相对纯合的群体。其基本选择程序是：用两个品种杂交产生 F_1，自交得 F_2，从 F_2 中随机选择数百个单株自交或姐妹交，每株只种一粒，直到 $F_6 \sim F_n$ 代，形成数百个重组自交系。除了两亲本的重组自交系外，目前还发展了多个亲本的重组自交系，以 8 亲本的重组自交系最为常见；通过单籽传或姐妹交构建 RIL，从而增加 RIL 的遗传组成，具体可见图 9-12 所示。

RIL 群体一旦建立，就可以代代繁衍保存，有利于不同实验室的协同研究，而且作图的准确度更高。与暂时性群体相比，永久性群体至少有两方面特点：群体中各品系的遗传组成相对固定，可以通过种子繁殖代代相传，可不断增加新的遗传标记；可以对性状的鉴定进行重复试验以得到更为可信的结果。这对抗病虫的多年多点鉴定以及受多基因控制且易受环境影响的数量性状的分析而言尤为重要。当然，建立 RIL 群体相当费时，而且有的物种很难产生 RIL 群体。

DH 群体是通过对 F_2 进行花药离体培养或通过特殊技术（如栽培小麦或栽培大麦与球茎大麦杂交获得的杂种胚胎中源于球茎大麦的染色体逐步消失）而得到目标作物单倍体植株，再经染色体加倍而获得加倍单倍体群体。DH 群体相当于一个不再分离的 F_2 群体，能够长期保存。但构建 DH 群体需组织培养技术和染色体加倍技术，由于 DH 群体个体数往往偏少，因而所提供的

信息量常低于 F_2 群体。

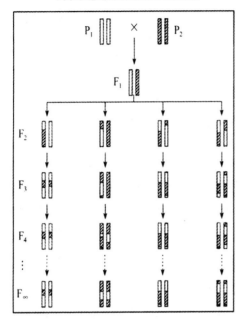

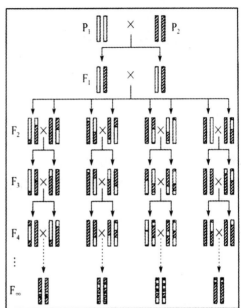

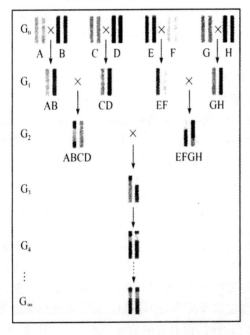

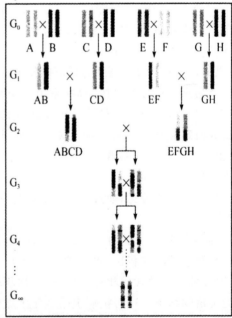

图 9-12　构建重组自交系示意图（Broman，2005）

3. 群体大小的确定

遗传图谱的分辨率和精度，很大程度上取决于群体大小。群体越大，则作图精度越高。但群体太大,不仅增大实验工作量,而且增加费用。因此分析作图内容、效率、目的和群体类型等,确定合适的群体大小是十分必要的。从作图内容方面考虑,构建 DNA 标记连锁图谱所需的群体远比构建形态性状特别是数量性状的遗传图谱要小,大部分已发表的分子标记连锁图谱所用的分离群体一般都不足 100 个单株或家系。从作图效率考虑,作图群体所需样本容量的大小取决于从随机分离结果可以辨别的最大图距以及两个标记间可以检测到重组的最小图距。如果作图的目的是用于基因组的序列分析或基因分离等工作,则需用较大的群体,以保证所建连锁图谱的精确性。在实际工作中,构建分子标记骨架连锁图可基于大群体中的一个随机小群体(如 150 个单株或家系),当需要精细地研究某个连锁区域时,再有针对性地在骨架连锁图的基础上扩大群体。这种大小群体相结合的方法,既可达到研究的目的,又可减少工作量。

作图群体大小还取决于所用群体的类型。如常用的 F_2 和 BC_1 两种群体,F_2 群体的大小必须比 BC_1 群体大约大一倍,才能达到与 BC_1 相当的作图精度。所以说,BC_1 的作图效率比 F_2 高得多。在分子标记连锁图的构建中,DH 群体的作图效率在统计上与 BC_1 相当,而 RI 群体则稍差些。总的说来,在分子标记连锁图的构建方面,为了达到彼此相当的作图精度,所需的群体大小的顺序为 $F_2 > RI > BC_1$ 和 DH。

F_2 群体中有三种基因型,分别是两亲本纯合基因型和杂合型。回交群体中有两种基因型,即轮回亲本纯合基因型和杂合型。DH 和 RIL 群体都只有两种基因型,即两亲本纯合基因型。显性和共显性标记在各种类型的作图群体中的分离情况是不同的,如图 9-13 所示。显性标记不管是父本显性还是母本显性,在 F_2 群体中都呈现 3∶1 的分离比例;共显性标记则是 1∶2∶1 的分离比例。显性标记在回交群体中呈现 1∶1 的分离比例(非轮回亲本表现为显性)或 1∶0 的分离比例(即不分离,轮回亲本表现为显性);共显性标记也是 1∶1 的分离比例。显性和共显性标记在 DH 和 RIL 群体都呈现 1∶1 的分离比例。

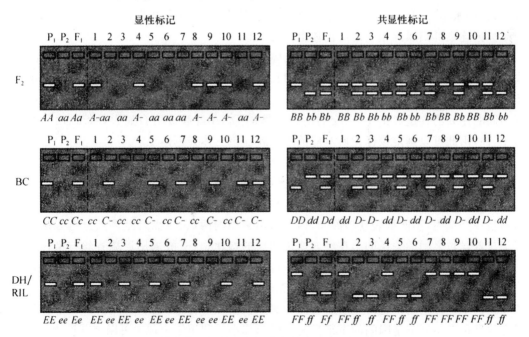

图 9-13　显性和共显性标记在各种类型的作图群体中的分离情况

9.3.4　标记连锁图的构建

在分离群体中,每一标记位点上的基因型可通过分子标记带型来确定。通过两位点上不同基因型出现的频率来估算重组交换值,或通过适当的统计方法(如似然比检验)对两个基因位点是否呈连锁遗传做连锁分析。存在连锁(r<0.5)与不存在连锁(r=0.5)的概率可用似然函数表示,其比也称为似然比。似然比取以 10 为底的对数,即为 LOD 值。LOD 值的大小反映了两位点基因存在连锁可能性的大小,该值越大,则基因存在连锁的可能性越大。当然,在构建分子标记连锁图中,由于每条染色体上都涉及许多标记座位。多位点间的排列顺序和相互间的遗传图距,需要进行多个位点的联合分析,即多点测验。

在遗传图谱构建过程中,当获得了大量分子标记的数据以后,计算的复杂性用手工是无法完成的。因此,对大量标记位点间的连锁分析,需要借助计算机及相关软件做分析处理。自 20 世纪 70 年代第一个通用连锁分析软件推出以后,与遗传连锁分析有关的软件数量迅猛增长。国际上已开发出多个作图软件,各种专门软件的相关信息可通过 Internet 网址获得。在植物遗传作图应用中,应用最广泛的软件是 MAPMAKER/EXP、MAPMANAGER 等。

9.3.5　DNA 标记连锁图谱的完善

1. DNA 标记连锁群的染色体定位

把分子标记所建立的连锁群与经典遗传图谱联系起来,并将其归属到相应的染色体上,是构建了一个比较饱和的分子图谱之后十分重要的工作。通常根据分子标记与已知染色体位置的形态标记的连锁关系来确定分子标记连锁群属于哪条染色体。还可以利用非整倍体或染色体结构变异材料,如水稻中利用三体、玉米中利用 A/B 易位系、小麦中利用缺体/四体染色体代换系等,将分子标记连锁群归属到相应的染色体上。

以水稻为例,目前已获得全套 12 条染色体的初级三体(2n+1)。在水稻某种三体中,由于三体染色体有一式 3 份,其 DNA 含量为其他 11 条染色体的 1.5 倍。在 DNA 定量相当准确的条件下,用已知能检测某一连锁群的探针分别与 12 种三体的总 DNA 杂交。根据剂量效应,杂交强弱与同源序列的含量成正比,杂交后对应三体的 DNA 滤膜放射自显影显带强度将明显高于其他 11 种,由此可以判定该标记所对应的序列就在该三体染色体上。

随着技术的进步,原位分子杂交的灵敏度已可以揭示单拷贝序列的杂交位点,因此采用原位分子杂交可以容易地将连锁群的分子标记定位到染色体上。

要得到一个完整的遗传图谱,就必须知道染色体上的标记与着丝粒之间的距离。由于着丝粒并不是一个基因,不能从表现型测知,因此采用常规的两点、三点乃至多点分析方法是无法确定标记与着丝粒之间的关系的。在经典遗传图谱的构建中,一般采用近端着丝粒染色体来对基因与着丝粒之间的距离进行定位。近端着丝粒染色体是正常染色体在着丝粒附近断裂形成的异常染色体。已获得小麦全部 42 条染色体的近端着丝粒染色体。利用染色体易位材料也可以判断着丝粒在染色体上的位置。一般易位点和着丝粒所在部分的交换被抑制,因而推算位于着丝粒两旁的易位点与标记基因间的重组率时一般都偏小。利用这个现象可以推算连锁图上着丝粒的位置。在细胞学上,利用已知易位点的易位系统进行基因分析也可知道着丝粒的位置。早在 1945 年,在玉米中就利用易位分析的结果推测了全部染色体的着丝粒位置。

在遗传图谱的构建中,端粒位置的确定就意味着为染色体的全长设定界标。传统的凝胶电泳方法由于分辨能力有限,大多数情况下无法将具有多态性的端粒片段区分开来。一般要借助具有高分辨率的脉冲场凝胶电泳(PFGE)才能将有差异的端粒片段分离开来。

2. 饱和 DNA 标记连锁图的制作

遗传图谱饱和度是指单位长度染色体上已定位的标记数或标记在染色体上的密度。一个基本的染色体连锁框架图大概要求在染色体上的标记平均间隔不大于 20cM。如果构建连锁图谱的目的是为了进行主基因的定位,其平均间隔要求在 10～20cM 或更小。用于 QTL 定位的连锁图,其标记的平均间隔要求在 10cM 以下。如果构建的连锁图谱是为了进行基因克隆,则要求目标区域标记的平均间隔在 1cM 以下。

不同生物基因组大小有极大差异,因此满足上述要求所需的标记数是不同的。以人类和水稻为例,它们的基因组全长分别为 3.3×10^6 kb 和 4.5×10^5 kb,如果构建一个平均图距为 0.5cM 的分子图谱,则所要定位的标记数就要分别达到 6600 和 3000 个。几种生物不同图谱饱和度下所需定位的标记数如表 9-2 所示。

表 9-2 遗传图谱达到特定饱和度所需的标记数

生物		人类	水稻	玉米	拟南芥	番茄
基因组大小图谱饱和度	kb	3.3×10^6	4.5×10^5	2.5×10^6	7.0×10^4	7.1×10^5
	cM	3300	1500	2500	500	1500
	kb/cM	1000	300	1000	140	473
	52cM	165	75	125	25	75
	10cM	330	150	250	50	150
	5cM	660	300	500	100	300
	1cM	3300	1500	2500	500	1500
	0.5cM	6600	3000	5000	1000	3000

没有一种标记在基因组中分布是完全随机的。如着丝粒区通常以重复序列为主,因而以单拷贝克隆为探针的 RFLP 标记就不可能不覆盖这些染色体区域。从这一点考虑,利用特性上互补的不同 DNA 标记进行遗传作图,将有助于提高遗传图谱的饱和度。

3. 整合 DNA 标记连锁图与经典遗传连锁图

从 1987 年报道玉米和番茄的 RFLP 遗传图谱以来,具有重要经济价值的栽培植物几乎都已构建了以 RFLP 为主的 DNA 标记遗传图谱。为了充分利用现有的分子和遗传的信息,必须将分子遗传图谱与经典遗传图谱结合起来,成为一张综合的遗传图谱。将两类遗传标记综合到一张遗传图谱中去,不仅是重要经济性状准确定位的需要,也是以图位克隆方法分离目的基因的需要。但是,由于两类图谱的构建是相互独立的,使用的作图群体是不同的,且它们之间缺乏共有的遗传标记,因而整合起来并不容易。另外,经典遗传图谱本身就是一张依据许多由不同研究者利用不同作图群体在不同条件下完成的实验结果而绘制成的综合图谱,其中有的标记基因间的相对位置不一定十分精确,因此,在与分子图谱整合时,不能简单地根据标记间的相对图距进行推论。

可见分子图谱与经典图谱的整合只能通过将传统的遗传标记基因一个一个地定位到分子图谱中去的策略来进行。为此,可以选择各种传统的遗传标记材料来建立作图群体,并用适当的方法快速地找到与传统的遗传标记紧密连锁的分子标记,再根据分子标记在分子图谱上的位置来确定传统遗传标记的位置。在栽培植物中,水稻的经典连锁图谱和分子连锁图谱的整合工作进展较快,这主要受益于水稻在经典连锁图谱上的长期累积性工作。

9.4　质量性状基因的定位

基因定位一直是遗传学研究的重要范畴之一,基因定位与克隆是高密度分子图谱构建的重要应用目的。

在分离群体中表现为不连续性变异能够明确分组的性状称为质量性状。质量性状通常受一个或少数几个主基因控制,不易受环境的影响。许多重要性状,如抗病性、抗虫性、育性等表现为质量性状遗传的特点。这些性状受单基因或少数几个基因位点控制,一般表现为显隐性特点。然而,典型的质量性状其实并不很多,不少质量性状除了受少数主基因控制之外,还受到微效基因的影响,表现出数量性状的特点,使得有时无法明确地从表现型推断其基因型。特别是对那些虽然受少数主基因控制,但还受遗传背景、微效基因作用以及环境条件影响的性状,就更难通过遗传学上普通的方法进行鉴别。而利用分子标记技术来定位、鉴别质量性状基因,通过与目标性状紧密连锁的分子标记来选择,则要容易得多,特别是对一些易受环境条件影响的抗性基因和抗逆基因进行选择就相对简单得多。

目前,质量基因的定位研究主要利用近等基因系分析法和分离集团混合分析法等途径。关于这两种途径在快速有效地寻找与质量性状基因紧密连锁的分子标记方面已有许多成功的报道。

9.4.1　近等基因系分析

两个或多个形态上相似,遗传背景相同或相近,只在个别染色体区段上存在差异的遗传材料,称为近等基因系(Near Isogenic Line,NIL)。近等基因系的获得有多种方式,其中最常用的方式是通过将两个具有不同目标性状的品种杂交,再与亲本之一多次回交后筛选得到在目标性状上差异表现不同的品系。这样,品系间以及品系与轮回亲本间就构成了近等基因系。

在育种中,当某一优良品种缺少1个或2个优良性状时,常采用回交方法将该优良性状从外源种质中转移到优良品种中去。用于多次回交的亲本是目标性状的接受者,称为轮回亲本或受体亲本;只在第一次杂交时应用的亲本是目标性状的提供者,称为非轮回亲本或供体亲本。回交的结果,将不断提高回交后代中轮回亲本的遗传成分,不断减少供体亲本的遗传成分,使其后代向轮回亲本方向纯合,其回交过程一直持续到新培育的目标品系为止,在理论上除了含有目标性状基因的染色体区段外,其他与轮回亲本几乎相同,因此,改良的品系与轮回亲本间实际上构成了一对近等基因系。

由于独立遗传有多个目标基因,如果不进行选择,回交第 n 代时,轮回亲本基因组所占比例为 $[1-(1/2)^n]^m$。可以看出,目标基因 m 越多,则轮回亲本基因组恢复得越慢。另外,当供体亲本的目标性状基因与其附近的其他基因存在连锁时,则轮回亲本置换供体亲本基因的进程将要减缓,其减缓程度依连锁的紧密程度而异。由于基因连锁的结果,在回交导入目标基因的同时,与目标基因连锁的染色体片段将随之进入回交后代中,这种现象称为连锁累赘(linkage drag)。为了加快回交后代基因组恢复成轮回亲本的速度,在每一代选择继续回交的植株时,除了要保证含有供体目标基因外,应尽量选择形态上与轮回亲本接近的植株。由上可知,要培育遗传背景纯一的近等基因系往往需要多个世代的选择和繁殖。

最早由 Young 等提出来的近等基因系分析法,是利用近等基因系寻找与目标基因紧密连锁的分子标记。如果近等基因系间存在目标性状的显著差异且发现存在多态性的分子标记,则该标记就可能位于控制目标性状基因的附近。这样可在不需要完整遗传图谱的情况下,先用两个近等基因系筛选分子标记,再用近等基因系间的杂交分离后代进行标记与性状的连锁距离的进一步分析,有效地筛选与目标基因连锁的分子标记。

利用 NIL 寻找质量性状基因的分子标记的基本策略是比较轮回亲本、NIL 及供体亲本三者的标记基因型,当 NIL 与供体亲本具有相同的标记基因型,但与轮回亲本的标记基因型不同时,则该标记就可能与目标基因连锁,如图 9-14 所示。目前,利用近等基因系分析法标记和定位了许多质量性状基因,如番茄抗病毒病基因 Tm-2d(Young et al.,1988)和水稻半矮秆基因 sdy(Liang et al.,1994)。

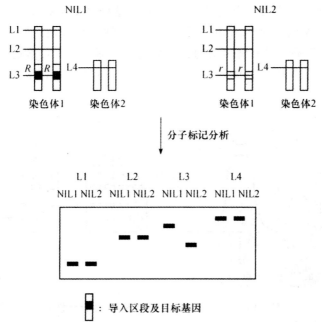

图 9-14　近等基因系分析法原理示意(引自方宣钧等,2001)

在目标基因所在的染色体区域附近,检测到 DNA 标记的概率大小取决于被导入的染色体片段的长度及轮回亲本和供体亲本基因组之间 DNA 多态性的程度。检测概率随培育 NIL 中回交次数的增加而降低。当轮回亲本和供体亲本分别属于栽培种和野生种时,更有可能发现多态性的分子标记。相反,轮回亲本和供体亲本的亲缘关系越密切,其多态性的分子标记就越少。通过筛选大量分子标记可以提高获得与目标基因连锁的分子标记的机会。值得注意的是,在成对NIL。间有差异的目标基因区段可能很宽,以致得到的标记座位可能与目标基因相距较远,甚至还有可能位于不同的连锁群上。另外,利用包含同一染色体区域的多个重叠 NIL,可以减少在非目标区域检测到假阳性标记的机会,增加在目标区段中检测到多态性的概率。

9.4.2　分离集团混合分析

1991 年 Michelmore 建立 BSA 法,即分离集团混合分析法,也称分离体分组混合分析法(bulked segregation analysis,BSA)。它克服了许多作物没有或难以创建相应的 NIL 的限制,在自交和异交作物中均有广泛的应用前景。对于尚无连锁图或连锁图饱和程度较低的植物,利用 BSA 法也是进行快速获得与目标基因连锁的分子标记的有效方法。利用 BSA 法已标记和定位了许多重要的质量性状基因,如莴苣抗霜霉病基因、水稻抗稻瘿蚊基因及水稻抗稻瘟病基因。BSA 法根据分组混合的方法不同可分为基于性状表现型和基于标记基因型两种。

1. 基于性状表现型的 BSA 法

根据目标性状的表现型对分离群体进行分组混合的 BSA 法,其基本思想是,在作图群体中,依据目标性状表型的相对差异(如抗病与感病),将个体或株系分成两组,然后分别将两组中的个体或株系的 DNA 混合,形成相对的 DNA 池。可以推测,这两个 DNA 池之间除了在目标基因座所在的染色体区域的 DNA 组成上存在差异之外,来自基因组其他部分的 DNA 组成是完全相同的,即为该作图群体基因库的一个随机样本。因此,这两个 DNA 池间表现出多态性的 DNA 标记,就有可能与目标基因连锁,如图 9-15 所示。在检测两 DNA 池之间的多态性时,通常应以双亲的 DNA 作对照,以利于对实验结果的正确分析和判断。为了可靠起见,在用 BSA 法获得连锁标记后,最好再回到群体上根据分离比例进行验证,同时也可估算出标记与目标基因间的图距。

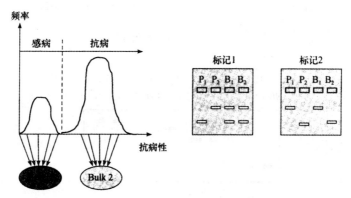

图 9-15　基于性状表现型的 BSA 法分析示意图

2. 基于标记基因型的 BSA 法

基于标记基因型的 BSA 法是根据目标基因两侧的分子标记的基因型对分离群体进行分组混合。这种方法适合于目标基因已定位在分子连锁图上,但其两侧标记与目标基因之间相距还较远,需要进一步寻找更为紧密连锁的标记的情况。假设已知目标基因位于两标记座位 A 和 B 之间,即来自亲本 1 的标记等位基因为 A_1 和 B_1,来自亲本 2 的为 A_2 和 B_2。那么,在某个分离群体(如 F_2)中,标记基因型为 A_1B_1/A_1B_1 的个体中,目标区段(即标记座位 A 和 B 之间的染色体区段)将基本来自亲本 1,而 A_2B_2/A_2B_2 个体中的目标区段则基本来自亲本 2,除非在该区段上发生了双交换,而理论上,双交换发生的概率是很小的。因此,可以将群体中具有 A_1B_1/A_1B_1 和 A_2B_2/A_2B_2 基因型的个体的 DNA 分别混合,构成一对近等基因 DNA 池,它们只在目标区段上存在差异,而在目标区段之外的整个遗传背景是相同的。这样就为在目标区段上检测多态性的分子标记提供了基础。用两个 DNA 池分别作为 PCR 扩增的模板,利用电泳分析比较扩增产物,寻找两 DNA 池之间的多态性,就可能在目标区段上找到与目标基因紧密连锁的 DNA 标记,具体如图 9-16 所示。

类似与上面所介绍的,获得连锁标记后,还可以进一步对它在群体中的分离情况进行验证,并确定它在目标区段中的位置。Goivannoni 等(1991)以番茄为例讨论了目标区段的两连锁标记间的最佳区间长度和混合个体数。研究表明,随着混合体所含个体数的增加,在混合体中,个体在目标区间内发生双交换的概率也将增加。在 F_2 群体中,对于 5cM 的区间,当混合体所含个体数不超过 40 时,双交换概率小于 10%。当目标区间增大到 10cM 时,混合个体数必须小于10,才能保持 10% 的双交换概率。但是随着样本数的减少,两类混合体间在除目标区段以外的区域出现差异的机会就会大大增加,从而导致 PCR 检测时假阳性的增加。因此,他们建议混合体所含个体数应大于 5,目标区间的长度应小于 15cM。

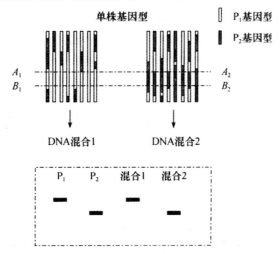

图 9-16　标记基因型混合分组,电泳显示的多态性标记应该存在于 A－B 区段

3. 极端集团—隐性群法

近等基因系分析法和分离体分组混合分析法只能对目标基因进行分子标记分析,不能确定目标基因与分子标记间连锁的紧密程度及其在遗传连锁图上位置,而这些信息对于估价该连锁标记在标记辅助选择和图位克隆中的应用价值是十分必需的。因此,在获得与目标基因连锁的分子标记后,还必须进一步利用作图群体将目标基因定位于分子连锁图上。

近年来,Zhang 等(1994)发展了分离集团分析法,提出的"极端集团—隐性群法"能够同时作目标基因与标记的连锁和定位分析。该方法的基本原理如下所述。

①利用极端集团鉴别目标基因所在染色体区段。

②用表现型为隐性的极端个体(隐性群)确定基因位点在分子标记连锁图上的准确位置。其基本做法是:首先,在分离群体中挑选表现型处于两个极端(如高度可育和高度不育)的个体组建两个极端集团,对极端集团及亲本进行分子标记分析,两集团间表现出多态性的分子标记(阳性标记),极有可能与目标性状基因连锁,因此阳性标记所代表的即可能为目标基因所在区间;然后,以阳性标记对表现型为隐性的极端个体进行分析,得到各位点分子标记基因型,鉴别出分子

标记与目标基因位点间重组纯合个体或杂合个体,用极大似然法计算标记位点与目标基因的重组值:

$$c = \frac{\left(N_1 + \dfrac{N_2}{2}\right)}{N}$$

式中,N 为所分析的表现型为隐性的极端个体总数;N_1 为分子标记为重组纯合带型的个体数;N_2 为表现双亲杂合带型的个体数。其方差由下式给出:

$$Vc = c\,\frac{(1-c)}{2N}$$

与一般的分离集团法相比,该法具有以下优点。

①利用极端集团可提高基因定位的灵敏度和准确性,因为以表现型极端的个体构成极端集团,避免了随机群体中对性状硬性分组所造成的误差。特别是对一些受环境影响较大,难以简单划分表型的连续变异性状(如育性等),通过极端表型个体分群,可提高研究结果的准确性。

②利用隐性群估算基因位点间重组值,其效率远远高于 F_2 随机群体,这是因为采用隐性类型以极大似然法估算重组值的方差是采用 F_2 随机群体估算重组值方差的 $1/3 \sim 1/2$。换言之,隐性群中每个个体所提供的关于遗传重组的信息较 F_2 个体要大得多,在同样精确度下,利用隐性群估算重组值所需的个体数仅为利用随机群体所需个体数量的 $1/3 \sim 1/2$。因此以隐性群进行定位可大大降低分析成本。除光敏不育基因外,此方法已被应用于如白叶枯抗性、广亲和性、野败型雄性不育系育性恢复基因等多个基因的定位研究。

9.5　数量性状基因的定位

在作物中,大多数重要农艺性状都是数量性状,如产量、成熟期、品质、抗旱性等均表现为性状连续变异的遗传特点,受许多数量基因座位和环境因子的共同作用。长期以来,研究者将控制数量性状的多基因作为一个整体,通过数理统计学的方法来剖析和描述遗传特征,无法确定控制数量性状的基因数目,更无法确定单个数量性状基因位点(Quantitative Trait Loci,QTL)的遗传效应以及它们在染色体上的准确位置。从 20 世纪 80 年代以来,DNA 分子标记技术及分子连锁图谱的迅猛发展,给数量遗传学带来了一场革命,使数量性状的遗传剖析开始成为现实。利用分子标记技术将一个复杂的多基因系统分解成一个个孟德尔因子,使人们能够像对待质量性状那样,对数量性状进行研究。这不仅大大加深了对数量性状遗传基础的认识,而且也大大增强了人们对数量性状的遗传操纵能力。目前,对 QTL 的遗传定位已在动植物中广泛展开,借助分子标记技术,对目标性状 QTL 在染色体上的位置、基因的效应、基因与环境互作等方面进行了全面的研究。对主效 QTL 的基因克隆工作也已开始并已取得重大进展,一些主效 QTL 的基因已被克隆分离出来。这里,我们将就 QTL 作图、重要性状 QTL 定位作简要介绍。

9.5.1　QTL 作图概述

QTL 定位分析实质上是确定数量性状位点基因与分子标记间的连锁关系,也称为 QTL 作图。早期的分子标记研究中,由于可以利用的标记数量有限,常采用单个标记作 QTL 定位研究,随着分子标记数量增多以及饱和遗传连锁图谱的构建,利用连锁图上多个标记的信息作 QTL 分析成为主流。无论如何,QTL 作图一般要经过分离世代建立、标记检测、数量性状值测定和统计分析等多个环节,其中如何分析标记基因型和数量性状值之间是否存在关联、发现 QTL 并准确估计 QTL 的遗传效应,不同作图方法所采用的遗传设计和统计原理有一定差异。总体而言,大多数作图方法都涉及大量数据与连锁标记的统计分析,需要相应的统计分析软件,常用的主要有区间作图法、多元回归法、精确作图法等,并开发出一些功能很强的计算机程序包,如 Mapmaker/QTL、Map Manager、QTLmapper、QTLcartographer 等。目前,QTL 定位方法按分析所用标记来分,主要有单标记分析法和区间定位法。

1. 单标记分析

如果某个标记与某个(些)QTL 连锁,那么在杂交后代中,该标记与 QTL 间就会发生一定程度的共分离,于是该标记的不同基因型在(数量)性状的分布、均值和方差上将存在差异。检验这些差异就能推知该标记是否与 QTL 连锁。单标记分析方法是将群体中个体按单标记基因型进行分组(每次只分析一个标记),同时度量各个体数量性状的表型值。以单因素方差分析测验被研究数量性状在标记基因型间的差异显著性,或将个体的数量性状表型值对单个标记的基因型进行回归分析,若各标记基因型差异或回归系数达到统计测验的显著水平,则可认为该标记与 QTL 连锁。

2. 区间定位法

区间定位法(Interval Mapping,IM),是利用染色体上一个 QTL。两侧的一对标记,建立个体数量性状测量值对双侧标记基因型指示变量的线性回归关系。若回归关系显著,则表明该 QTL 存在,并能估计出该 QTL 的位置和效应。QTL 的基因型需根据其相邻双侧标记的基因型加以推测。这就涉及利用概率分布和正态分布的极大似然函数估计两标记间存在 QTL 的可能性和效应大小。回归模型的适合性检验通常采用似然比检验法,即存在 QTL 的概率对不存在 QTL 的概率之比(其对数为 LOD 值)。

9.5.2　产量性状基因定位及杂种优势的遗传基础分析

目前已有许多利用分子标记和连锁图谱作重要性状 QTL 定位和遗传研究的报道。我们将以产量性状的杂种优势遗传基础研究为内容介绍数量性状基因的定位和遗传分析。

在玉米中,Stuber 等(1992)利用一个优良玉米单交种(Mo17×B73)衍生的 F_3 分别与双亲回交得到相应的两个回交群体,通过 76 个遗传标记对这两个群体进行产量性状的 QTL 定位,并分析了单个 QTL 效应。在与 B73 回交的群体中,检测到 6 个 QTL 影响籽粒产量,这 6 个 QTL 共解释约 60% 产量表型变异;在与 M017 回交的群体中,存在 8 个产量性状 QTL,它们共解释近 60% 的产量表型变异。而且发现上述绝大多数 QTL(除 1 个例外),其杂合子表型值均高于任何纯合子。他们因此认为,这些 QTL 及其上的超显性是产生杂种优势的主要遗传基础。

在水稻中,Xiao 等(1995)利用一个籼粳杂交组合的重组自交系 F_7 分别与双亲杂交,得到相应的两个回交群体,用 141 个分子标记对许多重要农艺性状 QTL 进行了分析,并对籼粳杂种优势的遗传基础进行了研究。在两个回交群体中共检测到 37 个 QTL 影响 12 个重要农艺性状,其中 27 个只在一个回交群体中被检测到,表明这些 QTL 位点上的杂合子与一种纯合子有显著的差异,与另一个纯合子差异不显著;在这 27 个 QTL 中约 82% QTL 的杂合子比各自的纯合子具有更高的表型值,即这些位点表现为完全显性。另有 10 个 QTL 能在两个回交群体中同时被检测到,其杂合子表型介于两纯合子之间。因此他们认为显性效应是该组合优势的主要遗传基础。

Yu 等(1997)选用我国目前产量优势强、适应性广、推广面积最大、使用时限较长的一个籼型杂交稻组合"汕优 63"为材料,定位产量和重要农艺性状的 QTL,考查基因间的相互作用效应,深入分析了这些基因效应对杂种优势形成的影响。该研究用 151 个多型性分子标记位点构建覆盖整个水稻基因组的连锁图,并对"汕优 63"的 240 个 $F_{2:3}$ 家系按随机区组设计进行田间种植,连续两年考察包括产量及其构成因子在内的 12 个重要农艺性状。以此为基础作 QTL 分析,共定位了 32 个控制产量和产量构成性状(有效穗、单株粒重和千粒重)的 QTL,其中 12 个 QTL 在两年中均被检测到,而另外 20 个 QTL 只在一年里被发现。大多数产量 QTL 表现出超显性效应,而其他性状只有部分 QTL 表现为超显性。重要的是,检测到大量的上位性效应(基因间互作)影响产量性状。这些上位性效应涉及大量的标记位点,分布遍及水稻的 12 条染色体,其中多数位点在作单位点分析时未检测到显著效应。它们所涉及的基因位点数量也远大于由单位点分析所检测到的 QTL。值得指出的是,大多数 QTL 均与至少一个其他位点显著互作,由单位点分析检测到的其上的显性或超显性的表现受制于与其互作的位点上的基因型。此外,该群体中基因杂合性与性状表现相关性较低,表明基因型杂合程度对杂种优势的形成贡献较小。由此提出,上位性效应是性状表现和杂种优势形成的重要遗传基础,杂种优势的遗传基础较之基于单基因理论的显性和超显性假说要复杂得多。

在产量性状基因定位的研究中,我们发现,研究多用遗传设计中的环境控制手段。例如,采用具有重复观察的随机区组试验、多年多点试验来降低环境误差,提高检测效率,永久性分离遗传群体(如 RIL)就显得有一定优势。针对暂时性分离群体(如 F_2),也往往采用 F。家系的平均值代表相应的 F_2 单株表型值,以提高表型观察的准确性。

随着水稻、玉米、油菜、棉花等农作物的遗传图谱日渐饱和,针对所有育种目标性状,如抗病性、抗逆性、品质、产量等都有 QTL 定位的报道。许多结果对我们认识数量性状的遗传及其改良很有意义。

第10章　分子标记辅助育种

10.1　作物育种的基本环节

纵观农业生产发展历史,优良品种的应用在提高农作物产量方面做出了巨大贡献。培育更多、更优的作物新品种将是现代农业生产的需求。遗传变异的发掘、有利基因的重组、目标基因型的选择是作物育种的基础。随着分子标记技术的发展,分子标记技术被广泛应用于优异种质的鉴定、确定育种亲本间的亲缘关系、转移目标基因、筛选重组基因型、判定品种的真假等所有的育种环节。

作物新品种的选育和推广是农业生产持续稳定发展的重要技术保证之一,在农业生产中发挥重要的作用。作物育种总是按照预先制定的育种目标,采用相应的育种策略、方法和程序,利用作物的变异与重组,从中选择出适应当地自然栽培条件,符合社会主产和生活需要,在遗传组成上相对稳定一致的作物新品种。近一二十年来,随着基因组学的发展,分子标记技术被广泛应用于优异种质的鉴定、品种间亲缘关系的确定、重组个体的筛选等育种过程,使传统的作物育种发生深刻的变化。

10.1.1　遗传变异的发现与创造

植物育种包括两方面的重要工作,首先是确定育种材料中是否存在有用的遗传变异,或者通过杂交、回交和自交等方法创造新的遗传变异;然后采用有效的方法从大量变异群体中选择出优良的重组类型。遗传变异是选择的基础,选择是稳定变异、择优汰劣的手段。

发现或创造含有比现有良种在一个或多个性状上更优良的变异个体的育种群体,是育种的基本工作。从作物育种的发展史看,作物育种所取得的突破性进展在于发现和利用了优良的遗传变异。如20世纪60年代开始在小麦和水稻上兴起的一场"绿色革命",很大程度上依赖于矮秆变异材料的发现和利用。野败雄性不育的自然变异株的发现开创了水稻杂种优势利用的光辉篇章。而油菜杂种优势的广泛利用,则得益于波里马雄性不育变异株的发现和研究。

当然,育种工作是建立在大量可资利用的遗传资源基础上进行的。对遗传资源或种质资源的评价筛选十分重要。一方面,自然界存在大量丰富的遗传变异有待人们发现和利用,另一方面,仅仅依赖于自然变异的发现和利用还不能完全满足农业生产不断发展的要求,人们还需要通过不同的方法或手段去创造变异。将不同的遗传变异材料作杂交,希望遗传物质的交换重组,产生新的变异,是变异创造的一个常用手段。不过,在育种上,创造变异还有多种方式,如人工诱变、组织培养等技术。人工诱变所创造的变异个体一般为个别位点等位基因的突变,虽然变异频率不高,但容易稳定。人工诱变的技术包括物理因素和化学因素两大方面。单一利用诱变方法育成的品种不很多,我国许多育种家采用诱变因素处理杂种群体的方法,虽然难以说清究竟是诱变因素的作用,还是杂交重组的作用,但的确育成了不少新品种。通过花药或花粉培养产生单倍体,经染色体加倍为双单倍体,既可通过杂交得到重组型,又可避免冗长的分离过程,是杂交育种的新方法。

10.1.2　广泛杂交和遗传重组

自然界存在的大量遗传性变异为作物育种提供了丰富的选择材料。较早的育种是从自然变异群体中选拔个别优良的变异个体或优良变异个体的集团,通过试验,繁育成为一个新品种。进一步的方法是不限于仅仅利用自然变异的群体,而是通过杂交及其产生的遗传重组创造具有大量遗传变异的杂种群体。杂种群体的变异方向可以由选配亲本加以控制。从分离的杂种群体中选育家系或集团,经试验、繁殖为新品种。经改良的新品种可以作为下一轮育种计划的亲本。许多育种的目标性状常常存在于不同的遗传材料中,因此,需要根据遗传物质的交换重组,应用杂交等方式将目标性状基因转移累积在同一个体中。杂交育种的亲本可以为 2 个、3 个或许多个,通过各种交配方式,包括单交、三交、复交、互交、回交等创造杂种群体。杂交育种常伴随有较长的分离过程,重组类型繁多,育种时间较长,工作量较大。需要提出的是,这里所讲的主要为细胞核基因的重组与变异。广义而言,遗传物质的重组还包括细胞质中遗传物质与细胞核中遗传物质的相互作用。

当有限的亲本不能满足需要时,育种工作者便把注意力放在引进新的种质,扩大亲本范围上。亲本扩大的范围不应只限于同种的遗传资源,还可发展到异种、异属等远缘的种质。研究表明,通过近缘(或野生)种质的杂交导入外源遗传物质,是扩大遗传变异的一条重要途径。但是在远缘杂交过程中有两个问题需要解决:第一,在外源染色体上存在作物改良有利的基因同时也存在着大量的对作物改良不利的基因,这就需要准确有效的鉴定方法。第二,栽培作物都是经过千百万年的漫长岁月进化而来的,外源(野生)染色体导入栽培作物后,存在着遗传平衡问题。近年来绘制的小麦族 RFLP 连锁图揭示,尽管小麦族的不同种间(如小麦、大麦、黑麦等)的染色体都存在着部分同源关系,但是各染色体组中,染色体的重组情况是不完全相同的。小麦/黑麦 1B/1R 代换(易位)系之所以能在全世界小麦育种中广泛地利用,其主要原因应归功于黑麦染色体 1R 上所携带的抗病基因,更可能归功于被代换的小麦染色体 1B 与黑麦染色体 1R 的高度部分同源,因而在其代换易位系中达到遗传平衡。小麦—黑麦 1B/1R 的成功利用,极大地鼓舞了利用远缘杂交进行外源基因转移的工作,迄今为止,全世界共育成小麦的异源附加、代换、易位系多个,然而绝大多数未能有效地得到利用。因此,利用分子标记进行检测,选育出具有外源目标性状基因,尽可能不带或少带不利基因、遗传达到平衡的新种质,这对现代作物改良尤为重要。

10.1.3　遗传变异的有效定向选择

新品种培育过程不仅是一个创造变异,更重要的是一个选择变异的过程。即通过天然杂交、自然突变或人工诱变、人工杂交等方式创造遗传变异,然后在具有遗传变异的群体中进行理想个体的选择。在作物育种中,对变异的选择和鉴定是影响作物育种成效的重要因素之一。选择通常是选优去劣,其最终目的是选择的生物体性状符合人们的育种目标。这种育种目标是随着社会的发展,农业生产的进步而不断变化的。由于目标性状的表现形式和方式不同,选择的策略和可靠性会不同。

传统的育种方法主要根据植株的表现型进行选择评价。一些直接表现的性状可直接测量,但另一些没有直接表现的性状,或者是受环境影响较大的性状,只能根据性状的相关性原理作间接选择。总体而言,传统选择是基于表型的选择,这种基于表型的选择方法存在许多缺点,效率较低。要提高选择的效率,最理想的方法应是能够直接对基因型进行选择。分子标记技术的出现为实现对基因型的直接选择提供了可能,因此,可以预期对育种目标性状的基因型选择将更准确可靠。

要使选择更加有效,必须将遗传重组的方式与杂种后代选择方法综合考虑,就产生了不同的育种途径和方法。育种途径和方法的优劣,通常是以育种的遗传进度来衡量的。以产量为例,通过一个育种周期,新品种比原有良种的遗传改进称为育种进度,若按该周期所需的年数进行平均,称为年育种进度或年遗传进度,它衡量了一个育种计划的相对效果。据对一些作物近 50 年来不同时期育成的品种在同一栽培条件下比较试验的结果,如果没有突破性的进展,年进度平均约为 0.5%～1% 左右。年育种进度是育种计划所采用的育种途径、方法、技术的综合效应。常规品种和杂种品种的育种进度都是以其本身有关育种性状的遗传改进体现的,但杂种品种亲本的育种进度则主要与该性状配合力的遗传改进有关。不论何种类型品种的选育,各种育种途径(包括自然变异的选育、杂交重组、人工诱变,乃至遗传工程等)均可加以应用。当然,近 50 年来各种作物所采用的主要途径是杂交重组,即杂交育种。

每一条育种途径都发展了其相应的一系列育种方法,尤其是杂交育种。由于对杂交育种研究最多,围绕性状的直接改进和性状配合力的改进提出了许多可供选用的方法,如各种亲本组配方法、杂种后代选择处理方法、轮回选择方法等。一种育种方法的实施必须有多种育种技术的支持,如创造或诱发遗传变异的技术(包括生物技术)、在田间或实验室鉴定性状的技术、田间试验设计、试验资料的处理分析技术、种子或杂种生产技术等。从提高育种成效出发,育种家总是选取认为最佳的途径、方法、技术,组合起来形成各自的育种计划。当一些育种工作者不满足于已有的计划时,便考虑途径、技术的革新,因而提出育种策略上的改进。

"育种策略"一词没有明确定义,育种工作者一般把它理解为在人力、物力消耗较少的情况下,为获得最佳的年育种进展而选取育种途径、方法与技术时的策略性考虑。例如,一些育种工作者鉴于育种周期长而提出近、远期育种目标兼顾的育种计划;通过冬繁或其他加代方法以缩短育种周期提高年育种进度的育种计划;杂交育种中提高符合育种目标的重组型出现概率的亲本组配方案;考虑当地自然、栽培环境与基因型互作的多点试验计划等。目前,农作物的产量仍然是主要目标,最终鉴定育种材料高产、稳产性能的基本方法仍然是田间比较试验,因而注重田间试验技术,保证试验准确性与精确性仍然是最基本的育种策略。但随着生物技术,特别是分子标记技术的发展和应用,针对不同的育种目标,已经发展了许多新的育种策略。

10.2　分子标记辅助选择的原理

10.2.1　概述

选择是育种中最重要的环节之一。如前所述,选择是指在一个群体中选择符合目的要求的基因型。利用易于鉴定的遗传标记来辅助选择是提高选择效率和降低育种盲目性的常用手段,但在常规育种过程中基本上还是应用形态学标记。把与目标基因连锁的、易于识别的性状作为标记,对目标性状进行相关选择。这种选择方法对质量性状而言一般是有效的。如大麦中抗秆锈病的基因与抗散黑穗病的基因是紧密连锁的,因此,只要选抗秆锈病的优良单株,也就同时选得了抗散黑穗病的大麦材料,从而提高了选择效率。又如,水稻中有一种具有紫色叶片的标记性状的恢复系,其紫叶标记基因与恢复基因是共分离的。根据紫叶性状的有无在出苗后就可鉴别出真假杂种。它可以在杂交种秧苗期根据绿叶性状将不育株拔除,大大节省了种植成本。

自 1923 年 Sax 首次利用遗传标记——菜豆种皮颜色来选择种子大小这一性状以来,育种学家试图通过各种遗传标记对目标性状进行准确选择。早期的育种实践大都基于外部形态标记,如株高、穗形、粒色、芽黄和花色素等进行的。这些标记在育种工作中曾起过重要的作用,如番茄中与抗烟草花叶病毒(Tobacco Mosaic Virus,TMV)基因连锁的苗期无花色素标记。但由于形态标记数量有限,特别是一些形态标记常常与不良性状相连锁,极大地限制了其利用范畴。以染色体数目和结构为基础的细胞学标记,在小麦、大麦、水稻、棉花、番茄等作物的基因定位、连锁图谱的构建、染色体操纵以及外源基因导入的鉴定中起到了重要作用。但由于这类标记来源困难以及难以观察与鉴定大大限制了它的应用。生化标记也即同工酶标记,曾在玉米、番茄、野燕麦、大豆中用来筛选数量性状位点(quantitative trait loci,QTL)。Stuber 等(1986)用同工酶在玉米中证实了标记辅助选择的有效性。然而,虽然同工酶标记没有表现型的有害性,但它的数目太少而限制了它的应用。

随着遗传学的发展,分子标记为实现对基因型的直接选择提供了可能,因为分子标记的基因型是可以识别的。如果目标基因与某个分子标记紧密连锁,那么通过对分子标记基因型的检测,就能获知目标基因的基因型。因此,能够借助分子标记对目标性状的基因型进行选择,这就是所谓的"分子标记辅助选择"(marker-assisted selection,MAS)。

广义上来说,分子标记辅助选择不仅包括利用分子标记进行优异种质的鉴定筛选(自交系)、亲本间的亲缘关系分析,遗传多样性的保持和利用,而且包括利用分子标记选择、转移聚合目标基因等育种的其他诸多环节,如植物系统发育关系分析、品种注册、专利保护、体细胞杂种鉴定、新品种权保护等。因此,分子标记辅助选择也常称为分子标记辅助育种或分子育种。当然分子育种还应该包括:利用基因工程等手段所进行的育种。可以说,分子标记技术辅助选择育种,不仅涉及到通过饱和分子遗传图对重要农艺性状基因进行定位和追踪,对目标性状进行有效遗传操纵;而且可以根据目标性状遗传组成的深入了解,利用分子标记分析与目的基因紧密连锁的基因型,辅助回交选择,辅助系谱选择乃至全基因组选择,从而减轻连锁累赘,聚合有利基因,加快育种进程,提高选择效率。

10.2.2　分子标记辅助选择的遗传基础

利用分子标记对目标性状的基因型进行选择主要是通过检测与目的基因紧密连锁的分子标记的基因型,以此推测目标基因的基因型。如果标记与目标基因共分离,对标记的选择就是对基因的选择。

如图 10-1 所示,假设某标记基因座(等位基因为 M/m)与目标基因座(等位基因 Q/q)连锁,重组率为 r。双亲的基因型分别为 MM/QQ、mm/qq,F_1 的基因型为 MQ/mq。由于 M 与 Q 连锁,因而在后代中可通过 M 来选择在 Q。在 F_2 分离群体中,通过标记基因型 MM 选择目标基因型 QQ 的概率为 $(1-r)^2$,选择杂合基因型 Qq 的概率为 $2r(1-r)$,选择隐性纯合基因型 qq 的概率为 r^2,上。若利用分子标记进行选择,分离群体的个体应有 MM、Mm、mm 3 种标记类型。在 MM 群体中大多数个体由于连锁应带有目标基因 Q,其中目标基因型 QQ 的正确概率为 $(1-r)^2$。根据这一公式可知,分子标记辅助选择正确率与标记和目标基因间重组率成反比的关系,重组率越小,正确率越高。

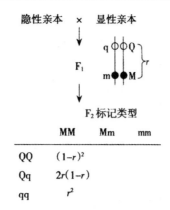

图 10-1　分子标记辅助选择的遗传基础

根据利用标记基因型 MM 选择目标基因型 QQ 的正确率为 $(1-r)^2$ 的计算公式,理论上,若要选择正确率在 95% 以上,则标记基因与目标基因间的重组率不能超过 0.025;当重组率超过 0.1 时,选择正确率下降到 80% 以下。若标记与目标基因连锁松弛,尽管选择的正确率不高,但如果并不要求所有中选单株正确,而只要求中选单株中有一株具有目标基因型的话,那么这种选择仍然很有意义。假设获得一株目标基因型的概率为 P,必须选择标记基因型 MM 的最少单株数(n)为

$$n = \frac{\lg(1-P)}{\lg(1-p)}$$

式中,$p = (1-r)^2$。

图 10-2 列出了当选择 P 为 99% 时,F_2 群体中至少应选株数与标记和目标基因间重组率之间的关系。从图可见看出,当重组率高达 0.3 时,也只需选择 7 株基因型 MM 的单株,就有 99% 把握保证其中 1 株为目标基因型。但如果不采用标记辅助选择(相当于标记与目标基因间无连锁,重组率为 0.5),则至少需要选择 16 株,才能有 99% 把握保证其中 1 株为目标基因型。

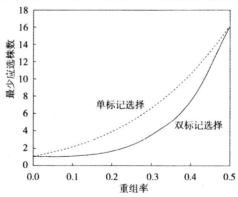

图 10-2　F_2 群体重至少应选株数与标记与目标基因间重组率之间的关系

如果用相邻两侧标记对目标基因进行选择,选择正确率将大大提高。假设有两个标记基因座(M_1/m_1 和 M_2/m_2)各位于目标基因座位(Q/q)的一侧,与目标基因间的重组率分别为 r_1 和 r_2,两标记间的图距为 r_{12},F_1 的基因型为 M_1QM_2/m_1qm_2。那么,F_1 产生标记基因型为 M_1M_2 的配子有两种类型,一种包含目标等位基因(M_1QM_2)的亲本型,另一种包含非目标等位基因(M_1qM_2)的双交换型。由于双交换发生的概率非常低,因此双交换型配子的比例很少,绝大部分应

是亲本型配子。所以,在后代中通过同时跟踪 M_1 和 M_2 来选择目标等位基因 Q,正确率必然大大提高。在单交换间无干扰的情况下,在 F_2 代通过标记基因型 M_1M_2/M_1M_2 来选择目标基因型 Q/Q 的概率 P 与 r 的关系为

$$P = \frac{(1-r_1)^2(1-r_2)^2}{[(1-r_1)(1-r_2)+r_1r_2]} = \frac{(1-r_1)^2(1-r_2)^2}{(1-r_{12})^2}$$

r_1、r_2 均高达 20%,P 值仍可达 88.5%。

当两标记间的图距固定,$r_1 = r_2$(亦即目标基因正好位于两标记之间的中点)这种最坏的情形下,此时选择正确率为最低。图 10-3 列出分子标记辅助选择正确率与标记与目标基因的重组率 r 的关系。双标记选择的正确率确实要比单标记选择高得多。而且,在实际情况中,单交换间总是相互干扰,这使得双交换的概率更小,因而实际上双标记选择正确率要高于理论估计值。潘海军等(2003)在水稻 MAS(Xa23)中,用单标记 RpdH5 和 RpdS1184 选择的准确率分别为91.10% 和 87.13%,而同时使用这两个标记 MAS 准确率上升到 99.0%,可见双标记选择效率比单标记高。

前面所述的是对目标基因进行跟踪选择(前景选择)的情况。分子标记辅助选择还可对基因组中的其他部分(即遗传背景)进行选择,即为背景选择。与前景选择不同,背景选择的对象几乎包括整个基因组。在分离群体(如 F_2 群体)中,由于亲本在形成配子时同源染色体之间可能发生交换,因此子代的两条染色体可能是由双亲染色体重新"组装"成的杂合体。若要对整个基因组进行选择,就必须知道每条染色体的组成,用覆盖全基因组的标记来选择,这就必需建立在完整的分子标记连锁图谱基础上。

利用覆盖全基因组的所有标记的基因型来推测个体中各标记座上等位基因的亲本来源,即可推测个体中所有染色体的组成。以一条染色体为例,如果相邻两个标记座上的等位基因来自不同的亲本,说明两标记间的染色体区段发生了单交换(或奇数次交换);如果两标记座位上的等位基因来自同一亲本,则可近似地认为两标记间的染色体区段也来自该亲本,该区段上可能发生双交换(或偶数次交换)。事实上,多次交换发生的概率往往很低。这样,根据相邻两标记的基因型,就可推测出标记间的染色体区段的来源和组成。将这一原理推广到所有相邻标记,就可推测出一个反映全基因组组成状况的连续的基因型。将这种连续的基因型用图形直观地表示出来,称为图示基因型(graphic genotype)(Young 等,1989)。已有专门的计算机软件来绘制图示基因型。

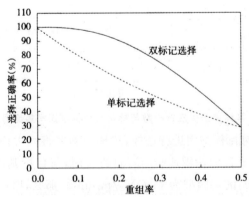

图 10-3　分子标记辅助选择正确率及标记与目标基因的重组率的关系

　　根据图示基因型可同时对目标基因进行前景选择和背景选择。目标基因的选择首要考虑的是对象,以保证目标基因不丢失,然后再对中选个体进行背景选择。背景选择则是为了加快遗传背景恢复成轮回亲本基因组的速度(称为回复率),以缩短育种年限。研究表明,背景选择的这种作用非常显著。例如,针对番茄基因组进行的计算机模拟研究显示(Young 等,1989),如果每一回交世代产生 30 个植株,那么,用分子标记对整个基因组进行选择,只需 3 代即可完全恢复成轮回亲本的基因型,而采用传统的回交育种方法则需要 6 代以上,具体可见图 10-4 所示。

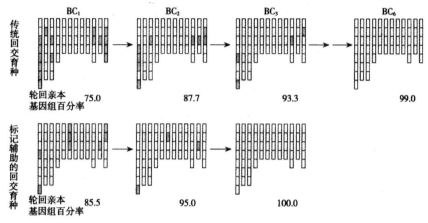

图 10-4　分子标记辅助选择以提高回复率

10.2.3　分子标记辅助选择优越性

　　利用传统的选择方法,成功地培育了大量的品种。但是,在传统育种过程中,主要凭借育种经验依据表型对后代进行选择,无法对目标基因的基因型进行直接选择。因此,选择效率和准确性较低。而利用分子标记可从 DNA 水平上直接鉴定个体的基因型,避免了表型推测基因型不准确等缺点。无论是对质量性状还是连续变异的数量性状,利用分子标记辅助选择可显著提高选择效率和准确性,加快育种进程。具体而言,分子标记辅助选择有以下优越性。

　　(1)克服性状表型鉴定的困难

　　有些性状,如地下部(根系)、抗病虫、耐逆等性状的表型鉴定技术难度大、程序繁琐、鉴定费用高,难以大规模进行。同时,低世代因育种材料较少,不允许做重复鉴定。另外,在回交转育的前期,一些受隐性等位基因控制的有利表型无法进行鉴定,只能通过后代分离出的隐性纯合个体,才能确定表型。而利用标记直接选择目标基因型,则可以有效地克服性状表型鉴定的困难。

　　(2)生长发育早期选择

　　可在生长发育早期进行选择,有些性状不仅需要特定的生长环境,还要在个体发育到一定阶段才能表现,如抽穗开花耐热性、耐冷性、抗病性、经济产量、品质等性状只能在个体发育后期才能进行鉴定评价,用传统的选择方法很难准确选择,且效率低。利用分子标记进行基因型鉴定,可以在早期对幼苗(甚至对种子)进行检测和选择。特别是对多年生的作物或生长周期较长的果树或经济林木的选育,如果在早期利用分子标记鉴定基因型,可以将更多的群体纳入研究选择的对象之中,从而可以对其施加更大强度的选择压力。因此,利用分子标记选择技术可以减少田间种植群体的大小,节约人力、物力和财力,大大减少工作量,加快育种进程。

（3）控制同一性状的多个（等位）基因的利用

在植物中,存在同一性状（如抗病、抗虫、株高、粒重等）受多个基因控制的现象。此外,在同一位点上也存在不同（复）等位基因,根据性状表型很难区分不同等位基因。例如,水稻中已知抗白叶枯病的基因就有 20 多个。通常用多个不同生理小种接种鉴定,非常繁琐,且当一个品种中存在多个抗病基因时,利用抗性表现来判断其基因型很不准确。因此,利用分子标记对基因型的直接选择,不仅可以鉴定一个个体携带哪些基因,还可以快速、准确地将控制同一性状的多个基因进行聚合。目前已有报道指出。利用分子标记辅助选择,进行不同抗病基因的聚合（累积）和多系品种的培育,可以提高品种抗病广谱性和持久性水平。

（4）允许同时选择多个性状

在育种实践中,对于目标性状（产量、品质、抗病性、抗虫性等）往往需要综合考虑。在常规育种中,虽然可以在不同世代对所有目标性状同时选择,但是由于各性状间可能存在一定相互作用,在对某一目标性状做鉴定时,容易受到其他性状的影响。而应用分子标记可以同时对多个性状进行筛选,并且不受环境和表型鉴定的影响。

（5）性状评价和选择不具有破坏性

有一些性状在直接利用表型进行评价时,对植株具有一定的破坏性,严重的可导致无法收获到种子,甚至植株死亡。例如,对植株进行生物胁迫（病、虫等）以及非生物胁迫（低温、干旱、盐碱等）抗（耐）性的鉴定时,对植株生长影响很大,导致收获到的后代种子减少,甚至收获不到种子。另外,对种子品质性状的分析,往往以损伤种子的生活力为代价。而利用分子标记技术只需少量组织或叶片,植株还可继续生长至成熟,以便育种工作者同时对该育种群体进行其他性状的选择。在育种项目的初期,育种材料较少,非常珍贵,进行非破坏性鉴定评价尤为重要,而利用分子标记技术则可部分克服这些困难。

（6）可提高回交育种效率

将一个目标基因从一个亲本转移到另一个亲本中,传统方法是通过 5～10 代的回交转育来完成的。在每个回交世代中,不仅要选择被转移的等位基因的表型,还要选择轮回亲本的其他性状的表型。利用分子标记技术,不仅可以直接选择目标基因,而且可以进行背景选择,缩短回交转育的周期。另外,从野生祖先种中发掘和利用有利基因已经成为当前遗传资源研究的热点。但是这些野生种质往往在农艺性状、生长习性等方面表现较差。如果通过传统的回交转育的方法,将野生种的优良基因导入到栽培种中同时,也将与其紧密连锁的不利基因一起导入,这种现象称为连锁累赘（linkage drag）。Young 和 Tanksley（1989）研究认为,利用传统回交方法将一个野生种的优良基因转移到栽培品种中,回交 20 代以上还有可能带有 100 个以上的其他非期望基因。利用分子标记可以允许选择出那些含有重组染色体（打破了连锁累赘）的个体,从而帮助减小不需要的染色体片段,可提高育种效率至少 10 倍以上。如果已经将目标基因精细定位,则利用目标基因左、右两侧 1cM 之内的标记,只需 2 个世代就能从分离群体中找到携带目标基因且供体染色体片段最小的个体,可将连锁累赘减轻到较小的程度,而传统的选择方法可能平均需要 100 代才能完成,具体可见图 10-5 所示。

10.2.4　分子标记辅助选择的条件

分子标记辅助选择主要是根据标记基因型,推断性状的目标基因存在与否,从而选择含目标基因的个体。分子标记技术应该具备以下基本条件,才能很好地应用于辅助选择育种。

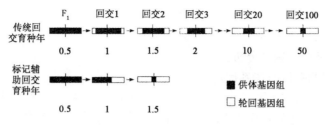

图 10-5　计算机模拟分子标记辅助选择显著消除连锁累赘

(引自 Tanksley et al.,1989,并作修改)

1. 尽量饱和的分子标记图谱

分子标记连锁图谱也称为框架图谱,因为真正的基因将定位在这个图谱上,而且比较不同种质及材料的染色体组成时也以此为基础。因此,在进行基因定位时,需要构建将分子标记以线性形式排列起来的标记连锁图谱。显然,只有建立相对饱和的连锁图谱,才能进行基因的精确定位。在水稻、玉米、小麦、大麦、番茄、马铃薯等多数作物上都建立了相当饱和的遗传图谱。但一些作物还需要在此方面做更多的工作。

2. 与目标基因紧密连锁的分子标记

分子标记辅助选择的重要前提是建立目标基因(质量性状和数量性状位点)与分子标记之间的连锁关系。分子标记辅助选择的可靠程度取决于目标性状基因座与标记座之间的重组率,二者之间的遗传距离越近越好。作为辅助选择的分子标记应是与目标性状基因间的遗传距离共分离或紧密连锁的(一般应小于 5cM),才能有效用于分子标记辅助选择。如果目标基因的两侧均能找到与之连锁的标记,则可进一步提高选择的可靠性。根据数量遗传学原理,在 15～20cM 距离内发生染色体双交换概率非常低。因此,如果将目标基因定位于 15～20cM 的两个分子标记间,这两个标记则可用于育种实践。如果目标基因的定位还不太精确,可利用 3 个以上分子标记来保证目标基因位于标记位点之间。或者,进一步对目标基因进行精确定位(通过扩大作图群体、选用其他群体、采用更多的探针、内切酶及引物等),以使目标基因两侧都有标记,并且距离在15cM 之内。

3. 简便快捷的分子标记检测方法

分子标记辅助选择往往要求对育种群体进行大规模检测。检测方法的简单、快速、成本低、准确性好是必要的。最好检测过程(包括 DNA 的提取、分子标记检测、数据分析等)能实现自动化。同时,检测技术应在不同实验室或研究者间应有很高的重复性,最好有一套能准确处理大量数据的计算机分析软件。常用的分子标记中,以限制性内核酸切酶而获得的标记(如 RFLP等),检测步骤多,周期长,成本高,自动化程度不易提高。而以聚合酶链式反应(PCR)为基础获得的标记(如 SSR、STS、SCAR、CAPS),检测步骤相对简单,自动化程度较高,在分子标记辅助选择中会有很大的发展潜力。

降低分子标记辅助选择的成本,还可从以下几个实验环节加以考虑。

(1)样品 DNA 的提取

采用微量提取法,如采用少量组织或半粒种子,不需液氮处理的 DNA 提取技术,且在提取过程中不使用特殊化学药品,降低提取缓冲液成本。有报道,采用 NaOH 溶液处理水稻、小麦的叶片,其上清液可直接用于 PCR 扩增。该方法若在农作物中得到普遍应用,将大大降低 DNA 提取成本,便于大规模的基因型分析。

(2)快速 PCR 检测手段与体系优化

当同时筛选到 2 个或以上与目标性状连锁的分子标记,如果扩增产物具有不同长度且引物复性温度相匹配时,可考虑在同一 PCR 条件下同时反应,这种多重 PCR 法的应用可显著地降低选择成本和筛选时间。同时,减少 PCR 反应体积,将反应体积从 $25\mu L$ 减到 $15\mu L$ 甚至 $10\mu L$,可降低大规模群体筛选的总试剂用量,大大地降低分析的费用。

(3)扩增产物检测的优化

同一琼脂糖凝胶或聚丙烯酰胺可多次电泳载样,不会造成样品间的互相干扰;或者是在同一泳道上多次点样(也称为多重点样),提高凝胶的使用效率。若 PCR 扩增产物仅一种,甚至可不经电泳,直接在反应管中加入溴化乙锭,在紫外灯下观察扩增产物的有无来进行鉴定。这就大大降低了标记辅助选择的成本,有利于在育种中大规模使用。该方法在中国春小麦 PhlA 基因的 SCAR 标记筛选中已有成功尝试。

10.2.5　分子标记辅助选择效率的影响因素

大量的理论和实践研究表明,影响分子标记辅助选择效率的因素非常复杂,主要包括分子标记与目标基因或数量性状位点的遗传距离、性状的遗传力、分子标记的数目和效应、群体的大小及性质等。

1. 选用的分子标记数目

理论上分子标记数越多,从中筛选出对目标性状有显著效应的标记的几率就越大,因而应有利于分子标记辅助选择。事实上,分子标记辅助选择效率随标记数增加先增后减。分子标记辅助选择效率主要取决于对目标性状有显著效应的标记,因而选择时所用标记数并非越多越好。对主基因,用分别位于主基因两侧的两个分子标记同时选择可提高选择效率。对于数量性状位点,当少数数量性状位点可解释大部分变异的情况下,分子标记辅助选择的效率更高。事实上,在数量性状位点作图时检测到的数量性状位点数目要比实际的数量性状位点数目要少,如果数量性状位点数目太多(如多于 20),就不能假定选定的数量性状位点之间是独立的,两个连锁的数量性状位点会导致检测到位于它们之间的一个"幻像数量性状位点",而这会降低分子标记辅助选择的效率。对在选择时引入多少个分子标记的问题,一般认为存在一个最佳数目,这与性状的遗传力有关。Gimelfarb 等(1994)发现,用 6 个标记进行选择的效率高于 3 个标记选择的效率。但用 12 个标记选择的效率在低世代时反而降低,在高世代时增幅很小。

2. 群体大小

群体大小是制约分子标记辅助选择选择效率的重要因素之一。一般来说,分子标记辅助选择的相对效率随群体增大而提高,对数量性状的选择尤其如此,但在群体小于 200 时分子标记辅助选择仍然有效。首先,研究群体的大小决定了检测到的数量性状位点数目、效应大小等。当群体较小时,可能低估数量性状位点效应,而且效应较小的数量性状位点可能检测不到。其次,由于所用群体太小,基因间存在的互作很少被检测出。实际上,数量性状位点之间是存在大量的基因互作(上位性)的。如果低估了未被检测到的数量性状位点以及它们的上位性效应,会严重影响(或降低)分子标记辅助选择的效率。

3. 分子标记与目标基因或数量性状位点的遗传距离

标记与目标基因或数量性状位点的遗传距离是影响选择效应的主要因素。由前面的内容可知,分子标记辅助选择的效率主要取决于标记与目标基因的连锁程度。标记与目标基因连锁得愈紧密,依据标记进行目标基因选择的可靠性就愈高。若只用一个标记对目标基因进行选择,则标记与目标基因连锁必须非常紧密,才能达到较高正确率。若标记与目标基因连锁松散时,则可通过利用目标基因两侧相邻的标记进行跟踪选择,这可大大提高选择的效率。当标记与目标基因连锁紧密时,两侧标记选择的优点就明显下降。

4. 性状的遗传力

性状的遗传力较大地影响分子标记辅助选择的效率。一般而言,遗传力越高的性状,根据表现型选择的准确性越高,此时分子标记提供的信息量就较少,则分子标记辅助选择效率降低。而对遗传力低的性状,传统的选择方式往往效率不高。分子标记辅助选择似乎更有利于低遗传力性状的选择。但遗传力低的性状,其数量性状位点的检测能力和定位准确性又会降低。Moreau等(1998)认为,在群体大小有限的情况下,低遗传力的性状的选择效率相对较高,但存在一个最适遗传力范围,在此限之下选择效率就会降低。在遗传力为 0.1～0.2 时,虽然选择效率很高,但出现负面试验效应的频率也较大(数量性状位点检测能力下降等)。因此,利用分子标记辅助选择技术所选的性状的遗传力在中度(0.3～0.4)会最好。

10.3 分子标记辅助选择的策略

分子标记辅助选择的核心是将常规育种中表型的评价、选择转换为分子标记基因型的鉴定、选择,选择效果除了受分子标记与目标性状之间连锁程度的影响外,还与目标性状的性质即质量性状和数量性状有关。尽管质量性状和数量性状分子标记选择的原理是一致的,但不同的应用环境其采取的策略也有所不同。

10.3.1 质量性状选择

传统的表型选择方法对质量性状而言多数是有效的,因为质量性状通常受一个或几个主效基因控制,不易受环境的影响,一般具有显隐性。但对许多重要的农艺性状,如抗病性、抗虫性、条件育性等性状通过表型进行选择往往受到一定的限制,如在以下三种情况,采用标记辅助选择可提高选择效率:

①当表型的测量在技术上难度较大或费用太高时。

②当表型只能在个体发育后期才能测量,但为了加快育种进程或减少后期工作量,希望在个体发育早期就进行选择时。

③除目标基因外,还需要对基因组的其他部分(即遗传背景)进行选择时。

此外有些质量性状不仅受主基因控制,而且还受一些微效基因的修饰作用,易受环境的影响,表现出类似数量性状的连续变异(如植物抗病性)。这类性状的遗传表现介于典型的质量性状和典型的数量性状之间,所以有时又称之为质量－数量性状。而育种习惯上把它们作为质量性状来对待。这类性状的表型往往不能很好地反映其基因型,如果仍按传统育种方法,依据表型对其进行选择,效率很低。因此,分子标记辅助选择对这类性状就特别有用。

质量性状标记辅助选择的基本方法主要有前景选择和背景选择。对目标基因的选择称为前景选择,这是标记辅助选择的主要方面。前景选择的可靠性主要取决于标记与目标基因间连锁的紧密程度。若只用一个标记对目标基因进行选择,则要求标记与目标基因间的连锁必须非常紧密才能够达到较高的正确率。若要求选择正确率达到 90% 以上,则标记与目标基因间的重组率必须不大于 5%。当重组率超过 10% 时,选择正确率已降到 80% 以下。如果不要求中选的所有单株都是正确的,而只要求在选中的植株中至少有一株是具有目标基因型的,那么,即使标记与目标基因只是松弛地连锁的,也会对选择有较大帮助。即使重组率高达 30%,也只需选择 7 株具有标记基因型的植株,就有 99% 的把握能保证其中有 1 株为目标基因型;而如果不用标记辅助选择(相当于标记与目标基因间无连锁,重组率为 0.5),则至少需选择 16 株。

同时用两侧相邻的两个标记对目标基因进行跟踪选择,可大大提高选择的正确率。需要指出的是,在实际情况中,单交换间一般总是存在相互干扰的,这使得双交换的概率更小,因而双标记选择的正确率要比理论期望值更高。

对基因组中除了目标基因之外的其他部分(即遗传背景)的选择,称为背景选择。与前景选择不同的是,背景选择的对象几乎包括了整个基因组,因此,这就要求有一张完整的分子标记连锁图。使人们对每一个体的基因组成情况一目了然。孟金陵等(1996)认为,通过分子标记辅助选择技术,借助饱和的分子标记连锁图,对各选择单株进行整个基因组的组成分析,进而可以选出带有多个目标性状而且遗传背景良好的理想个体。

由于目标基因是选择的首要对象,因此一般应首先进行前景选择,以保证不丢失目标基因,然后再对中选的个体进一步进行背景选择,以加快育种进程。

10.3.2 数量性状选择

作物育种的目标性状(如产量、品质等)多为数量性状,因此,对数量性状的遗传操纵能力决定了作物育种的效率。数量性状的表型与基因型之间往往缺乏明显的对应关系,表型不仅受生物体内部遗传背景的影响,还受外界环境的影响。理论上来说,运用分子标记辅助选择,育种者可以在不同发育阶段、不同环境直接根据个体基因型进行选择,既可以选择到单个主效 QTL,也可以选择到所有与性状有关的微效基因位点,从而避开环境因素和基因间互作带来的影响。

对质量性状适用的分子标记辅助选择方法也适用于数量性状的选择,然而数量性状的选择要比质量性状复杂得多,数量性状一般会涉及多个 QTL,每个 QTL 对目标性状的贡献率不一样,性质也会有差异。因此,首先要确定最佳的技术路线,将各个 QTL 分类排列,在充分考虑各个 QTL 之间互作的基础上,画出图示基因型,然后根据图示基因型决选试材。在比较复杂的情况下,先针对少数主效 QTL 实施选择更容易在短期内取得较为理想的效果。目前,QTL 定位的基础研究还不能完全满足育种的需要,这是因为多数 QTL 还停留在初级定位,只有少数 QTL 被精细定位和克隆。另外,上位性效应也可能影响选择的效果,使选育结果不符合预期的目标。不同数量性状间还可能存在着遗传相关,对一个性状选择的同时还要考虑对其他性状的影响。

数量性状的选择通常采用表型值选择、标记值选择、指数选择和基因型选择几种方法。表型值选择是传统育种的选择方法,标记值选择和指数选择都是依据个体的基因型值中的加性效应分量,而非个体的基因型本身,所以表型值选择、标记值选择及指数选择都不是所期望的标记辅助选择方法,并没有做到对基因型的直接选择。所以更有效的方法应该像质量性状的标记辅助选择一样,利用其两侧相邻的标记或单个紧密连锁标记的基因型进行选择(基因型选择)。

目前,在育种实践中,数量性状的分子标记辅助选择应以针对单个性状遗传改良的回交育种计划为重点,理论和操作上相对比较简单,因为这只涉及将有关有利的 QTL 基因从供体亲本转移到受体亲本的过程。在选育策略上,针对育种的目标性状,选择拥有多个有利基因的材料作为供体亲本,而以改良的优良品种作为受体亲本,在选育过程中,可以在回交一代对目标性状进行定位,然后以该定位指导各世代中的个体选择,这样 QTL 定位和分子标记辅助选择就能够有机结合起来。Tanksley 和 Nelson(1996)提出高代回交 QTL 分析的策略,通过回交 2 代或 3 代,建立一套受体亲本的近等基因系,其遗传背景来自受体亲本,其中某个染色体片段来自供体亲本。通过分子标记分析,借助饱和的分子标记连锁图谱,可以确定各个近等基因系所拥有的供体亲本染色体片段。这样可以对有关的 QTL 进行精细定位,根据精细定位的结果可以提高标记选择的可靠性。在这些近等基因系中,有些优良的改良品系有可能直接被应用于生产实践。而且,不同近等基因系的进一步杂交选择,聚合有利基因,可能培育出新的优良品系。

数量性状的标记辅助选择技术还可以应用于同时改良多个品种的更为复杂的育种计划。这可以通过三个阶段来完成。第一阶段,针对育种目标,通过双列杂交或 DNA 指纹等方法,从优良的品种中选出彼此间在目标性状上表现为最大遗传互补的亲本系。第二阶段,将中选的亲本系与测交系杂交,建立一个作图群体和分子标记连锁图,并进行田间试验,定位目标性状的 QTL,同时,将中选的亲本互相杂交,建立一个较大的 F_2 代育种群体,然后根据 QTL 的定位结果,在 F_2 代育种群体中进行大规模的分子标记辅助选择,选出目标染色体上彼此互补的有利基因纯合的个体,目标个体自交建立 F_3 代株系。第三阶段,在标记辅助选择得到的 F_3 代株系的基础上,进一步应用常规育种方法培育出新的品系。

影响数量性状分子标记辅助选择的因素很多,关键是 QTL 定位的基础研究,包括分子标记与目标性状连锁程度、不同等位基因的遗传效应以及不同 QTL 之间的互作关系。因此对数量性状的选择难度要比质量性状大得多,尤其是对多个 QTL 进行选择。

10.3.3　分子设计育种

传统育种过程中,育种家潜意识地利用设计的方法组配亲本、估计后代的种植规模、选择优良后代。Peleman 等(2003)首先提出了"设计育种"的概念,他认为以作物分子标记技术及生物信息学分析技术为支撑,作物分子育种的发展可分为三步:

①大量农艺性状的 QTL 定位。

②数量性状位点的等位性变异评价。

③依据计算机模拟及分子标记辅助选择开展设计育种。

作物分子设计是以分子设计的理论为指导,通过运用各种生物信息和基因操作技术,从基因到整体的不同层次对目标性状设计与操作,实现优良基因的最佳配置,培育出综合性状优良的新品种。通过分子设计育种策略,育种家可以对育种程序中的各种因素进行模拟筛选和优化,提出最佳的亲本选择和后代选择策略,大大提高育种效率,实现从传统的"经验育种"到定向的"精确育种"的转变。

在开展作物分子设计育种研究的同时,分子设计育种的内涵进一步明确,分子设计育种技术体系初步建立起来。概括来说,首先,分子设计育种的前提就是发掘控制育种性状的基因,明确不同基因的表型效应、基因与基因及基因与环境之间的相互作用;其次,在 QTL 定位和各种遗传研究的基础上,利用已经鉴定出的各种重要育种性状基因的信息,包括基因在染色体上的位置、遗传效应、基因间的互作、基因与背景亲本及环境之间的互作等,模拟预测各种可能基因型的表型,从中选择符合特定育种目标的理想基因型;最后,分析达到目标基因型的途径,制定生产品种的育种方案,利用设计育种方案开展育种工作,培育优良品种。

近年来,主要作物的基因组学研究,特别是水稻、玉米、高粱、小麦基因组学研究取得了巨大成就,基因定位和 QTL 作图研究为分子设计育种奠定了良好基础,计算机技术在作物遗传育种领域的广泛应用为分子设计育种提供了有效的手段。

10.3.4 基因聚合

作物的有些农艺性状的表达呈基因累加作用,即集中到某一品种中同效基因越多,则性状表达越充分。基因聚合(gene pyramiding)就是利用分子标记技术,通过杂交、回交、复合杂交等手段将分散在不同供体亲本中的有利基因聚合到同一个品种中。为了提高基因聚合育种效率,最好以一个优良品种为共同杂交亲本,以便在基因聚合的同时,也使优良品种在抗性上得到改良,既可直接应用于生产,又可作为多个抗病基因的供体亲本,用于育种,具体可见图 10-6 所示。在进行基因聚合时,一般只考虑目标基因,即只进行前景选择而不进行背景选择。

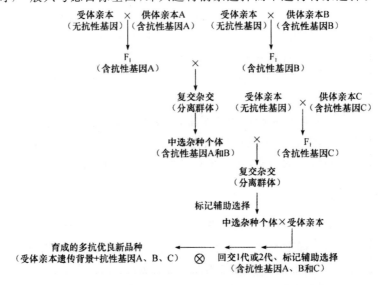

图 10-6 标记辅助基因聚合与品种改良相结合的技术
(引自方宣钧等,2001)

基因聚合在作物抗病育种上的应用最为成功,植物抗病性分为垂直抗性和水平抗性两种,其中垂直抗性受主基因控制,抗性强,效应明显,易于利用。但垂直抗性一般具有小种特异性,所以易因致病菌优势小种的变化而丧失抗性。如果能将抵抗不同生理小种的抗病基因聚合到一个品种中,那么该品种就具有抵抗多种生理小种的能力,亦即具有多抗性,不容易丧失抗性。多抗性还可指一个品种具有抵抗多种病害的能力,这同样也涉及聚合不同抗性基因的问题。传统的表型鉴定和分小种接种鉴定对试验条件和技术要求较高,难以准确、快速选择具有两个以上抗性基因的个体。借助分子标记技术,可以首先寻找抗病基因的连锁标记,通过检测与不同基因型连锁的标记来判断个体是否含有某一基因,这样不但可以通过多次杂交或回交将不同抗性基因聚合在一个材料中,而且避免了对不同抗性基因分别做人工接种鉴定的困难,是培育广谱持久抗性的有效途径之一。

10.3.5　基因转移

所谓基因转移(gene transfer)也称为基因渗入(gene transgression)是指将供体亲本(一般为地方品种、特异种质或育种中间材料等)中的优良基因(即目标基因)渗入到受体亲本遗传背景中,从而达到改良受体亲本个别性状的目的。育种过程中采用分子标记技术与回交育种相结合的方法,可以快速地将与分子标记连锁的基因转移到另一个品种中,在这一过程中可同时进行前景选择和背景选择。

通过与目标基因紧密连锁的标记做前景选择,跟踪供体基因是否转移到后代,同时利用染色体上均匀分布的分子标记做基因组背景选择,使目标等位基因在回交过程中处于杂合状态,而其他位点的基因型与轮回亲本相同。从回交一代中选择出一些染色体纯合而目标基因是杂合的个体,进行再次回交(可以回交多次)。对在以前世代中已检测是纯合的染色体可少用或不用标记进行检测。前景选择的作用是保证从每一个回交世代中选出来作为下一轮回交亲本的个体都包含目标基因,而背景选择则是为了加快遗传背景回复成轮回亲本基因组的速度,以缩短育种年限。理论研究表明,背景选择的这种作用是十分显著的。Tanksley 等(1989)研究表明,在一个个体数目为 100 的群体中,以 100 个 RFLP 标记辅助选择,只要三代就可使后代的基因型回复到轮回亲本的 99.2%,而随机选择则需要 7 代才能达到这个效果。背景选择的另外一个重要作用是,可以避免或减轻连锁累赘(linkage drag)这个长期困扰作物育种的难题。连锁累赘是指由于目标基因与其他不利基因间的连锁,使回交育种在导入有利基因的同时也带入了不利基因,常常造成性状改良后的新品种与预期目标不一致。传统回交育种难以消除连锁累赘的主要原因是无法鉴别目标基因附近所发生的遗传重组,因而只能靠碰巧来选择消除了连锁累赘的个体。利用高密度的分子标记连锁图就能够直接选择到在目标基因附近发生了重组的个体。理论上,若目标基因的片段在 2cM 的标记区间内,通过连续两个世代,每轮对 300 个个体进行分子标记分析,即可达到目的基因被转移,其他供体染色体片段被排除的目的。然后对这些回交个体进行自交,就可以得到目标株系。在整个分析过程中还可以用图示基因型方法监测基因组的变化,指导后代株系的自交或与轮回亲本的杂交。另外,由于可进行早期(如苗期)的分子标记分析,可以大量减少每个世代植株的种植数量。当然,应用分子标记消除连锁累赘的一个重要前提是必须对目标性状进行精细定位,找到与目标基因紧密连锁的分子标记。

图 10-7 所示为在定位一个有用的主基因时,杂交亲本之一最好为一个已推广应用的优良品种,这样,在定位目标主基因的同时,即可应用标记辅助选择,使原优良品种得到改良。

可见虽然利用分子标记对背景选择效率很高,但在育种实践中,应将育种家丰富的选择经验与标记辅助选择相结合,依据个体表型进行背景选择的传统方法仍不应抛弃。此外,基因定位研究与育种应用脱节是限制分子标记辅助选择技术应用到育种中的一个主要原因。大部分研究的最初目的都只是为了定位目的基因,在实验材料选择上只考虑研究的方便,而没有考虑与育种材料的结合,致使大部分研究只停留在基因定位上,未能应用到育种实践中。为了使基因定位研究成果尽快服务于育种,应注意基因定位群体与育种群体相结合。对于质量性状,其标记辅助选择的理论和技术都已比较成熟,今后研究的重点更应是实际应用。

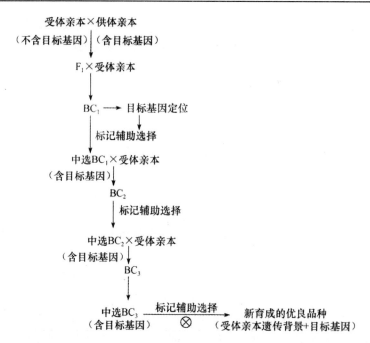

图 10-7　目标基因的定位与标记辅助回交育种相结合的技术路线,
受体亲本应为符合育种目标的优良品种(引自方宣钧等,2001)

10.3.6　全基因组选择

MAS 在应用中存在的一个问题是,在构成表型性状的所有变异中,分子标记辅助选择只捕获其中很有限的一部分变异,即主效基因所带来的那部分变异,而小效应累加起来所带来的变异却被忽视了。为了捕获构成表型的所有遗传变异,其中的一个途径就是在基因组水平上检测影响目标性状的所有 QTL,并对其利用,这就是全基因组选择(Genomic Selection,GS)。

GS 首先利用测试群体"training population"中具有基因型和表现型的个体,基因型结合表型性状以及系谱信息,建立数学模型,再把候选群体里的基因型数据代人数学模型中,产生基因组育种值估计值(Genomic Estimated Breeding Value,GEBV)。这些 GEBV 与控制表型的基因功能无任何关系,但却是理想的选择标准。模拟研究表明,只依赖个体基因型的 GEBV 十分准确,并且已在奶牛、小鼠、玉米、大麦中得到证实。随着基因型检测成本的下降,GS 使个体的选择远远早于育种周期,将会成为动植物育种的一次革命。

全基因组选择简单来讲就是全基因组范围内的标记辅助选择。具体来说,就是利用覆盖整个基因组的标记(主要指 SNP 标记)将染色体分成若干个片段,即每相邻的两个标记就是一个染色体片段,然后通过标记基因型结合表性状以及系谱信息分别估计每个染色体片段的效应,最后利用个体所携带的标记信息对其未知的表型信息进行预测,即将个体携带的各染色体片段的效应累加起来,进而估计基因组育种值并进行选择。

全基因组选择主要利用的是连锁不平衡信息,即假设每个标记与其相邻的 QTL 处于连锁不平衡状态,因而利用标记估计的染色体片段效应在不同世代中是相同的。由此可见,标记的密度必须足够高,以确保控制目标性状的所有的 QTL 与标记处于连锁不平衡状态。随着水稻、玉米、大豆等作物基因组测序及 SNP 图谱的完成,确保了有足够高的标记密度,而且由于大规模高通量的 SNP 检测技术也相继建立和应用（如 SNP 芯片技术等），SNP 分型的成本明显降低，因此使全基因组选择方法的应用成为可能。

基因组研究产生了一系列新的工具，如功能分子标记、生物信息学，能为育种提供高效和正确的统计和遗传信息，所有重要农艺性状基因的等位性、遗传机制、调控网络的解析，为全基因组选择提供了巨大的潜力。在全基因组层次建立性状与标记的关联性，进一步通过全基因组选择，以实现功能基因组研究与育种实践的有效结合。分子标记辅助选择育种将逐步进入全基因组选择育种时代，实现全基因组设计育种和选择。

10.4　分子标记辅助选择技术在育种上的应用

随着各种作物连锁图谱的日趋饱和以及与各种作物重要性状连锁标记的发现，分子标记辅助选择开始成功应用于育种实践，特别应用于抗病等质量性状育种中。

10.4.1　质量性状的分子标记辅助选择

分子标记辅助选择技术的应用之一通过回交育种，将供体材料中的优良基因转移到目标材料中，以达到改良个别性状的目的。在这一过程中，需同时进行前景选择和背景选择。水稻抗白叶枯病基因 Xa21 的渗入试验是一个成功例子。

水稻白叶枯病是一种重要的细菌性病害，对水稻生产危害非常严重。近年来，由于病原菌不断分化产生新的致病生理小种，许多推广的抗病品种逐渐失去抗性。提高品种的广谱持久抗性成为水稻育种的重要目标之一。目前已经鉴定并命名的水稻抗白叶枯病基因约 23 个（Xa1～Xa25），最近又报道了新的抗性基因如 Xa22(t)、Xa23(t)、Xa24(t)。下面我们介绍利用分子标记辅助选择将广谱高抗白叶枯病基因 Xa21 导入到优良恢复系"明恢 63"，以提高其广谱抗性的研究。

1977 年，印度科学家 Devadath 等在非洲马里的长药野生稻中发现了白叶枯病抗性 Xa21 基因。Khush 等用长药野生稻与栽培品种"IR24"杂交，回交育成以"IR24"为背景的籼稻近等基因系"IRBB21"。用来自不同国家的 29 种白叶枯病菌株接种鉴定，发现"IRBB21"具有广谱高抗的特点。1990 年，Khush 等将该抗性基因命名为 Xa21，并成功地将其克隆出来。

如图 10-8 所示，Chen 等（2000）利用分子标记辅助选择将"IRBB21"中抗病基因 Xa21 导入到优良恢复系"明恢 63"，期望在不改变"明恢 63"的配合力和重要农艺性状的前提下，增强其对白叶枯病的抗性。他们首先建立了"IRBB21"/"明恢 63"的 F_2 群体（200 个单株），进行基因定位，确定 Xa21 位于第 11 号染色体上，并构建了第 11 号染色体遗传连锁图。根据克隆基因的测序结果，设计了 21、248 两个引物做标记，它们与 Xa21 共分离。与 Xa21 共分离的 21 和 248 标记可用来对分离群体作正向选择，直接判断目的基因 Xa21 存在与否。同时，在 Xa21 两侧还找到两个紧密连锁的分子标记 C189 和 AB9，它们与目标基因的距离分别为 0.8 cM 和 3.8cM，可用来选择标记 C189（或 AB9）与基因间的重组情况做背景选择，从而保证所转移的包含目标基因的外源片段小于 3.8cM。

如图 10-9 所示利用"明恢 63"做轮回亲本，分别构建 BC_1F_1、BC_2F_1、BC_3F_1 群体。通过分析 21、248 及接种鉴定从 BC_1F_1 中选择出 49 株含有目标基因的单株，其中一株与 AB9 发生了交换。将该单株与"明恢 63"做进一步回交得 BC_2F_1，同样，在 180 个含有目标基因的 BC_2F_1 单株中，找

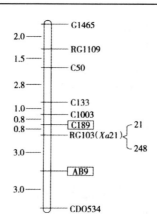

图 10-8 水稻 11 号染色体 Xa21 附近的连锁图(21、248 为 Xa21 基因
内的两个标记,C189、AB9 为 Xa21 基因两侧的标记)(引自 Chen 等,2000)

到一株与 C189 侧发生交换的单株,该单株应该含有包括目标基因在内的小于 3.8cM 的
"IRBB21"染色体片段。进一步回交得到 BC$_3$F$_1$。此时,选用水稻 11 号染色体上分布比较均匀、最大间距不超过 30cM,亲本间呈多态的 128 个 RFLP 标记,对 250 株 BC$_3$F$_1$ 做背景筛选,发现 2 株除目标基因位点(RG103)附近区域外,其他位点上的基因型均与"明恢 63"相同。用菲律宾菌系 6(代表生理小种 PX099)接种鉴定,它们的抗性反应与"IRBB21"一样,病斑平均小于 3.0cm,即表现为高度的抗病性。将这两株 BC$_3$F$_1$ 自交,获得 Xa21 纯合其他位点基因型(背景)与"明恢 63"完全一致的株系。用多个菌系对它们分别进行接种鉴定,与"IRBB21"一样,具有对白叶枯病的广谱抗性。因此将它们命名为"改良版""明恢 63"(Xa21)。

利用分子标记进行辅助选择时,该研究提出了两点有价值的策略。首先是在选择目标基因与两侧标记的重组类型时,对于两个世代分别选择一侧重组单株的策略。即在 BC$_1$F$_1$ 筛选基因一侧(AB9)具交换的单株,在 BC$_2$F$_1$ 中筛选基因另一侧(C189)具交换的单株。这种策略可避免为在一个世代获得双交换类型筛选工作量过大的问题。理论上,如果目标基因两侧 1cM 处各有 1 个标记,两侧标记同时发生交换的概率为$(0.01)^2$,也就是说,需对 10000 个个体进行筛选才可能获得 1 株双交换(含目标基因)的单株,这种分析规模是难以达到的。而采用每个回交世代只对目标基因与单侧标记进行筛选,只需分析 50 个单株就可获得 1 株目标基因与单侧标记发生交换的植株。在下一回交世代中,只需分析 100 个单株就可获得 1 株目标基因与另一侧标记发生交换的植株。该策略似乎在世代进程上延迟了一代,但大大降低了分析样本单株数。

另一个是选择分子标记辅助选择遗传背景的合适世代。从回交进程来说,轮回亲本的基因组比例会逐渐升高,即世代越高,后代遗传背景越趋同于轮回亲本。但这里的"背景"还应包括目标基因两侧的供体染色体长度。从理论上讲,针对 一个位点,在 BC$_1$F$_1$ 中,预期单株与轮回亲本基因型相同的概率为 50%,在 BC$_2$F$_1$ 群体中为 75%,在 BC$_3$F$_1$ 中为 87.5%。也就是说,目标基因与邻近标记发生单侧交换的频率在 BC$_1$F$_1$ 中比其他世代高,若从此时开始实施背景选择,应该可以提高分子标记辅助选择的选择效率。

10.4.2 数量性状的分子标记辅助选择

作物育种目标的大多数重要性状都是数量性状,因此,从这个意义上讲,对数量性状的遗传操纵能力决定了作物育种的效率。目前对数量性状标记辅助选择的研究虽然主要局限在理论上，然而数量性状的分子标记辅助选择一开始就建立在计算机模拟理论的基础上，为数量性状分子标记辅助选择的成功应用开创了良好的开端。一个典型的例子是对自玉米杂交优势的遗传改良试验。

杂种优势是指两个遗传组成不同的亲本杂交产生 F_1 具有比亲本生活力、生长势、适应性、抗逆性和丰产性等表现更强的现象。从 20 世纪中叶以来，利用杂种优势实现品种改良、改善产品品质、提高作物产量已成为粮食生产的一条主要途径。玉米是杂种优势利用最早，并在世界范围内推广应用最有成效的作物之一。研究表明，控制产量的数量性状位点分布在基因组所有染色体上，存在于不同自交系材料中。若将这些产量数量性状位点转移或累聚于同一优良的自交系材料中，可能将进一步提高杂种的产量水平。为此，育种学家们设计了一系列实验。此节就介绍 Stuber(1994)实验室在此方面的探索。

如图 10-9 所示，研究分两步进行。第一步是对控制玉米产量杂种优势的数量性状位点进行定位。以 B73 和 Mo17 自交系为亲本、构建的 F_3 群体(共 264 个)，用于做分子标记分析。B73 和 Mo17 是两个优良的骨干系，分属不同的优势种质群，利用这两个种质群的自交系杂交，可产生较强的杂种优势。同时将 F3 株系分别与双亲回交，建立两个回交群体，在 6 种不同环境下测定玉米田间的产量。他们一共分析了 76 个标记(67 个 RFLP 标记，9 个同工酶标记)，结合表型数据，定位了产量 QTL。在 B73 回交群体，发现了 6 个影响子粒产量的数量性状位点；而在 Mo17 回交群体中，发现了 8 个影响子粒产量数量性状位点。除其中 1 个数量性状位点外，其他均表现为超显性，即对产量杂种优势起正相作用，我们称之为增产数量性状位点，未发现与环境互作的数量性状位点。

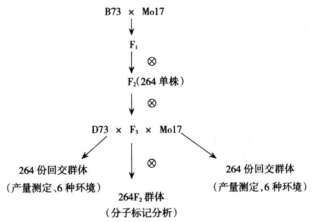

图 10-9　玉米产量性状基因的定位实验(引自 Stuber 等,1994)

同时用另外两个优良自交系(Tx303 和 Oh43)为亲本构建 F_3 群体(共 216 个)，然后分别与 B73 和 Mo17 测交，得到两个测交群体。同样，在 6 种环境下进行产量试验。结合分子标记数据，定位产量数量性状位点。结果发现，Tx303 和 Oh43 中各存在 6 个增产数量性状位点，图 10-10 标出了 Tx303 中增产数量性状位点在染色体上的位置。

在此基础上，他们设计利用分子标记辅助选择分别将 Tx303 和 Oh43 中的 6 个数量性状位点转入到 B73 和 M017 中，可以提高 B73×M017 的产量潜力。下面介绍将 Tx303 中的 6 个数量性状位点转入到 B73 中的具体方案，如图 10-11 所示。首先，将 B73 和 Tx303 杂交，然后与 B73 连续回交 3 代，再连续自交 2 代，得到 BC_3S_2。从 BC_2 群体开始，对群体单株进行分子标记分析,利用目标区段(基因)邻近的分子标记做前景选择,选择出具有供体 Tx303 基因型的目标区段,而其他基因组与受体基因型相同的单株,然后回交得 BC₃。在背景选择中,每一条染色体臂至少使用一个标记。随后的回交和自交后代均采用分子标记辅助跟踪目标单株,保证其目标区段来源于供体,而其他遗传背景与受体亲本一致。若某一株系在某标记位点上已经纯合,则对该株系衍生的下一代株系不再分析该位点的基因型,以降低了实验室内分子标记分析的规模和成本。最后,从回交 3 代的自交 2 代(BC₃S₂)群体中筛选出增产基因来源于 Tx303 的 141 个改良的 B73 株系,并与原始的 Mo17 测交。采用同样的技术路线将 Oh43 中有利基因向 Mo17 转移,获得 116 个改良的 Mo17 株系,并与原始的 B73 测交。

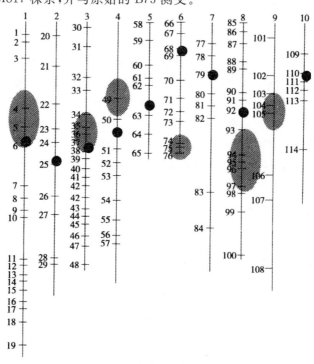

图 10-10 Tx303 中增产数量性状位点在玉米染色体上的位置

(阴影部分表示数量性状位点,其贡献力的大小与阴影位置面积成正比)

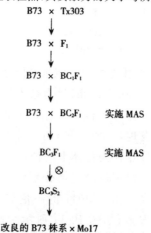

图 10-11 将 Tx303 中增产数量性状位点转移至 B73 中的育种方案

以 B73×Mo17 组合做对照,对这些测交后代进行产量分析。结果表明,在 141 个改良的 B73×Mo17 测交后代中,45 个(32%)比对照增产至少一个标准差,15 个(11%)比对照减产,如图 10-12 所示。在 116 个改良的 Mo17×B73 测交后代系中,51 个(44%)比对照增产至少 1 个标准差,仅 1 个(9%)比对照减产(结果未列出);以改良 B73×改良的 Mo17 组合进行连续两年的产量试验,发现其中部分组合比 B73×Mo17 组合至少增产 2 个标准差以上(结果未列出)。这一试验证实了应用分子标记辅助选择对产量这类复杂性状进行遗传改良是有效的。

不过,该试验并没有发现将所有增产基因从供体亲本同时转移到受体亲本中的事例。究其原因,可能与回交群体规模太小有关。同时,并不是含有利基因越多的改良亲本,其组配的杂种的增产优势越明显。导入有利基因时,若导入片段过大,可能同时导入了紧密连锁的不利基因,这些片段的导入将增加基因间的相互作用,产生负向(抵消)效应,从而导致达不到预期的效果。

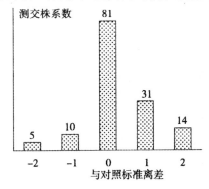

图 10-12　改良的 B73 与 Mo17 测交组合的产量表现

10.4.3　分子标记辅助抗性基因的累加或聚合

分子标记辅助选择技术的应用之一,即将分散在不同种质中的有用基因聚合到声一个基因组中。在进行基因聚合时,通常只关注目标基因,即只进行前景选择,暂不考虑遗传茵景。小麦抗白粉病基因的聚合试验是一个成功的例子。

小麦白粉病是世界性病害,近年来在我国各麦区常有发生和流行,已成为我国小麦生产的绛一大病害。培育和推广抗病品种被公认为是防治小麦白粉病最经济、安全、有效的途径。目前,对我国小麦白粉病有效的抗性基因主要有 Pm4、Pm12、Pm13、Pm16、Pm20、Pm21。由于、麦白粉病菌具有群体大、适应范围广、生理小种变异快等特点,具有单一抗病基因的品种容易丧失抗性。因此,培育多个抗白粉病基因聚合的小麦品种,是提高其抗病广谱性、持久性的有效途径之一。传统的表现型鉴定和分小种接种鉴定对试验条件和技术要求较高,难以准确、快速选择具有 2 个以上抗性基因的个体。借助分子标记技术,可以首先寻找抗病基因的连锁标记,通过植测与不同基因型连锁的标记来判断个体是否含有某一基因,这样不但可以通过多次杂交或回交后不同抗性基因聚合在一个材料中,而且避免了对不同抗性基因分别做人工接种鉴定的困难,是培育广谱持久抗性的有效途径之一。

第11章　植物的进化和系统发育

11.1　植物进化的证据与方式

地球上的生命史已有 30 多亿年。当今地球生物圈的各种生境中生活的 30 多万种植物、100 多万种动物以及各种菌类、原核生物等,都是在这个漫长的历史长河中,由原始的生命形式逐渐演化而来的。19 世纪,达尔文(Darwin,1809—1882)根据他的亲身考察并仔细分析所获得的各种证据,总结了在他以前的一些学者的观点,划时代地创立了科学的进化学说,深刻地阐明了生物的物种不是神创的,也不是一成不变的,而是在遗传变异的基础上通过自然选择和各种隔离方式,在适应环境变化的过程中,不能适应的被淘汰,能适应的被保存,从而产生了一些与其自身不同的新的种类。这个过程自地球上的生命出现以后就一直不断地进行着。旧的不适应的种类不断地绝灭,新的能适应的种类向前发展,形成了一条永不中断的历史长河。生物的这种发展变化过程就是进化或演化(evolution)的过程。今天地球上生存的各种生物只不过是几十亿年来生物进化的一个阶段和结果。今后仍然会有一些种类绝灭,新的种类又会不断地产生,使生命的发展不断地向前推进。

11.1.1　植物进化的证据

1. 化石证据

生物学上的主要证据是化石,是生物进化最可靠的证据之一。化石是地层中的古代生物的遗体、遗迹或遗物。由于火山爆发、泥石流、野火焚烧、洪水破坏,古代地球上生活着的植物大量死亡。这些植物的残体在腐烂之前,或者被泥沙掩埋,或者被火山灰、岩浆吞没,经过漫长的地质作用后,这些泥沙、岩浆变成了岩石,而其中的植物残体则变成了化石。植物化石通常分为印痕化石(impressions)和矿化化石(petrifections)两类。印痕化石是植物残体在形成化石过程中被分解掉,最后仅留下植物的印模。矿化化石是植物残体尚未被分解时即被水中的硅质、钙质或铁质渗入,形成了硅化、钙化或铁化矿石,如硅化木。许多从前的物种现在已经不存在、灭绝了,也就是说,生物界的组成并不是从古到今一成不变的。许多种类在化石记录中显示了随着地理时间的推移而逐渐发生变化的趋势,有时在两个类群之间还可以发现处于过渡形态的化石。而种子蕨化石则证明了种子植物和蕨类植物在进化上有着密切的亲缘关系。各个主要生物类群在化石记录中并不是同时出现的,而是有先有后,很有顺序,而且这个顺序与从现存生物的比较得到的顺序相符。在越早形成的地层里,成为化石的生物越简单、越低等;在越晚形成的地层里,成为化石的生物越复杂、越高等。如在元古代主要是单细胞绿藻,在古生代,藻类最繁盛,志留纪出现了最早的陆生裸蕨类,泥盆纪陆生植物中相继出现了裸蕨和木本蕨,这是植物演化中的一个重要历程,到古生代末期,出现了原始的裸子植物。中生代是裸子植物时代,裸子植物达到了全盛时期,在白垩纪后期,被子植物大量出现。新生代是出现现代类型植物时期,古代裸子植物已基本绝灭,代之而起的是被子植物。化石记录所展示的从"低级"到"高级"的顺序,是生物进化的一个有力证据。化石证实了现代的各种生物是经过漫长的地质年代逐渐进化面来的;揭示了生物由简单到复杂、由低等到高等、由水生到陆生的进化顺序。

2. 植物栽培的证据

植物栽培已经有了几千年的历史,人们由此已经知道同一物种的形态往往有着极大的差别。这些形态是可以被改变的,通过精心的选择,可以得到新的品种。如月季有 10000 多个品种,郁金香有 8000 多个品种,水仙有 3000 多个品种,唐菖蒲有 25000 多个品种,梅花有 300 多个品种,牡丹有 800 多个品种,荷花有 332 个品种,菊花有 3000 多个品种。这种经"人工选择"而获得的品种,其彼此之间的差别,有时比野外物种之间的差别还要大。尤其是近些年来,我国植物学工作者利用我国自行研制的"神舟六号""神舟七号"宇宙飞船搭载植物种子进行太空辐射诱变育种,培育出各式各样的"太空辣椒""太空茄子"等,更提供了"生物是可变的"感性而直观的材料。

3. 个体发育中重演现象的证据

植物的个体发育(ontogeny)是指任一植物个体,从其生命活动的某一阶段开始(如孢子、合子、种子等),经过一系列的生长、发育、分化、成熟(包括形态上、生理上以及生殖等),直到重又出现开始阶段的全过程。个体发育的全过程也称生活周期(1ife cycle)或生活史(1ife history)。植物的系统发育(phylogeny)是指某种、某个类群或整个植物界的形成、发展、进化的全过程。个体发育和系统发育是植物进化中两个密不可分的过程。个体发育是系统发育的环节,同时,又可反映或重演系统发育过程中的某些特征。如有些真核藻类、苔藓、蕨类和裸子植物中的苏铁、银杏等,其个体发育中均产生具有鞭毛的游动细胞,这表明它们在系统发育中可能有一定的亲缘关系。再根据运动细胞鞭毛的类型和生长位置来推测各类植物亲缘关系的远近。如绿藻类自由生活的游动个体或产生的孢子和配子的鞭毛都是顶生,多为 2 条(也有 4 条、8 条或多条)而等长,尾鞭型;而苔藓的精子也具 2 条等长近顶生的尾鞭型鞭毛,蕨类的精子也为 2 条(或多条)等长顶生,尾鞭型的鞭毛。故推测苔藓和蕨类可能是由绿藻类演化而来的。而褐藻中虽然也产生具 2 条鞭毛的游动孢子或精子,但它们的鞭毛都是侧生不等长的,而且是 1 条为尾鞭型,1 条为茸鞭型,故认为褐藻不可能是苔藓和蕨类植物的祖先。由于红藻个体发育中不产生具鞭毛的细胞,所以,它们和高等植物也不在同一条进化路线上。

4. 比较解剖学的证据

利用比较学方法研究多种植物的器官,常常发现它们具有基本相似的构造。例如,高等的蕨类植物和种子植物都具有维管结构。在不同种类的生物体上,有些位置相当的器官,尽管在外形和功能上有很大差异,但其内部构造却基本一致,并在胚胎发育过程中,具有相似的起源,这些器官叫做同源器官,如图 11-1 所示,说明这些生物是从共同的祖先发展而来。正常的根、茎、叶与变态的根、茎、叶等植物的同源器官也是植物适应不同环境和功能进化而成的。与此相反,有些植物器官虽然外形相似,功能相同,但其内部构造和来源却不同,例如,葡萄的茎卷须和豌豆的叶卷须,这些器官叫做同功器官。说明这些生物并非由同一祖先发展而来,只是由于它们的某些器官适应相同的环境,用于相同的功能,因而在发展中趋同一致,形成了相似的形态。

比较解剖学还使人们认识到许多生物体都有一些退化了的器官,在发育中退化失去功能,只

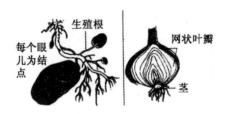

图 11-1　同源器官

留残迹,是长期适应新生活环境的结果,它们是生物进化的令人信服的证据。比如,仙人掌刺就是叶的痕迹器官,它就是仙人掌的叶适应干旱的环境,经过长期的进化形成的,这种刺状叶更有利于仙人掌在干旱的沙漠减少水分的蒸腾,保持旺盛的生命力。又如,荸荠球茎节上着上生的鳞片是退化的叶,小麦等禾本科植物的花被退化为内稃和浆片。

5. 植物地理分布的证据

地球上不同的地区有不同的植物区系,这种地理分布的特点,是达尔文论证其边化理论的重要依据之一。例如,地球上的某些地区不仅有更新世的生物区系,而且可以残存第三纪、中生代甚至古生代的区系遗族,这种空间上的地理分布有时可作为时间上的进化过程的重要证据。如在湖北利川谋道溪发现的水杉就是我国珍贵的子遗植物,曾在中生代白垩纪及新生代广布于北美、中国、日本及俄罗斯,第四纪冰川之后,几乎全部绝灭,现仅分布于湖北利川、四川石柱和湖南西北部。再如,鹅掌楸属自白垩纪至第三纪广布于北半球,现仅存 2 种,分布在我国和北美。这也说明欧亚大陆和美洲大陆在历史上曾经相连,以后分开了,鹅掌楸才各自适应不同的环境发育成现在的鹅掌楸和北美鹅掌楸。

6. 细胞遗传学的证据

生物的进化是由于遗传系统的变异在时空上表现出来的生命现象。在细胞水平上具体体现在染色体的变化上。原核生物没有染色体,仅有环状 DNA 分子,也没有组蛋白与之结合,DNA分子是原核生物的遗传信息载体。真核生物才形成染色体,染色体是真核生物遗传信息(基因)的载体,不同种的生物其细胞染色体的数目、核型是不同的。染色体的数目在种和属上常有特异性。染色体数目的增减变化对物种进化有重要意义,如有些新种的产生就是通过异源多倍体或同源多倍体的方式形成的。染色体组型(核型)指体细胞分裂中期染色体的数目、大小、形态、排列和带型等特征的总和,在鉴别不同物种和各物种间亲缘关系的远近上是重要的科学依据。不同的物种各有其特定的染色体组型,染色体组型在很大程度上能够反映物种的进化历史和种间的亲缘关系。现在,细胞遗传学仍然是研究植物亲缘关系和植物进化的重要手段之一,并常用来帮助解决从形态上难以区分的物种鉴别。

7. 生理生化的证据

生理生化指标在植物进化中具有重要意义,如血清鉴别。在分析两种植物的亲缘关系时,制取两种植物的蛋白质浸液,分别注入兔或其他动物体内,过一段时间后,动物体内对该蛋白质有了反应后,分别取出动物体的血液制成抗血清,再将二者混合,观察其沉淀反应情况,即可鉴别二者亲缘关系的远近。有的学者曾用血清鉴别法的结果,绘制出被子植物亲缘关系的系统图,大体上与形态学的研究结果一致。

采用同工酶法,根据电泳技术,分析同工酶的谱带,也可鉴别植物间亲缘关系的远近。

去氧核糖核酸碱基的沉淀系数也可用于系统进化的研究,因为其沉淀系数是随年代增多而增加的。有人在研究细菌的进化中发现,原始的嫌氧异养的梭状芽孢杆菌的核酸沉降系数为25S～32S,乳酸菌为 33S～45S,进步的光合细菌中的紫硫细菌为 64S,非紫硫细菌为 60S～69S,喜氧异养的放线菌是 63S～75S,小球菌为 65S～75S 等。

8. 分子生物学的证据

植物的进化同样可在分子水平上找到证据。任何生物(包括原核生物、真核生物,不论其进化水平高低)都含有生命活性的大分子物质,即蛋白质、核酸、脂质和糖类等。蛋白质由氨基酸组成,核酸由核苷酸组成,核苷酸又由 4 种碱基、核糖和磷酸构成。同一物种的生物大分子结构相同,不同物种间的这些大分子物质某些结构是有差异的,其结构越相似,亲缘关系就越近,反之,亲缘关系就越远。植物分子水平的进化就是通过核苷酸或氨基酸的相互取代而变化进行的。而各个物种中具有重要功能的蛋白质和核酸的保守性很强,变化的速率缓慢而比较稳定,由此可以推测植物物种进化的时间。现在应用于分析植物亲缘关系和系统进化的分子证据主要来自核基因组、叶绿体基因组和线粒体基因组的 DNA 片段,通过生物信息学的方法对各种植物的分子信息资料进行比对分析,构建植物类群的进化树,由此推断各植物间亲缘关系的远近和具体类群在系统演化中的地位。

11.1.2　植物进化的方式

植物界经历了 30 多亿年的发生、发展和进化的过程,从植物界的进化历程和各个大类群的特征,可以看出植物界有如下的一些主要进化方式。

1. 上升式进化

上升式进化(asscending evolution)又称复化式进化或全面进化,即植物由低等到高等、由简单到复杂的进化方式,是植物体在细胞结构、形态结构、生理、生殖等方面综合全面的进化过程。进化的结果是植物的组织结构逐渐复杂化、完善化,而且不断地从低等的植物演化出新的高级的种类和类群。这是植物界,也是生物界进化的主干。上升式进化方式的内容可表现为下述一些基本点:

①在细胞结构上,从原核到真核,或从原核到间核,再到真核。

②在形态结构上,从单细胞到群体或丝状体,再到多细胞体;从无分化到有分化,从简单分化到复杂分化;从原植体到拟茎叶体,再到具有真正的根、茎、叶的植物体;从无维管组织到有维管组织。

③在生殖器官上,从单细胞结构到多细胞结构,再到具有不育细胞套层的多细胞结构;从无花的结构到无花被的花,再到具花被的真正的花。

④在生殖方式上,从营养繁殖到无性生殖,再到有性生殖,有性生殖又从同配到异配,再到卵配;受精过程由离不开水到产生花粉管,完全摆脱了水的限制,进而发生双受精。

⑤在种子的产生方式上,从无种子(仅具有孢子)到产生裸露种子,再到产生有子房包被的种子并形成果实。

⑥在生活史上,从营养繁殖到无性生殖完成生活史,到有核相交替(合子减数分裂或配子减

数分裂),再到世代交替(孢子减数分裂);世代交替又从同形世代交替到异形世代交替,最进步的类型为孢子体发达的异形世代交替,配子体由能独立生活到变为寄生于孢子体上。

⑦在生活环境上,从水生到陆生;从仅能狭幅适应环境到广幅适应环境。

2. 下降式进化

在植物的进化中有些情况与上升式进化的情况相反。如有些被子植物又从陆生回到水生环境中,其输导组织也退化了;还有些风媒传粉的植物其花被又消失了等。这种现象并不是表明这些植物原始,而是在具体的环境条件下经过选择所形成的适应特征,相对地简化了一些器官或组织,以减少一些能量和物质的消耗。这种退化现象表明植物的另一种进化趋向,称为下降式的进化或演化(descending evolution),或称简化式的进化。

3. 平行进化

来源于共同祖先的两个或两个以上的植物种或类群,由于后来又生活在类似的生态环境中,形成了相似的适应性特征,这种进化方式称为平行进化(parallel evolution),如图 11-2。如双 2 子叶植物中,合瓣花类的各个目均由共同的祖先发生,通过平行进化,产生了相似的特征。平行进化和趋同进化有些类似,二者的主要区别是:平行进化一般指亲缘关系较近的植物种或植物类群,经过平行进化产生相似的特征;而趋同进化是指亲缘关系较远的植物种或类群,由于适应相同的生境而形成了相近的特征。

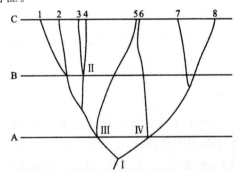

图 11-2　趋同进化、趋异进化和平行进化

在 A 水平:由Ⅲ和Ⅳ类群经趋同进化产生 5,6 新类群,它们来源于不同的祖先,具有相似性。

在 B 水平:由类群Ⅱ经平行进化产生 3,4 新类群,二者形态特征类似。

在 C 水平:由Ⅰ类群经趋异进化产生 1～8 类群。

4. 趋同进化和趋异进化

(1)趋同进化

在进化过程中,一些亲缘关系相当疏远的植物,由于生活环境和生活条件相同,在长期的适应过程中,在形态结构和生理机能上形成了相似的特征,这种进化方式称为趋同进化(convergent evolution),如图 11-2 所示。如蕨类植物中的木贼类和裸子植物中的麻黄类,它们在形态上都有明显的节和节间,常使人混淆,但它们的亲缘关系相当疏远。再如美国南部的仙人掌科植物和非洲的大戟属(Euphorbia)的某些植物种之间,在形态上都无叶、具有刺、多棱、肉质茎,这是由于它们均长期生活在于热的气候条件下所形成的相似的形态和结构特点,即为趋同进化的结果,尽管它们各自的祖先不同。

（2）趋异进化

来源于共同祖先的一个种或一个植物类群,由于长期生活在不同的环境,产生了两个或两个以上方向发展的变异特征,称趋异进化(divergent evolution),具体可见图 11-2 所示。如被子植物中的毛茛属植物,经过趋异进化,形成了水中的水毛茛、沼泽中的石龙芮、旱地的金毛毛茛等各种生态特点不同的毛茛类植物。趋异进化的结果使一个物种适应多种不同的环境而分化成多个在形态、生理上各不相同的种,形成一个同源的辐射状的进化系统,即为适应辐射(adaptive radiation),从而可产生新的种或类群。趋异进化是自然界生物进化的普遍形式,是分化式(植物种类或类型由少到多)进化的基本方式,是植物多样性的基础。

5. 特化或专化

有些植物在适应特殊条件或特殊环境时,发展了一些特殊的构造,如有些虫媒传粉的植物,其花被或雄蕊极度特化,只能适应某一类昆虫进行传粉,这种现象称为特化或专化(specialization)。特化是局部性前进的产物,是在有机体的结构和生命活动力相对固定的水平上发生的,对狭隘的和局限的生存条件的适应,而且较多地涉及有机体上个别的次要部分。特化方式的演化是以逐渐转变的方式进行,在演化中并不显现其坚强性,在有机体的整体机构上,既不发生显著的复杂化,也不简化,就是说在未提高或降低水平上改善机构。因此,它在物种起源的事实中,形成既不高于其祖先,亦不低于其祖先的类型。局部性适应,或者说特殊适应,在一切器官都是存在的。提高植物的抗旱性,抵抗不良环境,如高温、低温、水涝、盐碱和阴暗,适应花的授粉、种子及果实的传布和营养繁殖等都是用于局部性适应。应该看到,总的适应,在许多具体环境下,往往带有局部性的形式。有机体的一切机构是在其全部历史发展时期中由许多局部性适应组成的。另一方面,当演化仅仅沿着局部性适应途径进行时,有机体的机构虽然起着一定的变化,但其水平并无任何提高,这就是一些原始类型在经历漫长的历史时期而能够保存下来的原因。如果有机世界的演化只是沿着总的前进途径进行,那么现在地球上只有由具有高度机构而没有原始性状的生物存在了。

6. 渐变式进化与跳跃式进化

达尔文学说和综合进化论均主张进化是微小突变的积累。自然选择导致的进化是缓慢的、渐变的过程,即渐变式进化。而跳跃式进化(sahation)是指生物的调节基因发生突变而引起的生物大突变。渐变式进化和跳跃式进化在生物的进化中都是存在的。

需要注意的是,植物(及一切生物)进化的不可逆性,即植物的进化是不可逆的,已经演变的物种不可能恢复到祖型,已灭绝的物种不可能重新产生,凡进化了的植物均不可复原。这一规律是由古生物学家多洛提出的,被称为多洛定律。

11.2　生物进化的基本理论

11.2.1　生物进化理论的产生和发展

在人类发展史上,早期的生物进化自然观可以追溯到古希腊许多著名的哲学家,如古希腊最早的自然哲学家之一阿纳克西曼德(Anaximande),早在 2500 年前,他就表达过一种生命起源的观点,认为生命最初是从海中淤泥产生的,由海中淤泥产生的原始生物经过蜕变而产生陆地植物。亚里士多德(Aristotle)2300 年前就已经观察到自然界的生物是由低等到高等的自然等级(scala nature)组合在一起的,在这个等级中,无机物是低级的,有机物是高级的;而在有机物中,植物是低级的,动物是高级的,人类则是最高级的。所以在公元前 5 世纪前后,古希腊哲学家就已表达出现代进化论所依据的两个基本思想,一是自然界连续性的思想,即认为生物是世代延续并相互关联的;二是通过变化创造不同生物的思想。

18 世纪,法国博物学家布丰(Buffon)对自然界的生物进行了大量的观察和实验,并倾其一生出版了共 44 卷、百科全书式的自然史。在布丰的工作中,清晰展现了有机体明显带有遗传和饰变的特征,并试图解释其发生机制。布丰认为物种是可变的,物种生存环境的改变可引起生物机体的变化,且某些物种的高繁殖率与它们大量死亡之间似乎存在必然的联系。

拉马克(J. B. Lamarck)是历史上第一位提出完整而具体的进化学说的博物学家,并对以后的生物进化研究产生了重要影响。他在 1809 年发表的《动物学哲学》一书中,列举大量事实说明物种是可变的,所有现存的物种(包括人类)都是从其他物种变化、传衍而来;他相信物种的变异是连续的渐变的过程,并且相信生命的"自然发生"(由非生命物质直接产生生命);他认为生物本身存在一种由低级向高级发展的"力量",促使自然界的生物连续不断地、缓慢地由一种类型向另一种类型、由一个等级向更高的等级发展变化;他指出"用进废退"和"获得性遗传"是导致生物进化的重要原因,也就是说生物后天获得的性状可以通过历代积累而使生物改变原样,且器官使用得越多越发达,历代不使用,器官则退化。

而与拉马克同时代的法国的另一位著名的博物学家居维叶(Cuvier),他作为脊椎动物比较解剖学和古脊椎动物学的创始人,也曾观察到古生物类型与现存生物有很大区别,也承认生物的变化,但他把生物的变化与环境的灾变联系在一起,认为生物改变是突然的整体消失和重新创造,这种变化不是渐进的,而是"一幕一幕"的;地球历史上曾发生过几次大的灾变,每一次灾变后,旧的生物物种全部消失,继而出现新的一幕生物。因此,后人都把居维叶的进化观点称为"灾变说",但他无法解释新的一幕生物从何而来。

由此可见,从 18 世纪末到 19 世纪中期,很多博物学家已经观察到自然界生物物种连续和变异的现象,但不知道为什么会变,对生物进化的机制都是模糊不清的,因而这个时期的进化理论多半是臆测的、主观推理的。一直到 1859 年达尔文《物种起源》的发表,标志着生物进化理论的发展进入到一个新时期。

达尔文认为:自然界一切生物都在不断地发生变异,并且这些变异是无定向的,其中有些变异有利于生存和繁殖,有些则属不利变异;他指出任何生物产生的生殖细胞和后代数目要远远超过可能存活的个体数目(繁殖过剩),因此所有生物随时随地为生存而竞争,在广泛变异和生存斗争的基础上,那些具有最适应环境条件的有利变异的个体将获得较多的生存机会,并繁殖后代,从而使有利变异可以世代积累,不利变异则被淘汰,这就是自然选择的过程,经过几代、几十代甚至几百代的变异与选择,生物机体的结构将趋于合理,将更加适应于环境,并随着变异的积累,不同生物类群间的歧异程度也愈来愈大,从而由原来的一个种演变为若干个不同的变种、亚种乃至不同的种。达尔文进化学说的产生是进化论发展史上划时代的里程碑,也是现代进化论的主要理论源泉,达尔文学说丰富和充实了人类的思想宝库,成功地使自然界生命产生和发展的主要过程得到说明,从而开创了生物科学发展的新时代。

值得注意的是,尽管达尔文正确地把进化建立在生物与环境相互作用的基础上,认为通过生物的变异、遗传和选择导致生物的适应性改变,但由于当时遗传学等学科尚未建立,对变异和遗传的概念缺乏明确的认识,因此达尔文的进化学说在某些方面,特别是在进化的遗传基础上存在明显的问题和缺陷。此后随着生物学各分支学科的发展,达尔文的进化理论也不断地被修正和补充,特别是 20 世纪 30 年代以后,生物进化研究逐步由强调单个进化因素走向综合分析各种可能的影响因素,即综合分类学、遗传学、胚胎学、生理学和古生物学等各方面的资料研究生物进化的过程;尤其是随着遗传学的发展,统计生物学和种群遗传学的成就被用于重新解释达尔文的自然选择理论,从种群基因频率变化的角度阐述自然选择是如何起作用的,弥补了达尔文自然选择理论的某些缺陷,赫胥黎(Huxley)称这个时期的进化理论为"现代综合进化理论"(the modern synthetic theory)。现代综合进化理论认为,由于基因分离和重组,有性繁殖的个体不可能使其基因型恒定地延续下去,只有交互繁殖的种群才能保持一个相对恒定的基因库。因此,不是个体在进化,而是种群在进化,并主要体现在种群遗传组成的改变上。现代综合进化理论将自然选择归结为不同基因型有差异的延续。

20 世纪 50 年代以后,分子生物学得到很大发展,木村资生(Kimura)等依据对核酸、蛋白质序列中核苷酸及氨基酸置换速率的分析,以及这些置换所造成的。核酸及蛋白质分子的改变并不影响生物大分子的功能等事实,提出了分子进化的中性学说(neutral theory of molecular evolution),认为生物大分子层次上的进化改变不是由自然选择作用于有利突变而引起的,而是在连续的突变压力下由选择上中性或接近中性的突变的随机固定而造成的,中性理论不否认自然选择在表型(形态、生理、行为等特征)进化中的作用,但否认自然选择在分子进化中的作用,认为决定生物大分子进化的主要因素是机会和突变。

20 世纪 70 年代,有些古生物学家和地质学家根据对化石资料和地质数据的分析,提出了天外星体撞击引起地球上生物集群绝灭的"新灾变说",这个假说否认生命史上各次大规模的集群绝灭是由不同的复杂原因而引起的偶发性事件的说法,认为绝灭的周期性表明不同的集群绝灭可能由单一原因引起,并且绝灭发生机制也大致相同,这就是天外星体的撞击,导致地球表面环境发生巨大变化,生态系统瓦解,生物绝灭。

20 世纪末,基因组学和发育生物学的发展揭示了自然界不同生物类群在细胞代谢途径及遗传调控方面存在惊人的同一性(unity),但在遗传组成和发育途径上又表现出复杂的多样性(diversity)。基因组资料的积累,使从全基因组水平对不同类群生物的遗传组成和遗传结构进行比较成为可能,并为探讨不同生物的进化历史,尤其是高级分类阶元的分化历史提供了强有力的证据;从遗传和发育的角度比较不同生物的躯体结构式样(body plan)及其遗传发育程序,不仅揭示了同源异型基因(homeotic gene)在生物形态和结构分化中的关键性作用,在一定程度上阐明了具有明显形态差异的生物大类群发生的遗传基础,而且促进了遗传—发育—进化的统一,并催生了一门新的分支学科"进化发育生物学"(Evo—Devo);从宏观水平对生物多样性发生机制以及与环境相互关系的研究,则在很大程度上揭示了生物与环境长期协同进化的关系,尤其是"盖雅"(Gala)理论的发展,从根本上改变了人类对生物与自然关系的认识,改变了人类的自然观。

由此可见,围绕自然界生物进化的原因和机制还存在不同看法,有关自然界生物进化现象的研究还在不断深入。100 多年来,新、旧进化学说既有承袭,也有发展;既有补充、修正,也有对立和争论。生物进化是一个无休止的过程,人类对生物进化规律的探索也将是一个永无止境的过程。

11.2.2　拉马克学说

法国博物学家拉马克(Jean Baptiste Lemarck,1744—1829),最先提出生物进化的学说,他花了整整 26 年的时间,系统地研究了植物学,在任皇家植物园标本保护人的职位期间,于 1778 年写出了名著《法国全境植物志》。拉马克是第一个系统地研究生物进化的人,他认为生物界是一个从最简单、最原始的微生物按次序上升到最复杂、最高等的人类的阶梯,而所谓生物进化,就是从非生物自然产生微生物,微生物进化成低等生物,低等生物进化成高等生物,直到进化成人的过程。他认为,这个进化过程是不断在重复,至今仍在进行着的。也就是说,在今天,聪明的猩猩仍在尽力进化成人。拉马克也是试图解释进化现象的第一人,他第一个提出了进化的理论。该理论主要有两点:第一,生物体本身有着越变越复杂,向更高级形态进化的内在欲望;第二,生活环境能够改变生物体的形态结构,而后天获得的性状能够遗传。例如,水毛茛(batrachium trichophyllum)沉在水中的叶片裂为丝状,而暴露在空气中的叶则为正常叶。1809 年,他在《动物的哲学》中系统地阐述了他的进化学说(被后人称为"拉马克学说"),提出了两个法则:一个是用进废退;一个是获得性遗传。并认为这两者既是变异产生的原因,又是适应形成的过程。他提出物种是可以变化的,种的稳定性只有相对意义。生物进化的原因是环境条件对生物机体的直接影响。他认为适应是生物进化的主要过程。他第一次从生物与环境的相互关系方面探讨了生物进化的动力,为达尔文进化理论的产生提供了一定的理论基础。但是,由于当时生产水平和科学水平的限制,拉马克在说明进化原因时,把环境对于生物体的直接作用以及获得性状遗传给后代的过程过于简单化了,成为缺乏科学依据的一种推论,并错误地认为生物天生具有向上发展的趋向,以及动物的意志和欲望也在进化中发生作用。

总结拉马克对生物进化的看法,其主要观点是:

①物种是可变的,物种是由变异的个体组成的群体。

②在自然界的生物中存在着由简单到复杂的一系列等级(阶梯),生物本身存在着一种内在的"意志力量",驱动着生物由低的等级向较高的等级发展变化。

③生物对环境有巨大的适应能力;环境的变化会引起生物的变化,生物会由此改进其适应性;环境的多样化是生物多样化的根本原因。

④环境的改变会引起生物习性的改变,习性的改变会使某些器官经常使用而得到发展,另一些器官不使用而退化;在环境影响下所发生的定向变异,即后天获得的性状,能够遗传。如果环境朝一定的方向改变,由于器官使用、废退和获得性遗传,微小的变异逐渐积累,终于使生物发生了进化。

11.2.3　达尔文的自然选择学说

英国博物学家查尔斯·罗伯特·达尔文(Charles Robert Darwin,1809—1882)是进化论的奠基人。1859 年达尔文出版了震动当时学术界的《物种起源》。书中用大量资料证明了形形色色的生物都不是上帝创造的,而是在遗传、变异、生存斗争中和自然选择中,由简单到复杂、由低等到高等,不断发展变化的,提出了生物进化论。

达尔文的自然选择学说,其主要内容有四点:过度繁殖、生存斗争(也叫生存竞争)、遗传和变异和适者生存。

(1)过度繁殖

达尔文发现,地球上的各种生物普遍具有很强的繁殖能力,都有依照几何级数增长的倾向。按照理论上的计算,就是繁殖不是很快的植物,也会在不太长的时期内产生大量的后代而占满整个地球。但事实上,几万年来,但各种生物的数量在一定的时期内都保持相对的稳定状态,这是为什么呢?达尔文因此想到了生存斗争。

(2)生存斗争

生物的繁殖能力如此强大,但事实上,每种生物的后代能够生存下来的却很少。达尔文认为,这主要是繁殖过度引起的生存斗争的缘故。任何一种生物在生活过程中都必须为生存而斗争。生存斗争包括生物与无机环境之间的斗争,如沙漠植物根系发达是对干旱的斗争;生物种内的斗争,如同种幼苗密集时就会长得细长是因为争夺阳光和栖息地等的斗争;以及生物种间的斗争,例如,作物与杂草之间争夺阳光、水分、养料和土壤的斗争,这是一种对抗性的关系。由于生存斗争,导致生物大量死亡,结果只有少量个体生存下来。但在生存斗争中,什么样的个体能够获胜并生存下去呢?达尔文用遗传和变异来进行解释。

(3)遗传和变异

达尔文认为一切生物都具有产生变异的特性。引起变异的根本原因是环境条件的改变。在生物产生的各种变异中,有的可以遗传,有的不能够遗传。但哪些变异可以遗传呢?达尔文用适者生存来进行解释。

(4)适者生存

达尔文认为,在生存斗争中,具有有利变异的个体,容易在生存斗争中获胜而生存下去。反之,具有不利变异的个体,则容易在生存斗争中失败而死亡。即凡是生存下来的生物都是适应环境的,而被淘汰的生物都是对环境不适应的,这就是适者生存。达尔文把在生存斗争中,适者生存、不适者被淘汰的过程叫做自然选择。达尔文认为,自然选择过程是一个长期的、缓慢的、连续的过程。由于生存斗争不断地进行,因而自然选择也是不断地进行,通过一代代的生存环境的选择作用,物种变异被定向地向着一个方向积累,于是性状逐渐和原来的祖先不同了,这样,新的物种就形成了。由于生物所在的环境是多种多样的,因此,生物适应环境的方式也是多种多样的,所以,经过自然选择也就形成了生物界的多样性。

尽管达尔文的理论还存在若干不足之处,如对遗传、变异的机理未能阐明,强调物种变化是微小变异逐渐积累成显著变异而引起的,对基因突变的作用认识不足等,但这一理论还是令人信服地阐明了生物界的发生、发展的历史,对生物进化的机制也作了基本合理的解释。对生物科学的发展具有划时代的意义。

11.2.4　现代综合说

《物种起源》论证了两个问题:第一,物种是可变的,生物是进化的。当时绝大部分读了《物种起源》的生物学家都很快地接受了这个事实。第二,自然选择是生物进化的动力。当时的生物学家对接受这一点犹豫不决,因为自然选择学说在当时存在着三大困难。一是缺少过渡型化石;二是地球的年龄问题。这两个问题在今天已不成为问题了,因为大量的化石的发掘已证实达尔文的推断是正确的。现在的地质学界公认地球有 40 几亿年的历史,而至少在 30 亿年前生命就已诞生,也支持达尔文长期的自然选择是生物进化的动力的观点。而第三个问题是达尔文找不到一个合理的遗传机理来解释自然选择。

若达尔文知道奥地利遗传学家孟德尔的实验,就不会在遗传问题上陷入绝境了。孟德尔在 1865 年就已经通过豌豆的杂交实验发现了基因的分离定律和独立分配定律。生物遗传并不融合,而是以基因为单位分离地传递,随机地组合。因此,只要群体足够大,在没有外来因素(比如自然选择)的影响时,一个遗传性状就不会消失(肤色的融合是几对基因作用下的表面现象)。在自然选择的作用下,一个优良的基因能够增加其在群体中的频率,并逐渐扩散到整个群体。

现代综合进化论(evolutionary synthesis)就是在孟德尔遗传学基础上,借助于理论和实验群体遗传学方法探讨进化过程和机制的进化论学派。该理论的要点是:认为生物进化的单位不是个体,而是群体,进化是"一个群体中基因频率的变化"。该理论摒弃了获得性遗传的观点,接受了达尔文进化论的核心部分——自然选择,并有所发展,认为生物的进化是基因突变、自然选择、随机漂变和隔离共同作用的结果。突变是生物进化的原材料,广义的突变包括基因突变和染色体畸变。任何群体内都存在有许多突变材料,但必须通过自然选择清除有害突变,保留有利基因,从而使基因频率发生定向性进化,即决定进化的方向。隔离是固定并保持自然选择作用的关键步骤。

现代综合进化论是对达尔文理论的修改和重大发展。它深入到遗传变异的内在机制,以自然选择学说为基础,并吸收了其他进化学派的观点,比较全面地阐述了生物进化过程中的内因与外因、必然性与偶然性之间的关系。

11.2.5 分子进化的中性学说

分子进化的中性学说(neutral theory)是由木村资生(Kimura,1924—1994)在对蛋白质的氨基酸序列和 DNA 的碱基顺序研究的基础上提出的,他认为生物在分子水平上的进化大都不是通过自然选择,而是由选择中性或近中性突变基因的随机固定实现的。其核心内容是认为分子突变对生物来说既无利也无害,对生物的生殖力和生活力没有影响,只有进一步导致植物在形态和生理上的差异以后,自然选择才能发挥作用。随机漂变是中性理论的基础。随机漂变是指在过小而又相互隔离的群体中,不同个体间无法进行随机交配而导致后代群体基因频率发生变化的现象。群体越小,带来基因频率的变化就越大,基因丢失或被保留与有利或有害无关,是随机的。

该理论与达尔文的进化论并不对立,而是各有侧重。达尔文理论侧重于宏观水平,揭示了生物的表型和种群进化的规律,即通过自然选择,结果为适者存、不适者亡,使生物不断地发展变化。中性理论侧重于微观的分子水平,揭示了生物分子进化的规律。二者都不能否定对方,而是互为补充,可以更好地解析生物进化的现象和本质。

11.3　物种及其形成

11.3.1　物种的概念

物种是基本的分类和进化单位,目前多数学者认为种是自然界客观存在的,是形态上和生殖上间断的群体。按形态和生殖的不连续性标准划分的"种"在自然界具有一定的普遍性,但至今没有一个能把所有的生命有机体都划分成统一的生物学单位的标准。因此也有少数学者认为种是为了分类的目的而人为确定的分类阶元,只有个体才是客观真实的单位。

达尔文在物种理论上确立了物种的变异性和继承性,他忽视了间断性的存在,把种的界限仅仅看成是由于中间类型的灭绝所造成,认为变种和亚种、亚种和种没有相对明确的界限,也没有给物种下一个确切的定义。后人对此提出种种不同的概念。林特莱(Lindley)认为"物种是个体的集群,个体间彼此在所有主要的营养和生殖性状上相一致,能由种子繁殖而不变化,在一起自由繁育和产生完美的种子,并从后者培育出后代,这就是物种的正确范围"。杜里茨(Du Rietz)根据自然存在的变异的不连续性原则,对物种下过这样的定义:"在生物型系列中最小的自然群体,彼此之间永久地被明显的不连续性所分隔。"他所强调的是同一个种的成员能把表型上的连续性一代代地传下去的重要意义。现代综合达尔文主义者的代表杜勃让斯基(Dobzhansky)首先提出了"生物学种"的概念,在不断修正后的具体内容是:"有性的物种是一个生殖社会,其中所有成员由交配、家系和共同血统的纽带相联系。生殖社会具有一个共同的基因库拥有共同基因库使有性杂交物种成为一个内向的孟德尔式群体。更明确地说,它是由一大批因经常或偶然的基因交流互相联系的,处于从属地位的孟德尔式群体,孟德尔式群体是超个体性结合的一种形式。"我国生物学家陈世骧也提出了如下的物种定义:"物种是繁殖单元,由又连续又间断的群体组成;物种是进化单元,是生命系统线上的基本环节,是分类的基本单元"。

自从"生物学种"概念提出以来,有关物种概念基本上出现两种不同的观点,即"分类学种"(taxonomic species)和"生物学种"(biological species)两种不同的概念。下面对这两种观点作进一步分析。

分类学种概念,从林奈开始,用显而易见的外部形态特征来区分种,所以实际上是"形态学种"(morphological species)。达尔文提出种是"变种",是性状明显的个体类群。他又指出,种间差异与种内差异并没有根本不同;种、亚种和变种之间的界限是假定的。他还提出新种由老种产生的学说:变种是开始的种,种是稳定了的变种。此后,物种概念接受了生物变异性的事实,并考虑到种所包含的群体的地理分布状况,从而奠定了传统分类学的形态——地理学方法的基础。分类学家把蜡叶标本作为自然群体的取样,把"群体"所显示的变异式样中存在的形态间断作为划分种的依据。群体的范围是根据标本的地理分布来判断的;形态间断的程度是根据标本所反映的具体情况作出的。这就是大部分分类学家所持有和遵循的物种概念。虽然后来还注意到其他可利用的依据,但仍以形态性状为前提,所以有人称之为"表型性物种概念"。

根据形态—地理学方法划分的种,尽管有明显的主观性,却已得到广泛的承认,并在人们了解植物群体的遗传、进化和生态等方面做出了贡献,且已应用于植物分类学上绝大多数的种。这是因为在许多情况下分类学种常与自然界的繁殖群相符合的。况且,这些分类学种的单位实际上包括生殖隔离这个遗传学内容,因为生殖隔离多少总会造成分类群生理和生化过程的歧异,生理和生化上的差异也总是与植物形态差异相并行,因为外部形态是个体发育中生理生化过程的最后结果。分类学家所以能凭比较形态方法来划分种,而且行之有效,道理就在这里。但是,分类学种确实有它的缺点,在于高度依赖主观的直觉判断,而缺乏客观的一致标准,因而对它不能作出明确的定义,只能通过实践和经验去认识和体会了。

生物学种概念是在早期博物学家物种概念的基础上,随着对变异、生殖机制和群落结构的遗传学基础的研究而发展起来的。所谓生物学种是"一个杂交能育个体的集群,通过交配的结合而联系在一起,因交配的屏障而与其他种在生殖上相隔离"。生物学种的支持者根据自然界的生命有机体存在着划分成单位的客观不连续现象,因而把这样的单位称之为种。物种之间的不连续性是由于杂交繁殖群体之间实际的和潜在的基因流受到一定阻碍或完全被阻止所引起的。生物系统学家的种是按照基因交换来下定义的,即两个群体在自然和人工条件下都能自由交换基因,那它们是属于同种,如果群体间存在基因流的屏障,那这些类群只是不同的生态种。可见,生物学种概念所强调的是同一物种内成员间的杂交繁殖和不同物种之间的生殖隔离机制。稳定的生物群落是由那些具有生殖隔离的繁殖群体的物种所组成的。这是生物学种概念的理论基础。

生物学种的支持者坚持生物学种概念是符合客观实际的。自然界的生物也确实是分成一个个"基因交流体系"而存在和生活着,不同的种因为不能自由交流基因而分别进化。但是生物学种所强调的"生殖隔离"这个分种标准,在理论和实践上并不象他们所说的那样完善。即"物种"的纯粹实验性定义可能行不通,即严格地按生物学种来划分种可能存在以下困难,第一,导致形态分化的遗传变异并不一定与不育性变化成正相关,例如有些只有独特的遗传学和生态学行为和特征而彼此为生殖隔离屏障所分开的生物学种,在形态上却分不开,它们可以构成成群的同种形式的姊妹种。第二,生物学种概念能使种的划分不带主观性和武断性,这对植物来说不完全适用。杂种在有花植物是普遍的,甚至于有这样的例子,在墨西哥的 300 种左右的景天科植物中,尽管它们的染色体数很不同,却能进行杂交.而且有一种可与 8 个不同属的 120 个种杂交;因此在种的划分上很难避免主观性。第三,对异地分布的群体来说,能育—不能育试验只有理论上的价值,因为过去大多数种间能育的研究是在人为条件下进行的,而自然界存在的隔离机制在人为条件下常减低其强度或完全被消除掉。例如有些同属异种的植物,它们生活在不同的生境,固然不易得到杂交,即使是近地生长,天然杂种极端稀少,而通过人工杂交可获得能育的杂种。可见能育—不育性试验的实际价值不是太大,同样对一般近亲繁殖或无融合生殖占优势的类群来说,能育—不育性试验也是失去意义的。由此可见,生物学种概念对自然界发生的许多不同的生物学现象似乎过分简单化了,这种概念对于任何有机体类群的适用程度是有限的。也可以看到,分类学种和生物学种概念是两个不相等的,而且难以相比的物种概念。应该肯定生殖隔离尽管不能作为分种的唯一可靠标准,但无疑地它是生物进化特别是物种形成过程中的一个不可忽视的重要因素。究竟哪些差异才是生物学上的重要差异,用这些差异来区分的类群又是什么性质的类群? 分类学必须从所有有关学科获得资料,包括细胞学、解剖学、形态学、遗传学、生态学、生理学和生物化学等,我们就将对物种的了解愈深刻。所以运用生物系统学的观点和方法去研究和讨论物种概念和分类学问题是今后的方向。

为此,要对生物系统学作个简要的介绍。生物系统学是研究种群进化机制的方向去理解物种的结构,及其在时间和空间上的进化现象,目前着重于种内系统学,主要解决种及种内的问题。生物系统学研究途径之一,采用比较细胞核学和形态学,结合地理学、生态学、植物群落学、生殖生物学、地方种群的大小与结构,以及冰后期物种的迁移历史等进行研究,所以它是个综合性的科学,是在十分广阔的生物学和地理学基础上解决系统发育和分类学的问题。

11.3.2　物种的形成

1. 物种形成基础

在讨论物种形成之前,先要了解一下物种的结构。所谓物种的结构,由于物种生活在一定的群落里,所以由个体组成居群,由居群组成亚种,由亚种组成为种。居群是物种的结构单位,也是物种形成的基础。在自然情况下,自然选择是通过居群而起作用的,一个新种是在一个旧居群的基础上发展起来的。因此,可以说物种的形成是通过居群的变异来实现的。关于居群的变异可能通过个体的变异来实现,即通过遗传性的积累与扩散来完成;也可能通过居群整体的变异来实现。目前普遍认为新种的形成主要是通过群体内部个体变异的积累与扩散,逐渐改变居群的成分,使居群发生变异,然后再通过自然选择、隔离等因素的作用,使一个种的居群逐渐发展成另一个种的居群。可见物种形成的基础是居群。

2. 物种形成过程

从种内的连续性发展到种间的间断性是物种的形成过程,它包括变异、自然选择和隔离三个环节。这是物种形成的统一过程,同时又是不同的过程,因为它们的作用往往是相伴而综合发生的,但它们的作用又是有区别的。即变异是物种形成的原材料,选择是物种形成的主要因素,隔离是物种形成的必要条件。

此外,隔离是使群体分化而达到新种形成的重要环节,在这一方面有必要探入一步介绍。总的说来,居群之间遗传性的交流是种内统一性的保证;相反,居群之间的隔离是种内统一性的破坏而走向分化发展的道路。隔离和选择相结合可以加强选择的作用,但隔离的重要作用在于防止种内个体交流遗传性,从而导致种内变异的分化发展,形成不同的物种。隔离有几种方式,即时间的、空间的和生殖的隔离。

时间的隔离是指一个种可以逐渐演变,经过一定时间以后形成一个新种。这种方式主要是时间因素在起作用。

空间的隔离则主要通过地理的隔离和生态的隔离方式来实现的。地理的隔离是由于地理上的阻碍使同种个体生活在不同的地区,因而带来减少或没有交流遗传性的机会。地理的隔离主要由于水域、山脉和沙漠等的阻隔,使居群彼此孤立不能杂交,于是有可能使某一居群在它生活环境里发展,向着某一方向积累变异,使居群逐步形成地理亚种。由地理亚种进一步发展,生理差异愈来愈大,出现了生殖隔离,亚种之间发生种间间断性,原先的亚种形成新种。生态隔离是指生活在同一地区的同种个体,由于各占不同的生活场所,要求不同的生活条件,因此彼此不相接触,不能交流遗传性而造成隔离。

生殖隔离主要有如下几种机制:

①两性个体相遇而不能交配,如在植物,因开花季节不同,虽人工杂交可育,但在自然界即使生活在同地也不能杂交。

②亲体能交配,但性细胞不能结合。

③能受精而杂种胚胎不发育。

④杂种能正常生存,但不能繁育等等。由于这种隔离的结果,能够积累和巩固一定的性状,从而加速物种的形成。

总结物种形成过程,一般先有地理隔离,使不同群体不能相互交配进行交流基因,这样在各个隔离的群体中发生各种遗传变异,通过自然选择,这些变异逐渐累积起来,出现了生殖隔离就完成了物种形成过程中的飞跃。

3. 物种形成形式

物种形成(speciation)过程实质上就是物种进化并分化产生新种的过程。自然界物种有不同的进化模式,因此新种产生的途径也不尽相同。如果物种在进化过程中,由原先的一个种分化为两个不同的种,这是分支进化的模式(cladogenesis),其结果是种的总数增加;但如果物种 A 随着时间的进程逐渐积累大量的遗传变异,进而转变为新的物种 B,这是线系进化的模式(phyletic evolution),在这种情况下,虽有新种的产生,但种的总数不变;除此以外,杂交也能导致新种的产生,这在植物中表现得尤为明显。从本质上讲,所有物种形成过程都可以看作是从种内的连续性发展到种间的间断性的过程,如图 11-3 所示。

有关物种形成的方式是生物进化研究中充满争议的论题,并主要围绕两个方面:

①从进化的形式看是渐进的、连续的,还是爆发式的或量子式的。

②从空间关系看,是异域的(即地理的)还是同域的或邻域的。

(1)渐变式的物种形成

渐进式物种形成(gradual speciation)是达尔文最早提出的物种形成方式,至今仍受到许多传统的进化学家的支持,这一理论假定进化是通过居群变异的不断积累而进行的。渐进式物种形成可分为继承式和分化式两种。继承式物种形成指的是一个种通过逐渐演变,经过相当长的历史发展过程后形成新种,其主要特点是时间上的隔离,物种的数目没有增加,而且多发生在同一地区;分化式物种形成是一个种在其分布范围内由于地理隔离或生态隔离,而逐渐分化形成两个或多个新种,其决定因素是空间隔离,它可能通过不同居群在不同地区首先分化为不同地方宗或地理宗(地理亚种),进而进一步发展成为不同种,也可能是居群在同一地区首先分化为不同生态型,然后发展成新种,如图 11-4A。总的来说,渐进式物种形成是一个非常缓慢的过程,需要几十万年、几百万年甚至更长时间。

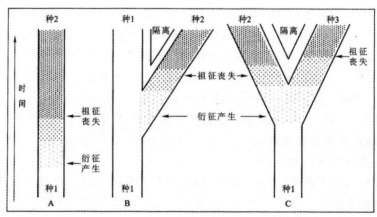

图 11-3 线系进化(A)和分支进化(B,C)

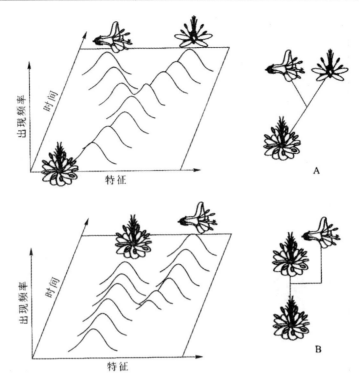

图 11-4　物种形成的形式
A—渐进式物种形成；B—爆发式物种形成

（2）爆发式的物种形成

这一形式主要通过个体的突然变异，或经杂交引起的变异而产生新种，如图 11-4B 所示。这种形式，一般经历时间较短，不通过亚种的阶梯而迅速形成。根据造成变异的因素不同，又分几种：一是通过染色体畸变形成新种，如曼陀罗有这种情况出现；二是通过杂交产生新种，如山楂有 700 种以上，其中大部分是杂种起源的；三是因染色体多倍化而形成新种，可以是同源多倍体或异源多倍体，植物界是以异源多倍体为主要方式。根据许多野生和栽培植物多倍体的研究，估计被子植物约有 30％～35％的种类是多倍体类型，其中尤以多年生草本植物为多。许多栽培植物，如小麦、棉花、烟草、马铃薯等都是多倍体类型。

除了以上两种途径外，另一种爆发式物种形成的途径涉及随机因素，并且或多或少涉及环境隔离因素。在一定程度环境隔离的小居群中，由于遗传漂变和自然选择的共同作用，比较容易使小居群在遗传上快速偏离其母居群，并进而发展为新的物种，这种状况多发生在边缘居群。

在有性繁殖生物中，物种形成的决定因素就是生殖隔离的进化，即限制或阻止居群间基因流动机制的进化。从空间关系上看，对杂交繁殖的遗传障碍或隔离机制可由很多途径产生，因而决定了物种形成具有不同的模式。在物种形成过程中，若一个广布的种，在其分布区内，因地理的或其他环境隔离因素而被分隔为若干相互隔离的居群，又由于这些被隔离的居群之间基因交流的大大减少或完全隔离，从而使各个隔离居群之间的遗传差异随时间推移而逐渐增大，并通过若干中间阶段（地方宗、地理宗）而最后达到居群间的生殖隔离，这样原先因环境隔离因素而分隔的两个或多个初始居群就演变为因遗传差异而相互间生殖隔离的新种。由于初始居群在分化过程中(生殖隔离产生之前)其分布区是不重叠的,故名异地物种形成(allopatric speciation);如果新种形成过程中,不涉及地理隔离因素,即形成新种的个体与居群内其他个体分布在同一区域,则称之为同地物种形成(sympatric speciation),爆发式物种形成过程多为同地物种形成模式;如果在物种形成过程中,初始居群的地理分布区域彼此相邻(不完全隔开),居群间个体在边界区有某种程度的基因交流,这种情况下的物种形成过程被称之为邻地物种形成(parapatric speciation),这种现象都在边缘居群或杂交带中发生,具体如图 11-5 所示。

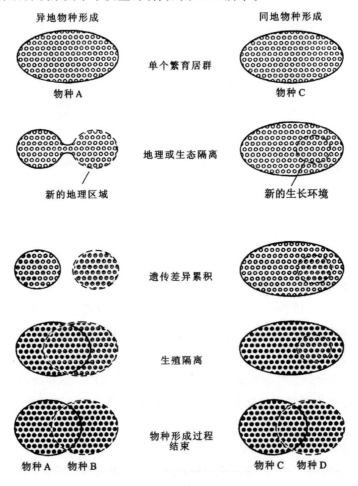

图 11-5　物种形成样式

生物界的进化总的说是由低等到高等、由简单到复杂的发展变化过程,在变化过程中,有量变,也有质变,由一个祖先种发展为一个或多个新种必须经过质变,且变化的方式多种多样,自然界生物有机体丰富的多样性正是物种形成和进化发展的结果。

物种形成的历史是无法重演的,但物种发展的规律可以通过科学实验来证明。对于植物的异源多倍体,在把组成它们的原始物种分析清楚之后,根据异源多倍体化的物种形成规律,用其原始亲本进行人工重新合成。例如,普通小麦是一种异源六倍体,具有 42 个染色体,根据分析推断它是由一粒小麦(2n=14)、拟斯卑尔脱山羊草(2n=14)和节节麦(2n=14)三个种组成的。通过实验可以证明用这三种原始种合成与栽培小麦相似的,具 42 个染色体的麦种来,并且与普通

小麦杂交可产生正常的后代,其程序如下所示:

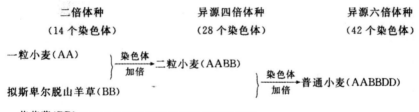

再如,栽培的陆地棉,经过遗传学分析为异源四倍体种,可能由亚洲棉和墨西哥野生棉两个原始种结合而成。通过实验,合成出来的异源四倍体和现存的陆地棉十分相似。其合成步骤如下所示:

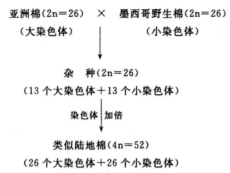

由此可知通过远缘杂交和多倍体的形成可创造新种。这样的物种形成是在同一地区,不必经过亚种的阶梯,在少数几代中就可以很快达到物种的等级。人们能掌握物种形成的规律,才能主动地创造新物种;同时,物种形成导致生物的多样性,也只有新的物种产生和发展,才能有生物的进化。

11.4　植物界的起源和进化

11.4.1　地质年代与植物进化简史

目前地球上生存有约 50 万种植物,它们的形态结构、营养方式和生活史类型各不相同,但从系统演化的角度看,它们都是由早期简单原始的生物经过几十亿年的发展演化而逐步产生的,这是一个漫长的历史过程,其中既包括了"垂直进化"(生物体结构的复杂化)的过程,也包括了"水平进化"(生物种类分异,多样性增长)的过程。对这一漫长的演化历史,没有完整的记录,也不能用实验方法去重复和证明,我们只能依据现有的地质数据、化石资料和现存各类群植物的特点来推测现存和历史上曾经出现过的各类群植物间的系统演化关系,了解自然界植物种系发生的过程及其演化规律,具体可见表 11-1 和图 11-6 所示。

表 11-1　植物界主要发展阶段和地质年代表

相对地质年代				同位素年龄	进化事件
显生宙	新生代	第四纪	全新世		被子植物占绝对优势,草本植物进一步发展
			更新世	0.020 亿年	
		第三纪	晚	0.25 亿年	经过几次冰期之后,森林衰落,草本植物发生
			早		被子植物进一步发展,世界各地出现了大范围的森林
	中生代	白垩纪	晚	0.65 亿年	被子植物得到发展
			早	1 亿年	裸子植物衰退,被子植物逐渐代替裸子植物
		侏罗纪		1.41 亿年	裸子植物中的松柏类占优势,原始的裸子植物逐渐消逝,被子植物出现
		三叠纪		1.95 亿年	乔木状蕨类继续衰退,真蕨类繁茂;裸子植物继续发展
	古生代	晚	二叠纪	晚	2.30 亿年	裸子植物中的苏铁类、银杏类、针叶类生长繁茂
				早	2.60 亿年	乔木状蕨类开始衰退,裸子植物出现
			古炭纪	2.80 亿年	气候温湿润,巨大的乔木状蕨类植物如鳞木类、芦木类、木贼类、石松类等,遍布各地,形成森林,造成日后的大煤田;同时出现了许多矮小真蕨植物;种子蕨类进一步发展
			泥盆纪	晚	3.45 亿年	裸蕨类逐渐消逝
				中	3.60 亿年	裸蕨类植物繁盛,种子蕨出现,但为数较少;苔藓植物出现
				早	3.70 亿年	植物由水生向陆生演化,在陆地上出现裸蕨类植物;藻类植物仍占优势
		早	志留纪	3.95 亿年	海产藻类占优势
			奥陶纪	4.35 亿年	
			寒武纪	5 亿年	
前显生宙	元古宙	晚	震旦纪	5.70 亿年	多细胞叶状体植物发生适应辐射
		早		18 亿年	真核细胞起源
	太古宙			25 亿年	水生细菌和蓝藻繁荣
				38 亿年	细菌、蓝藻出现
	冥古宙			40 亿年	化学进化,生命起源
				46.5 亿年	地球形成,地核与地幔分异

* 表中各地质年代的纵长不表示实际延续时间的长短。

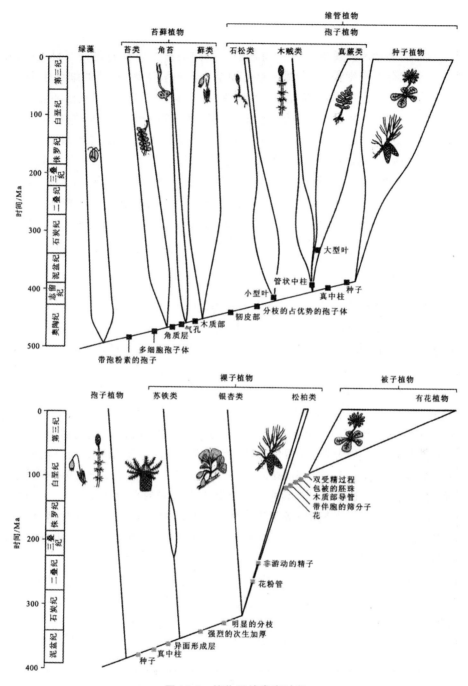

图 11-6　植物系统发育过程

11.4.2　菌藻植物的产生和发展

　　菌藻类是地球上最早出现的植物,从太古宙晚期,经历整个元古宙一直到早古生代志留纪都为菌藻植物发展和繁盛时期,这一时期长达 32 亿年左右,几乎占了地球上生物界全部历史的 4/5,说明植物界从低等发展到高等,从水生进化到陆生经历了何等漫长的岁月。

1. 原核菌藻类的产生

在菌藻植物中,细菌和蓝藻等原核生物是最原始的类群。现有的化石资料表明,在距今35亿年前,地球表面就分布有细菌蓝藻,并一直延续至今。一般认为,早期的细菌主要是异养和厌氧细菌,以后逐渐发展为化能自养和光合自养细菌,并逐步适应和生活在氧化环境中。蓝藻也是原核生物,根据现有的化石资料,最原始的蓝藻是一些简单的单细胞个体,整个太古代出现的蓝藻大多属于这种类型,直到距今17亿年前后,才出现了类似丝状蓝藻的多细胞群体和丝状体。在距今15亿年前,地球上的光合放氧生物仅为蓝藻,所以也有人称这段地质时期为蓝藻时代。在漫长的蓝藻时代,蓝藻将大气圈中的二氧化碳大量地转移到岩石圈中,大规模地建造碳酸岩叠层石,同时释放氧气,使水中的溶解氧增加,也使大气中、的氧气不断积累,还在高空形成臭氧层。既改造了大气圈,也改造了岩石圈,为真核生物的起源和高等植物的进化发展创造了条件。

2. 真核藻类的产生

真核藻类在距今14亿~15亿年前出现,据推测,那时大气中的氧含量可达现在大气中氧含量的1%。一般认为真核细胞不会在此之前产生,至于真核细胞怎样产生的问题,大多学者认为是由原核细胞进化来的。但原核细胞是怎样进化为真核细胞的问题则有多个学说,其中马古利斯(Margulis)的内共生学说(endosymbiosis theory)影响最大。内共生学说认为,真核细胞中的一些细胞器是由较大的厌氧原核生物通过与两个以上具有不同功能的原核生物的内共生途径形成的,如某些细菌演化成线粒体,某些共生的蓝藻演化成叶绿体等。该学说也在分子生物学的研究中得到了支持,但对细胞核的形成还不能解释。近年来,比利时的细胞生物学家、诺贝尔奖获得者 de Duve 提出了一个新的综合性看法,他认为真核细胞的细胞器一方面是由原核生物的质膜内陷形成了很多胞内小泡(intracellular vesicle),小泡的外膜附有核蛋白体,有些小泡围绕拟核排列,以后演化成核膜,还有些小泡可进一步发育成内质网和高尔基体;另一方面是通过原核细胞的吞噬过程和内共生作用分别形成了线粒体、叶绿体、过氧物酶体等细胞器,原来的原核细胞就进化为真核细胞了,如图11-7所示。de Duve 的观点受到人们的关注和重视,当然,仍需要有更多的实验研究加以证明。

单细胞真核藻类又逐渐演化出丝状、群体和多细胞类型。距今约9亿年前出现了有性生殖,这不仅提高了真核生物的生活力,而且可发生遗传重组,产生更多的变异,大大加快了真核生物的进化和发展速度。自真核生物出现至距今4亿年前近10亿年的时间,是藻类急剧分化、发展和繁盛的时期。化石记录表明,现代藻类中的主要门类几乎均已产生。这个时期,藻类植物(包括蓝藻在内)是当时地球上(水中)生命的主角,所以也常称这一时期为藻类时代。

真核藻类有10个门类(见第6章),它们又是怎样起源和发展的呢? 有学者设想可能为3条进化路线:

①真核藻类中的红藻与蓝藻关系密切,如二者均含藻胆素;仅有叶绿素 a,无叶绿素 b 和叶绿素 c;红藻虽有光合器,但类囊体呈单条状排列;蓝藻和红藻都不具有鞭毛等。所以,蓝藻可能和红藻在同一条进化路线上,即叶绿素 a+d 路线(红蓝路线)。而且有人推测红藻可能是由原核的蓝藻演化来的,或二者有共同的祖先。其他的真核藻类可能是从原鞭藻类进化而来,原鞭藻类仍为原核,含叶绿素 a 和藻胆素,具有光系统Ⅱ,具有(9+2)型鞭毛。原鞭藻类向着含叶绿素 a

和叶绿素 c 以及含叶绿素 a 和叶绿素 b 两大方向演化出其他真核藻类。

②叶绿素 a+c 路线(杂色路线),包括隐藻、甲藻、硅藻、金藻、黄藻和褐藻,其中的甲藻具有中核,由此有人推测可能原鞭藻类先演化出中核藻类,再进化到真核藻类。

③叶绿素 a+b 路线(绿色路线),包括裸藻、绿藻和轮藻,1975 年又发现了具原核的含叶绿素 a 和叶绿素 b 的原绿藻,由此推断原鞭藻类演化出原绿藻类,再进化到其他含叶绿素 a 和叶绿素 b 的真核藻类。但是,近年来有人通过 16S rRNA 序列分析,发现原绿藻类不能被认为是含叶绿素 a 和叶绿素 b 的绿色植物的祖先,它们和蓝藻以及绿色植物的叶绿体可能都是来自于一个共同的祖先。因此,关于藻类的进化路线仍然需要进一步探讨和研究。大多数学者认为绿藻、轮藻和高等植物中的苔藓和蕨类植物关系密切,赞同苔藓和蕨类植物可能是由古代的绿藻或轮藻类演化而来的。

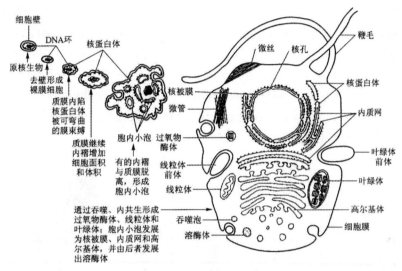

图 11-7　从原核细胞进化到真核细胞示意图(自 de Duve)

3. 黏菌和真菌的简介

菌类植物是一类特殊的异养植物,对其起源问题至今亦尚无定论,有些学者认为它们是从藻类植物通过多元演化而来,认为这一类植物实际包括了一群来源不同,但同样都失去了色素体的异养生物;但也有学者认为它们是从原始真核生物直接演化而来,是介于动、植物之间的一个特殊的类群,其中黏菌所含种类不多,是现代植物界中一个不引人注意的类群,对其发生和演化关系也研究不多。真菌则多认为也是由水生向陆生的方向发展的,原始的类型具水生游动孢子,带1 根或 2 根鞭毛;在陆生类群中,有些种无性生殖时仍产生游动孢子,但多数种类是通过一些特殊的静孢子进行传播和繁殖;在高级的真菌类植物中,有性生殖过程向着不同的方向特化,形成特殊的子囊果、担子果等。

包括许多食用菌在内的真菌类是相当古老的,它们可能出现在寒武纪以前,真菌的化石通常是在寄生状态下保存的,在硅化的木材或皮层中,往往可以发现完好的菌丝体或生殖器官,具有厚壁的菌孢子是常见的化石。由于真菌寄生异养的习性,它的发展和其他动、植物有相当密切的联系,它在白垩纪以后大量出现,可能与被子植物的兴起有关。

11.4.3 最原始陆生植物的产生和发展

在距今约 4 亿年的晚志留纪,由于藻类植物的大发展,增大了大气中的含氧量,当时大气中游离氧已达到现在大气氧含量的 10%,并且在高空已形成了厚厚的臭氧层,减少了紫外线对生物组织的伤害,为陆生植物的生存创造了最基本的条件。在志留纪末期和泥盆纪之间,地球上发生了一次大的地壳运动,使地球表面形成了许多山脉,海水退却,陆地面积增大,为水生藻类的登陆提供了条件,一些对沼泽和陆生环境适应较快的种类生存下来,并继续发生变异产生出裸蕨类植物,而许多不能适应这种变化的种类则被淘汰。

1. 裸蕨植物类

裸蕨植物是最古老的陆生维管植物,其共同特征是无叶、无真根,仅具有假根;地上为主轴,多为二叉状分枝;原生中柱;孢子囊单生枝顶,孢子同型等。最早的裸蕨植物化石发现于 4 亿年前的志留纪晚期,定名为顶囊蕨或光蕨(Cooksonia),如图 11-8A 所示,其株高约 10cm,直径 2mm。后来在泥盆纪的早、中期又先后发现了莱尼蕨(Rhynia),如图 11-8B～D 所示、裸蕨(Psi-lophyton),如图 11-8E)以及霍尼蕨(Horneophyton)、工蕨(Zosterophyllum)等,它们生活于陆地上或沼泽地中,分布于各大洲,繁盛于泥盆纪的早、中期,这段地质时期称为裸蕨植物时代。裸蕨植物均于泥盆纪晚期绝灭,仅生存了 3000 万年。

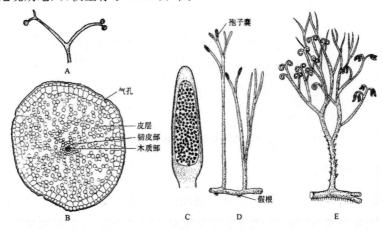

图 11-8 裸蕨类代表植物

A—顶囊蕨(光蕨)B～D—莱尼蕨属:B—茎的横切;C—孢子囊纵切;D—孢子体;E—裸蕨属

多数学者认为裸蕨植物是由古代的绿藻类演化而来的,主要依据是二者都含叶绿素 a 和叶绿素 b,贮藏的光合产物都为淀粉,细胞壁的主要成分都为纤维素等。根据 DNA 序列分析,结合其形态,得出新的植物系统树也确认绿色高等植物起源于绿藻(Judd 等,维管植物系统树,1999)。但是目前尚不能确定裸蕨植物是由哪一类绿藻演化来的。

裸蕨的出现具有重要意义,从此开辟了植物由水生发展到陆生的新时代,陆地从此披上了绿装,植物界的演化进入了一个与以前完全不同的新阶段。裸蕨植物在植物进化中的意义还在于,它们以后又演化出其他蕨类植物和原裸子植物。

2. 苔藓植物类

与裸蕨植物同时登陆的还有另一类植物——苔藓植物。苔藓植物由于缺乏像其他高等植物那样坚实的维管组织,不易形成化石,因此它们最早出现的时间目前尚不清楚,目前发现的最早的苔藓植物配子体化石出现于泥盆纪。

对苔藓植物的起源目前意见尚不一致,主要有两种假设。一种假设认为苔藓植物是从早期原始的裸蕨类演化而来,如霍尼蕨属、莱尼蕨属。它们的孢子体为二叉状分枝,仅具有假根,孢子囊顶生枝端,霍尼蕨的孢子囊内还有一个不育的囊轴,这和苔藓植物(角苔及藓类)很相似。此外,霍尼蕨根茎中的输导组织消失,而孢囊蕨属中输导组织也消失。相反,苔藓植物中有的种类的蒴柄或配子体的"茎"具有类似于最原始的输导组织的分化。由此,一些学者设想苔藓植物是由原始的一些裸蕨类演化而来的。另一种假设认为苔藓植物是从绿藻类演化而来的,其依据是苔藓植物生活史中的原丝体在形态上类似于丝状绿藻;绿藻和苔藓的光合色素相同,贮藏的光合产物均有淀粉,特别是角苔中不仅叶绿体大、数少(有的仅为一个),而且还具有蛋白核,这和绿藻类极其类似;苔藓植物的精子具有两条等长、尾鞭型、近顶生的鞭毛,也类似于绿藻。此外,自1985 年以来,先后在日本、中国、尼泊尔、印度尼西亚等处发现了一种外形类似藻类但具有颈卵器的定名为"藻苔"(Takakia lepidozioides)的植物,似乎为苔藓来源于绿藻的推论提供了又一例证。目前,赞成苔藓来源于绿藻的人较多。

从植物体结构上看,苔藓植物中已有类似茎、叶的分化,但没有维管组织,没有真正的根的分化,植物体主要靠假根固着于地面并行使有限的吸收功能;此外,苔藓植物是以配子体占优势,孢子体不能独立生活,再加上有性生殖过程离不开水,这就大大限制了苔藓植物植物体的发展,限制了苔藓植物对陆地环境的广泛适应,因而至今苔藓植物都保持了很矮小的体态,并只能生活在陆地阴湿环境中,成为陆生植物发展中的一个旁支。

11.4.4　蕨类植物的产生和发展

蕨类植物起源于早、中泥盆纪的裸蕨植物,在随后的石炭纪和早二叠纪,蕨类植物得到极大的发展,并基本是朝着石松类、木贼类和真蕨类三个方向演化。所以,石松、木贼和真蕨这三大类植物虽然都起源于裸蕨植物,但它们之间的亲缘关系是比较疏远的,现代石松、木贼和真蕨类植物在形态结构上存在较大差异,也正是它们向不同方向适应发展的结果。

1. 石松类植物

石松类植物是蕨类植物中最古老的一个类群,在早泥盆纪就已出现,中泥盆纪时,木本类型已分布很广,晚泥盆纪继续发展,到石炭纪达到鼎盛阶段,二叠纪逐渐衰退,进入中生代后木本类型已很少见,只留下少数草本类型(如卷柏),经新生代一直衍延至今。如果没有化石资料的证实,而仅从现存的矮小草本石松类来看,我们很难想象这类植物曾经有过十分繁茂的盛况。

石松类的历史可以追溯到距今约 3.7 亿年前的早泥盆纪,星木,如图 11-9 所示,可作为原始石松的代表之一,从植物体形态结构上看,它与裸蕨有一些相似之处,但孢子体分化的程度更高,横卧的根状茎上生有分枝的根,以代替假根;茎上密生螺旋状排列的细长鳞片状突出物,能进行光合作用,与叶的机能相同;茎的解剖构造与现代石松类植物很相似,具原生中柱,木质部在横切面上呈星芒状,故称之为星木;孢子囊肾形,具短柄,直接生于茎上。与星木同时或稍后出现的原始石松类植物还有镰蕨和原始鳞木,见图 11-9 所示,这两种植物均为草本类型,它们的孢子囊均着生于孢子叶的腹面,茎中出现了星状或辐射中柱,这些特征显示它们比星木的进化程度略高。在此以后,石松类植物向两个不同的方向发展,一是向草本方向发展,经过漫长的演化,发展成现存的石松和卷柏两大类;另一个方面是向木本方向发展,特别是在晚泥盆纪,乔木型的石松在沼泽和潮湿地区大量繁殖,到中石炭纪发展到鼎盛时期,是当时沼泽森林最重要的代表植物和主要造煤植物,鳞木和封印木是其代表种类,如图 11-10 所示。鳞木高达 30～50m,有主干,枝上密生螺旋状排列的针形小叶,叶具叶舌,老叶脱落后,在茎或枝上留下鳞片状叶痕,故称鳞木;茎内有侧生分生组织,并形成次生结构;鳞木的地下茎呈根状,以数次的二歧分枝形成庞大的根托,其上生有许多不定根;孢子叶球着生于小枝的顶端。封印木的叶比鳞木大,也具叶舌;茎的内部结构和孢子叶球构造与鳞木基本一致。根据地质资料,在二叠纪初期由于发生一些大的地质变动,地球表面的气候日趋干旱,这使得木本石松类植物因不能适应环境的变化而趋于绝灭,到中生代三叠纪,古生代的木本石松类几乎全部绝灭,中生代的石松类主要是草本植物,只有个别类型还显示出与古生代的鳞木类存在某些亲缘关系。

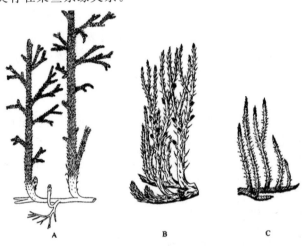

图 11-9　星木(A)、镰蕨(B)和原始鳞木(C)

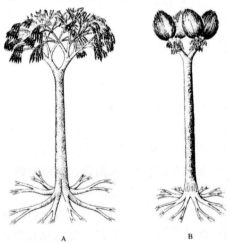

图 11-10　鳞木(A)和封印木(B)

2. 木贼类植物(楔叶植物)

木贼类植物代表高等植物中一个独立的演化路线,差不多是与石松类植物平行发展的。木贼类也发源于早泥盆纪,在石炭纪、二叠纪达到鼎盛阶段,属种很多,而且包括不少高大的乔木,在当时陆地生物群落和造煤过程中都充当过重要的角色。自中生代起,木贼类迅速衰退,到新生代处于更加微弱的地位,现存的木贼类植物只有一个属(木贼属),约 30 种,全为草本。

木贼类最古代的代表为肇始于早泥盆纪末期、兴盛于中泥盆纪的海尼蕨属和古芦木属,如图 11-11 所示,它们被看成是位于裸蕨植物和典型木贼类之间的过渡类型,这表现在它们的茎干为二歧式分枝,不像现存的木贼类,而更接近于裸蕨植物;但茎枝上有节的分化,叶在茎枝上近似轮状排列,尤其是具孢子囊的生殖小枝组成疏松的穗状,孢子囊倒生并悬垂于反卷的小枝顶端,这和现代木贼的孢子囊倒生于孢囊柄上的情况非常相似。在晚古生代,地球上生长的木贼类植物不仅有草本类型,而且还有具次生生长的大型乔木类型,芦木属(Calamites)如图 11-11 所示,就是其中之一。芦木最早出现于泥盆纪末期,中石炭纪起逐渐增多,晚石炭纪至早二叠纪最为繁盛,绝灭于二叠纪末期;与石松类的鳞木一样,芦木也是石炭纪、二叠纪沼泽森林和当时造煤作用的主要植物种类;芦木虽外形高大,呈乔木状,但其形态结构非常类似于现代的木贼属植物,有匍匐的根状茎和直立的气生茎,不定根生在根状茎上,气生茎有明显的节和节间,且节中实而节间中空,节上多分枝,它与木贼的不同点在于它的茎干有发育的次生加厚组织。

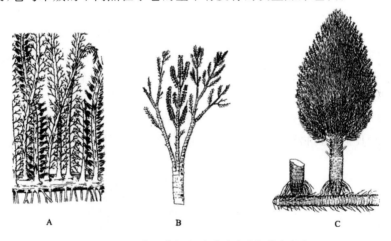

A　　　　　　　　B　　　　　　　　C

图 11-11　海尼蕨(A)、古芦木(B)和芦木(C)

3. 真蕨类植物

真蕨是蕨类植物中最大的一个类群,现存约 300 个属,10000 多种。真蕨最早出现于中泥盆纪,中石炭纪开始繁盛,但远不如石松类和木贼类那样居于显著地位。由于真蕨的古代属种对潮湿环境的依赖性很强,所以当二叠纪、三叠纪之交的干旱气候来临时,绝大多数真蕨类植物因不能适应新的环境而从地球上消失了;但当三叠纪末至早侏罗纪期间地面气候再度变得温暖湿润时,许多新的真蕨植物从一些古代真蕨的残遗类群中辐射分化出来,并且很快获得了前所未有的大发展,其中的不少科、属一直繁衍到现代。

真蕨植物通常可分为三大类型或三个亚纲:

①初生蕨亚纲(Coenopterideae),是最原始的类型,大多数种类在形态结构上处于裸蕨植物

和典型真蕨植物之间,只生存于中泥盆纪到晚二叠纪。

②厚囊蕨亚纲(Eusporangiate),是典型真蕨中比较原始的类型,生存于中石炭纪到现代。

③薄囊蕨亚纲(Leptosporangiate),是最进步的类型,也是真蕨类植物中最占优势的类型,始见于石炭纪,主要存在于晚三叠纪到现代。

11.4.5　裸子植物的产生和发展

在早二叠纪,地球表面多数地区的气候环境变得干旱、酷热,许多繁盛与石炭纪的造煤植物因不能适应环境的变化而趋于衰落和绝灭,而裸子植物因能够适应自然环境的变化而得到发展,并逐渐成为当时地球植被的主角。

裸子植物之所以能够取代蕨类植物而在地球上占优势地位,就在于裸子植物具有比蕨类植物更适应干旱环境的形态和结构特征。如有种子的形成,配子体更加简化,并且在有性生殖过程中形成了花粉管。种子的形成提高了胚对不良环境的抵抗能力,加强了保护作用;有了花粉管,就可将精子直接送到颈卵器中与卵结合,完成受精作用,彻底摆脱了受精对水的依赖,大大加强了裸子植物适应陆生干旱环境的能力。

地球上现存的裸子植物约800种,分属五个纲,即苏铁纲(Cycadopsida)、银杏纲(Ginkgopsida)、松柏纲(Coniferopsida)、红豆杉纲(Taxopsida)和买麻藤纲(Gnetopsida),现存裸子植物的数量只占地球表面现存植物种类的很小一部分,同时也是曾在地球上生活过的裸子植物的很小一部分。裸子植物从发生至今,历经多次地史气候的重大变化,其种系也随之多次演变更替。

裸子植物虽然到古生代末期之后,方成为陆地植物中的主要代表,但它的历史可远溯到3亿5千万年之前,也就是地质史上称为中、晚泥盆纪的时候。化石资料表明,那时裸子植物正处于形成和开始发展的阶段,原始的裸子植物尽管在某些方面比蕨类植物进步,但尚未具备裸子植物全部的基本特征。

如图11-12A所示,中泥盆纪的无脉蕨是原始裸子植物的一个代表,它是一种高大的乔木,它虽然在某些方面比蕨类植物进步,但还不具备裸子植物全部的特征。晚泥盆纪的古羊齿,见图

图11-12　无脉蕨(A)和古羊齿(B)

11-12B 所示，它是较进化的裸子植物的代表，与真蕨植物的叶具有相同的起源。尽管古羊齿还是以孢子繁殖，但它的外部形态、内部结构和生殖器官的特征更接近裸子植物，所以，一般认为它是由原始蕨向裸子植物演化的过渡类型，常被称为前裸子植物。到了早石炭纪，更高级的类型种子蕨出现了，如图 11-13 所示，种子蕨是一种最原始的种子植物，是介于真蕨植物和种子植物之间的一个过渡类型。到了晚石炭纪和二叠纪，种子蕨得到了极大发展，成为当时地球植被的优势类群。如图 11-14 所示，科达树也是与种子蕨同时演化而来的一类原始的种子植物，它们都是前裸子植物的后裔。科达树类进一步发展成为银杏类和松柏类，现有的裸子植物大多由此发育而来；种子蕨则进一步发展成为拟内苏铁和苏铁类，前者在白垩纪后期绝灭。中生代是裸子植物最繁盛时期，一般称为裸子植物时代。侏罗纪和早白垩纪有大量松柏树堆积炭化成煤，为当时主要的造煤植物。

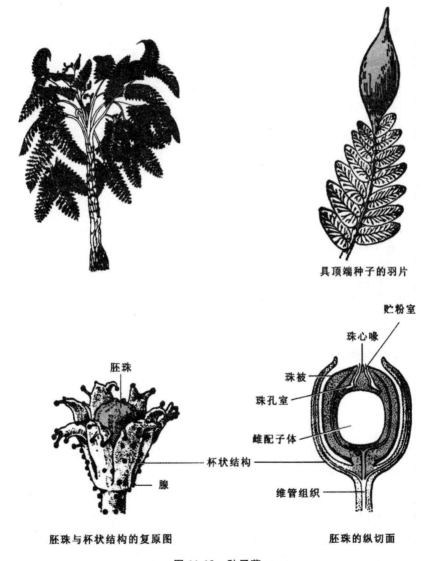

具顶端种子的羽片

胚珠与杯状结构的复原图

胚珠的纵切面

图 11-13　种子蕨

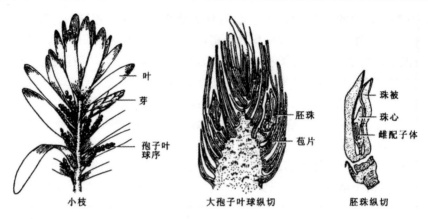

小枝　　　　　　大孢子叶球纵切　　　　　胚珠纵切

图 11-14　科达树

图 11-15 所示为原裸子植物和裸子植物可能的演化史。

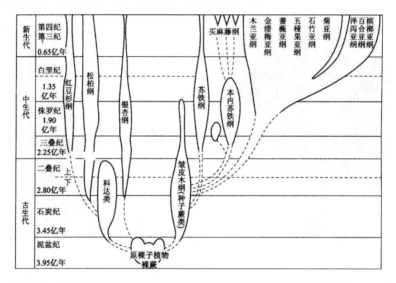

图 11-15　原裸子植物、裸子植物和被子植物可能的演化史（自 Strasbu。gers）

11.4.6　被子植物的产生和发展

1. 产生时间

被子植物是植物界中进化水平最高、种类最多的大类群。在白垩纪以前尚未发现可靠的化石记录。达尔文也曾认为白垩纪以后被子植物的突然发展是一个可疑的问题。最古老的被子植物的花粉、果实、叶、木材等化石也仅发现于白垩纪早期，而且大多还是比较进化的化石。

我国孙革等于 1998 年在辽宁北票地区晚侏罗纪的地层中发现了被子植物辽宁古果（Sun et al)的植株、果实、种子和花粉的化石，证实了被子植物确定无疑地在白垩纪之前已经出现。辽宁古果化石不仅是目前为止世界上发现的最早的被子植物化石，而且也是最完整的被子植物化石。尽管如此，现在仍然不能完全确定被子植物最早出现的时间。由于它们发达的营养器官、完善的输导系统、双受精、产生果实和具有花被等特点，在侏罗纪和白垩纪早期裸子植物大量灭绝减少时，它们的数量还很少，但从晚白垩纪开始迅速发展起来，经历了极其复杂的各种自然环境的考验和改造，大大丰富了多样性,延续至今,一直保持着其绝对优势的地位。

2. 产生地点

关于被子植物的起源地点的争论集中在高纬度起源和低纬度起源这两种十分对立的观点中。

(1)高纬度起源说

认为被子植物是在北半球高纬度地区所谓北极大陆上首先出现,并通过三个方向向南分布:由欧洲向非洲南进;从欧亚大陆向南发展到中国和日本,再向南伸展到马来西亚、澳大利亚;由加拿大经美国进入拉丁美洲,最后扩散到全球。这一观点得到不少古植物学家和植物地理学家的支持,他们常常引证北极的"早"白垩纪植物区系的证据。可是通过对北极被子植物化石植物区系的研究,认为早白垩纪的北极区系并无被子植物的踪迹,因此,现在看来,这种主张证据不足。

(2)中、低纬度起源说

资料表明,大量被子植物化石在中、低纬度出现的时间实际上早于高纬度。如美国加利福尼亚早白垩纪发现的被子植物果实化石——加州洞核,同一时期,在加拿大的地层中却还无被子植物出现,加拿大直到早白垩纪晚期,才有极少数被子植物出现,其数量仅占植物总数的 $2\%\sim3\%$,而在美国早白垩纪晚期发现的被子植物,已占植物化石总数的 20% 左右。在亚洲北部和欧洲,被子植物出现的时代都比较晚。可见,被子植物是在中、低纬度首先出现,然后逐渐向高纬度地区扩展。

目前,多数学者支持后者,其根据是现存的以及化石的木兰类植物在亚洲的东南部和太平洋西南部占优势。中国学者吴征镒从中国植物区系研究的角度出发,提出整个被子植物区系早在第三纪以前发生,即在古生代统一的大陆上的热带地区发生,并认为"中国南部、西南部和中南半岛,在 $20°N\sim40°N$ 的广大地区,最富于特有的古老科属。这些第三纪古热带起源的植物区系即为近代东亚温带、亚热带植物区系的开端,这一地区就是它们的发源地,也是北美、欧洲等北温带植物区系的开端和发源地"。现代被子植物中多数较原始的科都集中分布在低纬度的热带。坎普(Camp)提出,在南美亚马孙河流域的平原地区热带雨林中的植物非常丰富,并有许多接近于被子植物的原始类型,而且被子植物可能起源于这一区域热带平原四周的山区。大陆漂移说和板块学说也支持低纬度学说。总之,目前支持被子植物起源的低纬度学说的人较多,证据也多一些,但并不能说这个问题已经有定论,还有许多问题需要进一步探讨。

3. 可能的祖先

被子植物从何而来,其祖先是什么? 这一问题也是植物系统学研究中充满争议的话题。由于被子植物种类庞杂,形态多变,分布广泛,确实很难用统一的特征将所有的被子植物归成同一类群。因此,对于被子植物可能的祖先,存在着各种不同的假说,主要有多元起源说、二元起源说和单元起源说。

(1)多元论(Polyphyletic/Pleiophyletic Theory)

维兰德(G. R. Wieland)、胡先辅、米塞(Meeuse)等人认为被子植物来自许多不相亲近的类群,彼此是平行发展的。维兰德于 1929 年提出了被子植物多元起源的观点,认为被子植物发生于中生代二叠纪与三叠纪之间,与一切裸子植物如科达树(cordaites)、银杏类、松杉类、苏铁类皆有渊源。我国学者胡先骕 1950 年在《中国科学》上发表了一个被子植物多元起源的新系统,认为双子叶植物从多元的半被子植物起源;单子叶植物不可能出自毛莨科,须上溯至半被子植物,而其中的肉穗花区直接出自种子蕨部髓木类,与其他单子叶植物不同源。米塞是当代被子植物多元起源的积极拥护者,甚至认为被子植物至少从四个不同的祖先类型发生。

（2）二元论（Diyhyleti Theory）

兰姆（Lam）和恩格勒（A. Engler）认为被子植物来自两个不同的祖先类群，二者不存在直接的关系，而是平行发展的。兰姆在他的分类系统中，把被子植物分为轴生孢子类（stachyosprae）和叶生孢子类（phyllosporae）二大类。前者起源于盖子植物（买麻藤目）的祖先。后者起源于苏铁类。埃伦多费尔（F. Ehrendofer）研究了木兰亚纲和金缕梅亚纲（包括菜荑花序类植物）的染色体，认为二者显著相似，也支持二者之间有密切的亲缘关系。

（3）单元论（Monophyletic Theory）

现代多数植物学家主张被子植物单元起源，哈钦森（Hutchinson J.）、塔赫塔间和克郎奎斯特等人是单元论的主要代表，认为现代被子植物来自一个前被子植物 proangiospermue），而多心皮类（polycarpicae），特别是其中木兰目比较接近前被子植物，有可能就是它们的直接后裔。塔赫塔间和克郎奎斯特提出被子植物的祖先可能是一群古老的裸子植物，并主张木兰目为现代被子植物的原始类型。多伊尔、马勒和佩克托瓦（Pacltova）通过对孢粉的研究支持这一观点。佩特-史密斯（Bate. Smith）对鞣花酸、鞣花单宁和拟桃叶珊瑚甙等有机化合物在现代被子植物中分布的研究，也支持木兰目为被子植物原始类群的观点。

而木兰目又是从哪一群原始的被子植物起源的呢？ 莱米斯尔（Lemesle）认为本内苏铁的孢子叶球常两性，稀单性，和木兰、鹅掌楸的花相似，种子无胚乳，有两个肉质的子叶；次生木质部的构造等亦相似。有人甚至把本内苏铁称为前被子植物，提出被子植物起源于本内苏铁。近年来，主张本内苏铁为被子植物直接祖先的渐趋减少。塔赫塔间认为，本内苏铁的孢子叶球和木兰的花的相似是表面的，被子植物起源于本内苏铁的可能性较小。他认为被子植物同本内苏铁目有一个共同的祖先，有可能从一群最原始的种子蕨起源。梅尔维尔（Meville）则强烈支持被子植物起源于舌羊齿的观点。

上述有关被子植物起源的各种假说和科学推论，一般都指双子叶植物，目前多数学者认为，单子叶植物是从已绝灭的最原始的草本双子叶植物演变而来的，是单元起源的一个自然分枝。然而单子叶植物的祖先是哪一群植物，现存单子叶植物中哪一群是代表原始的类型，意见亦不一致。主要有塔赫塔间和埃姆斯（Eames）的水生莼菜类起源说和哈钦森在哈利叶（Haller）工作的基础上，提出的陆生毛茛类起源说。

4. 主要学说

研究被子植物的系统演化，首先需要确定被子植物的原始类型和进步类型，对此存在两大学派的两种学说。一是恩格勒学派。该学派认为原始的被子植物为单性花、单被花和风媒花植物，次生的进步类型为两性花、双被花和虫媒花植物。其观点是建立在设想被子植物来源于具有单性花的高级裸子植物中的弯柄麻黄（印 hedra campylopoda）的基础之上的，这种理论称为假花学说（pseudanthium theory），如图 11-16A，B 所示。该学说是由恩格勒学派的韦特斯坦（Wettstein）建立的。依据该理论，被子植物中具有单性花的柔荑花序类植物是原始类型，甚至有人认为木麻黄科就是直接从裸子植物的麻黄科演化而来的。但该学说的观点受到多数学者反对。另一学派为毛茛学派。这一学派认为原始的被子植物具有两性花，是由已灭绝的具有两性孢子叶球的本内苏铁演化而来的，该理论称为真花学说（euanthium theory），具体可见图 11-16C，D 所示。依此理论，现代被子植物中的多心皮类，特别是木兰目植物为原始类群，即两性花、双被花和虫媒花为原始特征；单性花、单被花和风媒花为进步的次生特征。该学派以美国的柏施（Bessey）

和英国的哈钦松为代表。

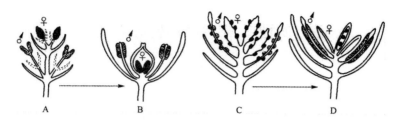

图 11-16　真花学说和假花学说示意图
A,B—假花学说示意图;C,D—真花学说示意图

　　由于各学派的理论和观点不同,因而提出了一些不同的被子植物分类系统,其中影响较大和较流行的为恩格勒系统、哈钦松系统、克朗奎斯特系统和塔赫他间系统。

　　近年来,从分子水平上研究种子植物的系统发育也取得了很大进展,为植物界的系统发育提供了有力的证据。

第 12 章　植物与环境的关系

12.1　环境概述

所有的生物都生存在一定的环境之中,它们与环境之间必然发生这样或那样的关系,植物也不例外。不同的环境中生长着不同的植物种类,同一种植物在不同的环境中其形态结构、生理过程等也会发生变化。植物与环境之间的相互关系是植物生态学研究的主题,它包括植物个体通过各种形态、生理生化机制去适应不同环境的过程,也包括植物群体对环境的改造作用。植物的种、种群、群落等就是在这一过程中发展变化着。

12.1.1　环境的概念

环境(environment)是指某一植物体或植物群体周围的空间,以及存在于该空间中的直接或间接影响该植物体或植物群体生存的一切事物的总和。环境是一个相对的概念,它总是针对某一特定主体或中心而言的,离开了这个主体或中心也就无所谓环境。在植物生态学中,主体就是植物的个体、种群、群落等。环境是由环境要素(environmental factor)组成的。

《中华人民共和国环境保护法》则从法学的角度对环境概念进行阐述:"本法所称环境是指影响人类生存和发展的各种天然的和经过人工改造的自然因素的总体,包括大气、水、海洋、土地、矿藏、森林、草原、野生生物、自然遗迹,人文遗迹、风景名胜区、自然保护区、城市和乡村等。"

环境是有大、小之别的,大到整个宇宙,小至化学分子。对栖息于地球表面的所有植物而言,整个地球表面就是它们生存和发展的环境。对某个植物群落来讲,环境就是指该群落分布区中影响该群落发生、发展的全部无机因素(如光、热、水、土壤、大气及地形等)和有机因素(动物、植物、微生物及人类)的总和。

12.1.2　环境的类型

环境是一个非常复杂的体系,至今尚未形成统一的分类系统。一般可按环境的主体、环境的性质、环境的范围等进行分类。

按环境的主体分有两种体系。一种是以人为主体,其他的生命物质和非生命物质都被视为环境要素,这类环境称为人类环境(human environment)。另一种是以生物为主体,生物体以外的所有自然条件称为环境。本教材采用这一分类方法。

1. 根据环境的性质分类

按环境的性质可将环境分为自然环境、半自然环境和人工环境 3 类。自然环境(natural environment)是自然形成的环境;半自然环境(semi-natural environment)是自然形成的但不断受到人工干预(管理),或者是人工建造的但建成后不再受干预的环境;人工环境(artificial environment)是人工建造但建成后还不断进行干预的环境。广义的人工环境是指在人类活动中,对生物生存的环境进行有意识管理下的环境,如农田、牧场、人工林,甚至人为保护下的自然保护区环境条件主要或全部由人为控制的环境,如航空舱,人工气候室、薄膜温室等。这些环境可以进行人为的调控,如根据热带植物的生长特点,对人工气候室的光照、温度、水分等进行调整。

人工环境对农林畜牧业生产和植物保护具有重要意义。大多数农林牧产品都直接或间接来自于人工环境,人们可以通过对农田的投入提高粮食产出;可以通过薄膜覆盖以保水、保温,育苗;可以通过调节温室环境获得反季节蔬菜、瓜果、鲜花。科研人员可以通过人工环境对影响植物的因子进行专门研究,可以及时获得研究材料。人工环境对于因环境的改变而将灭绝的植物进行保护提供了可能性。

2. 根据环境的范围大小分类

按环境的范围大小可将环境分为宇宙环境(或称星际环境)、地球环境、区域环境、微环境和内环境。宇宙环境(space environment)指大气层以外的宇宙空间。宇宙环境由广阔的空间和存在其中的各种天体以及弥漫物质所组成,它对地球环境产生着深刻的影响。太阳辐射是地球的主要光源和热源,为地球上的生物有机体带来了生机,推动了生物圈这个庞大系统的正常运转,因而,它是地球上一切能量的源泉。宇宙天体的变化影响着地球环境。例如,太阳黑子出现的数量同地球上的降雨量有明显的相关;月球和太阳运行影响着海洋的潮汐现象,并可引起风暴、海啸等自然灾害。

地球环境(earth environment)包括大气圈中的对流层、水圈、土壤圈、岩石圈和生物圈,又称为全球环境(global environment),也有人称为地理环境(geo-environment)。地球环境与人类及生物的关系尤为密切。其中,生物圈中的生物把地球上各个圈层的关系密切地联系在一起。

区域环境(regional environment)指占有某一特定地域空间的自然环境,它是由地球表面不同地区的 5 个自然圈层相互配合而形成的。不同地区形成各不相同的区域环境特点,分布着不同的植物和植物群落。

生境(habitat),又称栖息地,是植物生活的空间和其中全部生态因素的综合体,即植物生活的具体场所。因此,生境对植物具有更实际的意义。一般生境是以生态系统为单位,也有人称其为小环境(small environment)。

微环境(micro-environment)是指在小环境中,由于植物个体或群体周围的环境差异所形成的局部环境。

内环境(inner environment)指植物体内的组织或细胞间的环境,对植物体的生长和发育具有直接的影响,且不能为外环境所代替。例如,叶片内部直接与叶肉细胞接触的气腔、气室、通气系统等就是内环境的场所。

12.1.3　植物与环境的关系

1. 参与生物圈的形成,推动生物界发展

1875 年奥地利地质学家休斯(Suess)提出的"生物圈"概念,20 世纪 20 年代,苏联生物地球化学家维尔纳茨基注意到,地球表面化学物质的迁移和富集受生物活动的影响很大,他把充满生物活动的地球外壳称为"生物圈"(biosphere)。所以,生物圈是地球的一部分,是存在水、空气和土壤等维持生命活动所必需的物质的圈层。其范围上界从大气圈(atmosphere)对流层的顶部开

始,包括土壤圈(pedosphere)、岩石圈(lithosphere)的上层和整个水圈(hydrosphere),大约是地平面以上 23km 至海平面以下 12km。而生物的主体集中分布在地表上、下约 100m 的范围内。

地球上明显的生命活动出现于 25 亿～30 亿年前。生物的生命活动决定了地球上的土壤、水及大气圈的组成。光合生物,特别是绿色植物的发展,促进了大气圈成分的不断演化,逐渐形成了今天的大气圈。

早期的大气层中,只有水、二氧化碳、甲烷、硫化氢、氮、氨等,缺少与生命攸关的游离分子氧,因此当时出现的原始生命很可能是通过化学能合成或异养的生活方式以获得能量。当含光合色素的蓝藻和其他原始植物出现后,才能以大气中的二氧化碳为碳源,以水中的氢离子为还原剂,利用光能进行光合作用进而制造有机物,并释放出氧;再加上自然界中的紫外线长期对水的解离作用,使大气中氧的含量逐渐增加。从而为生物的生存和进一步发展提供了条件。以后,随着植物种类和数量的增加,氧气逐渐达到现在大气中的含量水平,环境条件更为改善,因此逐渐形成了丰富多彩的生物世界。

2. 天然基因库

在植物进化过程中,由于长期受到不同环境的影响,植物界形成了为基因片段控制的无数类型的遗传性状。数十万种植物,犹如一个庞大的天然基因库,蕴藏着丰富的种质资源,是自然界中最珍贵的财富。植物种质资源的良好保存和合理开发利用,对于植物的引种驯化、品种改良、抗性育种等方面将发挥出巨大作用。

3. 贮存能量,提供生命活动能源

太阳光能是一切生物生命活动过程中的能量源泉,但必须依赖绿色植物的光合作用,将光能转变成化学能并贮存于光合作用产物之中,才能被利用。绿色植物是自然界中的第一生产力,光合产物中的糖类,以及在植物体内进一步同化形成的脂类、蛋白质等物质,除了少部分消耗于本身生命活动之中,或转化为组成身体的结构材料之外,大部分贮藏于细胞中。当人类、动物食用绿色植物时,或异养生物从绿色植物死后的残骸上摄取养料时,贮存物质被分解利用,能量再度释放出来,为生命活动提供能源。存在于地下的煤炭、石油、天然气主要由远古绿色植物遗体经地质矿化而形成,都是人类生活上的重要能源物资。

4. 促进物质循环,维持生态平衡

自然界的物质始终处于不断运动之中。对于各种物质的循环,植物起着非常重要的作用。最为突出的是绿色植物在光合过程中释放氧气,不断补充动、植物呼吸和物质燃烧及分解时对氧气的消耗,维持了自然界中氧的相对平衡,保证了生物生命活动的正常进行。

碳是生命的基本元素。绿色植物进行光合作用时,需要吸收大量的二氧化碳以作为合成有机物的原料。而二氧化碳的补充,除了部分来自工业燃烧,火山爆发,动、植物的呼吸外,主要的来源是依靠非绿色植物对生物尸体分解时释放出的大量二氧化碳。长期以来,空气中的二氧化碳含量能够维持在相对稳定的水平,显然与植物的合成和分解作用的相对平衡密切相关。

再如,氮的循环中,植物也扮演着重要角色。固氮细菌和固氮蓝藻能将游离于空气中的分子态氮固定,转化成为植物能够吸收利用的含氮化合物;绿色植物吸入这些含氮化合物,进而合成蛋白质,建造自身或储积于体内;动物摄食植物又转而组成动物蛋白质。生物有机体死亡后,经

非绿色植物的腐败分解作用而放出氨,其中一部分氨成为铵盐为植物再吸收;另一部分氨可经工业氧化或经过土壤中广泛存在的硝化细菌的硝化作用,形成硝酸盐,而成为植物的主要可用氮源。环境中的硝酸盐也可由反硝化细菌的反硝化作用,再放出游离氮或氧化亚氮返回大气,以后,又可再被固定而利用。

此外,自然界中还有其他元素,如氢、磷、钾、铁、镁、钙以及一些微量元素,也多从土壤中被吸入植物体内,经过辗转变化,又重返土壤。总之,在物质循环中,只有通过植物、动物、微生物等生物群体的共同参与,才能使物质的合成和分解、吸收和释放协调进行,维持生态上的平衡和正常发展。

12.2　生态因子与植物的关系

12.2.1　生态因子的概念及类型

所谓生态因子(ecological factor)是指对植物有生态作用的环境因子,即环境中对植物的生长、发育、生殖和分布等有直接或间接作用的环境要素,如光、温度、水分、土壤营养成分以及其他相关生物等。在生态因子中对于植物生存所不可缺少的环境要素,也称植物的生存因子(survival factor)。

生态因子的类型多种多样,分类方法也不统一。传统的方法是把生态因子分为生物因子(biotic factor)和非生物因子(abiotic factor)。前者包括生物种内和种间的相互关系,后者则包括气候、土壤、地形等环境因子。

(1)非生物因子

气候因子(climatic factor)也称地理因子,包括光、温度、水分及空气等。根据各因子的特点和性质,还可再细分为若干因子。如光因子可分为光照度、光质和光周期等,温度因子可分为平均温度、积温、节律性变温和非节律性变温等。

土壤因子(soil factor)是气候因子和生物因子共同作用的产物,包括土壤结构、土壤的理化性质、土壤肥力和土壤生物等。

地形因子(topographic factor),如海拔高度、坡度、坡向和坡位等,它们通过影响气候和土壤,间接地影响植物的生长和分布。

(2)生物因子

生物因子(biologic factor),包括各生物种类之间的各种相互关系,如采食、寄生、竞争等;也包括同一种生物内部的关系。

人为因子(social factor,human factor)包括森林砍伐、放牧、开垦、旅游等经济活动。人类活动对自然界的影响越来越大,而且带有全球性,分布在地球各处的植物都直接或间接地受到人类活动的影响。

12.2.2　生态因子的特性

1. 综合性

生活于环境中的植物,必然受到环境中各因子的综合作用。一是植物的生长、繁殖需要能量和各种必需的环境物质(如光、水、营养物质等),需要生态因子作为生命活动的调节物(如温度、水等)。任何一个生态因子不可能孤立地对植物发生作用。像光、温、水、营养物质等植物生活不可缺少和不可替代的因子,称为植物的生存条件。二是植物在其生活的环境中,无论是必需的或非必需的生态因子都会对植物产生影响,如酸雨,空气污染物等。植物总是受到环境中各种生态因子的综合作用。

2. 主导因子作用

对植物起作用的诸多因子并不是等价的,而是在某一时段或在某一特殊环境中,总有一两个因子对植物的生长发育起着主要作用,这就是主导因子作用,起主导作用的因子为主导因子。如橡胶是热带雨林中的植物,其主导因子是高温高湿;仙人掌是热带稀树草原的植物,其主导因子是高温干燥。

3. 阶段性作用

某些生态因子在植物生长发育的某个阶段有着特殊作用,若这一作用不能得到满足,植物生长发育就会受阻,称作生态因子作用的阶段性。如光周期现象中的日照时间和植物春化阶段的低温因子就具有典型的阶段性作用。

4. 不可替代性和可调节性

生态因子虽然不是等价的,但都不可缺少,一个因子的缺失不能由另一个因子来代替,称作生态因子的不可替代性。但某一因子的数量不足,有时可以由其他因子来补偿。如光照不足引起光合作用的下降,可以 CO_2 浓度的增加得到补偿,被称作生态因子作用的可调节性。

5. 直接作用和间接作用

有些生态因子是直接对植物产生作用的,即生态因子的直接作用,这些生态因子叫做直接因子,如温度、水等;另一些生态因子对植物没有直接作用,是通过对其他因子的影响而间接地作用于植物,即生态因子的间接作用,这些生态因子叫做间接因子,如海拔、坡向等。

6. 限制性作用

1943 年,德国作物学家李比西(J. Liebig)在研究不同因子对作物生长的作用时发现,作物产量常常不是受环境中较充足的诸如水、CO_2 等大量需要的营养物限制,而是受土壤中储存数量很少,植物需要也少的微量元素硼所限制。即植物生长依赖那些表现为最低量的化学元素一最低量定律(Liebig's law of the minimum)。这个概念后来发展形成了限制因子(limiting factors)的概念,即有机体(包括种群或群落)的生长、发育、形成、分布、进化依赖于复杂的环境条件,任何一个因子处于最低量,或大于或小于它们的忍耐范围,都将限制其正常生长、发育、形成、分布、进化甚至影响到生存。这个因子被称为限制因子,具体可见图 12-1 和图 12-2 所示。

在图 12-1 中,当增加 A 因子(如光的强度)时,光合作用强度相应地增加。当 A 因子达到一定强度后,光合作用效率不再增强,此时,光合作用曲线将趋于水平(B_1),表明某个限制因子起抑制作用(此处是 CO_2 浓度)。当提高 CO_2 浓度到新水平时,光合作用又随光照强度增强而上升。上升到一定程度后又趋于停止(B_2),意味着又有某个限制因子在发生作用。但无论是 B_1 还是

B_2，随 A 因子持续加强将趋于下降。

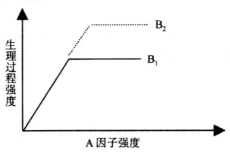

图 12-1　限制因子作用(武吉华等 1983)

谢尔福德耐受定理(Shelford's law of tolerance)。美国生态学家谢尔福德(V. E. Shelford)于 1913 年研究指出,生物的生存需要依赖环境中的多种条件,而且生物有机体对环境因子的耐受性有一个上限和下限,任何因子不足或过多,接近或超过了某种生物的耐受限度,该种生物的生存就会受到影响,甚至灭绝。这就是谢尔福德耐受定律。后来的研究对谢尔福德耐受定律也进行了补充:每种生物对每个生态因子都有一个耐受范围,耐受范围有宽有窄;对所有因子耐受范围都很宽的生物,一般分布很广;生物在整个发育过程中,耐受性不同,繁殖期通常是一个敏感期;在一个因子处在不适状态时,对另一个因子的耐受能力可能下降;生物实际上并不在某一特定环境因子最适的范围内生活,可能是因为有其他更重要的因子在起作用。

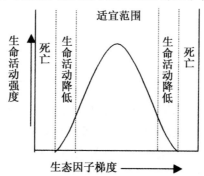

图 12-2　生态因子对植物的作用(武吉华等 1983)

12.2.3　光对植物的生态作用

植物生长环境中的温度、水分、光照、土壤和空气等因子都对植物的生长发育起着重要的生态作用。生态系统中各生态因子对植物的影响是综合的,各生态因子之间既相互联系又相互制约。比如温度的高低和地面相对湿度的高低受光照度的影响,而光照度又受大气湿度和云雾的影响。尽管如此,各生态因子对植物的生态作用是不同的。

光是地球上所有生物得以生存和繁衍最基本的能量源泉,地球上生物生活所必需的全部能量,都直接或间接地源于太阳光。光本身又是一个十分复杂的环境因子,太阳辐射的强度、质量及其周期性变化对植物的生长发育和地理分布都产生着深刻的影响,而植物本身对这些变化的光因子也有着极其多样的反应。

1. 光质的作用

太阳光是由波长范围很广的电磁波所组成的,其中可见光具有最大的生态意义,因为只有可见光才能在光合作用中被植物所利用并转化为化学能。另外,紫外线对人和生物有杀伤作用,一般紫外线被大气圈上层的臭氧所吸收。全部太阳辐射中,红外光区约占50%～60%,紫外光部分约占1%,其余的都是可见光部分。

光质(light spectrum)就是指光谱成分,它的空间变化规律是短波光随纬度增加而减少,随海拔升高而增加;长波光则与之相反。光质的时间变化规律是冬季长波光增多,夏季短波光增多;一天之内中午短波光较多,早、晚长波光较多。不同波长的光对植物有不同的作用。植物叶片对可见光区中的红橙光和蓝紫光的吸收率最高,因此这两部分称为生理有效光;绿光被叶片吸收极少,称为生理无效光。植物叶片对太阳光的吸收、反射、透射的程度与太阳光的波长有直接关系,并与叶片的厚度、结构、颜色深浅以及叶表面的性状有关。表12-1所示为太阳辐射不同波长范围对植物生命的效应。

表 12-1　太阳辐射不同波长范围对植物生命的效应

光谱区	波长(nm)	百分数(%)	光合作用	辐射的效应		
				形态建成	光害	热
紫外线	290～380	0～4	不重要	轻微	重要	不重要
光合作用有效范围	380～710		重要	重要	轻微	
红外线	750～4000	21～46	不重要	重要	不重要	重要
长波辐射	4000～100000	50～79	不重要	不重要	不重要	重要

当太阳光透过森林生态系统时,因植物群落对光的吸收、反射和透射,到达地表的光照度和光质都大为改变,红橙光和蓝紫光也所剩无几。因此,生长在生态系统不同层次的植物对光质的需求是不同的。太阳光通过水体时,光质改变更为强烈。水对光有很强的吸收和反射作用。水所反射的光的波长为420～550nm,所以水多呈淡绿色,湖水以黄绿色占优势,深水多呈蓝色,海洋中以微弱的蓝绿色为主。

此外,水中的溶解物质、悬浮的土壤和碎屑颗粒以及浮游生物也能吸收和散射光线,所以水体中光的减弱程度,与水体的混浊度也有关。水体中的光照强度则随水深的增加呈对数下降,在纯海水的100米深处,光强仅有水面的7%。一般沉水的维管植物可以在水下5～10米处生存,10米以下就很少有维管植物生长。但有些藻类(如红藻)可以生活在20～30米深的海水中,这是因为红藻的藻红素对深水中的短波光(蓝绿光)有补色效应,这是植物在长期演化过程中对深水中光质变化的生理适应。

2. 光照度的作用

光照度(1ight density)的空间变化规律是随纬度的增加而减弱,随海拔升高而增强,并随坡向和坡度的变化而变化。一般南坡的光照度都比北坡大,且坡度越大差异越显著。光照度的时间变化规律是一年中以夏季光照度最大,冬季最小,一天中以中午光照度最大,早晚最小。在一个生态系统的内部,光照度也有明显的变化,如在陆地生态系统中光照度一般自上而下逐渐减弱,在水生生态系统中则是随水深的增加而迅速递减。

光照度对植物的生长发育和形态结构的建成有重要作用,同时对果实的品质有正面促进作用。根据植物与光照度的关系,可以把植物分为阳生植物、阴生植物和耐阴植物 3 种生态类型。

(1)阳生植物

阳生植物(heliophyte)是指在强光环境中才能生长发育良好、在荫蔽或弱光条件下生长发育不良的植物。阳生植物多生长在光照条件好的地方,一般需光度为全日照的 70% 以上,它们光的补偿点和光饱和点较高,光合和代谢速率也较高。常见种类有蒲公英、松、杉、杨、柳和槐等。

(2)阴生植物

阴生植物(sciophyte)是指在较弱的光照条件下比在强光条件下生长良好的植物,一般需光度为全日照的 5%~20%,不能忍受过强的光照。它们的光补偿点和光饱和点均较低,光合和呼吸的速率也较低,多生长在潮湿背阳的地方或森林的下层。常见种类有连钱草、铁杉、红豆杉和紫果云杉等。很多药用植物,如人参、三七、半夏等也属于阴生植物。

(3)耐阴植物

耐阴植物(shade-enduring plant)是介于上述两类植物之间的种类。其对光照的适应幅度较大,在全日照条件下生长良好,但也能忍耐适度的荫蔽,或是在生育期间需要轻度的遮阴。如青冈属、山毛榉、云杉、桔梗、黄精、山楂、珍珠梅和党参等。

植物的耐阴性是相对的,其喜光程度与纬度、气候、年龄、土壤等条件有密切关系。在低纬度的湿润、温热气候条件下,同一种植物要比在高纬度较冷凉气候条件下耐阴。如红椆(castanopsis hystrix)在桂北(北纬 25°)为阴性树种,到了闽北(北纬 27°)成为较喜光树种。在山区,随着海拔高度的增加,植物喜光度也相应增加。

阳生植物和阴生植物在植株的生长状态以及茎、叶的形态结构和生理特征上都有明显的差异。

3. 日照长度的作用

日照长度(day hours)是指白昼的持续时数或太阳的可照时数。在北半球,从春分到秋分是昼长夜短,夏至昼最长;从秋分到春分是昼短夜长,冬至夜最长。在赤道附近,终年昼夜平分。纬度越高,夏半年(春分到秋分)昼越长而冬半年(秋分到春分)昼越短。两极地区则夏半年是白天,冬半年是黑夜。日照长度对植物的开花有重要影响,日照长度的作用使植物的开花具有光周期现象(photoperiod)。日照长度还对植物的休眠以及地下贮藏器官的形成有明显的影响。根据植物与日照长度的关系,可以将其分为 4 类:长日照植物、短日照植物、中日照植物和中性日照植物。

(1)长日照植物

长日照植物(long day plant)指只有当日照长度超过其临界日长时才能开花的植物,否则只进行营养生长,不能形成花芽。常见的种类有牛蒡、紫菀、凤仙花等;作物中有冬小麦、大麦、菠菜、油菜、甜菜、甘蓝和萝卜等。人为延长光照时间可促使这些植物提前开花。

(2)短日照植物

短日照植物(short day plant)指只有当日照长度短于其临界日长时才能开花的植物,否则只进行营养生长。常见的有牵牛、苍耳、菊花等;作物中有水稻、大豆、玉米、烟草、麻和棉等。这类植物通常在早春或深秋开花。

（3）中日照植物

中日照植物（intermediate day plant）指只有当昼夜长短比例接近于 1 的时候才能开花的植物。如甘蔗要求日照长度在 12.5h 左右才能开花。

（4）中性日照植物

中性日照植物（neutral day plant）指只要其他条件适合，在不同的日照长度下都能开花的植物。如黄瓜、番茄、四季豆、番薯和蒲公英等。

光周期现象与植物的地理分布有关。地球上不同纬度的光周期是不一样的，在不同的环境中形成了相应的植物。短日照植物大多产于热带或亚热带；长日照植物大多产于温带和寒带。

如果把短日照植物北移，由于日照时数增加，会延迟休眠的起始时间，易使植物受到冻害，其开花也可能因为长光周期而受到限制；如果长日照植物南移，会由于长日照条件不足，不会开花。了解植物的光周期现象，对植物的引种驯化、花卉培育等工作十分重要。

12.2.4　温度对植物的生态作用

1. 温度对植物影响概述

温度是植物极为重要的生态因子之一。地球表面温度变化很大，空间上，温度随海拔升高、纬度（北半球）的北移而降低；随海拔的降低、纬度的南移而升高。时间上，一年中有季节的变化，一天中有昼夜的变化。北半球的亚热带和温带地区，夏季温度较高，冬季温度较低，春、秋两季适中；一天中的温度昼高于夜，最低值发生在将近日出时，最高值一般在 13～14 时，日变化曲线呈单峰型。

植物属于变温类型，植物体温度通常接近气温（或土温），随环境温度的变化而变化，并有一滞后效应。生态系统内部的温度也有时空变化。在森林生态系统内，白天和夏季的温度比空旷地面要低，夜晚和冬季相反；但昼夜及季节变化幅度较小，温度变化缓和，随垂直高度的下降，变幅也下降；生态系统结构越复杂，林内外温度差异越显著。

温度的变化直接影响着植物的光合作用、呼吸作用、蒸腾作用等生理作用。每种植物的生长都有最低温度、最适温度和最高温度，称为温度的三基点。任何植物都是生活在具有一定温度的外界环境中并受着温度变化的影响。首先，植物的生理活动、生化反应，都必须在一定的温度条件下才能进行。一般而言，温度升高，生理生化反应加快、生长发育加速；温度下降，生理生化反应变慢，生长发育迟缓。当温度低于或高于植物所能忍受的温度范围时，生长逐渐缓慢、停止，发育受阻，植物开始受害甚至死亡。其次温度的变化能引起环境中其他因子如湿度、降水、风、水中氧的溶解度等的变化，而环境诸因子的综合作用，又能影响植物的生长发育、作物的产量和质量。

2. 节律性变温对植物的影响

节律性变温就是指温度的昼夜变化和季节变化两个方面。昼夜变温对植物的影响主要体现在：能提高种子萌发率，对植物生长有明显的促进作用，昼夜温差大则对植物的开花结实有利，并能提高产品品质。此外，昼夜变温能影响植物的分布，如在大陆性气候地区，树线分布高，是因为昼夜温差大的缘故。植物适应于温度昼夜变化称为温周期，温周期对植物的有利作用是因为白天高温有利于光合作用，夜间适当低温使呼吸作用减弱，光合产物消耗减少，净积累增多。

温度的季节变化和水分变化的综合作用，使植物产生了物候这一适应方式。例如，大多数植物在春季温度开始升高时发芽、生长,继而出现花蕾;夏秋季高温下开花、结实和果实成熟;秋末低温条件下落叶,随即进入休眠。这种发芽、生长、现蕾、开花、结实、果实成熟、落叶休眠等生长、发育阶段,称为物候期。物候期是各年综合气候条件(特别是温度)如实、准确的反映,用它来预报农时、害虫出现时期等,比平均温度、积温和节令十分准确。

3. 极端温度对植物的适应

(1)植物对低温环境的适应

长期生活在低温环境中的植物通过自然选择,在形态、生理方面表现出很多明显的适应。在形态方面,北极和高山植物的芽和叶片常受到油脂类物质的保护,芽具鳞片,植物体表面生有蜡粉和密毛,植物矮小并常成匍匐状、垫状或莲座状等。这种形态有利于保持较高的温度,减轻严寒的影响。在生理方面,生活在低温环境中的植物常通过以减少细胞中的水分和增加细胞中的糖类、脂肪和色素等物质来降低植物的冰点,增加抗寒能力。

(2)植物对高温环境的适应

植物对高温环境的适应也表现在形态、生理两个方面。如有些植物生有密绒毛和鳞片,能过滤一部分阳光;有些植物体呈白色、银白色,叶片革质发亮,能反射一大部分阳光,使植物体免受热伤害;有些植物叶片垂直排列使叶缘向光或在高温条件下叶片折叠,减少光的吸收面积;还有些植物的树干和根茎生有很厚的木栓层,具有绝热和保护作用。植物对高温的生理适应主要是降低细胞含水量,增加糖或盐的浓度,这有利于减缓代谢速率和增加原生质的抗凝结力。其次是靠旺盛的蒸腾作用避免使植物体因过热受害。还有一些植物具有反射红外线的能力,夏季反射的红外线比冬季多,这也是避免使植物体受到高温伤害的一种适应。

4. 温度对植物分布的影响

由于温度能影响植物的生长发育,因而能制约植物的分布。影响植物分布的温度条件有年均温以及最冷月和最热月的均温、积温、极端温度(最高、最低温度)等。极端低温对植物分布的限制作用比极端高温更明显。根据植物分布与温度的关系,可将植物分为两种生态类型,即广温植物和窄温植物。广温植物(eurytherm)指能在较宽的温度范围内生活的植物。如松(Pinus)、桦(Betula)、栎(Querus)等属的植物能在−5℃～55℃的温度条件下生活,因此它们分布广,是广布种。窄温植物(stenotherm)指只能在很窄的温度范围内生活,不能适应温度变动较大的植物。其中仅能在低温范围内生长发育而最怕高温的植物,称为低温窄温植物,如雪球藻、雪衣藻只能在冰点的温度范围内发育繁殖;仅能在高温条件下生长发育而最怕低温的植物,称为高温窄温植物,如椰子、可可等只分布在高温的热带地区。

12.2.5　水对植物的生态作用

1. 水对植物的影响概述

水分是植物体的重要组成部分。一般植物体都含有 60%～80%,甚至 90% 以上的水分。植物对营养物质的吸收和运输,以及光合、呼吸、蒸腾等生理作用,都必须有水分的参与才能进行。水是植物生存的物质条件,也是影响植物形态结构、生长发育、繁殖及种子传播等重要的生态因子。

水与植物的生产量有着十分密切的关系。所谓需水量就是指生产 1g 干物质所需的水量。一般说来,植物每生产 1g 干物质约需 300～600g 水。不同种类的植物需水量是不同的,凡光合作用效率高的植物需水量都较低。当然,植物需水量还与其他生态因子有直接关系,如光照强度、温度、大气湿度、风速和土壤含水量等。植物的不同发育阶段吸水量也不相同。

2. 水分对植物生态类型的影响

地球上的水以 3 种方式实现其流动和再分配:一是大气环流,二是洋流,三是江河水流。并以水循环维持着地球上各地的水分平衡。降水在通过生态系统时进行着再分配,这种作用随植物群落结构的复杂程度增加而增大。地球上的生态系统可以分为两大类,一类是水生生态系统(aquatic ecosystem),另一类是陆生生态系统(terrestrial ecosystem)。由于长期生活在不同的生态系统中,植物也形成了不同的生态类型。

(1)水生植物

水生植物(aquatic plant)指生长在水中的植物。其适应特点是体内有发达的通气系统,以保证氧气的供应;叶片常呈带状、丝状或极薄,有利于增加采光面积以及对 CO_2 和无机盐的吸收;植物体具有较强的弹性和抗扭曲能力,以适应水的流动。根据生境中水的深浅不同,水生植物可以分为沉水植物、浮水植物和挺水植物 3 类。

①沉水植物(submerged plant)是指整株植物沉没在水下,为典型的水生植物,如苦草、菹草、金鱼藻(Hottonia)和黑藻等。

②浮水植物(floating-leaved plant)是指叶片漂浮在水面的水生植物,分为完全漂浮的不扎根的浮水植物和扎根的浮水植物,前者如槐叶萍属(Salivinia)、满江红属(Azolla)、浮萍属(Lemna)等,后者如睡莲、眼子菜、莼菜等。

③挺水植物(emerged plant)是指那些根、下部茎,有的还包括部分下部叶浸没于水中,而上部的茎叶挺伸出水面以上的植物,如芦苇、香蒲等。

(2)陆生植物

陆生植物(terrestrial plant)指生长在陆地上的植物,包括湿生植物、中生植物和旱生植物 3 类。

①湿生植物(hydrophyte)指在潮湿的环境中生长,不能长时间忍受缺水的植物。可分为阴性湿生植物和阳性湿生植物。前者要求光照较弱的潮湿环境,主要分布在茂密森林的下层,以草本植物多见,如雨林中的多种附生植物、秋海棠等;后者要求光照较强的潮湿环境,如水稻、灯心草、半边莲、毛茛、泽泻等。

②中生植物(mesophyte)指生长在干、湿条件适中的环境中的陆生植物,是种类最多、分布最广和数量最大的陆生植物。

③旱生植物(xeric plant)指在干旱的环境中生长,能忍受较长时间干旱的植物,主要分布在干热草原和荒漠地区,又可分为少浆液植物和多浆液植物两类。少浆液植物的叶面积小,根系发达,原生质渗透压高,含水量极少。如骆驼刺的地上部分只有几厘米,而地下部分深达 15m,根系扩展范围可达 623m。我国的黄土高原地区土层深厚,一些树种的根系可以扎得很深,如柽柳的根可长达 30m。多浆液植物有发达的储水组织,多数种类的叶片退化而由绿色的茎代行光合作用。如北美的仙人掌可高达 15～20m,储水 2000kg 以上。

3. 水对植物的不利影响

水对植物的不利影响主要是旱害和涝害两种。旱害(drought)主要是由大气干旱和土壤干旱引起的,由于水分缺乏,植物体内的生理活动受到阻碍,水分平衡失调。轻则使植物生殖生长受阻、抗病虫害能力减弱、产品品质下降,重则导致植物长期处于萎蔫状态而死亡。一般植物有一定的耐旱和抗旱能力,但抗旱能力的大小差异很大。涝害(flood)则是因土壤水分过多和大气湿度过高而引起的,淹水条件下土壤严重缺氧、CO_2 积累,使植物的生理活动和土壤中微生物活动失常、土壤板结、养分流失或失效、植物产品品质下降。植物对水涝也有一定的适应性,如根系的木质化增加、形成通气组织等。

12.2.6　土壤对植物的生态作用

土壤(soil)是岩石圈表面的疏松表层,是陆生植物生活的基质,植物生长离不开土壤。土壤对植物最明显的作用之一就是提供植物根系生长的场所。没有土壤,植物就不能直立,更谈不上生长发育。根系在土壤中生长,土壤提供了植物生活必需的营养和水分,是生态系统中物质与能量交换的重要场所。由于植物根系与土壤之间具有极大的接触面,在土壤和植物之间进行着频繁的物质交换,彼此影响强烈,因而土壤是植物的一个重要生态因子。土壤具有满足植物对水、肥、气、热的需求的能力,称为土壤肥力(soil fertility)。

土壤为植物提供必需的营养和水分。土壤的形成从开始就与生物的活动密不可分,所以土壤中总是含有多种多样的生物,如细菌、真菌、放线菌、藻类、原生动物、轮虫、线虫、蚯蚓、软体动物和各种节肢动物等,少数高等动物(如鼹鼠等)终生都生活在土壤中。据统计,在一小勺土壤里就含有亿万个细菌,25 克森林腐植土中所包含的霉菌如果一个一个排列起来,其长度可达 11000米。可见,土壤是生物和非生物环境的一个极为复杂的复合体,土壤的概念总是包括生活在土壤里的大量生物,生物的活动促进了土壤的形成,而众多类型的生物又生活在土壤之中。

1. 土壤物理性质与作用

土壤是由固体、液体和气体组成的三相系统,其中固体颗粒是组成土壤的物质基础,占土壤总重的 85% 以上。根据固体颗粒的大小,可以把土粒分为以下几级:粗沙(颗粒直径 0.2mm～2.0mm)、细沙(颗粒直径 0.02mm～0.2mm)、粉沙(颗粒直径 0.002mm～0.02mm)和黏粒(颗粒直径 0.002mm 以下)。这些大小不同的固体颗粒的组合百分比称为土壤质地或土壤的机械组成。

根据土壤质地的不同,土壤可分为沙土、壤土和黏土 3 大类。

①沙土类(sandy soil):土壤以粗沙和细沙为主,粉沙和黏粒比例小。土壤黏性小、孔隙多,通气透水性强,保水、保肥能力差,易干旱。

②黏土类(clay soil):土壤以粉沙和黏粒为主,质地黏重,结构致密,保水、保肥能力强,但孔隙小,通气透水性能弱,湿时黏,干时硬,易板结。

③壤土类(loamsoil):土壤质地比较均匀,既不松又不黏,其中沙粒、粉沙和黏粒所占比例大致相等,通气透水性能好,并具一定的保水、保肥能力,是比较理想的农作土壤。

土壤结构(soil structure)是指固体颗粒的排列方式和孔隙度以及团聚体的数量、大小和稳定性。它可分为微团粒结构(颗粒直径<0.25mm)、团粒结构(颗粒直径 0.25～10mm)以及比团

粒结构更大的各种结构。具有团粒结构的土壤是结构良好的土壤,它能协调土壤中的水分、空气和营养物质之间的关系,统一保肥和供肥的矛盾,有利于根系活动以及吸收水分和养分,为植物的生长发育提供良好的条件。

土壤水分(soil water)能直接被植物根系所吸收。土壤水分的适量增加有利于各种营养物质的溶解和转移,有利于磷酸盐的水解和有机态磷的矿化,这些都能改善植物况。土壤水分还能调节土壤温度。土壤水分过多或过少都会影响植物的生长。

土壤空气(soil air)中的成分与大气是不同的,且不如大气稳定。土壤空气中的含氧量一般只有 $10\%\sim12\%$,在土壤板结、积水、透气性不良的情况下可降到 10% 以下,此时,植物根系的呼吸会受到抑制,从而影响植物的生理功能。土壤空气中 CO_2 的含量比大气高几十至几百倍,其中一部分可扩散到近地面的大气中被植物叶片的光合作用吸收,一部分可直接被根系吸收。但在通气不良的土壤中,CO_2 的含量常可达 $10\%\sim15\%$,这不利于植物根系的发育和种子萌发,CO_2 的进一步增加会对植物产生毒害作用,破坏根系的呼吸功能,甚至导致植物窒息死亡。通气不良的土壤会抑制好气性微生物,减缓有机物的分解,减少植物可利用的营养物质;但若过分通气又会使有机物的分解速率太快,使土壤中腐殖质数量减少,不利于养分的长期供应。

土壤温度(soil temperature)能直接影响植物种子的萌发和实生苗的生长,还影响植物根系的生长、呼吸和吸收能力。大多数植物在 $10℃\sim35℃$ 时生长速度随土壤温度的升高而加快。土壤温度对土壤微生物的活动、土壤气体交换、水分的蒸发、各种盐类的溶解度以及腐殖质的分解都有显著影响。土壤温度具有随季节变化、日变化和垂直变化的特点。

2. 土壤化学性质与作用

(1)土壤酸碱度对植物的影响

我国一般把土壤酸碱度分成五级:pH<5 为强酸性;pH 5～6.5 为酸性;pH 6.5～7.5 为中性;pH 7.5～8.5 为碱性;pH>8.5 为强碱性。

酸性土壤植物在碱性土或钙质土上不能生长或生长不良。它们分布在高温多雨地区,土壤中盐质如钾、钠、钙、镁被淋溶,而铝的浓度增加,土壤呈酸性。另外,在高海拔地区,由于气候冷凉,潮湿,以针叶树为主的森林区,土壤含灰分较少,也呈酸性。生长于这种土壤中的植物如柑橘类、山茶、肉桂、高山杜鹃等属于酸性植物。

土壤中含有碳酸钠、碳酸氢钠时,则 pH 可达 8.5 以上,称为碱性土。如土壤中所含盐类为氯化钠、硫酸钠,pH 呈中性。能在盐碱土上生长的植物叫耐盐碱植物,如新疆杨、木槿、油橄榄、木麻黄等。

土壤中含有游离的碳酸钙称钙质土,有些植物在钙质土上生长良好,这类植物称为"钙质土植物"(喜钙植物),如南天竺、柏木、青檀、臭椿等。

(2)土壤有机质对植物的影响

土壤有机质(soil organic matter)是土壤的重要组成部分,它包括腐殖质和非腐殖质两大类。腐殖质是土壤微生物在分解有机质时重新合成的多聚体化合物,占土壤有机质的 $85\%\sim90\%$,对植物的营养有重要的作用。土壤有机质能改善土壤的物理和化学性质,有利于土壤团粒结构的形成,从而促进植物的生长和养分的吸收。

一般说来,土壤有机质的含量越多,土壤动物的种类和数量也越多,因此在富含腐殖质的草原黑钙土中,土壤动物的种类和数量极为丰富,而在有机质含量很少并呈碱性的荒漠地区,土壤动物非常贫乏。

(3)土壤无机元素对植物的影响

植物的无机元素(inorganic elements)主要从土壤中摄取。植物生长发育不可缺少的营养元素有 13 种是土壤供给的:N、P、K、S、Ca、Mg、Fe、Mn、Mo、Cl、Cu、Zn 及 B。这些无机元素主要来自土壤中的矿物质和有机质的分解。腐殖质是无机元素的储备源,通过矿化作用缓慢释放可供植物利用的元素。通过合理施肥改善土壤的营养状况是提高植物产量的重要措施。

12.2.7　风对植物的生态作用

风是因大气和地表温度的地区差异而引起的气压差异,导致空气从气压高处向气压低处的运动。它从湖泊和海洋向内陆传送水蒸气,保证了降水的供应,也是海洋性气候和大陆性气候构成的一个重要原因。风对裸露的土壤具有侵蚀作用,并可改变土壤肥力。

1. 风对繁殖体的散播

风是许多植物花粉的传播者。像松树、杨树、柳树等都是靠风来传播花粉的(风媒花植物),生长在凉爽和寒冷气候中的大多数树木是风媒植物。风媒植物的花粉量远比动物传粉的要大得多。风是许多植物种子、孢子,甚至是无性繁殖体的传播者。这类植物也有适应于风传播的特征,象榆树、槭树、白腊树等植物果实都有翅;菊科、杨柳科等植物果实或种子的外面有毛;孢子植物的孢子、兰科等植物的种子都非常小而轻,风可以将它们传播稚远。一些植物活的枝条脱落后,如被风传播到适宜的环境中可以生根成活,形成新的植株。还有些生长在沙漠、草原等地的植物在种子成熟后整株折断,并随风滚动传播种子(风滚植物)。

2. 风对植物生理过程的影响

风对植物与大气之间的气体交换有显著影响,它加速了植物 CO_2 和 O_2 的交换速率;夜间风还减少了群落内,特别是森林群落内 CO_2 的夜间积累,降低了早晨植物能光合作用效率。

风加速了植物的蒸腾作用,风使蒸腾作用加大和吹走植物周围的暖空气,具有降低体温的作用,这对炎热环境中的植物防止高温危害是有利的,但对寒冷环境中的植物可能会因温度降低而产生危害。

风所携带的物质有时会对植物生长产生严重影响。在沿海多风地区,风所携带的盐或沙粒可以"杀死"暴露在风中的叶和芽;风将工业污染物运移到其他地区,使其他地区的植物受到伤害,有的甚至造成林木的成片死亡。

3. 风对植物形态的影响

在一些地区风对植物的形态具有明显的影响。长期在干燥性风影响下生长的植物,细胞常不能得到足够的水分扩大体积,细胞分裂受到抑制,使植物发生矮化。另外,寒冷环境中的风使植物生长速率下降,也是植物矮化的原因之一。

植物迎风面的芽和叶常因风的干燥而死亡,背风面的影响则小,结果导致树冠变形,形成旗形树。风速超过 10m/s 就会引起树木、作物等风倒(连根拔起)和风折(树干斩断)。一般浅根性植物比深根性植物容易发生风倒。

并且灌木和森林群落具有降低风速,防止风害的作用。一般来说,靠近地面水平方向运动的风,在群落的迎风面约林带高度 5 倍距离的地方,风速就开始下降。达到群落的风,一部分风上升,从群落上部越过,在群落高 10～15 倍距离的地方着陆,风速开始回升。另一部分风直接穿过群落,植被粗糙的表面形成了巨大的摩擦面,使风速很快下降。灌木和森林群落降低风速的程度,主要决定于树种、林分结构和林分密度。

植被还具有减少土壤风蚀,截获吹沙的作用。植被,尤其是森林植被,可防止冬季积雪被风吹走,从而得以保持地温及为植物提供水分(春夏季雪融),这对一些地区的农业生产具有重要意义。

12.3　植物种群生态

种群(population)是指一个生态系统中或一定区域内同一种植物的个体综合。如北京东灵山的油松种群、四川卧龙自然保护区的云杉种群等。一个种群比植物个体对自然界有更大的适应能力,它们可以有效地抵御不良环境条件、共同对付天敌等。种群具有一定的数量和大小,占据一定的空间;种群具有一定的遗传组成,是一个基因库,但同一个种的不同地理种群存在着基因差异;种群是一个自组织、自调节的系统,是植物个体所不具备的。研究植物种群与环境关系的科学称为植物种群生态学(plant population ecology)。

12.3.1　植物种群的特征

1. 密度与多度

密度(density)是指单位面积或单位空间内植物种群的个体数,而多度(abundance)是指一个区域或一个生态系统中植物种群个体的总数。密度和多度有关系,都是反映个体数量的特征。植物种群的密度和多度受环境影响较大。

2. 频度与分布格局

频度(fequency)是反映植物种群的个体在系统中分布均匀程度的指标,用植物个体出现的样方百分数表示,与种群分布格局有密切关系。种群分布格局(distribution pattern)就是种群的空间分布规律。种群分布格局一般有 3 种类型:随机分布(random distribution)、均匀分布(uniform distribution)、集群分布(clumped distribution),如图 12-3 所示。随机分布是指植物个体出现在系统中任何位置的概率是相等的;均匀分布是指植物个体之间的分布距离是一致的,也称为规则分布(regular distribution);集群分布是指植物个体成群分布。自然界中集群分布最为常见,随机分布也有,均匀分布一般只见于人工生态系统,如农田、果园、人工林等。

均匀分布　　　　　随机分布　　　　　集群分布

图 12-3　种群分布格局的 3 种类型

3. 年龄结构

种群的年龄结构(age structure)是指不同年龄的植物个体在种群内的比例或配置情况,它反映种群的动态增长潜力。如果按年龄级(如 0—4 龄、5—9 龄、10—14 龄等)统计各年龄组的个体数占总数的百分比,并从幼龄到老龄作图,就得到年龄金字塔(age pyramid)。根据繁殖年龄和其他各年龄级个体的多少可将种群年龄结构分为 3 种类型:增长型、稳定型和衰退型,如图12-4所示。增长型种群(increasing population)表示种群中有大量幼体和极少数老年个体,其繁殖率大于死亡率,是一个迅速增长的种群。稳定型种群(stable population)表示种群的繁殖率和死亡率大致相平衡,种群稳定。衰退型种群(declining population)则显示种群中的幼体比例减少而老年个体比例增加,种群个体数量趋于下降。研究种群的年龄结构对于了解种群的密度、预测其未来的发展趋势以及采取相应的管理措施等具有重要意义。

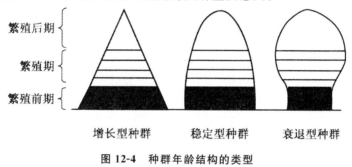

图 12-4 种群年龄结构的类型

4. 性比

性比(sex ratio)是指雌雄异株的植物种群中雄性个体数与雌性个体数的比例。通过性比调控可以增加产量。

植物所具有的表现型特征(生理、形态特征)从根本上说都是由植物内在基因型(遗传组成)所控制,同时受到环境条件不同程度的影响。任何一个种群,其各个个体基因型的相对稳定性是种群繁殖的基础。但是,各个个体的基因型并不是完全相同的,因而它们各自的表现型在很多情况下也常常有些差异。种群内在的生存和繁殖差异(变异),使得那些能比较好地适应环境的个体产生更多的后代,结果使种群更适应于环境。如果环境条件随时间发生变化,优良的基因型将能较好地适应新环境,并在自然选择中,种群的遗传组成将发生变异,从而产生适应性更强的表现型。物种或种群的遗传组成随时间而发生变化的过程就是进化(evolution)。

大多数植物不是都生长在环境条件完全相同的地方,而是有一个环境条件差异较大的地理分布范围。由于长期受到不同环境条件的影响,同种植物的不同个体群都朝着适应各自环境条件的方向发展,导致了不同个体群之间变异。如果这些变异能够遗传,就形成了在同一个种分化成为不同的个体群类型。这些不同的个体群称为生态型。人们常常根据导致生态型产生的主导生态因子把生态型划分为气候生态型、土壤生态型和生物生态型三种类型。

同一物种的不同生态型之间不存在生殖隔离,即可以相互杂交,有时所产生的杂交后代比双亲更具有活力。这种现象称为杂交优势。农林畜牧业上常利用远缘杂交的方式来培育新品种。

12.3.2　种群动态

种群增长是指随时间变化种群个体数目增加的情况,体现种群的动态特征。

1. 种群增长影响因素

影响植物种群增长的因素主要是种群繁殖和种子萌发。繁殖(reproduction)分营养繁殖(vegetative reproduction)和有性生殖(sexual reproduction),前者可直接增加个体数量,而后者产生种子,只有待种子萌发长出幼苗才能产生新个体。繁殖能否使种群的个体数量增加取决于种群的出生率和死亡率之间的对比关系。种群出生率的大小决定于种群的生物学特性和种群中具繁殖能力的个体数量,也决定于环境条件。种群死亡率则决定于营养的丰富程度、疾病以及种群竞争等。当出生率大于死亡率时,种群个体数目增加,反之则减少。

2. 种群增长的规律

种群生物潜力(biotic potential)指物种最大可能的增长率,是物种在不受环境限制的理想情况下的增长率。这一增长率因物种而异,但对于特定的物种应是一定的。

(1)指数增长和 J 形曲线

如果系统中营养和空间充足,并无天敌与疾病等因素存在的条件下,某一个体数目为 N 的单独种群将按其生物潜力所赋予的恒定瞬时增长率连续地增殖,即世代重叠时,该种群表现为指数增长,用方程式表示为:

$$\frac{dN}{dt} = rN$$

其积分式为:

$$N_t = N_0 e^{rt}$$

式中,r 为种群内禀瞬时的增长率,t 为时间,N_0 为起始时系统内种群的总个体数,N_t 为经时间 t 后种群的总个体数。若用图表示,则呈现一条个体数目不断增加的"J"形曲线,如图 12-5 所示。指数增长是无限的。

(2)Logistic 增长和 S 形曲线

实际上,上述按生物潜力呈指数增长的方式在自然界不可能完全实现。这是因为环境中许多限制植物增长的生物与非生物因素,如营养缺乏、干旱、空间不足、疾病流行及种穿碧森高竞争等,必然影响到种群的出生率和存活数目,从而降低种群的实际增长率,使个体数通常当种群侵入到一个新地区后,开始时增长较快,随后逐渐变慢,最后稳定在一定水平上,或者在这一水平上波动。此时,种群的个体数目接近或达到环境所能支持的最大容量或环境的最大负荷量 K。在这种有限制的环境条件下,种群的增长可用 Logistic 增长方程:

$$\frac{dN}{dt} = rN\left(1 - \frac{N}{K}\right)$$

其积分式为:

$$N_t = \frac{K}{1 + e^{a-rt}}$$

式中,K 为种群环境最大负荷量,a 为与种群起始数目 N_0 有关的参数,其余同前。这里 $\frac{N}{K}$ 代表那些阻碍种群不断增长的不利环境因素,称为环境阻力(environmental resistance),它随种群个体数目的增加而加大。在此种情况下,种群增长曲线呈"S"形,如图 12-5 所示,一般认为这种曲线更接近于自然界种群增长的实际动态。

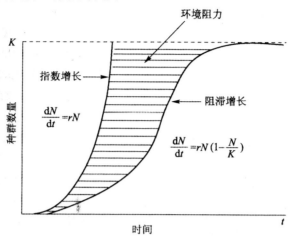

图 12-5　植物种群数量增长的模型曲线

3. 种群的生命表与存活曲线

生命表(life table)是记录种群任一龄级生命过程中的个体数目变化及各龄级个体数比例的表格,它是统计种群死亡过程的工具。表 12-2 就是生命表的一个例子。

表 12-2 中,x 为年龄级;n_x 为 x 期开始时的存活数;d_x 为从 x 到 $x+1$ 的死亡数,$d_x = n_x - n_{x+1}$;q_x 为从 x 到 $x+1$ 的死亡率,$q_x = d_x/n_x$;L_x 是从 x 到 $x+1$ 期的平均存活数,$L_x = n_x + n_{x+1}/2$;T_x 则是进入 x 期的全部个体在进入 x 期以后的存活个体总年数,$T_x = \sum_{i=x}^{\infty} L_i$;$e_x$ 为 x 期开始时的生命期望或平均余年,$e_x = T_x/n_x$。

表 12-2　屏南天然水松林水松种群的静态生命表

龄级	径级	组中值	n_x	d_x	q_x	L_x	T_x	e_x
1	0—8	4	231	−154	−0.667	308	5698	24.667
2	8—16	12	385	−77	−0.200	424	5390	14.000
3	16—24	20	462	−538	−1.165	731	4966	10.749
4	24—32	28	1000	308	0.308	846	4235	4.235
5	32—36	34	692	77	0.111	654	3389	4.897
6	36—40	38	615	77	0.125	577	2735	4.447
7	40—44	42	538	77	0.143	500	2158	4.011
8	44—48	46	462	77	0.167	424	1658	3.589
9	48—52	50	385	77	0.200	347	1234	3.205
10	52—56	54	308	77	0.250	270	887	2.880

龄级	径级	组中值	n_x	d_x	q_x	L_x	T_x	e_x
11	56—60	58	231	77	0.333	193	617	2.617
12	60—64	62	154	0	0.000	154	424	2.753
13	64—68	66	154	77	0.500	116	270	1.753
14	68—72	70	77	0	0.000	77	154	2.000
15	72—76	74	77	—	—	—	77	1.000

存活曲线(survivorship curve)是根据生命表中的信息绘制的种群存活或死亡的变化曲线。不同种群的个体,寿命长短各有差异,在各年龄级上的存活率也不同,一般有 3 类不同类型的存活曲线如图 12-6 所示,Ⅰ 型:曲线凸型,表示在接近生理寿命前种群内只有少数个体死亡。Ⅱ 型:曲线对角线型,表示种群个体各年龄级死亡率相等。Ⅲ 型:曲线凹型,表示种群个体幼年期死亡率很高,随后死亡率降低。这些曲线直观地表现出种群个体的存活过程。

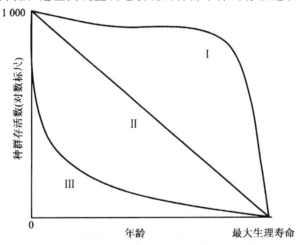

图 12-6　种群存活曲线的 3 种基本类型

4. 种群大小的调节

自然界中存在两种基本的环境阻力因素,即密度制约因素和非密度制约因素。

密度制约因素(density-dependent factors)是指那些随种群个体数目增长而逐渐加大其负面影响力度的环境因素,包括觅食难易度、生境适宜度、病虫害以及天敌等。这类因素制约种群增长的机制,体现在它们影响种群个体能否存活以及繁殖新个体的水平。例如,高的种群密度会吸引更多的捕食者,更易传播疾病和造成食物缺乏。这些反过来又影响到种群中每一个体的存活和每一雌体的平均生育水平。

非密度制约因素(density-independent factors)是指那些与种群个体数目无关,在任何时候都对种群施加同样负面影响的环境因素。如恶劣的气候和天气条件无论何时、何地均干扰种群的增长,化学污染物也同样如此。

一般来说,密度制约因素似乎更能有效地控制种群数量。随着种群密度的不断增长,密度制约因素施加的调节压力越来越大,种群增长趋于缓慢,直至种群数量逐渐稳定在 K 值附近。这时的种群个体数目称为(该种群在该环境条件下的)环境容纳量(environmental carrying capaci-ty)如图 12-5 所示。它是生物潜力与环境阻力在理论上的平衡点。同样,当种群密度减小到低于环境容纳量时,生存条件又变得比较充裕,个体数目又趋于增长,从而使种群大小和密度被控制在一定水平上。由此可见,种群也是一个控制系统,即通过环境阻力的负反馈机制(negative feedback mechanism)使促进种群潜在增长力发展的正反馈受到限制而实现自我调节,将种群数量维持在某种平衡状态。

在有效调节下,植物种群有自疏(self thinning)现象,并符合"$-\frac{3}{2}$定律",自疏指同种植物因种群密度过大而引起种群个体死亡、密度减少的过程。"$-\frac{3}{2}$定律"指植物种群在自疏过程中,其个体平均质量与种群密度呈$-\frac{3}{2}$直线斜率的变化,即:

$$W = cd^{-\frac{3}{2}} \quad \log W = \log c - \frac{3}{2} \log d$$

式中,W 为单株平均质量,c 为常数,d 为种群密度。一般植物种群都符合这一定律,密度降低,个体质量增大。

12.3.3　种群之间的关系

植物之间的相互关系普遍存在,可以是直接的(空间的占有和资源的分配),也可以是间接的(通过改变环境),由此延伸到和其他生物的关系更是错综复杂。种间关系或种间相互作用,其性质可由种间相互作用的效应来判断。

种间关系错综复杂,一般可归纳为三类:促进效应、抑制效应和中性效应或无影响。奥德姆(OdHln,1971)将种间关系区分为 9 种类型,见表 12-3。

表 12-3　中间关系类型

类型名称	物种 1	物种 2	种间相互作用的性质
中性作用	○	○	两个物种彼此不受影响竞争
竞争:直接干扰型	—	—	每一种直接抑制另一种
竞争:资源利用型	—	—	资源缺乏时的间接抑制
偏害作用	—	○	种群 1 受抑制,种群 2 无影响
寄生作用	+	—	种群 1 寄生者,通常较宿主 2 的个体小
捕食作用	+	—	种群 1 捕食者,通常较猎物 2 的个体大
偏利作用	+	○	种群 1 偏利者,而宿主 2 无影响
原始合作	+	+	相互作用对两种都有利,但不是必然的
互利共生	+	+	相互作用对两种都必然有利

注:有利、有害或无利无害的中间态,可用＋、—、○表示。

1. 竞争作用

竞争是指两种共居一起,为争夺有限的营养、空间和其他共同需要而发生斗争的种间关系。竞争的结果,或对竞争双方都有抑制作用,大多数的情况是对一方有利,另一方被淘汰,一方替代另一方。

根据划分的侧重点不同,竞争一般可分为种内竞争和种间竞争;植物竞争的特殊性在于:一方面,植物体不能移动,个体过密导致的资源争夺只能以部分个体的死亡来结束;另一方面,植物是构件生物,竞争可以在个体和构件两个层次上发生,包括植株的竞争和构件的竞争。植株之间表现为最终生物量恒值的分摊竞争和高密度下部分植株死亡的争夺竞争;每个植株上构件之间的竞争则主要是争夺竞争。

竞争常与生态位(niche)联系在一起,生态位的概念和理论在生态学中有重要的地位,是种群生态分化的具体表现之一。生态位的概念包含三层含义:

①有机体在特定生物群落中的时间和空间位置及其功能关系。

②它们在环境变化梯度(温度、湿度、pH、土壤等)中的位置。

③与群落中其他种群的关系。现在一般认为,没有两个物种会占据相同的生态位。植物种群分布于不同的地区,并生长在不同的群落中,从而形成地理分割和群落分割。生长在同一群落内的两种植物,也因营养的选择吸收、个体大小、根系深浅和物候等方面的差异,而彼此隔离。

高斯(Gause,1934)通过实验观察提出"一个生态位,一个物种"的观点,这一观点被称为竞争排斥原理(Competition Exclusion Principle),也称为高斯原理或格林内尔原则。既然竞争涉及利用同一资源的两种有机体,那么竞争的有机体必然存在某种生态位的重叠。种内竞争应强于种间竞争,因而前者存在更多的生态位重叠,然而自然选择压力总是驱使植物群落内的物种利用不同的环境资源,导致竞争最小化。

2. 共生作用

在 1899 年德国植物学家 DeBarry 为描述地衣中某些藻类和真菌之间的相互关系首次提出了共生(symbiosis)一词,其最初的含义是指有益的或对共生生物没有负作斥的相互作用。而今,共生可以划分为两类:互惠(利)共生和单惠共生也称附生。

(1)互惠(利)共生

互惠(利)共生(mutualism)是指所有有利于共生双方的相互作用。在植物界中,菌根是最常见、最重要的互惠共生类型,大多数维管植物中都能见到,如松、云杉、山杨、榛等。菌根(mycorrhiza)包括外生菌根(ectogenic mycorrhiza)、内生菌根(endogenous mycorrhiza)和内外生菌根(endoexogenous mycorrhiza)均属此类。外生菌根是指在根生长活跃期内,根被某些特殊的真菌紧紧地包围,形成菌丝套,少数真菌也能侵入到根表皮和皮层细胞的胞间隙所形成的共生;如果大多数真菌侵入到细胞内,所形成的就是内生菌根;如果在根细胞间和细胞内都有侵入,则为内外生菌根。

菌根的共生作用对植物益处很大。大多数乔、灌木树种如松、云杉、山杨、榛等都有菌根。菌根能增强植物抗病原生物,抗旱、高温、土壤毒物及强酸强碱的能力;增强了植物获取水和必需元素(磷、锌、锰、铜等)的能力,有菌根的树木往往比没有菌根的树木生长旺盛。对真菌增强了根的吸收能力的原因分析认为:真菌可分泌有机酸,呼吸作用还可以释放碳酸,促进未分解或难分解的矿物质和有机质的分解,利于根的吸收。对外生菌根而言,它的存在还直接增加根系的吸收面积;真菌还可以产生一些维生素 B_1、B_2 等,促进根系的发育。一些树木如无菌根,则生长会受到影响,甚至引起死亡。

菌根中的真菌则通过这种共生关系而获得其生长所必需的碳水化合物等基本物质。

（2）单惠共生

单惠共生也称附生（epiphytism），指有利于一种有机体而对另一种则无影响的相互作用。包括附生和庇护植物群。

附生植物生长在别的植物上，对宿主植物仅是一种附着的物理作用，并不从宿主植物上摄取养分。附生植物可形成一类群落，例如，温带地区许多树种的树皮上生长的地衣。附生是一种非常有趣的生态关系，进一步可发展为其他种间关系。一种是互惠共生关系，即附生植物积累的养分，经过雨水淋溶可沿树干直接进入宿主周围的土壤而使其受益；另一种是寄生关系，寄生植物很可能最初是从附生植物进化而来的，如果附生植物的根穿透树皮进入韧皮部和木质部并发展成吸器，就成为寄生植物。当附生植物的个体大小和重量增加时，就会对宿主形成威胁，产生伤害，绞杀植物就是最典型的例子。绞杀植物是榕属植物，其种子经鸟传播散落在宿主体上发芽成长起来，开始是典型的附生植物，随着生长，枝叶不断扩展并盖过宿主，结果阻止宿主进一步生长，使宿主逐渐死亡。

植物群落中总有一些植物种群是其他物种的庇护所，除为鸟兽昆虫提供栖息地以外，一些植物可以庇护其他植物。一般是由于遮阴而降低温度、减慢土壤变干的速率，一些植物形成的小生态成为另一些植物种子萌发、幼苗成长的安全岛。例如，内蒙古东部森林草原的沙丘带，红皮云杉（picea koraiensis）的幼苗往往仅在沙窝中半旱灌木丛中出现。美国西部干旱区总是在佛罗里达紫荆（cercidium floridum）的附近才有巨仙人掌（carnegiea gigantea）的幼苗。这些都表明庇护植物群的存在，庇护者无损而受庇护者可以受益。

3. 化感作用

1937 年 Molish 首次提出了化感作用（allelopathy）的概念。1984 年（E. L. Rice）形成了比较公认概念，即生活的或腐败的植物通过向环境释放化学物质而产生促进或抑制其他植物生长的效应。植物一般通过地上部分茎叶挥发、淋溶和根系分泌物以及植物残株的分解等途径向环境中释放化学物质，从而影响周围植物（受体植物）的生长和发育。植物的化感作用广泛存在于自然界中，与植物间光、水、养分和空间的竞争一起构成了植物之间的相互作用，它在森林更新、植被演替以及农业生产中具有重要的意义。

对化感作用的物质分离和鉴定已有很多研究，涉及的化学物质很多，如阿魏酸、克胺、对-叔丁基苯甲酸等许多萜、醚、醛、酮、有机酸类物质，但很多具体物质并没有分离出来。

植物所产生的化感物质能明显影响种间关系。有些物质能促进周围植物生长，如茄提取液对水稻有促进作用；皂荚、白蜡与七里香，黑果红瑞木与白蜡槭一起生长时，相互之间都有明显的促进作用。研究更多的是一种植物的化感物质对另一种植物的抑制作用，这种现象在古代就有记录。1928 年 Davis 发现核桃树的树皮和果皮能产生毒性很强的物质（胡桃醌），影响其他植物的生长；如果将番茄（Lycopersicon esculentum）和紫苜蓿（Medicago sativa）种于黑核桃（Juglans nigra）树下，一旦番茄和紫苜蓿的根接触到黑核桃的根，前二者就将死亡；洋槐树皮分泌的挥发性物质，能抑制多种草本植物的生长；小麦提取物能抑制反枝苋、繁缕和升马唐等的生长；一些水稻品系能抑制稗和异型莎草的生长。

4. 寄生作用

寄生（parasitism）是指某一物种的个体依靠另一物种个体的营养而生活的现象。寄生于其它植物上并从中获得营养的植物称寄生植物,如菟丝子。有些植物自身含有叶绿素,可以自己合成一部分营养物质,称为半寄生植物,如槲寄生(Viscum),而有些寄生植物完全不含叶绿素,为全寄生植物,如大花草(Rafflesia arnoldii)。无论是那种类型,寄生植物都会使寄主植物的生长减弱,轻者引起寄主植物的生物量降低,重者引起寄主植物的养分耗竭,并使组织破坏而死亡。

寄生植物多有其相应的形态解剖特征和生理特征。主要表现在:

①一些"无用"器官、结构的退化、消失,植物体简化。如菟丝子,其种子萌发生长初期尚有根,一旦它攀附到寄主身上,根开始失去作用而死亡,而叶同样已极度退化;即使是有绿叶的槲寄生,其水和无机盐类也主要来自寄主植物体。

②形成获取寄主养分的结构或器官(如菟丝子的不定根),多出现专性固定器官(如吸盘、小钩等)。

③很多寄生植物有非常大的繁殖力和很强的生命力,如寄生在很多禾本科植物根上的玄参科独脚金属(Striga)植物,一株可产生50万个种子,种子可保持几十年不发芽,但一旦碰到寄主植物时,其种子就开始发芽生长,并侵入并寄生在寄主根中。

12.4　植物群落生态

植物群落是指在一定时间内,居住于一定区域或生态内的各种群的集合。它们相互联系、相互影响,构成一个统一的整体单元,与相邻生物群落的界限虽不十分明显,但在种类组成、个体特点等方面表现出明显的差异。

群落由多种生物组成,组成群落的每种生物对环境具有一定的要求,同时也是对生态环境的一种反应。它们在群落中处于不同位置和起着不同的作用,彼此相互依赖、相互作用而共同生活在一起,形成了一个有机整体。组成生物群落的生物种类是形成生物群落的重要基础,也是生物群落的重要特征。人们通常根据一定的群落分类原则对其进行分类,常用的单位是植被型、群系、群丛等。

12.4.1　植物群落的组成和结构

1. 群落的种类组成

植物群落中所含植物的种类称为群落的种类组成(floristic composition),它是群落最基本的特征。种类组成在植物群落学研究中用得最多,调查方法也比较成熟。理论上讲,在植物群落学中,种类组成应含有一切植物,不管它们是低等的还是高等的,也不管它们在群落中的数量多少以及占据的空间大小如何,凡是群落内的所有植物,都是该群落的组成者。但在实际研究中,种类组成仅指该群落中的高等植物或维管植物等。调查一个群落的种类组成,一般用群落最小面积(minimal community area)确定样方的大小,群落最小面积是指群落中大多数种类都能够出现的最小样方面积,一般用种类-面积曲线(species-area curve)确定。群落中的种类很多,它们的功能和地位是不同的。对群落有建设性作用的种类称作建群种(constructive species),它是群落主要层的优势种(dominant species)。优势种是指群落每一层中占优势的种类,群落中有的层中只有1个优势种,有的层中有2~3个优势种,称为共优种(common dominant species)。

(1)种的个体数量指标

在作群落样方调查时,不仅要对群落的种类构成进行记录,还要对群落的数量特征测定。常用的数量特征有:多度或密度、盖度、频度、高度和重量等。

①丰富度。植物群落中植物种间的个体数量对比关系,可通过各个种的多度来确定,一般用多度来表示种的丰富度。

多度是表示一个种在群落中的个体数目。多度的统计法通常有两种,一是个体的直接接计算法,即"记名计算法";另一是目测估计法。记名计算法是在一定面积的样地中,直接数各种群的个体数目,然后算出某种植物与同一生活型的全部植物个体数目的比例。目测估计法是按预先确定的多度等级来估计单位面积上个体的多少。一般在植物个体数量多而植物体形小的群落(如灌木、草本群落),或者在概略性的调查中,常用目测估计法。而对树木种类,或者详细的群落研究中,常用记名计算法。

②密度。密度是指单位面积上的植物株数。样地内某一物种的个体数占全部物种个体数的百分比称为相对密度。某一物种的密度占群落中密度最高的物种密度的百分比称为密度比。

③盖度。盖度指的是植物地上部分垂直投影面积占样地面积的百分比,即投影盖度。"基盖度"即植物基部的覆盖面积。对于草原群落,常以离地面 2.54cm 高度的断面计算;对森林群落,则以树木胸高(1.3m 处)断面积计算。

盖度可进一步分为分盖度(种盖度)、层盖度(种组盖度)和总盖度(群落盖度)。林业上常用郁闭度来表示林木层的盖度。通常,分盖度或层盖度之和大于总盖度。群落中某一物种的分盖度占所有分盖度之和的百分比,即相对盖度。某一物种的盖度与盖度最大物种的盖度比称为盖度比。

④频度。频度即某个物种在调查范围内出现的频率。常按包含该种个体的样方数占全部样方数的百分比来计算,即

$$频度＝某物种出现的样方数/样方总数×100\%$$

⑤高度。高度为测量植物体体长的一个指标。测量时取其自然高度或绝对高度。某种植物高度与最高种的高度之比为高度比。

⑥重量。重量是用来衡量种群生物量或现存量多少的指标。分鲜重和干重。在草原植被研究中,这一指标特别重要。单位面积或容积内某一物种的重量占全部物种总重量的百分比称为相对重量。

⑦体积。体积是生物所占空间大小的度量。在森林植被研究中,这一指标特别重要。在森林经营中,通过体积的计算可以获得木材生产量(称为材积)。单株乔木的材积等于胸高断面积(s)、树高(h)和形数(f)三者的乘积。形数是树干体积与等高同底的圆柱体体积之比。因此在断面积乘树高而获得圆柱体体积之后,必须按不同树种乘以该树种的形数(森林调查表中查到),就获得一株乔木的体积。草本植物或小灌木体积的测定,可用排水法进行。

(2)种的综合数量指标

①优势度。优势度用来表示一个种在群落中的地位与作用,但其具体定义和计算方法各生态学家意见不一。

②重要值。重要值是用来表示某个种在群落中的地位和作用的综合数量指标。重要值是美国的 J. T. Curitst 和 R. P. McIntosh(1951)首先使用的,他们在 Wisconsin 研究森林群落连续体时,用重要值来确定乔木的优势度或显著度,计算的公式如下:

重要值＝相对密度＋相对频度＋相对优势度（相对基盖度）

上式用于草原群落时，相对优势度可用相对盖度代替：

重要值＝相对密度＋相对频度＋相对盖度

③综合优势比。综合优势比（summed dominance ratio）缩写形式为 SDR。它包括两因素、三因素、四因素和五因素等四类。常用的为两因素的综合优势比（SDR_2），即在密度比、盖度比、频度比、高度比和重量比这五项指标中取任意两项求其平均值再乘以 100%，如 $SDR_2 =$（密度比＋盖度比）$/2 \times 100\%$。

2. 群落的结构

(1)植物的生活型

植物的生活型（1ife form）是植物对于综合生境条件长期适应而在外貌上反映出来的植物类型。生活型主要指植物的外貌特征，大小、形状、分枝和植物的生命期长短等。一般把植物分为乔木、灌木、木质藤本、多年生草本、一年生草本等多种生活类型。有不少人对生活型分类进行研究，并建立了相应的系统，如布郎－布郎奎特（Braun－Branquet）生活型系统。

统计某一个地区或某一个植物群落内各类生活型所占的百分比，称为生活型谱。生活型统计方法如下：

某一生活型的百分率＝（该地区该生活型的植物总数/该地区全部植物总数）$\times 100$ 通过生活型谱，可以分析一定地区或某一植物群落中植物与环境（特别是与气候）的关系，如表 12-4 所示。高位芽植物所占比例大，显示环境高温潮湿，水热分配越均匀，如热带雨林。

表 12-4 不同环境下植物群落的生活型谱（%）

环境	高位芽植物	地上芽植物	地面芽植物	地下芽植物	一年生植物
湿热带	92	7	0	1	0
亚热带	62	13	9	3	12
温带	17	5	46	23	9
干热沙漠	19	14	19	6	42
极地冻原	0.5	22	60	15	2

此外，在叶的性质包括叶级（叶面积）、叶型（单叶或复叶）、叶质和叶缘等方面。其中从叶级和叶质进行群落外貌与环境之间的关系分析的比较多。叶级以 25mm。为最低一级，每高一级扩大 9 倍。通过分析群落中各叶级比例（叶级谱），可以探讨群落与环境的相互关系。如热带雨林大叶比例高，而沙漠、冻原则小叶以下的叶级比例大。

(2)群落的垂直结构

植物群落的垂直结构（vertical structure）主要指群落的分层现象。陆地群落的分层与光的利用有关。森林群落的林冠层吸收了大部分光辐射，往下光照度逐渐减弱，并依次发展为林冠层、灌木层、草本层和地被层等层次。

群落的成层性包括地上成层与地下成层。层（1ayer）的分化主要决定于植物的生活型，因为生活型决定了该种处于地面以上的不同高度和地面以下的不同深度。换句话说，陆生群落的成层结构是不同高度的植物或不同生活型的植物在空间上垂直排列的结果，水生植物群落则以在水面以下的不同深度分层排列。一般来说,温带夏绿阔叶林的地上成层现象(stratification)最为明显,寒温带针叶林的成层结构简单,而热带森林的成层结构最为复杂。在层次划分时,将不同高度的乔木幼苗划入实际所逗留的层中,其他生活型的植物也是如此。另外,生活在乔木不同部位的地衣、藻类、藤本及攀缘植物等层间植物(interstratum plant)通常也归入相应的层中。

植物群落的地下成层性是由不同植物的根系在土壤中达到的不同深度而形成的。最大的根系生物量集中在土壤表层,土层越深,根量越少。根系成层可以充分利用土壤中的养分和水分。

成层结构是自然选择的结果,它显著提高了植物利用环境资源的能力。如在发育成熟的森林中,上层乔木可以充分利用阳光,而林冠之下则为那些能有效地利用弱光的下木所占据。穿过乔木层的光,有时仅占到达树冠的全光照的 $\frac{1}{10}$,但林下灌木层却能利用这些微弱的、光谱组成已被改变了的光。在灌木层下的草本层能够利用更微弱的光,草本层往下还有更耐阴的苔藓层。

生活在植物群落中的动物分层现象也很普遍,主要与食物有关,因为群落的不同层次提供不同的食物,另外还与群落不同层次的微气候条件有关。水域中,水生动物也有分层现象,影响它们垂直分布的原因主要是阳光、温度、食物和含氧量等。

(3)群落的水平结构

植物群落的水平结构(horizontal structure)是指群落的水平配置状况或水平格局,重点是群落的镶嵌性与复合体。

植物群落的结构特征不仅表现在垂直方向上的成层现象,还表现在水平方向上的镶嵌性。群落中各种植物的水平分布往往是不均匀的,这种不均匀性一方面取决于植物的空间分布,植物种间关系,另一方面是由于有群落内小生境的差异,如土壤性质的不同、光照的强弱、水分的多少等。在不同的小生境中形成不同种类的组合,致使群落具有镶嵌性。如林下光照强的地方和弱光照的地方植物的种类组合往往不同;岩石表面和土壤表面生长的植物不同。

(4)时间结构——周期性和群落季相

不同植物种类的生命活动在时间上的差异,就导致了结构部分在时间上的相互更替,形成了时间结构。在某一时期,某些植物种类在群落生命活动中起主要作用,而在另一时期,则是另一些植物种类在群落生命活动中起主要作用。所以在一个复杂的群落中,植物生长、发育的异时性会很明显地反映在群落结构的变化上。因此,周期性就是植物群落在不同季节和不同年份内其外貌按一定顺序变化的过程,它是植物群落特征的另一种表现。植物群落的外貌在不同的季节是不同的,故把群落季节性的外貌称之为季相。

12. 4. 2　植物群落的演替

1. 群落演替的概念

演替(succession)是指一个群落被另一个群落替代的过程。在植物群落发展变化过程中,由低级到高级、由简单到复杂、一个阶段接着一个阶段、一个群落代替另一个群落的自然演变现象。弃耕后,如果环境条件允许,可以出现一个群落组成从草本向灌木(如酸枣、山楂等)方向发展,最终演替为乔木(如栎树、松树等)的演替系列,如:

一年生草本→多年生草本→灌木→早期演替树木→晚期演替树木

群落这一演替顺序被称为演替序列,每一明显的和可辨认的演替阶段都是一个演替系列阶段,每一个演替系列阶段都有自己独特的物种组成。

当群落与环境达到平衡状态时,演替过程结束了,这时候群落的结构最为稳定,能自行繁殖,我们把这种群落叫做顶极群落。

在通常情况下,群落演替的各个顺序阶段,是从稀疏的植被到森林群落的进展演替,而当条件改变时,则发生着从森林群落到稀疏植被的逆行演替。植物群落进展演替是和逆行演替相对而言的。进展演替表现为群落结构的复杂化,地上和地下空间的最大利用,生产力的最大利用和生产率的增加,群落生境的中生化和群落环境的强烈改造。逆行演替则恰好相反,表现为群落结构的简单化,地上和地下空间的不充分利用,生产力的极小利用和生产率的降低,植物群落生境向旱化和湿生化两极发展,以及群落环境的极轻微改造。进展演替和逆行演替代表了演替的两个方向。

2. 群落演替的类型

群落演替类型的划分可以按照不同的原则进行,因而存在各种各样的演替名称。

(1)按照演替的延续时间划分

①世纪演替。延续时间相当长久,一般以地质年代计算,常伴随气候的历史变迁或地貌的大规模塑造而发生的演化。

②长期演替。延续达几十年,有时达几百年,森林被采伐后的恢复演替可作为长期演替的实例。

③快速演替。延续几年或十几年。草原弃耕地的恢复演替可以作为快速演替的例子,但要以弃耕面积不大和种子传播来源就近为条件,否则弃耕地的恢复过程就可能延续达几十年。

(2)按演替的起始条件划分

①原生演替。开始于原生裸地或原生芜原(完全没有植被并且也没有任何植物繁殖体存在的裸露地段)的群落演替。

②次生演替。开始于次生裸地(如森林砍伐迹地、弃耕地)上的群落演替。

(3)按基质的性质划分

①水生演替。演替开始于水生环境中,但一般都发展到陆地群落。例如,淡水或池塘中水生群落向中生群落的转变过程。

②旱生演替演替从干旱缺水的基质上开始。如裸露的岩石表面上生物群落的形成过程。

(4)按控制演替的主导因素划分

①内因性演替。内因性演替的一个显著特点是群落中植物的生命活动结果首先使它的生境发生改变,然后被改造了的生境又反作用于群落本身,如此相互促进,使演替不断向前发展。一切源于外因的演替最终都是通过内因生态演替来实现,因此可以说,内因生态演替是群落演替的最基本和最普遍的形式。

②外因性演替。外因性演替是由于外界环境因素的作用所引起的群落变化。其中包括气候发生演替(由气候的变动所致)、地貌发生演替(由地貌变化所引起)、土壤发生演替(起因于土壤的演变)、火成演替(由火的发生作为先导原因)和人为发生演替(由人类的生产及其他活动所导致)。

(5)按群落代谢特征划分

①自养性演替。在演替过程中,通过光合作用为群落提供能量的演替称为自养性演替。自

养性演替中,光合作用所固定的生物量积累越来越多。

②异养性演替。与自养性演替不同,通过分解物质为群落提供能量的演替为异养性演替。

多数群落的演替具有一定的方向性,但也有一些群落有周期性的变化,即由一个类型转变为另一个类型,然后又回到原有类型,称为周期性演替。

3. 群落演替的过程

演替序列就是指一定时期内植物群落(或生物群落)相互替代以及环境不断变化的过程。每种演替均有其相应的演替序列,如干旱环境中植物的演替所形成的序列称旱生演替序列,沙丘环境中的植物演替形成的序列称沙生演替序列。下面仅以原生旱生演替序列(primary xerarch-sere)和原生水生演替序列(primary hydroachsere)为例简述演替过程。

(1)原生旱生演替序列

原生旱生演替序列是从岩石表面开始的,可以分为以下几个主要演替阶段。

①地衣植物群落阶段。岩石表面无土壤,干旱、贫瘠,光照强,昼夜温差大。在这种极端条件下,最先出现的是壳状地衣及少数耐旱的藓类,如蓑藓。它们具有腐蚀岩面的作用,加上物理和化学风化作用及地衣和藓类植物残体的沉积和分解,使岩石表面形成很薄的土壤,但这是一个很漫长的过程。随着土壤的加厚,含 N、含水量的增加,立地条件变得不再适合地衣植物群落本身的生存时,苔藓植物将侵入。

②苔藓植物群落阶段。苔藓植物侵入后,将逐渐取代地衣的优势地位而成为主要植物。苔藓多是耐旱种类,随着环境条件进一步改善,一些耐旱能力略差的苔藓植物将逐步侵入。苔藓植物的生物量比地衣要大得多,有机物的积累也就更多,为土壤的增加创造了更好的条件。

③草本植物群落阶段。土壤厚度及土壤持水量的继续增加,为草本植物的种子萌发和生长提供了必要条件。因此,在苔藓植物群落的后期,一些耐旱的草本植物开始侵入、生长,像一些禾本科、莎草科植物等。草本植物对环境的改造作用更强烈,使环境朝着更有利于植物生长的方向发展。

④灌木群落阶段。草本植物发展到一定程度时,先是一些喜阳的灌木开始出现,随后其他适生的灌木也相继出现,并逐渐发展成为以灌木为优势种的群落。灌木阶段,有机质的积累速率大为提高,灌丛的冠层极大地改善了土壤微气候,一些阴生的草本植物、苔藓植物成了灌木的下层植物。

⑤乔木群落阶段。灌丛持续一段时间后,环境条件的改善,为乔木种子的萌发和生长提供了可能性,一些耐旱、耐贫瘠的乔木树种开始出现。随着乔木数量的不断扩大,种类不断增多,以乔木为优势的郁闭林得以形成。再经过漫长的群落环境的改造及种类的更替,最后形成与该环境条件相适应的相对稳定的植被,又被称为顶级群落。

在这个演替序列中,有几点是要注意的。一是并不是所有的原生旱生演替都能发展到森林阶段。演替的最后结果是当地环境条件(气候、土壤等)相适应的,如在温带草原区,则终将形成温带草原群落;二是在不同的环境条件下,演替各阶段并不是完全按上述阶段逐步进展。如在哥伦比亚海岸的干旱区,继苔藓群落之后,为荒漠灌丛;三是在每个演替阶段内都有许多具体群落的更替过程。

(2)原生水生演替序列

原生水生演替序列始于新形成的湖泊,或原有湖泊因为淤积而使而使湖底垫高的地方。一般将该序列划分为以下阶段。

①沉水植物群落阶段。在水深小于 5～7m 的地方，出现许多沉水植物，如黑藻、茨藻、眼子菜、金鱼藻等。这些植物死后沉积湖底而使水底抬高，水域变浅，一些适合于浅水生长的植物开始出现。

②浮水植物群落阶段。湖底垫高到 2～3m 左右，一些浮水植物开始出现，如莲、荇菜等。它们繁殖快，生物量大，残体更多，加上根部的集淤作用，使水体进一步变浅。

③挺水植物群落阶段。当水深达到 1m 左右，挺水植物得以侵入，如芦苇、香蒲、泽泻等，前一阶段的群落最终被其所取代。这些植物的根茎发达，常纠缠绞织在一起，使水底迅速抬高，并可形成一些露于空气中的浮岛，为陆生植物的侵入创造了条件。

④湿生草本群落阶段。从水底抬生起来的地面上，挺水植物将逐渐让位于湿生植物，像禾本科、莎草科、毛茛科植物。在气候干旱地带，由于地下水位的降低和地面蒸发的加强，土壤趋于干旱，湿生草本又被中生草本替代，其后，中生草本进而被旱生草本取代。

⑤木本植物群落阶段。如果气候条件合适于森林发展，草本群落中将出现木本植物。最先出现的是抗淹能力较强的灌木和乔木。随着水位的降低，耐阴植物将侵入。当耐阴植物茂密生长时，其幼苗因不能忍耐过分阴暗而逐渐自疏，最终使中生植物得以侵入，而形成相对稳定的中生森林群落。

12.4.3　地球主要植被类型及其分布规律

植被是重要的自然资源，要合理地利用和管理植被，必须识别和确定植被类型，而当类型众多时就要加以划分和归类。一般来说，根据植物群落主要特征的相似或差异程度进行比较和归类，基本可以达到分类的目的。但是，植被是一个很难分类的对象，困难在于两个方面：等级的建立和决定等级类别所适用的原则。多少年来，不少科学家根据各种不同的原则建立植被分类系统，已有许多尝试，包括群落外貌途径、植物区系途径、优势度途径、环境途径、演替途径、排序途径和生态系统途径。

1976 年，全国植被研究的专家在全面总结我国大规模植被资源调查研究资料的基础上，集体编写了专著《中国植被》。在植被分类中，按照群落本身的特征，以植物区系组成、生态外貌、生态地理和动态等方面作为分类的依据。主要分类单位分三级：植被型（高级单位）、群系（中级单位）和群丛（基本单位）。每一等级之上和之下又各设一个辅助单位和补充单位。高级单位的分类依据侧重于外貌、结构和生态地理特征，中级和中级以下的单位则侧重于种类组成。其系统如下：

植被型组（vegetation type group）

植被型（vegetation type）

植被亚型（vegetation subtype）

群系组（formation group）

群系（formation）

亚群系（subformation）

群丛组（association group）

群丛（association）

亚群丛（subassociation）

植被型组：凡建群种生活型相近而且群落外貌相似的植物群落联合为植被型组。这里的生活型是指较高级的生活型，如针叶林、阔叶林、草地、荒漠等。

植被型：在植被型组内，把建群种生活型（一级或二级）相同或相似，同时对水热条件的生态关系一致的植物群落联合为植被型，如寒温性针叶林、夏绿阔叶林、温带草原、热带荒漠等。

植被亚型：是植被型的辅助单位。在植被型内根据优势层片或指示层片的差异来划分亚型。这种层片结构的差异一般是由于气候亚带的差异或一定的地貌、基质条件的差异而引起。例如，温带草原可分为三个亚型：草甸草原（半湿润）、典型草原（半干旱）和荒漠草原（干旱）。

群系组：在植被型或亚型范围内，根据建群种亲缘关系近似（同属或相近属）、生活型（三级和四级）近似或生态相近而划分的。如草甸草原亚型可分出：丛生禾草草甸草原、根茎禾草草甸草原和杂类草草甸草原。

群系：凡是建群种或共建种相同的植物群落联合为群系。例如，凡是以大针茅为建群种的任何群落都可归为大针茅群系。如果群落具共建种，则称共建种群系，如落叶松、白桦（betula platyphylla）混交林。

亚群系：在生态幅度比较广的群系内，根据次优势层片及其反映的生态条件的差异而划分亚群系。如羊草草原群系可划出：羊草＋中生杂类草草原（也叫羊草草甸草原），生长于森林草原带的显域生态或典型草原带的沟谷，黑钙土和暗栗钙土；羊草＋旱生丛生禾草草原（也叫羊草典型草原），生于典型草原带的显域生态，栗钙土；羊草＋盐中生杂类草草原（也叫羊草盐湿草原），生于轻度盐渍化湿地，碱化栗钙土、碱化草甸土、柱状碱土。

对于大多数群系来讲，不需要划分亚群系。

群丛组：凡是层片结构相似，而且优势层片与次优势层片的优势种或共优种相同的植物群落联合为群丛组。如在羊草＋丛生禾草亚群系中，羊草＋大针茅草原和羊草＋丛生小禾草（糙隐子草、草）就是两个不同的群丛组。

群丛：是植被分类的基本单位，相当于植物分类中的种。凡是层片结构相同，各层片的优势种或共优种相同的植物群落联合为群丛，如羊草＋大针茅这一群丛组内，羊草＋大针茅＋黄囊苔（carex korshinskyi），草原和羊草＋大针茅＋柴胡（bupleurum scorzoneri－folium）草原都是不同的群丛。

亚群丛：在群丛范围内，由于生态条件的某些差异，或因发育年龄上的差异往往不可避免地在区系成分、层片配置、动态变化等方面出现若干细微的变化。亚群丛就是用来反映这种群丛内部的分化和差异的，是群丛内部的生态—动态变形。

根据上述系统，中国植被分为 11 个植被型组、29 个植被型、560 多个群系，群丛则不计其数。

1. 地球主要植被类型

（1）热带雨林

热带雨林是指分布于赤道附近的南北纬 10℃之间的低海拔高温多湿地区，由热带植物种类所组成的高大繁茂、终年常绿的森林群落，为地球表面最为繁茂的植被类型。植被特征：

①种类组成特别丰富，均为热带分布的种类。

②群落结构复杂。层次多而分层不明显，乔木高大挺直，分枝少，灌木呈小树状，群落中附寄生植物发达，有叶面附生现象，富有粗大的木质藤本和绞杀植物。

③乔木树种构造特殊。多具板状根、气生根、老茎生花等现象；叶子在大小形状上非常一致，

全缘,革质,中等大小;多昆虫传粉。

④林冠高低错落,色彩不一,无明显季相交替,终年常绿。我国热带雨林主要分布在台湾地区南部、海南省、云南省南部河口和西双版纳地区,在西藏墨脱县境内也有分布。

(2)红树林

指分布于热带滨海地区受周期性海水浸淹的一种淤泥海滩上生长的乔灌木植物群落。植被特征:

①主要由红树科的常绿种类组成,其次为马鞭草科、海桑科、爵床科等的种类,共10余科,30多种。

②外貌终年常绿,林相整齐,结构简单,多为低矮性群落;③具特殊的胎生现象,具支柱根或呼吸根,以及旱生、盐生的形态和生理特点。

(3)热带季雨林

指分布于热带有周期性干湿交替地区的,由热带种类所组成的森林群落。植物群落特征:

①旱季乔木树种部分或全部落叶,季相变化明显。

②种类组成、结构、高度等均不及雨林发达。

③板状根、茎花现象、木质大藤、附生植物等均不及雨林发达。

(4)热带旱生林

分布于热带干燥或半干燥的低海拔地区,小而多刺的乔木或灌木植物在群落中占优势。典型的植物有瓶子树、猴面包树、金合欢、大戟科和仙人掌科的一些肉质植物。大多数植物在旱季无叶,而在雨季十分繁茂。

(5)热带稀树草原

指分布于热带干燥地区,以喜高温、旱生的多年生草本植物占优势,并稀疏散布有耐旱、矮生乔木的植物群落。散生在草原背景中的乔木矮生且多分枝,具大而扁平的伞形树冠,叶片坚硬,具典型旱生结构。草本层以高约1米的禾本科植物占优势,亦具典型旱生结构。藤本植物非常稀少,附生植物不存在。

(6)常绿阔叶林

指分布在亚热带大陆东岸湿润地区的,由常绿的双子叶植物所构成的森林群落。又称照叶林、月桂树林、樟栲林等。植被特征:

①主要由壳斗科、樟科、山茶科、木兰科和金缕梅科等的常绿树种组成,区系成分极其丰富,地理成分复杂,富有起源古老的孑遗植物,或系统进化上原始或孤立的科属及特有植物;乔木层树种具有樟科月桂树叶子的特征:小型叶、渐尖、革质、光亮、无茸毛、排列方向与光线垂直等。

②外貌终年常绿,林相整齐,季相变化不明显。

③群落结构较为复杂,林木层、下木层均有亚层次的分化,草本层以蕨类植物为主。

④藤本植物较为丰富,但多为革质或木质小藤,板根、茎花、叶面附生现象大大减少,附生植物中很少有被子植物。我国亚热带常绿阔叶林是世界上面积最大的。从秦岭、淮河以南一直分布到广东、广西中部,东至黄海和东海海岸,西达青藏高原东缘。

(7)硬叶常绿阔叶林

指分布于亚热带大陆西岸地中海式气候地区的,由硬叶常绿阔叶林树种所构成的森林群落。植被特征:

①主要由硬叶常绿阔叶树种所构成,其叶片具典型的旱生结构,坚硬革质,小型叶为主,被茸毛,无光泽,气孔深陷,排列与光线成锐角,或叶片退化(甚至成刺状),植株与花具有强烈香味(挥发油)。

②森林群落上层稀疏,树木较矮小,群落下层较为繁茂、密闭。

③无附生植物,藤本植物很少。多年生草本植物尤以具鳞、球、根茎的地下牙植物特别丰富。

(8)温带落叶阔叶林

指分布于温带湿润海洋地区的,由落叶双子叶植物所构成的落叶森林群落。植被特征:

①季相更替现象十分明显为其外貌的显著的特征。

②中生性植物特别丰富,乔木层有阔叶叶片、草质、柔软、无毛,生活型以地面芽和地下芽植物占优势,其次是高位芽植物。

③结构简单,分层清楚,夏季林相郁闭,冬季林内明亮干燥。

④层间植物在群落中作用不明显。我国的落叶阔叶林主要分布在华北和东北南部一带。

(9)温带草原

温带草原出现于中等程度干燥、较冷的大陆性气候地区。这种草原在北美、南美和欧洲都有分布。我国主要以内蒙古和大兴安岭以西的广大地区,向西逐渐过渡成荒漠。植被分层简单,以多年生的禾本科草类占优势,其中以针茅属植物最为丰富,还有莎草科、豆科等植物。有明显的季相变化。我国的草原是欧亚草原区的一部分。从东北松辽平原,经内蒙古高原,直达黄土高原,形成了东北至西南方向的连续带状分布。另外,在青藏高原和新疆阿尔泰山的山前地带以及荒漠区的山地也有草原的分布。

(10)北方针叶林

寒温带地带性植被。其气候特点是冬季严寒,夏季温暖湿润,年温差较大。针叶林最明显的植被特征是外貌十分独特,易与其他森林相区别,另一个特征就是其群落结构十分简单,可分为乔木层、灌木层、草本层和苔藓层四个层次。主要代表树种有云杉、冷杉和松。林冠一般不茂密,林下灌木、苔藓、地衣较多。

2. 植被分布规律

地球表面的水热条件等环境要素沿经度或纬度发生递变,从而引起植被沿经度或纬度方向也呈梯度更替的现象,称为植被分布的水平地带性(horizontal zoneality)。在山地从山麓到山顶,水热条件等环境要素也发生梯度变化,相应地,植被也形成地带性变化,称垂直地带性(vertical zoneality)。水平地带性(包括纬向地带性和经向地带性)与垂直地带性统称为地球植被分布的三向地带性,是植被分布的基本规律。

(1)植被的水平地带性

植被沿着纬度方向有规律地更替称为植被分布的纬向地带性。植被在陆地上的分布,主要取决于气候条件,特别是其中的热量和水分条件及二者实际状况。由于太阳辐射提供给地球的热量有从南到北的规律性变化,因而形成不同的气候带,如热带、亚热带、温带、寒带等。与此相应,植被也形成带状分布,在北半球从低纬度到高纬度依次出现热带雨林、亚热带常绿阔叶林、温带落叶阔叶林、寒温带针叶林、寒带冻原和极地荒漠。

以水分条件为主导因素,引起植被分布由沿海向内陆发生规律性更替,称为植被分布的经向地带性。它和纬向地带性统称为水平地带性。由于海陆分布、大气环流和地形等因素综合作用的结果,从沿海到内陆降水量逐步减少,因此,在同一热量带,各地水分条件不同,植被分布也发生明显的变化。如我国温带地区,在空气湿润、降水量大的沿海地区,分布着落叶阔叶林;中部离海较远的地区,降水减少,旱季加长,分布着草原植被;到了西部内陆,降水量更少,气候极端干旱,分布着荒漠植被。

这些分布在"显域地境"上的植被能充分地反映一个地区的气候特点,所以它们是地带性植被(zonal vegetation),也称显域植被。相对应的是非地带性植被或隐域植被,它们的分布不是固定在某一植被带,而是与特殊的环境条件相联系,如水生植被只要有水环境就可形成,因此普遍分布在世界各地的湖泊、池塘、河流等淡水水域。每一地区既具有地带性植被,也具有非地带性植被。

(2)植被分布的垂直地带性

山体的植被垂直带,反映了环境条件的垂直变化规律,同时也反映了山体所处的纬度和经度的水平地带性特征。在水平地带性和垂直地带性的相互关系中,水平地带性是基础,决定山地垂直地带的系统。某一山体植被垂直带的基带与山体所处的水平植被带相吻合。如天山北坡的垂直植被带大致是:500～1000m为荒漠带,1000～1700m为山地荒漠草原和山地草原带,1700～2700m为山地针叶林带,2700～3000 m为亚高山草甸带,3000～3800m为高山草甸、高山垫状植被带。

12.5　植物在生态系统中的作用

12.5.1　生态系统概述

1935年英国植物学家 A. G. Tansley 在前人研究的基础上,首次提出了生态系统的概念:生态系统不仅仅是生物复合体本身,而且是包括所有形成环境的物理因素在内的整个复合体。他强调了有机体与环境的不可分割性,认为有生命成分和无生命成分的有机组合构成了生态系统。也就是说生态系统(ecosystem)是指生物与生物之间以及生物与环境之间密切联系、相互作用,通过物质交换、能量转化和信息传递,成为占据一定空间、具有一定结构、执行一定功能的动态平衡体。简言之,生态系统就是在一定时空范围内,生物成分和非生物成分相互作用、相互影响所构成的统一整体。自然界只要在一定空间内存在生物和非生物两种成分,并能互相作用达到某种功能上的稳定性,哪怕是短暂的,这个整体就可视为一个生态系统。

由于组成生态系统的生物种类差别很大,如热带分布的植物种类与温带有明显不同。非生物环境因素更是随时间和空间的变化有很大差异,由此形成了地球上多种多样的自然生态系统。人类出现以来,在人的活动参与下,为了自身的某些需要,运用所掌握的技术手段建立了多种特殊的人工(或半人工)生态系统。根据生态系统环境的性质可将其划分为陆地生态系统、水生生态系统、湿地生态系统和人工生态系统,这些系统又可分为多个子系统,如表12-5所示。

表 12-5　生态系统分类简表

1.水生生态系统	3.陆地生态系统
Ⅰ.淡水生态系统	Ⅴ.荒漠生态系统
（1）流水水生生态系统	（1）干荒漠生态系统
①急流水生生态系统	（2）冻荒漠生态系统
②缓流水生生态系统	Ⅵ.冻原生态系统
（2）静水水生生态系统	（1）极地冻原生态系统
①沿岸水生生态系统	（2）高山冻原生态系统
②表层水生生态系统	Ⅶ.草原生态系统
③深层水生生态系统	（1）干草原生态系统
Ⅱ.海洋生态系统	（2）湿草原生态系统
（1）海岸生态系统	Ⅷ.稀树草原生态系统
①岩岸水生生态系统	Ⅸ.草甸生态系统
②沙岸水生生态系统	Ⅹ.灌丛生态系统
（2）浅海（大陆架）生态系统	Ⅺ.温带针叶林生态系统
（3）珊瑚礁生态系统	Ⅻ.温带落叶阔叶林生态系统
（4）远洋生态系统	ⅩⅢ.亚热带常绿阔叶林生态系统
①远洋上层生态系统	ⅩⅣ.热带森林生态系统
②远洋中层生态系统	（1）雨林生态系统
③远洋深海生态系统	（2）季雨林生态系统
④远洋底层生态系统	4.人工生态系统
2.湿地生态系统	ⅩⅤ.农田生态系统
Ⅲ.沼泽生态系统	ⅩⅥ.城市生态系统
Ⅳ海岸湿地生态系统	

12.5.2　生态系统的成分和结构

虽然不同的生态系统之间有很大的差别,但其基本组成都包括两个部分,即生物有机群和非生物环境。前者可以分为生产者、消费者和分解者。生态系统各组分之间的关系如图 12-7 所示。

1.生物部分

（1）生产者

生产者（producers）指能直接利用太阳光能制造有机物质的自养（autotrophic）生物,主要是绿色植物以及少数能营自养生活的菌类。它们可以利用环境中的无机物合成有机物质。绿色植物利用太阳能并将其转变为化学能,固定于有机物质中。化能合成细菌不能利用太阳能,而是通过氧化无机化合物获取能量,把二氧化碳和水合成有机物质。生产者的生产过程称为初级生产（primary production）,因此它们也被称为初级生产者（primary producer）。初级生产是生态系统的物质基础。以初级生产物质为基础进行物质再生产的生产过程称为次级生产（secondary production）,主要指异养生物的生产。

377

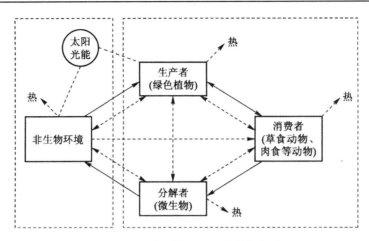

图 12-7　生态系统各组分之间的关系

（2）消费者

消费者指直接或间接利用生产者制造的有机物质作为食物的异养生物。主要包括各种动物，如草食动物、肉食动物和寄生动物等，此外，还包括一些寄生菌类。

草食动物直接利用绿色植物所制造的有机物质，如牛、羊及直接以植物的茎、叶、种子等为食物来源的昆虫等，又称为初级消费者（primary consumers）。肉食动物是以其他动物为其食物来源者，有的以草食动物为食，有的以其他的肉食动物为食，大者如虎、狼，小者如螳螂等，又被称为次级消费者（secondary consumers）。既食植物又食动物的称为杂食动物，如熊、麻雀等。此外，还有寄生于其他动、植物体上，靠摄取寄主体内的营养为生的动物，称为寄生动物，如赤跟蜂、虱子等。

（3）分解者

分解者是指如细菌、真菌、霉菌、放射菌以及土壤原生动物和一些土壤小型无脊椎动物。它们营腐生生活。这些微生物将动植物残体分解、消化、吸收，并且使养分从有机物中释放出来，返回到无机环境中去，供生产者再利用。如果没有这些微生物的分解作用，那么地球就会变成一个巨大的垃圾场。

2. 非生物环境

生态系统中所有发生的过程均受到自然环境的影响，也就是非生物环境以各自的方式影响着生物。非生物环境指太阳能和生态系统中所有不属于生物体的无机部分，包括气候、地形、土壤、水分、温度、空气（如氧气和二氧化碳）、矿物质（如铁和硫）和化合物（如酸和各式各样复杂的化学物质）等，它们是生物赖以生存的物质和能量的源泉，并共同组成大气、水和土壤环境，成为生物活动的场所。

生态系统中，生物也通过多种途径影响和控制非生物环境。如由于动物（如珊瑚虫等）和植物的活动，在海洋中建造起珊瑚岛；植物的呼吸作用吸收二氧化碳和水，并向大气中释放氧气，使大气中氧的含量增加，在地球上的生物进化中使高等生物的进化和生存成为可能；海洋生物的活动在很大程度上影响着海洋及其底"泥"的化学组成。生态系统中生物要素与非生物环境要素相互制约、相互促进的过程中，表现出的非生物环境对生物变化的影响以及生物的生命活动对非生物环境的影响，通过一定反馈机制的调控构成自然生态系统进化发展的基本动力。

在生态系统中以食物关系为纽带,把生物和其周围的非生物环境紧密地联结起来。通过生产者、消费者和分解者三大类群,使能量流动和物质循环在生态系统的生命和非生命组分之间进行。生态系统中一定的结构,体现出一定的功能。这其中,生产者和分解者是生态系统的基本成分,消费者为非基本成分。

12.5.3　植物与生态系统中的能量流动

生态系统运行的能量来源于太阳。正是绿色植物将太阳能固定下来并转化成化学能,以供其他生物利用,从而驱动着生态系统的运动。

能量在生态系统中的流动,第一步是绿色植物的光合作用将太阳能转化为化学能,第二步是食草动物通过采食植物而获得植物体中的能量,第三步是再被食肉动物或人摄取和利用,最后再被分解者分解还原,释放到环境中去,能量就这样不停地流动着,形成"能量流"或"能流"。值得注意的是生态系统中的能量流是单向流动的,是不可逆的。

食物链和食物网是生态系统中能量传递的基本途径。

食物链指在生态系统中通过吃与被吃而联结起来的食物链状关系。生产者与消费者以食物营养为中心,形成一个环节扣一个环节的链条。

食物链分为两大类:一类是生食食物链,指以食活的动植物为起点的食物链。另一类是腐生食物链或碎屑食物链,是指以死的生物为起点的食物链。通常生食食物链又可分为两种,第一种是始于植物,经过小型食草动物捕食,再到被稍大型的食肉动物捕食,最后再被更凶猛的食肉动物捕食,这类食物链称为捕食食物链。第二种虽然也始于植物,但是从较大的动物联系到寄生在它们身上的较小型的动物。这类食物链以活的生物为主,夺取寄主储存的能量来维持生活,称为寄生食物链。如草原生态系统中,牧草→黄鼠→跳蚤→鼠疫菌,就是寄生食物链。

生态系统的营养结构并不是简单的线性关系,通常一种消费者不只吃一种食物,而同一种食物可能被不同的动物消费掉。这样就在生态系统中构成错综复杂的食物关系,所以将许多长短食物链互相交织而成的复杂的网状关系,称为食物网。食物网中错综复杂、相生相克的食物关系,有助于维持生态系统的稳定性。正是食物网将生物与生物、生物与周围的环境成分联接成一个网络结构。而网络上的各个环节彼此牵连,相互制约,从而维护了生态系统的相对平衡。

生态系统中的食物链不是单一存在的,上述几种类型的食物链在同一个生态系统中几乎是同时存在的。在食物网中,某个食物链的某种生物发生变化时,常常不仅影响自身所在食物链的变化,而且还会影响到食物网中其他食物链的变化。

一般将食物链的每一个环节称为一个"营养级",在生态系统的营养序列上,后一个营养级依赖于前一个营养级的能量。由于能流越来越细,前一营养级的能量只能满足后一个营养级少数生物的需要。通常用生态金字塔来反映各个营养级之间的数量关系。生态金字塔的层次越多、能量利用越充分,塔基越宽,生态系统越稳定。

生态系统中的能量转化效率是指某一营养级的净生产力与前一营养级的净生产力之比。如前所述,在生态系统中,消费者只能将前一营养级上所固定能量中的一部分捕获作为自身的食物,而这些食物中也只有一部分转化为消费者身体的成分或产生新个体。在食物链中,由于能量由前一营养级转移到下一个营养级都大大减少,一条食物链的能量变化若用图形表示出来类似于金字塔,故称为生态金字塔(ecological pyramid)。除用能量表示(能量金字塔,energy pyramid)外,也可以用生物量的多少和生物个体数目的多少来表示,分别称为生物量金字塔(biomass pyramid)和数量金字塔(pyramid of individual number)。生物的个体数量与生物个体体积之间并无必然联系,不同生物种的个体体积差异是很大的,如许多体积较小的有机体吃食某个或某些个体大的有机体时,以个体数量表示的金字塔就会呈现倒置的形态称为倒金字塔。

如图 12-8 所示,不同的生态系统中的能量转化效率不同,净生产力也不一样。在不同自然生态系统的基础上,以不同的农作物种群为主建立的农业生态系统是在改变了自然演替进程的条件下实现的,为了阻止自然演替,就必须进行人工输能,提高土壤肥力,防止有害生物侵袭,提高生产力。

生态系统类型	面积/(10^6 km^2)	单位面积上的净第一性生产力(干重)		全球净第一性生产力(干重)/(10^9 t·a^{-1})
		生产力范围/(g·m^{-2}·a^{-1})	平均值/(t·hm^{-2}·a^{-1})	
热带森林	20	1 000 ~ 5 000	20	40.0
温带森林	18	600 ~ 3 000	13	23.4
北方森林	12	400 ~ 2 000	8	9.6
稀树灌丛林	7	200 ~ 1 200	6	4.2
热带稀树草原	15	200 ~ 2 000	7	10.5
温带草原	9	150 ~ 1 500	5	4.5
冻原和高山草甸	8	10 ~ 400	1.4	1.1
半荒漠	13	10 ~ 250	0.7	0.9
石质荒漠	20	0 ~ 10	0.03	0.06
耕地	14	100 ~ 4 000	6.5	9.1
湖泊和河流	2	100 ~ 1 500	5	1.0
沼泽	2	800 ~ 4 000	20	4.0
大海	332	2 ~ 400	1.25	41.5
大陆架	27	200 ~ 600	3.5	9.5
潮汐带和河口区	2	500 ~ 4 000	20	4.0
全球总和	501			163.4

图 12-8　地球上大型生态系统的净第一性生产力

12.5.4　植物与生态系统中的物质循环

生命的维持不但需要能量,而且也依赖于各种化学元素的供应。如果说生态系统中的能量来源于太阳,那么物质则是由地球供应的。生态系统从大气、水体和土壤等环境中获得营养物质,通过绿色植物吸收,进入生态系统,被其他生物重复利用,最后,再归还于环境中,此为物质循环,又称生物地球化学循环。在生态系统中能量不断流动,而物质不断循环。能量流动和物质循环是生态系统中的两个基本过程,正是这两个过程使生态系统各个营养级之间和各种成分(非生物和生物)之间组成一个完整的功能单位。

生态系统的物质循环是指生态系统从大气、水体或土壤中获得营养物质,通过绿色植物吸收,进入生态系统、被其他生物重复利用,最后再归还于环境中的整个过程。

1. 水循环

(1)全球的水循环

水的主要蓄库是海洋。水循环受太阳能、大气环流、洋流和热量交换所影响,通过蒸发、冷凝等过程在地球上进行着不断地循环。在太阳能的作用下,通过蒸发把海水转化为水汽,进入大气,在大气中,水汽遇冷凝结、迁移,又以雨的形式回到地面或海洋。降水和蒸发是水循环的两种方式。地球上的降水量和蒸发量总的来说是相等的。也就是说,通过降水和蒸发这两种形式,地球上的水分达到平衡状态。但在不同的表面、不同地区的降水量和蒸发量是不同的。

水循环对于生态系统具有特别重要的意义。水循环是全球性的,是地对上各种物质循环的中心循环。水循环可以将各种营养物质从一个生态系统搬运到另一个生态系统,这对补充某些生态系统营养物质的不足起着重要作用;水的全球循环也影响地球热量的收支情况,对能量的传递和利用也有重要作用。

(2)生态系统中的水循环

生态系统中的水循环包括截取、渗透、蒸发、蒸腾和地表径流。植物在水循环中起着重要作用,植物通过根吸收土壤中的水分。与其他物质不同的是进入植物体的水分,只有 1‰～3‰ 参与植物体的建造并进入食物链,由其他营养级所利用,其余 97‰～98‰ 通过叶面蒸腾返回大气中,参与水分的再循环。

森林在水循环中具有特别重要的作用,森林的植物从地下吸取水分,经传导至叶片再蒸发到大气中,可以调节大气的湿度,降低林区的空气温度。降水时,森林树冠一般可以截留 20‰～30‰,对减少地表径流和水土流失有很大作用。所以,森林是水循环的重要调节者。

2. 碳循环

碳循环较为简单,它从大气中二氧化碳储库开始,通过绿色植物的光合作用,将大气中的碳转移到植物体中形成碳水化合物,然后被各级消费者利用,其生物残体经过微生物分解还原以及生物的呼吸作用,再把碳回归到大气中。

生物只能利用以气态存在于大气中的 CO_2(含碳约 700×10^9 t)或溶解于水中的 CO_2(含碳约 35×10^{12} t)。陆地上的绿色植物吸收大气中的 CO_2,经光合作用合成有机物质,然后,在植物的呼吸作用中或在其他消费者和分解者的生命活动过程中又逐渐返回大气,进入再循环。海洋中的浮游植物同化海水中的 CO_2 以后,也经过与在陆地上相似的途径再返回到环境中。但是,不管是陆地上还是海洋中合成的有机态碳,有一部分可能以化石有机化合物(如煤)的形态存在于地下,这一部分就将在循环过程中停滞下来,只有当这些化石有机物质被开采利用时,才又进入新的循环。海水中的 CO_2 含量增高时,可以 $CaCO_3$ 的形式沉积于水下,也使碳的循环出现停滞(全世界的 $CaCO_3$ 储量约为 20×10^{15} t)。这些 $CaCO_3$ 经地质运动露出地表,经雨水溶解或植物根系的作用等又进入再循环,具体可见图 12-9 所示。

3. 氮循环

植物从土壤中吸收了无机态的氮,环境中的氮进入了生态系统,植物中的氮一部分为草食动物所取食,合成动物蛋白质。在动物代谢过程中,一部分蛋白质被分解为尿素、尿酸,再经过细菌

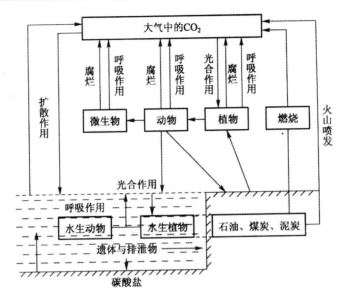

图 12-9　生物圈中的碳循环示意

的作用,分解释放出氮。动植物死亡后经微生物等分解者的分解作用,使有机态氮转化为无机态氮,无机态氮可再为植物所利用,继续参与循环,也可被反硝化细菌作用,形成氮气,返回大气库中。

在自然生态系统中,通过各种固氮作用使氮素进入食物链,同时通过反硝化作用、淋溶沉积等作用使氮素不断重返大气,从而使氮的循环处于一种平衡状态,图 12-10 所示为

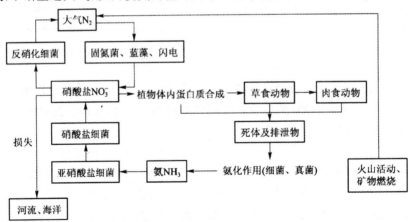

图 12-10　生物圈中的氮循环示意

12.5.5　植物与生态系统的物质生产

生态系统的物质生产是指生物获取能量和物质后建造自身的过程。绿色植物通过光合作用,吸收和固定太阳能,把无机物合成转化成有机物,是生态系统能量储存的基础阶段,称为初级生产(primary production),或第一性生产。

初级生产以外的动物性生产称为次级生产,或称为第二性生产(secondary production)。没有初级生产就没有次级生产。初级生产的规模和速度决定了次级生产的可能速度和规模。次级生产的总和小于初级生产。植物初级生产的重要性集中体现在以下两个方面:

①植物的初级生产力决定了其他生物存在和发展的基本物质条件。热带雨林是地球上植物物种最丰富的地区,也是地球上初级生产力最大的区域,干物质平均超过 2200g/m。年,而荒漠地区常不足 $100g/m^2$ 年。

②植物初级生产的方式决定了其他动物获得资源的方式。地球上植物的生产条件主要有陆地环境和水生环境,在这两种不同生产环境中形成了不同初级生产方式,对于水生生态环境,初级生产者大量以浮游植物的形式存在,相应的依赖浮游植物的动物主要是滤食性的;在陆地上,初级生产者具有完善的支持系统,这种环境下依靠植物为食的动物主要是选择性取食,摄取幼嫩的茎叶。这样,就导致了水生动物和陆生动物在组织器官的配置、新陈代谢的方式等方面出现了根本性的差异。

12.5.6　植物对生态环境的影响

植物的生命活动需要从环境中获得光照、热量、水分、无机盐等生存资源,与此同时,植物的生命活动也会影响环境。一般来说,个体植物对环境的影响是有限的,随着个体数量的增加,植物对环境的影响范围和强度也加大。不同的植物群体因组成和结构的区别而成为不同的群落,每个群落创造着本身的"植物环境",并不同程度地影响周围的外界环境。

(1)植物群落对光照的改变

照射到植物群落的阳光,可分为三个部分:一部分被植物吸收,再一部分被反射,还有一部分则透过枝叶间隙而到达地面。例如,较稀疏的栎树林,上层林冠反射的光约占 18%,吸收的光约占 5%,射入群落下层的光约为 77%。针阔叶混交林,上层树冠吸收的光约占 79%,反射的光约占 10%,射入下层的光约为 11%。可见,照射在植物群落上的阳光,大部分被稠密的针叶逐层吸收和重复反射,由叶透下来的光是很少的,仅为入射光的百分之几。群落内以散射光占优势。

(2)植物群落对温度的影响

阳光照射的强度和持续时间,直接影响到群落内温度的变化。森林群落内,白天和夏季的温度比空旷地要低,但是昼夜及全年的温度变化幅度要小得多。这是因为太阳辐射的"作用面"从地面到树冠层,枝叶吸收蒸腾,不断消耗热量,而植物体吸收散热缓慢,导热效果差,所以使群落内部温度变化减缓;加上植物相互遮盖,阻止空气流通,热量不易消失;群落地面还有枯枝落叶层,能缓解土壤表面的温度变化速度,也保证了群落内较小的温度变化幅度。

(3)植物群落对水分的调节

群落能截留降水、保蓄水分,对降落在群落中的水分进行再分配。林冠截留降水的能力与上层树种的生态特性有关,耐阴树种由于枝叶茂密,截留的降水要比阳性树种多。群落所能截留的降水量,取决于群落结构的复杂程度和降水的强度,且成正比。

植被在生态系统中起着主导的作用。这是由于:第一,植物群落是生态系统的主要组成成分,绿色植物是第一性生产者,它们为其他生物的生存提供了赖以生存的有机物质。第二,绿色植物的光合作用提供了生态系统运行的能源动力。第三,植被决定了一个生态系统的形态结构。第四,植被强烈的改变周围环境的能力对生态系统各方面都产生了深刻的影响,植被对环境的改造作用是生态系统达到稳定状态和生态系统结构复杂分化的基础。

第 13 章　植物资源的利用与保护

13.1　保护植物资源的重要意义

植物资源主要是指植物的物种资源,是指一定地域上对人类有用的所有植物的总和,是生存和发展必不可少的物质基础。数以万计的植物和它们所拥有的基因以及它们与生存环境形成复杂的生态系统对人类具有极为重要的意义。

①野生植物在维护生态平衡中起着巨大的作用。

②野生植物给人们以美的享受。

③野生植物具有很高的经济价值和旅游资源价值。

④人类生活与植物息息相关,人们的衣食住行都离不开植物,所有人不论身处何方,都极其依赖植物资源。

⑤野生植物物种里存在丰富多彩的有价值的基因,其中包括食用、药用和工农业原料。

植物是人类赖以生存的基础。植物能够通过光合作用制造有机物,而人类和动物界的其他成员一样,必须直接或间接地从植物中获得营养成分。人类所吃的食物,大部分直接从植物中获得的。当人们以马铃薯、胡萝卜及柑橘等作为食物时,就是直接利用植物的过程。如果人们吃以植物为生的动物,如牛、羊等,或吃动物的产品,如蛋类、肉类,这就是间接利用植物的过程。人类直接用以食用的植物资源包括粮食、蔬菜、水果、干果、饮料、甜味剂、调味品和天然色素。

科学家推测全球至少有 8 万种可食用植物。其中水稻、大豆、小麦和粟等 30 种植物便构成人类营养来源的 90%,水稻更是全球一半人口的主要食粮。大自然为人类提供了不同的食用植物,可惜人类并没有加以充分合理利用。现代农业趋向使用单一、高产和开发成熟的物种。而目前还没有得到广泛种植的其余数万种植物就构成了人们将来可能要推广的作物品种,所以人类要义不容辞地保护好这些物种资源。

许多植物具有特定的药用价值,是制药的基本原料,如三七是云南白药的原料,用于预防和治疗疟疾的奎宁,是从金鸡纳的树皮中提取的。近年来,越来越多的药用植物用于抗衰老、抗肿瘤和心脑血管疾病的治疗上。全球过半人口使用野生动植物研制的药物治疗疾病。以中国为例,入药的动植物物种超过 1 万种;在亚马逊河西北流域的人则采用 2000 多个物种入药。西方医药的情况也不相伯仲,美国约有 1/4 的处方药物含有萃取自植物的活性成分。阿司匹林和其他多种合成药物最初的原料也是源自野生植物。

植物也为人类提供品种丰富又物美价廉的生活用品。棉花、亚麻、大麻、黄麻等为人们提供服装、绳索、丝线等的纤维材料,各种树木提供建房的木料,也可以作为印书刊、报纸的纸张的原料。植物还给人类提供了各种香料、化妆品、橡胶、油漆以及其他无数产品。竹是人类最常用的植物之一。古人用幼竹枝和蚕丝制成书写工具,时至今日竹仍是造纸的常用材料;竹笋是中国人的上等蔬菜;竹板是热带地区的建屋材料;用竹片制成的中国手工艺品为我国带来数百万美元外汇;竹根也是治疗高热的重要中药材。此外还有我国几乎家家户户都用来吃饭的竹筷,还有竹椅、竹床等不胜枚举。

植物具有净化作用。植物是人类呼吸中的需要的氧气来源,植物在光合作用中放出氧气。假若没有植物产生的氧气来补充大气中的氧气,那么氧气早就被耗尽了。植物可以通过叶片吸收大气中的毒气,减少大气的毒物含量。植物的叶片能降低和吸附粉尘。一些水生植物还可以净化水域。

植物能够保持水土。在那些有厚厚植被覆盖的地带,暴雨不能直接冲刷土壤。此外,植物根系能够固结土壤颗粒,从而使土壤不易被雨水冲失。植物还能蓄涵水源,削减洪峰流量。沿海植被有助于保护海岸线,减少暴风和水灾对沿岸地区造成的破坏;森林则有助于调节气候和雨量,保持泥土肥沃,防止沙土流失。在沙漠周边人工栽种植被可以防止沙尘暴侵袭附近城市。

在旅游业,品种丰富的植物和自然景观吸引越来越多的人去观光游览,享受大自然。在加拿大,通过严格而合理的管理控制,每年自然保护区和国家公园通过生态旅游的收入高达 60 亿美元。

然而也有一些植物是毒品的原植物,罂粟、大麻、古柯为世界三大毒品海洛因、可卡因和大麻的原植物。这些植物除了少数作为麻醉药品用于医疗病痛外,其余大多数都是给人们身体健康和社会文明带来严重危害的毒品。因此人们对植物加以开发和利用的同时也要考虑这些危害作用在内,并加以必要的防范和严格的控制。

正是由于丰富的植物资源对人们有诸多巨大的意义,所以要加强对我国现有植物资源的保护,并加以合理利用,这对维护中国粮食与生态安全、促进农业和农村经济社会可持续发展、建设社会主义新农村具有十分重要的意义。植物资源是人类生产生活的重要物质基础,人类的衣食住行都与其密切相关。同时,它还是重要的战略资源,保存着丰富的遗传基因多样性,为人类的生存与发展提供了广阔的空间。例如,1973 年,袁隆平先生凭借普通野生水稻胞质不育株,培育出举世瞩目的杂交水稻品种,为解决中国乃至世界的粮食安全问题作出了巨大贡献。由此可见,如果野生稻资源完全丢失,那么人类就丧失了一次解决粮食安全的重大机遇。

由以上植物资源所蕴涵的功用和潜能来看,保护植物资源意义重大。人们在开发和利用植物的同时,一定要时刻记着对现有植物物种资源的保存和保护,以保将来需要时所用。

13.2　我国植物资源的利用与保护现状

13.2.1　我国植物资源的现状

我国地域辽阔,地形复杂,气候多样。这种独特的地理环境和气候条件,为植物的生长繁衍创造了良好的条件。据统计,我国现有高等植物 470 科,3 700 余属,约 3 万种,为全世界近 30 万种高等植物的 1/10,仅次于于马来西亚(约 4.5 万种)和巴西(约 5.5 万种),居世界第 3 位,其中有许多是在北半球地区早已绝迹的古老孑遗植物,尤其是特有属、种比较多,估计有 243 个特有属,1000 多个特有种。

在这些丰富的植物资源中,许多种类具有重要的经济价值,同时,它们的作用是随着生产的发展和科研的深入而不断被人们所发现的。据初步统计,我国已发现的药用植物在 5000 种以上;我国已发现的香料植物约 350 种,其中可被生产利用的约 300 种,具有开发价值的在 100 种以上,工业用植物也在 200 种以上。

但是,我国也是一个少林国家,森林覆盖率仅达 16.55％左右。而且在很长一段时间内,乱砍滥伐森林的现象十分严重。海南省的天然雨林 1956 年覆盖率为 25.7％,1964 年减少到 18.1％,1981 年仅为 8.5％。云南省的森林面积从 1945 年到 1975 年减少了 1100 万 hm²,森林覆盖率由 55％降至 30％。森林面积的减少、不合理的垦荒,导致生态环境恶化加剧。我国有 150 万 hm² 的土地发生严重的水土流失,长江年输沙量 6400 亿 kg,如不治理,将成为我国的第二条黄河。过度放牧、不合理开垦,使我国牧区草场沙化、碱化和退化的面积达 7700 万 hm²,占可利用草原的 23％。

我国还是一个经济不够发达的国家,对木材的大量需求仍将成为对植物资源合理利用与保护的一种巨大威胁而长期存在。1998 年 6—8 月,在长江和嫩江、松花江等地发生的特大洪涝灾害,让我们深刻地意识到,砍伐森林的行为必须遏止。因为,树种单一的人工林面积的增加并不能弥补天然林的减少,况且人工林在生态效益上很难与天然林相比。此外,一些大型工程,如露天煤矿、三峡工程等对植物资源的破坏和影响也不容忽视。

13. 2. 2　我国植物资源的保护

我国经济植物物种非常丰富,但这并不意味着我们可以随意地采伐利用这些植物。根据可持续发展的需要,我们必须在开发利用植物资源的同时,对现有的植物资源加以有效的保护。我国在植物资源的保护方面已经采取了一些有效的措施,自然保护区的设置是保护重要物种有效途径之一。

自然保护区是为了保护各种重要的生态系统及环境,拯救濒临灭绝的物种和保护自然历史遗产而划定的保护和管理特殊地域的总称。自然保护区在全球范围内的广泛建立,是当代自然资源保护和管理的一件大事。19 世纪中期以前,"自然保护区"这个名词还不为人们所熟知。1872 年美国成立了第一个国家公园——黄石公园(Yellow Stone),随后它就像雨后春笋在全世界不同国家、不同地域破土萌生。在 20 世纪 50 年代以后,自然保护区已经在全世界广泛设立,有些国家自然保护区的面积超过了国土面积的 10％,自然保护区的数量达到 1000 个以上。而且从目前的趋势看,全世界自然保护区的数量和面积仍在不断增加。

我国的第一个自然保护区——鼎湖山自然保护区由中国科学院于 1956 年在广东省肇庆市建立。截至 2007 年 1 月,我国自然保护区已达到 1800 个,占国土面积的 16％左右,形成了较完善的保护网络,重点物种的 90％主要栖息地得到有效的保护。我国非常重视野生植物的保护问题。当前国家林业局正全力实施"全国野生动植物保护及自然保护区工程建设",到 2010 年的近期目标是:加强濒危物种拯救和种质基因保存,实施大熊猫、苏铁植物等 15 个大物种为主的拯救项目,大力加强科学研究,全面强化野生植物的保护措施,使野生动植物资源得到有效的保护。

1. 国际上植物遗传资源保护的立法与现状

1992 年联合国在巴西召开了"环境与发展大会",150 个国家的与会首脑签署了《生物多样性公约》,使得生物多样性的保护步入了国际化和法制化的轨道。公约规定了遗传资源的国家主权原则及国家有权对遗传资源获取进行管理,并且规定了利用遗传资源产生的惠益如何分享问题。对此,2002 年 4 月公约缔约方大会在海牙举行的第六届会议,通过了《关于获取遗传资源并公正和公平分享通过其利用所产生惠益的波恩准则》,对于惠益分享问题作出了具体规定,建立了一个遗传资源惠益分享的国际体制。

2001 年 11 月 3 日,在意大利首都罗马举行的联合国粮农组织第 31 届大会通过了《粮食和农业植物遗传资源国际公约》。该公约的宗旨与《生物多样性公约》相一致,即为可持续农业和粮食安全而保存并可持续地利用粮食和农业植物遗传资源以及公平合理地分享利用这些资源而产生的利益。该公约充分考虑了农业生产者今后对粮食和农业植物遗传资源多样性的需求,确保今后能够公平、公正地共同分享这一资源。公约对于农业植物遗传资源的保护作了比较具体的规定,规定了农业植物遗传资源的收集保存制度,植物遗传资源可持续利用的措施,建立了农业植物遗传资源获取和利益分享多边系统,特别是确立了各国农民在农业遗传资源的权利。

在植物遗传资源的知识产权保护方面的公约有《国际植物新品种保护公约》(UPOV 公约)。UPOV 公约旨在确认各成员国保护植物新品种育种者的权利,其核心内容是授予育种者对其育成的品种有排他的独占权,他人未经品种权人的许可,不得生产和销售植物新品种,或须向育种者交纳一定的费用。根据 UPOV 公约规定,育种者享有为商业目的生产、销售其品种的繁殖材料的专有权。

这些国际公约都规定了生物遗传资源的国家主权原则和关于对生物遗传资源利用的惠益分享机制,我国虽然加入了这些公约却没有相应法律配套实施。

20 世纪以来,植物遗传资源的保护和利用受到了越来越广泛的重视。各国政府也认识到保护植物遗传资源的重要性,纷纷立法保护植物遗传资源。在发达国家,重视对植物新品种保护制度和对生物技术的专利保护,典型的是美国和日本,它们都对植物品种和基因技术授予专利。欧盟也改变传统做法,于 1998 年 7 月 6 日通过了《关于生物技术发明的法律保护指令》,对生物技术加以专利保护。而我国的《专利法》却把植物品种、微生物、基因的遗传物质排除在外,只对符合《植物新品种保护条例》的某些植物新品种予以保护,相对其他发达国家来说是一个较弱的保护制度。

在发展中国家,由于发达国家对发展中国家的植物遗传资源进行掠夺、剽窃,因而许多发展中国家纷纷制定生物多样性保护和遗传资源保护的专门性法律,例如,印度、秘鲁、澳大利亚等等,这些国家都明确了遗传资源的国家主权原则;设立了植物遗传资源的专门管理机构,对遗传资源的取得进行行政许可管制;规定遗传资源的研究、开发和商品化应在本国进行,要有本国研究人员和企业充分参与;规定了惠益分享制度和保护植物品种的专利制度。我国目前还没有保护遗传资源的综合性立法,对植物遗传资源的保护没有全面的法律制度支撑。

2. 我国植物遗传资源保护的立法现状

我国已颁布的一些与植物遗传资源有关的法律,如《中华人民共和国种子法》、《中华人民共和国进出境动植物检疫法》;行政法规有:《中华人民共和国野生植物保护条例》、《中华人民共和国植物新品种保护条例》、《植物检疫条例》、《野生药材资源保护管理条例》、《中华人民共和国自然保护区条例》等;部门规章有:《珍稀濒危保护植物名录》、《农业野生植物保护办法》、《植物新品种保护条例实施细则》等。但是现行植物遗传资源管理规定是在其他法律法规下附带的,内容很不完善,也不具体,尤其是在植物遗传资源的取得、惠益分享方面基本是一片空白,无法同国际规则接轨。我国法律制度的不健全主要体现在以下几个方面:

①我国缺乏一部关于植物遗传资源保护的专门性法律,现有法律法规比较分散,没有形成植物遗传资源保护的完整立法体系,并且现有法规仅仅局限于农作物(包括林木)遗传资源的管理,例如,《种子法》、《植物新品种保护条例》、《进出口农作物种子(苗)管理暂行办法》等,对于野生经

济性植物、观赏性植物、药用植物等遗传资源的管理缺少法律规定。

②现有法律重点放在国内植物种子的市场经营管理,而对于控制种质资源的流失和遗传资源的进出境管理的内容比较薄弱,特别是对国际和国家间遗传资源的获取没有详细规定,也没有严格健全的管理制度。

③对于植物遗传资源的知识产权保护制度还不完善。我国在生物技术专利保护上采取保守态势,我国的《专利法》把植物品种、微生物、基因的遗传物质排除在外。我国加入植物新品种保护联盟使用的是 1978 年文本,而不是更具反映现代生物技术特性的 1991 年文本。我国只对符合《植物新品种保护条例》的某些植物新品种予以保护,相对其他发达国家来说保护制度较弱。

④对于野生植物物种来说,现有法律仅保护列入国家重点保护名录的珍稀濒危物种,而对未列入名录的野生植物物种的保护却没有明确规定。保护濒危物种固然重要,但是因此而忽视占大多数比例的其他普通植物物种的保护显然是不合理的。

⑤我国现有法律与国际法规接轨程度较低,尚未能解决国际和国家间遗传资源获取的方式、程序、制度、商定条件和惠益分享的机制。

⑥植物遗传资源的收集和保存制度、植物遗传资源保护基金制度等都很不完善。

我国目前植物遗传资源的管理体制也很不规范,多部门管理,各司其政,没有统一的对外管理体制和权威的管理机构。农业部种植业司负责作物种质资源的收集、整理、鉴定、保存和登记,农业部科教司(生态环境处)负责农作物野生资源保护;中国科学院品种资源所负责鉴定、保存、科研、信息、交换等;国家林业局主要负责林业遗传资源的管理;而观赏植物则由农业、林业、园林、中国科学院等四家各自管理部门内的有关研究和种质资源部门管理。上述各部门分工不明确,在工作上存在着交叉、重复和遗漏现象。一些职能部门既负责开发利用资源,又负责保护管理资源,缺乏有效的制约机制。也正由于目前我国还没有专门的植物遗传资源管理机构,遗传资源输入输出也没有统一的法定程序和渠道,致使我国植物遗传资源不断无偿流失。

国际公约以及发达国家和其他发展中国家的立法对完善我国植物遗传资源保护法律制度的启示体现在以下几个方面:

①制定专门的综合性的植物遗传资源保护的法律。增加对经济性植物、观赏性植物、药用植物和普通植物品种保护的管理规定。

②建立协调分工的遗传资源管理体制,统一管理全国遗传资源。在遗传资源综合管理机构下设植物遗传资源管理部门,统一管理植物遗传资源。由此部门牵头,其他农业、林业等部门配合协调管理全国植物遗传资源。

③建立与《生物多样性》等国际公约多边机制相接轨的法律制度。例如,确立植物遗传资源的国家主权原则、建立遗传资源获取事先知情同意程序和获取条件,制定遗传资源惠益分享机制。

④完善知识产权法律体系,加强对生物技术的知识产权保护。生物产业发展的关键就是对基因的占有和利用。与其他国家不同的是我国既有丰富的遗传资源,又有处于世界前列的基因技术。我国应该学习发达国家对生物技术的专利保护,采取积极的措施开发利用资源,使之尽快变成牢牢掌握在自己手中的自主知识产权,使资源丰富这一优势转化为我国生物领域高新技术和经济上的优势。

⑤加强基因库和核心种质资源库的建设。利用生物技术保护植物遗传资源。丰富的遗传资源为遗传研究和育种工作提供了大量材料,但众多的遗传资源给保存、评价、鉴定和利用带来一

定的困难。核心种质资源就是用一定的方法选择整个种质资源中的一部分,以最少的资源数量和遗传重复最大限度地代表整个遗传资源的多样性(未包含于核心种质中的种质材料作为保留种质保存)方便了遗传资源的保存、评价和利用。

⑥加大生物科技研发投入,提升自主创新能力。与发达国家相比,我国科技研发投入明显不足,而且企业远未能成为科技创新的主体。因此要增强研发投入,有计划地战略性地联合攻关与产出农业生物技术专利以抵御发达国家对我国农业生物技术领域的侵占,提升开发核心技术能力、生物产业的自主创新能力,掌握自主知识产权。

⑦开展植物遗传资源保护的宣传教育和培训,普及遗传资源保护知识。《生物多样性公约》第 15 条明确了各国对其自然资源(包括遗传资源)拥有主权的权利。提高广大公众对国家生物遗传资源财富的保护意识。另外,各地方政府的遗传资源保护和利用意识也亟待加强。

3. 植物多样性的保护

生物多样性保护,除了建立国家协调机制,加强立法和执法,加大投入,强化就地保护,重视宣传教育,推动全球合作,还要加强环境保护,控制污染,保护生态环境,控制外来物种,加强生物安全管理和遗传资源保护,积极履行《生物多样性公约》。植物园应该在以下几个方面发挥自身功能,加强对植物多样性的保护:

①加强宣传。植物园要充分发挥植物园的科普功能,充分利用广播、电视、报纸、网络等媒介,就我国生物多样性保护和履约热点问题,进行宣传教育和表彰好人好事,并对违法活动揭露曝光。联合宣传、教育部门,组织形式多样、丰富多彩、参与性强的生物多样性保护活动,加强生物多样性宣传,强调面向基层,面向广大公众,加大宣传、教育和培训力度,鼓励和发动公众广泛参与到生物多样性保护行动中来,特别是针对青少年,结合《科学》或《生物》课堂教学,开展学生实习活动,让学生直观认识所学知识、了解宇宙与生命、生命的起源、动物与植物、人与植物的关系、植物的利用与可持续发展、神奇的植物等内容。加强生物多样性科学知识的交流和普及,通过环境、生物、伦理、道德等使每个公民都能改变行为方式以努力保持植物多样性,提高公众意识和参与生物多样性保护的积极性。

②加速建立各地植物多样性信息系统。保护生物多样性需要各种相关信息,包括人类利用、基础分类、分布、现状和发展趋势以及生态学关系等情况。

植物园要利用计算机和网络技术,结合 3S 集成技术,建立起当地的植物多样性信息系统,进行植物园植物记录的数字化管理,加快我国生物多样性数据管理和信息网络化建设。利用计算机协助生物多样性保护研究工作,应用于植物的迁地保护,动态记录植物资源分布、生长及演化变迁状况。利用信息技术和网络的支持,促进植物园之间信息交流,加强合作,最大限度实现资源共享,促进共同进步。还可以运用网络技术进行科普教育和生物多样性宣传。国家相关部门或植物园协会要制定有关数据格式标准,以利于数据信息交流。

③加强种质资源的保存。生物多样性包含遗传多样性、物种多样性和生态系统多样性三个层次。特别要加强濒危珍稀物种保护和具有某些优良性状和遗传特性的野生资源的保护,植物园应成为濒危物种迁地保护的重要基地,参与并指导植物就地保护,进行珍稀物种的繁殖推广。在植物园也要进行常规物种的保存,有条件的也可进行种子库保存和低温保存。

④加强植物多样性研究。植物多样性保护,科研要先行。植物园应充分发挥植物园的科研功能,加强植物多样性保护方面宏观和微观的研究,包括基因、细胞、器官、个体、种群、群落、生态

系统等大小不同的组织水平或层次,开展研究工作。植物多样性的保护需以植物学为基础,将植物分类学、生态学、遗传学、分子生物学等生物学科与政治、经济、法律、人口等社会学科进行学科的渗透和综合,形成一门新的学科。

⑤加强植物园间的合作与交流。植物园间要通过植物园协会和植物专委会开展各种专业会议,加强国际国内合作与交流,不仅是植物品种的交流,还要交流生物多样性保护方面的经验、植物多样性研究方面进展情况,实现资源、技术、人才共享,提高植物园的整体作用。各地植物园要定期或不定期进行入侵植物信息通报和预警,加强本地植物引种指导,进行植物引种风险评估。

植物园还要加强与高校的联系与合作,优势互补,一方面为高校提供植物多样性实习和研究场地,另一方面便于高校研究与植物多样性保护紧密结合,服务于植物园建设和发展。

13.2.3 植物外来种对我国植物资源的影响

植物外来种是指在一个特定地域的生态系统中,不是本地自然发生和进化的植物,而是后来通过不同的途径从其他地区传播过来的植物。目前植物的外来种出现在世界的许多地方,尤其以热带和亚热带地区为最多,如美国的夏威夷高达 45%,佛罗里达为 40%。我国也不例外,据初步统计,我国的外来植物至少在 1000 种以上。随着农业贸易的增长以及国际交流、旅游、边贸的不断增加,不可避免地增加了我国外来植物的传入。不可否认,外来植物对我国的文明发展有重大的贡献。除大豆等少数原产我国外,许多作物,如陆地棉、玉米、番茄、落花生、芝麻、马铃薯和番薯等都是国外引进的。有的外来种是常见的行道树,如悬铃木;有些作为造林树种,如洋槐;有些抗逆性强,可以利用土壤肥力为其他植物的生长奠定基础,如紫苜蓿。然而,外来种可以改变植物的种群、群落甚至生态系统的结构和功能,对整个生态系统的平衡以及人类社会的发展将产生巨大的威胁。外来植物一旦入侵成功,要彻底根除极为困难。我国每年因外来杂草对农业生产造成的经济损失超过 15 亿元(《中国农业年鉴》,1999)。据《中国生物多样性国情研究报告》(1998)统计,我国目前已知的外来有害植物已近 60 种,大多成为农林杂草,其中危害较大的种类有紫茎泽兰、飞机草、大米草、毒麦、豚草、三裂叶豚草、喜旱莲子草、凤眼莲(水葫芦)、假高粱、独脚金和小花假泽兰(微甘菊)等。

治理外来有害植物,应根据外来植物的传入途径、发生特点及危害方式采取综合治理对策。常用的有效对策有以下几种。

(1)植物检疫

这种方法是防止外来植物侵入的第一道防线。通常需要制订出检疫对象,严格检查从境外引入的作物种子、林木、花卉、有机肥料以及一些包装材料,防止危险性植物随上述材料传入。植物检疫具有将新的外来有害植物抵御于国境之外的优点,但对于已传入国境的、在国内传播的植物来讲,植物检疫就难以发挥更大的作用。

(2)人工及机械防除

人工及机械防除有害植物对环境安全,短时间内也可迅速杀灭一定范围内的外来植物。但当发生面积大时,需要相当多的劳动力。而且人工或机械防除后,如不妥善处理有害植物残株,这些残株依靠无性繁殖有可能成为新的传播来源。

(3)化学防除

化学除草剂具有效果迅速,杀草谱广的特点。但在防除外来植物时,除草剂往往也杀灭了许多种本地植物,而且化学防除一般费用较高,在大面积山林及一些自身经济价值相对较低的生态环境(如草原)使用往往不经济、不现实,此外,对一些特殊环境如水库、湖泊,化学除草剂是限制使用的。另外对于许多种多年生外来杂草,大多数除草剂通常只杀灭地上部分,难以清除地下部分,所以需连续施用,防治效果难以持久。

(4)生物防治

生物防治是指从外来有害植物的原产地引进食性专一的天敌将有害植物的种群密度控制在生态和经济危害水平之下。生物防治方法的基本原理是依据植物—天敌的生态平衡理论,试图在有害植物的传入地通过引入原产地的天敌因子重新建立有害植物与天敌之间的相互调节、相互制约机制,恢复和保持这种生态平衡。天敌一旦在新的生态下建立种群,就可能依靠自我繁殖、自我扩散,长期控制有害植物。因而生物防治具有控效持久、对环境安全、防治成本低廉的优点。但对于那些要求在短时期内彻底清除的有害植物,生物防治难以发挥及时良好的效果。因为从释放天敌到获得明显的控制效果一般需要几年甚至更长的时间。

由于上述各种方法单独应用都有其优缺点,而综合起来协调运用,发挥各自的长处。形成一套综合治理体系将会极大地提高防治效果,达到高效、持久、安全、低成本的目的。国内外众多成功的事例证明,采用以生物防治为主,辅以化学、机械或人工方法的综合防治体系是解决外来有害植物的最为有效的方法。

13.3　植物资源的合理开发和利用

13.3.1　正确处理开发利用与保护

每个生态系统都具有一种内在的自动调节力以维护自己的稳定性,从而保持生态平衡。人类对植物资源的利用只要在其自动调节力的范围内,就会使开发利用与保护得到统一。如果一味强调保护,让资源自生自灭,则是一种浪费;相反,离开资源的开发利用,离开经济发展,植物资源的保护便成了无源之水。

在我国,合理利用与保护植物资源,要做到以下几个方面:

1. 要保护植物资源的恢复能力

在利用植物资源时,要考虑它们的恢复能力,绝不能"竭泽而鱼"或"杀鸡取卵"。植物资源恢复能力的基础是植物的再生能力,当我们从野生植物上采收根、树皮、枝条或者采收一棵棵草本植株时,应考虑这些被采收的部分在来年或两三年内是否能再生出来。植物的再生能力是我们利用强度的主要依据。当我们保护一种资源植物的恢复能力时,除了考虑这种植物本身的再生能力外,还应该考虑它在生长环境中与其他植物之间所构成的生态关系。例如,砂仁需要彩带蜂授粉,而彩带蜂又需要多种蜜源植物等等。各种资源植物之间存在着种种联系,我们必须从群落学观点全面考虑,如果只从一种资源植物上寻找解决办法,往往效果不佳。

2. 掌握好采收植物的器官部位

以花为原料时,应只采收花朵;以果为原料时,应只采收果实,不要为了省事而将枝条一齐砍断。砍断一段枝条,顷刻间就能完成,而一段枝条的长成,却需要两三年甚至更长的时间。在采收过程中,一定要尽量减轻对植物的伤害,使植物能够很快通过再生恢复原状。这样来年的原料产量才不致减产。

3. 要进行植物资源的综合利用

每种植物往往代谢积累多种产物,例如,松树产木材、松脂、松针和松子,分别具有不同的应用价值;橡子含丰富的淀粉,橡子壳(壳斗)却含丰富的单宁;山苍子果实可以提取芳香油,提取芳香油后的果核又可提取油脂,山苍子油脂含有大量月桂酸,是高级工业用油等等。所以对植物资源进行综合利用,不仅可以提高经济效益,更重要的是能使植物资源得到充分利用。在自然界,一种资源植物常常伴生有其他资源植物。对这些植物资源进行综合利用,就可以大幅度提高单位面积的生产力。

4. 对植物资源应进行抚育管理

为了永续利用各种植物资源,应该进行抚育管理。例如,对各种草本药用植物资源、芳香油植物资源,应该随采随种,采大养小;对于牧区草场应控制载畜量,并人工种植高产优质牧草,建立饲料基地;在森林经营中,应采用轮伐、间伐、择伐的作业方法,并及时补种和营造幼林等等。这样做,才能稳定并提高各类植物资源的生产力,做到可持续利用。

开发利用和保护是相辅相成的两个方面,要求我们必须做到在保护中开发,在开发中保护。在保护中开发,首先要求我们必须切实加强对野生植物资源的保护,防止保护不当造成物种灭绝、基因丧失和自然生态环境恶化的后果,否则,其损失将无法挽回,更谈不上开发。因此,对野生植物资源的开发,必须以野生植物资源得到良好保护为前提,特别是在生态脆弱的情况下,要进一步加强对野生植物资源的普遍保护,强化对资源配置的宏观调控,减少资源消耗,确保野生植物资源充分发挥生态效益,确保人类生存与发展的自然环境不断优化,严格防止物种灭绝和基因资源丧失。只有在这一前提下,才能以科学、适当的方式对野生植物资源加以开发。在开发中保护,要求我们在正确认识野生植物资源特点的基础上,改变单纯保护、片面保护的观念,在资源许可的范围内,提高科技含量,以有限的资源最大限度地创造出经济效益,服务于国民经济建设;根据野生植物资源可再生性的特点,以市场为引导,以政策作保障,大力推动资源培育,开创野生植物培植和合理利用产业的新局面。如果我们放弃对资源的培育和科学合理的开发利用,固守单纯的保护方式,人类对野生植物资源的经济需求、社会需求得不到兼顾,不仅是对野生植物资源的极大浪费,相关产业也将失去发展的物质基础,保护事业也将无法与社会经济、群众利益有机地结合起来,因而难以调动最广泛的社会力量支持和参与保护,使野生植物保护事业失去应有的活力和动力。

13.3.2　经济效益、生态效益和社会效益相统一

我国有丰富的植物资源,对这些资源的开发和利用可以给我们带来可观的经济效益,但是我们在开发利用植物资源时也不能只考虑当前的经济效益,要坚持经济效益、生态效益和社会效益相统一的原则。

植物资源的经济效益主要是为人们提供多种生产资料,主要包括食用、药用和工农业生产原料等方面的原材料。

植物的生态效益也是显而易见的,如森林有助于调节气候和雨量,保持泥土肥沃,防止水土流失;沿海植被有助于保护海岸线,减少暴风和水灾对沿岸地区造成的破坏;在沙漠周边人工栽

种植被可以防止沙尘暴侵袭附近城市;绿色植物还可以净化空气,增加空气的含氧量;某些水生植物还可以富集水体的有害物质,改善水质,也就维护了水体中的生态系统。

生态效益和经济效益是密切结合、相互渗透的。二者存在着复杂的对立统一关系。首先,生态效益是经济效益的基础;其次,经济效益的提高又为生态效益的改善提供了条件。遵循经济生态规律,二者就可以在较好的基础上达到统一,经济生态系统实现良性循环。反之,如果违背了经济生态规律,它们就会出现对立,导致经济生态系统萎缩,呈现恶性循环。因此,在植物资源的开发利用和保护中,如果注意把经济效益与生态效益结合起来,使两者相互促进、相得益彰,就能达到既促进经济发展,又保护生态环境,提高经济生态效益的目的。

植物资源的社会效益主要体现在以下几个方面:

①观光旅游价值。我国丰富而独特的植物资源具有自然观光、旅游、娱乐等美学方面的功能,蕴涵着丰富秀丽的自然风光,为人们观光旅游提供好景致。陶冶人的情操,美化人的心灵。

②教育和科研价值。品种多样且进化程度差异很大的植物物种、丰富的植物群落、珍贵的濒危物种等,在自然科学教育和研究中都具有十分重要的作用。有些特定的植被还保留了具有宝贵历史价值的文化遗址,是历史文化研究的重要场所。

过去,人们一般只注意植物资源变成商品后带来的经济效益,忽略了植物资源所发挥的生态效益中蕴含的经济效益和社会效益,这种效益是间接的,是通过阻止生态灾难所带来的经济损失而表现出来的。森林及草原被破坏后,首先表现出来的是林牧业生产下降,林牧副产品资源减少,而潜在的后果是水土流失、洪灾、旱灾、沙漠化等,水库等水利设施受损,土壤肥力下降,生态系统内的食物链断裂,病虫害增加,而用于抵制这些灾害的投资是巨大的。按我国水土流失面积为 150 万 hm^2 来估算,我国每年因水土流失所失去的肥分折合成商品化肥至少有 4.0×10^6 万 kg,从生产这些化肥所需的生产装置、所需能源的开采以及煤、化肥的运输来计算,国家每年损失 144 亿元,这还不包括水库、河道因淤塞而造成的损失,也没有考虑对农业、林业、畜牧业造成的损失以及防洪、抗旱所付出的沉重代价。因此,生态效益本身蕴含着经济效益和社会效益,只不过它们不是那么明显。只有正确认识植物资源发挥的生态效益所带来的经济效益和社会效益,认识发生各种灾害的本质原因,使它们统一起来,植物资源的保护才会得到全社会的重视和支持。

为了保证植物资源的可持续利用,一般应遵循以下基本原则:

①有偿使用原则。长期以来,受资源无价观念的影响,人们对自然资源包括植物资源进行掠夺式开发,无偿使用,造成了资源的严重破坏与浪费,甚至导致了一些物种的濒危。严重破坏了可持续利用的植物资源。

②开发利用与保护相结合原则。树立植物资源产权观念,建立现有植物资源分布状况统计数据库,并建立相应的资源资产管理制度,加强产权管理,实行所有权与使用权分离,对资源使用实行有偿使用和转让。

③可持续利用原则。植物资源作为生态系统的组成要素,其开发利用必须遵循生态规律,保持生态系统的良性循环。在不同时期不同区域进行有规划有节制的开发,并且坚持砍伐与栽培相结合,对野生植物进行栽培驯化,变"野生植物"为"家养植物",扩大其栽培面积。也可借此方法对濒危物种加以保护和保存。

④节约资源、综合利用原则。植物资源并非取之不尽、用之不竭,而是有限的。为合理利用植物资源,提高利用效率,应建立植物资源节约型的宏观经济调控体系,依靠科技的力量,提高植

物资源的综合利用水平,使植物资源的效率最大化。

13.3.3　合理开发利用思路

1. 建立资源数据库

开发利用野生植物资源,首先要对该地区野生植物资源的情况有一个全面、深入的了解,包括各类资源植物的种类、分布、生境、资源蕴藏量、生产及利用情况、民间的利用经验等。其次,需要全面掌握国内、外资源开发利用的最新信息。因此,应该建立一个植物资源数据库,数据库中不仅要收录该地区资源植物的基本资料,而且要将国内外主要期刊最新研究成果编译入库。有了这样的数据库,就可以掌握世界各国野生植物应用研究的种类、化学成分和用途等信息,然后帮助我们筛选出经济价值大又适合我们需要的种类进行开发利用。

2. 研究、寻找可利用新种类

目前,人类赖以生存的粮食作物和当今社会上的许多重要产品,如橡胶、可可、咖啡、茶叶、三七和天麻等,都是从野生植物中发掘出来的。野生植物中还有许多是很有潜力的种类,至今仍然被埋藏在深山老林中,这就要靠我们去研究、去挖掘。在当今市场激烈的竞争中,谁率先推出新产品,谁就能迅速占领市场。

3. 因地制宜,充分发挥本地优势

如沙棘果具有很高的营养价值,而且其枝叶茂盛、根系发达,在水土保持方面有明显的作用。沙棘的根系还有固氮作用,能改良土壤,所以沙棘已成为"三北"干旱、半干旱地区深受欢迎的资源植物。绞股蓝主产于我国南部,湖南绥宁县中药饮品厂利用本县十分丰富的绞股蓝资源研制出系列产品,产品销往北京、广东等十多个省市,部分产品还打入国际市场。辽宁省清原满族自治县建起了野果制品公司,生产出许多获奖产品,如原汁猕猴桃酒、映山红小香槟及其他 40 余种饮品,对繁荣山区经济起到积极作用。

4. 深度加工和综合利用

过去对植物资源的利用多为传统的单一生产经营方式,提供给市场的植物产品常常是原料、初级产品,运销成本高,经济效益差,而且在生产过程中,常产生大量的余料,一方面造成资源的浪费,同时,余料的处理又会造成环境的污染。如在砍伐森林时,采伐区剩余物和加工剩余物占采伐量的 $1/3 \sim 1/2$。这些剩余物给更新造林带来了困难。解决问题的途径就在于森林资源的综合利用,发展"树叶饲料""树皮肥料""人造板工业"和"木质燃料工业"等,从而提高产值。因此,提高产品的加工深度,使同样经济收入所消耗的资源量大幅度下降,是植物资源开发利用的必由之路。

5. 重视资源植物基地的建设

对某些分布零星、产量低的资源植物,将其就地种植或者是迁地种植,建立生产基地,实行集约化管理,植物既易成活,又能保持其有效成分不变,投资少、见效快,避免了野生资源因过度开发而枯竭。

除了上述几种方式,还可以发展生物技术有效利用植物次生代谢产物。

13.4　人类未来的发展与植物之间的关系

在人类文明发展的历史长河里,人们的生产活动从来都没有离开过植物,各种植物由于其生活环境和形态结构不同,使得它们的代谢产物和贮藏产物也是各种各样,也就对自然界和人类产生了各种各样的用途。人类未来的发展也必将和植物有密不可分的关系。

13.4.1　未来的农业生产

随着全球人口数量的急剧增长,对粮食和其他植物资源的需求也日益增强。据估计,全世界每天大约有 4 万人死于同饥饿有关的疾病。诺贝尔奖得主、"绿色革命"之父 N. Borlaug 曾估算过,要满足人口增长对粮食的需求,到 2025 年,所有谷物的平均产量必须比 1990 年的平均产量提高 80％,这种提高只能依靠提高生物生产量,而不是扩大耕种和灌溉面积。因此,农业改造是迎战贫困、满足世界膨胀人口对粮食需求的根本。

1. 从"绿色革命"到"基因革命"

从人类驯化种植植物以获得食物工始,便在寻找并发现能满足自己需要的植物新种类,在利用产量更高、品质更好的植物的同时,总是希望能够在某些方面人为控制并改善一些作物的性能,这一过程便是人类利用植物自然变异并对其进行改良的过程。随着对植物认识的逐渐深化和知识的积累,逐渐产生了植物育种科学,但传统的植物遗传育种主要是基于植物体在整体水平上的性状表现而实施改良的,故改良效果和改良工作的效率均较低,实现一个品种的改良需要很长时间。目前由于对植物的认识已深入到分子水平,故而形成了植物改良的又一新学科——植物基因工程。

利用转基因技术改良作物的基本步骤包括:外源目的基因的分离,表达载体的构建,植物基因的转化,转基因植株筛选与鉴定等。由于植物细胞的全能性,经基因工程改造的单个植物细胞比较容易再生为完整的转基因植株,再通过开花结果将外源目的基因稳定地遗传给后代。基因转化的关键因素之一就是建立一个好的植物受体系统,以保证外源 DNA 的整合和高效稳定地再生无性系。受体系统的建立主要依赖于植物细胞和组织培养技术,受体主要有原生质体、愈伤组织、生殖细胞、胚状体和组织培养分化形成的不定芽等,为获得较高的转化效率,要根据植物种类、目的基因载体系统和导入基因的方法等因素,选择和优化受体系统。

目前,运用转基因技术已培育了一系列抗虫、抗病、抗除草剂的作物品种,为提高农作物的产量、品质以及抗逆抗病能力,从而提高农业生产效率提供了很大帮助。但与此同时,也引发了一个目前人们普遍关注的问题,即转基因植物作为食物是否会对人类健康带来潜在的不利影响?转基因植物的释放是否会对生态环境以及其他植物资源带来不利影响?外源基因的随机插入可能导致有毒蛋白的表达或改变植物代谢途径而积累有害人类健康的物质。1996 年"新英格兰医学杂志"发表的"转基因大豆中巴西坚果过敏原的鉴定"一文报道:由于巴西坚果中占优势的贮存蛋白——2S 清蛋白富含高营养价值的甲硫氨酸,研究人员将其基因转入大豆,并使甲硫氨酸含量显著提高,但这种改良了的转基因大豆后来被证实能引起一部分人的过敏反应,甚至死亡,研制该转基因大豆的美国 Pioneer Hi-Bred 公司因此放弃将它投放市场。另一个研究表明:实验鼠被喂以插入外源凝集素基因的马铃薯 110 天,其免疫细胞仅为以正常马铃薯为食的鼠的一半,前者还表现出轻微的生长迟缓。因此,转基因食品的安全性是值得考虑的一个重要问题,即使是潜在的风险。2002 年,美国一家公司生产的"星联"转基因玉米由于被误用作食品生产而引发了轰动一时的"星联玉米事件",为此该公司付出了超过 10 亿美元的赔偿。

转基因植物的环境风险涉及许多方面,特别值得关注的有以下几个方面:

①转基因植物及其外源基因的扩散可使转基因作物本身或其野生近缘种变为生命力旺、适应性广、繁殖力强的"超级"杂草,尤其是当一些抗逆(如抗病、抗虫、抗盐等)基因和抗除草剂基因转移到野生近缘种中后,会产生极大的环境危害。丹麦科学家 1996 年证实:转基因油菜中的耐除草剂基因已通过两次种间杂交形成了同时拥有三种以上抗除草剂性质的杂草化转基因油菜,这种油菜在加拿大农田里广泛生长,成为不受欢迎的"超级"杂草。

②转基因植物可能改变生物的种间关系,影响食物链和整个生态系统的功能。抗虫或抗病等外源基因能通过基因流或其他途径对非目标生物(包括有益昆虫和菌类)形成危害,造成生态系统失调,这种生态效应称为非靶标效应。

③转基因植物可能对自然界生物多样性产生影响。转基因生物是由人类创造的,它的释放犹如外来种的侵入,可能破坏原有生态系统的平衡,使生物多样性受到威胁。2001 年,美国两位研究人员在《自然》杂志发表论文称墨西哥偏僻山区的野生玉米受到了转基因玉米 DNA 片段的污染,在世界上引起很大反响。墨西哥是玉米的起源地和遗传多样性分布中心,当地土著人亲切地把玉米称为"玉米妈妈";尽管 2002 年美国《科学》杂志又发表文章称转基因玉米 DNA 是否真正渗入了野生玉米,以及是否真正对野生玉米构成威胁都还需要更多的科学证据,但有关转基因植物释放可能带来的生态学效应以及对自然基因库的影响已成为人们关注的热点话题。

2. 利用细胞融合技术培育新品种

采用基因工程技术对动植物的改良是在分子水平上进行的,除此之外,也能在细胞水平上对植物进行改良,细胞融合技术便是适应这一需要而发展起来的较为成熟的技术之一。在自然界,生物交配时精细胞与卵细胞结合受精的现象是天然的细胞融合繁殖,这种繁殖只能限制在植物近缘种属间进行,不能打破异种之间的杂交障碍;细胞融合技术是将两个不同生物的细胞以人工方法使其接合,并促使染色体和细胞质融合而得到新的杂种细胞的技术。进行细胞融合需先将两种植物作单细胞处理,再用酶除去细胞壁,制成原生质体,再利用融合剂(常用聚乙二醇)使两种细胞的原生质体融合,产生融合细胞(也叫做杂交细胞),然后再在试管中培养该融合细胞成愈伤组织,继而诱导培养成植株。供融合的细胞可以是植物体细胞,也可以是花粉细胞。通过细胞融合,便把两种植物的基因无性结合在一起了。

细胞融合首次成功地创造出新植物的例子是 1978 年德国科学家将同为茄科但不同属的马铃薯和番茄的单倍原生质体融合,获得了杂种体细胞并育成了杂种植物,人们把这种植物称为薯番茄,这就为创造一种在同一植株的地上部分结番茄、在地下部分结马铃薯的新植物提供了基础。迄今为止,通过体细胞杂交已获得了多种种间、属间和科间的杂种作物,如大豆×烟草、拟南芥×白菜、烟草×颠茄、番茄×马铃薯等。在某些作物上,杂种植物表现出一些优良性状,例如用甘蓝与白菜的原生质体融合,培育出杂种白甘蓝,具有白菜的营养和甘蓝的耐寒特性;将柑橘橙类与枳类细胞融合,则得到了杂种橙枳,可望成为砧木新品种。

3. 利用植物作为生物反应器生产有用物质

所谓生物反应器是指用于完成生物催化反应的设备,包括细胞反应器和酶反应器。传统的生物反应器都以重组细菌或真菌为材料生产各种蛋白质(如胰岛素、干扰素)、抗生素和色素等,其过程复杂,而且需要昂贵的设备。而植物易于生长,且管理相对简单,因此人们开始尝试用转基因植物来生产具有商业价值的蛋白质及具有特殊化学性质的物质。目前利用转基因植物生产糖类物质已取得一定的成效;通过细胞培养生产有用的植物次生代谢物也取得了成功。

随着植物基因工程技术的发展,人们开始利用植物系统大规模生产各种蛋白质和多肽,例如,利用转基因烟草生产植酸酶,其含量达到可溶性蛋白的 14%;利用植物生产可用作凝血因子的水蛭素、药用多肽神经肽等都已取得成功。目前正努力探索的一个热点是利用植物系统生产疫苗,人们设想让食用植物表达疫苗,这样人们通过食用这些转基因食物就达到了接种疫苗的效果,目前已培育成功了乙肝疫苗番茄。科学家认为香蕉是最合适的生产疫苗的植物,因为香蕉易于接受转入的外源基因,产量很高,而且香蕉果实对人类很有益,可为绝大多数人所接受。总之,利用转基因植物作为生物反应器生产人类所需要的各种物质和原料已成为一个颇具前途的新领域,随着现代生物技术的发展,会有更多的物质从植物中生产出来。

4. 向农业中引入新的野生植物

农业发展的一个领域是将新的植物从野生状态引入栽培。现今存在的大约 25 万种被子植物中,只有数百种被利用作为经济作物,而主要作物只有数十种,在众多的尚未开发的种子植物中,必然有其他一些能发展为对人类生存有直接利用价值的植物,这些植物大量存在于热带和亚热带区域,因而常常被我们的温带农业系统所忽略,随着农业向热带地区的扩展,新的植物应该加入到我们的作物行列中,以提供食物和新的产品。

但在开发、引种新的资源植物过程中,一个值得密切关注的问题就是生态入侵问题。所谓生态入侵是指外来物种侵人对当地生态环境和生物多样性造成的不良影响。在引种新物种过程中,不能仅仅考虑经济效益,必须从长远发展的角度进行生态风险评价,阐明可能引发的生态学问题、出现频率,以及可能造成的损失,制定严格的防范措施,最大限度地降低引发生态入侵的可能性。

5. 生态农业

1970 年,美国土壤学家 W. Albreche 提出"生态农业"(ecological agriculture)的概念;1981年,英国农学家 M. Worthington 定义生态农业为"生态上能自我维持,低输入,经济上有生命力,在环境、伦理和审美方面可接受的小型农业"。发展生态农业的主要目标是"少投入、多产出、保护环境"。一方面,要继续改良品种,提高产量;另一方面,也要大幅度减少农药、化肥和水资源的用量,以保证经济、社会和环境的可持续发展,促进人与自然的和谐共处。

生态农业有不同的模式,但主要有以下三个类型:

①时空结构型。这是一种根据生物种群的生物学、生态学特征以及生物之间的互利共生关系组建的农业生态系统,是在时间上有多序列、空间上有多层次的三维结构,以使处于不同生态位置的生物种群在系统中各得其所,相得益彰,更加充分地利用太阳能、水分和矿质营养元素,达到经济效益和生态效益的最佳状态。

②食物链型。这是一种按照农业生态系统中能量流动和物质循环规律而设计的一种良性循环的农业生态系统,系统中一个生产环节的产出是另一个生产环节的投入,使得系统中的废弃物多次循环利用,从而提高能量的转换率和资源利用率,获得较大的经济效益,并有效地防止农业废弃物对农业生态环境的污染。

③时空食物链综合型。这是时空结构型与食物链型的有机结合,使系统中的物质得以高效生产和多次利用,是一种适度投入、高产出、少废物、无污染及高效益的模式类型。可以肯定,生态农业是非常具有前景的现代农业,是未来农业发展的主要方向,但需要不懈的努力,才能实现预期目的。

6. 植物全株利用

在当前的农业生产中,我们所利用的多是能直接利用的植物部分,例如粮食作物的籽粒、纤维作物的纤维、糖料作物的糖分等。从整个植株利用的太阳能及矿质养料而言,我们利用的部分仅占整株的一部分,有时只是一小部分,这样,势必造成浪费并引起环境问题。而从现今的科技水平看,尤其是近年来生物技术的日趋成熟,我们已经能够把整株植物,根据其不同部分的成分和特点,加工生产出不同的人类需要的产品,因此,有理由认为,"植物全身都是宝"的时代已经到来。

7. 开发农业生产新领域

21 世纪的农业生产面临着新的形式,一方面要为人类提供更多更好的食物和纤维,另一方面要为其他行业提供更多的原料,以求得更大的经济效益。目前普遍认为,21 世纪农业将在生物能生产、蛋白质生产、植物有用次生代谢物质生产和植物全株利用等领域有很大发展或突破。

13.4.2 未来植物与人类

环境污染是现代工业时代的产物,目前地球上可能已很难找到一片完全自然的、没有被污染的净土。造成环境污染的原因很多,能源消耗过程中产生的大量有害气体和煤尘、各种核废料和矿业废水、农业生产过程中使用的大量难以分解的化肥和农药,以及人类生活过程中使用的许多有机合成的化学物质都不同程度地对环境造成了不良影响,危及人类的长期生存和发展。因此,环境污染已成为人们日益关心的重大公害问题。自然界的植物不仅能够调节气候、保护农田和保持水土,而且能够净化空气、净化污染、减弱噪声,对环境保护具有重要的作用。因此,利用植物监测和净化环境是人类改善环境质量、努力创造一个适宜长久生存的良好环境的重要途径。

除此以外,随着世界人口的急剧增加,对地球生态系统的压力也日益加大,地球上的资源不可能无限制地满足人口增长的需要。因此,开辟新的生存空间也许在不远的将来会成为人类面临的现实问题。在我们的时代,空间旅行和空间生命已经具有可能性,随着登月的实现,但长距离旅行或永久的空间站生活就要求有一种自身包含的生命支持系统,在这种系统中,植物会成为一个有价值的或许是必要的组成成分,因为它们不仅持续地供应食物,而且也能使人的废物再行循环,空间旅行家呼吸时消耗氧而呼出二氧化碳,绿色植物能通过光合作用逆转这一过程;人排泄的废物可部分供给植物营养,植物蒸发的水经过适当冷凝,能用做人的饮水,如图 13-1 所示。

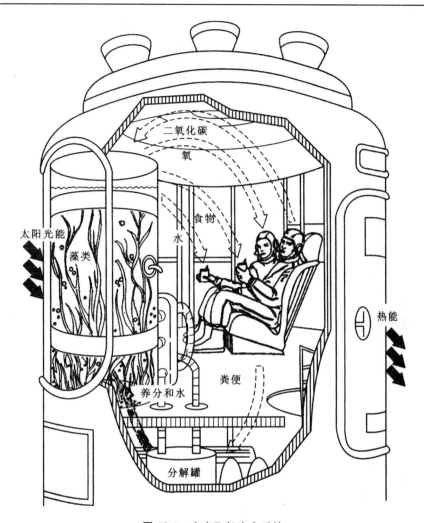

图 13-1　宇宙飞船生态系统

参考文献

[1]杨英军.园艺植物生物技术原理与方法.北京:中国农业出版社,2007.

[2]张献龙.植物生物技术(第2版).北京:科学出版社,2012.

[3]朱延明.植物生物技术.北京:中国农业出版社,2009.

[4]肖尊安.植物生物技术.北京:高等教育出版社,2011.

[5]杨继.植物生物学(第2版).北京:高等教育出版社,2007.

[6]杨世杰.植物生物学.北京:科学出版社,2000.

[7]郝玉兰,于涌鲲.植物生物学.北京:气象出版社,2009.

[8]李盛贤,刘松梅,赵丹丹.生物化学.哈尔滨:哈尔滨工业大学出版社,2005.

[9]周克元,罗德生.生物化学:案例版(第2版).北京:科学出版社,2010.

[10]朱诚.植物生物学.北京:北京师范大学出版社,2012.

[11]贺学礼.植物生物学.北京:科学出版社,2009.

[12]余朝波.植物生物学.北京:经济科学版社,2011.

[13]郭凤根,侯小改.植物生物学.北京:中国农业大学出版社,2014.

[14]刘卫群.生物化学.北京:中国农业出版社,2009.

[15]周云龙.植物生物学.北京:高等教育出版社,2011.

[16]童坦君,李刚.生物化学(第2版).北京:北京大学医学出版社,2009.

[17]张献龙,唐克轩.植物生物技术.北京:科学出版社,2004.

[18]杨建雄.生物化学与分子生物学(第2版).北京:科学出版社,2009.

[19]巩振辉.园艺植物生物技术.北京:科学出版社,2008.

[20]静国忠.基因工程及其分子生物学基础——分子生物学基础分册(第2版).北京:北京大学出版社,2009.

[21]夏海武,陈庆榆.植物生物技术(第2版).合肥:合肥工业大学出版社,2008.

[22]薛建平.药用植物生物技术.合肥:中国科技大学出版社,2005.

[23]林顺权.园艺植物生物技术.北京:中国农业出版社,2007.

[24]邓秀新,胡春根.园艺植物生物技术.北京:高等教育出版社,2005.

[25]慕小倩.植物生物学.西安:西北林业大学出版社,2003.